FAMEN SHOUCE
SHIYONG YU WEIXIU

阀门手册

——使用与维修

张汉林　张清双　胡远银　主编

FAMEN SHOUCE

SHIYONG YU WEIXIU

化学工业出版社

·北京·

本书由中国阀门信息网（沈阳阀门研究所）组织编写。全书针对阀门用户的实际需求，系统地介绍了各种阀门选型的基本知识、阀门使用及维修等内容，包括闸阀、截止阀、球阀、蝶阀、隔膜阀、旋塞阀、止回阀、柱塞阀、节流阀、安全阀、减压阀、调节阀等各种阀门的选用、安装、操作、防腐、保温、维修等技术内容，可作为设计院所及终端用户采购部门阀门选型，阀门使用者使用或维修阀门的参考书，也可作为从事阀门工作的工程技术人员、阀门使用维修人员以及设备管理人员的工具书。

图书在版编目（CIP）数据

阀门手册——使用与维修/张汉林，张清双，胡远银
主编．—北京：化学工业出版社，2012.10 （2025.1重印）
ISBN 978-7-122-15230-5

Ⅰ.①阀… Ⅱ.①张…②张…③胡… Ⅲ.①阀门-技术手册 Ⅳ.①TH134-62

中国版本图书馆 CIP 数据核字（2012）第 208564 号

责任编辑：张兴辉　韩亚南　　　　　　　　装帧设计：王晓宇
责任校对：边　涛

出版发行：化学工业出版社（北京市东城区青年湖南街 13 号　邮政编码 100011）
印　　装：河北延风印务有限公司
787mm×1092mm　1/16　印张 23　字数 610 千字　2025 年 1 月北京第 1 版第 16 次印刷

购书咨询：010-64518888　　　　　　　售后服务：010-64518899
网　　址：http://www.cip.com.cn
凡购买本书，如有缺损质量问题，本社销售中心负责调换。

定　　价：88.00 元　　　　　　　　　　　　　版权所有　违者必究

《阀门手册——使用与维修》编委会

《阀门手册——使用与维修》编写人员

主　　编　　张汉林　张清双　胡远银

副 主 编（按姓氏笔画排序）

尹玉杰　乐精华　邬佑靖　刘正君　关书训　江木安　李树勋

杨　恒　张逸芳　肖奎军　肖而宽　陈国顺　明赐东　周子民

鹿焕成　缪富声

其他编写人员　寇国清　曹　蕙　孙明普　张　琳　王建新　袁志义　任文烈

冯　定　张素珍　李　珍　程自华　高　捷　邹治武　丘向东

赵建军　于晓沅　李春华　吴显良　金成波　蔡斯璋　陈　龙

崔　硕　卫幸华　李铁东　张永丰　谢　韬　胡思文

主　　审　　丁伟民　林瑞义

前　言

近年来随着阀门产品的不断开发，国外先进阀门技术的引进，阀门种类日渐增多，结构不断更新换代，对阀门用户的要求也越来越高。为了确保阀门用户正确使用、操作、维护和维修阀门，更好地适应阀门技术发展的新形势和新要求，中国阀门信息网（沈阳阀门研究所）组织行业力量编写了《阀门手册——使用与维修》一书。

全书共分 13 章。该书针对阀门用户的实际需求，系统地介绍了各种阀门的特点及选型的基本知识，阀门的腐蚀与防护，正确安装、操作、使用、维护和维修等主要内容。本书涵盖各种阀门的新结构，内容完整实用，对于阀门使用者如何使用或维修阀门是一本很好的参考书。本书也可作为从事阀门工作的工程技术人员、阀门使用维修人员以及设备管理人员的工具书。

在本书的编写过程中，众多行业专家参与编写工作，如张汉林、胡远银、明赐东和缪富声等，同时也邀请到兰州理工大学硕士生导师李树勋教授参与本书部分章节的编写工作。

我们还邀请了阀门行业专家，享受国务院特殊津贴的原沈阳高中压阀门厂（现沈阳盛世高中压阀门有限公司）总工程师丁伟民高级工程师和原福州阀门总厂总工程师林瑞义高级工程师负责本书的审核工作，对参与本书审核的专家表示感谢。

于晓沅负责全书的编辑工作，她在本书各章的组合方面给予了特别的帮助。

本书引用了一些科研院所、设计院、大专院校以及阀门制造企业的文献参考资料，也得到了相关企业和设计院提供的一些基础资料，编者谨在此一并表示衷心的感谢！

在书后注明了相关的参考文献，其中不乏国内早期有影响的经典之作，既可方便读者直接查阅、核对，同时也借此机会表达对前辈的无限敬意！特别对《阀门使用维修手册》的作者王训钜前辈致以深切的缅怀。

由于内容较多、涉及面宽，加之编者水平所限，书中难免有不妥之处，敬请读者予以指正！

编　者

目　　录

第1章 阀门的基础知识

1.1 概述

阀门是流体输送系统的控制元件，

主要功能有：接通或截断流体通路；调节和节流；防止倒流；调节压力、释放过剩的压力及排液阻汽。这些功能实现得如何，在很大程度上决定了系统的性能。

近年来，由于石油、化工、电站、冶金、船舶、核能、宇航等方面的需要，对阀门提出了更高要求，促使人们研究和生产高参数的阀门，其工作温度从超低温 $-269℃$ 到高温 $1200℃$，甚至高达 $3400℃$；工作压力从超真空 $1.33×10^{-8}$Pa 到超高压 1460MPa；阀门的公称尺寸 $DN1\sim6000$，甚至达到 $DN9750$；阀门的材料从铸铁、碳素钢、不锈钢，发展到钛合金钢等，还有高强耐腐蚀钢——低温钢、耐热钢以及各种复合材料的衬里阀门；阀门的驱动方式从手动发展到电动、气动、液动直至程控、数控、遥控等。阀门的加工工艺从普通机床到数控机床，乃至生产线、自动流水线。为了便于生产、安装、更换，阀门的品种规格正向标准化、通用化、系列化方向发展。

随着现代科学技术的发展，阀门在工业、建筑、农业、国防、科研以及人民生活等方面，使用日益普遍，已成为人类活动的各个领域中不可缺少的通用机械产品。阀门的需求量随着国民经济的发展不断增长，一个现代化石油化工装置需要约一万只各式各样的阀门，一座现代住宅楼也需几千只阀门。阀门的使用量大，开启关闭频繁，往往因使用不当或产品质量低劣，发生跑、冒、滴、漏现象。由此引发火灾、爆炸、中毒、烫伤事故，时有发生，给国家和人民生命财产造成重大损失。为此，2003 年，国务院颁布第 373 号国务院令《特种设备安全监察条例》，将阀门产品列入压力管道设备中，受国家安全监察。2009 年国务院又对《特种设备安全监察条例》进行了修订，国家质量监督检验检疫总局也颁发了一系列特种设备安全技术规范、许可规则等法规性文件，这对提高阀门产品质量、规范阀门市场将产生深远的影响。因此，设计制造高质量的阀门，合理选用阀门，正确使用与维修阀门非常重要。

1.2 阀门的分类

随着各类成套设备工艺流程和性能的不断改进，阀门的种类也在不断变化增加着。阀门的分类方法有很多种，分类方法不同，结果也不相同，常用的几种分类方法如下。

1.2.1 按驱动方式分类

阀门按驱动方式可分为驱动阀门和自动阀门，而驱动阀门又可分为手动阀门和动力驱动阀门。

(1) 驱动阀门

① 手动阀门 是借助手轮、手柄、杠杆或链轮等，由人力来操作的阀门。当阀门启闭力矩较大时，可在手轮和阀杆之间设置齿轮或蜗轮减速器来操作。手动阀门是最常见的一种阀门驱动方式，一般作用在手动阀门手轮上的驱动力不得超过 360N。

② 动力驱动阀门 可以利用各种动力源进行驱动的阀门。在工业领域常见的动力驱动阀门有电动阀门、气动阀门、液动阀门、气-液联动阀门和电-液联动阀门。

电动阀门——用电动装置、电磁或其他电气装置操作的阀门。

气动阀门——借助空气的压力操作的阀门。

液动阀门——借助液体（水、油等液体介质）的压力操作的阀门。

气-液联动阀门——由气体和液体的压力联合操作的阀门。

电-液联动阀门——用电动装置和液体的压力联合操作的阀门。

（2）自动阀门

依靠介质（液体、空气、蒸汽等）自身的能量而自行动作的阀门。如安全阀、减压阀、止回阀、疏水阀及 LPG 罐车用紧急切断阀等。

1.2.2　按公称压力分类

阀门按公称压力可分为低真空阀门、中真空阀门、高真空阀门、超高真空阀门、低压阀、中压阀、高压阀和超高压阀。

低真空阀门——$10^5 \sim 10^2 \mathrm{Pa}$。

中真空阀门——$10^2 \sim 10^{-1} \mathrm{Pa}$。

高真空阀门——$10^{-1} \sim 10^{-5} \mathrm{Pa}$。

超高真空阀门——小于 $10^{-5} \mathrm{Pa}$。

低压阀——公称压力 $\leqslant PN16$

中压阀——$PN16 <$ 公称压力 $\leqslant PN100$。

高压阀——$PN100 <$ 公称压力 $\leqslant PN1000$。

超高压阀——公称压力 $> PN1000$。

1.2.3　按公称尺寸（通径）分类

阀门按公称尺寸可分为小口径阀门、中口径阀门、大口径阀门和特大口径阀门。

小口径阀门——公称尺寸 $\leqslant DN40$

中口径阀门——$DN50 \leqslant$ 公称尺寸 $\leqslant DN300$。

大口径阀门——$DN350 \leqslant$ 公称尺寸 $\leqslant DN1200$。

特大口径阀门——公称尺寸 $\geqslant DN1400$。

1.2.4　按工作温度分类

阀门按工作温度可分为高温阀、中温阀、常温阀、低温阀和超低温阀。

高温阀——$t > 425℃$。

中温阀——$120℃ \leqslant t \leqslant 425℃$。

常温阀——$-29℃ < t < 120℃$。

低温阀——$-100℃ \leqslant t \leqslant -29℃$。

超低温阀——$t < -100℃$。

1.2.5　按用途和作用分类

阀门按用途和作用分类可分为截断阀类、止回阀类、分配阀类、调节阀类、安全阀类、其他特殊阀类和多用途阀类。

截断阀——用来截断或接通管道中的介质。如闸阀、截止阀、球阀、蝶阀、隔膜阀、旋塞阀等。

止回阀——用来防止管道中的介质倒流。如止回阀（底阀）。

分配阀——用来改变介质的流向，起分配、分离和混合介质的作用。如三通球阀、三通旋塞阀、分配阀、疏水阀等。

调节阀——用来调节介质的压力和流量。如减压阀、调节阀、节流阀、平衡阀等。

安全阀——用于超压安全保护，排放多余介质，以防止压力超过额定的安全数值，当压力恢复正常后，阀门再行关闭阻止介质继续流出。如各种安全阀、溢流阀等。

其他特殊专用阀类——如放空阀、排渣阀、排污阀、清管阀等。

多用阀类——如截止止回阀、止回球阀、过滤球阀等。

1.2.6　按结构特征分类

阀门按结构特征可分为截门形、闸门形、旋塞形、旋启形、蝶形和滑阀形。

截门形——启闭件（阀瓣）由阀杆带动沿着阀座中心线做升降运动［图 1-1（a）］。

闸门形——启闭件（闸板）由阀杆带动沿着垂直于阀座中心线做升降运动［图 1-1（b）］。

旋塞形——启闭件（球或锥塞）围绕自身中心线旋转［图 1-1（c）］。

旋启形——启闭件（阀瓣）围绕阀座外的销轴旋转［图 1-1（d）］。

蝶形——启闭件（蝶盘、蝶片）围绕阀座内的固定轴旋转［图 1-1（e）］。

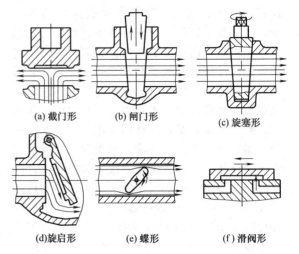

(a) 截门形　　(b) 闸门形　　(c) 旋塞形

(d) 旋启形　　(e) 蝶形　　(f) 滑阀形

图 1-1　阀门结构

滑阀形——启闭件在垂直于通道的方向滑动 [图 1-1 (f)]。

1.2.7　按连接方法分类

阀门按与管道的连接方式可分为螺纹连接阀门、法兰接连阀门、焊接连接阀门、卡箍连接阀门、卡套连接阀门和对夹连接阀门。

螺纹连接阀门——阀体带有内螺纹或外螺纹，与管道螺纹连接。

法兰连接阀门——阀体带有法兰，与管道法兰连接。

焊接连接阀门——阀体上带有对焊焊接坡口或承插口，与管道采用焊接连接。

卡箍连接阀门——阀体带有夹口，与管道采用夹箍连接。

卡套连接阀门——与管道采用卡套连接。

对夹连接阀门——用螺栓直接将阀门及两头管道法兰穿夹在一起的连接形式。

1.2.8　按阀体材料分类

金属材料阀门——阀体等零件由金属材料制成。如铸铁阀门、碳钢阀、不锈钢阀、合金钢阀、铜阀、铝合金阀、铅合金阀、钛合金阀、蒙乃尔合金阀等。

非金属材料阀门——阀体材料由非金属材料制成。如塑料阀、陶瓷阀、搪瓷阀、玻璃钢阀等。

金属阀体衬里阀门——阀体外形为金属，内部凡与介质接触的主要表面均为衬里。如衬氟塑料、衬橡胶、衬陶瓷、衬其他材料等。

1.3　阀门的基本参数

阀门的基本参数是公称尺寸（DN）、公称压力（PN）、压力-温度等级、适用温度（℃）、适用介质、流量系数（Kv）、开启力矩（N·m）等。其中一些基本参数已有国家标准

和行业标准。

1.3.1　公称尺寸（通径）

公称尺寸是用于管道系统元件的字母和数字组合的尺寸标识，它由字母 DN 后跟无量纲的整数数字组成，这个数字与端部连接件的孔径或外径（用 mm 表示）等特征尺寸直接相关。

需注意的是，除非相关标准中有规定，字母 DN 后面的数字不代表测量值，也不能用于计算的目的。

公称尺寸的数值应符合国家标准《管道元件 DN（公称尺寸）的定义和选用》（GB/T 1047—2005）的规定（表 1-1）。

1.3.2　阀门的公称压力

公称压力是指与阀门力学性能和尺寸特性相关、用于参考的字母和数字组合的标识，它由字母 PN 后跟无量纲的整数数字组成。

应注意：除非相关标准中有规定，字母 PN 后面的数字不代表测量值，也不能用于计算的目的。除与相关的阀门标准有关联外，公称压力不具有意义。阀门的压力额定值取决于阀门的 PN 数值、材料和设计以及允许工作温度等，阀门的压力额定值在相应标准的压力-温度等级表中给出，如 ASME B16.34 和 GB/T 12224 等。

公称压力应符合 GB/T 1048—2005《管道元件 PN（公称压力）的定义和选用》的规定（表 1-2）。

1.3.3　阀门的压力-温度等级

当阀门工作温度超过公称压力基准温度时，其最大工作压力必须相应降低。阀门的工作温度和相应的最大工作压力变化简称温压表，是阀门设计和选用的基准（表 1-3～表 1-8）。

表 1-1　阀门的公称尺寸（通径）系列（GB/T 1047—2005）

DN6	DN8	DN10	DN15	DN20	DN25	DN32	DN40	DN50	DN65
DN80	DN100	DN125	DN150	DN200	DN250	DN300	DN350	DN400	DN450
DN500	DN600	DN700	DN800	DN900	DN1000	DN1100	DN1200	DN1400	DN1500
DN1600	DN1800	DN2000	DN2200	DN2400	DN2600	DN2800	DN3000	DN3200	DN3400
DN3600	DN3800	DN4000							

表 1-2　阀门的公称压力系列（GB/T 1048—2005）

DIN 系列	ANSI 系列	DIN 系列	ANSI 系列
$PN2.5$	$PN20$	$PN25$	$PN260$
$PN6$	$PN50$	$PN40$	$PN420$
$PN10$	$PN110$	$PN63$	
$PN16$	$PN150$	$PN100$	

表 1-3　钢制阀门的压力-温度等级

钢号	基准温度/℃	工作温度 t/℃												
10、20、30、WCB	200	250	300	350	400	425	435	445	455					
15CrMo、ZG20CrMo	200	320	450	490	500	510	515	525	535	545				
12Cr1MoV、15CrMo1V、ZG20CrMoV、ZG15CrMo1V	200	320	450	510	520	530	540	550	560	570				
1Cr5Mo、ZG1CrMo	200	325	390	430	450	470	490	500	510	520	530	540	550	
1Cr18Ni9Ti、1Cr18Ni12Mo2Ti、ZG1Cr18Ni12Mo2Ti	200	300	400	480	520	560	590	610	630	640	660	675	690	700

公称压力 PN/MPa	试验压力 p_s/MPa	最大工作压力 p_{max}/MPa													
0.1	0.2	0.10	0.09	0.08	0.07	0.06	0.06	0.05	0.05						
0.25	0.4	0.25	0.22	0.20	0.18	0.16	0.14	0.12	0.11	0.10	0.09	0.08	0.07	0.06	0.06
0.4	0.6	0.40	0.36	0.32	0.28	0.25	0.22	0.20	0.18	0.16	0.14	0.12	0.11	0.10	0.09
0.6	0.9	0.60	0.56	0.50	0.45	0.40	0.36	0.32	0.28	0.25	0.22	0.20	0.18	0.16	0.14
1.0	1.5	1.0	0.90	0.80	0.70	0.64	0.56	0.50	0.45	0.40	0.36	0.32	0.28	0.25	0.22
1.6	2.4	1.6	1.4	1.25	1.1	1.0	0.90	0.80	0.70	0.64	0.56	0.50	0.45	0.40	0.36
2.5	3.8	2.5	2.2	2.0	1.8	1.6	1.4	1.25	1.1	1.0	0.90	0.80	0.70	0.64	0.56
4.0	6.0	4.0	3.6	3.2	2.8	2.5	2.2	2.0	1.8	1.6	1.4	1.25	1.1	1.0	0.90
6.4	9.6	6.4	5.6	5.0	4.5	4.0	3.6	3.2	2.8	2.5	2.2	2.0	1.8	1.6	1.4
10.0	15.0	10.0	9.0	8.0	7.1	6.4	5.6	5.0	4.5	4.0	3.6	3.2	2.8	2.5	2.2
16.0	24.0	16.0	14.0	12.5	11.2	10.0	9.0	8.0	7.1	6.4	5.6	5.0	4.5	4.0	3.6
20.0	30.0	20.0	18.0	16.0	14.0	12.5	11.2	10.0	9.0	8.0	7.1	6.4	5.6	5.0	4.5
25.0	38.0	25.0	22.5	20.0	16.0	14.0	12.5	11.2	10.0	9.0	8.0	7.1	6.4	5.6	
32.0	48.0	32.0	28.0	25.0	22.5	20.0	18.0	16.0	14.0	12.5	11.2	10.0	9.0	8.0	7.1
40.0	56.0	40.0	36.0	32.0	28.0	25.0	22.5	20.0	18.0	16.0	14.0	12.5	11.2	10.0	9.0
50.0	70.0	50.0	45.0	40.0	36.0	32.0	28.0	22.5	20.0	18.0	16.0	14.0	12.5	11.21	
64.0	90.0	64.0	56.0	45.0	40.0	36.0	32.0	28.0	25.0	22.5	20.0	18.0	16.0	14.0	
80.0	110.0	80.0	71.0	64.0	56.0	50.0	45.0	40.0	36.0	32.0	28.0	25.0	22.5	20.0	18.0
100.0	130.0	100.0	90.0	80.0	71.0	64.0	56.0	50.0	45.0	40.0	36.0	32.0	28.0	25.0	22.0

注：1. 最大工作压力指无冲击表压。

2. 当工作温度级之中间值时，可用内插法确定最大工作压力。

表 1-4　美标钢制阀门常用材料压力-温度等级　　　　　　单位：MPa

压力等级		Class150		Class300		Class600			Class900			Class1500			Class2500		
材料		WCB	CF8 CF8M	WCB	CF8 CF8M	WCB	WC6	CF8 CF8M	WCB	WC6	CF8 CF8M	WCB	WC6	CF8 CF8M	WCB	WC6	CF8 CF8M
工作温度/℃	−29~38	1.9	1.9	5.1	5.1	10.1	10.6	10.1	15.2	15.8	15.2	25.3	26.6	25.3	42.2	43.9	42.2
	93	1.7	1.7	4.9	4.9	9.8	10.0	9.8	14.8	15.0	14.8	24.6	25.0	24.6	41.0	41.7	41.0
	149	1.5	1.5	4.8	4.8	9.6	9.5	9.6	14.4	14.2	14.4	24.0	23.7	24.0	40.0	39.4	40.0
	204	1.3	1.3	4.7	4.7	9.4	9.2	9.4	14.1	13.9	14.1	23.4	23.1	23.4	39.0	38.6	39.0
	260	1.1	1.1	4.4	4.4	8.8	9.0	8.8	13.2	13.5	13.2	22.0	22.7	22.0	36.6	37.6	36.6

续表

压力等级	Class150		Class300		Class600			Class900			Class1500			Class2500		
材料	WCB	CF8 CF8M	WCB	CF8 CF8M	WCB	WC6	CF8 CF8M	WCB	WC6	CF8 CF8M	WCB	WC6	CF8 CF8M	WCB	WC6	CF8 CF8M
工作温度/℃ 316	0.9	0.9	3.9	3.9	7.8	8.5	7.8	11.7	12.8	11.7	19.5	21.3	19.5	32.5	35.4	32.5
343	0.84	0.84	3.6	3.6	7.2	8.3	7.2	10.9	12.4	10.9	18.1	20.7	18.1	30.2	34.5	30.2
371	0.8	0.8	3.3	3.5	6.6	8.0	6.9	9.9	12.0	10.4	16.5	20.0	17.3	27.6	33.3	28.9
399	0.7	0.7	3.0	3.3	6.0	7.5	6.6	9.0	11.2	9.9	14.9	18.7	16.6	25.0	31.1	27.6
427					5.1	7.1	6.3	7.7	10.7	9.5	12.9	17.9	15.7	21.4	29.7	26.2
454						6.9	6.0		10.3	9.0		17.1	14.9		28.5	24.9
482						6.3	5.7		9.5	8.5		15.8	14.1		26.3	23.6
510						5.3	5.3		7.9	8.0		13.3	13.4		22.1	22.2
538						3.1	5.0		4.7	7.5		7.8	12.5		13.1	20.9
566						1.9	4.7		2.9	7.0		4.8	11.7		8.0	19.6

注：本表参照 ANSI B16.34。

表 1-5　灰铸铁制阀门的压力-温度等级（GB 4216.1）

公称压力 PN	材料牌号	试验压力 p_s/MPa(bar)	在下列温度下的最大允许工作压力 p_{max}/MPa(bar)			
			120℃	200℃	250℃	300℃
PN2.5		0.4(4)	0.25(2.5)	0.2(2)	0.18(1.8)	0.15(1.5)
PN6	HT20~40	0.9(9)	0.6(6)	0.49(4.9)	0.44(4.4)	0.35(3.5)
PN10		1.5(15)	1.0(10)	0.78(7.8)	0.69(6.9)	0.59(5.9)
PN16		2.4(24)	1.6(16)	1.27(12.7)	1.09(10.9)	0.98(9.8)
PN25	HT25~47	3.8(38)	2.5(25)	2.0(20)	1.75(17.5)	1.5(15)

表 1-6　球墨铸铁阀门的压力-温度等级（GB/T 12232）

公称压力 PN	最高温度/℃					
	−30~120	150	200	250	300	350
	最大允许工作压力 p_{max}/MPa(bar)					
PN16	1.60(16.0)	1.52(15.2)	1.44(14.4)	1.28(12.8)	1.12(11.2)	0.88(8.8)
PN25	2.50(25.0)	2.38(23.8)	2.25(22.5)	2.00(20.0)	1.75(17.5)	1.38(13.8)
PN40	4.00(40.0)	3.80(38.0)	3.60(36.0)	3.20(32.0)	2.80(28.0)	2.20(22.0)

表 1-7　可锻铸铁阀门的压力-温度等级

公称压力 PN	试验压力 p_s（用低于 100℃的水）/MPa	介质工作温度/℃			
		≤120	200	250	300
		最大工作压力/MPa			
PN1	0.2	0.1	0.1	0.1	0.1
PN2.5	0.4	0.25	0.25	0.2	0.2
PN4	0.6	0.4	0.38	0.36	0.32
PN6	0.9	0.6	0.55	0.5	0.5
PN10	1.5	1.0	0.9	0.8	0.8
PN16	2.4	1.6	1.5	1.4	1.3
PN25	3.8	2.5	2.3	2.1	2.0
PN40	6.0	4.0	3.6	3.4	3.2

表 1-8　铜合金阀门的压力-温度等级

公称压力 PN	试验压力 p_s（用低于 100℃的水）/MPa	介质工作温度/℃		
		≤120	200	250
		最大工作压力/MPa		
PN1	0.2	0.1	0.1	0.07
PN2.5	0.4	0.25	0.2	0.17
PN4	0.6	0.4	0.32	0.27

续表

公称压力 PN	试验压力 p_s（用低于100℃的水）/MPa	介质工作温度/℃		
		≤120	200	250
		最大工作压力/MPa		
PN6	0.9	0.6	0.5	0.4
PN10	1.5	1.0	0.8	0.7
PN16	2.4	1.6	1.3	1.1
PN25	3.8	2.5	2.0	1.7
PN40	6.0	4.0	3.2	2.7
PN64	9.6	6.4	—	—
PN100	15.0	10.0	—	—
PN160	24.0	16.0	—	—
PN200	30.0	20.0	—	—
PN250	35.0	25.0	—	—

注：1. 表中所指压力均为表压力。

2. 当工作温度为表中温度级之中间值时，可用内插入法确定工作压力。

1.3.4　阀门的压力单位换算

在阀门的设计制造、销售和订货中，由于各个国家使用的阀门压力单位不同，经常遇到不同压力单位的换算，为了方便查找，将经常遇到的一些压力单位换算近似值列入表1-9～表1-11。

1.3.5　阀门的流量系数

阀门的流量系数（C_v 值或 K_v 值）是衡量阀门流通能力的重要指标，流量系数值越大，说明流体流过阀门时的压力损失越小。流量系数值随阀门的尺寸、形式、结构变化而变化。不同类型和不同规格的阀门通过试验才能确定该种阀门的流量系数。

在管线阀门和国外先进工业国的阀门标准中，对阀门的流量系数提出了要求，有些企业在其阀门产品样本中也列出了各种阀门的流量系数，供设计部门和用户在选定阀门通径时，作为参考。

表 1-9　压力单位换算表

工程大气压（kgf/cm²）	标准大气压（atm）	毫米汞柱（mmHg）	米水柱（mH₂O）	巴（bar）	磅力/英寸²（lbf/in²）	兆帕（MPa）
1	0.9678	735.56	10.00	0.981	14.223	0.0981
1.0333	1	760.00	10.3333	1.01325	14.696	0.1013
0.00136	0.00131	1	0.0136	0.00133	0.0193	0.00013
0.1	0.0968	73.556	1	0.0981	1.4223	0.0098
1.02	0.987	768.63	10.2	1	14.51	0.1
0.0703	0.0680	51.715	0.703	0.06895	1	0.0069
10.2	9.87	7686.3	102	10	145.1	1

表 1-10　美标、日标、国标阀门压力级数值对照表

美标 ANSI	压力级 Class	150 磅级	300 磅级	400 磅级	600 磅级	800 磅级	900 磅级	1500 磅级	2000 磅级	2500 磅级	3500 磅级	4500 磅级
	压力数字代号	150lb	300lb	400lb	600lb	800lb	900lb	1500lb	2000lb	2500lb	3500lb	4500lb
日标 JIS	压力级（K级）	10 K级	20 K级	30 K级	40 K级	—	63 K级	100 K级				
	压力数字代号	10K	20K	30K	40K	—	63K	100K				
国标 GB	公称压力 PN/MPa	2.0	5.0	6.3	11.0	14.0	15.0	25.0	32.0	42.0	60.0	72.0

表 1-11　压力换算表

MPa→kgf/cm²				kgf/cm²→MPa			
MPa	kgf/cm²	MPa	kgf/cm²	kgf/cm²	MPa	kgf/cm²	MPa
0.1	1.0197	5.1	52.006	1.0	0.098	51.0	5.001
0.2	2.0394	5.2	53.025	2.0	0.196	52.0	5.099
0.3	3.0591	5.3	54.045	3.0	0.294	53.0	5.198
0.4	4.0789	5.4	55.065	4.0	0.392	54.0	5.296
0.5	5.0986	5.5	56.084	5.0	0.490	55.0	5.394
0.6	6.1183	5.6	57.104	6.0	0.588	56.0	5.492
0.7	7.1380	5.7	58.124	7.0	0.686	57.0	5.590
0.8	8.1577	5.8	59.144	8.0	0.785	58.0	5.688
0.9	9.1774	5.9	60.613	9.0	0.883	59.0	5.786
1.0	10.197	6.0	61.183	10.0	0.981	60.0	5.884
1.1	11.217	6.1	62.203	11.0	1.079	61.0	5.982
1.2	12.237	6.2	63.222	12.0	1.177	62.0	6.080
1.3	13.256	6.3	64.242	13.0	1.275	63.0	6.178
1.4	14.276	6.4	65.262	14.0	1.373	64.0	6.276
1.5	15.296	6.5	66.282	15.0	1.471	65.0	6.374
1.6	16.315	6.6	67.301	16.0	1.596	66.0	6.472
1.7	17.335	6.7	68.321	17.0	1.667	67.0	6.570
1.8	18.355	6.8	69.341	18.0	1.765	68.0	6.669
1.9	19.375	6.9	70.360	19.0	1.863	69.0	6.767
2.0	20.394	7.0	71.380	20.0	1.961	70.0	6.865
2.1	21.414	7.1	72.400	21.0	2.059	71.0	6.963
2.2	22.434	7.2	73.420	22.0	2.157	72.0	7.061
2.3	23.453	7.3	74.439	23.0	2.256	73.0	7.159
2.4	24.473	7.4	75.459	24.0	2.354	74.0	7.257
2.5	25.493	7.5	76.479	25.0	2.452	75.0	7.355
2.6	26.513	7.6	77.498	26.0	2.550	76.0	7.453
2.7	27.532	7.7	78.518	27.0	2.648	77.0	7.551
2.8	28.552	7.8	79.538	28.0	2.746	78.0	7.649
2.9	29.572	7.9	80.558	29.0	2.844	79.0	7.747
3.0	30.591	8.0	81.577	30.0	2.942	80.0	7.845
3.1	31.611	8.1	82.597	31.0	3.040	81.0	7.943
3.2	32.631	8.2	83.617	32.0	3.138	82.0	8.041
3.3	33.651	8.3	84.636	33.0	3.236	83.0	8.140
3.4	34.670	8.4	85.656	34.0	3.334	84.0	8.238
3.5	35.690	8.5	86.676	35.0	3.432	85.0	8.336
3.6	36.710	8.6	87.696	36.0	3.530	86.0	8.434
3.7	37.729	8.7	88.715	37.0	3.628	87.0	8.532
3.8	38.749	8.8	89.735	38.0	3.727	88.0	8.630
3.9	39.769	8.9	90.755	39.0	3.825	89.0	8.728
4.0	40.789	9.0	91.774	40.0	3.923	90.0	8.826
4.1	41.808	9.1	92.794	41.0	4.021	91.0	8.924
4.2	42.828	9.2	93.814	42.0	4.119	92.0	9.022
4.3	43.848	9.3	94.834	43.0	4.217	93.0	9.120
4.4	44.868	9.4	95.853	44.0	4.315	94.0	9.218
4.5	45.887	9.5	96.873	45.0	4.413	95.0	9.316
4.6	46.907	9.6	97.892	46.0	4.511	96.0	9.414
4.7	47.927	9.7	98.912	47.0	4.609	97.0	9.512
4.8	48.946	9.8	99.932	48.0	4.707	98.0	9.611
4.9	49.966	9.9	100.95	49.0	4.805	99.0	9.709
5.0	50.986	10.0	101.97	50.0	4.903	100.0	9.807

C_V 值定义：使用 $60\,^\circ\mathrm{F}$（$15.6\,^\circ\mathrm{C}$）的清水，在阀前后的差压为 1psi（$0.07\mathrm{kgf/cm^2}$）的条件下，流过阀时的流量，以 1US gal/min（1Us gal＝$3.78541\mathrm{dm^3}$）表示。

K_V 值定义：温度在 $5\sim40\,^\circ\mathrm{C}$ 之间，水流过在规定的开启位置下压力损失为 1bar 的阀门时每小时立方米数。

阀门流量系数的计算如下。

（1）一般式

$$C=q_V\sqrt{\frac{\rho}{\Delta p}}$$

式中　C——流量系数；

q_V——体积流量，$\mathrm{m^3/s}$；

ρ——流体密度，$\mathrm{kg/m^3}$；

Δp——阀门的压力损失，MPa。

（2）A_V 值计算式

$$A_V=q_V\sqrt{\frac{\rho}{\Delta p}}$$

式中　A_V——流量系数。

（3）K_V 值计算式

$$K_V=q_V\sqrt{\frac{\rho}{\Delta p}}$$

式中　K_V——流量系数。

（4）C_V 值计算式

$$C_V=q_V\sqrt{\frac{G}{\Delta p}}$$

式中　C_V——流量系数；

q_V——体积流量，US gal/min；

G——水的相对密度，$G=1$；

Δp——阀门的压力损失，$\mathrm{lbf/in^2}$。

（5）流量系数 A_V、K_V 和 C_V 的关系

$$C_V=1.17K_V$$
$$C_V=106/24\,A_V$$
$$K_V=106/28\,A_V$$

表 1-12 所列是 DN50 阀门的典型流量系数，图 1-2 所示是阀门直径与流量系数近似值的关系，供阀门选型时借鉴参考。

1.3.6 开启力矩

开启力矩也称作操作力矩，是选择阀门驱动装置最主要的参数。开启力矩的大小也是衡量阀门产品质量的又一个重要指标，人们在评价阀门质量时，常用阀门的开启轻便、灵活来形容它。在一些先进工业国家的管道阀门标准

中，将其作为考核指标之一，并规定手动阀门的开启力矩不超过 360N·m。超过了此力矩就要考虑选用合适的驱动装置（如电动、气动、液动装置）。有些生产企业将开启力矩印在产品样本中，方便用户选用。

表 1-12　DN50 阀门的典型流量系数

类型		C_V	A_V
截止阀		40～60	$0.96\times10^{-3}\sim$ 1.44×10^{-3}
角式截止阀		47	1.13×10^{-3}
Y 形阀门	阀杆与管道中心线夹角为 45°	72	1.73×10^{-3}
	阀杆与管道中心线夹角为 60°	65	1.56×10^{-3}
V 形孔旋塞阀		60～80	$1.44\times10^{-3}\sim$ 1.92×10^{-3}
蝶阀	蝶板厚度为通道直径的 7%	333	7.99×10^{-3}
	蝶板厚度为通道直径的 35%	154	3.70×10^{-3}
常规闸阀		300～310	$7.20\times10^{-3}\sim$ 7.44×10^{-3}
夹管阀		360	8.64×10^{-3}
旋启示止回阀		76	1.82×10^{-3}
隐蔽式旋启示止回阀		123	2.95×10^{-3}
球阀（缩径）		131	3.14×10^{-3}
球阀（全径）		440	10.5×10^{-3}

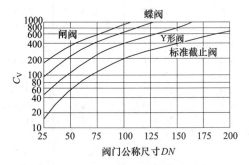

图 1-2　阀门直径与流量系数近似值的关系

开启力矩（转矩）是指阀门开启或关闭所必须施加的作用力或力矩。关闭阀门时，需要使启闭件与阀座两密封面间形成一定的密封比压，同时还要克服阀杆与填料之间，阀杆与螺母的螺纹之间，阀杆端部支承处与其他摩擦部位的摩擦力。因此，必须施加一定的关闭力和关闭力矩，阀门在启用过程中所需要的启闭力和启闭力矩是变化的，其中最大值是在关闭的最终瞬间或开启的最初瞬间。设计和制造阀门

时应力求降低启闭力和启闭力矩。

开启力矩可以采用计算或实测的方法取得近似结果，计算公式可参考相关标准及设计工具书。也可采用力矩扳手实测获得。为了方便读者查阅，现列出几种类型的阀门开启力矩特性曲线图和开启力矩值，需要说明的是这些图表值是在一般使用条件的经验数据，仅供参考。如选用匹配的驱动装置，将查表所得值乘以 1.1～1.3 的系数，从而保证阀门产品使用的安全可靠。

（1）楔式闸阀开启力矩特性

楔式闸阀开启力矩特性曲线（图 1-3）显示，当阀门的开度在 10％以上时，阀门的轴向力，即阀门的开启力矩的变化不大。当阀门的开度低于 10％时，由于流体的节流，使闸阀的前后压差增大。这个压差作用在闸板上，使阀杆需要较大的轴向力才能带动闸板，所以在此范围内，阀门操作力矩的变化比较大。图中，实线表示刚性闸板闸阀操作力矩特性；虚线表示弹性闸板的闸阀操作力矩特性。从曲线看出，弹性闸板的闸阀，在接近关闭时所需的操作力矩比刚性闸板的要大些。

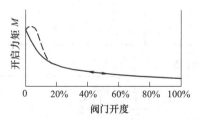

图 1-3　楔式闸阀的开启力矩特性曲线

闸板关闭时，由于密封面的密封方式不同会产生不同的情况。对于自动密封闸阀（包括平板闸阀），在闸阀关闭时，闸板的密封面恰好对正阀座密封面，即是阀门的全关位置。但此位置在阀门运行条件下是无法监视的，因此在实际使用时是将阀门关至下止点的位置作为闸阀全关位置。由此可见，自动密封的阀门全关位置是按闸板的位置（即行程）来确定的。对于强制密封的闸阀，阀门关闭时必须使闸板向阀座施加压力。此压力可以保证闸板和阀座之间的密封面严格地密封，是强制密封阀门的密封力。这个密封力由于阀杆螺纹的自锁将会继续作用。显然，为了向闸板提供密封力，阀

杆螺母传递的力矩比阀门操作过程中的力矩大。由此可见，对于强制密封的闸阀，阀门的全关位置是按阀杆螺母所受的力矩大小来确定的。

阀门关闭后，由于介质或环境温度的变化，阀门部件的热膨胀会使闸板和阀座之间的压力变大，反映到阀杆螺母上，就为再次开启阀门带来困难。所以，开启阀门所需的力矩比关闭阀门所需的力矩大。此外，对于一对相互接触的密封面来说，它们之间的静摩擦因数也比动摩擦因数大，要使它们从静止状态产生相对运动，同样需施加较大的力以克服静摩擦力。由于温度变化，使密封面间的压力变大，需要克服的静摩擦力也随之变大，从而使开启阀门时，对阀杆螺母上需施加的力矩有时会增大很多。

闸阀的操作力矩可参照表 1-13 确定。

（2）截止阀开启力矩特性

截止阀开启力矩特性（图 1-4）是介质由阀门下部进入阀门内腔的关闭操作力矩特性。在阀门由全开位置开始关闭的阶段，随着阀瓣的下降，流体在阀瓣前后造成压差，以阻止阀瓣下降，而且这个阻力随阀瓣下降而迅速增加。当阀门全关时，阀瓣前后压差等于介质工作压力，这时阻力最大，再加以强制的密封力，使阀门关闭瞬间的操作力增加很快。在阀门开启过程中，由于介质压力或阀瓣前后压差造成的推力都是帮助开启阀门，所以开阀特性曲线的形状与图中曲线相似，但位于图中曲线的下方。应该指出的是，在开阀的瞬间的力矩有可能超过关阀时的力矩，因为此时要克服较大的静摩擦力。

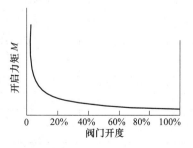

图 1-4　截止阀开启力矩特性曲线

截止阀开启时，阀瓣的开启高度达到阀门公称尺寸的 25％～30％时，流量即已达到最

大，即表明阀门已达到全开位置，所以截止阀的全开位置应由阀瓣行程来确定。截止阀关闭时的情况和关严后再次开启的情况与强制密封式的闸阀相似，因此，阀门的关闭位置应按操作力矩增加到规定值来确定。

截止阀的开启力矩可按表1-14确定。

（3）蝶阀的开启力矩特性

蝶阀的开启力矩特性曲线（图1-5）中虚线部分是密封型蝶阀的特性。蝶阀的开启力矩特性曲线中间高、两端低。造成这现象的原因

表 1-13　闸阀力矩参考表

公称尺寸 DN	公称压力/MPa 力矩/N·m										
	0.25	0.6	1.0	1.6	2.5	4.0	6.3	10.0	16.0	20.0	32.0
50	25	25	50	50	50	100	100	200	200	200	200
65	25	50	50	50	50	100	200	200	300	450	600
80	50	50	50	80	100	200	200	300	450	600	900
100	50	50	100	200	200	300	300	450	600	1000	1200
125	50	50	200	200	300	300	450	500	900		
150	50	100	200	300	300	450	500	600	1000		
200	100	200	300	300	450	500	600	1000	1200	1800	
250	100	200	300	450	600	600	1000	1200		2500	
300	200	300	450	500	600	900	1200	1800			
350	300	300	500	750	900	1200	1800				
400	300	450	600	1000	1200	1800	2500				
450	450	450	1000	1200	1800		5000				
500	450	600	1200	1800	2500		5000				
600	500	900	1800		3500		6500				
700	600	1200	1800		5000		8000				
800	900	1200	2500		8000						
900	1000	1800	2500								
1000	1200	1800	2500								
1200	1800	2500	3500								
1400	2500	3500	5000								

表 1-14　截止阀力矩参考表

公称尺寸 DN	公称压力/MPa 力矩/N·m										
	0.25	0.6	1.0	1.6	2.5	4.0	6.3	10.0	16.0	20.0	32.0
15						50		80			100
20						80		100			200
25					50		100	200	200		300
32					100	200	200	300			450
40				80	200	200	300	300			600
50			50	80	100	200	300	300	450		900
65		50	80	100	200	300	300	450	600		1000
80			100		200	300	450	600	1000		2500
100		100		200	300	450	600	1000	1200		3500
125		20		200	450	500	1000	1200	1800		4000
150				300	500	900	1200	1800			
200					1000	1800					
225			500								
250		500									
300		500									
350	500										

是，蝶阀在中间位置时，流体受蝶板的阻碍，绕过蝶板流动，会在蝶板两侧形成旋流，对蝶板形成一流水力矩，此力矩是迫使蝶板关闭的。随着蝶板的开启或关闭，流体在蝶板两侧造成的旋流的影响越来越小，直到旋流消失，这时蝶板受到的阻力也越来越小，因此形成中间高、两端低的特性曲线。阀门开启过程中的力矩比关闭过程中的大，其原因是由于流体对蝶板造成的动水力矩始终是向着关阀方向的。非密封型蝶阀的最大开启力矩出现在中间位置，而密封型蝶阀的最大力矩出现在阀门关闭时，这是因为要附加上强制密封力矩的缘故。

蝶阀的阀杆只做旋转运动，它的蝶板和阀杆本身是没有自锁能力的，为了使蝶板定位（停止在指定位置上），一种办法是在阀杆上附加一个具有自锁能力的减速器，在附加蜗轮减速器之后，可以使角位移增加到几十圈，而操作力矩却相应降低，这样可以使蝶阀的某些操作性能（如总转圈数和操作力矩）与其他阀门接近，便于配用电动装置。

对于强制性密封的蝶阀，它的关闭位置应该按操作力矩升高到规定值来确定。

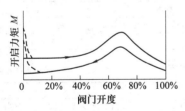

图 1-5　蝶阀的开启力矩特性曲线

蝶阀的操作力矩可参照表 1-15 确定。

（4）球阀的开启力矩特性

球阀的开启力矩特性曲线（图 1-6）显示，球阀与蝶阀的开启力矩特性曲线相似，其原因也是由于流体在球体中流向改变时造成旋流的影响。旋流的影响随阀门的开启或关闭逐渐减小。

球阀由全开到全关，阀杆的旋转角度为 90°，球阀要设机械限位。球阀的开启位置和关闭位置都应按阀杆旋转角度来确定，故球阀是按行程定位的。

球阀的操作力矩可参照表 1-16 确定。

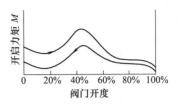

图 1-6　球阀开启力矩特性曲线

1.3.7　阀门的流量流阻

阀门的流量流阻是阀门在不同开度下的介质流通量和介质通过阀门后的压力损失，阀门的流通能力和压力损失是阀门选择、使用和设计的重要参数。

作为截断装置使用的阀门，使用这类阀门的目的在于将一部分回路截断。因此，阀门必须保证极好的密封性，当装有这类阀门的回路正常工作时，阀门应该呈全开启状态，并尽可能使其产生最小的压力损失，故这类阀门的流量试验主要是测定其在全开启状态下的流阻系数。各种阀门的流阻系数各不相同，即使同种阀门，由于结构及流道各不相同，其流阻系数也有显著的差别。通过试验可找出影响阀门流量流阻系数的各种因素，从而指导人们改进结构设计，降低阀门流体阻力，使其消耗尽可能少的能量。

用于调节流量或压力的阀门会产生很大的压力损失，且压力损失的大小是随阀门启闭位置的变化而变化的。这类阀门的流量试验主要是测定其在不同开度下的流量系数，通过试验和改进，可提高阀门的调节性能等。

为了方便使用，将流量的计算公式、流量流速换算和各类阀门的流阻系数列出（表 1-17～表 1-19）。

流量的计算式如下：

$$Q = Av = \frac{1}{4}\pi d^2 v$$

式中　Q——液体的体积流量，m^3/s；
　　　A——管路的断面积，m^2；
　　　v——管路内的平均流速，m/s；
　　　d——口径，m。

$$Q(L/min) = Q(m^3/s) \times 1000 \times 60$$
$$Q(m^3/h) = Q(L/min) \times 60/1000$$

表 1-15　蝶阀力矩参考表

公称压力 PN	公称尺寸 DN											
	50	65	80	100	125	150	200	250	300	350	400	450
	力矩/N·m											
PN0.5							50				200	
PN2.5												
PN6												
PN10	50	50	100	100	200	200	450	600	900	1200	2000	2500

公称压力 PN	公称尺寸 DN									
	500	600	700	800	900	1000	1200	1400	1600	1800
	力矩/N·m									
PN0.5						500				
PN2.5									25000	30000
PN6							25000	30000		
PN10	3000	5000	6500	9000	15000	25000				

表 1-16　球阀力矩参考表

公称压力 PN	公称尺寸 DN									
	50	65	80	100	125	150	200	250	300	350
	力矩/N·m									
PN16	25	50	100	150	250	500	1000	2000	3000	5000
PN40	50	100	200	350	750	1200	3000	6000	10000	15000
PN63	100	200	300	600	1200	2000	5000	10000	15000	20000

表 1-17　基准流速（液体）

配　管	基准流速/(m/s)	配　管	基准流速/(m/s)
工地一般给水	1~3	活塞泵(出口管)	1~2
上水道(一般用)	1~2.5	锅炉给水	1.5~3
上水道(公共用)	0.6	暖房用温水管	0.1~3
离心泵(进口管)	0.5~2.5	海水	1.2~2
离心泵(出口管)	1~3	黏度小的液体(0.1~1.0MPa)	1.5~3
活塞泵(进口管)	<1		

表 1-18　流量与流速换算表　　　　　　单位：L/min

流速 /(m/s)	公称尺寸 DN													
	15	20	25	32	40	50	65	80	100	125	150	200	250	300	350
0.5	5	9	15	24	38	59	100	151	236	368	530	942	1473	2121	2886
1.0	11	19	29	48	75	118	199	302	471	736	1060	1885	2945	4241	5773
1.2	13	23	35	58	90	141	239	362	565	884	1272	2262	3534	5089	6927
1.4	15	26	41	68	106	165	279	422	660	1031	1484	2639	4123	5938	8082
1.6	17	30	47	77	121	188	319	483	754	1178	1696	3016	4712	6786	9236
1.8	19	34	53	87	136	212	358	543	848	1325	1909	3393	5301	7634	1039
2.0	21	38	59	97	151	236	398	603	942	1473	2121	3770	5890	8482	11545
2.2	23	41	65	106	166	259	438	664	1037	1620	2333	4147	6480	9331	12670
2.4	25	45	71	116	181	283	478	724	1131	1767	2545	4524	7069	10179	13854
2.6	28	49	77	125	196	306	518	784	1225	1914	2757	4910	7658	11027	15009
2.8	30	53	82	135	211	330	557	844	1319	2062	2969	5278	8247	11875	16163
3.0	32	57	88	145	226	353	597	905	1413	2209	3181	5655	8836	12723	17381
3.2	34	60	94	154	241	377	637	965	1508	2356	3393	6032	9425	13572	18473
3.4	36	64	100	164	256	401	677	1025	1602	2503	3605	6409	10014	14420	19672
3.6	38	68	106	174	271	424	717	1086	1696	2651	3817	6786	10603	15268	20782
3.8	40	72	112	183	287	448	757	1146	1791	2798	4092	7163	11192	16116	21936

续表

流速/(m/s)	公称尺寸 DN														
	15	20	25	32	40	50	65	80	100	125	150	200	250	300	350
4.0	42	75	118	193	302	471	796	1206	1885	2945	4241	7540	11781	16965	23091
4.5	48	85	133	217	339	530	896	1357	2121	3313	4771	8482	13254	19085	25977
5.0	53	94	147	241	377	589	995	1508	2356	3682	5301	9425	14726	21206	28863
6.0	64	113	177	290	452	707	1195	1810	2827	4418	6362	11310	17671	25447	34636

表 1-19　各类阀门的流阻系数 ζ

闸阀		公称尺寸 DN	50	80	100	150	200~250	300~400	500~800
		ζ	0.5	0.4	0.2	0.1	0.08	0.07	0.06
截止阀	直通式	公称尺寸 DN	15	20	40	80	100	150	200
		ζ	10.8	8.0	4.9	4.0	4.1	4.4	4.7
	直角式	公称尺寸 DN	25	32	50	65	80	100	150
		ζ	2.8	3.0	3.3	3.7	3.9	3.8	3.7
	直流式	公称尺寸 DN	25	40	50	65	80	100	150
		ζ	1.04	0.85	0.73	0.65	0.60	0.50	0.42
止回阀	升降式	公称尺寸 DN	40	50	80	100	150	200	—
		ζ	12	10	10	7	6	5.2	—
	旋启示	公称尺寸 DN	40	100	200	300	500	—	—
		ζ	1.3	1.5	1.9	2.1	2.5	—	—
隔膜阀（堰式）		公称尺寸 DN	25	40	50	80	100	150	200
		ζ	2.3	2.4	2.6	2.7	2.8	2.9	2.9
旋塞阀		公称尺寸 DN	15	20	25	32	40	65	80
		ζ	0.9	0.4	0.5	1.2	1.0	1.1	1.0

注：1. 闸阀的数据适用于平行双闸板结构。

2. 球阀没有缩径时，ζ 值很小，流体阻力损失仅相当于相同通径的管道（管的长度等于其结构长度），流阻系数一般约为 0.1。

3. 蝶阀的 ζ 主要与蝶板的形状和板的相对厚度有关：对菱形板 $\zeta \approx 0.05 \sim 0.25$；对饼形板 $\zeta \approx 0.18 \sim 0.6$。

4. 直通式隔膜阀的流阻系数小于堰式隔膜阀，一般为 $0.6 \sim 0.9$。

1.4　阀门型号编制方法

阀门的型号编制方法，原第一机械工业部曾以 JB/T 308—1975《阀门型号编制方法》标准发布，产生了积极作用和效果。经过多年的使用和修订，日趋完善，并于 2004 年以中国机械行业标准 JB/T 308—2004《阀门　型号编制方法》发布。

但随着现代科学技术的日新月异，阀门所使用的工况条件越来越复杂、多样化，为了适应这些特殊工况要求，新型结构及材料的阀门层出不穷，这些阀门很难以用以往制定的标准加以表示，故很多阀门制造厂及设计院就推出了自己的型号编制方法，其编制方法未统一，这就给设计选用人员带来了诸多不便。

JB/T 308—2004《阀门　型号编制方法》适用于工业管道用闸阀、截止阀、节流阀、球阀、蝶阀、隔膜阀、旋塞阀、止回阀、安全阀、减压阀、蒸汽疏水阀、排污阀、放料阀、管夹阀、柱塞阀的型号编制。

1.4.1　阀门型号编制方法

阀门型号编制方法如下：

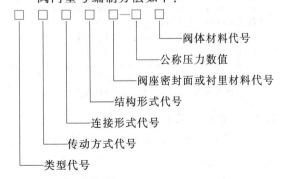

1.4.2　类型代号

类型代号用汉语拼音字母表示，按表1-20的规定。

表 1-20　阀门类型代号

类型	代号	类型	代号
闸阀	Z	旋塞阀	X
截止阀	J	止回阀和底阀	H
球阀	Q	管夹阀	GJ
蝶阀	D	放料阀	FQ
隔膜阀	G	柱塞阀	U
节流阀	L	排污阀	P
弹簧载荷安全阀	A	杠杆式安全阀	GA
减压阀	Y	蒸汽疏水阀	S

1.4.3　特殊功能代号

其他功能作用或带有其他特殊结构的阀门代号，按表 1-21 的规定。

表 1-21　特殊功能代号

第二功能名称	代号	第二功能名称	代号
保温型	B	排渣型	P
低温型	D[①]	快速型	Q
防火型	F	（阀杆密封）波纹管型	W
缓闭型	H		

① 低温型指允许使用温度低于 $-46℃$ 以下的阀门。

1.4.4　传动方式代号

传动方式代号用阿拉伯数字表示，按表 1-22 的规定。

表 1-22　传动方式代号

传动方式	代号	传动方式	代号
电磁动	0	伞齿轮	5
电磁-液动	1	气动	6
电-液动	2	液动	7
蜗轮	3	气-液动	8
正齿轮	4	电动	9

注：1. 代号1、代号2及代号8是用在阀门启闭时，需有两种动力源同时对阀门进行操作。

2. 手轮或手柄直接操作的阀门以及安全阀，减压阀，疏水阀省略本代号。

3. 对于气动或液动：常开式用 6K、7K 表示；常闭式用 6B、7B 表示；气动带手动 6S 表示。

4. 防爆电动用 9B 表示；蜗杆-T 形螺母用 3T 表示。

1.4.5　连接形式代号

连接形式代号用阿拉伯数字代号表示，按表 1-23 的规定。

1.4.6　结构形式代号

结构形式代号用阿拉伯数字表示，按表 1-24～表 1-34 的规定。

表 1-23　连接形式代号

连接形式	代号	连接形式	代号
内螺纹	1	对夹	7
外螺纹	2	卡箍	8
法兰	4	卡套	9
焊接	6		

表 1-24　闸阀结构

闸阀结构形式			代号
阀杆升降式（明杆）	楔式闸板	弹性闸板	0
		刚性闸板 单闸板	1
		刚性闸板 双闸板	2
	平行式闸板	刚性闸板 单闸板	3
		刚性闸板 双闸板	4
阀杆非升降式（暗杆）	楔式闸板	刚性闸板 单闸板	5
		刚性闸板 双闸板	6
	平行式闸板	刚性闸板 单闸板	7
		刚性闸板 双闸板	8

表 1-25　截止阀、节流阀和柱塞阀的结构

截止阀、节流阀和柱塞阀的结构形式		代号
阀瓣非平衡式	直通式	1
	Z 形流道	2
	三通流道	3
	角式	4
	直流式（Y 形）	5
阀瓣平衡	直通	6
	角式	7

表 1-26　球阀结构

球阀结构形式		代号
浮动球	直通流道	1
	Y 形三通流道	2
	L 形三通流道	4
	T 形三通流道	5
固定球	四通式	6
	直通式	7
	T 形三通流道	8
	L 形三通流道	9
	半球直通	0

表 1-27　蝶阀结构

蝶阀结构形式		代号
密封型	单偏心	0
	中心垂直板式	1
	双偏心	2
	三偏心	3
	连杆机构	4
非密封型	单偏心	5
	中心垂直板式	6
	双偏心	7
	三偏心	8
	连杆机构	9

注：垂直板三杆式用 1s 表示。

表 1-28　隔膜阀结构

隔膜阀结构形式	代　号
屋脊式	1
直流流道	5
直通流道	6
Y 形角式流道	8

表 1-29　旋塞阀结构

旋塞阀结构形式		代号
填料密封	直通式	3
	T 形三通式	4
	四通式	5
油密封	直通流道	7
	T 形三通流道	8

表 1-30　止回阀结构

止回阀结构形式		代号
升降式	直通式	1
	立式	2
	角式流道	3
旋启式	单瓣式	4
	多瓣式	5
	双瓣式	6
蝶式止回阀		7

表 1-31　安全阀结构

安全阀结构形式		代号	安全阀结构形式		代号
弹簧载荷弹簧封闭结构	带散热片全启式	0	弹簧载荷弹簧不封闭且带扳手结构	微启式、双联阀	3
	微启式	1		微启式	7
	全启式	2		全启式	8
	带扳手全启式	4	带控制机构全启式		6
杠杆式	单杠杆	2	脉冲式		9
	双杠杆	4			

表 1-32　减压阀结构

减压阀结构形式	代号	减压阀结构形式	代号
薄膜式	1	波纹管式	4
弹簧薄膜式	2	杠杆式	5
活塞式	3		

表 1-33　蒸汽疏水阀结构

蒸汽疏水阀结构形式	代号	蒸汽疏水阀结构形式	代号
浮球式	1	蒸汽压力式或膜盒式	6
浮桶式	3	双金属片式	7
液体或固体膨胀式	4	脉冲式	8
钟形浮子式	5	圆盘热动力式	9

表 1-34　排污阀结构

排污阀结构形式		代号	排污阀结构形式	代号
液面连接排放	截止型直通式	1	截止型直流式	5
			截止型直通式	6
	截止型角式	2	截止型角式	7
液底间断排放			浮动闸板型直通式	8

1.4.7　阀座密封面或衬里材料代号

阀座密封面或衬里材料代号用字母表示，按表 1-35 的规定。

表 1-35　阀座密封面或衬里材料代号

阀座密封面或衬里材料	代号	阀座密封面或衬里材料	代号
铜合金	T	渗氮钢	D
橡胶	X	硬质合金	Y
尼龙塑料	N	衬胶	J
氟塑料	F	衬铅	Q
锡基轴承合金（巴氏合金）	B	搪瓷	C
Cr13 系不锈钢	H	渗硼钢	P
奥氏体不锈钢	R	塑料	S
陶瓷	G	蒙乃尔合金	M
衬铝镍合金	L		

注：由阀体直接加工的阀座密封面材料代号用 W 表示，当阀座和阀瓣（闸板）密封面材料不同时，用低硬度材料代号表示（隔膜阀除外）。

1.4.8　压力代号

① 阀门使用的压力级符合 GB/T 1048—2005 的规定时，采用 GB/T 1048—2005 标准 10 倍的兆帕单位数值（MPa）表示。

② 当介质最高温度超过 425℃时，标注最高工作温度下的工作压力代号。

③ 压力等级采用磅级（lb）或 K 级单位的阀门，在型号编制时，应在压力代号栏后有 lb 或 K 的单位符号。

④ 不大于 $PN16$ 的灰铸铁阀体和大于或等于 $PN25$ 的碳素钢阀体省略本代号。

1.4.9　阀体材料代号

阀体材料代号用字母表示，按表 1-36 的规定。

表 1-36　阀体材料代号

阀体材料	代号	阀体材料	代号
碳钢	C	铬镍钼系不锈钢	R
Cr13 系不锈钢	H	塑料	S
铬钼系钢	I	铜及铜合金	T
可锻铸铁	K	钛及钛合金	Ti
铝合金	L	铬钼钒钢	V
铬镍系不锈钢	P	灰铸铁	Z
球墨铸铁	Q	增强聚丙烯	RPP

注：CF3、CF8、CF3M、CF8M 等材料牌号可直接标注在阀体上。

1.5　阀门的标志、涂漆、供货

工业阀门的标志、涂漆、供货，国家和各工业部门制定了统一的标准，是供货商和用户之间供货和接收的依据。通常根据阀门上的标志、标牌、涂漆及使用说明书，就可识别阀门的类型、结构形式、材料、公称尺寸（通径）、公称压力（或工作压力）、适用介质、温度及关闭方向等。

1.5.1　阀门的标志

（1）标志的内容

通用阀门必须使用的标志和可选择使用的项目，如表1-37所示。

表1-37　阀门的标志

项目	标志	项目	标志
1	公称尺寸（DN）	11	标准号
2	公称压力（PN）	12	熔炼炉号
3	受压部件材料代号	13	内件材料代号
4	制造厂名或商标	14	工位号
5	介质流向的箭头	15	衬里材料代号
6	密封环（垫）代号	16	质量和试验标记
7	极限温度（℃）	17	检验人员印记
8	螺纹代号	18	制造年、月
9	极限压力	19	流动特性
10	生产厂编号		

注：阀体上的公称压力铸字标志值等于10倍的兆帕（MPa）数，设置在公称尺寸数值的下方时，其前不冠以代号"PN"。

阀门承压阀体的外表面，应按规定标注永久性的标志，标志内容应有阀门的公称尺寸（DN），公称压力（PN），壳体材料牌号或代号，制造厂名或商标，炉号（铸造阀门），有流向要求的阀门标注介质流向的箭头。

一些高温、高压、耐腐蚀阀门及特殊用途的阀门还有其他规定，当需要时，可标记在阀体或标牌上。

（2）标志的标记方法

① 阀体采用铸造或压铸方法成形的，其标志与阀体同时铸造或压铸在阀体上。

② 当阀体外形由模锻方法成形的，其标志除与阀体同时模锻或压铸成形外，也可采用压印的方法标志在阀体上。当阀体外形采

用锻件加工、钢管或钢板卷制焊接成形的，其标志除采用压印的方法形成外，也可采用其他不影响阀体性能的其他方法（如激光打印法）。

（3）标志的标记式样

公称尺寸数值标注、压力代号或工作压力代号、流向标志，应按表1-38规定的组合样式，公称尺寸数值标注的压力代号上方。

表1-38　标记式样

阀体形式	介质流动方向	公称尺寸和公称压力	公称尺寸和工作压力	英寸单位通径和磅级单位压力
直通式或角式	介质由一个进口方向单流向另一个出口	DN50 → 16	DN50 → P54 140	2 → 150
三通式	介质由一个进口向两个出口流动（三通分流）	DN100 16		4 300
	介质由两个进口向一个出口流动（三通合流）	DN150 16	—	5 600

注：1. 介质可从任一方向流动的阀门，可不标记箭头。

2. 式样中箭头下方为公称压力代号，其数值为公称压力值（单位：MPa）的10倍。

3. 式样中采用英寸单位的，上边表示阀门通径（单位：in），下边表示磅级压力（单位：lb）。

（4）标志的标记位置

① 标志内容，一般标注在阀体容易观看的部位。标记应尽可能标注在阀体垂直中心线的中腔位置。

② 当标志内容在阀体的一个面上标注位置不够时，可标注在阀体中腔对称位置的另一个面上。

③ 标志应明显、清晰，排列整齐、匀称。

（5）标志标记尺寸

① 铸造标志标记尺寸，字体及箭头的排布按图1-7的式样，字体及箭头的尺寸按表1-39的规定，并应制成凸出的剖面。

② 压印标志尺寸，按表1-40的规定。箭头尺寸由设计图样规定。

③ 每一产品标志的字体号，可按表1-41选用，亦可根据具体产品外形大小由设计图样规定。

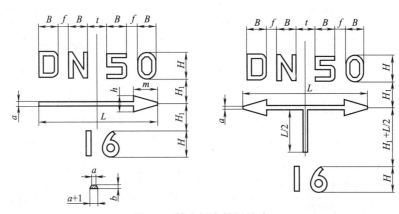

图 1-7　铸造标志标记尺寸

表 1-39　铸造标志标记尺寸（JB/T 106—2004） 单位：mm

字体号	箭头								剖面	
	H	H_1	h	B	f	t	m	L	a	B
7	7	5	3	5	3	5	7	30	1.5	2
10	10	7	5	7		6	9	40		
14	14	10	7	10	5	10	12	65	2	2
20	20	14	10	14	7	14	16	90		
26	26	16	13	20	10	16	20	120	3	3
32	32	18	16	24	12	18	25	150		
40	40	22	20	30	15	22	35	150		
48	48	27	24	36	18	25	42	210	4	4
60	60	34	30	45	22	32	52	260	5	5

表 1-40　压印标志尺寸（JB/T 106—2004） 单位：mm

数字和字母	字体号	3.5	5	7	10	14
	高度	3.5	5	7	10	14
	宽度（除 M、W 字母外）	2.5	3.5	5	7	10
	字间距	1.5	2	2	3	5
	字母（M、W）的宽度	3.5	5	7	10	14
	压印的深度	≥0.5				

表 1-41　字体号（JB/T 106—2004） 单位：mm

公称尺寸		≥10	15～25	32～50	65～100	125～200	250～300	350～450	500～700	800～1000	≥1200
字体号	铸造	—	7	10	14	20	26	32	40	48	60
	压印	3.5 或 5	7	10	14	—					

1.5.2　标牌的认识

标牌通常固定在阀体、法兰或手轮上，标牌的数据比较全，反映了阀门基本特性。各种不同的阀门，标牌给出的内容也不同（表 1-42～表 1-47）。

1.5.3　阀门涂漆

① 铸铁、碳素钢、合金钢材料的阀门，外表面应涂漆出厂。阀门应按其承压壳体材料区分颜色进行涂漆，可参照表 1-48 规定的颜

色。当用户订货合同有要求时，按用户指定的颜色进行涂漆。

表 1-42　截止阀、止回阀、闸阀、节流阀、旋塞阀、隔膜阀的金属铭牌

产品名称：	产品编号：
产品型号：	适用介质：
公称压力 PN：	密封环（垫）代号：（选择）
公称尺寸 DN：	衬里材料代号：（选择）
工作温度 t/℃：	流量系数/（mm²/h）：（选择）
壳体材料号：	开启力矩/N·m：（选择）
制造日期：　年　月　日	制造单位：

表 1-43　调节阀的金属铭牌

产品名称：	产品编号：
产品型号：	流量系数 C：
适用介质：	工作压力 p/MPa：
公称压力 PN：	最高工作温度 t/℃：
公称尺寸 DN：	壳体材料：
进口压力 p_1/（温度 t_1）/MPa（℃）：	出口压力 p_2/（温度 t_2）/MPa（℃）：
最大压差 Δp/MPa：	制造日期：　　年 月 日
制造单位：	

表 1-44　安全阀的金属铭牌

产品名称：	产品编号：
产品型号：	壳体材料：（阀体上已标注,可省略）
适用介质：	排放系数 C：　　　（选择）
流道直径（阀门喉径）D_1/mm：	阀瓣开启高度 H/mm：
工作压力 p/MPa：	背压/MPa：　　（选择）
整定压力/MPa：	最高工作温度 t/℃：
制造单位：	制造日期：　　年 月 日

表 1-45　减压阀的金属铭牌

产品名称：	产品编号：
产品型号：	壳体材料：
适用介质：	公称尺寸 DN：
公称压力 PN：	最高工作温度 t/℃：
进口压力 p_1（温度 t_1）/MPa（℃）：	出口压力 p_2（温度 t_2）/MPa（℃）：
制造单位：	制造日期：　　年 月 日

表 1-46　减温减压阀的金属铭牌

产品名称：	产品编号：
产品型号：	额定流量系数 C/（t/h 或 m³/h）：
适用介质：	工作压力 p/MPa：
公称压力 PN：	出口压力 p_2（温度 t_2）/MPa（℃）：
进口压力 p_1（温度 t_1）/MPa（℃）：	出口公称尺寸 DN_2：
进口公称尺寸 DN_1/mm：	壳体材料：
最大压差 Δp/MPa：	制造日期：　　年 月 日
制造单位：	

表 1-47　蒸汽疏水阀的金属铭牌

产品名称：	壳体材料：
产品型号：	最高允许压力/MPa：　　（选择）
公称压力 PN：	最高允许温度 T_{M1}/℃：　　（选择）
公称尺寸 DN：	最高排水温度 T_M/℃：　　（选择）
最高工作压力 p/MPa：	最大排水量/（kg/h）：　　（选择）
最高工作温度 t/℃：	制造单位（商标）：
制造日期：　　年 月 日	

表 1-48　阀门涂漆的颜色

阀体材料	涂漆颜色	阀体材料	涂漆颜色
灰铸铁、可锻铸铁、球墨铸铁	黑色	铬-钼合金钢	中蓝色
碳素钢	灰色	LCB、LCC 系列等低温钢	银灰色

注：1. 阀门内外表面可使用满足的喷塑工艺代替。

2. 铁制阀门的内表面，应涂满足使用温度范围、无毒、无污染的防锈漆，钢制阀门内表面不涂漆。

② 涂漆层应耐久、美观，并保证标志明显清晰。使用能满足使用温度、无毒、无污染的漆。

③ 手轮零件的涂漆层按合同规定或企业标准。

④ 铜合金材质阀门的承压壳体表面不涂漆。

⑤ 耐酸钢、不锈钢材质阀门承压壳体表面不涂漆，如果合同规定要求涂漆，按照合同要求涂漆。

⑥ 阀门驱动装置的涂漆：手动齿轮传动机构，其表面的涂漆颜色同阀门表面的颜色；阀门驱动装置（气动、液动、电动等）涂漆的颜色一般按企业标准的规定，当用户订货合同有要求时，按用户指定的颜色。

1.5.4　阀门的供货

阀门的供货，应按照有关标准的规定。在石油、化工、电力、航天等特殊管道上的阀门，可根据双方达成的协议供货。但供货的最低条件应符合下列要求。

（1）阀门的供货

① 阀门应是符合相关标准的全新的合格的产品。

② 除奥氏体不锈钢及铜制阀门外，其他金属制阀门的非加工外表面应涂漆或按合同的规定予以涂层。

③ 加工过的外表面必须涂易除去的防锈剂。除合同另有规定外，阀门内腔不得涂漆，但应采取防锈措施。

④ 阀门应具有清晰的标志。

⑤ 标牌应牢固地固定在阀门的明显部位，其内容必须齐全、正确并应符合 GB/T 13306 的规定，其材料应用不锈钢、铜合金或铝合金制造。

⑥ 阀门在试验合格后应清除表面的油污

脏物，内腔应去除残存的试验介质。

⑦ 阀门出厂时，球阀和旋塞阀的启闭件应处于开启位置，非金属弹性材料密封蝶阀的蝶板应打开 $4° \sim 5°$，止回阀的启闭件应处于关闭位置固定，其他阀门的启闭件处于关闭位置。配有重锤的应从杠杆上卸下。

⑧ 阀门两端法兰密封面、焊接端、螺纹端和阀门内腔应用端盖等加以保护，且应易于装拆。

⑨ 阀杆外露的部分应予以保护。

⑩ 阀门应装有无腐蚀性的符合使用要求的填料。

⑪ 除按合同规定外，阀门应包装发运。如箱装、袋装等。

⑫ 阀门出厂时应随带产品合格证、产品说明书和装箱单。

⑬ 阀门应贮藏在干燥的室内，堆放整齐；不允许露天存放，以防止损坏和腐蚀。衬里阀门、塑料阀门应禁止与一切有损衬里质量的物质接触。最适宜的存放温度为 $5 \sim 35℃$，防止冻裂和橡胶、塑料老化。

⑭ 阀门自发货日期起的 18 个月内，在产品说明书规定的正常操作条件下，因材料缺陷、制造质量、设计等原因造成的损坏应由制造厂负责免费维修或更换零件或整台产品。

（2）产品合格证

产品合格证或产品质量书是制造商（供货方）提供的产品质量证明的法律文件。除了产品铭牌上提供的内容外，还包括制造商所执行的产品标准、质量部门和检验人员的签章、制造商的名称、出厂日期、出厂编号（系列号）和数量等。

不同类型阀门产品合格证的基本内容，见表 1-49～表 1-53。

表 1-49　常规阀门产品合格证的基本内容

产品名称：	产品型号：
产品编号：	数量/台：
公称尺寸 DN：	工作介质：
公称压力 PN：	密封环（垫）代号：　　（选择）
最高工作温度 $t/℃$：	衬里材料代号：　　（选择）
产品制造标准：	流量系数/(mm^2/h)：（选择）
承压件的材料牌号：	开启力矩/($N \cdot m$)：（选择）
质检部门：	检查人员签章：
制造日期：　年　月　日	制造单位：

表 1-50　安全阀产品合格证的基本内容

产品名称：	产品型号：
产品编号：	数量/台：
公称尺寸 DN：	排放系数 C：
阀瓣提升高度 H/mm：	阀门喉径 D_t/mm：
公称压力 PN：	最高工作温度 $t/℃$：
承压件的材料牌号：	工作压力 p/MPa：
整定压力/MPa：	背压/MPa：　　（选择）
工作介质：	质检部门：
产品制造标准：	检查人员签章：
制造单位：	制造日期：　年　月　日

表 1-51　调节阀产品合格证的基本内容

产品名称：	产品型号：
产品编号：	数量/台：
公称尺寸 DN：	额定流量系数 C_V：
公称压力 PN：	工作压力 p/MPa：
进口压力 p_1（温度 t_1）/MPa（℃）：	出口压力 p_2（温度 t_2）/MPa（℃）：
最大允许压差 $\Delta p/MPa$：	工作介质：
最高工作温度 $t/℃$：	产品制造标准：
承压件的材料牌号：	检查人员签章：
质检部门：	制造单位：
制造日期：　年　月　日	

表 1-52　减压阀产品合格证的基本内容

产品名称：	产品型号：
产品编号：	数量/台：
公称尺寸 DN：	最高工作温度 $t/℃$：
公称压力 PN：	出口压力 p_2（温度 t_2）/MPa（℃）
进口压力 p_1（温度 t_1）/MPa（℃）	工作压力 p/MPa：
承压件的材料牌号：	产品制造标准：
质检部门：	检查人员签章：
制造日期：　年　月　日	制造单位：

表 1-53　蒸汽疏水阀产品合格证的基本内容

产品名称：	数量/台：
产品型号：	排水温度/℃：
公称尺寸 DN：	最大排水量/(kg/h)：
公称压力 PN：	最高工作压力/MPa：
工作背压/MPa：	最高工作温度 $t/℃$：
承压件的材料牌号：	产品制造标准：
质检部门：	检查人员签章：
制造日期：　年　月　日	制造单位：

（3）产品说明书及产品安装、操作和维护说明书

阀门产品说明书是介绍阀门产品用途、工作原理、性能、结构尺寸、主要零件材料、维

护保养、安装使用及故障排除方法等内容的重要技术文件，是用户合理安装使用阀门的依据，也是使用部门重要的设备档案资料。因此要妥善保存，产品安装使用说明书的主要内容见表1-54。

户（使用者）随产品发运的货物凭证，也是用户验收货物的依据之一，产品装箱清单的内容见表1-55。

表1-55　产品装箱清单的内容

产品名称：	型号规格：
产品编号：	产品数量/台：
订货单位：	产品净重/kg：
随带文件的名称和份数：	发货日期：
制造单位：	检验员：
装箱部门：	

表1-54　产品安装使用说明书的主要内容

产品名称：	产品型号：
主要用途：	主要性能指标：
工作原理：	主要零件的材料：
结构说明（包括结构图、主要外形尺寸及连接尺寸）：	
维护、保养、安装和使用注意事项：	可能发生的故障和消除方法：
产品制造标准：	制造单位：

（4）产品装箱单

阀门产品装箱单是制造商（供货方）向用

1.6　阀门标准

1.6.1　国内外标准代号

国内外标准代号见表1-56和表1-57。

表1-56　国内标准代号

国内标准代号	标准名称	国内标准代号	标准名称	国内标准代号	标准名称	国内标准代号	标准名称
GB	强制性国家标准	GD	原一机部锻压、机械标准	JC	建材行业标准	SH	石油化工行业标准
GB/T	推荐性国家标准			JG	建筑工业行业标准	SJ	电子行业标准
GBn	国家内部标准	GY	广播电影电视行业标准	JJ	原国建建委、城建部标准	SL	水利行业标准
GBJ	国家工程建设标准					SY	石油天然气行业标准
GJB	国家军用标准	GZ	原一机部铸造机械标准	JT	交通行业标准	SC	水产行业标准
TJ	国家工程标准			JY	教育行业标准	TB	铁道行业标准
ZB	原国家专业标准	HB	航空工业行业标准	LD	劳动和劳动安全行业标准	WB	物资行业标准
BB	包装行业标准	HG	化工行业标准			WJ	兵工民品行业标准
CB	船舶行业标准	HJ	环境保护行业标准	LY	林业行业标准	WM	对外经济贸易行业标准
CH	测绘行业标准	HS	海关行业标准	MH	民用航空行业标准		
CJ	城市建设行业标准	HY	海洋行业标准	MT	煤炭行业标准	WS	原卫生部标准
DA	档案工作行业标准	JB	机械行业标准	MZ	民政工业行业标准	XB	稀土行业标准
DL	电力行业标准	JB/TQ	原机械部石化通用标准	NJ	原机械部农机行业标准	YB	黑色冶金行业标准
DZ	地质矿产行业标准	JB/GQ	原机械部机床工具标准	NY	农业行业标准	YD	通信行业标准
EJ	核工业行业标准	JB/ZQ	原机械部重型矿山标准	QB	原轻工业行业标准	YS	有色冶金行业标准
FJ	原纺织工业标准	JB/DQ	原机械部电工标准	QC	汽车行业标准	YY	医药行业标准
FZ	纺织行业标准	JB/Z	机械工业指导性技术文件	QJ	航天工业行业标准	YZ	邮政局行业标准
GA	社会公共安全行业标准			SB	国内贸易行业标准		
				SD	原水利电力标准	NB/T	能源行业推荐性标准

注：GB/T为推荐性国家标准代号，各行业推荐性标准代号类似，如JB/T为机械行业推荐性标准，HG/T为化工行业推荐性标准。

表1-57　国外标准代号

标准代号	名　　称	标准代号	名　　称
ISO	国际标准	ГОСТ	前苏联国家标准
ANSI	美国国家标准	ASME	美国机械工程师学会标准
BS	英国国家标准	CSA	加拿大国家标准
DIN	德国国家标准	DS	丹麦国家标准
NF	法国国家标准	NEN	荷兰国家标准
JIS	日本工业标准	NBN	比利时国家标准

标准代号	名　　称	标准代号	名　　称
SIS	瑞典国家标准	IS	印度国家标准
SNU	瑞士国家标准	KS	韩国国家标准
ASTM	美国材料试验协会标准	S·I	以色列国家标准
AISI	美国钢铁学会标准	UNE	西班牙国家标准
API	美国石油学会标准	UNI	意大利国家标准
MSS	美国阀门和管件制造厂标准化协会标准	IOS	伊拉克国家标准
AWS	美国焊接协会标准	SASO	沙特阿拉伯国家标准
ASI	美国规格学会标准	KSS	科威特国家标准
MIL	美国军用标准	CSK	朝鲜国家标准
JPI	日本石油学会标准		

1.6.2　国内阀门及相关标准

国内阀门及相关标准见表 1-58～表 1-62。

表 1-58　基础标准

标准代号	标 准 名 称	标准代号	标 准 名 称
GB/T 1047—2005	管道元件　DN(公称尺寸)的定义和选用	GB/T 21465—2008	阀门　术语
GB/T 1048—2005	管道元件　PN(公称压力)的定义和选用	GB/T 22652—2008	阀门密封面堆焊工艺评定
GB/T 7306.1—2000	55°密封管螺纹　第1部分:圆柱内螺纹与圆锥外螺纹	JB/T 74—1994	管路法兰技术条件
GB/T 7306.2—2000	55°密封管螺纹　第2部分:圆锥内螺纹与圆锥外螺纹	JB/T 106—2004	阀门标志和涂漆
GB/T 7307—2001	55°非密封管螺纹	JB/T 308—2004	阀门　型号编制方法
GB/T 11698—2008	船用法兰连接金属阀门的结构长度	JB/T 2203—1999	弹簧式安全阀　结构长度
GB/T 12220—1989	通用阀门　标志	JB/T 2205—2000	减压阀结构长度
GB/T 12221—2005	金属阀门　结构长度	JB/T 6438—2011	阀门密封面等离子弧堆焊技术要求
GB/T 12222—2005	多回转阀门驱动装置的连接	JB/T 7928—1999	通用阀门　供货要求
GB/T 12223—2005	部分回转阀门驱动装置的连接	JB/T 8528—1997	普通型阀门电动装置　技术条件
GB/T 12224—2005	钢制阀门　一般要求	JB/T 8529—1997	隔爆型阀门电动装置　技术条件
GB/T 12247—1989	蒸汽疏水阀　分类	JB/T 8530—1997	阀门电动装置型号编制方法
GB/T 12250—2005	蒸汽疏水阀　术语、标志、结构长度	JB/T 8531—1997	阀门手动装置 技术条件
GB/T 13306—2011	标牌	JB/T 8864—2004	阀门气动装置 技术条件

表 1-59　材料标准

标准代号	标 准 名 称	标准代号	标 准 名 称
GB 150.1—2011	压力容器　第1部分:通用要求	GB/T 700—2006	碳素结构钢
GB 150.2—2011	压力容器　第2部分:材料	GB/T 702—2008	热轧钢棒尺寸、外形、重量及允许偏差
GB 150.3—2011	压力容器　第3部分:设计		
GB 150.4—2011	压力容器　第4部分:制造、检验和验收	GB/T 706—2008	热轧型钢
		GB/T 708—2006	冷轧钢板和钢带的尺寸、外形、重量及允许偏差
GB/T 221—2008	钢铁产品牌号表示方法		
GB/T 469—2005	铅锭	GB/T 710—2008	优质碳素结构钢热轧薄钢板和钢带
GB/T 491—2008	钙基润滑脂		
GB/T 539—2008	耐油石棉橡胶板	GB/T 711—2008	优质碳素结构钢热轧厚钢板和钢带
GB/T 699—1999	优质碳素结构钢		

续表

标准代号	标准名称	标准代号	标准名称
GB 712—2011	船舶及海洋工程用结构钢	GB/T 4238—2007	耐热钢钢板和钢带
GB 713—2008	锅炉和压力容器用钢板	GB/T 3280—2007	不锈钢冷轧钢板和钢带
GB/T 905—1994	冷拉圆钢、方钢、六角钢尺寸、外形、重量及允许偏差	GB 3531—2008	低温压力容器用低合金钢钢板
		GB/T 12225—2005	通用阀门　铜合金铸件技术条件
GB/T 908—2008	锻制钢棒尺寸、外形、重量及允许偏差	GB/T 12226—2005	通用阀门　灰铸铁件技术条件
		GB/T 12227—2005	通用阀门　球墨铸铁件技术条件
GB 912—2008	碳素结构钢和低合金结构钢热轧薄钢板和钢带	GB/T 12228—2006	通用阀门　碳素钢锻件技术条件
		GB/T 12229—2005	通用阀门　碳素钢铸件技术条件
GB/T 983—1995	不锈钢焊条	GB/T 12230—2005	通用阀门　奥氏体钢铸件技术条件
GB/T 984—2001	堆焊焊条		
GB/T 1176—1987	铸造铜合金　技术条件	GB/T 14164—2005	石油天然气输送管用热轧宽钢带
GB/T 1186—2007	压缩空气用织物增强橡胶软管	GB/T 14976—2002	流体输送用不锈钢无缝钢管
GB/T 1220—2007	不锈钢棒	GB/T 15117—1994	铜合金压铸件
GB/T 1221—2007	耐热钢棒	GB/T 18704—2008	结构用不锈钢复合管
GB/T 1222—2007	弹簧钢	GB/T 18984—2003	低温管道用无缝钢管
GB/T 1298—2008	碳素工具钢	GB/T 20078—2006	铜和铜合金　锻件
GB/T 1299—2000	合金工具钢	GB/T 20878—2007	不锈钢和耐热钢　牌号及化学成分
GB/T 1591—2008	低合金高强度结构钢		
GB/T 2040—2008	铜及铜合金板材	GB/T 21652—2008	铜及铜合金线材
GB/T 2059—2008	铜及铜合金带材	GB 24510—2009	低温压力容器用9％Ni钢板
GB/T 2100—2002	一般用途耐蚀钢铸件	GB 24511—2009	承压设备用不锈钢钢板及钢带
GB/T 2965—2007	钛及钛合金棒材	NB/T 47008—2010	承压设备用碳素钢和低合金钢锻件
GB/T 3077—1999	合金结构钢		
GB/T 3880—2006	一般工业用铝及铝合金板、带材	NB/T 47009—2010	低温承压设备用碳素钢和低合金钢锻件
GB/T 3985—2008	石棉橡胶板		
GB/T 4237—2007	不锈钢热轧钢板和钢带	NB/T 47010—2010	承压设备用不锈钢和耐热钢锻件
GB/T 4240—2009	不锈钢丝	JB/T 5263—2005	电站阀门铸钢件　技术条件
YB/T 5311—2010	重要用途碳素弹簧钢丝	JB/T 5300—2008	工业用阀门材料　选用导则
GB/T 4423—2007	铜及铜合金拉制棒	JB/T 6396—2006	大型合金结构钢锻件　技术条件
YB/T 5318—2010	合金弹簧钢丝	JB/T 6397—2006	大型碳素结构钢锻件　技术条件
GB 5310—2008	高压锅炉用无缝钢管	JB/T 6398—2006	大型不锈、耐酸、耐热钢锻件
GB/T 5574—2008	工业用橡胶板	JB/T 6401—1992	大型轧辊锻件用钢
GB/T 5613—1995	铸钢牌号表示方法	JB/T 6402—2006	大型低合金钢铸件
GB 6479—2000	高压化肥设备用无缝钢管	JB/T 6405—2006	大型不锈钢铸件
GB/T 6483—2008	柔性机械接口灰口铸铁管	JB/T 6438—2011	阀门密封面等离子弧堆焊技术要求
GB 6654—1996	压力容器用钢板		
GB/T 7738—2008	铁合金产品牌号表示方法	JB/T 6617—1993	阀门用柔性石墨填料环　技术条件
GB/T 8162—2008	结构用无缝钢管		
GB/T 8163—2008	输送流体用无缝钢管	JB/T 6627—2008	碳（化）纤维浸渍聚四氟乙烯编织填料
GB/T 8165—2008	不锈钢复合钢板和钢带		
GB/T 8263—2010	抗磨口白铸铁件	JB/T 6628—2008	柔性石墨复合增强（板）垫
GB/T 8491—2009	高硅耐蚀铸铁件	JB/T 7248—2008	阀门用低温钢铸件技术条件
GB/T 8492—2002	一般用途耐热钢和合金铸件	JB/T 7744—2011	阀门密封面等离子弧堆焊用合金粉末
GB/T 8749—2008	优质碳素结构钢热轧钢带		
GB/T 9437—2009	耐热铸铁件	JB/T 9626—1999	锅炉锻件　技术条件
GB/T 9440—2010	可锻铸铁件	JB/T 10507—2005	阀门用金属波纹管
GB 9948—2006	石油裂化用无缝钢管	JB/T 8559—1997	金属包垫片
GB/T 11251—2009	合金结构钢热轧厚钢板	JB/T 8560—1997	碳化纤维/聚四氟乙烯混编填料
GB/T 11263—2010	热轧H型钢和部分T型钢	SY/T 0599—2006	天然气地面设施抗硫化物应力开裂和抗应力腐蚀开裂的金属材料要求
GB/T 11352—2009	一般工程用铸造碳钢件		

续表

标准代号	标准名称	标准代号	标准名称
SY/T 5037—2000	低压流体输送管道用螺旋缝埋弧焊钢管	QB/T 3625—1999	聚四氟乙烯板材
		QB/T 4010—1999	聚四氟乙烯棒材
SH/T 0039—1990	工业凡士林	YB/T 5136—1993	阀门用铬钒弹簧钢丝
SH/T 0692—2000	防锈油	YB/T 5235—2005	定膨胀封接铁镍铬、铁镍合金
SH/T 3075—2009	石油化工钢制压力容器材料选用通则	YB/T 5264—1993	耐蚀合金锻件
		YB/T 5311—2010	重要用途碳素弹簧钢丝
QB/T 3624—1999	聚四氟乙烯管材		

表 1-60　产品标准

标准代号	标准名称	标准代号	标准名称
GB/T 4213—2008	气动调节阀	GB/T 18691.5—2011	农业灌溉设备 灌溉阀 第 5 部分:控制阀
GB/T 5744—2008	船用快关阀		
GB 7512—2006	液化石油气瓶阀	GB/T 19672—2005	管线阀门 技术条件
GB/T 8464—2008	铁制和铜制螺纹连接阀门	GB/T 20173—2006	石油天然气工业 管道输送系统管道阀门
GB 10879—2009	溶解乙炔气瓶阀		
GB/T 12232—2005	通用阀门 法兰连接铁制闸阀	GB/T 20910—2007	热水系统用温度压力安全阀
GB/T 12233—2006	通用阀门 铁制截止阀和升降式止回阀	GB/T 21384—2008	电热水器用安全阀
		GB/T 21385—2008	金属密封球阀
GB/T 12234—2007	石油、天然气工业用螺柱连接阀盖的钢制闸阀	GB/T 21386—2008	比例式减压阀
		GB/T 21387—2008	轴流式止回阀
GB/T 12235—2007	石油、石化及相关工业用钢制截止阀和升降式止回阀	GB/T 22130—2008	钢制旋塞阀
		GB/T 22653—2008	液化气体设备用紧急切断阀
GB/T 12236—2008	石油、化工及相关工业用的钢制旋启式止回阀	GB/T 22654—2008	蒸汽疏水阀 技术条件
		GB/T 23300—2009	平板闸阀
GB/T 12237—2007	石油、石化及相关工业用的钢制球阀	JB/T 450—2008	锻造角式高压阀门 技术条件
		JB/T 3595—2002	电站阀门 技术条件
GB/T 12238—2008	法兰和对夹连接弹性密封蝶阀	JB/T 5298—1991	管线用钢制平板闸阀
GB/T 12239—2008	工业阀门 金属隔膜阀	JB/T 5299—1998	液控止回阀
GB/T 12240—2008	铁制旋塞阀	JB/T 5345—2005	变压器用蝶阀
GB/T 12241—2005	安全阀 一般要求	JB/T 6441—2008	压缩机用安全阀
GB/T 12243—2005	弹簧直接载荷式安全阀	JB/T 6446—2004	真空阀门
GB/T 12244—2006	减压阀 一般要求	JB/T 6900—1993	排污阀
GB/T 12246—2006	先导式减压阀	JB/T 7245—1994	制冷装置用截止阀
GB/T 12250—2005	蒸汽疏水阀 术语、标志、结构长度	JB/T 7550—2007	空气分离设备用切换蝶阀
		JB/T 7746—2006	紧凑型钢制阀门
GB/T 12712—1991	蒸汽供热系统凝结水回收及蒸汽疏水阀技术管理要求	JB/T 7747—2010	针形截止阀
		GB/T 24917—2010	眼镜阀
GB/T 13852—2009	船用液压控制阀技术条件	GB/T 24918—2010	低温介质用紧急切断阀
GB/T 13932—1992	通用阀门铁制旋启式止回阀	GB/T 24919—2010	工业阀门 安装使用维护 一般要求
GB 15558.3—2008	燃气用埋地聚乙烯(PE)管道系统 第 3 部分:阀门	GB/T 24920—2010	石化工业用钢制压力释放阀
GB/T 18689—2009	农业灌溉设备小型手动塑料阀	GB/T 24921.1—2010	石化工业用压力释放阀的尺寸确定、选型和安装 第 1 部分:尺寸的确定和选型
GB/T 18691.1—2011	农业灌溉设备 灌溉阀 第 1 部分:通用要求		
GB/T 18691.2—2011	农业灌溉设备 灌溉阀 第 2 部分:隔离阀	NB/T 20010.1—2010	压水堆核电厂阀门 第 1 部分:设计制造通则
		NB/T 20010.2—2010	压水堆核电厂阀门 第 2 部分:碳素铸件技术条件
GB/T 18691.3—2011	农业灌溉设备 灌溉阀 第 3 部分:止回阀	NB/T 20010.3—2010	压水堆核电厂阀门 第 3 部分:不锈钢铸件技术条件
GB/T 18691.4—2011	农业灌溉设备 灌溉阀 第 4 部分:进排气阀	NB/T 20010.4—2010	压水堆核电厂阀门 第 4 部分:碳素钢锻件技术条件

续表

标准代号	标准名称	标准代号	标准名称
NB/T 20010.5—2010	压水堆核电厂阀门　第5部分:奥氏体不锈钢锻件技术条件	HG/T 3219—2009	搪玻璃平面阀
		HG/T 3220—2009	搪玻璃球阀
NB/T 20010.6—2010	压水堆核电厂阀门　第6部分:紧固件技术条件	HG/T 3704—2003	氟塑料衬里阀门通用技术条件
		HG/T 3912—2006	内置式安全止流底阀技术条件
NB/T 20010.7—2010	压水堆核电厂阀门　第7部分:包装、运输和贮存	HG/T 21551—1995	柱塞式放料阀
		DL/T 530—1994	水力除灰排渣阀技术条件
NB/T 20010.8—2010	压水堆核电厂阀门　第8部分:安装和维修技术条件	DL/T 531—1994	电站高温高压截止阀、闸阀技术条件
JB/T 7749—1995	低温阀门技术条件	DL/T 716—2000	电站隔膜阀选用导则
JB/T 8527—1997	金属密封蝶阀	DL/T 746—2001	电站蝶阀选用导则
JB/T 8691—1998	对夹式刀形闸阀	DL/T 906—2004	仓泵进、出料阀
JB/T 8692—1998	烟道蝶阀	DL/T 922—2005	火力发电用钢制通用阀门订货、验收导则
JB/T 8937—2010	对夹式止回阀		
JB/T 9081—1999	空气分离设备用低温截止阀和节流阀　技术条件	DL/T 923—2005	火力发电用止回阀技术条件
		DL/T 959—2005	电站锅炉安全阀应用导则
JB/T 9624—1999	电站安全阀　技术条件	EJ/T 1081—1998	安全　阀门功能技术规格书要求
JB/T 10364—2002	液压单向阀	CJ/T 261—2007	给水排水用蝶阀
JB/T 10365—2002	液压电磁换向阀	CJ/T 262—2007	给水排水用直埋式闸阀
JB/T 10366—2002	液压调速阀	CJ/T 283—2008	偏心半球阀
JB/T 10367—2002	液压减压阀	SY/T 10006—2000	海上井口地面安全阀和水下安全阀规范
JB/T 10368—2002	液压节流阀		
JB/T 10369—2002	液压手动及滚轮换向阀	YB/T 4072—2007	高炉热风阀
JB/T 10370—2002	液压顺序阀	YB/T 4156—2007	干熄焦旋转排出阀
JB/T 10371—2002	液压卸荷溢流阀	YB/T 4157—2007	高温连杆式切断蝶阀
JB/T 10373—2002	液压电液动换向阀和液动换向阀	GB/T 4921.2—2010	石化工业用压力释放阀的尺寸确定、选型和安装　第2部分:安装
JB/T 10374—2002	液压溢流阀		
JB/T 10386—2002	家用和类似用途空调电子膨胀阀	GB/T 24922—2010	隔爆型阀门电动装置技术条件
JB/T 10507—2005	阀门用金属波纹管	GB/T 24923—2010	普通型阀门电动装置技术条件
JB/T 10529—2005	陶瓷密封阀门　技术条件	GB/T 24924—2010	供水系统用弹性密封闸阀
JB/T 10530—2005	氧气用截止阀	GB/T 24925—2010	低温阀门　技术条件
JB/T 10606—2006	气动流量控制阀	NB/T 20010.9—2010	压水堆核电厂阀门　第9部分:产品出厂检查与试验
JB/T 10648—2006	空调与冷冻设备用制冷剂截止阀		
JB/T 10673—2006	撑开式金属密封阀门	NB/T 20010.10—2010	压水堆核电厂阀门　第10部分:应力分析和抗震分析
JB/T 10674—2006	水力控制阀		
JB/T 10675—2006	水用套筒阀	NB/T 20010.11—2010	压水堆核电厂阀门　第11部分:电动装置
GJB 4040—2000	低温球阀通用规范		
HG/T 2434—2005	搪玻璃阀门技术条件	NB/T 20010.12—2010	压水堆核电厂阀门　第12部分:气动装置
HG/T 3215—1986	聚三氟氯乙烯塑料衬里截止阀		
HG/T 2737—2004	玻璃纤维增强聚丙烯球阀	NB/T 20010.13—2010	压水堆核电厂阀门　第13部分:核用非核级阀门技术条件
HG 3157—2005	液化气体罐车用弹簧安全阀		
HG 3158—2005	液化气体罐车用紧急切断阀	NB/T 20010.14—2010	压水堆核电厂阀门　第14部分:柔性石墨填料技术条件
HG/T 3215—1986	聚三氟氯乙烯塑料衬里截止阀		
HG/T 3217—2009	搪玻璃上展式放料阀	NB/T 20010.15—2010	压水堆核电厂阀门　第15部分:柔性石墨金属缠绕垫片技术条件
HG/T3218—2009	搪玻璃下展式放料阀		

表 1-61　零部件标准

标准代号	标准名称	标准代号	标准名称
JB/T 87—1994	管法兰用石棉橡胶垫片	JB/T 90—1994	管法兰用缠绕式垫片
JB/T 88—1994	管法兰用金属齿形垫片	JB/T 93—2008	阀门零部件　扳手、手柄和手轮
JB/T 89—1994	管法兰用金属环垫	JB/T 1700—2008	阀门零部件　螺母、螺栓和螺塞

标准代号	标准名称	标准代号	标准名称
JB/T 1701—2010	阀门零部件　阀杆螺母	JB/T 4704—2000	非金属软垫片
JB/T 1702—2008	阀门零部件　轴承压盖	JB/T 4705—2000	缠绕垫片
JB/T 1703—2008	阀门零部件　衬套	JB/T 4706—2000	金属色垫片
JB/T 1708—2010	阀门零部件　填料压盖、填料压套和填料压板	JB/T 4707—2000	等长双头螺纹
		JB/T 4710—2005	钢制塔式容器
JB/T 1712—2008	阀门零部件　填料和填料垫	JB/T 4712.1—2007	容器支座　第1部分　鞍式支座
JB/T 1718—2008	阀门零部件　垫片和止动垫圈	JB/T 4712.2—2007	容器支座　第2部分　腿式支座
JB/T 1726—2008	阀门零部件　阀瓣盖和对开圆环	JB/T 4712.3—2007	容器支座　第3部分　耳式支座
JB/T 1741—2008	阀门零部件　顶心	JB/T 4712.4—2007	容器支座　第4部分　支承式支座
JB/T 2772—2008	阀门零部件　高压盲板		
JB/T 2776—2010	阀门零部件　高压透镜垫	NB/T 47001—2009	钢制液化石油气卧式储蓄罐型式与基本参数
JB/T 2778—2008	阀门零部件　高压管件和紧固件温度标记	JB/T 5208—2008	阀门零部件　隔环
JB/T 1749—2008	阀门零部件　氨阀阀瓣	JB/T 5210—2010	阀门零部件　上密封座
JB/T 1754—2008	阀门零部件　接头组件	JB/T 5211—2008	阀门零部件　闸阀阀座
JB/T 1757—2008	阀门零部件　卡套、卡套螺母	JB/T 6369—2005	柔性石墨金属缠绕垫片　技术条件
JB/T 1759—2010	阀门零部件　轴套	JB/T 6371—2008	碳化纤维编织填料　试验方法
JB/T 4702—2000	乙型平焊法兰	JB/T 6612—2008	静密封、填料密封　术语
JB/T 4703—2000	长颈对焊法兰	JB/T 6613—2008	柔性石墨板、带　分类、代号及标记

表 1-62　检验、验收与静压寿命试验标准

标准代号	标准名称	标准代号	标准名称
GB/T 228.1—2010	金属材料　拉伸试验　第1部分：室温试验方法	GB/T 8105—1987	压力控制阀　试验方法
		GB/T 8106—1987	方向控制阀　试验方法
GB/T 229—2007	金属材料夏比摆锤冲击试验方法	JB/T 5296—1991	通用阀门　流量系数和流阻系数的试验方法
GB/T 231.1—2009	金属材料　布氏硬度试验　第1部分：试验方法	JB/T 6061—2007	无损检测　焊缝磁粉检测
GB/T 2102—2006	钢管的验收、包装、标志和质量证明书	JB/T 6062—2007	无损检测　焊缝渗透检测
		JB/T 6438—2011	阀门密封面等离子弧堆焊　技术要求
GB/T 2649—1989	焊接接头　机械性能试验取样方法	JB/T 6439—2008	阀门受压件磁粉检验
GB/T 2650—2008	焊接接头　冲击试验方法	JB/T 6440—2008	阀门受压铸钢件射线照相检验
GB/T 2651—2008	焊接接头　拉伸试验方法	JB/T 6899—1993	阀门的耐火试验
GB/T 2652—2008	焊缝及熔敷金属拉伸试验方法	JB/T 6902—2008	阀门液体渗透检测
GB/T 2653—2008	焊接接头弯曲试验方法	JB/T 6903—2008	阀门锻钢件超声波检查方法
GB/T 2654—2008	焊接接头硬度试验方法	JB/T 6956—2007	钢铁件的离子渗氮
GB/T 4334—2008	金属和合金的腐蚀　不锈钢晶间腐蚀试验方法	JB/T 7758.1—2008	柔性石墨板　氟含量测定方法
		JB/T 7758.4—2008	柔性石墨板　氯含量测定方法
GB/T 5097—2005	无损检测　渗透检测和磁粉检测观察条件	JB/T 7758.5—2008	柔性石墨板　线胀系数测定方法
GB/T 5677—2007	铸钢件射线照相检测	JB/T 7758.6—2008	柔性石墨板　肖氏硬度测试方法
GB/T 5777—2008	无缝钢管超声波探伤检验方法	JB/T 7758.7—2008	柔性石墨板　应力松弛试验方法
GB/T 6402—2008	钢锻件超声波检验方法	JB/T 7759—2008	芳纶纤维、酚醛纤维编织填料　技术条件
GB/T 7233.1—2009	铸钢件　超声检测　第1部分：一般用途铸钢件		
GB/T 7233.2—2010	铸钢件　超声检测　第2部分：高承压铸钢件	JB/T 7760—2008	阀门填料密封　试验规范
		JB/T 7927—1999	阀门铸钢件　外观质量要求
GB/T 7735—2004	钢管涡流探伤检验方法	JB/T 8858—2004	闸阀　静压寿命试验规程
GB/T 8104—1987	流量控制阀　试验方法	GB/T 8107—1987	减压阀　压差流量特性试验方法
		GB/T 9444—2007	铸钢件磁粉检测

标准代号	标准名称	标准代号	标准名称
GB/T 9445—2008	无损检测术语　人员资格鉴定与认证	GB/T 19348.2—2003	无损检测　工业射线照相胶片　第2部分:用参考值方法控制胶片处理
GB/T 13239—2006	金属材料低温拉伸试验方法		
GB/T 13927—2008	工业阀门　压力试验	GB/T 22652—2008	阀门密封面堆焊工艺评定
GB/T 12242—2005	压力释放装置　性能试验规范	JB/T 7758.1—2008	柔性石墨板　氟含量测定方法
GB/T 12245—2006	减压阀　性能试验方法	JB/T 7758.2—2005	柔性石墨板　技术条件
GB/T 12251—2005	蒸气疏水阀　试验方法	JB/T 7758.3—2008	柔性石墨板　硫含量测定方法
GB/T 12385—2008	管法兰用垫片密封性能试验方法	JB/T 8859—2004	截止阀　静压寿命试验规程
GB/T 12604.6—2008	无损检测　术语　涡流检测	JB/T 8860—2004	旋塞阀　静压寿命试验规程
GB/T 12604.9—2008	无损检测　术语　红外检测	JB/T 8861—2004	球阀　静压寿命试验规程
GB/T 12621—2008	管法兰垫片、应力松弛试验方法	JB/T 8862—2000	阀门电动装置　寿命试验规程
GB/T 12622—2008	管法兰垫片　压缩率及回弹率试验方法	JB/T 8863—2004	蝶阀　静压寿命试验规程
GB/T 17455—2008	无损检测　表面检测的金相复型技术	JB/T 8931—1999	堆焊层超声波探伤方法
		JB/T 9218—2007	无损检测　渗透检测
GB/T 18694—2002	无损检测　超声检验　探头及其声场的表征	JB/T 10814—2007	无损检测　超声表面波检测
GB/T 18851.2—2008	无损检测　渗透检测　第2部分:渗透材料的检验	JB/T 10815—2007	无损检测　射线透视检测用分辨力测试计
GB/T 18852—2002	无损检测、超声检测、测量接触探头　声速特性的参考试块和方法	SY/T 4112—2007	石油天然气钢质管道对接环焊缝全自动超声波检测试块
GB/T 19293—2003	对接焊缝X射线实时成像检测法	DL/T 922—2005	火力发电用钢制通用阀门　订货、验收导则

1.6.3　国际和国外阀门及相关标准

国际和国外阀门及相关标准见表1-63～表1-72。

表1-63　国际标准(ISO)

标准代号	标准名称
ISO 4126-1—2006	过压保护安全装置　第1部分:安全阀
ISO 4126-2—2009	过压保护安全装置　第2部分:防爆板安全设备
ISO 4126-3—2009	过压保护安全装置　第3部分:组合中防爆板安全设备和安全阀门
ISO 4126-4—2009	过压保护安全装置　第4部分:液压控制安全阀
ISO 4126-5—2009	过压保护安全装置　第5部分:可控安全减压系统(CSPRS)
ISO 4126-6—2004	过压保护安全装置　第6部分:防爆板安全设备的应用、选择和安装
ISO 4126-7—2009	过压保护安全装置　第7部分:通用数据
ISO 5208—2008	工业用阀门　金属阀门的压力试验
ISO 5209—1977	工业用阀门标记
ISO 5210—1991	工业阀门—多回转阀门驱动装置连接
ISO 5211—2001	工业阀门—部分回转驱动装置连接
ISO 5752—1982	法兰管路系统中金属阀门的结构长度
ISO 5781—2000	液压传动　减压阀、顺序阀、卸荷阀、节流阀和止回阀　装配面
ISO 5996—1984	铸铁闸阀
ISO 6002—1992	阀盖用螺栓连接的钢制闸阀
ISO 6552—2009	自动蒸汽疏水阀术语定义
ISO 6553—1980	自动蒸汽疏水阀标志
ISO 6554—1980	法兰连接自动蒸汽疏水阀　结构长度
ISO 6704—1983	自动蒸汽疏水阀分类
ISO 6708—1995	管道元件　DN(公称尺寸)的定义和选用
ISO 6892.1—2009	金属材料　拉伸试验—第1部分:室温试验方法
ISO 6892.2—2011	金属材料　高温拉伸试验—第2部分:试验方法

续表

标 准 代 号	标 准 名 称
ISO 6948—1981	自动蒸汽疏水阀产品试验和工作特性试验
ISO 7005-1—2011	金属法兰—第一部分:钢制法兰
ISO 7005-2—1988	金属法兰—第二部分:铸铁法兰
ISO 7005-3—1988	金属法兰—第三部分:铜及铜合金法兰
ISO 7121—2006	法兰连接钢制球阀
ISO 7259—1988	主要靠扳手操作的地下用铸铁闸阀
ISO 7268—1984	管道元件　PN(公称压力)的定义和选用
ISO 7841—1988	自动蒸汽疏水阀　漏气量测定　试验方法
ISO 7842—1988	自动蒸汽疏水阀　排水量测定　试验方法
ISO 8233—1988	热塑性塑料阀门　转矩试验方法
ISO 8242—1989	受压管路用聚丙烯阀门基本尺寸 米制系列
ISO 8659—1989	热塑料阀门　疲劳强度　试验方法
ISO 9393-1—2004	热塑性塑料阀门　压力试验方法　第 1 部分:总则
ISO 9393-2—2005	热塑性塑料阀门　压力试验方法和要求　第 2 部分:聚乙烯、聚丙烯、未增塑聚氯乙烯和聚偏氯乙烯阀门的试验条件
ISO 10400—1993	石油天然气工业—套管、油管、钻杆和管线管性能公式及计算
ISO 10417—2004	石油和天然气工业　地下安全阀系统　设计、装配、操作和修理
ISO 10432—2004	石油和天然气工业　下降孔设备　地下安全阀设备
ISO 10434—2004	石油、石化及其相关工业螺栓连接阀盖的钢制闸阀
ISO 10474—1991	钢和钢产品—检验文件
ISO 10497—2010	阀门试验—耐火型式试验的需求
ISO 10631—1994	通用金属蝶阀
ISO 12149—1999	螺栓连接阀盖的通用钢制截止阀
ISO 12238—2001	气压液动　方向控制阀门　转换时间的测量
ISO 13623—2009	石油和天然气工业　管道输送系统
ISO 14313—2009	石油和天然气工业—管道输送系统—管道阀门
ISO 14723—2009	石油和天然气工业—管道输送系统—海底管道阀门
ISO 15590-3—2004	石油和天然气工业　管道输送系统用进气弯头、管件和法兰　第 3 部分:法兰
ISO/TS 15649—2004	石油和天然气工业　管道
ISO 15848-1—2006	工业阀门—测量、试验和资质证明　第一部分 阀门的型式试验用系统分类和质量认可程序
ISO 15848-2—2006	工业阀门—测量、试验和资质证明 第二部分 产品的验收试验
ISO 16135—2006	工业阀门　热塑性材料球阀
ISO 16136—2006	工业阀门　热塑性材料蝶阀
ISO 16137—2006	工业阀门　热塑性材料止回阀
ISO 16138—2006	工业阀门　热塑性材料隔膜阀
ISO 16139—2006	工业阀门　热塑性材料闸阀
ISO 17292—2004	石油、石化及相关工业用金属球阀
ISO 21787—2006	工业阀门　热塑性材料截止阀

表 1-64　美国国家标准（ANSI）

标 准 代 号	标 准 名 称
ANSI B1.1—1989	统一英制螺纹(UN 及 UNR 螺纹形式)
ANSI B2.1—1968	管螺纹(干密封螺纹除外)
ANSI B16.14—1991	钢铁管管塞、衬套和锁紧螺母(带管螺纹)
ANSI Z21.15—2009	煤气设备,设备连接阀和软管终端阀的手动煤气阀
ANSI Z21.21—2011	燃气器具用自动阀
ANSI Z21.22—2008	热水供给用减压阀
ANSI/ASSE 1003—2009	承压减压阀的能要求
ANSI/ASSE 1018—2001	分离器密封启动阀 轻便供水装置
ANSI/ASSE 1024—2008	双重止回阀型防回流装置

标 准 代 号	标 准 名 称
ANSI/ASSE 1044—2001	分离器密封启动阀 排水装置类型和电子设计类型
ANSI/ASSE 1046—1990	热膨胀减压阀
ANSI/ASSE 1051—2009	污水管道系统用气体导入阀
ANSI/ASSE 1056—2001	倒虹吸回流真空关闭阀
ANSI/ASSE 1069—2005	自动温度控制混合阀门的性能要求
ANSI AWWA C111 A21.11—2007	球墨铸铁压力管和配件用橡胶垫接头 英文版
ANSI AWWA C200—2005	6in(150mm)和6in以上的水道用钢管
ANSI AWWA C216—2007	给水钢管用专用部件、连接件和配件外部可热收缩交联的聚烯烃涂层
ANSI/AWWA C500—2009	排水系统用闸阀
ANSI/AWWA C501—1992	铸铁闸阀
ANSI/AWWA C504—2010	橡胶垫密封蝶阀
ANSI/AWWA C507—2011	6～48in(150～1200mm)球阀
ANSI/AWWA C508—2009	2～24in(50～600mm)供水系统用旋启式止回阀
ANSI/AWWA C509—2009	给水用弹性带座闸阀
ANSI/AWWA C510—2007	双止回阀防回流组件
ANSI/AWWA C512—2007	给水装置用放气阀、空气/真空和混合空气阀
ANSI/AWWA C517—2009	软密封铸铁偏心旋塞阀
ANSI/AWWA C540—2002	动力驱动装置阀门和闸阀
ANSI/AWWA C550—2005	阀门和消防栓用防护性内部涂层
ANSI/AWWA C800—2005	地下管道阀门和配件
ANSI/IAS NGV4.6—1999	天然气分装系统手动控制阀
ANSI/IAS NGV4.7—1999	天然气分装系统用自动压力控制阀
ANSI/ISA 75.01.01—2007	尺寸控制阀用流量平衡
ANSI/ISA 75.02.01—2008	控制阀能力试验程序
ANSI/ISA 75.04—1995	无法兰连接控制阀的结构尺寸(磅级150、300和600)
ANSI/ISA 75.05.01—2005	控制阀术语
ANSI/ISA 75.08.01—2007	整体式法兰连接球型控制阀体的结构尺寸(磅级125、150、250、300和600)
ANSI/ISA 75.08.02—2009	无法兰连接的控制阀结构尺寸(磅级150、300和600)
ANSI/ISA 75.08.03—2007	承插焊接端和螺旋端球状控制阀的结构尺寸
ANSI/ISA 75.08.04—2007	对焊端连接球状控制阀的结构尺寸
ANSI/ISA 75.08.05—2007	端面对焊球型控制阀的结构尺寸(磅级150、300、600、900、1500和2500)
ANSI/ISA 75.08.06—2007	法兰连接球型控制阀阀体的结构尺寸(磅级900、1500和2500)
ANSI/ISA 75.08.07—2007	独立法兰球状控制阀的结构尺寸
ANSI/ISA 75.08.09—2010	滑动杆无法兰连接控制阀的结构尺寸(磅级150、300和600)
ANSI/ISA 75.11.01—1985(R2002)	控制阀的固有流量特征和可调范围
ANSI/ISA 75.14—1993	对焊连接球型控制阀结构尺寸
ANSI/ISA 75.15—1994	对焊端球状控制阀的面对面尺寸(ANSI等级150、300、600、900、1500、2500)
ANSI/ISA 75.19.01—2007	控制阀的水压试验
ANSI/ISA 75.22—1999	法兰连接球形角式控制阀阀体结构尺寸
ANSI/ISA 75.25.01—2010	步进输入控制阀反应测量试验程序
ANSI/ISA 93.00.01—1999	手动和自动启闭阀门外泄漏评估标准方法
ANSI/FCI 69-1—2004	疏水阀的压力额定值标准
ANSI/FCI 70-2—2006	控制阀门阀座泄漏
ANSI/FCI 74-1—1991	弹簧加载升降隔膜止回阀
ANSI/FCI 85-1—2003	疏水阀产品测试
ANSI/FCI 87-1—2009	疏水阀的分类和操作原理
ANSI/FCI 87-2—2008	弹簧模板驱动控制阀动力信号标准
ANSI/FCI 91-1—2010	控制阀门密封性的鉴定标准
ANSI/UL 125—2011	无水氨气和液化气阀门的安全标准(安全阀除外)
ANSI/UL 132—2010	无水氨气和液化石油气的安全阀的安全标准

续表

标 准 代 号	标 准 名 称
ANSI/UL 144—2010	液化石油气压力调节阀的安全标准
ANSI/UL 193—2008	消防设施用报警阀门
ANSI/UL 312—2010	消防设施用止回阀
ANSI/UL 668—2008	消防设施用水带阀
ANSI/UL 753—2009	消防装置用自动供水控制阀的警报附件
ANSI/UL 842—2011	易燃液用阀门
ANSI/UL 1002—2006	分类危险场所用电动阀
ANSI/UL 1468—2007	消防设施用直接作用的降压和控压阀
ANSI/UL 1478—2008	消防水泵减压阀
ANSI/UL 1486—2010	消防设施用快启干管阀装置的安全标准
ANSI/UL 1739—2007	消防用先导式液压控制阀
ANSI/IEEE 382—2006	核电厂用带安全相关功能的电力操作阀组件的执行机构的合格鉴定
ANSI/IEEE 1290—2005	核发电站电动控制阀门电机应用、防护、控制和试验指南
ANSI/ARI 750—2007	制冷剂恒温膨胀阀
ANSI/ARI 770—2007	制冷压力调节阀
ANSI/ASHRAE 17—1998	温度调节用制冷安全阀容量分级测试方法
ANSI/ASHRAE 158.1—2012	制冷电磁阀的容量试验方法
ANSI/IIAR 3—2005	氨制冷机阀门
ANSI(NFPA)T3.21.4 R2—2000	气动阀 NFPA/T2.6.1 R2—2000 补充件:液动元件压力额定值　检验疲劳和确定含金属外壳的液动气动阀的压力
ANSI/(NFPA)T 3.21.8—1990	气压液动　反应时间的测量　直接控制阀门

表 1-65　美国材料试验协会标准（ASTM）

标 准 代 号	标 准 名 称
ASTM A6/A6M—2011	结构用轧制钢板、型钢、板桩和棒钢通用要求
ASTM A20/A20M—2011	压力容器用钢板通用技术条件
ASTM A27/A27M—2010	一般用途碳钢铸件标准技术条件
ASTM A29/A29M—2011a	热锻碳素钢和合金钢棒材　一般要求标准规范
ASTM A36/A36M—2008	碳结构钢标准规范
ASTM A48/A48M—2003(R2008)	灰铸铁铸件标准技术条件
ASTM A53/A53M—2012	无镀层热浸的、镀锌的、焊接的及无缝钢管的技术规范
ASTM A105/A105M—2011a	管道部件用碳钢锻件
ASTM A106/A106M—2011	高温用无缝碳素钢管
ASTM A108—2007	冷精轧碳素钢和合金钢棒材标准技术条件
ASTM A126—2004(R2009)	阀门、法兰及管件用灰铸铁管件规范
ASTM A181/A181M—2006(R2011)	通用管路用碳钢锻件标准规范
ASTM A182/A182M—2011a	高温用锻制或轧制合金钢法兰、锻制和轧制合金钢法兰、锻制管件、阀门和部件
ASTM A193/A193M—2012	高温用合金钢和不锈钢螺栓材料
ASTM A194/A194M—2011	高压或高温螺栓用碳钢及合金钢螺母
ASTM A203/A203M—1997(R2007)	压力容器用镍合金钢板规范
ASTM A213/A213M—2011a	无缝铁素体和奥氏体合金钢锅炉、过热器和换热器管
ASTM A216/A216M—2008	高温用适合熔焊的碳钢铸件规范
ASTM A217/A217M—2011	高温承压件用马氏体不锈钢和合金钢铸件标准规范
ASTM A230/A230M—2005(R2011)	阀门弹簧质量等级的油回火
ASTM A232/A232M—2005(R2011)	铬-钒合金钢的阀门弹簧质量等级的钢丝标准规范
ASTM A240/A240M—2011b	压力容器用耐热铬及铬镍不锈钢中厚板、薄板及带材
ASTM A276—2010	不锈与耐热钢棒和型钢规范
ASTM A278/A278M—2001(R2011)	高温不超过 345℃ 的承压部件用灰铸铁件规范
ASTM A283/A283M—2003(R2007)	低和中抗拉强度的碳钢板规范
ASTM A285/A285M—2003(R2007)	压力容器用低中抗拉强度碳素钢标准技术条件

标 准 代 号	标 准 名 称
ASTM A307/A307M—2010	6000psi 拉伸强度碳钢螺柱与螺栓标准规范
ASTM A311/A311M—2004(R2010)	有力学性能要求的消除应力的冷拉碳素钢棒规范
ASTM A312/A312M—2011	无缝或焊接的以及重度冷加工奥氏体不锈钢管规范
ASTM A320/A320M—2011a	低温用合金钢栓接材料
ASTM A333/A333M—2011	低温设备用无缝和焊接钢管标准规范
ASTMA334/A334M—2004a(R2010)	低温设备用无缝和焊接碳素和合金钢管标准规范
ASTM A335/A335M—2011	高温设备用无缝铁素体合金钢管规范
ASTM A336/A336M—2010a	高温承压件合金钢锻件规范
ASTM A338—84(R2009)	铁路、船舶和其他重型装备在在温度达到 650℉(345℃)时使用的可锻铸铁法兰、管件和阀门零件
ASTM A350/A350M—2004a	需切口韧性试验的管道部件用碳钢和低合金钢锻件标准规范
ASTM A351/A351M—2012	承压件用奥氏体钢铸件规范
ASTM A352/A352M—2006	低温承压用铁素体和马氏体铸钢件标准规范
ASTM A370—2012	钢制品力学试验的标准方法和定义
ASTM A387/A387M—2011	压力容器用铬钼合金钢标准规范
ASTM A388/A388M—2011	大型钢锻件超声检验操作方法
ASTM A395/A395M—1999(R2009)	高温用铁素体球墨铸铁承压铸件
ASTM A403/A403M—2011	锻制奥氏体不锈钢管配件的标准规范
ASTM A405—1991	高温用经特殊热处理的无缝铁素体合金钢管规范
ASTM A421/A421M—2010	预应力混凝土用无涂层消除应力钢丝的技术规范
ASTM A435/A435M—90(R2012)	钢板超声直射波检验标准规范
ASTM A439—1983(R2009)	奥氏体球墨铸铁件
ASTM A479/A479M—2011	合金钢棒材和型材规范
ASTM A480/A480M—2012	扁平轧制耐热不锈钢厚板材、薄板材和带材通用要求
ASTM A484/A484M—2011	不锈和耐热钢棒材、钢坯和锻件一般要求标准规范
ASTM A487/A487M—1993(R2007)	受压钢铸件的标准规范
ASTM A489—2012	碳素钢吊耳规范
ASME A513—2008a	电阻焊碳钢及合金钢机械用管材
ASTM A516/A516M—2010	中温及低温压力容器用碳素钢板规范
ASTM A522/A522M—2011	低温用锻造或轧制的 8% 和 9% 镍合金钢法兰、管件、阀门和零件的标准规范
ASTM A536—1984(R2009)	球墨铸铁件
ASTM A572/572M—2007	高强度低合金钴钒结构钢
ASTMA577/A577M—1990(R2012)	钢板超声斜射波检验
ASTM A582/A582M—2012	不锈钢棒
ASTM A604/A604M—2007	自耗电极再溶化钢棒与钢坯的宏观腐蚀试验方法
ASTM A609/A609M—1991(R2007)	碳钢、低合金钢和马氏体不锈钢铸件超声波检验
ASTM A668/A668M—2004(R2009)	碳钢及合金钢锻件通用标准
ASTM A672/A672M—2009	中温高压用电熔焊钢管
ASTM A688/A688M—2012	焊接的奥氏体不锈钢给水加热器管
ASTM A694/A694M—2008	高压力传输设备用管法兰、配件、阀门及零件用碳素钢及合金钢锻件的标准规范
ASTM A743/743M—2006(R2010)	不锈、耐蚀铸钢与铸造
ASTM A744/A744M—2010e	严酷条件下使用的耐腐蚀铁、铬、镍、镍基合金铸件规范
ASTM A751—2011	钢制品化学分析的实验方法、操作和术语
ASTM A877/A877M—2010e	阀门弹簧质量等级的铬-硅合金钢丝标准规范
ASTM A878/A878M—2005(R2011)	阀门弹簧质量等级的改进的铬-硅合金钢丝标准规范
ASTM A961/A961M—2011	管道用钢制法兰、锻制管件、阀门和零件的通用要求标准规范
ASTM A965/965M—2012	高温高压部件用奥氏体钢锻件
ASTM A988/A988M—2011	高温设备用热等静压冲压的合金钢法兰盘、配件、阀门和部件的标准规范
ASTM A989/A989M—2011	高温设备用热等静压冲压的合金钢法兰、配件、阀门和部件的标准规范
ASTM A1011/A1011M—2012	碳素结构钢、低合金高强度钢、改良成形性高强度低合金钢和超高强度钢热轧薄钢板及带钢

续表

标准代号	标准名称
ASTM A1008/A1008M—2012	高强度低合金和改性高强度低合金冷轧结构碳钢板材规范
ASTM B16/B16M—2010	切丝机用易车削黄铜棒条及型材的标准规范
ASTM B61—2008	蒸气或阀门用青铜铸件的标准规范
ASTM B62—2009	青铜或高铜黄铜铸件标准规范
ASTM B462—2010e	高温耐腐蚀用锻造或轧制的铬、镍、钼、铜、铌稳定合金（UNS N06030、UNS N06022、UNS N06200、UNS N08020、UNS N08024、UNS N08026、UNS N08367、UNS N010276、UNS N10665、UNS N10675、UNS R20033）合金管法兰、锻造管件、阀门和零件标准规范
ASTM B473—2007	UNS N08020、N08026 和 UNS N08024 镍合金棒和丝
ASTM B564—2011	镍合金锻件标准规范
ASTM B584—2011	一般用途的铜合金砂铸件
ASTM B763—2008a	阀门用铜合金砂型铸件标准规范
ASTM B834—1995（R2009）	压力强化粉末冶金铁镍铬钼和镍铬钼钶（Nb）合金管法兰、管配件、阀门和零件标准规范
ASTM C1129—1989（R2008）	通过给凸面阀门及法兰增加热绝缘材料评估蓄热量的标准实施规程
ASTM D395—2003（R2008）	橡胶压缩变形性能的标准实验方法
ASTM D1414—1994（R2008）	O 形橡胶圈的标准实验方法
ASTM D1418—2010a	橡胶和胶乳标准规范名称
ASTM E10—2012	金属材料 Brinell(布氏)硬度标准试验方法
ASTM E18—2011	金属材料 ROCKwell(洛氏)硬度标准试验方法
ASTM E94—2004（R2010）	射线照相检验的标准方法指南
ASTM E140—2007	金属硬度换算表
ASTM E165—2009	液体渗透检验的标准试验方法
ASTM E186—2010	壁厚（2～4½in）(51～114mm) 钢铸件的基准 X 光照片
ASTM E428—2008	超声波检验用钢试块的制造和控制标准做法
ASTM E446—2010	厚度不大于 1in 的铸钢件的参考射线片
ASTM E675—2002（R2007）	可互换的圆锥接地旋塞阀和栓塞的标准规范
ASTM E709—2008	磁粉检验的标准推荐操作方法
ASTM E911—1998（R2009）	聚四氟乙烯（PTFE）插头的玻璃管旋塞阀
ASTM E1008—2003（R2009）	地热和其他高温液体设备用减压阀体的安装、检验及维修用标准实施规范
ASTM F37—2006	垫片材料密封性的标准试验方法
ASTM F704—1981（R2009）	管道系统法兰接头用螺栓长度选用标准
ASTM F885—1984（R2011）	公称管径为 NPS 1/4～2 的青铜 截止阀外形尺寸标准规范
ASTM F992—1986（R2011）	阀门铭牌标准规范
ASTM F993—1986（R2011）	阀门锁紧装置标准规范
ASTM F1020—1986（R2011）	船用暗线阀
ASTM F1030—1986（R2008）	阀门操作装置的选择
ASTM F1098—1987（R2010）	公称管径为 NPS2～24 的蝶阀外形尺寸标准规范
ASTM F1139—1988（R2010）	蒸汽疏水阀和排水管
ASTM F1155—2010	管道系统材料的选择与应用标准
ASTM F1271—1990（R2006）	船上储罐液体过压保护装置用溢流阀标准规范
ASTM F1311—1990（R2006）	大口径组装式碳钢法兰标准规范
ASTM F1370—1992（R2011）	船上给水系统用减压阀
ASTM F1373—1993（R2005）	气体分配系统组件用自动阀的周期寿命测定的标准试验方法
ASTM F1394—1992（R2005）	测定从气体分配系统阀门产生的粒子成分的标准试验方法
ASTM F1508—1996（R2010）	用于蒸汽、气体和液体设备的角形减压阀标准规范
ASTM F1545—1997（R2009）	有塑料内衬的铁合金管、配件和法兰的标准
ASTM F1565—2000（R2006）	蒸汽设备用减压阀标准规范
ASTM F1792—1997（R2010）	氧气用特殊需求阀门的标准规范
ASTM F1793—1997（R2010）	空气或氮气系统用自动截流阀(也叫溢流阀)标准规范

续表

标 准 代 号	标 准 名 称
ASTM F1794—1997(R2010)	手动、球形阀气体(除氧气)和液压系统标准规范
ASTM F1795—2000(R2006)	空气或氮气系统用减压阀标准规范
ASTM F1802—2004(R2010)	溢流阀性能测试标准试验方法
ASTM F1970—2005	聚氯乙烯(PVC)、氯化聚氯乙烯(CPVE)系统中使用的专用工程配件、附件或阀门的标准规范
ASTM F1985—1999(R2011)	气力操作的球形控制阀标准规范
ASTM F2138—2009	天然气设备用溢流阀标准规范
ASTM F2215—2008	轴承、阀门和轴承设备用黑色和有色金属滚珠轴承标准规范
ASTM F2324—2003(R2009)	预清洗喷雾器阀用标准试验方法

表 1-66　美国石油协会标准（API）

标 准 代 号	标 准 名 称
API 510—2006	压力容器检验规程:维护检测、鉴定、修理和更换
API 520.1—2008	精炼厂泄压装置的尺寸、选型和安装　第1部分:尺寸和选型
API 520.2—2003(R2011)	精炼厂泄压装置的尺寸、选型和安装　第2部分:安装
API 521—2007	压力释放和减压系统指南
API 526—2009	钢制法兰连接泄压阀
API 526—2009	钢制法兰连接泄压阀
API 527—1991(R2007)	泄压阀的阀座密封件
API 553—1998(R2007)	炼油控制阀
API 574—2009	管、阀门及配件的检验
API 576—2009	压力释放设备的检验
API 589—1998	评价阀杆填料的耐火试验
API 591—2008	炼油阀门的用户验收程序
API 593—1981	球墨铸铁法兰旋塞阀
API 594—2010	对夹式、凸耳对夹式和双法兰式止回阀
API 595—1979(R1984)	铸铁法兰闸阀
API 597—1981	钢制法兰和对焊缩口闸阀
API 598—2009	阀门的检验和试验
API 599—2007	法兰端、螺纹端和焊接端金属旋塞阀
API 600—2009	石油和天然气工业用盖螺栓连接的钢制闸阀
API 601—1988	凹凸式管道法兰和法兰连接用金属垫片(包覆式和缠绕式)
API 602—2009	石油和天然气工业公称尺寸小于和等于 $DN100$ 的用钢制闸阀、截止阀和止回阀
API 603—2007	法兰端、对焊端、耐腐蚀栓接阀盖闸阀
API 604—1981	法兰连接球墨铸铁制闸阀
API 605—1988	大口径碳钢法兰(Class75～900,NPS26～60)
API 606—1989	紧凑型钢制闸阀　延伸阀体
API 607—2010	90°旋转软密封座阀门的耐火试验
API 608—2008	法兰、螺纹和对焊端的金属球阀
API 609—2009	双法兰连接、凸耳及对夹型蝶阀
API 621—2010	金属闸阀、截止阀和止回阀的重新调整
API 622—2011	炼油阀门防泄漏结构的型式试验
API 934—2010	高温高压临氢 2-14Cr 和 3Cr 钢制厚壁压力容器材料和制造要求
API 941—2008	石油炼厂与石化工厂中在高温高压下的氢作业用钢
API 1104—2005(R2010)	管道及其相关设备的焊接
API 6A—2010	井口装备和采油树设备规范
API 6AV1—1996(R2008)	海上作业用的井口水面安全阀和水下安全阀验证试验
API 14A—2005	石油天然气工业钻采设备用井下安全阀的设备规范
API 5B—2008	套管、油管和管线管螺纹的加工、测量和检验规范(第十五版)
API 6B—1961	焊接颈部法兰尺寸

标 准 代 号	标 准 名 称
API 14B—2005	石油天然气工业用井下安全阀的设计安装、维修和操作
API 5CT—2011	套管和油管规范　中文
API 6D—2008	石油天然气工业用管道阀门规范管路阀门
API 6D—2011a（增补版）	石油天然气工业用管道阀门规范管路阀门
API 6DR—2006	管线阀门的修补与再造
API 6DSS—2009	海下管线阀
API 6FA—1999（R2006）	耐火试验验证范围
API 6FC—2009	带自动回座的阀门的耐火试验
API 6FD—1995（R2008）	止回阀耐火试验
API 14H—2007	海面安全阀和水下安全阀的安装，维护和修理
API 5L—2007	管线规范
API Q1—2007	石油、石化和天然气工业质量纲要规范
API 11V1—1995（R2008）	气举阀、孔板、回流阀和隔板阀
API 11V7—1999（R2008）	气体提升阀门的修理、试验和安装

表 1-67　美国阀门和管件制造厂标准化协会阀门标准（MSS）

标 准 代 号	标 准 名 称
MSS SP 6—2012	管法兰及阀门和管件端法兰的接触面标准精度
MSS SP 9—2008	青铜、铁和钢制法兰的孔口平面
MSS SP 25—2008	阀门、管件、法兰和管接头的标准标记方法
MSS SP 42—2009	150 磅级（PN20）法兰端对焊端耐腐蚀的闸阀、截止阀、角阀和止回阀
MSS SP 43—2010	锻制不锈钢对焊管件（包括其他防腐材料文献）
MSS SP 44—2011	钢制管道法兰
MSS SP 45—2008	旁通和排放连接
MSS SP 51—2007	耐腐蚀法兰和铸造法兰管件（轻型 150 磅级）
MSS SP 53—1999（R2007）	阀门、法兰、管件和其他管道部件用铸钢件质量标准—磁粉检验方法
MSS SP 54—1999（R2007）	阀门、法兰、管件和其他管道部件用铸钢件质量标准—射线照相检验方法
MSS SP 55—2011	阀门、法兰、管件和其他管道部件用铸钢件质量标准—表面缺陷评定的目视检验方法
MSS SP 58—2009	管道吊架和支架—材料、设计和制造
MSS SP 60—2004	连接排渣管和排渣阀法兰接头
MSS SP 61—2009	钢制阀门的压力试验
MSS SP 65—2008	用透镜垫的高压化工法兰和螺纹短管
MSS SP 67—2011	蝶阀
MSS SP 68—2011	偏心结构的高压蝶阀
MSS SP 70—2011	法兰和螺纹连接灰口铁闸阀
MSS SP 71—2011	法兰和螺纹端旋启式灰铸铁止回阀
MSS SP 72—2010	法兰端或对焊端通用球阀
MSS SP 73—2003	铜和铜合金压力管件的铜焊接头
MSS SP 75—2008	高强度、锻造成、对接焊管件规范
MSS SP 78—2011	法兰端和螺纹端铸铁旋塞阀
MSS SP 79—2011	承插焊渐缩径接头
MSS SP 80—2008	青铜闸阀、截止阀、角阀和止回阀
MSS SP 81—2006	无阀盖的法兰端不锈钢刀形闸阀
MSS SP 82-1992	阀门压力试验方法
MSS SP 83—2006	3000 级承插焊式和螺纹式钢管活接头
MSS SP 85—2011	法兰端和螺纹端灰铸铁截止阀和角阀
MSS SP 86—2011	阀门、法兰、配件以及驱动装置标准中的公制数据的使用指南
MSS SP 87—1991（R2011）	核Ⅰ级管道用对焊连接管件
MSS SP 88—2010	隔膜阀
MSS SP 91—2009	阀门手动操作指南

续表

标 准 代 号	标 准 名 称
MSS SP 92—2012	阀门用户指南
MSS SP 93—2008	阀门、法兰、管件及其他管道附件用钢铸件和钢锻件质量标准液体渗透检验方法
MSS SP 94—2008	阀门、法兰、管件及其他管道附件的铁素体、马氏体钢铸件质量标准超声波检验方法
MSS SP 95—2006	模锻管接头与大管塞
MSS SP 96—2011	阀门及其配件术语指南
MSS SP 97—2006	整体加强锻制分支管座配件-承插焊式、螺纹式与对接焊式
MSS SP 98—2012	阀门、消防栓和管件的内部保护性涂层
MSS SP 99—2010	器械阀门
MSS SP 100—2009	核设施用隔膜阀弹性隔膜的资质鉴定要求
MSS SP 101—1989(R2001)	部分回转阀门驱动装置—法兰、驱动元件尺寸和性能特征
MSS SP 102—1989(R2001)	多回转阀门驱动装置—法兰、驱动元件尺寸和性能特征
MSS SP 104—2012	精炼铜焊接接头压力配件
MSS SP 105—2010	器械阀门的标准应用
MSS SP 106—2012	125磅级、150磅级和300磅级的铸铜合金法兰及法兰连线管件
MSS SP 108—2012	弹性密封的铸铁偏心旋塞阀
MSS SP 109—1997(R2006)	铜芯软纤焊压力管件
MSS SP 110—2010	螺纹、承插焊、软纤焊、凹槽和外接连接球阀
MSS SP 111—2005	灰铁和球铁制排渣口套管
MSS SP 112—2010	评定表面粗糙底的质量标准 目视和触感方法
MSS SP 113—2001(R2007)	排渣机器和排渣阀的连接头
MSS SP 114—2007	150磅级和1000磅级的耐腐蚀螺纹和承插焊管道配件
MSS SP 115—2010	燃气用过流阀
MSS SP 117—2010	波纹管密封件截止阀和闸阀
MSS SP 118—2007	法兰端、无法兰端、螺纹端和焊接端紧凑型钢制截止阀和止回阀(化工和石油精炼用)
MSS SP 119—2010	精炼钟形花端的承插焊管件
MSS SP 120—2011	升降式阀杆(明杆)钢制阀门柔性石墨填料系统的设计要求
MSS SP 121—2006	升降式阀杆(明杆)钢制阀门鉴定试验方法
MSS SP 122—2005	塑料工业用球阀
MSS SP 123—1998(R2006)	钢制水管用的钢制螺纹连接和焊制连接
MSS SP 124—2001	开口套管结构
MSS SP 125—2010	弹簧加载中心导向的灰铸铁和球墨铸铁管线止回阀
MSS SP 126—2007	弹簧加载中心导向的钢制管线止回阀
MSS SP 128—2006	铸铁闸阀
MSS SP 129—2007	铜-镍材料承插焊连接管件和接头
MSS SP 130—2003	波纹管密封的阀门
MSS SP 131—2010	手动配气金属阀门
MSS SP 132—2010	压缩填料系统用器械阀门
MSS SP 133—2010	低压燃气用过流阀
MSS SP 134—2010	低温阀门的应用 包括阀体/阀帽的需求
MSS SP 135—2010	高压钢制刀形闸阀
MSS SP 136—2007	球墨铸铁旋启式止回阀

表 1-68 日本国家标准（JIS）

标 准 代 号	标 准 名 称
JIS B0100—1984(R2005)	阀门名词术语
JIS B0205-1—2001(R2011)	ISO通用公制螺纹 第1部分:基本轮廓
JIS B0205—2—2001(R2011)	ISO通用公制螺纹 第2部分:总图
JIS B0403—1995(R2010)	铸件—尺寸公差方式与加工余量方式
JIS B2001—1987(R2008)	阀门的公称通径和口径
JIS B2002—1987(R2008)	阀门的结构长度

续表

标 准 代 号	标 准 名 称
JIS B2003—1994(R2002)	阀门的检验通则
JIS B2004—1994(R2009)	阀门的标志通则
JIS B2005-1—2012	工业过程控制阀　第 1 部分:控制阀术语和一般条件
JIS B2005-2-1—2005(R2009)	工业过程控制阀　第 2-1 部分:流通能力　安装条件下流量的校准公式
JIS B2005-2-3—2004(R2008)	工业过程控制阀　第 2-3 部分:网的通过能力　试验过程
JIS B2005-3-1—2005(R2009)	工业过程控制阀　第 3-1 部分:尺寸　有法兰双通球形直型控制阀的结构尺寸和有法兰双通球形角式控制阀的中心与结构尺寸
JIS B2005-3-2—2005(R2009)	工业过程控制阀　第 3-2 部分:尺寸　旋转控制阀的结构尺寸(除蝶阀)
JIS B2005-3-3—2005(R2009)	工业过程控制阀　第 3-3 部分:尺寸　对接焊的双通球形、直型控制阀的结构尺寸
JIS B2005-5—2004(R2008)	工业过程控制阀　第 5 部分:标记
JIS B2005-6-1—2004(R2008)	工业过程控制阀　第 6 部分第 1 节　定位器连接到控制阀执行机构的安装细节:线型执行机构上定位器的安装
JIS B2005-6-2—2005(R2009)	工业过程控制阀　第 6 部分第 2 节　定位器连接到控制阀的安装细则:安装在环型机构上的定位器
JIS B2005-7—2004(R2008)	工业过程控制阀　第 7 部分:控制阀数据表
JIS B2005-8-1—2004(R2008)	工业过程控制阀　第 8 部分:噪声事项　第 1 节:气动流经控制阀产生噪声的实验室测量
JIS B2007—1993 (R2005)	工业过程控制阀　检验和常规试验
JIS B2011—2011	青铜闸阀截止阀、角阀及止回阀
JIS B2031—1994(R2002)	灰铸铁阀
JIS B2032—1995(R2005)	对尖式橡胶阀座蝶阀
JIS B2051—1994(R2002)	1.0MPa 可锻铸铁制螺纹连接截止阀
JIS B2061—2011	给水龙头
JIS B2062—1994(R2008)	水管用闸阀
JIS B2063—1994	水管用空气阀
JIS B2064—1995	水管用蝶阀
JIS B2071—2000(R2009)	铸钢制法兰连接阀门
JIS B2191—1995	青铜制螺纹连接旋塞阀
JIS B2192—1977	青铜制螺纹连接填料式旋塞阀
JIS B3372—1982	压缩空气用减压阀
JIS B8210—2009	蒸汽锅炉及压力容器用弹簧式安全阀
JIS B8225—1993(R2007)	安全阀排放系数测定方法
JIS B8244—2004(R2008)	溶解乙炔容器用阀
JIS B8245—2004(R2008)	液化石油容器用阀
JIS B8246—2004(R2008)	高压气体容器用阀
JIS B8373—1993(R2006)	气动用二通电磁阀
JIS B8374—1993(R2011)	气动用三通电磁阀
JIS B8375—2007	气动用四通、五通电磁阀
JIS B8410—2004(R2011)	水用减压阀
JIS B8414—1990(R2011)	热水器用安全阀
JIS B8471—2004(R208)	水用电磁阀
JIS B8472—2008	蒸汽用电磁阀
JIS B8473—2007	燃油用电磁阀
JIS B8651—2002(R2006)	比例电磁式减压阀试验方法
JIS B8652—2002(R2006)	比例电动液压减压阀及安全阀的试验方法
JIS B8653—2002(R2006)	比例电动液压节流阀试验方法
JIS B8654—2002(R2006)	比例电动液压串联型流量控制阀试验方法
JIS B8655—2002(R2006)	比例电磁旁通定向流量控制阀　试验方法
JIS B8656—2002(R2006)	比例电磁旁通定向流量控制阀
JIS B8657—2002(R2006)	比例电磁旁通定向流量控制阀　试验方法

续表

标 准 代 号	标 准 名 称
JIS B8659—2000(R2010)	电气油压伺服阀　试验方法
JIS F3058—1996(R2007)	铸钢立式波浪止回阀
JIS F3059—1996(R2007)	青铜螺旋截止立式波浪止回阀
JIS F3060—1996(R2007)	铸钢螺旋截止立式波浪止回阀
JIS F7300—2009	一般用阀和旋塞的使用标准
JIS F7306—1996(R2007)	船用铸铁 5K 法兰角阀
JIS F7307—1996(R2007)	船用铸铁 10K 直通截止阀
JIS F7353—1996(R2007)	船用铸铁 5K 截止止回阀
JIS F7354—1996(R2007)	船用铸铁 5K 角式止回阀
JIS F7359—1996(R2007)	船用铸铁 5K 升降角式止回阀
JIS F7363—1996(R2007)	船用铸铁 5K 闸阀
JIS F7364—1996(R2007)	船用铸铁 10K 闸阀
JIS F7366—1996(R2007)	船用铸铁 20K 闸阀
JIS F7371—1996(R2007)	船用铸铁 5K 青铜旋启止回阀
JIS F7372—1996(R2007)	船用铸铁 5K 旋启式止回阀
JIS F7373—1996(R2007)	船用铸铁 10K 旋启式止回阀
JIS F7376—1996(R2007)	船用铸铁 10K 角式止回阀
JIS F7377—1996(R2007)	船用铸铁 16K 截止止回阀
JIS F7378—1996(R2007)	船用铸铁 16K 角式止回阀
JIS F7398—2010	船舶燃油罐自动关闭排除阀
JIS F7399—2002(R2010)	船舶燃油罐紧急切断阀
JIS F7412—1996(R2007)	船用 5K 青铜管帽形螺旋式止回连接帽状角阀
JIS F7414—1996(R2007)	船用 16K 青铜管帽形升降式止回连接帽状角阀
JIS F7416—1996(R2007)	船用 5K 青铜管帽形升降式止回连接帽状角阀
JIS F7421—1996(R2007)	船用 20K 锻钢截止阀
JIS F7422—1996(R2007)	船用 20K 锻钢角式阀
JIS F7457—1999(R2006)	气动操纵遥控切断装置,船舶燃油罐紧急切断阀
JIS F7505—2006	造船　球墨铁(延性铁)阀
JIS F7804—2000(R2006)	造船 船用 5K 铜合金管法兰
JIS F7805—1976(R2006)	船排气管用钢法兰的基本尺寸
JIS F7806—1996(R2007)	造船　船用 280K 和 350K 承插焊接管法兰
JIS F73006—1989	船用铸铁 5K 法兰角阀
JIS F73007—1989	船用铸铁 10K 直通截止阀
JIS G0202—1987(R2011)	钢铁术语条款汇编
JIS G4304—2005(R2011)	不锈钢热轧钢板
JIS S2120—2000(R2011)	气体阀门

表 1-69　英国国家标准（BS）

标 准 代 号	标 准 名 称
BS 341-3—2002(R2007)	可运输气体气体容器器的阀门　阀门出口接头
BS 341-4—2004(R2009)	可运输气体容器的阀门　减压装置
BS 1123—2006(R2012)	空气储存器及压缩空气设备用的安全阀、仪表和其他安全附件
BS 970-4—1970(R1983)	阀门钢
BS 1212-1—1990(R2007)	浮子阀　第 1 部分:活塞型浮子阀(铜合金阀体)(不含浮子)规范
BS 1212-2—1990(R2007)	浮子阀　第 2 部分:隔膜型浮子阀(铜合金阀体)(不含浮子)规范
BS 1212-3—1990	浮子阀　第 3 部分:供冷水用隔膜型塑料体浮子阀(铜合金阀体)(不含浮子)规范
BS 1414—1975(R1990)	石油化学及有关工业用法兰和对焊连接的楔形闸阀
BS 1415-1—1976(R1980)	配料阀第一部分　非恒温无补偿配料阀
BS 1552—1995(R2011)	低压煤气用调节旋塞阀
BS 1560-3.2—1990(R2011)	管子、阀门和配件(规定类型)用圆法兰　钢、铸铁和钢合金法兰　铸铁法兰规范

标 准 代 号	标 准 名 称
BS 1655—2007	石油工业用法兰连接的自动调节阀结构长度
BS 1873—1975(R2007)	石油、石油化学工业及有关工业用法兰和对焊端钢制截止阀结构长度
BS 1968—1953(R2007)	球阀用浮球(铜)规范
BS 2080—1989(R1995)	石油、石油化学工业及有关工业用法兰和对焊连接阀门结构长度
BS 2767—1991(R2008)	散热器的手工操作铜合金阀的规范
BS 3457—1973	水龙头与截止阀座垫圈材料规范
BS 4062—1982	油压控制阀试验
BS 5146—1984	石油、石油化学及有关工业用钢阀的检验和试验技术要求
BS 5150—1990	一般用途的铸铁楔式单闸板或双闸板闸阀
BS 5151—1974(R1982)	一般用途的铸铁(平行闸板)闸阀
BS 5152—1974(R1989)	一般用途的铸铁截止阀和截止止回阀
BS 5153—1974(R1989)	一般用途的铸铁止回阀
BS 5154—1991(R2007)	一般用途的铜合金截止阀、截止-止回阀、止回阀、闸阀
BS 5155—1984(R1992)	一般用途的铸铁和碳钢蝶阀
BS 5156—1985(R1990)	隔膜阀
BS 5157—1989	一般用途的(平行式闸板)钢闸阀
BS 5158—1989(R2007)	铸铁旋塞阀
BS 5159—1974(R1982)	一般用途的铸铁和碳钢球阀
BS 5160—1989	一般用途的钢制截止阀、截止-止回阀、升降式止回阀
BS 5163-1—2004(R2009)	供水系统用铸铁闸阀 实用编码规范
BS 5351—1986(R1990)	石油、石油化学和有关工业用钢制球阀
BS 5352—1981(R1990)	石油、石油化学和有关工业用 50mm 以下的楔式钢阀门、球阀和单向阀
BS 5353—1989(R2007)	钢铁旋塞阀技术规范
BS 5417—1976	一般用工业阀门检验
BS 5418—1979(R1984)	一般用工业阀门标志
BS 5433—1976(R2007)	供水用地下闸阀技术规范
BS 5998—1983(R2007)	钢阀铸件的质量等级规范
BS 6364—1984(R2007)	低温用阀
BS 6675—1986(R2007)	供水用(铜合金)辅助工作阀规范
BS 6683—1985(R2007)	阀门的安装和使用
BS 6755-1—1986	第一部分:阀门试验 产品压力试验要求
BS 6755-2—1987(R1991)	第二部分:阀门试验 耐火试验要求
BS 7296-1—1990(R2005)	液压动力插装式阀的空腔 第 1 部分:二通镶套滑动阀规范
BS 7438—1991 (R2007)	弹簧加载型钢和铜合金单盘压片止回阀规范
BS 7461—1991(R2011)	带有流量调节器、闭路开关指示、闭合位置指示器开关或气流量控制的电动自动气体截止阀规范
BS 7478—1991(R2007)	恒热散热器阀的选择和使用指南
BS/MA65-76Pt.10	蝶阀
BS/MA65-76Pt.11	隔膜阀
BS EN 19—2002	通用工业阀门标记
BS EN 215—2004(R2006)	恒热散热器阀 要求和试验方法
BS EN 287-1—2011	焊工评定—熔焊 第 1 部分 钢
BS EN 288-1—1992(R1997)	金属材料焊接工艺评定 第 1 部分 熔焊通则
BS EN 288-2—1992(R1997)	金属材料焊接工艺评定 第 2 部分 电弧焊焊接工艺试验
BS EN 288-3—1992(R1998)	金属材料焊接工艺评定 第 3 部分 钢的弧焊焊接工艺试验
BS EN 331—1998(R2011)	建筑物燃气供应设备用人工操纵球阀和封底锥度旋塞阀
BS EN 334—2005	入口压力不大于 100bar 的气体调压器
BS EN 558-1—1996	工业阀门—法兰连接管道系统用金属阀门的结构长度 第 1 篇 米制系列阀门
BS EN 558-2—1996	工业阀门—法兰连接管道系统用金属阀门的结构长度 第 2 篇 英制系列阀门
BS EN 593—2010	工业阀门—金属蝶阀

标 准 代 号	标 准 名 称
BS EN 736-1—1995	阀门术语 第 1 篇 阀门类型的定义
BS EN 736-2—1997	阀门术语 第 2 篇 阀门部件的定义
BS EN 736-3—2008	阀门术语 第 3 篇 术语的定义
BS EN 816—1997	卫生间水龙头旋塞装置 自动切断阀 $PN10$
BS EN 1074-3—2000	供水用阀门 目的要求和适当验收试验的合理性 止回阀
BS EN 1074-5—2001	供水阀门 适用性和专用要求的试验 控制阀门
BS EN 1092-1—2007	法兰及其连接件—管道、阀门、管件和附件用圆盘法兰，PN 标示 第 1 篇：钢制法兰
BS EN 1092-2—1997	BS EN 1092-2—1997 中文版 法兰和接头 用于管、管件、阀门及附件、PN 设计 第 2 部分：铸铁法兰
BS EN 1092-3—2004	法兰及其连接 按 PN 标注的管、阀门、配件及其附件用圆形法兰 第 3 部分：铜合金法兰
BS EN1092-4—2002	法兰及其连接 按 PN 标注的管、阀门、配件及其附件用圆形法兰 第 4 部分：铝合金法兰
BS EN 1171—2002	工业阀门—铸铁闸阀
BS EN 1267—2012	阀门—以水为试验介质，测试阀门流阻
BS EN 1333—2006	管道元件 PN 的定义和选用
BS EN 1349—2009	工业过程控制阀
BS EN 1489—2000	建筑物阀门 压力安全阀门 试验和要求
BS EN 1491—2000	建筑物阀门 膨胀阀门 试验和要求
BS EN 1503-1—2000	阀门—阀体、阀盖及盖板材料 第 1 篇 欧洲标准中规定的钢种
BS EN 1503-2—2000	阀门—阀体、阀盖及盖板材料 第 2 篇 欧洲标准中没有规定的钢种
BS EN 1503-3—2000	阀门—阀体、阀盖及盖板材料 第 3 篇 欧洲标准中规定的铸铁
BS EN 1514-1—1997(R2005)	法兰及其连接—法兰用垫片尺寸（米制） 第 1 篇 带或不带内衬的非金属平垫片
BS EN 1514-2—2005	法兰及其连接—法兰用垫片尺寸（米制） 第 2 篇 钢法兰缠绕式垫片
BS EN 1514-3—1997(R2005)	法兰及其连接—法兰用垫片尺寸（米制） 第 3 篇 非金属 PTFE 包覆垫片
BS EN 1514-4—1997(R2005)	法兰及其连接—法兰用垫片尺寸（米制） 第 4 篇 钢法兰用波形、平面或齿形金属和填充金属垫片
BS EN 1515-1—2000(R2006)	法兰及其连接件—螺栓 第 1 篇 螺栓的选择
BS EN 1562—2012	铸造—可锻铸铁
BS EN 1561—2011	铸造—灰铸铁
BS EN 1563—2012	铸造—球墨铸铁
BS EN 1567—2000(R2009)	建筑物阀门 减压阀和组合减压阀 要求和试验
BS EN 1591-1—2001(R2011)	法兰和接头 衬垫环形法兰连接的设计规则 计算方法
BS EN 1626—2009	低温容器—低温用阀门
BS EN 1704—1997	塑料管道系统 热塑塑料阀 弯曲情况下温度循环后阀门完整性的试验方法
BS EN 1797—2001(R2008)	低温容器—气体、材料相容性
BS EN 1984—2010	工业阀门—钢闸阀
BS EN 10083-1—2006	淬火和回火钢 第 1 篇：通用交货技术条件
BS EN 10083-2—2006	淬火和回火钢 第 2 篇：非合金钢的交货技术条件
BS EN 10083-3—2006(R2009)	淬火和回火钢 第 3 篇：合金钢的交货技术条件
BS EN 10204—2004	金属产品—检验文件的类型
BS EN 10213-1—1996(R1998)	承压铸钢件的交货技术条件 第 1 部分：总则
BS EN 10213-2—1996	承压铸钢件的交货技术条件 第 2 部分：常温和高温用铸钢件
BS EN 10213-3—1996(R1998)	承压铸钢件的交货技术条件 第 3 部分：低温用钢钢种
BS EN 10213-4—1996	承压铸钢件的交货技术条件 第 4 部分：奥氏体和奥氏体-铁素体钢种
BS EN 10216-2—2002(R2007)	承压无缝钢管 技术交付条件 英文版
BS EN 10222-1—1998(R2005)	承压用钢锻件 第 1 篇：开式模锻件通则
BS EN 10222-2—2000(R2005)	承压用钢锻件 第 2 篇：具有特定高温性能的铁素体和马氏体钢
BS EN 10222-3—1999(R2005)	承压用钢锻件 第 3 篇：具有特定的低温性能的镍钢
BS EN 10222-4—1999(R2005)	承压用钢锻件 第 4 篇：具有高耐强度的焊接组晶钢

续表

标 准 代 号	标 准 名 称
BS EN 10222-5—2000(R2005)	承压用钢锻件　第5篇:马氏体、奥氏体和奥氏体——铁素体不锈钢
BS EN 10269—1999(R2009)	具有特定高温和/或低温性能的紧固件用钢和镍合金
BS EN 10432—2004(R2009)	石油和天然气工业——下井设备地下安全阀装置
BS EN 12050-4—2001	建筑物和工地用废水提升设备.制造和试验原理　不含粪便和含有粪便的废水用止回阀
BS EN 12266-1—2012	工业阀门—阀门试验　第1篇:压力试验、试验程序及验收标准—强制要求
BS EN 12266-2—2012	工业阀门—阀门试验　第2篇:试验、试验程序及验收标准—补充要求
BS EN 12288—2010	工业阀门—铜合金闸阀
BS EN 12334—2001(R2004)	工业阀门—铸铁止回阀
BS EN 12351—2010	工业阀门—法兰端阀门的保护罩
BS EN 12516-1—2011	工业阀门—壳体设计强度　第1篇:钢制阀门壳体的制表方法
BS EN 12516-2—2011	工业阀门—壳体设计强度　第2篇:钢制阀门壳体的计算方法
BS EN 12516-3—2011	工业阀门—壳体设计强度　第3篇:实验方法
BS EN 12560-1—2001	法兰及其连接件—法兰用垫片(英制)第1篇　带或不带填充物的非金属平垫片
BS EN 12560-2—2001	法兰及其连接件—法兰用垫片(英制)　第2篇　钢制法兰用螺旋缠绕垫片
BS EN 12560-3—2001	法兰及其连接件—法兰用垫片(英制)　第3篇　非金属聚四氟乙烯(PTFE)包覆式垫片
BS EN 12560-4—2001	法兰及其连接件—法兰用垫片(英制)　第4篇　钢制法兰用带或不带填充物的波形、平或齿形金属垫片
BS EN 12560-5—2001	法兰及其连接件—法兰用垫片(英制)　第5篇　钢制法兰用金属环连接垫片
BS EN 12569—1999(R2001)	工业阀门—化工和石油化工加工工业用阀门要求和试验
BS EN 12570—2000	工业阀门—确定操作元件尺寸和方法
BS EN 12627—1999	工业阀门—钢制阀门的对焊端
BS EN 12760—1999	阀门—钢制阀门的承插焊端
BS EN 12982—2010	工业阀门—对焊端阀门的(端-端和中心-端)结构长度
BS EN 13397—2002	工业阀门—金属材料制成的隔膜阀
BS EN 13648-1—2009	冷凝容器　防超压保护设施　冷凝设备的安全阀
BS EN 13709—2010	工业阀门—钢制截止阀和截止止回阀
BS EN 13789—2010	工业阀门—铸铁球阀
BS EN 13828—2003(R2008)	建筑物用阀　建筑物内饮用水供给用手动铜合金及不锈钢球阀　试验及要求
BS EN 13942—2009	石油和天然气工业—管道输送系统—管道阀门
BS EN 13953—2003(R2007)	液化石油气(LPG)用移动式可填充储气瓶的减压安全阀
BS EN 14141—2003	管道天然气输送系统用阀门—性能要求及试验
BS EN 17292—2004	石油、石化和相关工业用钢制球阀
BS EN 26553—1991	自动蒸汽疏水阀的标记
BS EN 26554—1991	法兰连接自动蒸汽疏水阀的结构长度
BS EN 26704—1991	自动蒸汽疏水阀的分类
BS EN 26948—1991	自动蒸汽疏水阀产品及性能特性试验方法
BS EN 27841—1991	自动蒸汽疏水阀蒸汽损失的测定方法
BS EN 27842—1991	自动蒸汽疏水阀排放量的测定方法
BS EN 28233—1992	热塑性塑料阀门的扭矩试验方法
BS EN 28659—1992	热塑性塑料阀门　疲劳强度　试验方法
BS EN 60534-2-1—2011	工业过程控制阀　流动容量　安装条件下液流规模方程
BS EN 60534-2-3—1998	工业过程控制阀　流量　试验程序
BS EN 60534-2-5—2003	工业过程控制阀　流通能力　通过有段间恢复功能的多段控制阀的流体流量的校准公式
BS EN 60534-3-1—2000	工业过程控制阀　尺寸　带法兰的两路、球形、直立式控制阀门的面对面尺寸和带法兰的两路、球形、角度控制阀门
BS EN 60534-3-2—2001	工业过程控制阀　尺寸　蝶形阀除外的转式控制阀的端面距
BS EN 60534-3-3—1998	工业过程控制阀　尺寸　对接焊接、两向、球形、垂直模式控制阀的末端对末端尺寸

续表

标 准 代 号	标 准 名 称
BS EN 60534-6-1—1998	工业过程控制阀　控制阀调节器连接用安装元件　直线传动装置上调节器的安装
BS EN 60534-6-2—2001	工业过程控制阀　定位器装到控制阀的安装细则　旋转传动装置上安装的定位器
BS EN 60534-8-1—2006	工业过程控制阀　噪声问题　通过控制阀的动力噪声的实验室测量
BS EN 60534-8-3—2011	工业流程控制阀　噪声问题　控制阀的空气动力噪声预报法
BS EN 60534-8-4—2007	工业过程控制　第8部分:噪声问题　第4节　流动产生的噪声的预报
BS EN ISO 5210—1996(R2003)	工业阀门—多回转阀门驱动装置的连接
BS EN ISO 5211—2001(R2003)	工业阀门—部分回转执行器附件
BS EN ISO 8752—2009	弹性圆柱销　开槽、重型(EN ISO 8752—1997)
BS EN ISO 10417—2004(R2009)	石油和天然气工业用地下安全阀系统—设计、安装、操作及调整
BS EN ISO 10432—2005(R2009)	石油和天然气工业　下井设备　地下安全阀设备
BS EN ISO 10434—2004	石油、石化和相关工业用拴接阀盖的钢制闸阀
BS EN ISO 10497—2010	阀门试验—耐火试验要求(第二版)
BS EN ISO 14723—2009	石油天然气工业—管线传输系统—海底管线阀
BS EN ISO 15761—2003	石油和天然气工业用尺寸为DN100及更小的钢闸阀、球阀和止回阀
BS EN ISO 17292—2004	石油、石油化工及其相关工业用金属球阀

表1-70　德国国家标准（DIN）

标 准 代 号	标 准 名 称
DIN 3202-1—1984	阀门结构长度—第一部分:法兰连接阀
DIN 3202-2—1982	阀门结构长度—第二部分:焊接连接阀
DIN 3202-3—1979	阀门结构长度—第三部分:对夹式连接阀
DIN 3202-4—1982	阀门结构长度—第四部分:内螺纹连接阀
DIN 3202-5—1982	阀门结构长度—第五部分:管螺纹连接阀
DIN 3211—1977	管道阀门的定义
DIN 3223—1974	阀门专用扳手
DIN 3230-1—1990	第一部分:阀门供货技术条件—咨询、订货和供货
DIN 3230-2—1974	第二部分:阀门供货技术条件—一般要求
DIN 3230-3—1982	第三部分:阀门供货技术条件—试验汇总
DIN 3230-4—1977	第四部分:阀门供货技术条件—饮水设备用阀门的要求和检验
DIN 3230-5—1984	第五部分:阀门供货技术条件—煤气管路和煤气设备用截止阀的要求和检验
DIN 3230-6—1987	第六部分:阀门供货技术条件—可燃液体用管配件要求和检验
DIN 3320-1—1984	安全阀、安全切断阀的定义、涂漆和标志
DIN 3338—1987	多回转阀门驱动装置　驱动件的结构尺寸(C形)
DIN 3352-1—1979	第一部分:闸阀一般要求
DIN 3352-2—1988	第二部分:铸铁制金属密封暗杆式闸阀
DIN 3352-3—1988	第三部分:铸铁制金属密封明杆式闸阀
DIN 3352-4—1986	第四部分:铸铁制软密封暗杆式闸阀
DIN 3352-5—1980	第五部分:钢制闸阀　同形结构系列
DIN 3352-8—1980	第八部分:明杆式耐低温钢制阀门
DIN 3354—1982	第四部分:蝶阀　钢或铁的金属阀座
DIN 3356-1—1982	第一部分:截止阀　通用数据
DIN 3356-2—1982	第二部分:铸铁制截止阀
DIN 3356-3—1982	第三部分:合金钢截止阀
DIN 3356-4—1982	第四部分:耐热钢截止阀
DIN 3356-5—1982	第五部分:不锈钢截止阀
DIN 3357-1—1989	金属球阀一般要求和试验方法
DIN 3357-4—1981	有色金属直通孔式球阀
DIN 3357-5—1981	有色金属缩径直通孔式球阀
DIN 3358—1982	直线型阀门驱动装置连接尺寸
DIN 3388-4—1984	第一部分:煤气设备用、热控制、接到设备上的烟道气体调节器　要求、检验、标志

标准代号	标准名称
DIN 3388-2—1979	第二部分:机械控制煤气炉用废气阀
DIN 3392—1971	煤气消耗设备用煤气压力调节阀
DIN 3430—1986	供气设备用阀 角式截止球阀
DIN 3431—1986	供气设备用阀 角式螺旋连接球阀
DIN 3432—1986	供气设备用阀 直通螺旋球阀
DIN 3441-2—1984	第二部分:硬聚氯乙烯制阀门 球阀尺寸
DIN 3441-3—1984	第三部分:硬聚氯乙烯制阀门 隔膜阀尺寸
DIN 3441-4—1978	第四部分:硬聚氯乙烯制阀门 斜座阀尺寸
DIN 3444—1997	带焊接端和螺纹端连接的管道配件用防护盖
DIN 3500—1990	饮用水系统用公称压力 PN10 的活塞式闸阀
DIN 3502-2012	用户供水系统用双路截流阀 斜盖式 PN10,Y形阀的 DVGW 技术规则
DIN 3543-1—1984	金属旁通阀 要求和检验
DIN 3543-2—1984	金属旁通阀截止阀 尺寸
DIN 3548-1—1993	法兰连接式疏水阀
DIN EN ISO 3680—2004	疏水阀的系统和定义
DIN EN 3684—2007	疏水阀进口带螺纹接管、出口为螺纹套管的疏水阀的连接尺寸
DIN 3841-1—1981	采暖用阀、加热器阀 PN 10 的尺寸、材料、类型
DIN 3844—1981	供暖设备阀门 PN1.6MPa 铜合金制动阀止推螺旋
DIN 3845—1981	供暖设备阀门 PN1.6MPa 铜合金止回阀止推螺旋
DIN 17480—1992	阀门材料交货技术条件
DIN 86251—1998	DN15～500mm 的铸铁制法兰连接式截止阀
DIN 86252—1996	DN15～500mm 的铸铁制法兰连接式截止止回阀
DIN 86261—1998	DN15～500mm 船舶使用的法兰连接式止回阀、切断阀
DIN 86510—1973	炮铜制螺纹阀盖截止阀带非焊接环形衬套式接头
DIN 86511—1973	炮铜制螺纹阀盖截止阀带铜焊 25°锥形衬套管接头
DIN EN 593—2012	工业阀门 金属蝶阀
DIN EN 736-1—2012	阀门术语 第1部分:阀门类型定义
DIN EN 736-2—1997	阀门术语 第2部分:阀门零部件定义
DIN EN 736-3—2008	阀门术语 第3部分:术语的定义
DIN EN 1074-1—2000	供水用阀门 适用性要求和合适的鉴定试验 第1部分:一般要求
DIN EN 1074-2—2000(R2004)	供水用阀门 适用性要求和合适的鉴定试验 第2部分:隔离阀
DIN EN 1074-3—2000	供水用阀门 适用性要求和专用检查试验 第3部分:止回阀
DIN EN 1074-4—2000	供水用阀门 适用性要求和专用检查试验 第4部分:空气阀
DIN EN 1074-5—2001	供水用阀门 适用性要求和适配试验 第5部分:控制阀门
DIN EN 1074-6—2009	供水用阀门 适用性要求和适配试验 第6部分:消防栓
DIN EN 1092-1—2008	法兰及其连接件 PN 标注的管道、阀门、配件和附件用圆形法兰 第1部分 钢制法兰
DIN EN 1092-2—1997	法兰及其连接件 管道、阀门、管件和附件用圆盘法兰、PN(米制系列) 第2篇:铸铁法兰
DIN EN 1171—2003	工业用阀 铸铁闸阀
DIN EN 1213—1999	建筑阀门 建筑物中饮用水供应用铜合金截止阀.试验和要求
DIN EN 1267—2012	工业阀门—以水为试验介质,测试阀门流阻
DIN EN 1349—2010	工业过程控制阀门
DIN EN 1489—2000	建筑物阀门 压力安全阀 试验和要求
DIN EN 1491—2000	建筑物阀门 膨胀阀门 试验和要求
DIN EN 1503-1—2001	阀门—阀体、阀盖及盖板材料 第1篇:欧洲标准中规定的钢种
DIN EN 1503-2—2001	阀门—阀体、阀盖及盖板材料 第2篇:欧洲标准中没有规定的钢种
DIN EN 1503-3—2001	阀门—阀体、阀盖及盖板材料 第3篇:欧洲标准中规定的铸铁
DIN EN 1503-4—2003	阀门—阀体、阀盖及盖板材料 第4篇:欧洲标准中规定的铜合金
DIN EN 1567—2000	建筑阀门 水减压阀和组合水减压阀 要求和试验

标 准 代 号	标 准 名 称
DIN EN 1643—2001	燃气燃烧器和燃气用具用具有自动截止阀的阀门检验系统
DIN EN 1983—2006	工业阀门—钢制球阀
DIN EN 1984—2010	工业阀门—钢制闸阀
DIN EN 10213-1—1996	承压铸钢件的交货技术条件　第 1 部分:总则
DIN EN 10213-2—1996	承压铸钢件的交货技术条件　第 2 部分:常温和高温用铸钢件
DIN EN 10213-3—1996	承压铸钢件的交货技术条件　第 3 部分:低温用钢钢种
DIN EN 10213-4—1996	承压铸钢件的交货技术条件　第 4 部分:奥氏体和奥氏体-铁素体钢钢种
DIN EN 12094-13—2001	固定式消防系统　气体灭火系统用元件　第 13 部分:止回阀和非止回阀的要求和试验方法
DIN EN 12266.1—2003	工业阀门—阀门试验　第 1 部分:压力试验、试验程序和试验准则—强制性要求
DIN EN 12266.2—2012	工业阀门—阀门试验　第 2 部分:压力试验、试验程序和验收准则—补充要求
DIN EN 12288—2010	工业阀门—铜合金闸阀
DIN EN 12334—2004	工业阀门—铸铁止回阀
DIN EN 12351—2010	工业阀门—法兰端阀门的保护罩
DIN EN 12516-1—2005	工业阀门　壳体强度设计　第 1 部分:钢制阀门壳体用制表方法
DIN EN 12516-2—2004	工业阀门　壳体强度设计　第 2 部分:钢制阀门壳体强度计算方法
DIN EN 12516-3—2003	工业阀门　壳体强度设计　第 3 部分:试验方法
DIN EN 12516-4—2008	工业阀门　壳体强度设计　第 4 部分:金属材料制造阀门壳体计算方法
DIN EN 12560.1—2001	法兰及其连接件—法兰用垫片(英制)　第 1 篇:带或不带填充物的非金属平垫片
DIN EN 12560.2—2001	法兰及其连接件—法兰用垫片(英制)　第 2 篇:钢制法兰用螺旋缠绕式垫片
DIN EN 12560.3—2001	法兰及其连接件—法兰用垫片(英制)　第 3 篇:非金属聚四氟乙烯(PTFE)包覆式垫片
DIN EN 12560.4—2001	法兰及其连接件—法兰用垫片(英制)　第 4 篇:钢法兰用波形、平面或齿形金属和填充金属垫片
DIN EN 12560.5—2001	法兰及其连接件—法兰用垫片(英制)　第 5 篇:钢制法兰用金属环连接垫片
DIN EN 12567—2000	工业阀门　液化天然气用隔离阀　适用性验证试验规范
DIN EN 12569—2001	工业阀门—化工和石油化工加工工业用阀门要求和试验
DIN EN 12570—2000	工业阀门—确定操作元件尺寸的方法
DIN EN 12627—1999	工业阀门—钢制阀门的对焊端
DIN EN 12760—1999	钢制阀门的承插焊端
DIN EN 12982—2009	工业阀门—对焊端阀门的(端-端和中心-端)结构长度
DIN EN 13397—2002	工业用阀门　金属材料制造的隔膜阀门
DIN EN 13648-1—2009	冷凝容器　防超压保护设施　第 1 部分:冷凝设备的安全阀
DIN EN 13709—2010	工业用阀　钢制球阀、球状截止阀和止回阀
DIN EN 13774—2003	最大工作压力为 16bar 及以下的配气系统用阀性能要求
DIN EN 13789—2010	工业阀门—铸铁截止阀
DIN EN 13953—2007	液化石油气(LPG)用可运输的可再充式储气瓶的减压阀
DIN EN 13959—2005	防污止回阀　包括 $DN6\sim250$ E 类 A、B、C、D 型
DIN EN 14141—2004	天然气输送管道用阀门性能要求和试验
DIN EN 14341—2006	工业阀门　钢制止回阀
DIN EN 15389—2008	工业阀门　热塑性材料阀门的性能特征
DIN EN 26554—1991	法兰连接的疏水阀　结构长度(ISO 6554—80)
DIN EN 26704—1991	自动疏水阀　分类
DIN EN 26948—1991	自动疏水阀　生产检验和性能特征检验　(ISO 6948—81)
DIN EN 27841—1991	自动疏水阀　蒸汽漏失测定　检验方法　(ISO 7841—88)
DIN EN 27842—1991	自动疏水阀　流量测定　试验方法　(ISO 7842—88)
DIN EN 28233—1991	热塑性材料阀门　转矩检验方法
DIN EN 28659—1991	热塑性材料阀门　疲劳强度检验方法
DIN EN 60534-1—2005	工业过程控制阀　第 1 部分:控制阀术语和一般原理
DIN EN 60534-2-1—2012	工业过程控制阀　第 2-1 部分:流动容量　在安装条件下流体流动的尺寸方程

标 准 代 号	标 准 名 称
DIN EN 60534-2-3—1998	工业过程控制阀　第2-3部分:流量　检验方法
DIN EN 60534-2-4—2007	工业过程控制阀　第2部分:流通能力　第4节:内在的流动特性线和调节比例关系
DIN EN 60534-3-1—2000	工业过程控制阀　第3-1部分:尺寸　双通球型直立式控制法兰阀门的面对面尺寸和双通球型角度控制法兰阀门的中心
DIN EN 60534-3-2—2002	工业过程控制阀　第3-2部分:尺寸　无法兰控制阀(薄型蝶阀除外)的端面间距尺寸(IEC60534-3-2:2001)
DIN EN 60534-3-3—2000	工业过程控制阀　第3-3部分:尺寸　对头焊接的对头尺寸,两种方式,球形,直角型控制阀门
DIN EN 60534-6-1—1998	工业流程控制阀　第6-1部分:调节阀门驱动的位置调节器固定用安装细节　行程驱动上位置调节器的安装
DIN EN 60534-6-2—2001	工业过程控制阀　第6-2部分:定位器装到控制阀上的安装细则　旋转传动装置上安装的定位器
DIN IEC 60534-7—1992	工业过程控制阀　第7部分:数据表
DIN EN 60534-8-1—2001	工业过程控制阀　第8部分:噪声问题　第1节:由通过控制阀的空气动力流产生的噪声的实验室测量
DIN EN 60534-8-2—1994	工业过程控制阀　第8部分:噪声问题　第2节:由通过控制阀的液力流产生的噪声的实验室测量
DIN EN 60534-8-3—2001	工业过程控制阀　第8-3部分:噪声问题　控制阀空气动力噪声预测法
DIN EN 60534-8-4—2006	工业过程控制阀　第8部分:噪声状态　第4节:流动产生的噪声的预报
DIN ISO 5599-1—2005(R2011)	气压液动　五通方向控制阀　第1部分:不带电连接件的安装接口表面
DIN ISO 6553—1981	自动疏水阀　标志
DIN ISO 15407-1—2003	气压传动　五气口方向控制阀,规格18mm和26mm　第1部分:无电气接头的安装面
DIN EN ISO 4126-1—2004	过压保护安全装置　第1部分:安全阀
DIN EN ISO 4126-2—2003	过压保护安全装置　第2部分:爆破片安全装置
DIN EN ISO 4126-3—2006	过压保护安全装置　第3部分:安全阀与爆破片安全装置的组合
DIN EN ISO 4126-4—2006	过压保护安全装置　第4部分:先导式安全阀
DIN EN ISO 4126-5—2004	过压保护安全装置　第5部分:可控安全压力释放系统(CSPRS)
DIN EN ISO 4126-6—2004	过压保护安全装置　第6部分:爆破片安全装置的应用、选择和安装
DIN EN ISO 4126-7—2004	过压保护安全装置　第7部分:通用数据
DIN EN ISO 5210—1996	工业阀门　多回转阀门驱动装置附件
DIN EN ISO 5211—2001	工业阀门　部分回转阀门驱动装置附件
DIN EN ISO 10432—2005	石油和天然气工业　下山巷道设备　地下安全阀规范
DIN EN ISO 10434—2005	石油、石化和相关工业用螺栓螺母连接钢制闸阀
DIN EN ISO 10497—2010	阀门试验　耐火试验要求
DIN EN ISO 15407-1—2003	气压传动　五气口方向控制阀、规格18mm和26mm　第1部分:无电气接头的安装面
DIN EN ISO 15761—2003	石油和天然气工业用规格为DN100及更小的钢闸阀、球阀和止回阀
DIN EN ISO 15848-1—2006	工业阀门　散逸性介质泄漏的测量、试验和验定程序　第1部分:阀门型式试验的分类和鉴定程序
DIN EN ISO 15848-2—2006	工业阀门　散逸性介质泄漏的测量、试验和验定程序　第2部分:阀门产品验收试验
DIN EN ISO 16135—2006	工业阀门　热塑性材料球阀
DIN EN ISO 16138—2006	工业阀门　热塑性材料隔膜阀
DIN EN ISO 16139—2006	工业阀门　热塑性材料闸阀
DIN EN ISO 17292—2004	石油、石化及工业用金属球阀
DIN EN ISO 21787—2006	工业阀门　热塑性材料截止阀

表 1-71　法国国家标准(NF)

标 准 代 号	标 准 名 称
NF E29-306-1—1995	阀门术语　第1部分:阀门类型的定义
NF E29-306-2—1997	阀门术语　第2部分:阀门零部件的定义

标 准 代 号	标 准 名 称
NF E29-306-3—2008	阀门术语　第3部分：术语的定义
NF E29-310—2002	通用工业阀门标志
NF E29-311-1—2003	工业阀门　阀门试验　第1部分：压力试验、试验程序和验收准则 强制性要求
NF E29-311-2—2003	工业阀门　阀门试验　第2部分：试验、试验程序和验收准则 补充标准
NF E29-312—1984	工业阀门　阀门的流量和流阻系数定义、计算及实测方法
NF E29-323—1985	工业阀门　地面设施用法兰连接铸铁闸阀 ISO PN10MPa、16MPa
NF E29-324—1989	工业阀门　用于地下装置的法兰连接铸铁闸阀
NF E29-327—1985	工业阀门　铸钢闸阀 ISO PN1.6MPa、2.0MPa、2.5MPa、4.0MPa、5.0MPa、10.0MPa
NF E29-328—1989	工业阀门　锻钢或锻焊闸阀
NF E29-330—2000	工业阀门　钢制闸阀
NF E29-332—2003	工业阀门　铜合金制螺纹连接闸阀 PN1.0MPa
NF E29-334—2003	工业用阀门　铜合金闸阀
NF E29-335—2003	工业阀门　法兰连接夹套式不锈钢闸阀系列 PN0.6～16.0MPa
NF E29-337—1975	工业阀门　ISO系列，公称压力 PN1.0～6.4MPa法兰连接的夹套不锈钢闸阀
NF E29-350—2003	工业阀门　钢制截止阀（和节流阀）技术规范
NF E29-354—2003	工业阀门　铸铁截止阀（及其他形式的截止阀）技术条件
NF E29-358—1987	工业阀门　法兰连接钢制截止阀和升降止回阀公称压力 PN6.4～10.0MPa
NF E29-359—1973	工业阀门　法兰连接钢制截止阀和升降止式回阀公称压力 PN10.0MPa
NF E29-371—1984	工业阀门　法兰连接铁制旋启式止回阀 ISO PN1.0MPa、1.6MPa、2.5MPa、4.0MPa 和 CL150、CL300
NF E29-372—2001	工业阀门　铸铁止回阀
NF E29-373—1984	工业阀门　法兰连接钢制旋启式止回阀 ISO PN1.6MPa、2.0MPa、2.5MPa、4.0MPa、5.0MPa、10.0MPa
NF E29-376—1981	工业阀门　法兰连接钢制旋启式止回阀 PN10.0MPa
NF E29-410—1990	工业阀门　安全阀技术术语定义
NF E29-411—1988	工业阀门　安全阀一般设计、排量计算、试验、标记、包装
NF E29-412—1990	工业阀门　安全阀性能和排量试验
NF E29-413—1989	工业阀门　安全阀排量计算方法
NF E29-414—1992	工业阀门　安全阀结构长度和温压关系
NF E29-415—1990	阀门安全阀 G2型安全阀气量等于流量的计算
NF E29-420—1985	安全阀　技术规范及可靠性证明
NF E29-430—1998	工业阀门　通用蝶阀技术规范
NF E29-431—1988	地下管道用蝶阀规范
NF E29-444—1992	自动蒸汽疏水阀　蒸汽漏损试验
NF E29-445—1992	自动蒸汽疏水阀流量测定　试验方法
NF E29-453—2000	工业过程控制阀门
NF E29-465—1986	工业阀门　旋转阀　铜铝球阀　规范
NF E29-466—1987	工业阀门　旋转阀　黄铜球阀　规范
NF E29-470—1989	工业阀门　钢制球阀规格
NF M87-150—1980	石油工业用　阀门和法兰在不同温度下的最大允许工作压力
NF M87-401—1973	石油工业阀门的试验和验收检查

表 1-72　美国机械工程师协会标准（ASME）

标 准 代 号	标 准 名 称
ASME A112.4.1—2009	热水器减压阀排水管
ASME A112.4.14—2004	制铅业用手动90°开启截止阀
ASME A112.14.1—2003	回水阀门
ASME B1.1—2003	统一英制螺纹
ASME B1.3—2007	螺纹检测体系标准　英制和公制
ANSI/ASME B1.7—2006	螺纹的术语、定义和字母符号
ASME B1.20.1—1983(R2006)	通用管螺纹（英制）

续表

标　准　代　号	标　准　名　称
ASME B4.3—1978(R2004)	米制尺寸产品通用公差
ASME B16.1—2010	铸铁管法兰和法兰管件(25、125 和 250 磅级)
ASME B16.3—2011	可锻铁制螺纹配件
ASME B16.4—2011	灰口铁螺纹连接配件
ASME B16.5—2009	管法兰和法兰管件
ASME B16.9—2007	工厂制造的锻轧制对焊管配件
ASME B16.10—2009	阀门的结构长度
ASME B16.11—2011	承插焊和螺纹连接铸造管件
ASME B16.12—2009	铸铁螺纹连接排水管件
ASME B16.14—2010	钢铁制管螺塞,衬套和防松螺母(带管螺纹)
ASME B16.15—2011	铸青铜螺纹管配件
ASME B16.18—2012	铸铜合金钎焊接头受压管配件
ASME B16.20—2007	管道法兰用金属垫片
ASME B16.21—2011	管法兰用非金属平垫片
ASME B16.22—2001	精炼铜和铜合金钎焊接压力配件
ASME B16.23—2011	DWV 类铸铜合金钎焊连接排水管件
ASME B16.24—2011	150,300,400,600,900,1500 和 2500 磅级铸铜合金管法兰及其配件
ASME B16.25—2007	对焊端部
ASME B16.26—2011	外接铜管用铸铜合金管件
ASME B16.28—1994	可锻钢对接焊弧形弯头和回转管
ASME B16.29—2007	DWV 类精炼铜及其合金钎焊连接排水管接头
ASME B16.33—2002	125 表压及以下的气体管道系统中使用的手动金属气体阀(NPS1/2～2)
ASME B16.34—2009	阀门　带法兰、有螺纹和焊接端部
ASME B16.36—2009	孔板法兰
ASME B16.38—2007	气体分配系统中用手动大型金属阀门(NPS2½ ～12,其最大允许表压不超过 125bar)
ASME B16.39—2009	可锻铸铁螺纹管件
ASME B16.40—2008	气体分配系统中手动热塑气体切断和阀门
ASME B16.42—2011	球墨铸铁管法兰和法兰连接管配件,磅级 150 和 300
ASME B16.44—2002	5psi 及以下压力作用下的地上管道系统用手动操作金属气阀
ASME B16.45—1998(R2006)	苏汶特排水系统用铸铁管件
ASME B16.47—2011	大直径钢制法兰 NPS 26～60
ASME B16.48—2010	钢制管线盲板
ASME B16.49—2007	传输和分配系统用工厂预制锻钢对焊感应管弯头
ASME B16.50—2008	精炼铜和铜合金铜焊连接压力配件
ASME B16.104—1998	控制阀门阀座泄漏
ASME B18.2.1—2010	六角头螺栓和螺钉
ASME B18.2.2—2010	方螺母和六角螺母(英制系列)
ASME B18.2.3.1M—1999(R2011)	米制六角头螺钉
ASME B18.2.3.2M—2005	米制成形加工六角头螺钉
ASME B18.2.3.3M—2007	米制大六角头螺钉
ASME B18.2.3.4M—2001(R2011)	米制六角头法兰面螺钉
ASME B18.2.3.5M—79(R2011)	米制六角头螺栓
ASME B18.2.3.6M—79(R2006)	米制厚六角头螺栓
ASME B18.2.3.7M—79(R2006)	米制大六角头结构螺栓
ASME B18.2.3.8M—81(R2005)	米制六角头尖端阻滞螺钉

标准代号	标准名称
ASME B18.2.3.9M—2001(R2006)	米制大六角头法兰面螺钉
ASME B18.2.3.10M—1996(R2003)	方头螺栓(米制系列)
ASME B18.2.4.1M—2002(R2007)	米制六角螺母—类型1
ASME B18.2.4.2M—2005(R2010)	米制六角螺母—类型2
ASME B18.2.4.3M—79(R2012)	米制六角开槽螺母
ASME B18.2.4.4M—82(R2010)	米制六角法兰面螺母
ASME B18.2.4.5M—2008	米制六角形压紧螺母
ASME B18.2.4.6M—2010	米制厚六角形螺母
ASME B18.5—2009	圆头螺栓(英制系列)
ASME B18.5.2.1M—2006(R2011)	米制圆头短方颈螺栓
ASME B18.5.2.2M—82(R2010)	米制圆头方颈螺栓
ASME B18.5.2.3M—90(R2003)	大圆头方颈螺栓
ASME B18.9—2007	农用防松螺栓(英制系列)
ASME B18.10—2006	轨道螺栓和螺母
ASME B18.13—1996(R2008)	螺钉和垫圈组件
ASME B18.15—1985(R2008)	锻制吊环螺栓
ASME B18.16M—2004(R2009)	有效力矩型钢质米制六角螺母,六角法兰面螺母的尺寸要求
ASME B18.2.3.5M—79(R2011)	米制六角头螺栓
ASME B18.2.3.6M—79(R2006)	米制厚六角头螺栓
ASME B18.2.4.5M—2008	米制六角形压紧螺母
ASME B18.2.4.6M—2010	米制厚六角形螺母
ASME B18.29.1—2010	螺旋盘绕螺纹内插件—自由旋入和螺钉锁紧(英制系列)
ASME B31.1—2007	动力管道
ASME B31.3—2010	工艺管道
ASME B31.8—2010	输气和配气管道系统
ASME B31.8S—2010	燃气管道的管理系统完整性
ASME B31.9—2011	建筑物管道系统
ASME B31.11—2002(R2008)	矿浆输送管道系统
ASME B31.12—2011	氢用管道系统和管道
ASME B36.10M—2004(R2010)	焊接和无缝轧制钢管
ASME B36.19M—2004(R2010)	不锈钢钢管
ASME B40.6—2001	限压阀
ASME B46.1—2009	表面结构特征(表面粗糙度、波浪度及形态)
ASME B94.6—1984(R2009)	滚花
ASME B107.46—2004	螺柱、螺钉和管道提取器:安全要求
ASME N278.1—1975(R1992)	与安全相关的自动和机动阀门,功能规范标准
ASME Y14.8—2009	铸件、锻件和模压件

1.7　阀门的结构长度与连接法兰

1.7.1　金属阀门结构长度

我国 GB/T 12221—2005《金属阀门　结构长度》标准修改采用了 ISO 5752—1988《法兰管路系统金属阀门结构长度》国际标准,与 GB/T 12221—1989 相比,增加了焊接端、对夹式、内螺纹、外螺纹的结构基本长度系列和各类阀门的结构长度,比较科学合理,能与国际接轨,使用方便。

GB/T 12221—2005 版标准适用于公称压力≤PN420,公称尺寸 DN3～4000 的闸阀、截止阀、球阀、蝶阀、旋塞阀、隔膜阀、止回阀等结构长度。

阀门的结构长度见图 1-8～图 1-10。阀门的结构长度尺寸见表 1-73～表 1-94。

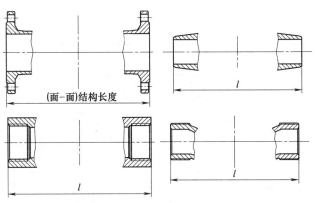

图 1-8　直通式阀门结构长度

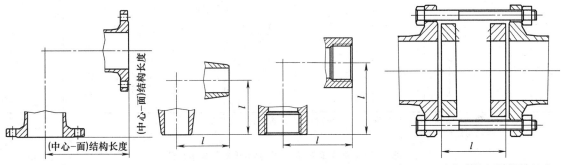

图 1-9　角式阀门结构长度　　　　　　　　图 1-10　对夹连接阀门结构长度

表 1-73　法兰连接阀门结构长度基本系列　　　　　单位：mm

基本系列代号 / 结构长度②

公称尺寸 DN	1	2	3	4	5	7	8①	9①	10	11①	12	13	14	15	18	19	21	22	23	24①
10	130	210	102	—	—	108	85	105	—	—	130				80		—		—	—
15	130	210	108	140	165	180	90	105	108	57	130	—			80		152		170	83
20	150	230	117	152	190	117	95	115	117	64	130	—			90		178		190	95
25	160	230	127	165	216	127	100	115	127	70	140	—		120	100		216		210	108
32	180	260	140	178	229	146	105	130	140	76	165	—		140	110		229		230	114
40	200	260	165	190	241	159	115	130	165	82	165	106	140	240	120		241		260	121
50	230	300	178	216	292	190	125	150	203	102	203	108	150	250	135	216	267	250	300	146
65	290	340	190	241	330	216	145	170	216	108	222	112	170	270	165	241	292	280	340	165
80	310	380	203	283	356	254	155	190	241	121	241	114	180	280	185	283	318	310	390	178
100	350	430	229	305	432	305	175	215	292	146	305	127	190	300		305	356	350	450	216
125	400	500	254	381	508	356	200	250	330	178	356	140	200	325		381	400	400	525	254
150	480	550	267	403	559	406	225	275	356	203	394	140	210	350		403	444	450	600	279
200	600	650	292	419	660	521	275	325	495	248	457	152	230	400		419	533	550	750	330
250	730	775	330	457	787	635	325		622	311	533	165	250	450		457	622	650		394
300	850	900	356	502	838	749	375		698	350	610	178	270	500		502	711	750		419
350	980	1025	381	762	889		425		787	394	686	190	290	550		572	838	850		
400	1100	1150	406	838	991		475		914	457	762	216	310	600		610	864	950		
450	1200	1275	432	914	1092		—		978		864	222	330	650		660	978	1050	—	
500	1250	1400	457	991	1194				978		914	229	350	700		711	1016	1150		—
600	1450	1650	508	1143	1397				1295	—	1067	267	390	800		787	1346	1350		
700	1650	—	610	1346	1549				1448			292	430	900			1499	1450		
800	1850		660	—	—				1956			318	470	1000			1778	1650		

续表

公称尺寸 DN	基本系列代号																			
	1	2	3	4	5	7	8①	9①	10	11①	12	13	14	15	18	19	21	22	23	24①
	结构长度②																			
900	2050		711						1956			330	510	1100			2083			
1000	2250		811									410	550	1200						
1200												470	630							
1400												530	710							
1600												600	790							
1800												670	870							
2000												760	950							
2200												800	1000							
2400		—		—	—	—	—	—		—	—	850	1100		—	—	—	—	—	—
2600	—		—									900	1200	—						
2800												950	1300							
3000												1000	1400							
3200												1100								
3400												1200								
3600												1200	—							
3800												1200								
4000												1300								

① 该代号系列为角式阀门的结构长度，未注上角标的为直通式的结构长度。

② 结构长度的极限偏差见表 1-93。

表 1-74　直通式焊接端阀门结构长度基本系列　　　　　单位：mm

公称尺寸 DN	基本系列代号																				
	H1	H2	H3	H4	H5	H6	H7	H8	H9	H10	H11	H12	H13	H14	H15	H16	H17	H18	H19	H20	H21
	结构长度																				
6 / 10	102	—	—		—		—		—		102	—	—	—	—						—
15	108	140	165		165				216		264	108	140	152	140	140	—	—	—		—
20	117	152	190		190		229		229		273	117	152	178	152	152					
25	127	165	216	133	216	140	254	140	254	186	308	127	165	203	216	165				190	
32	140	178	229	146	229	165	279	165	279	232	349	140	184	216	229	178				—	—
40	165	190	241	152	241	178	305	178	305	232	384	165	203	229	241	190	190			241	
50	216	216	292	178	292	216	368	216	368	297	451	203	229	267	267	216	216	230	267	283	
65	241	241	330	216	330	254	419	254	419	330	508	216	279	292	292	241	241	290	305	330	
80	283	283	356	254	356	305	381	305	470	368	578	241	318	318	318	283	283	310	330	387	
100	305	305	406	305	432	356	457	406	546	457	673	292	368	356	356	305	305	350	356	457	559
125	381	381	457	381	508	432	559	483	673	533	794	356	—	400	400	381	—	400	381	—	
150	403	403	495	457	559	508	610	559	705	610	914	406	470	444	444	403	457	480	457	559	711
200	419	419	597	584	660	660	737	711	832	762	1022	495	597	559	533	419	521	600	521	686	845
250	457	457	673	711	787	787	838	864	991	914	1270	622	673	622	622	457	559	730	559	826	889
300	502	502	762	813	838	914	965	991	1130	1041	1422	698	775	711	711	502	635	850	635	965	1016
350	572	762	826	S889	889	991	1029	1067	1257	1118		787			838	572	762	980	762		
400	610	838	902	991	991	1092	1130	1194	1384	1245		914			864	610	838	1100	838		
450	660	914	978	1092	1092		1219	1346	1537	1394		978			978	660	914		914		
500	711	991	1054	1194	1194		1321	1473	1664			978			1016	711	991		991		
550	762	1092	1143	—	1295							1067	—	—	1118	—	1092		1092	—	
600	813	1143	1232	1397	1397	—		1943		—		1295			1346	813	1143	—	1143		
650	864	1245	1308		1448		1549					1295			1346		1245		1245		
700	914	1346	1397	—	1549		1549		—			1448			1499	—	1346		1346		
750	914	1397	1524		1651							1524			1594		1397		1397		

续表

公称尺寸 DN	基本系列代号																				
	H1	H2	H3	H4	H5	H6	H7	H8	H9	H10	H11	H12	H13	H14	H15	H16	H17	H18	H19	H20	H21
	结构长度																				
800	965	1524	1651		1778											—	1524		1524		
850	1016	1626	1778	—	1930	—	1549	—							—	—	1626	—	1626	—	—
900		1727	1880		2083							1996			2083		1727		1727		

注：结构长度极限偏差见表 1-93。

表 1-75　角式焊接端阀门结构长度基本系列　　　　　　　　　　　　单位：mm

公称尺寸 DN	基本系列代号								
	H22	H23	H24	H25	H26	H27	H28	H29	H30
	结构长度								
6	51	—	—		83		—	—	—
10									
15	57	76	83		83		—	108	132
20	64	89	95		95		114	114	137
25	70	102	108	—	108	—	127	127	154
32	76	108	114		114		140	140	175
40	83	114	121		121		152	152	192
50	102	133	146	108	146		184	184	225
65	108	146	165	127	165		210	210	254
80	121	159	178	152	178	152	190	235	289
100	146	178	203	178	216	178	229	273	337
125	178	200	229	216	254	216	279	336	397
150	203	222	248	254	279	254	305	352	457
200	248	279	298		330	330	368	416	511
250	311	311	337		394	394	419	495	635
300	349	356	381	—	419	457	483	565	711
350	394					495	514	629	
400	457						660		
450	483						737		
500							826		
550							—		—
600				—		—	991	—	
650							—		
700	—								
750									
800									
850									
900									

注：结构长度极限偏差见表 1-93。

表 1-76　对夹连接阀门结构长度基本系列　　　　　　　　　　　　单位：mm

公称尺寸 DN	基本系列代号																	
	J1	J2	J3	J4	J5	J6	J7	J8	J9	J10	J11	J12	J13	J14	J15	J16	J17	J18
	结构长度																	
10												—	—	—	60			
15												16	25	60	65			
20	—	—	—									19	31.5	—	—	—	—	—
25												22	35.5	65	80			
32												28	40	80	90			
40	33		33									31.5	45	90	115			

续表

公称尺寸 DN	基本系列代号 J1	J2	J3	J4	J5	J6	J7	J8	J9	J10	J11	J12	J13	J14	J15	J16	J17	J18
50	43		43		60	60	60	60	70	70	70	40	56	115	140	48	40	40
65	46		46		66	66	66	66	83	83	83	46	63	140	160	—		
80		49	64	49	73	73	73	73			86	50	71	160	180	51	50	50
100	52	56		56			79	79	102	102	105	60	80					
125	56	64	70	64	—				—	110		90	110			57		
150		70	76	70	98	98	137	137	159	159	159	106	125				60	60
200	60	71	89	71	127	127	161	161	206	206	206	140	160			70		
250		76	114	76	146	146	213	213	241	248	254		200				70	70
300	68	83		83	181	181	229	229	292	305	305		250			76		80
350	78	92	127	127	184	222	273	273	356	356			280				80	92
400	102	102	140	140	190	232	305	305	384	384								
450	114	114	152	160	203	264	362	362	451	468						89	90	120
500	127	127		170	219	292	368	368		533						114		132
550	154	—	—	—	—	—	—	—	—	—						—	—	—
600		154	178	200	222	317	394	438	495	559			—	—		114	100	132
650	165		—															
700			229									—						
750	190		—		305	368	460	505							—			
800			241															
900	203				368	483	635	635										
1000	216	—	300	—	—	—												
1200	254		350		524	629												
1400	279		390															
1600	318		440															
1800	356		490															
2000	406		540															

注：尺寸极限偏差 DN≤900 为±2mm，DN1000～2000 为±3mm。

表 1-77　内螺纹连接阀门结构长度基本系列　　　单位：mm

公称尺寸 DN	基本系列代号 N1	N2	N3	N4	N5	N6	N7	N8	N9	N10	N11	N12	N13	N14	N15	N16	N17	N18
6					46			—	48				—	—	—	—	—	—
8	—	—	—	—				50		—	—	—	80	80	80	80	80	80
10					48				56									
15	42	50	52	56	60	65	65	65	68	80	90	90	90	90	90	90	90	90
20	45	60	60	67	65	70	75	85	78	90	100	100	100	100	100	100	100	100
25	52	65	70	78	75	80	90	110	86	110	115	120	110	120	120	110	120	120
32	55	75	80	88	85	90	105	120	100	130	130	140	120	130	140	120	140	130
40	60	85	86	104	95	100	120	140	106	150	150	170	135	140	170	135	170	150
50	70	95	104	120	110	110	140	165	130	170	180	200	170	170	200	155	180	170
65	82	115	—	—	120	130	165	203		220	190	260						
80	90	130			—	—		254	—	250		290	—	—	—	—	—	—
100	110	145								300		—						

注：1. 适用于直通式和角式结构。
2. 结构长度的极限偏差为±1.6mm。

表 1-78　外螺纹连接阀门结构长度基本系列　　　　单位：mm

公称尺寸 DN	基本系列代号			
	W1	W2	W3	W4
	结构长度			
	直通式		角式	
3	70	80	35	40
6				
10	90	100	45	50
15	100	110	50	55
20	110	130	55	65
25	130	140	65	70
32	145	160	—	80
40	150	180		90

注：结构长度的极限偏差为 ±1.6mm

表 1-79　法兰连接闸阀结构长度　　　　单位：mm

公称尺寸 DN	公称压力 PN							
	PN10~25		PN25~50	仅适用于 PN25	PN40	PN100	PN63~100	PN160
	结构长度							
	短	长						
10	102	—	—	—	—	—	—	—
15	108		140		140	165		170
20	117	—	152	—	152	190	—	190
25	127		165		165	216		210
32	140		178		178	229		230
40	165	240	190	240	190	241		260
50	178	250	216	250	216	292	250	300
65	190	270	241	270	241	330	280	340
80	203	280	283	280	283	356	310	390
100	229	300	305	300	305	432	350	450
125	254	325	381	325	381	508	400	525
150	267	350	403	350	403	559	450	600
200	292	400	419	400	419	660	550	750
250	330	450	457	450	457	787	650	
300	356	500	502	500	502	838	750	
350	381	550	762	550	572	889	850	
400	406	600	838	600	610	991	950	
450	432	650	914	650	660	1092	1050	
500	457	700	991	700	711	1194	1150	
600	508	800	1143	800	787	1397	1350	
700	610	900					1450	—
800	660	1000					1650	
900	711	1100						
1000	811	1200						
1200	1015		—	—	—	—		
1400	1080						—	
1600	1300	—						
1800	1500							
2000	1675							
基本系列	3	15	4	15	4/19	5	22	23

注：表中的黑体字表示的尺寸为优先选用。

表 1-80　对夹连接刀形闸阀结构长度　　　　　单位：mm

公称尺寸DN	公称压力≤PN20		
	结构长度		
50	48	40	40
65	—		
80	51	50	50
100			
125	57		
150		60	60
200	70		
250		70	70
300	76		80
350		80	92
400	89		120
450		90	
500	114		132
600		100	
基本系列	J16	J17	J18

注：结构长度的极限偏差为±1.6mm。

表 1-81　焊接端闸阀结构长度　　　　　单位：mm

公称尺寸DN	公称压力PN										
	PN10~20	PN25~50	PN63	PN100		PN150、PN160		PN250		PN320、PN420	
	结构长度										
				短	长	短	长	短	长	短	长
6	102	—	—	—		—		—			—
10											
15	108	140	165	—	165	—		—			264
20	117	152	190		190						273
25	127	165	216	133	216	140	254	140	254	186	308
32	140	178	229	146	229	165	279	165	279	232	349
40	165	190	241	152	241	178	305	178	305		384
50	216	216	292	178	292	216	368	216	368	279	451
65	241	241	330	216	330	254	419	254	419	330	508
80	283	283	356	254	356	305	381	305	470	368	578
100	305	305	406	305	432	356	457	406	546	457	673
125	381	381	457	381	508	432	559	483	673	533	794
150	403	403	495	457	559	508	610	559	705	610	914
200	419	419	597	584	660	660	737	711	832	762	1022
250	457	457	673	711	787	787	838	864	991	914	1270
300	502	502	762	813	838	914	965	991	1130	1041	1422
350	572	762	826	889	889	991	1029	1067	1257	1118	
400	610	838	902	991	991	1092	1130	1194	1384	1245	
450	660	914	978	1092	1092		1219	1346	1537	1397	
500	711	991	1054	1194	1194		1321	1473	1664		
550	762	1092	1143	—	1295		—	—			
600	813	1143	1232	1397	1397		1549		1943		
650	864	1245	1308		1448	—		—			
700	914	1346	1397		1549						
750		1397	1524	—	1651						
800	965	1524	1651		1778						
850	1016	1626	1778		1930						
900		1727	1880		2083						
基本系列	H1	H2	H3	H4	H5	H6	H7	H8	H9	H10	H11

注：结构长度的偏差见表 1-93。

表 1-82　蝶阀和蝶式止回阀结构长度　　单位：mm

公称尺寸 DN	双法兰连接结构长度		对夹式连接结构长度			
	公称压力 PN					
	≤PN20	≤PN25	≤PN25			≤PN40
	短	长	短	中	长	—
40	**106**	140	33	—	33	—
50	**108**	150	43	—	43	
65	**112**	170	46	—	46	
80	**114**	180		49	64	49
100	**127**	190	52	56		56
125	**140**	200	56	64	70	64
150	**140**	210		70	76	70
200	**152**	230	60	71	89	71
250	165	**250**	68	76	114	76
300	178	**270**	78	83		83
350	190	**290**		92	127	127
400	216	**310**	102	102	140	140
450	222	**330**	114	114	152	160
500	229	**350**	127	127		170
550	—	**—**	154	—	—	
600	267	**390**		154	178	200
650	—	**—**	165	—	—	
700	292	**430**		—	229	
750	—	**—**	190	—	—	
800	318	**470**			241	
900	330	**510**	203	200		
1000	410	**550**	216		300	
1200	470	**630**	254	276	360	
1400	530	**710**	279		390	
1600	600	**790**	318		440	
1800	670	**870**	356		490	
2000	760	**950**	406		540	
2200	800	**1000**			590	
2400	850	**1100**			650	
2600	900	**1200**	—		700	
2800	950	**1300**			760	
3000	1000	**1400**			810	
3200	1100				870	
3400	1200	—				
3600	1200					
3800	1200				—	
4000	1300					
基本系列	13	14	J1	J2	J3	J2/J4

注：表中的黑体字表示的尺寸为优先选用。

表 1-83　法兰连接球阀和旋塞阀结构长度　　单位：mm

公称尺寸 DN	公称压力 PN						
	PN10~25			PN25~50		PN63	PN100
	结构长度						
	短	中	长	短	长	b	
10	102	**130**	130	—	130	—	—
15	108	**130**	130	140	130		**165**
20	117	**130**	150	152	150		**190**

续表

公称尺寸 DN	PN10~25			PN25~50		PN63	PN100
	短	中	长	短	长	结构长度	
25	127	**140**	160	165	160	—	**216**
32	140	**165**	180	178	**180**		**229**
40	165	**165**	200	190	**200**		**241**
50	178	**203**	230	216	**230**	292②	**292**
65	190	**222**	290	241	**290**	330②	**330**
80	203	**241**	310	283	**310**	356②	**356**
100	229	**305**	350	305	**350**	406②	**432**
125	245	**356**	400	**381**	400	—	**508**
150	267	**394**	480	**403**	480	495②	**559**
200	292	**457**	600	**419(502)①**	600	597②	**660**
250	330	**533**	730	**457(568)①**	730	673②	**787**
300	356	**610**	850	**502(648)①**	850	762②	**838**
350	381	**686**	980	**762**	980	826②	**889**
400	406	**762**	1100	**838**	1100	902②	**991**
450	432	**864**	1200	**914**	1200	978②	**1092**
500	457	**914**	1250	**991**	1250	1054②	**1194**
600	508	**1067**	1450	**1143**	1450	1232②	**1397**
700	—	**—**	—	—	—	1397②	**1700**
基本系列	3	12	1	4	1	5	5

① 用于全通径球阀。

② 仅适用于球阀。

注：1. 不适用于公称尺寸大于 DN40 的上装式全通径球阀以及公称尺寸大于 DN300 的旋塞阀和全通径球阀。

2. 表中的黑体字表示的尺寸为优先选用。

表 1-84　焊接端球阀结构长度　　　　　　　　　单位：mm

公称尺寸 DN	PN10、PN16、PN20			PN25、PN40、PN50			PN63			PN100	PN150 PN160	PN250	PN320、PN420
	短	中	长	短	中	长	短	中	长	结构长度			
15	140			140						165	165	—	—
20	152	—	—	152	—	—	—	—	—	190	190		
25	165			165						216	216	254	
32	178			178						229	229	279	305
40	190	190		190	190					241	241	305	
50	216	216	230	216	216	230	216	230	292	292	368	368	451
65	241	241	290	241	241	290	241	290	330	330	419	419	508
80	283	283	310	283	283	310	283	310	356	356	381	470	578
100	305	305	350	305	305	350	305	350	406	432	457	546	673
125	381	—	400	381	—	400	381	400	—	508	559	673	—
150	403	457	480	403	457	480	403	480	495	559	610	705	914
200	419	521	600	419	521	600	419	600	597	660	737	832	1022
250	457	559	730	457	559	730	457	730	673	787	838	991	1270
300	502	635	850	502	635	850	502	850	762	838	965	1130	1422
350	572	762	980	572	762	980	762	980	826	889	1029	1257	—
400	610	838	1100	610	838	1100	838	1100	902	991	1130	1384	
450	660	914		660	914					978	1092	1219	
500	711	991	—	711	991	—				1054	1194	1321	

续表

公称尺寸 DN	PN10、PN16、PN20			PN25、PN40、PN50			PN63			PN100	PN150、PN160	PN250	PN320、PN420
（结构长度）	短	中	长	短	中	长	短	中	长				
550	—	1092	—	—	1092	—	—	1143	1295	—	—	—	—
600	813	1143	—	813	1143	—	—	1232	1397	1549	—	—	—
650	—	1245	—	—	1245	—	—	1308	1448	—	—	—	—
700	—	1346	—	—	1346	—	—	1397	1549	—	—	—	—
750	—	1397	—	—	1397	—	—	1524	1651	—	—	—	—
800	—	1524	—	—	1524	—	—	1651	1778	—	—	—	—
850	—	1626	—	—	1626	—	—	1778	1930	—	—	—	—
900	—	2083	—	—	2083	—	—	1880	2083	—	—	—	—
基本系列	H16	H17	H18	H16	H17	H18	H2	H18	H3	H5	H7	H9	H11

表 1-85　焊接端旋塞阀结构长度　　　　单位：mm

公称尺寸 DN	PN10~20	PN25、PN40、PN50		PN63		PN100	PN150	PN250	PN320、PN420
（结构长度）		短	长	短	长				
15	—	—	—	—	—	165	—	—	—
20	—	—	—	—	—	190	—	—	—
25	—	—	190	216	—	216	254	254	308
32	—	—	—	229	—	229	279	279	349
40	—	—	241	241	—	241	305	305	384
50	267	267	283	292	—	292	368	368	451
65	305	305	330	330	—	330	419	419	508
80	330	330	387	356	—	356	381	470	578
100	356	356	457	406	559	432	457	546	673
125	381	381	—	457	—	508	559	673	794
150	457	457	559	495	711	559	610	705	914
200	521	521	686	597	845	660	737	832	1022
250	559	559	826	673	889	787	838	991	1270
300	635	635	965	762	1016	838	965	1130	1422
350	—	—	762	826	—	889	—	1257	—
400	—	—	838	902	—	991	1130	1384	—
450	—	—	914	978	—	1092	—	1537	—
500	—	—	991	1054	—	1194	1321	1664	—
550	—	—	1092	1143	—	1295	—	—	—
600	—	—	1143	1232	—	1397	—	1943	—
650	—	—	1245	1308	—	1448	—	—	—
700	—	—	1346	1397	—	—	—	—	—
750	—	—	1397	1524	—	1651	—	—	—
800	—	—	1524	1651	—	1778	—	—	—
850	—	—	1626	1778	—	1930	—	—	—
900	—	—	1727	1880	—	2083	—	—	—
基本系列	H19	H19	H20	H3	H21	H5	H7	H9	H11

表 1-86　法兰连接截止阀、节流阀及止回阀结构长度　　　　单位：mm

公称尺寸 DN	直通式 PN10~20 短	长	PN25~50 短	长	PN100 短	长	角式 PN10~20 短	长	PN25~63	PN100 短	长
10	—	130	—	130	—	210	—	85	85	—	105
15	108	130	152	130	165	210	57	90	90	83	105
20	117	150	178	150	190	230	64	95	95	95	115
25	127	160	216	160	216	230	70	100	100	108	115
32	140	180	229	180	229	260	76	105	105	114	130
40	165	200	241	200	241	260	82	115	115	121	130
50	203	230	267	230	292	300	102	125	125	146	150
65	216	290	292	290	330	340	108	145	145	165	170
80	241	310	318	310	356	380	121	155	155	178	190
100	292	350	356	350	432	430	146	175	175	216	215
125	330	400	400	400	508	500	178	200	200	254	250
150	356	480	444	480	559	550	203	225	225	279	275
200	495	600	533	600	660	650	248	275	275	330	325
250	622	730	622	730	787	775	311	325	325	394	
300	698	850	711	850	838	900	350	375	375	419	
350	787	980	838	980	889	1025	394	425	425		
400	914	1100	864	1100	991	1150	457	475	475		
450	978	1200	978	1200	1092	1275	483	500	500		
500	978	1250	1016	1250	1194	1400				—	—
600	1295	1450	1346	1450	1397	1650					
700	1448(900)①	1650	1499	1650	1549	—					
800	(1000)①	1850	1778	1850	—	—					
900	1956(1100)①	2050	2083	2050	—	—					
1000	(1200)①	2250	—	2250	—	—					
基本系列	10	1	21	1	5	2	11	8	8	24	9

① 仅适用于多瓣旋启式止回阀。

表 1-87　焊接端直通式截止阀、节流阀及止回阀结构长度　　　　单位：mm

公称尺寸 DN	PN10~25 短	长	PN25~50 a	b	PN63	PN100 短	长	PN150、PN160 短	长	PN250 短	长	PN320、PN420 短	长
6	102	—	—	—	—	—	—	—	—	—	—	—	—
10	102	—	—	—	—	—	—	—	—	—	—	—	—
15	108	140	152	140	165	—	165	—	—	—	216	—	264
20	117	152	178	152	190	—	190	—	—	—	229	—	273
25	127	165	203	216	216	133	216	—	—	—	254	—	308
32	140	184	216	229	229	146	229	—	—	—	279	—	349
40	165	203	229	241	241	152	241	—	—	—	305	—	384
50	203	229	267	267	292	178	292	—	—	216	368	279	451
65	216	279	292	292	330	216	330	254	419	254	419	330	508
80	241	318	318	318	356	254	356	305	381	305	470	368	578
100	292	368	356	356	406	305	432	356	457	406	546	457	673
125	356	—	400	400	457	381	508	432	559	483	673	533	794
150	406	470	444	444	495	457	559	508	610	559	705	610	914
200	495	597	559	533	597	584	660	660	737	711	832	762	1022
250	622	673	622	622	673	711	787	787	838	864	991	914	1270

续表

公称尺寸 DN	公称压力 PN												
	PN10~25		PN25~50		PN63	PN100		PN150、PN160		PN250		PN320、PN420	
	结构长度												
	短	长	a	b		短	长	短	长	短	长	短	长
300	698	775	711	711	762	813	838	914	965	991	1130	1041	1422
350	787	—	—	838	826		889	991	1029	1067	1257		
400	914			864	902		991	1092	1130	1194	1384		
450	978			978	978		1092		1219		1537		
500				1016	1054		1194		1321		1664		
550	1067			1118	1143		1295		—		—		
600	1295			1346	1232		1397		1549		1943		
650					1308		1448						
700	1448			1499	1397		1600①						
750	1524			1594	1524		1651						
800	—			2083	1651		—						
850					1778		—						
900	1996			—	1880		2083						
基本系列	H12	H13	H14	H15	H3	H4	H5	H6	H7	H8	H9	H10	H11

① 此值于基本系列不同，仅适用于截止阀和止回阀。

注：a 表示该系列仅适用于截止阀、升降式止回阀；b 表示该系列仅适用于旋启式止回阀。

表 1-88　焊接端角式截止阀、节流阀及止回阀结构长度　　　　单位：mm

公称尺寸 DN	公称压力 PN/MPa								
	PN10~20	PN25~50	PN63	PN100		PN150、PN160		PN250	PN320~420
	结构长度								
				短	长	短	长		
6	51	—	—	—				—	—
10									
15	57	76	83	83				108	132
20	64	89	95	95			114	114	137
25	70	102	108	108		—	127	127	154
32	76	108	114	114			140	140	175
40	83	114	121	121			152	152	192
50	102	133	146	108	146		184	184	225
65	108	146	165	127	165		210	210	254
80	121	159	178	152	178	152	190	235	289
100	146	178	203	178	216	178	229	273	337
125	178	200	229	216	254	216	279	336	397
150	203	222	248	254	279	254	305	352	457
200	248	279	298		330	330	368	416	511
250	311	311	337		394	394	419	495	635
300	349	356	381		419	457	483	565	711
350	394					495	514	629	
400	457	—	—	—			660		—
450	483						737		
500							826		
600							991		
基本系列	H22	H23	H24	H25	H26	H27	H28	H29	H30

表 1-89　对夹连接旋启式止回阀结构长度　　　　单位：mm

公称尺寸 DN	公称压力 PN						
	PN10～20	PN25～50	PN63	PN100	PN150、PN160	PN250	PN320、PN420
	结构长度						
50	60	60	60	60	70	70	70
65	66	66	66	66	83	83	83
80	73	73	73	73			86
100			79	79	102	102	105
150	98	98	137	137	159	159	159
200	127	127	161	161	206	206	206
250	146	146	213	213	241	248	254
300	181	181	229	229	292	305	305
350	184	222	273	273	356	356	
400	190	232	305	305	384	384	
450	203	264	362	362	451	468	
500	219	292	368	368		533	—
600	222	317	394	438	495	559	
750	305	368	460	505			
900	368	483	635	635	—	—	
1200	524	629	—	—			
基本系列	J5	J6	J7	J8	J9	J10	J11

表 1-90　对夹连接升降式止回阀结构长度　　　　单位：mm

公称尺寸 DN	结构长度			
10	—	—	—	60
15	16	25	60	65
20	19	31.5	—	—
25	22	35.5	65	80
32	28	40	80	90
40	31.5	45	90	115
50	40	56	115	140
65	46	63	140	160
80	50	71	160	180
100	60	80		
125	90	110		
150	106	125		
200	140	160	—	—
250		200		
300	—	250		
350		280		
基本系列	J12	J13	J14	J15

表 1-91　法兰连接隔膜阀结构长度　　　　单位：mm

公称尺寸 DN	公称压力 PN			
	PN6	PN10～20		PN25～50
	结构长度			
		短	长	
10	**108**	**108**	130	130
15				
20	**117**	**117**	150	150
25	**127**	**127**	160	160
32	**146**	**146**	180	180
40	**159**	**159**	200	200
50	**190**	**190**	230	230
65	**216**	**216**	290	290
80	**254**	**254**	310	310
100	**305**	**305**	350	350
125	**356**	**356**	400	400
150	**406**	**406**	480	480
200	**521**	**521**	600	600
250	**635**	**635**	730	730
300	**749**	**749**	850	850
基本系列	7	7	1	1

注：表中的黑体字表示的尺寸为优先选用。

表 1-92　法兰连接铜合金的闸阀、截止阀及止回阀结构长度　　　　单位：mm

公称尺寸 DN	公称压力 PN		
	PN10～25		PN40
	结构长度		
	短	长	
10	45	80	108
15	55		
20	57	90	117
25	68	100	127
32	73	110	146
40	77	120	159
50	84	135	190
65	100	165	216
80	120	185	254
100	140	—	—
基本系列	—	18	7

表 1-93　法兰连接阀门结构长度公差　　　　单位：mm

结构长度	极限偏差
≤250	±2
＞250～500	±3
＞500～800	±4
＞800～1000	±5
＞1000～1600	±6
＞1600～2250	±8
≥2250	±10

1.7.2　钢制阀门法兰标准

（1）GB/T 9113—2010《整体钢制管法

兰》国家标准

表 1-94　焊接端阀门结构长度公差　　　　单位：mm

公称尺寸 DN	阀门类型	
	直通式	角式
	极限偏差	
≤250	±1.5	±0.75
≥275	±3.0	±1.5

我国的管法兰标准体系比较复杂，早年有机械工业标准《管路法兰标准》（JB 75～86—59），这套标准是原第一机械工业部参照前苏联 ГOCT 标准制定的，1994 年进行了修订。

这套标准在我国工业发展的起步阶段，起到了重要作用。随着工业的发展和技术进步，以及引进国外先进技术，国外法兰标准件伴随着引进设备进入中国，特别是大型石油化工成套设备和大型火力发电设备及核电站设备的引进，原有的机械工业标准（JB 75～86）已不能适应工业发展的需要，在20世纪90年代化工行业标准（HGJ 44～76—91）系列标准出现，后经修订，成为目前使用的 HG 20592～20635—2009《钢制管法兰、垫片、紧固件》系列标准。这套标准的特点是：将欧洲体系和美洲体系分为两大类，分别制定了相应的法兰尺寸、技术条件、压力-温度等级、焊接接头和坡口尺寸，以及配套使用的垫片、紧固件标准。除此之外，还制定了《钢制管法兰、垫片、紧固件选配规定》，美洲体系中编入了属于《大直径钢制管法兰》的内容。

随后石油化工行业标准出现，现行的 SH 3406—1996《石油化工钢制管法兰》是在 SH 3408—1992 标准上修订的，它的特点是：钢管外径采用与英制尺寸相近并圆整为整数的单一尺寸系列；法兰尺寸和压力等级为单一的美洲体系；包括了大直径法兰的内容。相对国标和化工行业标准，石化行业标准中法兰类型较少，体系单一。

现行的国家法兰标准 GB/T 9113—2010《整体钢制管法兰》是参照 ISO 7005-1：1992 年版修订的，结合国内使用情况。对原 GB/T 9113.1～9113.4—2000《整体钢制管法兰》做了较大调整和扩充，能与国际法兰标准接轨，这些法兰尺寸均与欧洲和美洲相应压力等级的

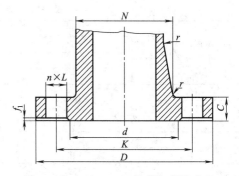

图 1-12 突面（RF）整体钢制管法兰
（适用于 PN2.5、PN6、PN10、PN16、PN25、PN40、PN63、PN100、PN160、PN250、PN320 和 PN400）

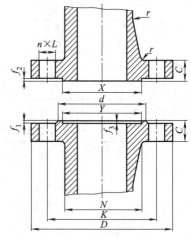

图 1-13 凹凸面（MF）整体钢制管法兰
（适用于 PN10、PN16、PN25、PN40、PN63、PN100、PN160、PN250、PN320 和 PN400）

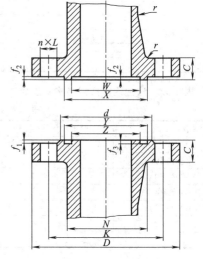

图 1-14 榫槽面（TG）整体钢制管法兰
（适用于 PN10、PN16、PN25、PN40、PN63、PN100、PN160、PN250、PN320 和 PN400）

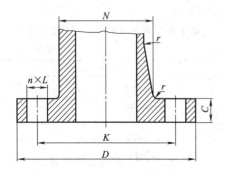

图 1-11 平面（FF）整体钢制管法兰
（适用于 PN2.5、PN6、PN10、PN16、PN25 和 PN40）

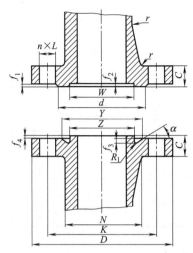

图 1-15　O 形圈面（OSG）整体钢制管法兰
（适用于 *PN*10、*PN*16、*PN*25 和 *PN*40）

铸铁法兰和铜合金及复合法兰标准没有列出，如使用需要请参阅 GB/T 17241.1～7 和 GB/T 15530.1～8 等国家标准。

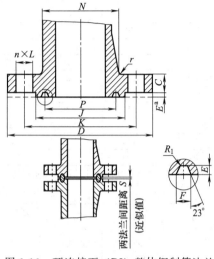

图 1-16　环连接面（RJ）整体钢制管法兰
（适用于 *PN*63、*PN*100、*PN*160、*PN*250、*PN*320 和 *PN*400）

法兰尺寸互换，为我国法兰标准走向世界树立了一个里程碑。为了节约篇幅，本节只列出了常用的 GB/T 9113—2010 的法兰尺寸（图 1-11～图 1-16，表 1-95～表 1-106）。

表 1-95　PN2.5 整体钢制管法兰尺寸

| 公称尺寸 *DN* | 连接尺寸 | | | | | 法兰厚度 *C*/mm | 法兰颈 | |
| | 法兰外径 *D*/mm | 螺栓孔中心圆直径 *K*/mm | 螺栓孔直径 *L*/mm | 螺栓 | | | *N*/mm | *r*/mm |
				数量 *n*/个	螺纹规格			
10	75	50	11	4	M10	12	20	4
15	80	55	11	4	M10	12	26	4
20	90	65	11	4	M10	14	34	4
25	100	75	11	4	M10	14	44	4
32	120	90	14	4	M12	14	54	6
40	130	100	14	4	M12	14	64	6
50	140	110	14	4	M12	14	74	6
65	160	130	14	4	M12	14	94	6
80	190	150	18	4	M16	16	110	8
100	210	170	18	4	M16	16	130	8
125	240	200	18	8	M16	18	160	8
150	265	225	18	8	M16	18	182	10
(175)	295	255	18	8	M16	20	210	10
200	320	280	18	8	M16	20	238	10
(225)	345	305	18	8	M16	22	261	10
250	375	335	18	12	M16	22	284	12
300	440	395	22	12	M20	22	342	12
350	490	445	22	12	M20	22	392	12
400	540	495	22	16	M20	22	442	12
450	595	550	22	16	M20	22	494	12
500	645	600	22	20	M20	24	544	12
600	755	705	26	20	M24	30	642	12

续表

公称尺寸 DN	连接尺寸					法兰厚度 C/mm	法兰颈	
	法兰外径 D/mm	螺栓孔中心圆直径 K/mm	螺栓孔直径 L/mm	螺栓				
				数量 n/个	螺纹规格		N/mm	r/mm
700	860	810	26	24	M24	30	746	12
800	975	920	30	24	M27	30	850	12
900	1075	1020	30	24	M27	30	950	12
1000	1175	1120	30	28	M27	30	1050	16
1200	1375	1320	30	32	M27	32	1264	16
1400	1575	1520	30	36	M27	38	1480	16
1600	1790	1730	30	40	M27	46	1680	16
1800	1990	1930	30	44	M27	46	1878	16
2000	2190	2130	30	48	M27	50	2082	16

注：带括号尺寸不推荐使用，并且仅适用于船用法兰。

表 1-96　PN6 整体钢制管法兰尺寸

公称尺寸 DN	连接尺寸					法兰厚度 C/mm	法兰颈	
	法兰外径 D/mm	螺栓孔中心圆直径 K/mm	螺栓孔直径 L/mm	螺栓				
				数量 n/个	螺纹规格		N/mm	r/mm
10	75	50	11	4	M10	12	20	4
15	80	55	11	4	M10	12	26	4
20	90	65	11	4	M10	14	34	4
25	100	75	11	4	M10	14	44	4
32	120	90	14	4	M12	14	54	6
40	130	100	14	4	M12	14	64	6
50	140	110	14	4	M12	14	74	6
65	160	130	14	4	M12	14	94	6
80	190	150	18	4	M16	16	110	8
100	210	170	18	4	M16	16	130	8
125	240	200	18	8	M16	18	160	8
150	265	225	18	8	M16	18	182	10
(175)[1]	295	255	18	8	M16	20	210	10
200	320	280	18	8	M16	20	238	10
(225)[1]	345	305	18	8	M16	22	261	10
250	375	335	18	12	M16	22	284	12
300	440	395	22	12	M20	22	342	12
350	490	445	22	12	M20	22	392	12
400	540	495	22	16	M20	22	442	12
450	595	550	22	16	M20	22	494	12
500	645	600	22	20	M20	24	544	12
600	755	705	26	20	M24	30	642	12
700	860	810	26	24	M24	30(26)[2]	746	12
800	975	920	30	24	M27	30(26)[2]	850	12
900	1075	1020	30	24	M27	34(26)[2]	950	12
1000	1175	1120	30	28	M27	38(26)[2]	1050	16
1200	1405	1340	33	32	M30	42(28)[2]	1264	16
1400	1630	1560	36	36	M33	56(32)[2]	1480	16
1600	1830	1760	36	40	M33	63(34)[2]	1680	16
1800	2045	1970	39	44	M36	69(36)[2]	1878	16
2000	2265	2180	42	48	M39	74(38)[2]	2082	16

① 带括号尺寸不推荐使用，并且仅适用于船用法兰。
② 括号内尺寸为原标准法兰厚度，对于现有设备或供需双方认可仍可采用括号内的法兰厚度尺寸。

表 1-97　PN10 整体钢制管法兰尺寸

| 公称尺寸 DN | 连接尺寸 | | | | | 法兰厚度 C/mm | 法兰颈 | |
| | 法兰外径 D/mm | 螺栓孔中心圆直径 K/mm | 螺栓孔直径 L/mm | 螺栓 | | | | |
				数量 n/个	螺纹规格		N/mm	r/mm
10	90	60	14	4	M12	16	28	4
15	95	65	14	4	M12	16	32	4
20	105	75	14	4	M12	18	40	4
25	115	85	14	4	M12	18	50	4
32	140	100	18	4	M16	18	60	6
40	150	110	18	4	M16	18	70	6
50	165	125	18	4	M16	18	84	6
65	185	145	18	8[1]	M16	18	104	6
80	200	160	18	8	M16	20	120	6
100	220	180	18	8	M16	20	140	8
125	250	210	18	8	M16	22	170	8
150	285	240	22	8	M20	22	190	10
(175)[3]	315	270	22	8	M20	24	218	10
200	340	295	22	8	M20	24	246	10
(225)[3]	370	325	22	8	M20	26	272	10
250	395	350	22	12	M20	26	298	12
300	445	400	22	12	M20	26	348	12
350	505	460	22	16	M20	26	408	12
400	565	515	26	16	M24	26	456	12
450	615	565	26	20	M24	28	502	12
500	670	620	26	20	M24	28	559	12
600	780	725	30	20	M27	34	658	12
700	895	840	30	24	M27	35(34)[2]	772	12
800	1015	950	33	24	M30	38(36)[2]	876	12
900	1115	1050	33	28	M30	38(38)[2]	976	12
1000	1230	1160	36	28	M33	44(38)[2]	1080	16
1200	1455	1380	39	32	M36	55(44)[2]	1292	16
1400	1675	1590	42	36	M39	65(48)[2]	1496	16
1600	1915	1820	48	40	M45	75(52)[2]	1712	16
1800	2115	2020	48	44	M45	85(56)[2]	1910	16
2000	2325	2230	48	48	M45	90(60)[2]	2120	16

① 对于铸铁法兰和铜合金法兰，该规格的法兰可能是 4 个螺栓孔的，因此，当制造厂和用户协商同意后，与铸铁法兰和铜合金法兰配对使用的钢制法兰可以采用 4 个螺栓孔。

② 括号内尺寸为原标准法兰厚度，对于现有设备或供需双方认可仍可采用括号内的尺寸，用户也可以根据计算确定法兰厚度。

③ 带括号尺寸不推荐使用，并且仅适用于船用法兰。

注：公称尺寸 DN10～40 的法兰使用 PN40 法兰的尺寸；公称尺寸 DN50～150 的法兰使用 PN16 法兰的尺寸。

表 1-98　PN16 整体钢制管法兰尺寸

| 公称尺寸 DN | 连接尺寸 | | | | | 法兰厚度 C/mm | 法兰颈 | |
| | 法兰外径 D/mm | 螺栓孔中心圆直径 K/mm | 螺栓孔直径 L/mm | 螺栓 | | | | |
				数量 n/个	螺纹规格		N/mm	r/mm
10[3]	90	60	14	4	M12	16	28	4
15[3]	95	65	14	4	M12	16	32	4
20[3]	105	75	14	4	M12	18	40	4
25[3]	115	85	14	4	M12	18	50	4

续表

公称尺寸 DN	连接尺寸					法兰 厚度 C/mm	法兰颈	
	法兰 外径 D/mm	螺栓孔 中心圆直径 K/mm	螺栓孔 直径 L/mm	螺栓			N/mm	r/mm
				数量 n/个	螺纹 规格			
32③	140	100	18	4	M16	18	60	6
40③	150	110	18	4	M16	18	70	6
50	165	125	18	4	M16	18	84	6
65	185	145	18	8①	M16	18	104	6
80	200	160	18	8	M16	20	120	6
100	220	180	18	8	M16	20	140	8
125	250	210	18	8	M16	22	170	8
150	285	240	22	8	M20	22	190	10
(175)③	315	270	22	8	M20	24	218	10
200	340	295	22	12	M20	24	246	10
(225)③	370	325	22	12	M20	26	272	10
250	405	355	26	12	M24	26	296	12
300	460	410	26	12	M24	28	350	12
350	520	470	26	16	M24	30	410	12
400	580	525	30	16	M27	32	458	12
450	640	585	30	20	M27	40	516	12
500	715	650	33	20	M30	44	576	12
600	840	770	36	20	M33	54	690	12
700	910	840	36	24	M33	58(40)②	760	12
800	1025	950	39	24	M36	62(42)②	862	12
900	1125	1050	39	28	M36	64(44)②	962	12
1000	1255	1170	42	28	M39	68(46)②	1076	16
1200	1485	1390	48	32	M45	78(52)②	1282	16
1400	1685	1590	48	36	M45	84(58)②	1482	16
1600	1930	1820	56	40	M52	102(64)②	1696	16
1800	2130	2020	56	44	M52	110(68)②	1896	16
2000	2345	2230	62	48	M56	124(70)②	2100	16

① 对于铸铁法兰和铜合金法兰，该规格的法兰可能是 4 个螺栓孔的，因此，当制造厂和用户协商同意后，与铸铁法兰和铜合金法兰配对使用的钢制法兰可以采用 4 个螺栓孔。

② 括号内尺寸为原标准法兰厚度，对于现有设备或供需双方认可仍可采用括号内的尺寸，用户也可以根据计算确定法兰厚度。

③ 带括号尺寸不推荐使用，并且仅适用于船用法兰。

注：公称尺寸 DN10～40 的法兰使用 PN40 法兰的尺寸。

表 1-99　PN25 整体钢制管法兰尺寸

公称尺寸 DN	连接尺寸					法兰 厚度 C/mm	法兰颈	
	法兰 外径 D/mm	螺栓孔 中心圆直径 K/mm	螺栓孔 直径 L/mm	螺栓			N/mm	r/mm
				数量 n/个	螺纹 规格			
10	90	60	14	4	M12	16	28	4
15	95	65	14	4	M12	16	32	4
20	105	75	14	4	M12	18	40	4
25	115	85	14	4	M12	18	50	4
32	140	100	18	4	M16	18	60	6
40	150	110	18	4	M16	18	70	6
50	165	125	18	4	M16	20	84	6
65	185	145	18	8	M16	22	104	6
80	200	160	18	8	M16	24	120	8

公称尺寸 DN	连接尺寸					法兰厚度 C/mm	法兰颈	
	法兰外径 D/mm	螺栓孔中心圆直径 K/mm	螺栓孔直径 L/mm	螺栓			N/mm	r/mm
				数量 n/个	螺纹规格			
100	235	190	22	8	M20	24	142	8
125	270	220	26	8	M24	26	162	8
150	300	250	26	8	M24	28	192	10
(175)[1]	330	280	26	12	M24	28	217	10
200	360	310	26	12	M24	30	252	10
(225)[1]	395	340	30	12	M27	32	278	10
250	425	370	30	12	M27	32	304	12
300	485	430	30	16	M27	34	364	12
350	555	490	33	16	M30	38	418	12
400	620	550	36	16	M33	40	472	12
450	670	600	36	20	M33	46	520	12
500	730	660	36	20	M33	48	580	12
600	845	770	39	20	M36	58	684	12
700	960	875	42	24	M39	60(50)[2]	780	12
800	1085	990	48	24	M45	66(54)[2]	882	12
900	1185	1090	48	28	M45	70(58)[2]	982	12
1000	1320	1210	56	28	M52	74(62)[2]	1086	16
1200	1530	1420	56	32	M52	86(70)[2]	1296	16
1400	1755	1640	62	36	M56	92(76)[2]	1508	16
1600	1975	1860	62	40	M56	112(84)[2]	1726	16
1800	2195	2070	70	44	M64	121(90)[2]	1920	16
2000	2425	2300	70	48	M64	136(96)[2]	2150	16

① 带括号尺寸不推荐使用，并且仅适用于船用法兰。

② 括号内尺寸为原标准法兰厚度，对于现有设备或供需双方认可仍可采用括号内的尺寸，用户也可以根据计算确定法兰厚度。

注：公称尺寸 DN10～150 的法兰使用 PN40 法兰的尺寸。

表 1-100　PN40 整体钢制管法兰尺寸

公称尺寸 DN	连接尺寸					法兰厚度 C/mm	法兰颈	
	法兰外径 D/mm	螺栓孔中心圆直径 K/mm	螺栓孔直径 L/mm	螺栓			N/mm	r/mm
				数量 n/个	螺纹规格			
10	90	60	14	4	M12	16	28	4
15	95	65	14	4	M12	16	32	4
20	105	75	14	4	M12	18	40	4
25	115	85	14	4	M12	18	50	4
32	140	100	18	4	M16	18	60	6
40	150	110	18	4	M16	18	70	6
50	165	125	18	4	M16	20	84	6
65	185	145	18	8	M16	22	104	6
80	200	160	18	8	M16	24	120	8
100	235	190	22	8	M20	24	142	8
125	270	220	26	8	M24	26	162	8
150	300	250	26	8	M24	28	192	10
(175)	350	295	30	12	M27	32	223	10
200	375	320	30	12	M27	34	254	10
(225)	420	355	33	12	M30	36	283	10
250	450	385	33	12	M30	38	312	12

续表

公称尺寸 DN	连接尺寸					法兰厚度 C/mm	法兰颈	
	法兰外径 D/mm	螺栓孔中心圆直径 K/mm	螺栓孔直径 L/mm	螺栓			N/mm	r/mm
				数量 n/个	螺纹规格			
300	515	450	33	16	M30	42	378	12
350	580	510	36	16	M33	46	432	12
400	660	585	39	16	M36	50	498	12
450	685	610	39	20	M36	57	522	12
500	755	670	42	20	M39	57	576	12
600	890	795	48	20	M45	72	686	12

注：带括号尺寸不推荐使用，并且仅适用于船用法兰。

表 1-101　PN63 整体钢制管法兰尺寸

公称尺寸 DN	连接尺寸					法兰厚度 C/mm	法兰颈	
	法兰外径 D/mm	螺栓孔中心圆直径 K/mm	螺栓孔直径 L/mm	螺栓			N/mm	r/mm
				数量 n/个	螺纹规格			
10	100	70	14	4	M12	20	40	4
15	105	75	14	4	M12	20	45	4
20	130	90	18	4	M16	22	50	4
25	140	100	18	4	M16	24	61	4
32	155	110	22	4	M20	26	68	6
40	170	125	22	4	M20	28	82	6
50	180	135	22	4	M20	26	90	6
65	205	160	22	8	M20	26	105	6
80	215	170	22	8	M20	28	122	8
100	250	200	26	8	M24	30	146	8
125	295	240	30	8	M27	34	177	8
150	345	280	33	8	M30	36	204	10
(175)	375	310	33	12	M30	40	235	10
200	415	345	36	12	M33	42	264	10
(225)	440	370	36	12	M33	44	292	10
250	470	400	36	12	M33	46	320	12
300	530	460	36	16	M33	52	378	12
350	600	525	39	16	M36	56	434	12
400	670	585	42	16	M39	60	490	12

注：1. 公称尺寸 DN10～40 的法兰使用 PN100 法兰的尺寸。

2. 带括号尺寸不推荐使用，并且仅适用于船用法兰。

表 1-102　PN100 整体钢制管法兰尺寸

公称尺寸 DN	连接尺寸					法兰厚度 C/mm	法兰颈	
	法兰外径 D/mm	螺栓孔中心圆直径 K/mm	螺栓孔直径 L/mm	螺栓			N/mm	r/mm
				数量 n/个	螺纹规格			
10	100	70	14	4	M12	20	40	4
15	105	75	14	4	M12	20	45	4
20	130	90	18	4	M16	22	50	4
25	140	100	18	4	M16	24	61	4
32	155	110	22	4	M20	26	68	6
40	170	125	22	4	M20	28	82	6
50	195	145	26	4	M24	30	96	6

续表

公称尺寸 DN	连接尺寸					法兰厚度 C/mm	法兰颈	
	法兰外径 D/mm	螺栓孔中心圆直径 K/mm	螺栓孔直径 L/mm	螺栓			N/mm	r/mm
				数量 n/个	螺纹规格			
65	220	170	26	8	M24	34	118	6
80	230	180	26	8	M24	36	128	8
100	265	210	30	8	M27	40	150	8
125	315	250	33	8	M30	40	185	8
150	355	290	33	12	M30	44	216	10
200	430	360	36	12	M33	52	278	10
250	505	430	39	12	M36	60	340	12
300	585	500	42	16	M39	68	407	12
350	655	560	48	16	M45	74	460	12

表 1-103　PN160 整体钢制管法兰尺寸

公称尺寸 DN	连接尺寸					法兰厚度 C/mm	法兰颈	
	法兰外径 D/mm	螺栓孔中心圆直径 K/mm	螺栓孔直径 L/mm	螺栓			N/mm	r/mm
				数量 n/个	螺纹规格			
10	100	70	14	4	M12	20	40	4
15	105	75	14	4	M12	20	45	4
20	130	90	18	4	M16	24	50	4
25	140	100	18	4	M16	24	61	4
32	155	110	22	4	M20	28	68	4
40	170	125	22	4	M20	28	82	4
50	195	145	26	4	M24	30	96	4
65	220	170	26	8	M24	34	118	5
80	230	180	26	8	M24	36	128	5
100	265	210	30	8	M27	40	150	5
125	315	250	33	8	M30	44	184	6
150	355	290	33	12	M30	50	224	6
200	430	360	36	12	M33	60	288	8
250	515	430	42	12	M39	68	346	8
300	585	500	42	16	M39	78	414	10

表 1-104　PN250 整体钢制管法兰尺寸

公称尺寸 DN	连接尺寸					法兰厚度 C/mm	法兰颈	
	法兰外径 D/mm	螺栓孔中心圆直径 K/mm	螺栓孔直径 L/mm	螺栓			N/mm	r/mm
				数量 n/个	螺纹规格			
10	125	85	18	4	M16	24	46	4
15	130	90	18	4	M16	26	52	4
20	135	95	18	4	M16	28	57	4
25	150	105	22	4	M20	28	63	4
32	165	120	22	4	M20	32	78	4
40	185	135	26	4	M24	34	90	4
50	200	150	26	8	M24	38	102	5
65	230	180	26	8	M24	42	125	5
80	255	200	30	8	M27	46	142	6
100	300	235	33	8	M30	54	168	6
125	340	275	33	12	M30	60	207	6
150	390	320	36	12	M33	68	246	8
200	485	400	42	12	M39	82	314	8
250	585	490	48	16	M45	100	394	10
300	690	590	52	16	M48	120	480	10

表 1-105　PN320 整体钢制管法兰尺寸

| 公称尺寸 DN | 连接尺寸 | | | | | 法兰厚度 C/mm | 法兰颈 | |
| | 法兰外径 D/mm | 螺栓孔中心圆直径 K/mm | 螺栓孔直径 L/mm | 螺栓 | | | N/mm | r/mm |
				数量 n/个	螺纹规格			
10	125	85	18	4	M16	24	46	4
15	130	90	18	4	M16	26	52	4
20	145	100	22	4	M20	30	62	4
25	160	115	22	4	M20	34	72	4
32	175	130	26	4	M24	36	84	4
40	195	145	26	4	M24	38	96	5
50	210	160	26	8	M24	42	110	5
65	255	200	30	8	M27	51	137	6
80	275	220	30	8	M27	55	160	6
100	335	265	36	8	M33	65	190	8
125	380	310	36	12	M33	75	235	8
150	425	350	39	12	M36	84	266	10
200	525	440	42	16	M39	103	350	10
250	640	540	52	16	M48	125	432	10

表 1-106　PN400 整体钢制管法兰尺寸

| 公称尺寸 DN | 连接尺寸 | | | | | 法兰厚度 C/mm | 法兰颈 | |
| | 法兰外径 D/mm | 螺栓孔中心圆直径 K/mm | 螺栓孔直径 L/mm | 螺栓 | | | N/mm | r/mm |
				数量 n/个	螺纹规格			
10	125	85	18	4	M16	28	48	4
15	145	100	22	4	M20	30	57	4
20	160	115	22	4	M20	34	69	4
25	180	130	26	4	M24	38	81	5
32	200	145	26	4	M24	43	93	5
40	220	165	30	4	M27	48	105	5
50	235	180	30	8	M27	52	120	6
65	290	225	33	8	M30	64	158	6
80	305	240	33	8	M30	68	174	8
100	370	295	39	8	M36	80	216	8
125	415	340	39	12	M36	92	259	10
150	475	390	42	12	M39	105	302	10
200	585	490	48	16	M45	130	388	10

（2）美国管法兰和法兰管件

本书所列的美国管法兰和法兰管件标准为 2009 年版。这是该项标准修订最为显著的版本。2003 年 ASME B16.5 进行了升版，与前一版本的标准相比有很大不同。它将米制单位作为主要参照单位，同时以放在括号内或单列形式保留美国惯用单位。其目的是，该标准下一个版本发行时，删除美国惯用单位。该项标准采用 ASME 锅炉与压力容器规范第 Ⅱ 卷 D 篇的最新版本的数据重新计算所有压力-温度额定值。某些材料已从一个组合并列到另一个组，还增加了新的材料组。同时，修订了 150 磅级和 300 磅级的法兰厚度标识，端法兰密封面和它们与法兰厚度及中心至端和端至端尺寸之间的关系。修改了法兰厚度尺寸基准面。但法兰厚度保持不变。法兰最小厚度标识已从 C 改为 t_f，t_f 不包括 150 磅级和 300 磅级突面法兰和法兰管件的 2.0（0.06in）突面。另外，合并了等级颈部焊接法兰作为 150～2500 磅级新一族法兰。该标准经美国标准委员会和 ASME 批准，于 2003 年 7 月 9 日发布。

本章节只列出了 150～2500 磅级常用法兰标准（图 1-17，表 1-107～表 1-113）。详细内容和相关法兰管件标准，请参阅 ASME B16.5—2009《管法兰和法兰管件》标准。

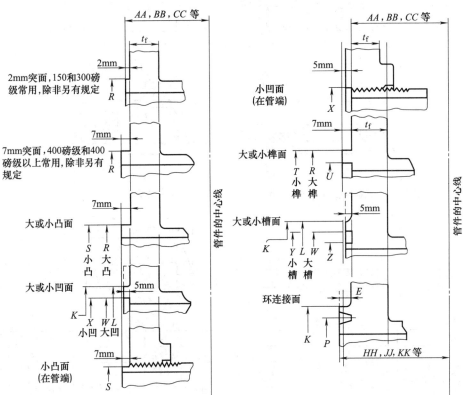

端法兰密封面
150～2500磅级法兰厚度和中心线至端尺寸

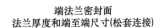

端法兰密封面
法兰厚度和端至端尺寸(松套连接)

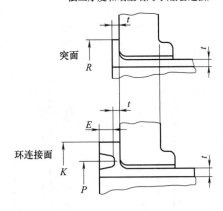

1.大凹凸面和大榫槽面不适用于150磅级 因为可能存在尺寸上矛盾。

2.所有尺寸均以毫米表示。对英制尺寸,参见ASME B16.5—2009附录F中的图F7。

3.密封面尺寸(环连接除外)见ASME B16.5—2009表4,环连接密封面见表5。

图 1-17　端法兰密封面和它们与法兰厚度及中心至端和端至端尺寸之间的关系

表 1-107　150 磅级法兰尺寸　　　　　　　　　　单位：mm

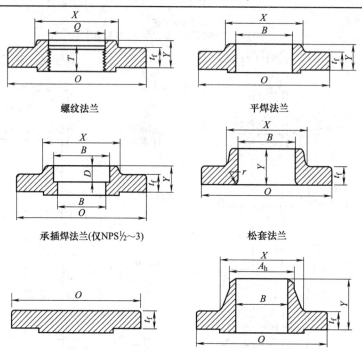

螺纹法兰　　　　　　　　　　平焊法兰

承插焊法兰(仅NPS½～3)　　　　　松套法兰

法兰盖　　　　　　　　　　对焊法兰

1	2	3	4	5	6	7	8	9	10	11	12	13	14	15
公称管径 NPS	法兰外径 O	法兰最小厚度 t_f	松套连接最小厚度 t_f	颈部直径 X	焊端倒角处的起始颈部直径 A_h	颈部长度 Y			螺纹法兰的最小螺纹长度 T	孔口 B			松套法兰和管孔的圆角半径 r	承插深度 D
						螺纹/平焊/承插焊	松套	对焊		平焊/承插焊（最小）	松套式（最小）	对焊/承插焊		
½	90	9.6	11.2	30	21.3	14	16	46	16	22.2	22.9	15.8	3	10
¾	100	11.2	12.7	38	26.7	14	16	51	16	27.7	28.2	20.9	3	11
1	110	12.7	14.3	49	33.4	16	17	54	17	34.5	34.9	26.6	3	13
1¼	115	14.3	15.9	59	42.2	19	21	56	21	43.2	43.7	35.1	5	14
1½	125	15.9	17.5	65	48.3	21	22	60	22	49.5	50.0	40.9	6	16
2	150	17.5	19.1	78	60.3	24	25	62	25	61.9	62.5	52.5	8	17
2½	180	20.7	22.3	90	73.0	27	29	68	29	74.6	75.4	62.7	8	19
3	190	22.3	23.9	108	88.9	29	30	68	30	90.7	91.4	77.9	10	21
3½	215	22.3	23.9	122	101.6	30	32	70	32	103.4	104.1	90.1	10	—
4	230	22.3	23.9	135	114.3	32	33	75	33	116.1	116.8	102.3	11	—
5	255	22.3	23.9	164	141.3	35	36	87	36	143.8	144.4	128.2	11	—
6	280	23.9	25.4	192	168.3	38	40	87	40	170.7	171.4	154.1	13	—
8	345	27.0	28.6	246	219.1	43	44	100	44	221.5	222.2	202.7	13	—
10	405	28.6	30.2	305	273.0	48	49	100	49	276.2	277.4	254.6	13	—
12	485	30.2	31.8	365	323.8	54	56	113	56	327.0	328.2	304.8	13	—
14	535	33.4	35.0	400	355.6	56	79	125	57	359.2	360.2		13	—
16	595	35.0	36.6	457	406.4	62	87	125	64	410.5	411.2		13	—
18	635	38.1	39.7	505	457.0	67	97	138	68	461.8	462.3		13	—
20	700	41.3	42.9	559	508.0	71	103	143	73	513.1	514.4		13	—
24	815	46.1	47.7	663	610.0	81	111	151	83	616.0	616.0		13	—

表 1-108　300 磅级法兰尺寸　　　　单位：mm

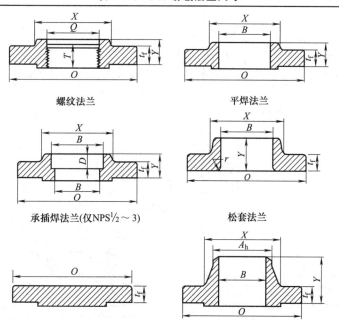

螺纹法兰　　　　　　　　平焊法兰

承插焊法兰(仅NPS½～3)　　　松套法兰

法兰盖　　　　　　　　　对焊法兰

1	2	3	4	5	6	7	8	9	10	11	12	13	14	15	16
			松套连接最小厚度	颈部直径	焊端倒角处的起始颈部直径	颈部长度 Y			螺纹法兰的最小螺纹长度	孔口 B			松套法兰和管孔的圆角半径	螺纹法兰最小沉孔	承插深度
公径管径 NPS	法兰外径 O	法兰最小厚度 t_f	t_f	X	A_h	螺纹/平焊/承插焊	松套	对焊	T	平焊/承插焊（最小）	松套（最小）	对焊/承插焊	r	Q	D
½	95	12.7	14.3	38	21.3	21	22	51	16	22.2	22.9	15.8	3	23.6	10
¾	115	14.3	15.9	48	26.7	24	25	56	16	27.7	28.2	20.9	3	29.0	11
1	125	15.9	17.5	54	33.4	25	27	60	18	34.5	34.9	26.6	3	35.8	13
1¼	135	17.5	19.1	64	42.2	25	27	64	21	43.2	43.7	35.1	5	44.4	14
1½	155	19.1	20.7	70	48.3	29	30	67	23	49.5	50.0	40.9	6	50.3	16
2	165	20.7	22.3	84	60.3	32	33	68	29	61.9	62.5	52.5	8	63.5	17
2½	190	23.9	25.4	100	73.0	37	38	75	32	74.6	75.4	62.7	8	76.2	19
3	210	27.0	28.6	117	88.9	41	43	78	32	90.7	91.4	77.9	10	92.2	21
3½	230	28.6	30.2	133	101.6	43	44	79	37	103.4	104.1	90.1	10	104.9	—
4	255	30.2	31.8	146	114.3	46	48	84	37	116.1	116.8	102.3	11	117.6	—
5	280	33.4	35.0	178	141.3	49	51	97	43	143.8	144.4	128.2	11	144.4	—
6	320	35.0	36.6	206	168.3	51	52	97	47	170.7	171.4	154.1	13	171.4	—
8	380	39.7	41.3	260	219.1	60	62	110	51	221.5	222.2	202.7	13	222.2	—
10	445	46.1	47.7	321	273.0	65	95	116	56	276.2	277.4	254.6	13	276.2	—
12	520	49.3	50.8	375	323.8	71	102	129	61	327.0	328.2	304.8	13	328.6	—
14	585	52.4	54.0	425	355.6	75	111	141	64	359.2	360.2		13	360.4	—
16	650	55.6	57.2	483	406.4	81	121	144	69	410.5	411.2		13	411.2	—
18	710	58.8	60.4	533	457.0	87	130	157	70	461.8	462.3		13	462.0	—
20	775	62.0	63.5	587	508.0	94	140	160	74	513.1	514.4		13	512.8	—
24	915	68.3	69.9	702	610.0	105	152	167	83	616.0	616.0		13	614.4	—

表 1-109　400 磅级法兰尺寸　　　　　　　单位：mm

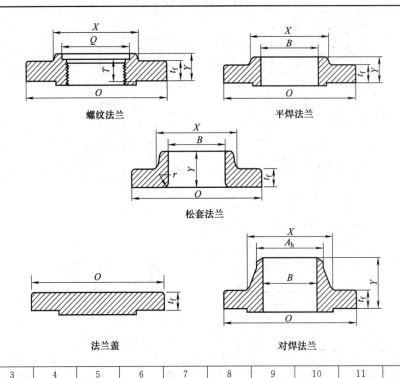

螺纹法兰　　　　平焊法兰

松套法兰

法兰盖　　　　　　对焊法兰

1	2	3	4	5	6	7	8	9	10	11	12	13
					颈部长度 Y				孔口 B			
公称管径 NPS	法兰外径 O	法兰最小厚度 t_f	颈部直径 X	焊颈倒角处的起始颈部直径 A_h	螺纹/平焊	松套	对焊	螺纹法兰的最小螺纹长度 T	平焊最（小值）	松套最（小值）	松套法兰和管孔的圆角半径 r	螺纹法兰最小沉孔 Q
½												
¾												
1												
1¼					在这些规格中采用 600 磅级的尺寸							
1½												
2												
2½												
3												
3½												
4	255	35.0	146	114.3	51	51	89	37	116.1	116.8	11	117.6
5	280	38.1	178	141.3	54	54	102	43	143.8	144.5	11	144.4
6	320	41.3	206	168.3	57	57	103	46	170.7	171.4	13	171.4
8	380	47.7	260	219.1	68	68	117	51	221.5	222.2	13	222.2
10	445	54.0	321	273.0	73	102	124	56	276.2	277.4	13	276.2
12	520	57.2	375	323.8	79	108	137	61	327.0	328.2	13	328.6
14	585	60.4	425	355.6	84	117	149	64	359.2	360.2	13	360.4
16	650	63.5	483	406.4	94	127	152	69	410.5	411.2	13	411.2
18	710	66.7	533	457.0	98	137	165	70	461.8	462.3	13	462.0
20	775	69.9	587	508.0	102	146	168	74	513.1	514.4	13	512.8
24	915	76.2	702	610.0	114	159	175	83	616.0	616.0	13	614.4

表 1-110 600 磅级法兰尺寸 单位：mm

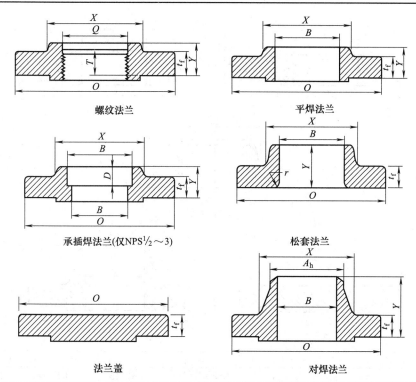

螺纹法兰 平焊法兰

承插焊法兰(仅NPS¹/₂～3) 松套法兰

法兰盖 对焊法兰

1	2	3	4	5	6	7	8	9	10	11	12	13	14
公称管径 NPS	法兰外径 O	法兰最小厚度 t_f	颈部直径 X	焊颈倒角处的起始颈部直径 A_h	颈部长度 Y			螺纹法兰的最小螺纹长度 T	孔口 B		松套法兰和管孔的圆角半径 r	螺纹法兰最小沉孔 Q	承插焊深度 D
					螺纹/平焊/承插焊	松套	对焊		平焊（最小值）	松套（最小值）			
¹/₂	95	14.3	38	21.3	22	22	52	16	22.2	22.9	3	23.6	10
³/₄	115	15.9	48	26.7	25	25	57	16	27.7	28.2	3	29.0	11
1	125	17.5	54	33.4	27	27	62	18	34.5	34.9	3	35.8	13
1¹/₄	135	20.7	64	42.2	29	29	67	21	43.2	43.7	5	44.4	14
1¹/₂	155	22.3	70	48.3	32	32	70	23	49.5	50.0	6	50.6	16
2	165	25.4	84	60.3	37	37	73	29	61.9	62.5	8	63.5	17
2¹/₂	190	28.6	100	73.0	41	41	79	32	74.6	75.4	8	76.2	19
3	213	31.8	117	88.9	46	46	83	35	90.7	91.4	10	92.2	21
3¹/₂	230	35.0	133	101.6	49	49	86	40	103.4	104.1	10	104.9	—
4	275	38.1	152	114.3	54	54	102	42	116.1	116.8	11	117.6	—
5	330	44.5	189	141.3	60	60	114	48	143.8	144.4	11	144.4	—
6	355	47.7	222	168.3	67	67	117	51	170.7	171.4	13	171.4	—
8	420	55.6	273	219.1	76	76	133	58	221.5	222.2	13	222.2	—
10	510	63.5	343	273.0	86	111	152	66	276.2	277.4	13	276.2	—
12	560	66.7	400	323.8	92	117	156	70	327.0	328.2	13	328.6	—
14	605	69.9	432	355.6	94	127	165	74	359.2	360.2	13	360.4	—
16	685	76.2	495	406.4	106	140	178	78	410.5	411.2	13	411.2	—
18	745	82.6	546	457.0	117	152	184	80	461.8	462.3	13	462.0	—
20	815	88.9	610	508.0	127	165	190	83	513.1	514.4	13	512.8	—
24	940	101.6	718	610.0	140	184	203	93	616.0	616.0	13	614.4	—

表 1-111　900 磅级法兰尺寸　　　　　　　　　　单位：mm

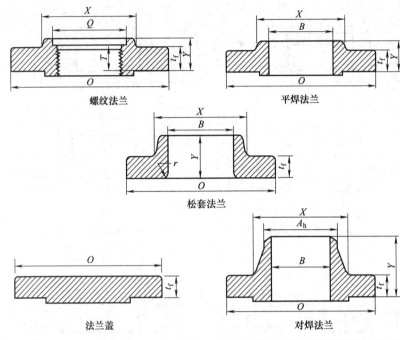

螺纹法兰　　　　　　　　平焊法兰

松套法兰

法兰盖　　　　　　　　对焊法兰

1	2	3	4	5	6	7	8	9	10	11	12	13
公称管径 NPS	法兰外径 O	法兰最小厚度 t_f	颈部直径 X	焊颈倒角处的起始颈部直径 A_h	颈部长度 Y			螺纹法兰的最小螺纹长度 T	孔口 B		松套法兰和管孔的圆角半径 r	螺纹法兰最小沉孔 Q
					螺纹/平焊	松套	对焊		平焊（最小值）	松套（最小值）		
½												
¾												
1												
1¼			在这些规格中采用 1500 磅级尺寸										
1½												
2												
2½												
3	240	38.1	127	88.9	54	54	102	42	90.7	91.4	10	92.2
4	290	44.5	159	114.3	70	70	114	48	116.1	116.8	11	117.6
5	350	50.8	190	141.3	79	79	127	54	143.8	144.4	11	144.4
6	380	55.6	235	168.3	86	86	140	58	170.7	171.4	13	171.4
8	470	63.5	298	219.1	102	114	162	64	221.5	222.2	13	222.2
10	545	69.9	368	273.0	108	127	184	72	276.2	277.4	13	276.2
12	610	79.4	419	323.8	117	143	200	77	327.0	328.2	13	328.6
14	640	85.8	451	355.6	130	156	213	83	359.2	360.2	13	360.4
16	705	88.9	508	406.4	133	165	216	86	410.5	411.2	13	411.2
18	785	101.6	565	457.0	152	190	229	89	461.8	462.3	13	462.0
20	855	108.0	622	508.0	159	210	248	93	513.1	514.4	13	512.8
24	1040	139.7	749	610.0	203	267	292	102	616.0	616.0	13	614.4

表 1-112　1500 磅级法兰尺寸　　　　　　　　　　　单位：mm

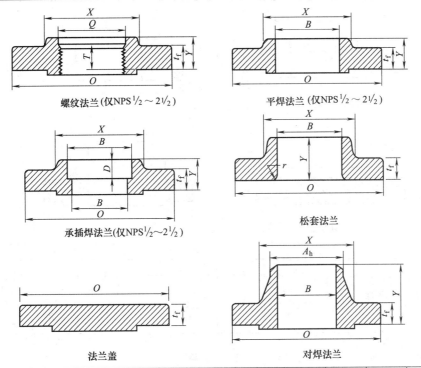

螺纹法兰(仅NPS$\frac{1}{2}$～2$\frac{1}{2}$)　　　　　平焊法兰(仅NPS$\frac{1}{2}$～2$\frac{1}{2}$)

承插焊法兰(仅NPS$\frac{1}{2}$～2$\frac{1}{2}$)　　　　松套法兰

法兰盖　　　　　　　　　对焊法兰

1	2	3	4	5	6	7	8	9	10	11	12	13	14
				焊颈倒角处的起始颈部直径 A_h	颈部长度 Y			螺纹法兰的最小螺纹长度 T	孔口 B		松套法兰和管孔的圆角半径 r	螺纹法兰最小沉孔 Q	承插焊深度 D
公称管径 NPS	法兰外径 O	法兰最小厚度 t_f	颈部直径 X		螺纹/平焊/承插焊	松套	对焊		平焊/承插焊(最小值)	松套(最小值)			
½	120	22.3	38	21.3	32	32	60	23	22.2	22.9	3	23.6	10
¾	130	25.4	44	26.7	35	35	70	26	27.7	28.2	3	29.0	11
1	150	28.6	52	33.4	41	41	73	29	34.5	34.9	3	35.8	13
1¼	160	28.6	64	42.2	41	41	73	31	43.2	43.7	5	44.4	14
1½	180	31.8	70	48.3	44	44	83	32	49.5	50.0	6	50.6	16
2	215	38.1	105	60.3	57	57	102	39	61.9	62.5	8	63.5	17
2½	245	41.3	124	73.0	64	64	105	48	74.6	75.4	8	76.2	19
3	265	47.7	133	88.9	—	73	117	—	—	91.4	10	—	—
4	310	54.0	162	114.3	—	90	124	—	—	116.8	11	—	—
5	375	73.1	197	141.3	—	105	156	—	—	144.4	11	—	—
6	395	82.6	229	168.3	—	119	171	—	—	171.4	13	—	—
8	485	92.1	292	219.1	—	143	213	—	—	222.2	13	—	—
10	585	108.0	368	273.0	—	178	254	—	—	277.4	13	—	—
12	675	123.9	451	323.8	—	219	283	—	—	328.2	13	—	—
14	750	133.4	495	355.6	—	241	298	—	—	360.2	13	—	—
16	825	146.1	552	406.4	—	260	311	—	—	411.2	13	—	—
18	915	162.0	597	457.0	—	276	327	—	—	462.3	13	—	—
20	985	177.8	641	508.0	—	292	356	—	—	514.4	13	—	—
24	1170	203.2	762	610.0	—	330	406	—	—	616.0	13	—	—

表 1-113　2500 磅级法兰尺寸　　　　　　　　单位：mm

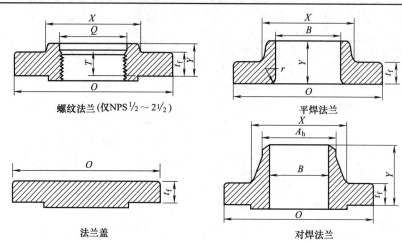

螺纹法兰(仅NPS½~2½)　　　　　　　平焊法兰

法兰盖　　　　　　　　　对焊法兰

1	2	3	4	5	6	7	8	9	10	11	12
公称管径 NPS	法兰外径 O	法兰最小厚度 t_f	颈部直径 X	焊接倒角处的起始颈部直径 A_h	颈部长度 Y			螺纹法兰的最小螺纹长度 T	松套孔口 B (最小)	松套法兰和管孔的圆角半径 r	螺纹法兰的最小沉孔 Q
					螺纹式	松套	对焊				
½	135	30.2	43	21.3	40	40	73	29	22.9	3	23.6
¾	140	31.8	51	26.7	43	43	79	32	28.2	3	29.0
1	160	35.0	57	33.4	48	48	89	35	34.9	3	35.8
1¼	185	38.1	73	42.2	52	52	95	39	43.7	5	44.4
1½	205	44.5	79	48.3	60	60	111	45	50.0	6	50.6
2	235	50.9	95	60.3	70	70	127	51	62.5	8	63.5
2½	265	57.2	114	73.0	79	79	143	58	75.4	8	76.2
3	305	66.7	133	88.9	—	92	168		91.4	10	—
4	355	76.2	165	114.3	—	108	190		116.8	11	—
5	420	92.1	203	141.3	—	130	229		144.4	11	—
6	485	108.0	235	168.3	—	152	273		171.4	13	—
8	550	127.0	305	219.1	—	178	318		222.2	13	—
10	675	165.1	375	273.0	—	229	419		277.4	13	—
12	760	184.2	441	323.8	—	254	464		328.2	13	—

第2章 阀门选用常识

2.1 阀门的结构类型与用途

2.1.1 闸阀

启闭件（闸板）由阀杆带动，沿阀座（密封面）做直线升降运动的阀门，称为闸阀。

（1）闸阀的用途

闸阀是截断阀类的一种，用来接通或截断管路中的介质。闸阀使用范围较宽，目前国内生产的常用闸阀性能参数范围是：公称压力 $PN1\sim760$；公称尺寸 $DN15\sim1800$；工作温度 $t\leqslant610℃$。

（2）闸阀的种类

根据结构形式，闸阀可分成以下类型：

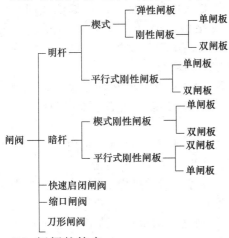

（3）闸阀的特点

① 闸阀的优点

a. 流体阻力小。因为闸阀阀体内部介质通道是直通的，介质流经闸阀时不改其流动方向，所以流体阻力小。

b. 启闭阻力小。因为闸阀启闭时闸板运动方向与介质流动方向相垂直，与截止阀相比，闸阀的启闭较省力。

c. 介质流动方向不受限制。介质可从闸阀两侧任意方向流过，均能达到使用的目的，更适用于介质的流动方向可能改变的管路中。

d. 结构长度较短。因为闸阀的闸板是垂直置于阀体内的，而截止阀阀瓣是水平置于阀体内的，因而结构长度比截止阀短。

e. 密封性能好。全开时密封面受冲蚀较小。

② 闸阀的缺点

a. 密封面易损伤。启闭时闸板与阀座相接触的两密封面之间有相对摩擦，易损伤，影响密封性能与使用寿命。

b. 启闭时间长，高度大。由于闸阀启闭时须全开或全关，闸板行程大，开启需要一定的空间，外形尺寸高。

c. 结构复杂。零件较多，制造与维修较困难，成本比截止阀高。

（4）闸阀的结构

闸阀主要由阀体、阀盖或支架、阀杆、阀杆螺母、闸板、阀座、填料函、密封填料、填料压盖及传动装置组成，图 2-1 所示是典型的法兰式连接明杆楔形弹性单闸板闸阀。

对于大口径或高压闸阀，为了减少启闭力矩，可在阀门邻近的进出口管道上并联旁通阀（截止阀），使用时，先开启旁通阀，使闸板两侧的压力差减少，再开启闸阀。旁通阀公称直径不小于 $DN32$。

① 阀体 是闸阀的主体，与管道或（设备）直接连接，构成介质流通流道的承压部件，是安装阀盖、安放阀座、连接管道的重要零件。阀体要容纳垂直并做升降运动的圆盘状闸板，因而阀体内腔高度较大。阀体截面的形状主要取决于公称压力，如低压闸阀阀体可设计成扁平状的，以缩小其结构长度；高中压闸阀阀体的中腔多设计成椭圆渐进圆形或圆形，以提高其承压能力，减少壁厚。阀体内的介质通道大多是圆形截面，对于通径较大的闸阀，为了减小闸板的尺寸、启闭力与力矩，也可采用缩口的形式，采用缩口后，会增加阀内流体阻力，压降和能耗增大，因而通道收缩比不宜太大，通常阀座通道的直径与公称通径之比为 $0.8\sim0.95$，缩口通道母线对中心线倾角不大

于 12°，见图 2-2。

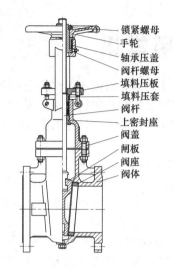

锁紧螺母
手轮
轴承压盖
阀杆螺母
填料压板
填料压套
阀杆
上密封座
阀盖
闸板
阀座
阀体

图 2-1　明杆楔形弹性单闸板闸阀

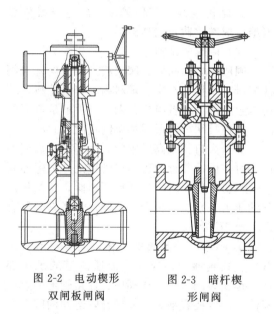

图 2-2　电动楔形　　图 2-3　暗杆楔
双闸板闸阀　　　　　形闸阀

闸阀阀体的结构决定阀体与管道，阀体与阀盖的连接。阀体毛坯可采用铸造、锻造、锻焊、铸焊以及管板焊接等。铸造阀体一般用于 ≥DN50 的通径，锻造阀体一般都用于 ≤DN50 的通径，锻焊阀体用于对整体锻造工艺上有困难，且用于重要场合的阀门，铸焊阀门用于对整体铸造无法满足要求的，可用铸焊结构。

② 阀盖　与阀体相连并与阀体构成压力腔的主要承压部件，上面有填料函。对于中、小口径阀门，阀盖上设有支承阀杆螺母或传动装置等零件的机构。

③ 支架　与阀盖相连，用于支承阀杆螺母或传动装置的零件。

④ 阀杆　与阀杆螺母或传动装置直接相接，光杆部分与填料形成密封副，能传递力矩起着启闭闸板的作用，根据阀杆上螺纹的位置分明杆闸阀和暗杆闸阀。

a. 明杆闸阀：阀杆做升降运动，其传动螺纹在体腔外部的闸阀。阀杆的升降是通过在阀盖或支架上的阀杆螺母旋转来实现的，阀杆螺母只能转动，而没有上下位移，见图 2-1，对阀杆润滑有利，闸板开度清楚，阀杆螺纹及阀杆螺母不与介质接触，不受介质温度和腐蚀性的影响，因而使用较广泛。

b. 暗杆闸阀：阀杆做旋转运动，其传动螺纹在体腔内部的闸阀。阀杆的升降是靠旋转阀杆带动闸板上的阀杆螺母来实现的，阀杆只能转动，而没有上下位移，见图 2-3，阀门的高度尺寸小，它的启闭行程难以控制，需要增加指示器，阀杆螺纹及阀杆螺母与介质接触，要受介质温度和腐蚀性的影响，因而适用于非腐蚀性介质以及外界环境条件较差的场合。

⑤ 阀杆螺母　与阀杆螺纹组成运动副的零件，可与传动装置直接相接，能传递力矩。

⑥ 传动装置　可直接把电力、气力、液力和人力传给阀杆或阀杆螺母。在电厂常采用手轮、阀盖、传动机构、连接轴和万向联轴器进行远距离驱动。

⑦ 阀座　用滚压、焊接、螺纹连接等方法将阀座固定在阀体上与闸板组成密封副的零件。阀座密封圈可根据客户要求在阀体上直接堆焊金属形成密封面。对于铸铁、奥氏体不锈钢及铜合金等阀门，也可在阀体上直接加工出密封面。

⑧ 填料　装入填料函（填料箱）中，阻止介质沿阀杆处泄漏的填充物。

⑨ 填料压盖　通过螺栓及螺母用以压紧填料以达到阻止介质沿阀杆处泄漏的零件。

⑩ 闸板　是闸阀的启闭件，闸阀的启闭以及密封性能和寿命都主要取决于闸板，它是闸阀的关键控压零件。根据闸板的结构形式可

以分两大类。

a. 平行式闸阀：闸板两密封面相互平行，且与阀体通道中心线垂直。它分为平行式单闸板和平行式双闸板两种。

b. 楔式闸阀：密封面与闸板垂直中心线对称成一定倾角，称为楔半角。楔半角的大小主要取决于介质的温度和通径的大小，一般介质温度越高，通径越大，所取楔半角越小，常见的楔形闸板其楔半角为 $2°52'$ 和 $5°$ 两种。楔式闸阀又分楔式单闸板、弹性闸板和楔式双闸板。

闸板的结构和特点见表 2-1。

（5）典型闸阀结构

几种典型闸阀结构见图 2-4。

2.1.2　截止阀

阀瓣在阀杆的带动下，沿阀座密封面的轴线做升降运动而达到启闭目的的阀门，称为截止阀。

（1）截止阀的用途

截止阀是截断阀的一种，用来截断或接通管路中的的介质。小通径的截止阀，多采用外螺纹连接或卡套连接或焊接，较大口径的截止阀采用法兰连接或焊接。

表 2-1　闸板的结构和特点

种类	楔式单闸板	弹性闸板	楔式双闸板
结构			
特点	结构简单，尺寸小。但配合精度要求较高，温度变化容易引起密封比压局部增大造成擦伤	具有微变补偿作用，容易密封，温度变化不易造成擦伤，楔角精度要求较低。阀上应有限位机构，防止转矩过大使闸板失去弹性	楔角精度要求低，容易密封，温度变化不易造成擦伤，密封面磨损后维修方便。结构复杂，零件数较多，阀的体形及重量大
应用范围	常温、中温、各种介质和压力	各种温度、压力和中、小口径。介质中的固体杂质要少	不适用于黏性大和含有固体杂质的介质。常用于火电站主蒸汽闸阀

种类	刀形闸板	平行式双闸板	平行式单闸板
结构			
特点	结构简单，底部密封面如工成刀形	通过顶楔产生密封力，密封面间相对移动小，不易擦伤。制造维修方便，结构较复杂	阀座密封采用固定或浮动和软密封或软硬双重密封，结构简单，制造容易，磨损较小，密封性好。但体形高，不能强制密封
应用范围	低压，大中口径，渣浆、纸浆、污水等弱腐蚀性介质	多用于低压，中、小口径，一般介质	中、低压，大、中口径，油类和天然气等介质

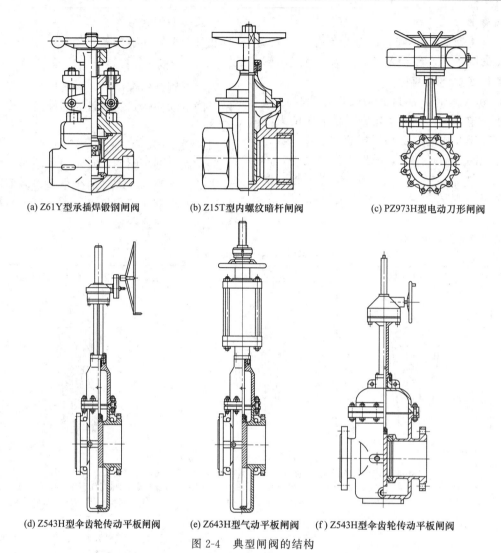

(a) Z61Y型承插焊锻钢闸阀　　(b) Z15T型内螺纹暗杆闸阀　　(c) PZ973H型电动刀形闸阀

(d) Z543H型伞齿轮传动平板闸阀　(e) Z643H型气动平板闸阀　(f) Z543H型伞齿轮传动平板闸阀

图2-4　典型闸阀的结构

　　截止阀多采用手轮或齿轮传动，在需要自动操作的场合，也可采用电动、气动、液动等传动。

　　截止阀的流体阻力很大，启闭力矩也大，因而影响了它在大口径场合的应用。为了扩大截止阀的应用范围，可安装一个旁通阀，使主阀门启闭件两侧管道的压力平衡。

　　高压平衡式截止阀，在柱塞上开有小孔（图2-5），使上下压力平衡，启闭力矩减少，与旁通阀作用相同，适用于高压口径较大的场合。

　　目前国内生产的截止阀性能参数范围是公称压力$PN6\sim320$，公称尺寸$DN3\sim300$，工作温度$t\leqslant550℃$。

　　（2）截止阀的种类

　　根据结构形式，截止阀可分成以下类型：

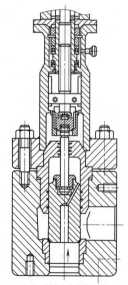

图2-5　J47Y-160/320型高压平衡式截止阀

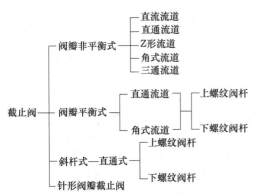

（3）截止阀的特点

① 优点

a. 结构比闸阀简单，制造与维修都较方便。

b. 密封面不易磨损及擦伤，密封性好，启闭时阀瓣与阀体密封面之间无相对滑动，因而磨损与擦伤均不严重，密封性能好，使用寿命长。

c. 启闭时，阀瓣行程小，因而截止阀高度比闸阀小，但结构长度比闸阀长。

② 缺点

a. 启闭力矩大，启闭较费力，启闭时间较长。

b. 流体阻力大，因阀体内介质通道较曲折，流体阻力大，动力消耗大。

c. 全开时阀瓣经常受冲蚀。

（4）截止阀的结构

截止阀主要由阀体、阀盖、阀杆、阀杆螺母、阀瓣、阀座、填料函、密封填料、填料压盖及传动装置等组成。

① 阀体与阀盖　截止阀阀体、阀盖可以铸造，也可以锻造。铸造阀体、阀盖用于大通径的阀门，一般用于≥DN50。低压阀门小通径也有采用铸造的。锻造阀体、阀盖一般都用于≤DN50 的高温、高压阀门，如图 2-6 所示。截止阀还可采用锻焊和铸焊以及管板焊接等结构形式。阀体与阀盖一般采用螺纹或法兰连接，在高压截止阀中，阀体与阀盖连接，目前电站多采用无中法兰压力密封结构，密封圈采用成形填料，借介质压力压紧楔形密封圈来达到密封，介质压力越高，密封性能好，见图2-7。截止阀阀体的流道可分为直通式、直角式和直流式。

a. 直通式截止阀：铸造的直通式阀体进出口通道之间有隔板，见图 2-8，故流体阻力很大。

b. 角式截止阀：角式阀体的进出口通道的中心线成直角，介质流动方向也将变成 90° 角。角式阀体多采用锻造，适用于压力高，通径小的截止阀，见图 2-9。

c. 直流式截止阀：直流式阀体用于斜杆式截止阀，其阀杆轴线与阀体通道出口端轴线成一定锐角，通常为 45°～60°，其介质基本上为直线流动，故称为直流式截止阀，它的阻力损失比前两者均小（图 2-10）。

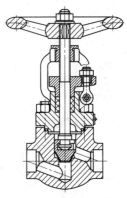

图 2-6　J61Y 型承插焊连接锻钢截止阀

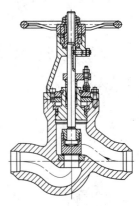

图 2-7　J61Y-P54100V 焊接连接自密封式
高温、高压截止阀

② 阀杆　截止阀阀杆一般都做旋转升降运动，手轮固定在阀杆上端部；也有的通过传动装置（手轮、齿轮传动、电动等）带动阀杆螺母旋转，使阀杆带阀瓣做升降运动达到启闭目的。根据阀杆上螺纹的位置，分为上螺纹阀杆和下螺纹阀杆。

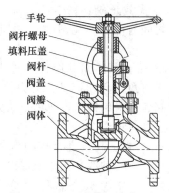

图 2-8　J41H 型直通式截止阀

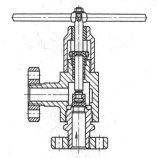

图 2-9　J44Y 型高压角式截止阀

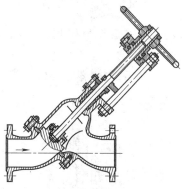

图 2-10　J45H 型直流式截止阀

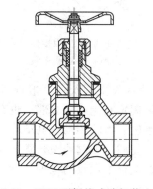

图 2-11　J11T 型螺纹式暗杆截止阀

a. 上螺纹阀杆：螺纹位于阀杆上半部。它不与介质接触，因而不受介质腐蚀，也便于润滑；适用于较大口径、高温、高压或腐蚀性介质的截止阀。

b. 下螺纹阀杆：螺纹位于阀杆下半部，见图 2-11。螺纹处于阀体内腔，与介质接触，易受介质腐蚀，无法润滑。适用于小口径、较低温度和非腐性介质的截止阀。

③ 阀瓣　它是截止阀的启闭件，是截止阀的关键控压零件。阀瓣上有密封面与阀座一起形成密封副，接通或截断介质。通常阀瓣为圆盘状，有平面和锥面等密封形式。

其他零件的作用与闸阀一样，不再赘述。

（5）截止阀介质流向与密封面结构选择

① 介质流向选择　在 GB/T 12233 和 GB/T 12235 中，对截止阀的介质流向没有做出规定，在国际上，截止阀是执行 BS 1873 英国标准，该标准第 13.6 条规定，阀杆和阀瓣应设计成能够承受关闭着的阀门阀瓣下方的满载压力。也就是说，截止阀介质是从截止阀的阀瓣下方进入而从阀瓣上方流出的。阀杆和阀瓣承受关闭着的阀门阀瓣下方的满载荷压力。

截止阀的关闭或开启是由作用于阀杆上的阀瓣克服介质正面（或背面）的动压力和静压力来实现的，因而截止阀关闭和开启时要比同压力级同等公称尺寸的闸阀费力，所以阀杆受力大，尺寸大。以 Z41H-600lb、DN200 为例，其阀杆转矩为 1000N · m，而 J41H-600lb、DN200 截止阀的阀杆转矩为 1800N · m。二者转矩比例为 1∶1.8。API 600 标准中规定，Z41H-600lb、DN200 闸阀的阀杆最小直径为 40.77mm。BS 1873 标准中规定，J41H-600lb、DN200 截止阀的阀杆最小直径为 44.4mm。因此，中、大口径的直通式截止阀如果介质流向是从阀座下方流向阀座上方，则关闭阀门时是要"封住"从阀座中喷出的高速流动的介质，不但阀门的关闭速度缓慢，而且此时阀杆受力最大甚至会造成阀杆弯曲变形。所以应根据直通式截止阀阀门口径的大小选择介质流向。

根据实际经验，小口径直通式截止阀介质流向通常采用从阀瓣下方进入阀门，从阀瓣上方流出阀门的形式。当截止阀（直通式）公称压力为 $PN16\sim40$，或 Class150～300，公称尺寸 $\geqslant DN150$，及公称压力 $\geqslant PN64$，或 $\geqslant$Class400，公称尺寸 $\geqslant DN100$ 时，其介质流向都采用从截止阀的阀座和阀瓣上方进入，从阀座和阀瓣下方流出的流向，并在阀体的明显部位标示出阀门的介质流向标识。

截止阀（直通式）介质从阀座上方进入，从阀座下方流出，较好地解决了关闭截止阀时阀杆受力大的问题。因为在关闭阀门时，有介质的力量作用于阀瓣上方，有助于阀门快速、平稳地关闭，同时极大地改善了阀门关闭过程中及关闭后截止阀阀杆的受力状况，有利于安全地操作阀门。以 J41H-600lb、$DN200$ 截止阀为例，如果介质流向为从阀座下方流向上方的流向，仅以静压力分析（介质流动时的脉动压力也是不可忽视的），要关闭该截止阀，由阀杆带动的阀瓣必须多施加 31.4MPa 的压力才能将阀门关闭住，如果介质为从阀座上方流向下方的流向，则有介质流"给予"阀瓣的 31.4MPa 的静压力帮助关闭阀门。这就是中、大口径截止阀介质采用从阀座上方流向下方流向的道理和优越性。

直通式截止阀介质采用从阀座上方流向下方的流向也存在缺点。一是阀门关闭后填料处于阀后介质的压力作用。但目前阀门使用的柔性石墨不锈钢丝编织填料可以满足工况要求。二是阀门开启时较费力。若对阀门尺寸为 $DN100\sim150$ 截止阀采用内旁通结构（图 2-12），大口径截止阀采用加外旁通阀门结构（图 2-13），即可克服这个缺点。因此，中、大口径的直通式截止阀介质采用从阀座上方流向下方的流向是科学合理的。

Y 形截止阀（直流式）和角式截止阀相对直通式截止阀，流阻要小一些，Y 形截止阀的通径我国一般用于 $DN200$ 以下，但欧美国家也有用于大于 $DN200$ 的。角式截止阀适用于高压（$\geqslant PN220$）或超高压（$\geqslant PN1000$）的工况中，这类截止阀通径一般都较小，当公称压力 $\geqslant PN20$ 时，公称尺寸为 $DN15\sim150$，但公称压力大于或等于 $PN1000$ 时，公称尺寸为 $DN3\sim80$，介质流向一般是从阀瓣下方进入上方后转角90°流出。

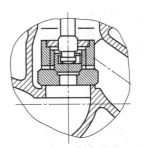

图 2-12　内旁通结构

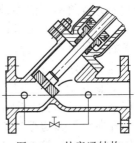

图 2-13　外旁通结构

② 密封面的几种典型结构　截止阀的密封面材料一般分为金属密封和软密封两种，金属密封的材料常用的有 13Cr、20Cr13、304、316、304L、316L、蒙乃尔合金、司太立合金、哈氏合金、20♯合金、钛合金、铜合金、铝合金和铸铁等。软密封的材料常用的有橡胶、塑料、尼龙、氟塑料和胶木等。

金属密封时，不但需要密封应力高，而且需要四周应力均匀，以达到所需的密封性。针对这些要求出现许多密封设计，图 2-14 所示是常用的类型。

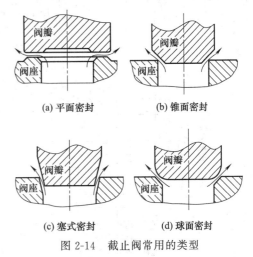

(a) 平面密封　　　　(b) 锥面密封

(c) 塞式密封　　　　(d) 球面密封

图 2-14　截止阀常用的类型

图 2-14（a）所示的密封结构是平面密封，

将阀瓣和阀座密封面都制成平面形。其优点是接触面密合时无摩擦。因此对关闭件的导向并不重要，对密封面材料抗擦伤的要求也不严格。同时，由于管道应力而使密封面圆度受变形时，也不会影响密封面的密封性。如果介质是从阀座上流入，则必须防止介质中的固体颗粒和沉淀物损伤密封面。这种密封面的流量特性为快开式正比例关系。

图 2-14（b）所示是把阀瓣密封面做成锥形，阀座密封面为直角形，使接触面变窄，这种密封在一定的密封载荷下其密封应力大大增加。由于狭窄的密封面不易使阀瓣正确地落在阀座上，为了达到最好的密封性能，必须对阀瓣进行导向。如图 2-15、图 2-16 所示，阀瓣导向后，落座准确，就可达到极高的密封性。阀瓣在阀体中导向时，阀瓣受到流动介质的侧向推力由阀体而不是阀杆承受。这就进一步增进了密封性能和填料的密封可靠性。另一方面，锥形密封面在摩擦的情况下配合，所以密封材料必须能耐擦伤，通常，这种密封面采用合金钢或硬质合金。窄密封面与宽密封面比也易受固体颗粒和介质沉淀物的损伤，因此这样的密封主要用于没有颗粒的干气体。由于这种密封特性为线性关系，如图 2-17 所示，所以适合于作调节阀使用的工况。

为了改善锥形密封的强度而又不致牺牲其密封应力，图 2-14（c）所示为将阀瓣和阀座密封面做成 15°锥形，这就提供了较宽的密封面使阀瓣能更容易地贴在阀座上。为了达到较高的密封应力阀座密封面开始与阀瓣接触部分较窄，约 3mm 宽，其余留有的锥度部分可稍长些。当密封负荷增大时，阀瓣滑入阀座的程度加深，因而增加了密封面宽度。这种设计的密封面不像窄密封面那样，容易受冲蚀损坏。此外，由于锥形面较长，使阀门的节流特性得到改善。这种类型的阀瓣通常称为塞子式阀瓣，其流量特性为线性关系，如图 2-17 所示。

图 2-14（d）所示的密封，阀瓣为球形（也就是俗称的球芯截止阀），阀座为锥形。因此阀瓣能在阀座上做一定范围的转动而进行调整。由于两密封面的接触几乎成一线，密封应力很高。缺点是线性接触容易受冲蚀的损坏，常用合金钢、陶瓷或硬质合金作密封面材料。所以球形密封也只适用于无颗粒的干燥气体，这种阀门密封面的流量特性呈等百分比关系，如图 2-18 所示。可作为需要等百分比调节的阀门。

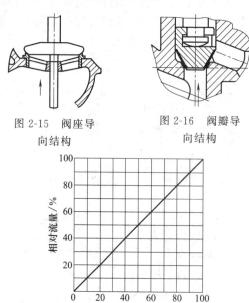

图 2-15　阀座导向结构　　　图 2-16　阀瓣导向结构

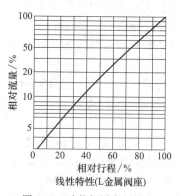

图 2-18　球状阀瓣密封特性

软密封结构如图 2-19 所示，截止阀的软密封面常将软密封材料（如橡胶、塑料、尼龙、氟塑料、胶木、巴氏合金等）镶嵌在阀瓣中，便于更换，也有镶嵌在阀座上，但较少见。

图 2-17　塞子式阀瓣密封特性

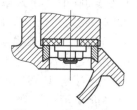

图 2-19　软密封结构

软密封面的结构形式和金属密封面一样，可制成平面、锥面和球面，根据具体的压力、温度、介质和流量特性确定。

软密封面容易受到固体颗粒物的损伤，因此，要特别注意介质的过滤。软密封结构阀门常用于蒸汽和气体介质，尤其是低压铜阀上使用。软密封阀门所需关闭力极小，但其不适用于节流，因为介质在节流状态下的表面容易被损伤而导致阀门迅速损坏。软密封阀瓣易于更换，只要阀座密封面没有损伤，更换阀瓣的软密封件，阀门的性能就能恢复如初。

（6）典型截止阀结构

典型截止阀结构见图 2-20。

2.1.3　球阀

球体由阀杆带动并绕阀杆的轴线做旋转运动的阀门，称为球阀。

球阀也是一种带球形关闭件的旋塞阀。与球体相配的阀座为圆形，故在圆周上的密封应力是相同的。大多数球阀也使用与球体表面能较好地吻合的软阀座。如聚四氟乙烯、尼龙等，因此，从密封的角度看，球阀的构想是很优异

的。图 2-21 所示的阀门是较典型的球阀。

运动于圆形阀座间的圆形通口和两阀座的双重压降所产生的流量控制特性较好。如果在球体两端高压降的条件下阀门部分开启一个持续的时间，那么在沿球体孔边缘的软密封就可能滑移，并可能把球体卡在这一位置上。因此手动控制的球阀最适合用于接通和截断流体介质和进行适度的节流。如果流量控制是自动的，球体是在连续运动的，上述缺点通常就可避免发生。

由于球体在阀座之间的运动带有擦拭作用，故球阀可使用于带悬浮颗粒的介质。但是，带磨蚀性的固体颗粒会损坏阀座和球体表面，对于带有较长和韧性较大的纤维材料的介质使用普通球阀也会出现问题，因为这些纤维可能会缠绕在球体上。

为使球阀结构经济，大部分球阀带缩口及约为公称尺寸 3/4 大的文丘里式流道（图 2-22）。缩口球阀的压力损失较小，以致通常没有理由要去增加费用来使用全通径的球阀。但是，有些场合却必须使用不缩径的球阀，例如，当管道必须进行清管扫线时，必须是全通径球阀。

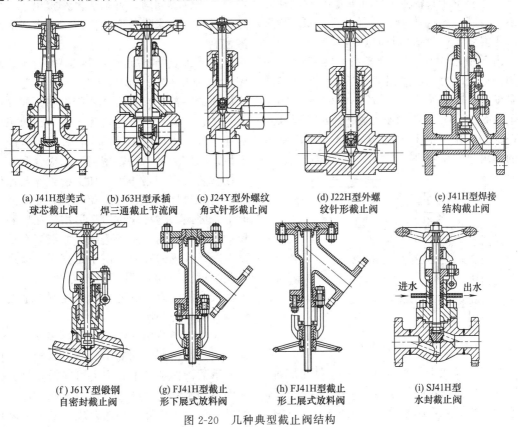

(a) J41H型美式球芯截止阀　　(b) J63H型承插焊三通截止节流阀　　(c) J24Y型外螺纹角式针形截止阀　　(d) J22H型外螺纹针形截止阀　　(e) J41H型焊接结构截止阀

(f) J61Y型锻钢自密封截止阀　　(g) FJ41H型截止形下展式放料阀　　(h) FJ41H型截止形上展式放料阀　　(i) SJ41H型水封截止阀

进水　　出水

图 2-20　几种典型截止阀结构

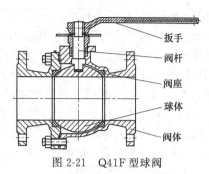

图 2-21　Q41F 型球阀

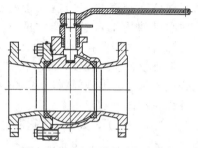

图 2-22　Q41F 型文丘里式球阀

(1) 球阀的用途

直通球阀用于截断介质,应用最为之泛。多通球阀可改变介质流动方向或进行分配,球阀已广泛应用于长输管线。球阀的介质流动方向不受限制。球阀压力、通径使用范围较宽,但使用温度受密封圈材料的限制和制约。

由于硬密封球阀(图 2-23)的出现,使球阀的适用压力和适用温度有了大幅提高,适用温度由 $-50 \sim 200℃$,提高到 $-200 \sim 450℃$,甚至 $600 \sim 700℃$,适用压力由 $PN40$,提高到 $PN320$,特别是各种衬里球阀的出现,使球阀的适用介质得到进一步拓展。

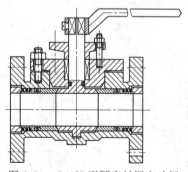

图 2-23　Q41H 型硬密封固定球阀

球阀是近几十年来发展最为显著的阀种。特别是大口径球阀已经超出了传统用于放流和断流的使用概念,越来越多地发展用来代替传

统节流的截止阀。随着球阀结构的发展,使用材料的开发,特别是内件结构的改进,它的使用范围也更加扩大。在流程工业的节流中,它已经打破了截止阀的"一统天下",成为控制阀的工业领域中发展最快的一种阀门,这是因为旋转 90°启闭的球阀在流量控制方面有比截止阀更大的优点:①不像截止阀那样启闭时阀杆穿过填料易于拉伤填料和泄出介质,易使阀杆在大气中腐蚀;②由于驱动装置和定位器技术发展,特别是计算机集成处理系统(CTPEM)的应用,使包括球阀在内的旋转 90°启闭阀门更适于应用在控制系统中;③调节范围大,同一尺寸的球阀比截止阀的流量调节范围要大 $10 \sim 20$ 倍,球阀流量控制范围(即最大控制流量与最小控制流量之比)为 $100:1$ 以上;④规格范围大、系列多,可用于包括泥浆、颗粒介质在内的各种介质的控制;⑤它是二级控制。

据报道,标准的球阀经过适当改进(如球与阀杆的连接)是可以进行中等程度节流控制的。但是,为了克服在节流控制中可能产生的噪声、汽蚀等问题,许多厂家都推出了内件经过改进的球阀来代替截止阀进行要求较高的节流控制。

另一种具有代表性的控制阀就是扇形球阀,或称 V 形口球阀,见图 2-24。它是用球圆周体的一部分来对流体进行控制。阀体通常为整体式,阀杆与球体可为一体,也可采用花键连接式,再用固定销固定,以保证开闭的稳定性。采用金属密封,密封座边缘锋利,对纤维性材料具有切割作用,加上密封座与球体扇面一直保持接触,就可避免颗粒介质黏附在扇面上,因此,这种阀也广泛适用于泥浆和带颗粒的介质,特别适用于造纸厂的纸浆介质,可以切断纸浆里的纤维。由于是直通式流道,其节流幅度变化范围很广,约为 $300:1$,从而可在较大的流量范围进行精密控制,适用于对计量和配料等控制。

对用于调节用的球阀,用户多喜欢分体结构。因为在作调节阀的工况下,球阀各部件处在繁重的操作条件下,因此可能需要进行频繁的保养和维修,阀杆与球体最好成一体,这样就可避免由于较高分压的介质造成的动态负荷

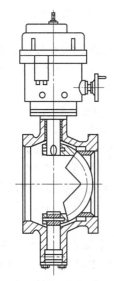

图 2-24　Q970V 形调节球阀

使其结合部受到磨损。

对于作为切断用的球阀，使用整体焊接式结构较为经济。因为它的工况不像调节时那样繁重，零部件的维修也较小，阀杆与球体经受的动态负荷也较少，因此，即使连接采取松散形式，磨损也不会太大，而对密封却大有好处。

从浮动球与固定球方面来看，更倾向于使用固定球，即球带耳轴支撑。

一般来说，在压力低于 PN40 的情况下，从经济上和技术上考虑，使用浮动球较为合适，因为在这种情况下球体被推向出口端在不大的压降下可保持很好的密封。

当口径大于 DN150 时，最多使用的是固定球阀。这是考虑到这种口径阀门其球的质量很大，约在 50kg 以上，如果采用浮动球，球体压在密封座上，操作时就会对密封座产生很大的磨损。相反固定球沿流道轴向密封，就不会对密封座产生那样大的磨损。

在压力为 PN50 和通径 DN50 以上的球阀也多采用固定球，因为如果采用浮动球，这时介质通过球体施加在出口密封座上的力是以流道直径所构成面积上的介质压力来计算的。如果使用固定球，介质的压力是作用在密封座的端面上，由该力产生的球体与密封座的压紧力要比前者减小很多。这样，就减小了摩擦力，降低了球与阀杆连接面上的法向分力从而减小了转矩，提高了可靠性，延长了使用寿命。

还有一点值得注意，国外对用于石油、天然气及易燃介质输送管路的球阀，都要求有防火结构，并经过防火试验验证。对用于硫化环境中的球阀，还要求使用抗硫化应力开裂（SSC）的材料。常用球阀的性能参数如下：公称尺寸 DN10～1400；公称压力 PN16～420；工作温度 $t \leqslant 600℃$。

（2）球阀的种类

根据结构形式，球阀可分成以下类型：

（3）球阀的特点

球阀是在旋塞阀基础上发展起来的一种阀门，它具有旋塞阀的一些优点。

① 中、小口径球阀结构较简单，外形尺寸小，重量轻。

② 流体阻力小，各类阀门中球阀的流体阻力最小。这是因为全开时阀体通道、球体通道和连接管道的截面积相等，并成直线相通。

③ 启闭迅速、方便，介质流动方向不受限制。

④ 启闭力矩比旋塞阀小。这是因为球阀密封面接触面积较小，启闭比旋塞阀省力。

⑤ 密封性能较好，这是因为球阀密封圈材料多采用塑料，摩擦因数较小；球阀全开时密封面不会受到介质的冲蚀。

球阀的缺点是：球体加工和研磨均较困难。

（4）球阀的结构

球阀主要由阀体、球体、阀座、阀杆及传动装置等组成，见图 2-21。

① 阀体　根据阀体通道形式，球阀可分为直通球阀（图 2-21）、三通球阀（图 2-25）及四通球阀（图 2-26）。阀体结构有整体式、两片式、三片式及对分式四种，整体式阀体一般用于较小口径的球阀；两片式及三片式阀体适用于中、大口径球阀，对分式阀体主要用于

煤化工用硬密封球阀。

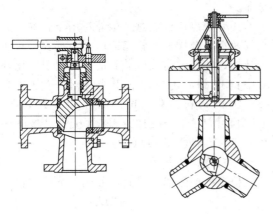

(a) Q44(L)型三通球阀　　(b) Q62(Y)型三通球阀

图 2-25　三通球阀

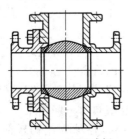

图 2-26　四通球阀

② 球体　是球阀的启闭件，其密封面是球体表面。球体表面粗糙度精度要求较高。直通球阀，球体上的通道是直通的；三通球阀的球体通道有 L 形、T 形和 Y 形三种，其分配形式与旋塞阀相同。根据球体在阀体内的固定方式，球阀可分为浮动式球阀和固定式球阀两种。

a. 浮动式球阀。如图 2-21 所示，其球体是靠两个阀座夹持，可以浮动的。在介质压力作用下球体被压紧到出口侧的密封圈上，使其密封。这种结构简单，单侧密封，密封性能好，但密封面承受力很大，故启闭力也大。一般适用于中、低压，中、小口径的阀门（≤DN200）。

b. 固定式球阀。如图 2-23 所示，其球体是由上、下阀杆支承固定的，只能转动，不能产生水平移动。为了保证密封性，它必须有能够产生推力的浮动阀座，使密封圈压紧在球体上。这种结构较复杂，外形尺寸大，启闭力矩小。适用于高压大口径的球阀（≥DN200）。

③ 阀杆　下端与球体活动连接，可带动球体转动。球体的启闭动作根据压力、口径的大小选用扳手，或采用气动、液动、电动或各种联动传动。

（5）其他零部件

其他零部件结构特点见图 2-27。

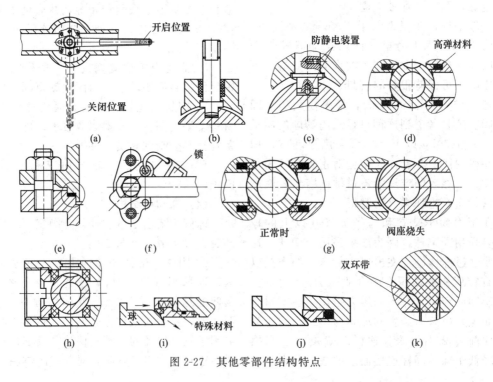

图 2-27　其他零部件结构特点

如图 2-27 (a) 所示，根据手柄方位和阀杆扁口位置，能够容易地判断球阀的球体在关闭或开启的位置。如图 2-27 (b) 所示，倒装式阀杆能有效防止外漏、阀杆飞出，安全可靠。如图 2-27 (c) 所示，设置防静电装置，能将静电导出，防止产生电火花。如图 2-27 (d) 所示，中温球阀（200～450℃）采用高压缩率和高回弹率的材料作为热胀冷缩的补偿，使阀座活动自如，密封副密封比压始终满足密封要求。如图 2-27 (e) 所示，阀体对合端面，采用凹凸形静密封，防止密封材料因冷流和受介质的冲刷而失败。如图 2-27 (f) 所示，阀杆带锁定装置，在重要位置没有批准不得操作的场合进行锁定。如图 2-27 (g) 所示，根据用户要求，设置防火装置（浮动球），如果发生火灾，阀座烧失，球体自动移位，封闭通道。如图 2-27 (h) 所示，管式球阀，保证双向密封的装置。如图 2-27 (i) 所示，阀体中腔出现异常升压时，阀座装置上的弹簧被压缩，可以自动泄压，确保安全。阀体中腔出现异常升压时，阀座装置上的弹簧被压缩，可以自动泄压，确保安全。如图 2-27 (j) 所示，金属密封球阀的弹性阀座，采用高压缩率和回弹率的材料，以补偿温度变化引起的胀缩。如图 2-27 (k) 所示，阀座采用双环带弹性唇密封，操作转矩小，密封可靠。

（6）典型球阀

几种典型球阀结构见图 2-28。

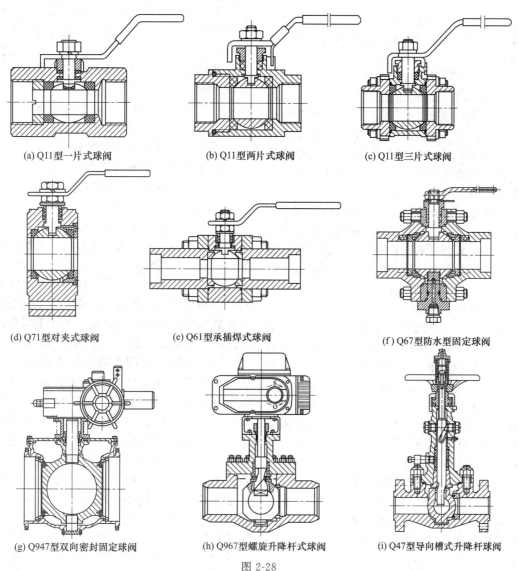

(a) Q11型一片式球阀　　(b) Q11型两片式球阀　　(c) Q11型三片式球阀

(d) Q71型对夹式球阀　　(e) Q61型承插焊式球阀　　(f) Q67型防水型固定球阀

(g) Q947型双向密封固定球阀　　(h) Q967型螺旋升降杆式球阀　　(i) Q47型导向槽式升降杆球阀

图 2-28

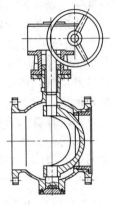
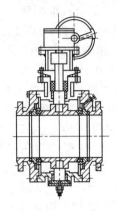

(j) Q340型半球偏心球阀　　　　　(k) Q347型蜗轮传动固定球阀

图 2-28　几种典型球阀结构

2.1.4　蝶阀

关闭件为一圆盘形蝶板，在阀体内绕固定轴旋转来开启、关闭和调节流体的阀门称之为蝶阀。

蝶阀是近期发展最快的阀门品种，具有结构简单、体积小、重量轻、材料耗用省、安装尺寸小、开关迅速、90°往复回转、驱动力矩小等特点。用于截断、接通、调节管路中的介质，具有良好的流体控制特性和关闭密封性能。蝶板的流线型设计，使流体阻力变小，是一种节能型产品。

金属密封蝶阀发展迅速，随着耐高温、耐低温、耐强腐蚀、高强度合金材料在蝶阀中的应用，使金属密封蝶阀在高温、低温、强冲蚀等工况条件下得到广泛的应用，并部分取代了截止阀和闸阀。

（1）蝶阀的用途

蝶阀可用于截断介质，也可用于调节流量。多用于中低压和中、大口径的阀门。目前国产蝶阀参数如下：公称压力≤PN63；公称尺寸 DN50～4800；工作温度 t≤600℃。

国外蝶阀通径已达 DN10000 以上。密封圈材料一般采用橡胶、塑料，但使用工作温度较低；如采用金属或其他耐高温材料制作密封圈，则可用于高温。

由于蝶阀阀板的运动带有擦拭性，故大多数蝶阀可用于带悬浮固体颗粒的介质，依据密封件的强度也可用于粉状和颗粒状的介质，需要引起注意的是，多层次金属硬密封蝶阀则不适用这一工况，这是因为一旦颗粒进入非金属夹层里，将影响密封性能，甚至破坏密封面。

蝶阀的结构长度和总体高度较小，开启和关闭速度快，在完全开启时，具有较小的流体阻力，当开启到大约 15°～70°时，又能进行灵敏的流量控制，蝶阀的结构原理最适合于制作大口径阀门。

在下列工况条件下，推荐选用蝶阀：

① 要求节流、调节控制流量；

② 泥浆介质及含固体颗粒介质；

③ 要求阀门结构长度短的场合；

④ 要求启闭速度快的场合；

⑤ 压差较小的场合。

在双位调节、缩口的通道、低噪声、有气穴和汽化现象，向大气少量渗漏，有磨损性介质时，可以选用蝶阀。

在特殊工况条件下节流调节或要求密封严格，或磨损严重、低温（深冷）等工况条件下使用蝶阀时，需使用特殊设计金属密封带调节装置的三偏心或双偏心的专用蝶阀。

早年出现的蝶阀大都采用天然橡胶阀座密封，尽管有非常优异的密封性能，但适用温度压力较低，一般在 70℃ 左右，不大于 PN10。后来合成橡胶的出现并应用在蝶阀上，使适用温度提高到 120℃ 左右，适用压力也相应提高到 PN16。特别是耐蚀性能、抗磨损性能有较大提高，直到今天在给排水工业中还被广泛使用。随着化学工业的快速发展，氟塑料的出现，使蝶阀的性能有了进一步提高，采用 PTFE 材料制造的蝶阀阀座，使蝶阀的适用温度提高到了 180℃，适用压力也有较大提高，而且能耐强酸、强碱及化学溶剂的腐蚀。

金属密封材料的使用和三偏心结构设计，使蝶阀发生了革命性的改变。过去耐高压、耐高温的问题一直是蝶阀的薄弱环节。蝶阀的密封座材料基本是天然橡胶、合成橡胶、氟塑料等材料制成，因而所能承受的温度和压力受到限制。

由于金属刚性密封圈、金属膨胀密封圈、金属弹性密封圈、多层次不锈钢与石墨复合圈在蝶阀上的应用，加上偏心蝶板结构，其边缘为球形、锥形等形式并与金属弹性圈相配合，组成严密的密封副，从而使蝶阀的适用压力提高到 $PN63$ 以上，适用温度高达 600℃。其优异的性能已被蒸汽、燃气、热空气及腐蚀性介质等领域广泛采用。

（2）蝶阀的种类

根据结构形式，蝶阀可分成以下类型：

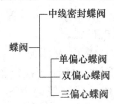

（3）蝶阀的特点

① 与同规格、同压力等级的其他阀门比较，蝶阀结构长度短、尺寸小、重量轻、结构简单。

② 启闭迅速、操作简便，可作快速启闭阀门用。

③ 具有良好的流量调节功能和关闭密封性，使用寿命长，能作调节阀使用。

④ 适合作大口径阀门，在大型给排水管道上被广泛采用。

（4）蝶阀的结构

① 中线蝶阀结构　中线密封蝶阀为整个蝶板与阀座在 360°圆周内同心，具有双向密封性能，流量可自由调节。

大部分中线蝶阀是过盈密封式，即在阀体的阀座上镶橡胶衬圈（图 2-29），如果介质具有较强的腐蚀性，可镶 PTFE，并在 PTFE 背面衬橡胶，增加回弹性。镶圈是可以更换的，也可以是黏结在阀体上的，还可以将镶圈置于蝶板上。

橡胶衬圈的法兰面也是对管道法兰的密封件，如果在安装这种阀门时，在两法兰面之间再加一个橡胶垫片的话，会影响橡胶圈的密封性能，因此，不必多此一举。

中线密封蝶阀由于是过盈强制性密封形式，因此适用压力有限，通常在不大于 $PN10$ 的工况条件下使用。但对于给排水管道而言，这已足够了。

② 偏心蝶阀结构　一般的蝶阀为单偏心或双偏心结构，偏心的目的在于使蝶板开至大约 20°之后，阀座与密封面之间脱离，从而减少摩擦。双偏心结构是在设计时将轴偏离密封面中心线，形成第一偏心；轴微偏离管路中心线，形成第二偏心。这两个偏心的目的是在阀门开关行程中，减少阀座与密封圈之间的摩擦。

三偏心金属密封蝶阀在双偏心的基础上增加了一个偏心角 β，不仅利用了原有的凸轮效应，而且完全消除了 90°行程中阀座与密封圈之间的摩擦。

第一偏心——轴偏离密封面中心线 a，按此原理设计制造的蝶阀通常称为单面偏心蝶阀。

第二偏心——轴微偏离管路及阀门中心线 b，按照一偏心和二偏心原理设计制造的蝶阀，通常称为双偏心蝶阀。

第三偏心——由图 2-30 可知，三偏心结构比二偏心结构多了一个偏心角 β，蝶板密封面采用偏心锥面。从几何形状上使得蝶板与密封圈在阀门整个开关行程中完全脱离。这一独特的偏心组合，既利用了凸轮效应，又完全消除了摩擦，从而实现阀门的 90°行程中，蝶板与阀座密封圈之间无摩擦，消除了磨损泄漏的难题。

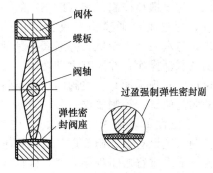

图 2-29　中线密封蝶阀

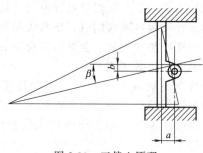

图 2-30　三偏心原理

三偏心金属密封蝶阀优化了蝶板与阀座密封圈之间的接触特征。绝大多数蝶阀接触角为 $3° \sim 12.5°$，此范围为锁定锥度范围，会产生很高的密封转矩和开启转矩。

三偏心金属密封蝶阀密封面的接触角大于锁定锥度范围，从几何形状上排除了卡死的可能，从而确保阀门开关所需转矩在阀门整个使用年限内不会产生很大的变化。

③　液控蝶阀结构　液控蝶阀是目前国内外较先进的管路控制设备，主要安装于水电站水轮机进水口，用作水轮机进水阀；或安装于水利、电力、给排水等各类泵站的水泵出口，替代止回阀和闸阀的功能。工作时，阀门与管道主机配合，按照水力过渡过程原理，通过预设的启闭程序，有效消除管路水锤，实现管路的可靠截止，起到保护管路系统安全的作用。

液控蝶阀流阻系数小、自动化程度高、功能齐全、性能稳定。

数控蝶阀主要特点如下。

a. 可取代水泵出口处原闸阀和止回阀的功能，且机、电、液系统集成为一个整体，减少占用地面积及基建投资。

b. 电液控制功能齐全，无须另外配置即可作为一个独立的系统单机就地调试、控制；也可以作为集散性控制系统（DCS）的一个设备单元，通过 I/O 通道由中央计算机进行集中管理，与水泵、水轮机、旁通阀及其他管道设备实现联动操作；并配有手动功能，无动力源时也可以实现手动开、关阀门，满足特殊工况下的阀门调试、控制要求。

c. 可控性好，调节范围大、适应性强。电液控制系统设有多处调节点，可以按不同的管道控制要求进行启闭程序设置，保证在满足开、关阀条件时，阀门能够自动按预先设定的时间、角度开启和分快、慢两阶段关闭。并能实现无电关阀，有效消除破坏性水锤，防止水泵和水轮机组飞逸事故的发生，降低管网系统的压力波动，保障设备安全可靠运行。

d. 主阀密封副为三偏心金属密封或双偏心橡胶密封结构，启闭轻松、密封可靠，并有一道额外加大的偏心，使阀门具有良好的自关闭、自密封性能。中、小口径蝶板设计成流线型平板结构，大口径蝶板设计成双平板桁架式结构，排挤小，水流平顺，阀门流阻系数仅为 $0.1 \sim 0.6$，远小于止回阀的流阻系数（$1.7 \sim 2.6$），节能效果明显。

液控蝶阀按照控制系统蓄能类型分为重锤式（图 2-31）和蓄能器式（图 2-32）两大类，阀门主要由阀体、蝶板、阀轴、滑动轴承、密封组件等零件组成。

重锤式阀体均采用卧式结构，阀轴采用半轴结构。

蓄能器式一般采用卧式布置；也可根据用户要求采用立式布置。

传动机构主要由液压缸、摇臂、支撑板（重锤式还有重锤、杠杆、锁定油缸等）等连接、传动件组成，是液压动力开、关阀门的主要执行机构。

传动液压缸上设有快关时间调节阀、慢关时间调节阀和快、慢关角度调节阀。

液压站包括油泵机组、手动泵、蓄能器、电磁阀、溢流阀、流量控制阀、截止阀、液压集成块、油箱等零部件。

重锤式自动保压型系统中，蓄能器用作系统压力的补偿。

重锤式自动保压锁定型系统中，蓄能器用作系统压力的补偿和锁定油缸的退锁。

蓄能器式系统中，两个蓄能器互为备用，为阀门启闭提供主动力源。

流量控制阀用于调节阀门的启闭时间。

手动泵用于系统调试和特殊工况下的阀门启闭。

液压系统电磁换向阀控制特征一般为正作用型号，即电磁阀供电蝶阀开启、失电蝶阀关闭；反之则为反作用型，即电磁阀失电蝶阀开启、供电蝶阀关阀。常规配套电磁换向阀为正作用型，采用反作用型应在订货时说明。

液压系统与阀本体可以是整体式安装，也可以是分开安装。用户未做特殊说明时为整体式安装。蓄能器式采用立式布置时均为分体式安装。

④ 快速关闭蝶阀结构　快速关闭阀主要安装于汽轮机抽气管路、高炉煤气余热发电装置（TRT）进气管路等高安全等级系统，作紧急切断阀用；在系统出现危机工况时，在 $0.3 \sim 0.8s$ 内实施紧急关阀，实现管路介质的可靠截断，有效防止汽轮机尾部蒸汽和冷凝水倒灌或切断煤气管路，保护整机的安全。

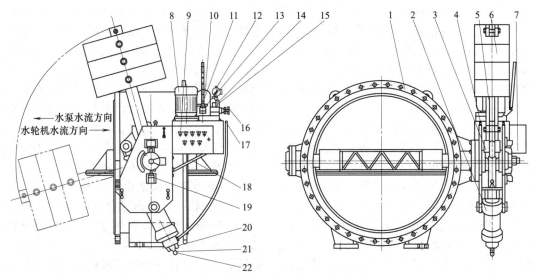

图 2-31　重锤式液控缓闭止回蝶阀

1—阀体；2—液压缸；3—摇臂；4—墙板；5—杠杆；6—重锤；7—开度电位器；8—油泵电动机；9—电气控制箱；10—蓄能器；11—手动泵；12—电接点压力表；13—截止阀（常闭）；14—电磁阀；15—流量控制阀；16—截止阀（常开）；17—溢流阀；18—托架；19—行程开关；20—快关调节阀；21—慢关调节阀；22—快慢角度调节

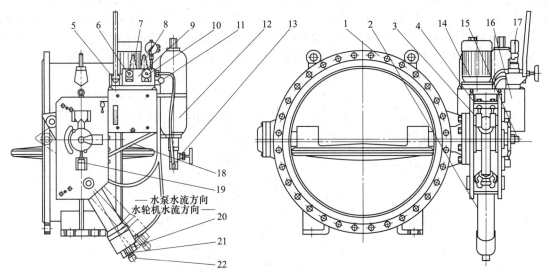

图 2-32　蓄能器式液控缓闭止回蝶阀

1—阀体；2—液压缸；3—摇臂；4—墙板；5—手动泵；6—流量控制阀；7—电磁阀 1；8—电磁阀 2；9—液压集成块；10—截止阀；11—溢流阀；12—蓄能器；13—蓄能器截止阀；14—油泵电动机；15—开度电位器；16—油箱；17—电接点压力表；18—托架；19—行程开关；20—快关调节阀；21—慢关调节阀；22—快慢角度调节

快速关闭阀由主阀、齿轮齿条、油缸传动装置、液压系统、电气控制系统五大部分组成。各部分高度集成为一个整体，结构紧凑，大大节省了占地空间。

主阀为三偏心金属密封蝶阀（图2-33），在传统的双偏心结构基础上配置独特的角偏心设计，充分利用凸轮效应，使阀门启闭时密封副瞬间接触、瞬时脱离，消除了摩擦和卡挤，磨损小、耐高温、启闭轻松、密封可靠。齿轮齿条传动装置结构紧凑，直接与油缸相连，油缸尾部没有缓冲装置，消除快关时的惯性冲击，延长阀门使用寿命。

液压系统根据快关动力源的不同，分为弹簧蓄能快关和蓄能器蓄能快关两大类。阀门正常启闭动力源一般由液压系统中的油泵机组提供，也可来源于汽轮机主机配套液压站。正常启闭速度由流量阀调节控制。

电气控制系统按主逻辑元件类别分为普通继电型和PLC智能控制型，出厂配套一般为普通继电型，需PLC智能控制型应在订货时说明。系统除设有正常开阀、正常关阀、停止、快速关阀等常规控制动作外，还设置了全开状态15%行程"游动"功能，以避免阀门卡阻。

系统中配有就地控制回路和远程联动控制回路。就地控制回路主要用于现场调试，正常工作时一般均使用远程联动控制回路。

液压系统电磁换向阀控制特征一般为正作用型，即电磁阀供电蝶阀开启、失电蝶阀关阀；反之则为反作用型。常规配套电磁换向阀为正作用型，采用反作用型应订货时说明。

系统动力电源为AC 380V，控制电源可以是AC 220V、DC 100V或其他电源等级。

⑤ 阀体结构 蝶阀中较为优异的阀体结构是对夹式阀体，它可夹装于两管道法兰之间。这种结构的一个重要优点是，拉紧两个相配法兰的螺栓承受了由管道张力引起的全部张应力，并使对夹式阀体受到压缩。内部介质压力所产生的张应力使这一压缩应力得到缓和。而法兰式阀体除必须承受管道张力所产生的全部张应力外，还要增加内部管道压力所产生的张应力。由于这一情况，再加上大部分金属具有承受压缩负荷要比承受张力负荷的极限大一倍的特性，故推荐使用对夹式阀体。

⑥ 典型密封副结构 见图2-34。

图2-34（a）所示过盈密封结构蝶阀，在蝶板的圆周上带有弹性密封圈，密封圈材料通常为橡胶或氟塑料。图2-34（b）所示在蝶板圆周上安装吹胀密封管，通过加压使吹胀管膨胀而对阀座密封。图2-34（c）所示过盈密封结构蝶阀，将弹性密封件固定在蝶板上。图2-34（d）所示过盈密封结构蝶阀，将弹性密封件固定在阀体上。图2-34（e）所示偏心结构蝶阀密封件为多层次不锈钢片与柔性石墨复合材料组合，密封件固定在蝶板上。图2-34（f）所示偏心结构蝶阀密封件为多层次不锈钢片与柔性石墨复合材料组合，密封件固定在阀

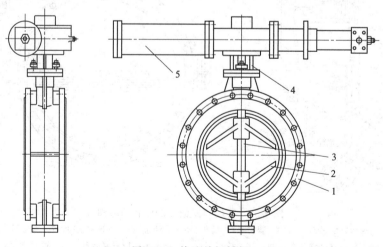

图2-33 快速关闭蝶阀

1—阀体；2—蝶板；3—阀轴；4—支架；5—弹簧蓄能器

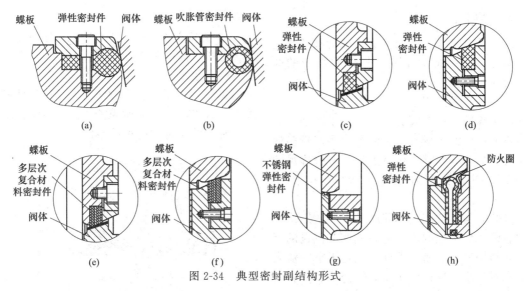

图 2-34　典型密封副结构形式

体上。图 2-34（g）所示偏心硬密封结构蝶阀，密封件为不锈钢弹性圈，一般都固定在阀体上。图 2-34（h）所示偏心带防火结构的蝶阀，密封件为过盈弹性结构，当橡胶或氟塑料密封件发生火灾烧毁时，不锈钢弹性圈仍能起到短时间密封作用。

（5）典型蝶阀结构

几种典型蝶阀结构见图 2-35。

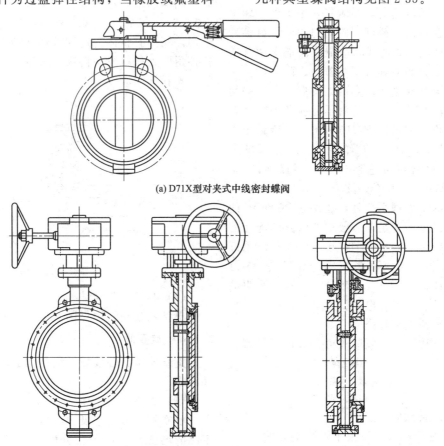

(a) D71X型对夹式中线密封蝶阀

(b) D373H型蜗轮传动对夹式偏心蝶阀　　　(c) D943H型电动法兰式三偏心蝶阀

图 2-35　几种典型蝶阀结构

2.1.5　隔膜阀

启闭件（隔膜）由阀杆带动，沿阀杆轴线做升降运动，并将动作机构与介质隔开的阀门，称为隔膜阀。

（1）隔膜阀的用途

隔膜阀属于截断阀类，主要用于腐蚀性介质及不允许外漏的场合。目前国内生产较多的是屋脊式隔膜阀。其参数范围如下：公称尺寸 $DN15 \sim 400$；公称压力 $\leqslant PN40$；工作温度 $t \leqslant 170℃$。

隔膜阀与一般阀门不同的是主要使用柔软的橡胶隔膜作为控制流体通断或调节流量的元件。它结构简单，密封性好，流道平滑、流阻系数相对较小，普遍应用于黏性介质、微颗粒流体及腐蚀性介质的管路上，特别是在火电系统的水处理装置上得到了广泛的应用。

由于橡胶隔膜阀的作用，无论阀门处于开启或关闭的位置，流道内的腐蚀性介质始终与阀门的驱动部件隔离，阀体多采用碳钢、球墨铸铁、铝合金及不锈钢。而阀门内腔可衬多种橡胶或氟塑料、搪瓷等，故隔膜阀能采用普通材料代贵重金属而具有耐腐蚀性、耐磨性。

目前隔膜阀生产，有两大发展方向，一是大型化、高参数化，主要为了适应各种特殊要求。如公称压力可达 $PN16 \sim 40$，其最高压力级可达到 4.5MPa，工作温度可达 $-65 \sim 200℃$，最高温度可达到 300℃。隔膜阀除了满足 300MW、600MW 及 1000MW 大型火力发电机组的水处理系统外，还用于 900MW 的核电站。二是能满足与一般工业管路的配套需要，以适应多种腐蚀性介质，适用于介质近 $400 \sim 700$ 种。橡胶隔膜使用寿命达 10 多万次，最高能达 27 万～50 万次。其操作及驱动形式有手动、气动、电动、手-气动等。

（2）隔膜阀的种类

根据结构形式，隔膜阀可分成以下类型：

隔膜阀 ┬ 屋脊式隔膜阀
　　　　├ 截止式隔膜阀
　　　　└ 闸板式隔膜阀

（3）隔膜阀的特点

① 因采用隔膜，使位于隔膜上方的阀盖、阀杆、阀瓣等零件不受介质腐蚀，亦不会产生介质外漏；不用填料机构，结构简单，维修

方便。

② 受隔膜材料的限制，使用范围小，仅用于低压、温度不高的场合。

（4）隔膜阀的结构

隔膜阀主要由阀体、阀盖、阀杆、隔膜、阀瓣、衬里层及传动装置等组成。图 2-36 所示是常用的屋脊式衬里隔膜阀。

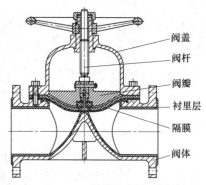

图 2-36　G41 型屋脊式衬里隔膜阀

阀体的结构常用屋脊式。此外还有截止式（图 2-37）和闸板式（图 2-38）等，但很少被采用。阀体有整体铸造和锻焊等结构，还可用各种耐腐蚀材料或用铸铁、铸钢衬以搪瓷、橡胶、塑料等制成。

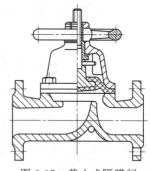

图 2-37　截止式隔膜阀

（5）典型隔膜阀结构

典型隔膜阀结构见图 2-39。

2.1.6　旋塞阀

旋塞体绕其轴线旋转而启闭的阀门称为旋塞阀。

（1）旋塞阀的用途

旋塞阀一般用于低、中压、小口径、温度不高的场合，作截断、分配和改变介质流向用。直通式旋塞阀主要用于截断介质流动；三通旋塞阀和四通旋塞阀则多用于改变介质流动

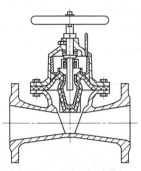

图 2-38　闸板式隔膜阀

方向或进行介质分配。当用于高温场合时，可采用提升式旋塞阀，旋塞顶端设计有提升机构。开启时，先提起旋塞，与阀体密封面脱

开。此阀转矩小，密封面磨损小，寿命长。

　　圆柱形旋塞的通道一般为矩形，而锥形旋塞的通道一般为梯形。这些形状使阀门结构变得轻巧，但也牺牲了压降。不缩口圆形通道通常只用于管路要进行刮擦和介质性质不允许缩口的场合。但是某些旋塞阀由于所使用的密封方法原因也只能做成全圆通道。

　　旋塞阀最适于作接通和截断介质以及分流使用，但是依据使用的性质和密封面耐冲蚀性，有时也可用于节流。由于旋塞阀密封面之间运动带有擦拭作用，而且在全启时可完全防止与流动介质的接触，故它通常也能够用于悬浮颗粒的介质。

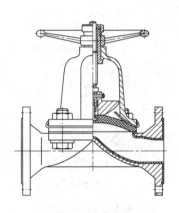

(a) G41型屋脊式隔膜阀

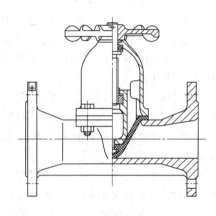

(b) G45型直流式隔膜阀

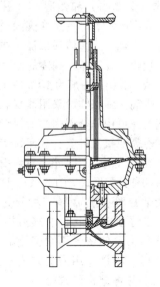

(c) G641型气动薄膜式隔膜阀(常闭式)

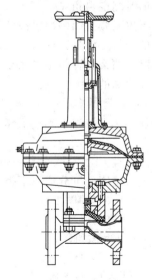

(d) G641型气动薄膜式隔膜阀(常开式)

图 2-39　典型隔膜阀结构

① 圆柱形旋塞阀　旋塞阀的使用在一定程度上要看阀塞与阀体之间产生密封的情况。圆柱形旋塞阀经常使用四种密封方法：利用密封剂、利用阀塞膨胀、使用 O 形圈、使用偏心旋塞楔入阀座。

圆柱形旋塞阀是一种油封旋塞阀，这种阀的阀座密封靠阀塞和阀体之间的密封剂来实现。密封剂是用注射枪通过注脂阀经阀塞杆体注入密封面。因此，当阀门在使用时，就可通过注射补充的密封剂来有效地弥补其密封不足。

由于密封面在全启位置时被保护而不与流动介质接触，同时损坏的密封面又较易回复，所以润滑式旋塞阀特别适用于磨蚀性介质。但是油封旋塞阀不宜用于节流，尽管有时也有用于这一目的的。这是因为节流时会从露出密封面上冲掉密封剂，这样阀门每次关闭时，都要对阀座的密封进行恢复。

② 锥形旋塞阀　其密封件之间的泄漏空隙可通过用力将阀塞更深地压向阀座来调整。当阀塞与阀体紧密接触时，阀塞仍可旋转，或在旋转前从阀体提起旋转 90°后再密封。

锥形旋塞阀是使用非润滑的金属密封件。由于这种密封面之间的摩擦力较高，为保证旋塞能够运动自如，所允许的密封载荷要受到限制。因此密封面的泄漏空隙相对较宽，故这种阀只有在使用具有表面张力和黏性较高的液体时才能达到满意的密封。但是，如果在安装前旋塞涂上一层油脂，那么这种阀也可用于潮湿气体，例如湿的和含油的压缩空气。

③ 旋塞阀参数范围如下：公称尺寸 $DN15\sim500$；公称压力 $PN6\sim100$；工作温度 $t\leqslant425℃$。

（2）旋塞阀的种类

根据结构形式，旋塞阀可分成以下类型：

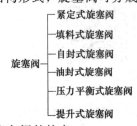

（3）旋塞阀的特点

① 结构简单，外形尺寸小，重量轻。

② 流体阻力小，介质流经旋塞阀时，流体通道可以不缩小，因而流体阻力小。

③ 启闭迅速、方便，介质流动方向不受限制。

④ 启闭力矩大，启闭费力，因阀体与塞子是靠锥面密封，其接触面积大。但若采用油封的结构，则可减少启闭力矩。

⑤ 密封面为锥面，密封面较大，易磨损；高温下易产生变形而被卡住；锥面加工（研磨）困难，难以保证密封，且不易维修。但若采用油封结构，可提高密封性能。

（4）旋塞阀的结构

旋塞阀主要由阀体、旋塞体和填料压盖组成（图 2-40）。

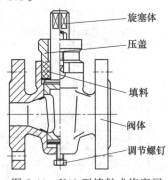

图 2-40　X43 型填料式旋塞阀

① 阀体　其结构有直通式（图 2-40）、三通式（图 2-41）和四通式（图 2-42）。

② 旋塞体　是旋塞阀的启闭件。旋塞体与阀杆成一体。旋塞体顶部加工成方头，用扳手可进行启闭。旋塞体与阀体的密封面由本体直接加工而成，其锥度一般为 1∶6 或 1∶7，密封面的精度要求高。旋塞体可采用油封和金属密封。在低压场合亦可用非金属密封的衬套结构，即在阀体上衬有聚四氟乙烯套。三通式旋塞阀的塞子通道成 L 形或 T 形，L 通道有三种分配形式，T 形通道有四种分配形式（图 2-41）。四通旋塞阀的塞子有两个 L 形通道，可有三种分配形式（图 2-42）。

为了保证密封，必须沿旋塞体轴线方向施加作用力，使密封面紧密接触，形成一定的密封比压。根据作用力的方式不同，旋塞阀可分成如下几种结构形式。

a. 紧定式。拧紧旋塞体小端的螺母，使塞子与阀体密封面紧密接触。这种旋塞阀结构简单，一般用于不大于 $PN6$ 的情况，见图 2-43。

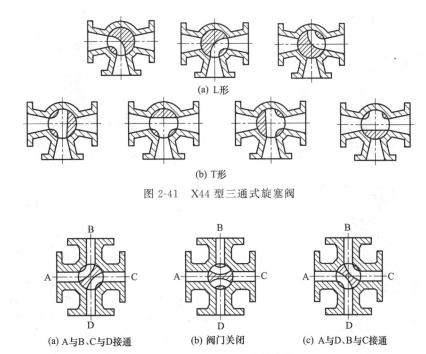

(a) L形

(b) T形

图 2-41　X44 型三通式旋塞阀

(a) A与B、C与D接通　　　(b) 阀门关闭　　　(c) A与D、B与C接通

图 2-42　X45 型四通式旋塞阀

b. 自封式。靠介质自身的压力使塞子与阀体密封面紧密接触。介质由旋塞体内的小孔进入倒装的旋塞体大头下端空腔，顶住旋塞体而密封。介质压力越大，则密封性能越好，其弹簧起着预紧的作用（图 2-44）。它适用于压力较高、口径较大的旋塞阀。

c. 填料式。靠拧紧填料压盖上的螺母，使填料压紧旋塞体与阀体密封面紧密接触，防止介质内漏和外漏（图 2-40）。

d. 油封式。通过注油孔向阀内注入密封脂，使旋塞体与阀体之间形成一层很薄的油膜，起润滑和增加密封性的作用（图 2-45）。此结构启闭省力，密封性能可靠，寿命长，其使用温度由密封脂性能决定，适用于较高压力的场合。

e. 压力平衡式。流道为直通式，旋塞倒置，下大上小，在旋塞的过水孔内设有通到旋塞大端或小端的通孔。在通向小端的通孔内设有止回阀，关闭时，大小端介质压强相等，因大端工作面大，因此总作用力把旋塞向上推，使阀门容易密封，在开启的瞬间大端泄压，小端有止回阀压泄不了，这时小端的总作用力大于大端，把旋塞向下推，使开启力矩降低，

易于开启。阀体、阀盖采用螺栓连接，并有调整垫，既保证阀体、阀盖密封，又使旋塞和阀体间密封。

阀体和旋塞密封面间设有油槽，可注入密封脂，增强密封性能，能承受很高压力（$PN16\sim320$），常用于天然气管线的干线旁通及排污、放空系统中。由于其旋塞开孔的缩径特点不能满足管道干线清管和内检测时清管器及内检测器的通过要求，所以不能用于干线截断（图 2-46）。

f. 提升式。旋塞阀顶端设计有提升机构，在转动旋塞之前，先逆时针旋转手轮提升旋塞与阀体密封面脱开，然后用手柄将旋塞逆时针转动 90°，使旋塞通道和管路通道接通。实现阀门开启，反之，用手柄将旋塞顺时针转动 90°，使旋塞通道和管路通道垂直，然后再顺时针旋转手轮，使旋塞下降与阀体密封面接合，实现阀门关闭。此种结构的旋塞阀启闭力矩小、密封面磨损小、使用寿命长，可用于高温工况条件，在炼化行业的延迟焦化装置上隔断，抽出，油气隔断，炉出口，放空这几个位置应用得很多（图 2-47）。

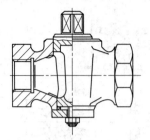

图 2-43　X13 型紧定式旋塞阀

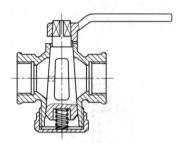

图 2-44　X13 型自封式旋塞阀

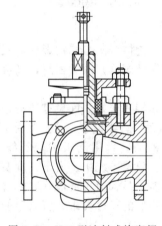

图 2-45　X47 型油封式旋塞阀

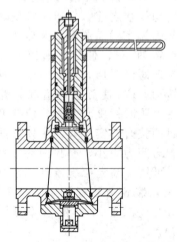

图 2-46　X47W 型压力平衡式旋塞阀

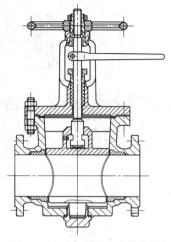

图 2-47　X43 型提升式旋塞阀

衬套或衬里旋塞阀，旋塞有圆柱形或圆锥形，全衬或部分衬软质材料（塑料、氟塑料）。此种衬里阀门在《阀门手册——选型》有详细叙述。

（5）防静电装置

由于阀座和填料是用 PTFE 这种聚合材料加工而成，阀塞与阀杆同阀体之间对电路绝缘，不能导通。在这种情况下，阀门启闭过程的摩擦会在阀塞的阀杆中产生高得足以引起火花的静电，在双相流动时这种可能性更大。如果流经阀门的介质是可燃性的，则阀门必须有装有防静电装置，即可使用旋塞与阀杆同阀体电路导通。

（6）耐火结构

旋塞阀如果是使用易燃介质，那么所有由聚合物制成的阀门密封件即使在完全剥离后也仍要求在失火时对介质基本密封。旋塞阀的耐火质量要求与球阀相同，在球阀一节已有阐述。

2.1.7　止回阀

启闭件（阀瓣）借介质作用力，自动阻止介质逆流的阀门，称为止回阀。通俗地讲，止回阀是介质顺流时开启、介质逆流时关闭的自动阀门。控制介质流的这种方式被用来防止介质倒流，以便泵在停止运转之后维持初始状态，使往复式泵和压缩机能运行，并防止驱使备用的旋转式泵和压缩机装置反转。止回阀还可用于给其中的压力可能升至超过主系统压力的辅助系统提供补给的管路上。

（1）止回阀的用途

管路中，凡是不允许介质逆流的场合均需要安装止回阀。止回阀的参数范围如下：公称尺寸 $DN10\sim1800$；公称压力 $PN6\sim420$；工作温度 $t\leqslant550℃$。

（2）止回阀的种类

止回阀的种类很多，综合分类如下：

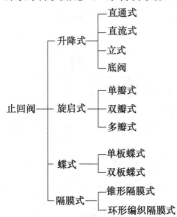

（3）止回阀的结构

① 升降式止回阀　如图 2-48 所示，阀瓣沿着阀座中心线做升降运动，其阀体与截止阀阀体完全一样，可以通用。在阀瓣导向筒下部或阀盖导向套筒上部加工出一个泄压孔。当阀瓣上升时，通过泄压孔排出套筒内的介质，以减小阀瓣开启时的阻力。该阀门的流体阻力较大，只能装在水平管道上。如在阀瓣中部设置辅助弹簧，阀瓣在弹簧力的作用下关闭，则可安装在任何位置，见图 2-49。

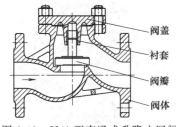

图 2-48　H41 型直通式升降止回阀

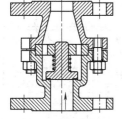

图 2-49　H42 型立式止回阀

升降式底阀，如图 2-50 所示，这是一种专用止回阀。它主要安装在不能自吸或没有真空泵抽气引水的水泵吸水管的尾端。底阀必须没入水中，其作用是防止进入吸水管中的水或启动前预先灌入水泵和吸水管中的水倒流，保证水泵正常启动。

升降式底阀主要由阀体、阀瓣和过滤网等组成。过滤网的作用是阻止水源中杂物进入吸水管，以避免水泵及有关设备受到损害。

图 2-51 所示的阀门是特别设计的用于介质倒流十分迅速的系统。这种阀门采用了减速阻尼装置，此装置在关闭的最后阶段起作用。另外，这种阀门还采用了一定形状的关闭件，因而这种止回阀的冲击压力很小。

与其他类型的止回阀相比，升降式止回阀的升程最短，因而升降式止回阀可能是快速关闭的阀门。但是，如果脏物进入关闭件的运动导向机构，则关闭件可能会被卡死或关闭缓慢。另外，倘若用于黏性介质，则关闭件在其导轨中的运动可能变慢。图 2-52 所示的球形阀瓣升降式止回阀是一个例外，这种阀门在球状阀瓣与其导向机构之间存在较大的间隙，因而在有脏物的场合很耐用。

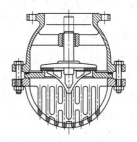

图 2-50　升降式底阀

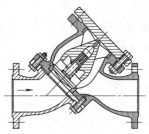

图 2-51　H41 型直流式缓闭消声止回阀

② 旋启式止回阀　如图 2-53 所示，阀瓣呈圆盘状，阀瓣绕阀座通道外固定轴做旋转运动。旋启式止回阀由阀体、阀盖、阀瓣和摇杆

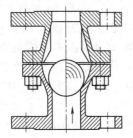

图 2-52　H40 型立式止回阀

组成；阀门通道呈流线型，流体阻力小。高温、高压止回阀可采用无中法兰压力密封结构，密封圈采用成形柔性石墨填料或用不锈钢车成，借介质压力压紧密封圈来达到密封，介质压力越高密封性能越好［图 2-53 （b）］。

随着旋启式止回阀口径的增大，对于正常操作的阀门来说，阀瓣的重量和行程最终会变得过大。为此，大于 $DN600$（NPS24）的旋启式止回阀被设计成多阀瓣的旋启式止回阀，此种阀在介质通道上有一块多阀座隔板，其上置放一些常规的旋启式阀瓣（图 2-54）。

要防止阀瓣处于失速位置，旋启式止回阀也可以垂直安装。但是，在全开位置时，由阀瓣重量决定的关闭力矩就非常小，因此，此类阀会趋向于关闭迟缓。为了克服这种对于倒流的迟缓反应，阀瓣可以装上带有重锤或弹簧载荷的杠杆（图 2-55）。

图 2-56 所示的止回阀为双阀瓣旋启式止回阀，具有扭簧荷重的 D 型阀瓣，置于横跨阀门通孔的筋肘上。这种结构减小了阀瓣重心移动的距离；与相同尺寸的单阀瓣旋启式止回阀相比较，这种结构还减小了 50％ 的阀瓣重量。由于采用了扭簧载荷，这种阀门对于倒流的反应非常迅速。

③ 蝶式止回阀（图 2-57）　其形状与蝶阀相似。其阀座是倾斜的，蝶板（阀瓣）旋转轴水平安装，并位于阀内通道中心线偏上方，使转轴下部蝶板面积大于上部，当介质停止流动或逆流时，蝶板靠自身重量和逆流介质作用而旋转到阀座上。这种止回阀的结构简单，但密封性差，只能装在水平管道上。

蝶式止回阀具有造价高的缺点，而且较旋启式止回阀修理更为困难。因此，蝶式止回阀通常限用于旋启式止回阀所不能满足要求的场合。

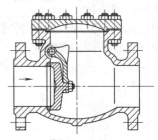

(a) H44法兰连接型

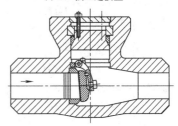

(b) H64内压自密封对焊连接型

图 2-53　旋启式止回阀

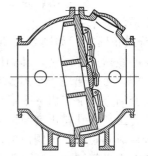

图 2-54　旋启多瓣卧式止回阀

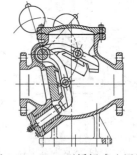

图 2-55　H44 型缓闭式止回阀

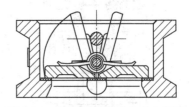

图 2-56　H76 型双瓣对夹式止回阀

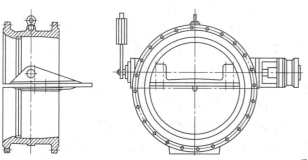

图 2-57　H47 型蝶式止回阀

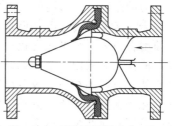

图 2-59　环形编织隔膜止回阀

④ 隔膜式止回阀（图 2-58 和图2-59）　其关闭件系由隔膜组成，该隔膜与阀座偏离或贴合。

图 2-58 所示的止回阀有一个锥形穿孔篮子形部件，此内件作匹配隔膜的支承用。这种阀门装在管道上的两个法兰之间，或者夹紧在管接头之间。通过锥形体的流体介质将隔膜从其阀座上掀起，介质继而通过。当顺流一停止，隔膜就重新恢复其原来的形状，关闭极为迅速。一个值得提及的使用场合是输入到处理浆料和胶状介质管道的净化气管道。在这种场合，隔膜显示出极大的操作可靠性，若使用其他阀门，则很快就会被磨损。

图 2-59 所示的止回阀采用了褶皱的环状橡胶隔膜。在阀门关闭时，隔膜的褶皱边缘贴合在介质通道中心处。顺流介质使褶皱膜打开，从而隔膜边缘就从阀座上缩回。由于隔膜在开启位置为弹性拉紧状态，并且隔膜边缘从全开到关闭位置的位移很短，所以这种隔膜止回阀关闭起来极其迅速。此种隔膜式止回阀较宜用于介质流变化范围很大的场合。但是，在可能使用这个阀门的场合，压差限于 1MPa，使用温度只到 70℃。

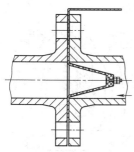

图 2-58　锥形隔膜止回阀

（4）止回阀的选择与使用

① 止回阀的选择　大多数止回阀是根据对最小的冲击压力或无撞击关闭所需要的关闭速度及其关闭速度特性做定性的估价来进行选择的。这种选择方法不一定精确，但根据经验，在大多数使用场合可以得到能接受的结果。

a. 不可压缩性流体用止回阀。用于不可压缩性流体的止回阀，主要根据其在关闭时不会因为倒流引起突然关闭而导致产生不可接受的高冲击压力的性能来进行选择。将此类阀门选作低压降阀门来使用，通常仅为第二步考虑。

对这种止回阀来说，第一步是对所需要的关闭速度做出评估，第二步是选择可能满足所需要的关闭速度的止回阀类型。

b. 压缩性流体用止回阀。尽管压缩性流体场合所选用止回阀的目的在于使阀瓣的撞击减少到最低程度，但可以根据不可压缩性流体用止回阀的类似选择方法来进行选择，但是非常大的输送管道，其压缩性介质的冲击压力也可能变得十分可观。

如果介质流动波动范围很大，则用于压缩性流体的止回阀可使用减速装置，此装置在关闭件的整个位移过程中都起作用，以防止对其端部产生快速连续的锤击。

如果介质流连续不断地快速停止和启动，如压缩机的出口那样，则使用升降式止回阀，此止回阀连用一个弹簧载荷的轻量阀瓣，阀瓣的升程短。

② 止回阀的使用

a. 止回阀的使用应避免发生如下情况：因阀门关闭而造成的过分高的冲击压力；阀门关闭件的快速振动动作。

为了避免因关闭阀门而形成的过高冲击压力，阀门必须关闭迅速，从而防止形成极大的倒流速度，该倒流速度在阀门突然关闭时就是形成冲击压力的原因，故阀门的关闭速度应与顺流介质的衰减速度正确匹配。但是，顺流介质的衰减速度在液体系统可能变化很大。举例说明，如果液体系统采用一组并列泵，而其中的一台泵突然失效，则在该失效泵出口处的止回阀就必须几乎在同时关闭。另外，如果液体系统只有一台泵，而此泵突然失灵，又如输送管较长，且其出口端的背压及泵送压头较低，则关闭速度较小的止回阀就较好。

阀门的活动件若磨损过快，则会导致阀门过早失灵。为了防止这种情况发生，必须避免关闭件产生快速振荡动作。

这种理想的情况不是经常可以获得的，例如，假使顺流介质的速度变化范围大，则最小的流速就不足以迫使关闭件稳定地停止。在这种情况下，关闭件的运动可在其动作行程的一定范围内用阻尼器来加以抑制。如果介质为脉动流，则止回阀应尽可能置于远离脉动源的方位。关闭件的快速振荡也可能是由极度的介质扰动所引起，凡是存在这种情况之处，止回阀应该安置在介质扰动最小的地方。

因此，正确使用止回阀的第一步是掌握该阀门所处的工况条件。

b. 快关止回阀的确定。在大多数实际使用中，止回阀只能定性地被确定用于快速关闭。下列各条可以作为判断依据：

ⅰ. 关闭件从全开到关闭位置的行程应该尽可能短。由此可知，从关闭速度这一点看，较小的阀门较之较大口径的同类结构的阀门，关闭速度较大。

ⅱ. 止回阀应在倒流之前，在最大可能的顺流介质速度下，从全开位置开始关闭，以得到最大的关闭时间。

ⅲ. 关闭件的惯性应尽可能地小，但关闭力应适当地大，以保证对顺流介质的降速做出最快的反应。从低惯性这一观点出发，关闭件可以考虑用轻质材料制造，如铝或钛。为了兼得轻质材料的关闭件和高的关闭力，由关闭件的重量所产生的关闭力可用弹簧力来予以增强。

ⅳ. 在关闭件周围，延迟关闭件自由关闭动作的限制因素应予以去除。

（5）其他典型止回阀

其他典型止回阀结构见图 2-60。

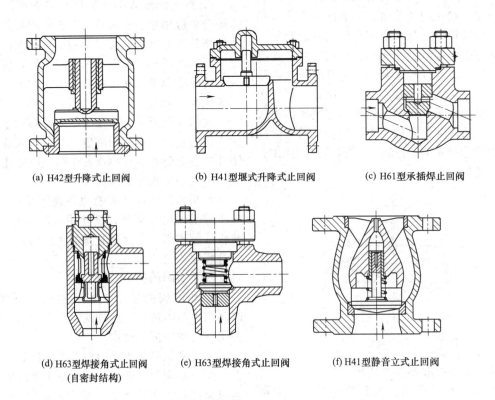

(a) H42型升降式止回阀 (b) H41型堰式升降式止回阀 (c) H61型承插焊止回阀

(d) H63型焊接角式止回阀
（自密封结构） (e) H63型焊接角式止回阀 (f) H41型静音立式止回阀

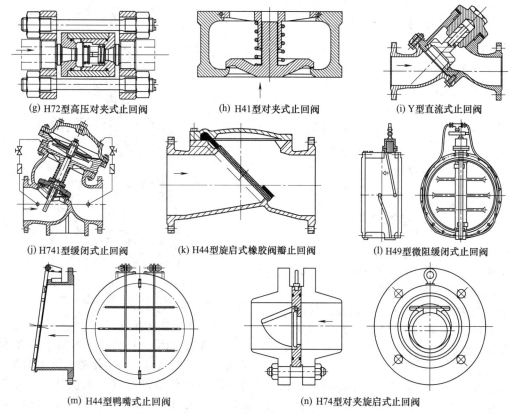

(g) H72型高压对夹式止回阀　　　(h) H41型对夹式止回阀　　　(i) Y型直流式止回阀

(j) H741型缓闭式止回阀　　　(k) H44型旋启式橡胶阀瓣止回阀　　　(l) H49型微阻缓闭式止回阀

(m) H44型鸭嘴式止回阀　　　(n) H74型对夹旋启式止回阀

图 2-60　其他典型止回阀结构

2.1.8　柱塞阀

柱塞在阀杆的带动下，沿密封圈的轴线做升降运动而达到启闭目的阀门，称为柱塞阀。

柱塞阀的结构较简单，它由阀体、阀盖、阀杆、柱塞、密封圈和手轮等零件组成（图 2-61）。

柱塞阀公称尺寸 $DN15\sim400$，公称压力 $PN6\sim160$，工作温度 $t\leqslant425℃$。

在柱塞阀中，密封是由柱塞侧面与阀座孔口之间来实现的。阀门开启时，只有当柱塞全部离开阀座孔口后，介质才被泄放，所以这种阀门受介质冲蚀的部位是远离密封面的。当阀关闭时，柱塞可以擦去沉积在阀座上的颗粒。因此柱塞阀可使用于带悬浮颗粒的介质。当密封副受到损坏时，可现场更换柱塞和阀座，阀门无须进行任何机加工就如同新阀门一样。

同截止阀一样，柱塞阀也可对介质进行良好控制。如果要求对流量进行灵敏的调节，柱塞可安装针形延长件。当由曲折流道产生的介质流阻可接受时，柱塞阀对此可作开关之用。

柱塞阀与平面密封的阀门相比，它有以下几个特点：密封性好；摩擦因数小，操作轻便；使用寿命长；维修方便，容易消除缺陷；阀门出现内漏后，无须停机泄压，通过调整阀体与阀盖间的间隙即可消除内漏。

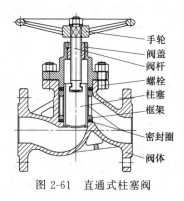

图 2-61　直通式柱塞阀

柱塞阀与截止阀相比有一些优点，但也存在不足之处，如开启时间长，流阻稍大，密封圈耐温性能受到限制。柱塞阀一般用于低、中压管道上，适于蒸汽、气、水、油、碱、酸、氨和带有悬浮颗粒的介质。近些年来，随着材料工业的发展，密封圈的耐温性能大幅提高，因而出现了耐高温和耐高压的柱塞阀，最高使用温度达到 425℃ 以上，最高使用压力达到 16.0MPa。

2.1.9　节流阀

通过阀瓣改变通道截面积而达到调节流量和压力的阀门称为节流阀。

（1）节流阀的种类

根据结构形式，节流阀可分成以下类型：

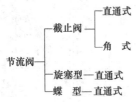

（2）节流阀的用途和特点

节流阀用于调节介质流量和压力，截止型节流阀用于小口径阀门，其调节范围较大，也较精确。旋塞型适用于中、小口径，蝶型适用于大口径。近年来，也出现了大口径（DN500）截止型节流阀，主要用于灰渣水排放管道上。

节流阀不宜作为截断阀用。因阀瓣长期用于节流，密封面易被冲蚀，影响密封性能。我国节流阀多采用截止型，其公称尺寸 DN3～200，公称压力不大于 PN320，工作温度 $t \leqslant 450℃$。

（3）节流阀的结构

通常所说的节流阀指的是截止型节流阀。节流阀与截止阀的结构基本一样，所不同的是节流阀的阀瓣可起调节作用，通常将阀杆与阀瓣制成一体（图 2-62）。

节流阀的阀瓣具有多种结构形式，窗形用于较大的通径，塞形用于较小的通径，针形用于很小的通径。节流阀的共同特点是阀瓣在不同高度时，阀瓣与阀座所形成帘面积也相应地变化，调节阀座通道和截面积，就可调节压力和流量。节流阀阀杆螺纹和螺距比截止阀阀杆螺纹的螺距小，以便进行精确的调节。

针形节流阀主要用于仪表上或轻质油品上作取样阀及放空阀。由于通道小、易堵塞，不宜用于黏度大、易结焦、含有固体颗粒状的介质。

旋塞型与蝶阀的应用较少，在此不做详细介绍。

2.1.10　夹管阀

利用夹持机构夹扁或放松胶管实行关闭或开启的阀门称为夹管阀。

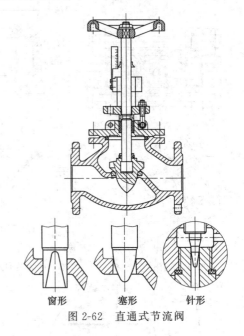

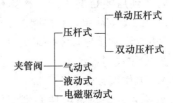

图 2-62　直通式节流阀

（1）夹管阀的用途

夹管阀适用于工作温度不高于 80℃ 的矿浆输送、河道疏浚、水力排渣、液态磨料及各种干湿性粒状混浊物或一般腐蚀性介质管路上，作启闭用。目前国内生产的夹管阀性能参数范围是：公称尺寸 DN15～400；公称压力 PN4～6；工作温度 $t \leqslant 80℃$。

（2）夹管阀的种类

根据传动方式，夹管阀可分成以下类型：

（3）夹管阀的结构与特点

夹管阀的结构独特，其通道是一只橡胶套管，通过传动机构带动压杆做轴向位移，在通道中心位置将套管夹紧或放松，达到控制流量的作用。它具有隔膜阀相似的优点，不需要填料机构。夹管阀的流体阻力小，造价比较低，对污物的限制不严，压降低并能紧密关闭，维修方便。夹管阀的套管用柔性材料，易磨损，须进行定期更换。它仅限于低压和常温的条件下使用。在用于腐蚀性介质时受柔性材料的性能所限制。夹管阀一般需要较大的关闭力。

压杆式夹管阀主要由阀体、压杆、套管、

小阀杆、大阀杆等组成，见图 2-63。阀体、压杆材料为铝合金或灰铸铁，阀管材料为软质橡胶，胶管材料由介质腐蚀性能而定，有天然橡胶、氯丁橡胶、氟橡胶、丁腈橡胶等。驱动方式有手动、电动和气动等。

气动、液动夹管阀利用外加压力（如气力、液力），使胶管变形互相贴紧以切断介质，结构简单，且在胶管贴紧密封时，胶管处于内外压动平衡状态，外压相当于给胶管提供了一个均布的支承，提高了胶管的寿命，通常为法兰连接，见图 2-64。

电磁驱动型夹管阀利用左右两侧的电磁铁来驱动压杆，压紧橡胶管来切断介质，启闭迅速、可靠、结构紧凑，常用于控制系统中，见图 2-65。

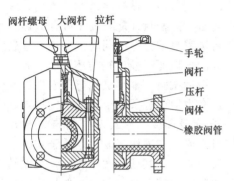

图 2-63　压杆式夹管阀

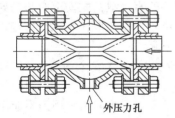

图 2-64　气动、液动夹管阀

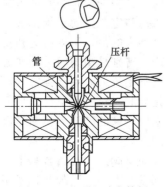

图 2-65　电磁驱动夹管阀

2.1.11　安全阀

当管道或设备内介质压力超过规定值时，启闭件（阀瓣）自动开启排放介质；低于规定值时，启闭件（阀瓣）自动关闭。对管道或设备起保护作用的阀门称为安全阀。安全阀往往作为最后的一道保护装置，因而其可靠性对设备和人身的安全具有特别重要的意义。

（1）安全阀的发展趋势

安全阀的技术发展经历了 300 多年的漫长过程。从排量较小的微启式发展到大排量的全启式，从重锤式（静重式）发展到杠杆重锤式和弹簧式，继直接作用式之后又出现非直接作用的先导式等。其技术发展趋势大体具有以下几个特点。

① 标准化和系列化　这一特点主要反映在石油、化学工业等流程工业及一般工业锅炉所用的安全阀上。这类安全阀的性能指标多年来没有大的变化，而其基本参数则已标准化、系列化。这主要体现在流道面积和开启高度两个方面。

a. 流道面积。表 2-2 是美国国家标准 ANSI B146.1《钢制法兰连接安全泄放阀》规定的安全阀流道面积标准系列。除美国外，日本、西欧以及许多其他国家都广泛采用了上述标准系列。表 2-3 是前苏联国家标准 ГОСТ 12532《直接作用式安全阀类型和基本参数》规定的流道面积标准系列。

b. 开启高度。前苏联国家标准 ГОСТ 12532 把安全阀按开启高度分为以下三种。

微启式：开启高度为流道直径的 1/40～1/20；

中启式：开启高度为大于 1/20～1/4 流道直径；

全启式：开启高度为大于 1/4 流道直径。

日本工业标准 JIS B8210《蒸汽用及气体用弹簧安全阀》的 1978 年版本依开启高度不同把安全阀分为低扬程式、高扬程式、全扬程式和全量式四种，而 1986 年版本则把前三种合并为一种，即合为以下两种（h 为开启高度，D 为密封面内径，d_0 为流道直径）。

扬程式：$\dfrac{1}{4}D \leqslant h < \dfrac{1}{4}D$；

全量式：$D \geqslant 1.15 d_0$。

表 2-2　美国安全阀流道面积标准系列

流道代号	D	E	F	G	H	J	K	L	M	N	P	Q	R	T
流道面积 A/in^2	0.11	0.196	0.307	0.502	0.785	1.287	1.838	2.853	3.6	4.34	6.38	11.05	16	26
流道直径 d_0/mm	9.5	12.7	15.9	20.3	25.4	32.5	38.9	48.4	54.4	59.7	72.4	95.3	115	146

表 2-3　前苏联安全阀流道面积标准系列

流道代号	01	02	03	04	05	06	07	08	09	10	11	12	13	14	15
流道面积 A/mm^2	38.5	63.6	113	201	314	490.6	854.9	1256	1808.6	2461.8	3115.7	4415.6	7084.6	12265.6	15386
流道直径 d_0/mm	7	9	12	16	20	25	33	40	48	56	63	75	95	125	140

阀瓣开启后密封面间流体通道面积大于等于流道面积的 1.05 倍,进口处通道面积大于等于流道面积的 1.7 倍。

日本标准的上述变化,反映了把开启高度作为安全阀基本参数的趋势在减弱。还有不少国家的标准中对开启高度的大小做了规定,这是因为开启高度的大小主要反映排量系数的大小,而排量系数作为安全阀的一项重要的性能参数在有关标准中已做了明确规定。同时随着排量试验手段的完善,把经过权威检查机构实测认可的排量系数作为使用安全阀的依据已成为国际上通行的做法。这样,开启高度作为安全阀基本参数的作用就大大减小了。

我国安全阀标准中,没有对流道面积和流道直径进行规定,在 GB/T 12243—2005《弹簧直接载荷式安全阀》标准中,对安全阀的开启高度做了规定:全启式安全阀为大于或等于流道直径的 1/4;微启式安全阀为流道直径的 1/40～1/20;中启式为流道直径的 1/20～1/4。

② 提高动作可靠性,开发高性能安全阀　安全阀的动作可靠性直接关系到设备和人身的安全,其性能的好坏还关系到节能和装置运行的经济性。对于像火力发电和原子能发电这类特殊应用场合,更具有特别重要的意义。现代大容量的安全阀,其排量系数已几乎达到了极限值(例如美国一些厂商公布的排量系数为 0.975)。因而制造厂把提高安全阀性能的重点放在提高开启、关闭等动作的可靠性和密封性能方面,从结构设计、制造工艺、试验研究等方面采取措施,开发高性能安全阀。例

如,为提高开启压力的稳定性而努力提高关键件弹簧的制造质量,对弹簧进行压缩状态下的几何精度测定,受力偏移试验等。为提高回座压力的可调节性而设置多重调节机构。为改善高温高压下的密封性能开发了弹性阀瓣、热阀瓣等特殊密封结构等。同时,制造厂普遍开展了安全阀全性能试验,有的还开展了阀瓣升力试验、振动试验、地震试验等开发性试验研究工作,有力地促进了安全阀性能的提高。

③ 弹簧直接载荷式安全阀与先导式安全阀同时发展　在现代工业中,重锤式、杠杆重锤式安全阀由于其载荷大小有限,对振动敏感以及回座压力较低等原因,其使用范围已愈来愈小。而弹簧直接载荷式安全阀和先导式安全阀因为具有不能相互取代的各自特点,两者都同时得到发展。

弹簧直接载荷式安全阀具有结构较简单,反应迅速,可靠性好等优点。但因依靠弹簧加载,其载荷大小受到限制,因而不能用于很高压力和很大口径的场合。此外,当被防护系统正常运行时,这种安全阀关闭件密封面上的比压取决于阀门整定压力同系统正常运行压力之差,是一个不大的值,所以要达到良好的密封就比较困难。特别是当阀门关闭件为金属密封面和当阀门整定压力同系统正常运行压力比较接近时更是如此。这时为了保证必需的密封性往往需要采取特殊的结构类型和进行极精细的加工和装配。

先导式安全阀的主阀通常利用工作介质压力加载,其载荷大小不受限制,因而可用于高压、大口径的场合。同时,因其主阀可设计成

依靠工作介质压力密封形式，或者可以对阀瓣施加比直接载荷式安全阀大得多的载荷，因而主阀的密封性容易得到保证。此外，这类安全阀的动作受背压变化的影响较少，但是先导式安全阀的可靠性同主阀和导阀两者有关，而且结构比较复杂，为了提高可靠性，规范往往要求采用多重先导控制管路。例如德国 AD-A2 规范，TRD421 规范规定，当主阀为加载开启原理时，至少需要用三条独立的先导控制管路来控制一个主阀；当主阀为卸载开启时，需用两条独立的先导控制管路。这样就更增加了整个保护系统的复杂程度。

　　由于上述种种原因，弹簧直接载荷式安全阀和先导式安全阀二者无论在流程工业还是在电力工业中都有着广泛的应用，并各自获得了很大的发展，共同构成了安全阀结构发展的主流。

　　（2）安全阀的主要术语和定义

　　安全阀在阀门产品类型中属高端阀门，由于结构复杂，理论计算公式繁杂，各种性能试验要求严格，与通用阀门相比，有一些陌生的名词和术语，对于一个初学者来说，了解一些主要的术语和定义是必要的。

　　① 直接载荷式安全阀：一种仅靠直接的机械加载装置如重锤、杠杆加重锤或弹簧来克服由阀瓣下介质压力所产生作用力的安全阀。

　　② 带动力辅助装置的安全阀：该安全阀借助一个动力辅助装置，可以在压力低于正常整定压力时开启。

　　③ 带补充载荷的安全阀：这种安全阀在其进口压力达到整定压力前始终保持有一个用于增强密封的附加力。该附加力（补充载荷）可由外部能源提供，而在安全阀进口压力达到整定压力时应可靠地释放。补充载荷的大小应这样设定，即假定该载荷未能释放时，安全阀仍能在其进口压力不超过国家法规规定的整定压力百分数的前提下达到额定排量。

　　④ 先导式安全阀：一种依靠从导阀排除介质来驱动或控制主阀的安全阀。该导阀本身为直接载荷式安全阀。

　　⑤ 真空安全阀：一种设计用来补充流体以防止容器内过高真空度的安全阀，当正常状况恢复后又重新关闭而阻止介质继续流入。

　　⑥ 流道面积：阀进口端至关闭件密封面间流道的最小横截面积，用来计算无任何阻力影响时的理论流量。

　　⑦ 流道直径：对应于流道面积的直径。

　　⑧ 开启高度：阀瓣离开关闭位置的实际行程。

　　⑨ 整定压力：安全阀在运行条件下开始开启的预定压力，在该压力下，在规定的运行条件下由介质压力产生的使阀门开启的力同使阀瓣保持在阀座上的力相互平衡。

　　⑩ 超过压力：超过安全阀整定压力的压力增量，通常用整定压力的百分数表示。

　　⑪ 回座压力：安全阀排放后阀瓣重新与阀座接触，即开启高度变为零时的压力。

　　⑫ 启闭压差：整定压力同回座压力之差，以整定压力的百分数或压力单位表示。

　　⑬ 排放压力：整定压力加超过压力。

　　⑭ 额定排放压力：标准或规范规定的排放压力上限值，是测量压力释放装置排量时的进口静压力。

　　⑮ 背压：由于在排放系统中存在压力而在压力释放装置出口处产生的压力。

　　⑯ 排放背压：由于介质流经压力释放装置进入排放系统而在该装置出口处产生的压力。

　　⑰ 附加背压：压力释放装置即将动作前在其出口处存在的压力，是由其他压力源在排放系统中引起的。

　　⑱ 理论排量：其流道最小截面积等于安全阀流道面积或等于非重闭式压力释放装置净流通面积的理想喷管的计算排量，以质量流量或容积流量表示。

　　⑲ 额定排量：实测排量中由适用的规范或标准允许用作压力释放装置应用基准的部分。

　　⑳ 当量计算排量：当压力、温度或介质等使用条件与额定排量的适用条件不同时，压力释放装置的计算排量。

　　㉑ 额定排量系数：额定排量同理论排量的比值。

　　㉒ 频跳：安全阀阀瓣快速异常地来回运动，运动中阀瓣接触阀座。

　　㉓ 颤振：安全阀阀瓣快速异常地来回运

动，运动中阀瓣不接触阀座。

（3）安全阀的用途

安全阀能防止管道、容器等承压设备介质压力超过允许值，以确保设备及人身安全。

可根据使用条件选择安全阀类型，见表2-4。

安全阀的参数范围为：公称尺寸 $DN10\sim400$；公称压力 $PN6\sim420$；工作温度 $t\leqslant610℃$。

（4）安全阀的种类

安全阀的种类很多，根据结构形式，可分成以下类型：

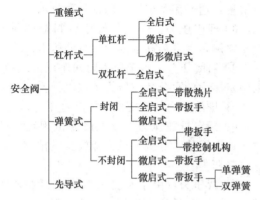

（5）安全阀的工作原理

安全阀阀瓣上方弹簧的压紧力或重锤通过杠杆加载于阀瓣上，其压力与介质作用在阀瓣上的正常压力平衡，这时阀瓣与阀座密封面密合，当介质的压力超过额定值时，弹簧被压缩或重锤被顶起，阀瓣失去平衡，离开阀座，介质被排出；当介质压力降到低于额定值时，弹簧的压紧力或重锤通过杠杆加载于阀瓣上的压力大于作用在阀瓣上的介质力，阀瓣回座，密封面重新密合。

对安全阀的动作要求如下。

① 灵敏度要高：当管路或设备中的介质压力到开启力时，安全阀应能及时开启；当介质压力恢复正常时，安全阀应及时关闭。

② 应具有规定的排放能力：在额定排放压力下，安全阀应达到规定的开启高度，同时达到额定排量。

（6）安全阀的结构

安全阀按结构形式可分四类。

① 重锤式安全阀：它以重锤为载荷，直接施加在阀瓣上。这种结构形式缺点很多，目前很少采用。

② 杠杆重锤式安全阀：如图2-66所示，重锤通过杠杆加载于阀瓣上，载荷不随开启高度而变化，但对振动较敏感，且回座性能差。它由阀体、阀盖、阀杆、导向叉（限制杠杆上下运动）、杠杆与重锤（起调节对阀瓣压力的作用）、棱形支座与力座（起提高动作灵敏的作用）、顶尖座（起定阀杆位置的作用）、节流环（与反冲盘一样的作用）、支头螺钉与固定螺钉（起固定重锤位置的作用）等零件组成。通常用于较低压力的系统。

表 2-4　安全阀类型选用（根据使用条件推荐）

使　用　条　件	安　全　阀　类　型
液体介质	比例作用式安全阀，如微启式安全阀
气体介质，必需的排放量较大	两段作用全启式安全阀
必需的排放量是变化的	必需排放量较大时，用几个两段作用式安全阀，其总排量等于最大必需排量；必需排量较小时，用比例作用式安全阀
附加背压是变化的，为固定值，或者其变化量较小（相对于开启压力而言）	常规式安全阀
附加背压是变化的，且其变化量较大（相对于开启压力而言）	背压平衡式安全阀
要求反应迅速	直接作用式安全阀，如弹簧直接载荷式安全阀
必需排量很大，或者口径和压力都较大，密封要求较高	先导式安全阀
密封要求高，开启压力和工作压力很接近	带补充载荷的安全阀
移动式或振动的受压设备	弹簧式安全阀
不允许介质向周围环境逸出，或需要加收排放的介质，用于有毒、腐蚀性、易燃性的工况	封闭式安全阀
介质可以释放到周围环境中，介质温度较高	不封闭式安全阀
介质温度很高	带散热套的安全阀

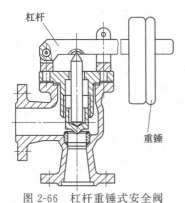

图 2-66　杠杆重锤式安全阀

③ 弹簧式安全阀：见图 2-67，通过作用在阀瓣上的弹簧力来控制阀瓣的启闭。它具有结构紧凑，体积小、重量轻，启闭动作可靠，对振动不敏感等优点；其缺点是作用在阀瓣上的载荷随开启高度而变化。对弹簧的性能要求很严，制造困难。它由以下主要零件组成。

a. 阀体与阀盖。阀体进口通道与排放口通道呈 90°角，与角式截止阀相似。弹簧安全阀有封闭式和不封闭式两种。封闭式安全阀的出口通道与排放管道相接，将容器或设备中的介质排放到预定地方。不封闭式安全阀没有排放管路，直接将介质排放到周围大气中，适用于无污染的介质。阀盖为筒状，内装阀杆、弹簧等零件，用法兰螺栓连接在阀体上。

b. 阀瓣与阀座。按阀瓣的开启高度，安全阀可分成微启式和全启示两种。微启式安全阀，见图 2-68，主要用于液体介质的场合。阀瓣开启高度仅为阀座喉径的 1/40～1/20，其阀瓣与阀座结构与截止阀相似，在阀座上安置调节圈。全启式安全阀，见图 2-67，主要用于气体或蒸汽的场合。阀瓣开启高度等于或大于阀座喉径的 1/4。在阀座上安置调节圈，在阀瓣上安置反冲盘。

c. 弹簧与上下弹簧座。弹簧固定于上下弹簧座之间。弹簧的作用力通过下弹簧座和阀杆作用在阀瓣上，上弹簧座靠调节螺栓定位，拧动调节螺栓可以调节弹簧作用力，从而控制安全阀的开启压力。

d. 调节圈。它是调节启闭压差的零件。

e. 反冲盘。与阀瓣连接在一起，它起着改变介质流向，增加开启高度的作用，用于全启式安全阀上。

另外，从外部结构上，还可分为有扳手和无扳手、有波纹管和无波纹管、有散热片和无

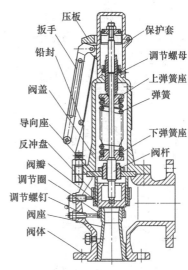

图 2-67　A48 型弹簧直接载荷式安全阀

散热片等。有波纹管的安全阀适用于腐蚀性介质或背压波动较大场合；有扳手的安全阀可在紧急情况下，由人工操作泄压；有散热片的安全阀适用于介质温度大于 300℃的场合。

④ 先导式安全阀：见图 2-69，它由主阀和副阀组成，下半部叫主阀，上半部叫副阀，借副阀的作用带动主阀动作的安全阀，当介质压力超过额定值时，便压缩

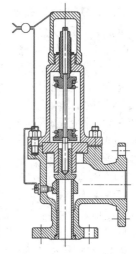

图 2-68　A41 型弹簧微启式安全阀

副阀弹簧，使副阀瓣上升，副阀开启。于是介质进入活塞缸的上方。由于活塞缸的面积大于主阀瓣面积，压力推动活塞下移，驱动主阀瓣向下移动开启，介质向外排出。当介质压力降到低于额定值时，在副阀弹簧的作用下副阀瓣关闭，主阀活塞无介质作用，活塞在弹簧作用下回弹，再加上介质的压力使主阀关闭。先导式安全阀主要用于大口径的高压的场合。

（7）安全阀的选择与使用

① 杠杆重锤式安全阀：是利用重锤的力矩平衡介质压力的，根据定压的大小确定重锤的质量和力臂的长度，使阀盘在指定的工作压

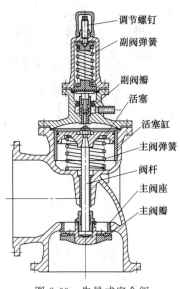

　　调节螺钉
　　副阀弹簧
　　副阀瓣
　　活塞
　　活塞缸
　　主阀弹簧
　　阀杆
　　主阀座
　　主阀瓣

图 2-69　先导式安全阀

力下能自动开启。调整好以后，为了防止别人乱动，必须用铁盒罩住。这种安全阀只能固定在设备上，重锤本身重量一般不超过 60kg，以免操作困难。铸铁材料制造的杠杆重锤式安全阀适用于公称压力不大于 $PN16$、介质温度 $t \leqslant 200℃$ 的工作条件下。碳素钢材料制造的杠杆重锤式安全阀适用于公称压力不大于 $PN40$、介质温度 $t \leqslant 450℃$ 的工作条件下。杠杆重锤式安全阀主要用于水、蒸汽等工作介质。

　　② 弹簧直接载荷式安全阀：是利用弹簧预紧力来平衡内压的，调节时，可根据已确定的定压值，用扳手（有的安全阀自带扳手或调节圈，供检查和调整之用）调整螺母来改变弹簧对阀盘的压力，使阀盘在指定的工作压力下能自动开启。对于弹簧全启式安全阀，还必须调节其内部喷嘴高度。调整好后，为了防止别人乱动，必须加以铅封。弹簧直接载荷式安全阀有封闭式和不封闭式两种，一般易燃、易爆或有毒介质选用封闭式，蒸汽或惰性气体等可选用不封闭式。弹簧直接载荷式安全阀有的带扳手，有的不带扳手。扳手的作用是检查阀瓣的灵敏度。对蒸汽用安全阀的要求之一是防止弹簧过热。由于阀门排放而使弹簧升温会降低弹簧的强度并因此降低阀的整定压力，直到弹簧恢复到正常工作温度为止。由于这个原因，这类阀门的阀盖通常开有很大的窗口，以使弹簧受到周围空气的冷却。但是阀盖同下面的体腔通常是不密封的，所以一部分排放蒸汽会通过开放的阀盖逸出。用于高温蒸汽时，常常利

用一个灯笼式短管把阀盖同阀体隔开。

　　③ 先导式安全阀：是一种依靠从导阀排出介质来驱动或控制的安全阀，该导阀本身应是符合标准要求的直接载荷式安全阀。由于先导式安全阀的主阀通常利用工作介质压力加载，其载荷大小不受限制，因而可用于高压、大口径的场合。先导式安全阀常用于石油、化工和核能设备管道上。

　　④ 用作腐蚀性、易燃性和毒性介质的安全阀：与普通安全阀不同，常用波纹管代替填料函密封，通常采用弹簧全启式安全阀。阀体用不锈钢（304、316），阀瓣用（316、316L），安全阀可用于温度不超过 50℃ 的介质。排放的介质用专门的收集器或密闭系统收集。

　　爆破膜片用来在产生异常高压时紧急地排放介质。它是一种辅助装置，不能代替安全阀。爆破膜片装置在启动之后必须更换膜片。爆破膜片可以用金属（耐腐蚀钢等）或者非金属材料（碳素纤维）制造。为了提高装置的敏感性和保证在膜片爆破后有足够的通过能力，可采取使用刺针或刀刃的方法，启动时使膜片戳到刺针或刀刃上；或者是使用由薄膜或活塞传动的切割装置。

　　碳素纤维膜片具有耐蚀性高、动作精确的特点。由于碳素纤维膜片有脆性，故将膜片装在有孔的保护架（筛孔架）上，在膜片破坏时石墨片便从筛孔中碎落。

　　⑤ 安全阀的选用要求：选用安全阀时，通常由操作压力决定安全阀的公称压力，由操作温度决定安全阀的使用温度范围，由计算出的安全阀的定压值决定弹簧或杠杆的调压范围，根据使用介质决定安全阀的材料和结构形式，根据安全阀的排放量计算出安全阀的喷嘴截面积或喷嘴直径，以选取安全阀型号和个数。

　　弹簧直接载荷式安全阀的工作压力等级如表 2-5 所示，共有五种工作压力级。选择时，除注明产品型号、名称、介质、温度外，还应注明弹簧的压力级别。

　　安全阀的进口和出口分别处于高压和低压两侧，所以连接法兰也相同采用不同的压力等级，如表 2-6 所示。

　　当介质经由安全阀排放时，其压力降低，体积膨胀，流速增加，故安全阀的出口通径大于进口通径。对于微启式安全阀，其出口通径可等于进口通径，这是因其排量小，又常用于

液体介质。而全启式安全阀的排量大，多用于气体介质，故其出口通径一般比公称尺寸大一级。进口通径按表 2-7 选用。

根据标准规定：碳素钢和合金钢制造的直接载荷式安全阀适用于不大于 $PN420$、不大于 $DN150$ 的工作条件。主要用于水、蒸汽、氨、石油及油品等介质。碳素钢制造的安全阀用于介质温度 $t \leqslant 425℃$，不锈钢与合金钢制造的安全阀用于介质温度 $t \leqslant 600℃$。

安全阀应有足够的灵敏度，当达到开启压力时，应无阻碍地开启；当达到排放压力时，阀瓣应全部开启，并达到额定排量，当压力降到回座压力时，阀门应及时关闭，并保持密封。安全阀压力应符合表 2-8 的规定。

当装设两只安全阀时，其中一个为控制安全阀；另一个为工作安全阀。控制安全阀的开启压力应略低于工作安全阀的开启压力，以避免两个安全阀同时开启而使排气量过多。

⑥ 安全阀的安装使用要求：所有容器（包括塔类）的安全阀，最好安装在容器的开口上，如有困难时，则应装在与容器相连并尽可能接近容器出口的管道上，此管道的截面积应不小于安全阀进口管的截面积。

安全阀安装方向应使介质由阀瓣的下面向上流。工艺设备和管道上的安全阀应垂直安装，并检查阀杆的垂直度，有偏斜时必须校正，以保证容器或管道与安全阀之间畅通无阻。杠杆式安全阀应使杠杆保持水平。安全阀的位置尽可能布置在平台附近，以便于检查和维修。塔上的安全阀一般应安装在塔顶，重要的设备或管道应安装两个安全阀。

一般情况下，安全阀的前后均不装设切断阀，以保安全可靠。但在个别情况下，如泄放介质中含有固体杂质，从而使安全阀启跳后不能再关严时，可安装切断阀门，但应保证该阀处于全开状态，并加铅封防止别人乱动。如加切断阀门，对于单独排入大气的安全阀，应在其入口处装一个保持经常开启并带铅封的切断阀；对于排入密闭系统或用集合管排入大气的安全阀，则应在它的入口和出口各装一个保持

表 2-5　弹簧安全阀工作压力级

公称压力 PN/MPa	工作压力/MPa				
	$p\,I$	$p\,II$	$p\,III$	$p\,IV$	$p\,V$
1.0	>0.05~0.1	>0.1~0.25	>0.25~0.4	>0.4~0.6	>0.6~1.0
1.6	>0.25~0.4	>0.4~0.6	>0.6~1.0	>1.0~1.3	>1.3~1.6
2.5			>1.0~1.3	>1.3~1.6	>1.6~2.5
4.0			>1.6~2.5	>2.5~3.2	>3.2~4.0
6.4			>3.2~4.0	>4.0~5.0	>5.0~6.4
10.0			>5.0~6.4	>6.4~8.0	>8.0~10
16.0			>8.0~10.0	>10~13	>13~16
32.0	>16~20	>16~20	>22~25	>25~29	>29~32

表 2-6　安全阀进出口法兰压力级　　单位：MPa

安全阀公称压力	1.0	1.6	4.0	10.0	16.0	32.0	42.0
进口法兰压力级	1.0	1.6	4.0	10.0	16.0	32.0	42.0
出口法兰压力级	1.0	1.6	1.6	4.0	6.4	16.0	25.0

表 2-7　安全阀进口通径　　单位：mm

公称通径		10	15	20	25	32	40	50	80	100	150	200
进口通径		10	15	20	25	32	40	50	80	100	150	200
出口通径	微启式	10	15	20	25	32	40	50	80			
	全启式					40	50	65	100	125	200	250

表 2-8　安全阀压力　　单位：MPa

使用部位	工作压力 p	开启压力 p_k	回座压力 p_h	排放压力 p_p	用途
蒸汽锅炉	<1.3	$p+0.2$ $p+0.2$	$p_k-0.4$ $p_k-0.6$	$1.03p_k$	工作用 控制用
	1.3~3.9	$1.04p$ $1.06p$	$0.94p_k$ $0.92p_k$	$1.03p_k$	工作用 控制用
	3.9	$1.05p$ $1.08p$	$0.93p_k$ $0.90p_k$	$1.03p_k$	工作用 控制用
设备管路	≤1.0	$p+0.5$ $1.05p$	$p_k-0.8$ $0.90p_k$	$p=1.1p_k$	工作用
	>1.0	$1.10p$	$0.85p_k$	$p_p \leqslant 1.15p_k$	控制用

经常开启并带铅封的切断阀。切断阀应选用明杆式闸阀、球阀或密封性较好的旋塞阀，以减少阻力。另外，还应在切断阀与安全阀之间装设一个通大气的 DN20 的检查阀。

用于液体介质的安全阀，一般都排入密闭系统；用于气体介质的安全阀，一般排入大气，但在某些情况下，如有毒、有害、易燃气体也应该排入密闭系统。安全阀的出口管，应自上部或侧面进入集合管，而不得从下部进入，如图 2-70 所示。

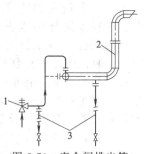

图 2-70　安全阀排出管与集合管的连接
1—安全阀；2—集合管；3—排液管

对在常温下为固态的物质，可能在管路中冷却形成凝固的物质，以及能自动冷冻使温度低于水的冰点的轻质液态烃等物质，均应经单独管路排入放空罐，并用蒸汽伴热。

安全阀入口管线直径最小应等于其阀的入口直径，安全阀出口管线直径不得小于阀的出口直径。当几个安全阀并联安装时，出、入口主管道的截面积应不小于各支管截面积之和。

当安全阀的整定压力低于 0.35MPa 表压时，则安全阀与放空设备间的总压降应小于其整定压力的 3%，以防止阀门泄放时振颤。安装时应尽量考虑减少它们之间的阻力，如使用阻力小的切断阀和缩短安全阀的入口管线。当管线较长时，必须加支撑固定。

安全阀的出口管道应向放空罐的方向倾斜，以排除余液，否则应设置排液管（图 2-70）。排液阀经常关闭、定期排放。在可能发生冻结的场合，排液管要用蒸汽伴热。

泵和压缩机出口的安全阀，通常排入泵和压缩机的吸入管道中，但是，如果在泵和压缩机入口压力的变动会引起出口超压时，则安全阀放泄的物料应排至其他安全处所。

排入大气的一般用于输送气体介质的安全阀放空管，其出口应高出操作面 2.5m 以上，并引至室外；排入大气的可燃性气体或有毒气体，安全阀放空管出口应高出周围最高建筑物或设备 2m，水平距离 15m 以内。有明火设备时，可燃气体不可排入大气。排出管要很好地固定。

安装安全阀时也可以根据生产需要，按安全阀的进口公称直径设置一个旁路阀，作手动放空用。

由于科学技术的进步，一些用于特殊环境、特殊工况条件的安全阀不断出现，诸如大型火力发电站上的安全阀、石油化工装置上用的安全阀、核电站压水堆回路装置上的安全阀等。这些装置上的安全阀，保证了系统的正常运行和安全。有关详细情况，请参阅这方面的专著。

2.1.12　减压阀

通过启闭件的节流，将进口压力降低到某一预定的出口压力，并借阀后压力的直接作用，使阀后压力自动保持在一定范围内的阀门，称为减压阀。

（1）减压阀的用途

减压阀用于需要将介质压力降低到某确定压力范围的场合。常用减压阀参数范围：公称尺寸 DN20～400；公称压力 PN10～100；工作温度 $t \leqslant 540℃$。

减压阀可设计成单阀座结构，也可设计成双阀座结构。单阀座结构通常用在"无流量"或"末端"，需要它具有良好的关闭能力的场合，而双阀座结构能够提高流量的最大值并改善控制压力的精度。但是在流量为零或非常低时，控制压力的能力降低。

减压阀应用范围广泛，包括蒸汽、压缩空气、工业用气，水、油和许多其他液体介质均可使用。因而，鉴于许多可能的结构变化，当考虑到选用减压阀的时候，其中最主要的就是阀的确切性能，首先应充分给予测试，以保证良好的使用效果。应提供给制造商全部的、综合性的技术说明，让制造商提供"量身打造"的符合使用要求的减压阀。

随着科学技术的发展，减压阀的应用范围越来越广，技术参数也随之提高。如电力系统的蒸汽减温减压阀，最高工作压力已达 17.0MPa，最高使用温度已达 560℃。有的高压气体减压阀，其工作压力高达 42.0MPa，在大型给排水、石油化工、煤气、核电等领域的工业管道中，减压阀的公称尺寸已达 DN1200 以上。

（2）减压阀的种类

按结构形式分类如下：

$$
减压阀\begin{cases} 薄膜式 \\ 弹簧薄膜式 \\ 先导活塞式 \\ 波纹管式 \\ 杠杆式 \\ 气泡式 \\ 比例式 \end{cases}
$$

（3）减压阀的工作原理

各种减压阀的工作原理基本相同，以常用的先导活塞式减压阀为例说明，见图 2-71。当调节弹簧处于自由状态时，阀瓣呈关闭状态。拧动调节螺钉，顶开脉冲阀瓣，介质由进口通道经脉冲阀进入活塞上方。由于活塞面积比主阀瓣面积大，受力后向下移动使主阀瓣开启，介质流向的出口并进入膜片下方，出口压力逐渐上升直至所要求的数值，此时与弹簧力平衡。如果出口压力增高，原来的平衡状态即遭破坏，膜片下的介质压力大于调节弹簧的压力，膜片即向上移动，脉冲阀则向关闭方向运动，使流入活塞上方的介质减少，压力亦随之下降，引起活塞与方阀瓣上移，减少了主阀瓣的开启，出口压力也随之下降，达到新的平衡。反之，出口压力下降时，主阀瓣向开启方向移动，出口压力又随之上升，达到新的平衡。这样，可以使出口压力保持在一定范围内。

（4）减压阀的结构

① 薄膜式减压阀　用薄膜作传感件来带动阀瓣升降的减压阀，见图 2-72。它与活塞式相比，具有结构简单，灵敏度高的优点。但薄膜的行程小，容易老化损坏；受温度的限制，耐压能力低。通常用于水、空气等温度和压力不高的条件下。

② 弹簧薄膜式减压阀　用弹簧和薄膜作传感元件，带动阀瓣升降的减压阀，见图 2-73。主要由阀体、阀盖、阀杆、阀瓣、薄膜、调节弹簧和调节螺钉等组成。除具有薄膜式的特点外，其耐压性能比薄膜式高。

③ 先导活塞式减压阀　用活塞机构来带动阀瓣做升降运动的减压阀，见图 2-71。主要由阀体、阀盖、阀杆、主阀瓣、副阀瓣、活塞、膜片和调节弹簧等组成。它与薄膜式相比，体积较小，阀瓣开启行程大，耐温性能好，但灵敏度较低，制造困难。普遍用于蒸汽

和空气等介质管道中。

④ 波纹管式减压阀　用波纹管机构来带动阀瓣升降的减压阀，见图 2-74。它适用于蒸汽和空气等介质管道中。

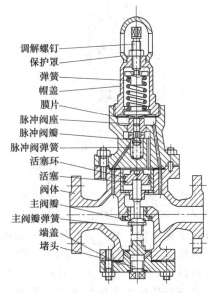

图 2-71　Y43 型先导活塞式减压阀

（图中标注：调解螺钉、保护罩、弹簧、帽盖、膜片、脉冲阀座、脉冲阀瓣、脉冲阀弹簧、活塞环、活塞、阀体、主阀瓣、主阀瓣弹簧、端盖、堵头）

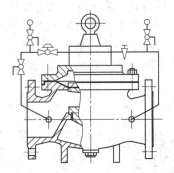

图 2-72　Y741X 型薄膜式减压阀

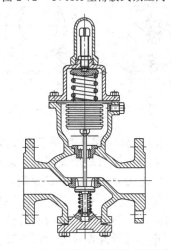

图 2-73　Y42X 型弹簧薄膜式减压阀

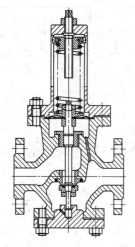

图 2-74　Y44T 型波纹管式减压阀

⑤ 杠杆式减压阀　用杠杆机构来带动阀瓣升降的减压阀，见图 2-75。其动作原理：当杠杆处于自由状态时，双阀座的阀瓣和阀座处于关闭状态。在进口压力作用下，向上推开阀瓣，出口端形成压力，通过杠杆上的平衡重锤，调整重量传到所需出口压力。当出口压力超过给定压力时，由于介质压力作用于上阀座上的力比作用于下阀座上的力大，形成一定压差，使阀瓣向下移动，减小节流面积，出口压力亦随之下降；反之亦然，达到新的平衡。

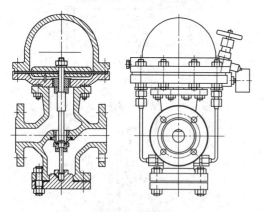

图 2-75　Y45 型杠杆式减压阀

⑥ 气泡式减压阀　当调节弹簧处于自由状态时，主阀和导阀都是关闭的。顺时针转动手轮时，导阀膜片向下，顶开导阀，介质经过导阀至主膜片上方，推动主阀，使主阀开启，介质流向出口，同时进入导阀膜片的下方，出口压力上升到与所调弹簧力保持平衡。如出口压力增高，导阀膜片向上移动，导阀开度减

小。同时进入主膜片下方介质减小，压力下降，主阀的开度减小，出口压力降低达到新的平衡，反之亦然，见图 2-76。

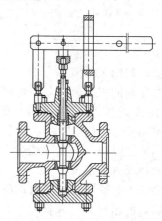

图 2-76　Y41 型气泡式减压阀

⑦ 比例式减压阀　其减压比由活塞两端的水压（正向）作用面积决定，见图 2-77。当活塞平衡时，作用在其两端的水压力相等，即 $p_1 S_1 = p_2 S_2$，故 $p_2 / p_1 = S_1 / S_2 = $ 常数，由此称固定比例式减压阀。当静态（$Q=0$）时，出口端压力 p_2 随之升高。由于活塞出口端之水压（正向）作用面积 S_2 是其入口端水压（正向）作用面积 S_1 的倍数（例如 2 倍），其出口压力 p_2 就是入口压力 p_1 的分数（即 1/2，形成 2∶1）。当入口压力增高（或降低）时，出口压力 p_2 将按固定比例随之增高（或降低）。当动态时，水从出口端流走，p_2 随之下降。由于活塞两端之水压（正向）作用面积 S_1 和 S_2 固定不变，故 $p_1 S_1 > p_2 S_2$，使活塞向下移动减压阀即开启，水流通道加宽，活塞也由此到达一个新的平衡点。由于活塞的灵活移动，阀内水流通道可随流量大小而自动调节（其最大宽度与管道面积相同）。

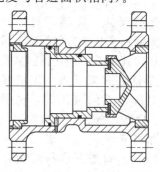

图 2-77　Y43 型比例式减压阀

如减压阀立式安装，则活塞自重将对出口压力有轻微影响，工作压力越大，此影响越小。

比例式减压阀标准比例：2∶1、3∶1、4∶1、5∶1、3∶2、5∶2。

设计减压阀比通常由静态出口压力决定，在多数情况下，标准减压比可满足静态压力要求，虽然实际出口压力值会与计算值稍有差距，但该误差是完全可以令人接受的。建议实际应用减压比例不要超过 3∶1，因为超过 3∶1 时，由于过高的压降可能导致管路系统内产生较大噪声。

（5）减压阀的选择与使用

减压阀是通过启闭件的节流，将进口压力降至某一个需要的出口压力，并能在进口压力及流量变动时，利用本身介质能量保持出口压力基本不变的阀门。

减压阀分直接作用式和先导式，见图 2-71～图 2-77。

① 直接作用式　该类减压阀是用压缩弹簧、重物或重力杠杆以及压缩空气加载，通过膜片、活塞或波纹管直接进行压力控制的阀门。这种阀门结构简单、耐用。在比较恶劣的工况下，只要维护得当，也能有很长的寿命。虽然直接作用式的压力调节不像先导式那么精确，但是造价低。可以广泛地用于不必要做精确控制的场合。

常用的直接作用式减压阀按结构形式分有：弹簧薄膜式减压阀、活塞式减压阀、波纹管式减压阀、杠杆式减压阀和比例式减压阀。

弹簧薄膜式减压阀：是采用膜片作敏感元件来带动阀瓣运动的减压阀。它的灵敏度高，宜用于温度和压力不高的水和空气介质管道上。通常适用压力 $\leqslant PN16$，适用温度 $t \leqslant 80℃$，适用口径可达 $DN1200$ 以上。

活塞式减压阀：是采用活塞作敏感元件来带动阀瓣运动的减压阀。由于活塞在汽缸中承受的摩擦力较大，灵敏度不及薄膜式减压阀。因此，适用于承受温度、压力较高的蒸汽和空气等介质的管道和设备上。

波纹管式减压阀：是采用波纹管作敏感元件来带动阀瓣运动的减压阀。它宜用于介质参数不高的蒸汽和空气等洁净介质的管道上。不

能用于液体的减压，更不能用于含有固体颗粒介质的管道上。因此，宜在波纹管减压阀前加过滤器。在选用减压阀时，应注意不得超过减压阀的减压范围，并保证在合理情况下使用。

杠杆式减压阀：是采用杠杆机构来带动阀瓣运动的减压阀，其结构简单、耐用，但不精确，目前较少采用。

比例式减压阀：这种阀门的特点是结构简单、体积小巧、比例稳定、无噪声及水锤冲击。流量与孔口面积无关，保证流量不变。由于运动部件只有活塞，维修方便，使用寿命长。该阀可水平或立式安装，对高层建筑、矿山等稳定水头供水系统尤为实用。与传统的弹簧式减压阀相比，流量较大，当下游出现反向压力增大时，活塞自动关闭，从而保护上游管路系统免受水锤等异常压力的破坏。

② 先导式　该类减压阀是由主阀和导阀组成，出口压力的变化通过导阀控制主阀动作的减压阀。在此类阀中，导阀的作用是辅助控制主阀或者完全控制主阀。导阀本身可以是一个小型的直接作用式减压阀。此类阀门精确的控制精度取决于它的特定结构。而实质上，导阀工作的目的是以维持预定压力下的流量的方法来调节主阀的开启量。先导式减压阀的压力控制精度非常精确，且结构紧凑，对于功能相同的减压阀来说，通常先导式比直接作用式结构小得多。在这种结构中，导阀和主阀可以是整体的，也可以是适用于远距离压力信号控制的单独的装置，它还能作远距离开关控制，也就是由控制中心控制的成套系统中的部件。另外，通过安装适当类型的导阀能够获得由温度直接控制的设备。由于先导式减压阀结构复杂，因此需要经常保养及清洁的工作条件。清洁工作条件常在阀门入口处装过滤器。

常用的先导式减压阀按结构形式分有：先导活塞式减压阀、先导波纹管式减压阀和先导薄膜式减压阀。

③ 减压阀选用时应注意的几个问题　选用减压阀之前应充分进行检测，以保证良好的使用效果。在检测时，减压阀应能满足如下性能要求。

a. 在给定的弹簧压力级范围内，出口压力在最大值与最小值之间应能连续调整，不得

有卡阻和异常振动。

b. 对于软密封的减压阀，在规定时间内不得有渗漏；对于金属密封的减压阀，其渗漏量应不大于最大流量的 0.5%。

c. 出口流量变化时，其出口压力负偏差值：直接作用式不大于 20%；先导式不大于 10%。

d. 进口压力变化时，其出口压力偏差值：直接作用式不大于 10%；先导式不大于 5%。

对于闲置不用的减压阀，调节弹簧使其处于自由状态。进口和出口端应用堵盖封闭。

常用减压阀的公称直径和阀孔面积见表 2-9。

表 2-9　常用减压阀的公称直径和阀孔面积

公称尺寸 DN	阀孔面积/cm²
25	2.0
32	2.8
40	3.48
50	5.30
65	9.45
80	13.2
100	23.5
125	36.8
150	52.2

减压阀的流量与流体的性质和压力比有关。压力比愈小，流量愈大；但当压力比减少到某一数值时，流量不再随压力比减小而增加。

减压阀产品规格中所列阀孔面积为最大截面积，而在工作状态下的流道面积要小于此值，选用时应比计算的阀孔面积稍大些。

选用某一工况条件下的减压阀，还可参阅相关产品样本和说明书，力求科学、合理。

2.1.13　疏水阀

能自动排放凝结水并能阻止蒸汽泄漏的阀门，称为疏水阀。

在现代社会中，蒸汽广泛地应用于工农业生产和生活设施中，无论在蒸汽的输送管道系统，还是利用蒸汽来进行加热、干燥、保温、消毒、蒸煮、浓缩、换热、采暖、空调等工艺过程中所产生的凝结水，都需要通过蒸汽疏水阀排除干净，而不允许蒸汽泄漏掉。

蒸汽疏水阀是蒸汽使用系统的重要附件，其性能的优劣，对于系统的正常运行，设备热

效率的提高及能源的合理利用等方面具有重要的作用。特别是在煤、石油及天然气等一次能源日益减少的情况下，世界各国政府都将节约能源和开发新能源作为重要的国策。而蒸汽疏水阀在蒸汽使用系统的节能方面起着不可忽视的关键作用。

据我国有关部门统计，目前全国蒸汽疏水阀拥有量约近千万台，大部分产品达不到现行国家标准漏汽率小于 3% 的要求，漏汽率大都在 10% 左右，每年将损失 2000 万吨标准煤，总计折合人民币几十亿元，这是一笔相当惊人的数字，由此可见蒸汽疏水阀的节能作用之大，及其在国民经济发展中的地位之重要，切不可等闲视之。

由于蒸汽疏水阀在节能方面的重大作用，各国对蒸汽疏水阀的生产、使用和科研都相当重视。

（1）疏水阀的种类与发展趋势

随着工业的迅速发展，蒸汽疏水阀的品种也迅速增加，其结构形式也发生了很大变化。

① 根据疏水阀的工作原理不同，按关闭件的驱动方式，蒸汽疏水阀可分为三类：

a. 机械型蒸汽疏水阀：由凝结水液位变化驱动启闭件而起到阻汽排水作用。例如，密闭浮子式、敞口向上浮子式、敞口向下浮子式、自由浮球式、杠杆浮球式等蒸汽疏水阀。

b. 热静力型蒸汽疏水阀：由凝结水温度变化驱动启闭件而起到阻汽排水作用。例如，波纹管式、双金属片式、膜盒式、温感蜡式等蒸汽疏水阀。

c. 热动力型蒸汽疏水阀：由凝结水动态特性驱动启闭件而起到阻汽排水作用。例如，圆盘式、脉冲式、迷宫或孔板式等蒸汽疏水阀。

从蒸汽疏水阀的发展历史来看，蒸汽疏水阀结构类型的演变基本上是按照"体积大，结构简单→体积小，结构复杂→体积小，结构简单"这一模式发展。

蒸汽疏水阀的最早类型是敞口向上浮子式、敞口向下浮子式、密闭浮子式等机械型蒸汽疏水阀，这些类型的蒸汽疏水阀的工作原理运用了古老的流体力学中的阿基米德定律，比较容易掌握，性能可靠，能排除饱和水，但是

其体积比较大，也较笨重，又由于颠簸摇摆的环境对其阻汽排水性能有相当的影响，因此，不能适应在船舶、火车上使用。

几乎与机械型同时代出现的蒸汽疏水阀是热静力型蒸汽疏水阀，最初是金属膨胀式蒸汽疏水阀，利用阀杆材料冷缩热胀的物理性能和凝结水温度的变化而实现阻汽排水作用。但是这种类型的蒸汽疏水阀不能适应蒸汽压力变化较大和凝结水量不稳的场合，后来研制出利用液体膨胀的压力平衡波纹管式蒸汽疏水阀。以上的问题得到了初步解决。

随着热力学科学研究的发展，到了 20 世纪 30 年代中期研制出了脉冲式蒸汽疏水阀，这种蒸汽疏水阀体积小、重量轻，但结构较复杂，制造精度要求高。

到 20 世纪 40 年代末期又研制出了圆盘式蒸汽疏水阀，利用蒸汽的流速与凝结水流速的差别而实现阻汽排水动作，这种蒸汽疏水阀体积小重量轻，结构简单，但排空气性能较差。

20 世纪 50 年代由于金属学的科学研究和冶金技术的发展，双金属片得到了广泛应用，研制出了双金属片式蒸汽疏水阀，利用双金属片受到温度变化而产生的变形实现阻汽排水作用。这种蒸汽疏水阀体积小、重量轻，能排除大量空气，但是要消耗大量的贵重稀缺金属镍、铬，成本较高，价格较贵。

由于各种类型的蒸汽疏水阀，各有不同的优缺点和不同的适用条件，因此多年以来各种类型的蒸汽疏水阀长期并存，应用于蒸汽系统中。

各种类型蒸汽疏水阀的生产厂家，也在不断地利用新技术、新工艺、新材料，改进自己的产品。例如采用复阀式阀瓣减小机械型蒸汽疏水阀的体积和重量，采用膜盒元件替代波纹管元件，提高压力平衡式蒸汽疏水阀的密封性能，采用双钢片代替双金属以减少贵重稀缺金属的消耗量，将两种不同类型的蒸汽疏水阀结合在一起制成复合型蒸汽疏水阀，以一种类型蒸汽疏水阀的优点去弥补另一种蒸汽疏水阀的缺点。

② 疏水阀的发展趋势如下。

a. 低压、小型、轻量型蒸汽疏水阀有较大发展。在各种工业的蒸汽系统中，大量使用的是低压、小排量的蒸汽疏水阀，约占全部所需蒸汽疏水阀数量的 90%。因此，各生产厂家都对低压、小型蒸汽疏水阀进行研究改进，提高其工作性能的可靠性和使用寿命，减轻重量，提高工艺水平和生产效益，降低成本，首先是美国 Armstrong 公司推出 1010 型不锈钢冲压件焊接阀体的敞口向下浮子式蒸汽疏水阀之后，又开发了不锈钢冲压件焊接阀体的波纹管式蒸汽疏水阀。日本 TLV 公司也开发了不锈钢冲压件焊接阀体的自由浮球式蒸汽疏水阀，另外还研制开发了小型双金属片式温调疏水阀。

b. 各种类型蒸汽疏水阀多品种生产。蒸汽疏水阀的类型很多，但在以前，每个蒸汽疏水阀制造厂家都只能生产少数几种蒸汽疏水阀，而这少数几种蒸汽疏水阀并不能满足配套设备对蒸汽疏水阀品种的要求。例如，美国 Armstrong 公司原来只生产敞口向下浮子式蒸汽疏水阀，并且宣传敞口向下浮子式蒸汽疏水阀是各种类型中性能最好的蒸汽疏水阀，但是最近也发展了圆盘式、浮球式和波纹管式。日本 TLV 公司原来只生产自由浮球式蒸汽疏水阀，最近也发展了自由半球式、双金属式，德国 Gestra 公司现在也正在发展敞口向下浮子式，各厂家趋向多品种生产。

c. 热静力型蒸汽疏水阀在发展。20 世纪 50 年代以前，热静力蒸汽疏水阀只有波纹管式蒸汽疏水阀使用较为普遍，20 世纪 50 年代发展了双金属片式蒸汽疏水阀，20 世纪 70 年代研制出了膜盒式蒸汽疏水阀。由于圆盘式蒸汽疏水阀某些缺点（如排空气性能差、磨损快、寿命短、漏汽量大等），一些使用单位纷纷改用热静力型蒸汽疏水阀替代圆盘式蒸汽疏水阀，在热静力型蒸汽疏水阀中，双金属片式蒸汽疏水阀需要消耗大量的镍，而镍是我国稀缺金属，价格较高。波纹管式蒸汽疏水阀动作灵敏度低，不耐水击，预计今后膜盒式蒸汽疏水阀将有较大发展。

随着电力工业和石油化工的发展，对蒸汽疏水阀的参数要求也越来越高。日本 TLV 公司已生产出 HRW260 型高压圆盘式蒸汽疏水阀，最高工作压力为 26.0MPa，最高工作温度达 540℃。德国 Gestra 公司生产的 BK212

型双钢片式蒸汽疏水阀，最高工作压力为
26.0MPa，最高工作温度为540℃，各公司都
在往高参数方面发展。

　　总之，有关的科学技术的发展，为增加蒸
汽疏水阀品种，提高质量和性能水平创造了有
利的条件，使蒸汽疏水阀向体积小、重量轻、
结构简单、性能完善和耐用性高的方向发展。

　　另外，随着国内外能源危机的进一步加剧
和现代化工业技术的迅速发展，对热能充分利
用的要求日益提高，蒸汽疏水阀的研究工作在
国内外得到了广泛的开展。

　　(2) 疏水阀的用途

　　疏水阀的用途是阻汽排水，提高蒸汽的热
效率；用于输汽管路和用汽设备中，开启时排
除凝结水，关闭时阻止蒸汽泄漏。

　　疏水阀性能参数范围：公称尺寸 $DN15\sim$
150；公称压力 $PN16\sim260$；工作温度 t
≤550℃。

　　选用疏水阀时，除了要考虑公称尺寸、公
称压力和工作温度外，还要考虑疏水阀的工作
压差和排水量。

　　(3) 疏水阀的结构

　　① 机械型蒸汽疏水阀　浮球式蒸汽疏水
阀是一种机械型蒸汽疏水阀，特别适用于压差
很小和压力、温度变化较大的工况，它能排除
饱和温度的凝结水，适用于要求温度非常稳定
的换热设备，这是其他类型的蒸汽疏水阀所不
能代替的。因此，蒸汽疏水阀生产厂家一般都
生产浮球式蒸汽疏水阀。其结构类型是多种多
样的，但总的看来可以分为杠杆浮球式和自由
浮球式两种。无论何种结构的浮球式蒸汽疏水
阀都应带有排空气阀，以便排除空气。

　　a. 杠杆浮球式蒸汽疏水阀：见图2-78，
液面敏感件、动作传递件和动作执行件分别为
浮球、杠杆和阀瓣，杠杆的设置增加了阀瓣的
启闭力，此种结构的疏水阀只适用于低压、小
排量。

　　b. 自由浮球式蒸汽疏水阀：其特点是只
有一个活动零件，浮球本身具有浮球、杠杆和
阀瓣的三重作用。具有结构简单，漏汽量小，
灵敏度高，不易发生故障，寿命长，维修方便
等优点。排空气装置有自动排气阀和手动排气
阀两种结构。自由浮球式蒸汽疏水阀结构见图

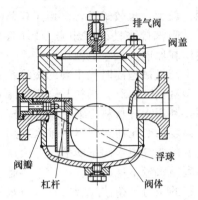

图 2-78　S41H 型杠杆浮球式蒸汽疏水阀

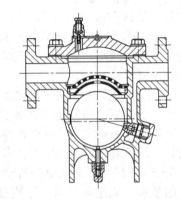

图 2-79　S41H 型自由浮球式蒸汽疏水阀

2-79。

　　c. 浮子为半球形敞口向下自由半浮球式
蒸汽疏水阀：见图2-80，其动作原理与其他
敞口向下浮子式蒸汽疏水阀相同，即利用凝结
水位在阀体中的升降变化，使敞口向下的球形
浮子上下动作进行阻汽排水。自由半浮球本身
具有浮子、杠杆和阀瓣的三重作用。最高工作
压力为1.6MPa，最高工作温度为220℃，最
大排量为8010kg/h。

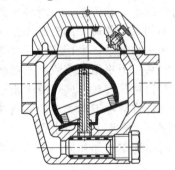

图 2-80　S15H 型自由半浮球式疏水阀

　　d. 活塞浮桶式疏水阀：液面敏感件开口向
上（浮桶），阀的出口置于阀的上方，先导阀开

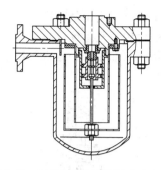

图 2-81 S45H 型活塞浮桶式疏水阀

启后，借助介质压力开启主阀，见图 2-81。

e. 杠杆倒吊桶式疏水阀：液面敏感件开口向下（倒吊桶），同时也是动作执行件，由浮子（倒吊桶）内凝结水的液位变化导致启闭件的开关动作。较自由半浮球式增大了阀的启闭力，见图 2-82。

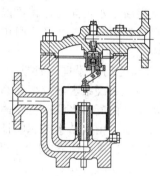

图 2-82 S45H 型杠杆倒吊桶式疏水阀

② 热静力型蒸汽疏水阀

a. 膜盒式蒸汽疏水阀（图 2-83）：是德国 Gestra 公司独家研制的专利产品。最高工作压力为 3.2MPa，最高工作温度为 380℃，最大排量为 140t/h，是一种工作原理与波纹管式蒸汽疏水阀相似的热静力式蒸汽疏水阀，其关键的内件为一含有低沸点液体的膜盒。填充不同沸点的液体，可以得到不同的过冷度。该

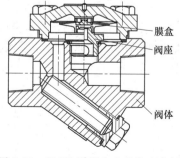

图 2-83 S16H 型膜盒式蒸汽疏水阀

产品与波纹管式蒸汽疏水阀相比，有体积小、重量轻、动作灵敏、耐水击冲击强度高、漏汽量小、容易维修等优点；与圆盘式蒸汽疏水阀相比，有过冷度小、寿命长、能排冷空气等优点，只是在抗水击和抗污垢能力方面稍差。

b. 双金属片式蒸汽疏水阀：是一种以双金属片为热敏感温元件的热静力式蒸汽疏水阀，见图 2-84。它有体积小、重量轻、排空气性能好等优点，可以随意调节凝结水的排放温度，以便充分利用凝结水的显热。最高工作压力达 17.6MPa，最高工作温度达 565.5℃，最大排量为 78t/h。

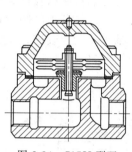 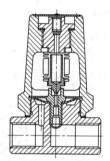

图 2-84 S17H 型双 图 2-85 S14H 型波
金属片蒸汽疏水阀 纹管式蒸汽疏水阀

c. 波纹管式蒸汽疏水阀（图 2-85）：是一种以波纹管为敏感元件的热静力蒸汽疏水阀。根据波纹管内填充液性质的不同，又可分为蒸汽压力式和液体膨胀式两种。蒸汽压力式的波纹管内充填有挥发性较大的液体，最初大多数使用于低压蒸汽采暖的散热片上，工作压力最高只有 0.3MPa 左右，后来也应用于其他蒸汽设备上，工作压力也逐渐提高，最高工作压力可达 3.7MPa，液体膨胀式的波纹管内填充有高线胀系数的无挥发性液体，只能排除在一定温度下的凝结水，适用于压力变化较小或基本不变化的蒸汽系统中，排除过冷度较大凝结水。最高工作温度达 246℃，最大排量达 1800kg/h，当工作压力小于 0.45MPa 时，其波纹管材料采用磷青铜，当工作压力大于 0.45MPa 时，其波纹管材料采用奥氏体不锈钢，当工作压力大于 2.5MPa 时，其波纹管材料是用蒙乃尔合金。液体膨胀式蒸汽疏水阀排水温度范围为 60～100℃，最高工作压力为 1.75MPa，最高工作温度为 232℃，最大排水量为 270kg/h。

③ 热动力型蒸汽疏水阀

a. 圆盘式蒸汽疏水阀：是热动力型蒸汽疏水阀的一种，是当前广泛使用的蒸汽疏水阀品种之一，见图 2-86。该产品阀片既是敏感件又是动作执行件，靠蒸汽和凝结水通过时的不同热力学性质驱动其启闭。内外阀盖间空气保温，阀门可水平安装也可竖直安装。由于圆盘式蒸汽疏水阀具有工作压力范围广、体积小、重量轻、结构简单、成本低等优点，至今仍在广泛使用。但是由于它的唯一可活动的阀片动作频繁（工作一年要与阀座冲击几十万次），再加上它本身热力学性能所决定的必要的热量损失，所以在寿命、漏汽率以及排空气能力方面都存在一些问题。世界各国的圆盘式蒸汽疏水阀的生产厂家都在不断地改进、发展新的结构，使其性能更加完善。

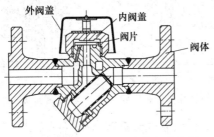

图 2-86　S49H 型圆盘式蒸汽疏水阀

b. 脉冲式蒸汽疏水阀：是一种热动力型蒸汽疏水阀，见图 2-87。其工作原理是利用两级节流、中腔压力的变化实现蒸汽疏水阀的启闭动作，由于其阀瓣中心有一很小的节流孔，可以不断排放出少量蒸汽，因此可以解决进口管路的汽锁或气阻等故障，适用在一些虹吸排水的场合（如印染、造纸机械中的烘筒的虹吸排水）。

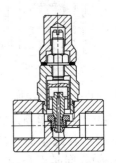

图 2-87　S18H 型脉冲式蒸汽疏水阀

（4）疏水阀的选择与使用

疏水阀是从贮有蒸汽的密闭容器内或蒸汽管线自动排出凝结水，同时保持不泄漏新鲜蒸汽的一种自动控制装置，在必要时也允许蒸汽按预定的流量通过。

① 疏水阀的动作原理与性能　蒸汽疏水阀可分为三类：由凝结水液位变化驱动的机械型蒸汽疏水阀；由凝结水温度变化驱动的热静力型蒸汽疏水阀；由凝结水动态特性驱动的热动力型蒸汽疏水阀。疏水阀动作原理见表 2-10。

蒸汽疏水阀是蒸汽使用系统的重要附件，其性能的优劣，对于系统的正常运行，设备热效率的提高及能源的合理利用等方面具有重要的作用。疏水阀的性能比较见表 2-11。

表 2-10　各种类型疏水阀特性比较

简图（示意图）	动作原理
(1)机械型蒸汽疏水阀（由凝结水液位变化驱动） ①密封浮子式蒸汽疏水阀 介质流动方向 1—密封浮子；2—杠杆；3—阀座；4—启闭件	由壳体内凝结水的液位变化导致启闭件的开关动作

简图（示意图）	动 作 原 理
②敞开向上浮子式蒸汽疏水阀 1—浮子(桶形)；2—缸吸管；3—顶杆；4—启闭件；5—阀座	由浮子内凝结水的液位变化导致启闭件的开关动作
③敞开向下浮子式蒸汽疏水阀 1—浮子；2—放气孔；3—阀座；4—启闭件；5—杠杆	由浮子内凝结水的液位变化导致启闭件的开关动作
(2)热静力型蒸汽疏水阀(由凝结水温度变化驱动) ①蒸汽压力式蒸汽疏水阀 1—阀座；2—启闭件；3—可变形元件	由凝结水的压力与可变形元件内挥发性液体的蒸汽压力之间的不平衡驱动启闭件的开启动作
②双金属式或热弹性元件式蒸汽疏水阀 1—阀座；2—启闭件；3—双金属片	由凝结水的温度变化引起双金属片或热弹性元件变形驱动启闭件的开关动作
③液体或固体膨胀式蒸汽疏水阀 1—可膨胀元件；2—阀座；3—启闭件	由于凝结水的温度变化而作用于热膨胀系数较大的元件上，以驱动启闭件的开关动作
(3)热动力型蒸汽疏水阀(由流体动态特性驱动) ①圆盘式蒸汽疏水阀 1—启闭件；2—压力室；3—阀座	由进口和压力室之间的压差变化而导致启闭件的开关动作

续表

简图（示意图）	动作原理
②脉冲式蒸汽疏水阀 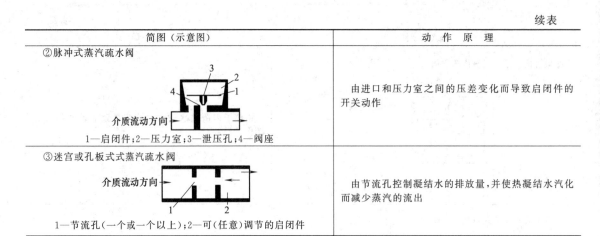 1—启闭件；2—压力室；3—泄压孔；4—阀座	由进口和压力室之间的压差变化而导致启闭件的开关动作
③迷宫或孔板式式蒸汽疏水阀 介质流动方向 1—节流孔（一个或一个以上）；2—可（任意）调节的启闭件	由节流孔控制凝结水的排放量，并使热凝结水汽化而减少蒸汽的流出

表 2-11　各种类型疏水阀特性比较

疏水阀的型号	密封浮子式	敞开向上浮子式	敞开向下浮子式	液体或固体膨胀式	双金属片式	脉冲式	圆盘式
排水方式	连续	间歇				接近连续	间歇
动作反应速度	快			慢		快	
排水温度	接近饱和			低于饱和		接近饱和	
排空气性能	要增加排气装置			好		能排除	
进口压力波动对疏水阀的影响	无	有		无	较小	有	无
工作负荷变化的适应性	好	差		好			良好
是否要防冻	要防冻			不要	防止安装在垂直管路	不要	防止安装在垂直管路
是否耐水击	不耐水击			耐水击			
体积	较大	大	比敞口向上浮子式小	小			
重量	较重	重	比敞口向上浮子式轻	轻			

a. 机械型蒸汽疏水阀：这类疏水阀主要有密闭浮子式、敞口向上浮桶式、敞口向下浮桶式、自由浮球式、半自由浮球式、杠杆浮球式等。

b. 热静力型蒸汽疏水阀：这类疏水阀主要有波纹管式、双金属片式、膜盒式、温感蜡式蒸汽疏水阀。这类疏水阀几乎与机械型疏水阀同时出现，最初是金属膨胀式蒸汽疏水阀，利用阀杆材料冷缩热胀的物理性能和凝结水温度的变化而实现阻汽排水作用。但是这种类型的蒸汽疏水阀不能适应蒸汽压力变化较大和凝结水量不稳的场合，后来研制出利用液体膨胀的压力平衡波纹管式蒸汽疏水阀，以上的问题得到了初步解决。随着材料科学技术的发展，双金属片得到了广泛应用，研制出了双金属片式蒸汽疏水阀，它是利用双金属片受到温度变化而产生的变形实现阻汽排水作用的。这种疏水阀体积小、重量轻，能排除大量空气，但是成本高。

c. 热动力型蒸汽疏水阀：这类疏水阀有圆盘式蒸汽疏水阀、脉冲式蒸汽疏水阀、迷宫式蒸汽疏水阀、孔板式蒸汽疏水阀。圆盘式蒸汽疏水阀是利用蒸汽的流速与凝结水流速的差别而实现阻汽排水动作，这种蒸汽疏水阀体积小、重量轻、结构简单，但排空气性能较差。脉冲式蒸汽疏水阀也具有体积小、重量轻的特点，但结构复杂，制造精度要求高、价格贵。

② 疏水阀的选择与使用　由于各种类型的蒸汽疏水阀各有不同的优缺点和不同的适用条件，因此多年以来各种类型的蒸汽疏水阀长期并存，应用于各种工业管道中。在诸多类型的疏水阀中，必须正确地选择适合某一系统中的疏水阀，因为这对系统的正常运行影响很大，选择恰当可提高热效率和节省燃料。正确的选型应按下列标准。

a. 蒸汽疏水阀的公称压力及工作温度应大于或等于蒸汽管道及用汽设备的最高工作压

力及最高工作温度。

　　b. 蒸汽疏水阀必须区别类型，按其工作性能、条件和凝结水排放量进行选择，不得只以蒸汽疏水阀的公称尺寸作为选择依据。

　　c. 在凝结水回收系统中，若利用工作背压回收凝结水时，应选用背压率较高的蒸汽疏水阀（如机械型蒸汽疏水阀）。

　　d. 当用汽设备内要求不得积存凝结水时，应选用能连续排出饱和凝结水的蒸汽疏水阀（如浮球式蒸汽疏水阀）。

　　e. 在凝结水回收系统中，用汽设备既要求排出饱和凝结水，又要求及时排出不凝结性气体时，应采用能排饱和水的蒸汽疏水阀与排气装置并联的疏水装置或采用同时具有排水、排气两种功能的蒸汽疏水阀（如热静力型蒸汽疏水阀）。

　　f. 当用汽设备工作压力经常波动时，应选用不需调整工作压力的蒸汽疏水阀。

　　g. 蒸汽疏水阀的实际最高工作背压 p'_{MOB} 的确定。

机械型蒸汽疏水阀：$p'_{MOB}=0.8p'_O$
热静力型蒸汽疏水阀：$p'_{MOB}=0.3p'_O$
热动力型蒸汽疏水阀有如下两种。
圆盘式蒸汽疏水阀：$p'_{MOB}=0.5p'_O$
脉冲式蒸汽疏水阀：$p'_{MOB}=0.5p'_O$

式中　p'_{MOB}——蒸汽疏水阀的实际最高工作背压，Pa；
　　　p'_O——蒸汽疏水阀的实际工作压力，Pa。

　　h. 蒸汽疏水阀的实际工作压力的确定。当凝结水由蒸汽管道系统排出时，蒸汽疏水阀的实际工作压力等于蒸汽管道的工作压力。

当凝结水由用汽设备排出时，蒸汽疏水阀的实际工作压力按下式确定：

$$p'_O=(0.9\sim0.95)p$$

式中　p'_O——蒸汽疏水阀的实际工作压力，Pa；

　　　p——用汽设备的蒸汽压力，Pa，其值为测定数据或制造厂提供的数据。

　　i. 蒸汽疏水阀的实际工作背压按下式确定：

$$p'_{OB}=g\rho(H_3+\Delta Z_3)+p_3$$

式中　p'_{OB}——蒸汽疏水阀的实际工作背压，Pa；
　　　H_3——蒸汽疏水阀后管道系统总的水力阻力，Pa；
　　　ΔZ_3——蒸汽疏水阀后提升或下降的高度，提升为正值，下降为负值，m；
　　　p_3——凝结水箱的压力，Pa；
　　　g——重力加速度，m/s^2；
　　　ρ——密度，kg/m^3。

　　j. 用以选择蒸汽疏水阀的凝结水排放量按下列原则确定。必须准确地掌握用汽设备的凝结水排放量 G_C 和用汽压力。

　　用以选择蒸汽疏水阀的凝结水排放量 G_t，按下式计算：

$$G_t=\eta G_C$$

式中　G_t——蒸汽疏水阀的凝结水排放量，t/h；
　　　η——安全率，其数值按蒸汽疏水阀样本选取，或参考表 2-12；
　　　G_C——用汽设备凝结水的排放量，t/h。

　　选好疏水阀是一项重要的节能措施，要根据不同的工况条件选择合适的疏水阀。

　　我国常用的疏水阀性能见表 2-13。

　　由于受各种因素的影响，疏水阀技术参数的理论计算与实际使用情况是有出入的。实际排水量大于理论排水量，其安全率 η 见表 2-12。

　　在需要立即排除凝结水的场合，如涡轮蒸汽机、蒸汽泵、蒸汽主管道等，不宜采用有过冷度的疏水阀，如脉冲式疏水阀和热静力波纹管式疏水阀。

表 2-12　蒸汽疏水阀选用安全率 η 推荐表

序号	供 热 系 统	使 用 情 况	η
1	分汽缸下部疏水	在各种压力下，能进行快速排除凝结水	3
2	蒸汽主管疏水	对于输送饱和蒸汽的主干管，间断供汽时，每隔 100m 左右应安装蒸汽疏水阀；连续供汽时，逆坡管每隔 200～300m 应安装蒸汽疏水阀，顺坡管每隔 400～500m 应安装蒸汽疏水阀，对于输送过热蒸汽主干管，可根据过热度及输送过程中过热度降低的程度参照饱和蒸汽而定。蒸汽管道的疏水点应选在管段的最低处、上升立管的底部、管部的末端、减压阀和自动调节阀的前面	3

续表

序号	供 热 系 统	使 用 情 况	η
3	支管	支管长度大于或等于5m处的各种控制阀的前面设疏水点	3
4	汽水分离器	在汽水分离器的下部疏水	3
5	伴热器	一般伴热管径为DN15在小于或等于50m处设疏水点	2
6	暖风机	压力不变时	3
		压力可调时：小于或等于100kPa	2
		101～200kPa	2
		201～600kPa	3
7	单路盘管加热（液体）	快速加热	3
		不需要快速加热	2
8	多路并联盘管加热（液体）		2
9	烘干室（箱）	采用较高压力PN16 压力不变时	2
		压力可调时	3
10	溴化锂制冷设备蒸发器的疏水	单效压力小于或等于100kPa	2
		双效压力小于或等于1MPa	3
11	浸在液体中的热盘管	压力不变时	2
		压力可调时： 1～200kPa	2
		大于200kPa	3
		虹吸排水	5
12	列管式热交换器	压力不变时	2
		压力可调时： 小于或等于100kPa	2
		101～200kPa	2
		大于200kPa	3
13	夹套锅	必须在夹套锅上方设排空气阀	3
14	单效或多效蒸发器	凝结水量小于或等于20t/h	3
		大于20t/h	2
15	层压机	应分层疏水，注意水击	3
16	消毒柜	柜的上方设排空气阀	3
17	回转干燥圆筒	表面线速度： 小于或等于30m/s	5
		30～80m/s	8
		80～100m/s	10
18	二次蒸汽罐	罐体直径应保证二次蒸汽速度$v \leqslant 5m/s$且罐体上部要设排空气阀	3

表 2-13　常用疏水阀性能比较

项目	热动力型疏水阀		机械型疏水阀			热静力型疏水阀		
	热动力式	脉冲式	钟形浮子式	浮球式	浮桶式	波纹管式	双金属式（圆盘）	双金属式（长方）
排水性能	间歇排水	接近连续	间隙排水	连续排水	间歇排水	间歇排水	间歇排水	间歇排水
排气性能	较好	好	较好	不好	不好	好	好	好
使用条件变动时	自动适应	需调整	自动适应		需调整浮筒重量		一般不调整	宜调整
允许背压	允许背压度50%,最低工作压力0.05MPa	允许背压度25%	>0.05MPa	>0.05MPa	>0.05MPa	允许背压极低	允许背压度50%时,不必调整	允许背压极低,但调整后可提高
动作性能	敏感、可靠	敏感,控制缸易卡住	迟缓但规律稳定可靠	迟缓但规律稳定可靠	迟缓但规律稳定可靠	迟缓、不可靠	迟缓、不可靠	迟缓、不可靠

续表

项目	热动力型疏水阀		机械型疏水阀			热静力型疏水阀		
	热动力式	脉冲式	钟形浮子式	浮球式	浮桶式	波纹管式	双金属式（圆盘）	双金属式（长方）
适用范围	可用于过热蒸汽	同左				仅适于低压（0.2MPa）		
蒸汽泄漏	＜3％	1％～2％	2％～3％	无	无		无	
要否防冻	垂直安装能防止结冰	不要	要	要	要	不要	垂直安装能防止结冰	垂直安装能防止结冰
启动操作				需充水	打开放气阀排气、充水			
安装方向	水平	水平	水平	水平或垂直	水平或垂直	波纹管伸缩方向	水平	水平
排水温度	接近饱和温度	接近饱和温度	接近饱和温度	接近饱和温度	接近饱和温度	低于饱和温度	低于饱和温度	低于饱和温度
耐久性	较好	较差	阀和销尖磨损较快		阀门部分磨损较快	较差	好	好
结构大小	小	小	较大	大	大	很小	小	小

凝结水低于额定最大排水量 15％ 时，不应选用脉冲式疏水阀，因为在这种条件下，新鲜蒸汽容易从排泄孔流失。

在办公楼、学校、科研院所、医院、住宅楼、商务楼等建筑的周围，需要安静的环境，不宜选用噪声大的热动力式疏水阀，而应选用热静力型疏水阀和浮球式疏水阀，因它动作迟缓、冲击力小、噪声低。

间歇操作的室内蒸汽加热设备和管道，需选用排气性能好的疏水阀，如倒吊桶式或热静力型疏水阀。

室外工作的疏水阀，一般不宜选用机械型疏水阀，在必须选用时，应有防冻保护措施。

2.1.14 调节阀

调节阀用于调节介质的流量、压力、温度和液位。根据调节部位信号，自动开度，从而实现介质流量、压力温度和液位的调节。

随着自动化程度的不断提高，调节阀在设备和管道控制中发挥着越来越重要的作用。调节阀成为控制系统中不可缺少的执行元件，通过接收调节控制单元输出的控制信号，借助动力操作去改变流体的诸要素，所以调节阀也称控制阀。调节阀的驱动装置通常采用电动、气动和液动。

调节阀直接应用于各种工业管道和设备上，其质量和可靠性不仅影响调节品质，而且还涉及系统的安全，维护人员安全和环境污染等重大问题。

调节阀在我国通用阀门中属仪表行业，由于其越来越重要的作用，几乎在工业管道中无处不在，所以本节中仍将调节阀列入，并做一般介绍。对于驱动装置和控制部分，本文不予叙述，详细情况请参阅调节阀的相关著作。

（1）调节阀技术参数与特性

① 调节阀技术参数 公称尺寸 $DN10～400$；公称压力 $PN6～320$；工作温度：$t \leqslant 450℃$。

额定流量系数（K_V）见第 1 章 1.3 节。

流量特性：线性、等百分比、抛物线或快开。

输入信号范围：气信号，标准 $20～100kPa$；电信号，$0～10mA$ 或 $4～20mA$。

作用方式：气开或气关，电开或电关。泄漏等级与泄漏量：见表 2-14～表 2-16。

表 2-14 调节阀泄漏等级（GB/T 4213）

泄漏等级	试验介质	试验程序	最大阀座泄漏量/(L/h)
Ⅰ	由用户与制造厂商定		
Ⅱ	L 或 G	1	$5×10^{-3}×$阀额定容量
Ⅲ	L 或 G	1	$10^{-3}×$阀额定容量
Ⅳ	L	1 或 2	$10^{-4}×$阀额定容量
	G	1	
Ⅳ-S1	L	1 或 2	$5×10^{-4}×$阀额定容量
	G	1	

泄漏等级	试验介质	试验程序	最大阀座泄漏量/(L/h)
Ⅳ-S2	G	1	$2\times10^{-4}\times\Delta pD$
V	L	2	$1.8\times10^{-7}\times\Delta pD$
Ⅵ	G	1	$35\times10^{-3}\times\Delta p\times$（表 2-15 规定泄漏量）

注：1. Δp 以 kPa 为单位。

2. D 为阀座直径，以 mm 为单位。

3. 对于可压缩流体积流量，是绝对压力为 101.325kPa 和热力学温度为 273K 的标准状态下的测定值。

4. 试验程序"1"表示 $\Delta p=0.35$MPa、介质为水；试验程序"2"表示 Δp 等于工作压差、介质为水或气体。

5. L 表示介质为液体，G 表示介质为气体。

表 2-15　调节阀泄漏量（GB/T 4213）

阀座直径 /mm	泄漏量 /(mL/min)	每分钟气泡数
25	0.15	1
40	0.30	2
50	0.45	3
65	0.60	4
80	0.90	6
100	1.70	11
150	4.0	27
200	6.75	45
250	11.1	—
300	16.0	—
350	21.6	—
400	28.4	—

注：1. 每分钟气泡数是用外径 6mm、壁厚 1mm 的管子垂直浸入水下 5～10mm 深度的条件下测得的，管端表面应光滑，无倒角和毛刺。

2. 如果阀座直径与表列值之一相差 2mm 以上，则泄漏系数可假设泄漏量与阀座直径的平方成正比的情况下通过类推法取得。

表 2-16　额定容量按计算公式

条件	$\Delta p<\dfrac{1}{2}p_1$	$\Delta p\geqslant\dfrac{1}{2}p_1$
液体	$Q_1=0.1K_v\sqrt{\dfrac{\Delta p}{p/\rho_0}}$	
气体	$Q_g=4.73K_v\sqrt{\dfrac{\Delta pp_m}{G(273+t)}}$	$Q_g=\dfrac{2.9p_1K_v}{\sqrt{G(273+t)}}$

注：Q_1 为液体流量，m³/h；Q_g 为标准状态下的气体流量，m³/h；K_v 为额定流量系数；$p_m=\dfrac{p_1+p_2}{2}$，kPa；p_1 为阀前绝对压力，kPa；p_2 为阀后绝对压力，kPa；Δp 为阀前后压差，kPa；t 为试验介质温度，取 20℃；G 为气体相对密度，空气=1；p/ρ_0 为相对密度，规定 5～40℃范围内的水 $p/\rho_0=1$。

② 调节阀阀体主要材料使用的温度、压力范围　调节阀所使用的材料主要有碳钢和不锈钢。适用的介质，如水、蒸汽、油品、各类气体、各种酸碱类化学物质、有机溶剂等。由于工业管道参数越来越高，尺寸越来越大，温度、压力越来越高。有的钢制调节阀工作压力高达 32.0MPa，使用温度达 450℃，不锈钢壳体材质的调节阀使用温度高达 550℃。在一些通风及给水调节阀中公称尺寸达到 $DN1000$ 以上，这类调节阀常为球阀和蝶阀式结构。但绝大多数调节阀工作压力小于 $PN100$，公称尺寸小于 $DN400$，使用温度通常在 -29～250℃之间。调节阀阀体材料使用温度、压力范围见图 2-88、图 2-89。

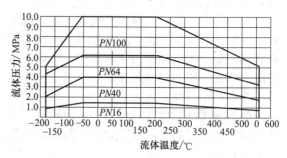

图 2-88　304、304L、316、316L 不锈钢阀体材料的使用温度、压力范围

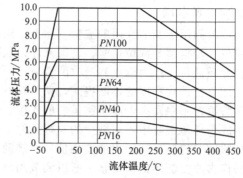

图 2-89　WCB 碳钢阀体材料的使用温度、压力范围

③ 调节阀的流量特性　是指在调节阀进出口压差固定不变的情况下的流量特性，有直线、等百分比、抛物线及快开 4 种特性（表 2-17）。通常应用最多的是直线流量特性（图 2-90）和等百分比流量特性（图 2-91）。

表 2-17 调节阀 4 种流量特性

流量特性	性 质	特 点
直线	调节阀的相对流量与相对开度呈直线关系,即单位相对行程变化引起的相对流量变化是一个常数	①小开度时,流量变化大,而大开度时流量变化小 ②小负荷时,调节性能过于灵敏而产生振荡,大负荷时调节迟缓而不及时 ③适应能力较差
等百分比	单位相对行程的变化引起的相对流量变化与此点的相对流量成正比,即调节阀的放大系数是变化的,它随相对流量的增大而增大。等百分比流量特性也称对数流量特性	①单位行程变化引起流量变化的百分率是相等的 ②在全行程范围内工作都较平稳,尤其在大开度时,放大倍数也大,工作更为灵敏有效 ③应用广泛,适应性强
抛物线	特性介于直线特性与等百分比特性之间,使用上常以等百分比特性代之	①特性介于直线特性与等百分比特性之间 ②调节性能较理想,但阀瓣加工较困难
快开	在阀行程较小时,流量就有比较大的增加,很快达到最大	①在小开度时流量已很大,随着行程的增大,流量很快达到最大 ②一般用于双位调节和程序控制

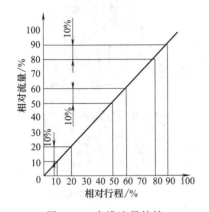

图 2-90 直线流量特性

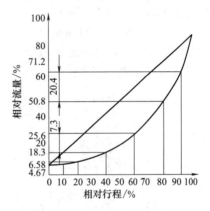

图 2-91 等百分比流量特性

（2）调节阀的种类与结构特点

① 调节阀的分类

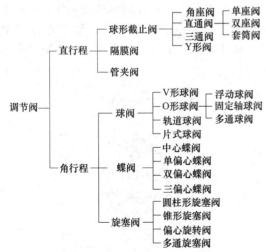

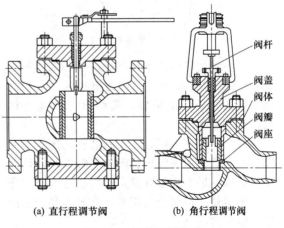

图 2-92 调节阀结构图

（a）直行程调节阀 （b）角行程调节阀

② 调节阀的结构 普通用途的调节阀主要由阀体、阀盖、阀瓣、套筒、阀座、阀杆等组成,见图 2-92。根据阀瓣调节的方式分直行程式和角行程式两种。

a. 直行程调节阀 [图 2-92 （a）]。流量是靠阀瓣在阀座中做垂直移动时,改变阀座流通面积来进行调节的。阀门的开、关由电动执行机构或气动、液动机构控制。属这类结构的有：单座调节阀、笼式调节阀、双座调节阀、套筒调节阀、三通调节阀、角形调节阀、隔膜调节阀等。

b. 角行程调节阀［图 2-92 (b)］。阀门的流量调节借圆筒形的阀瓣相对阀座回转，改变阀瓣上窗口面积来实现。阀门的开关范围，由阀门上方的开度指示板指示，指示针所指示的开关范围与阀门的开关范围一致。属这类结构的有：蝶形调节阀、球形调节阀、偏心旋转阀等。

③ 几种常用调节阀的特点

a. 单座调节阀（含笼式单座）。见图 2-93，单座调节阀体内只有一个阀芯和阀座，传统型阀芯为双导向（上、下导向，小口径为单导向），上、下阀盖，阀体分上、下两腔，S 形流线通道。双导向设计运动稳定，导向性能好，但结构尺寸大、笨重。

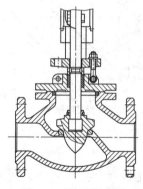

图 2-93　单座调节阀

精小型为降低成本轻型化设计、阀体稍加长、S 形流道更顺畅，阀芯为单导向，一个阀盖、结构简单、重量轻、高精度、大流通能力，K_V 值增大。

笼式单座调节阀，是在阀芯外周加装个开窗口的套筒，用来降压、降速、降噪声，因其窗口必须是最大流量开设，所以小开度时，作用不大明显。适用于高压差，介质容易产生闪蒸、空化的场合。

单座调节阀体由于只有一个阀芯和阀座，容易保证密封。泄漏量为 $0.01\% \times K_V$(L/h)，不平衡大，允许压差小，S 形流通管及阀内件使阀内流路较复杂，介质不洁净时易堵。它适于压差不大，泄漏量要求较严，干净流体介质时使用。

流量特性：直线、等百分比特性。

b. 双座调节阀。见图 2-94，双座阀体内有两个阀芯和阀座，上下阀芯串联双导向，上下阀盖，由于流体压力作用在上下两个阀芯上，不平衡力互相抵消许多，因而不平衡力小，允许压差大。上下两个阀芯与阀座，因加工误差存在，阀门关闭时不可能达到同时密封，因而其泄漏量较大［$0.1\% \times K_V$(L/h)］。流路复杂、易堵塞。它适于压差大，泄漏量要求不太严，洁净流体时使用。

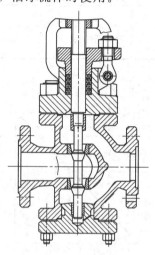

图 2-94　双座调节阀

流量特性：直线、等百分比特性。

c. 套筒调节阀（平衡笼式调节阀）。见图 2-95，套筒式调节阀是由套筒、阀塞代替单座阀的阀座与阀芯。阀体同单座阀一样，是一个上腔大，下腔小的球形阀体，呈 S 形流线通道。由于其阀塞上开有"平衡孔"以减少介质

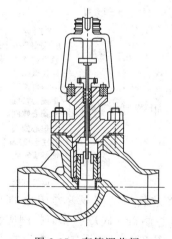

图 2-95　套筒调节阀

压力，作用在阀塞上的不平衡力小，并由于套筒与阀塞导向接触面积大，不易引起阀塞振荡，运行稳定性较好。在套筒上提供的节流窗孔设计上可大可小，可方便地改变流量系数值（并可用多个喷射小孔代替大窗孔节流，用以降低噪声、减小共振，这就是笼式低噪声调节阀的结构原理）。每个公称尺寸上均可做 3 种不同的流量系数值，使用小流量时，管道可实现不变径安装。因其为双密封结构，同双座阀一样，泄漏量较大，允许压差大，也易堵塞和卡住（有结晶、流体介质时），它适于压差较大，调节品质平稳，泄漏量要求不大严格，洁净的流体介质时使用。

流量特性：直线、等百分比特性。

d. 三通调节阀。见图 2-96，三通阀的三个进出口与管道相连，相当于两台单阀座调节阀与一个三通合为一体。按其作用方式分为合流阀与分流阀两种，三通阀多为由单阀座体改型加工而成，其为双阀芯和双阀座，阀芯为套筒形，利用阀座与筒形阀芯自身导向。两个带窗口的套筒形阀芯由一根轴杆串联起来，当一路处于全开，另一路就是全关。由于两路流体压差相差较大时，不平衡力也较大（同单座阀相似），两阀芯做上或下移动时，两路流体量是成比例关系变化的。合流阀一般为两路进口量之和等于出口流量，即 $A\% + B\% = 100\%$；分流阀的进口流量等于两路出口流量之和，即 $100\% = A\% + B\%$。分流阀的流通总是为 100% 状态，只是两个分量之间按比例变化。泄漏量同双座阀一样较大。

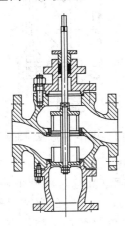

图 2-96　三通调节阀

三通阀适用于压差不大，洁净的流体介质，如热交换器的冷热流量调节，泵的出口稳压回流调节，简单的配比调节场合。

流量特性：只有直线特性。

e. 角形调节阀（笼式角形阀）。见图 2-97，角形阀阀体形状如同一个带法兰的弯头，装上阀芯、阀座。其流路简单，具有自洁性，流阻小、流量系数比单座阀大。它可安装在管道的拐弯处。阀体利于锻造，所以高压阀多采用角形阀。角形阀与单座阀一样，为一个阀芯与阀座，单导向，允许压差小（一般是因配套执行器，输出力限制，现可用加大配用执行器的方式，增大允许压差范围。笼式角形阀允许差压可增大）。

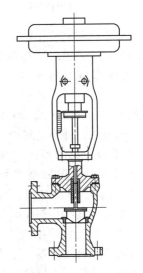

图 2-97　角形调节阀

适用于压差不太大，流体介质可以不太洁净，且需要角形安装的场合。

流量特性：直线、等百分比特性。

f. 隔膜调节阀。见图 2-98，隔膜阀是最早期的调节阀之一，相似于两端有法兰的一段管，阀中间突起分成两个腔，利用膜片把阀盖处密封住，在阀芯上下移动时，迫使膜片上下移动，打开或封死通道，达到调节作用。

作为防腐阀时阀体内腔衬氟，膜片也用软质氟塑料。其流路简单，具有自洁性，行程较小，调节品质差，具有快开特性（0～60% 开度，具有近似直线流量特性）。不平衡力较大，膜片像一个疲劳试件，强迫它上下伸缩、挤压、摩擦，易损坏，导致阀的寿命较短。原在

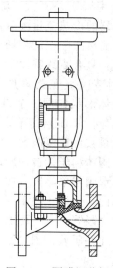

图 2-98　隔膜调节阀

衬氟调节阀没有生产时，使用较多，现因其调节品质差、寿命短，多已经用衬氟调节阀代替了，如被衬氟蝶形阀、球形阀、单座阀等替代。

适用于低压力（$PN10$）、小压差、调节品质要求不高的腐蚀性介质的场合。

g. 蝶形调节阀。见图 2-99，蝶形阀包括标准型或称普通型、低泄漏型或称椭圆蝶板型、三偏心高性能软/硬密封型、后座式高温型、衬胶衬氟型等。其结构简单，就如切下一段管道作为阀体，中间装设各种形式转动蝶板节流，变阻力调节。流路顺畅、阻力小、流通能力大，且具有自洁性、防堵性。具有较好的

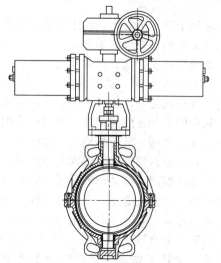

图 2-99　蝶形调节阀

近似等百分比流量特性，调节性能好。在同一口径的调节阀中，其结构尺寸最小，具有体积小、重量轻，钢板焊接型进一步加强了强度，减轻了重量，价格低廉，特别适用于大口径场合。随着工业生产规模日益扩大，使用蝶阀的口径不断增大，蝶形阀的应用将越来越广泛，数量越来越大，品种也将越来越多。

它的优良调节性能，低廉的价格比，特别适用于大口径、大流量、低差压的各种气体、煤气、废气、烟气及含悬浮颗粒的流体介质控制调节。蝶形调节阀的最大口径高达 $DN3000$。

三偏心高性能软/硬密封型，由于其工作压力提高，除适用于各种气体外，还适用于压差较大的液体介质。

流量特性：近似等百分比流量特性。

允许泄漏量：普通型 $(1.5\sim5)\times10^{-2}$ K_V（L/h）；$(1.5\sim4)\times10^{-4}K_V$（L/h）；三偏心软密封 $1\times10^{-7}K_V$（L/h）（近于零泄漏）；三偏心硬密封 $1\times10^{-6}K_V$（L/h）；后座式高温型 $(1.5\sim4)\times10^{-4}K_V$（L/h）（口径越小系数值越大，因主要是轴套处密封困难）。

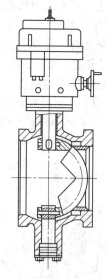

图 2-100　V 形调节球阀

h. 球形阀。见图 2-100，球形阀包括，直通 O 形切断阀（其流量特性不好，一般作开关切断阀使用，小口径的也有用作调节阀的，是注重了其关断严密性上的优点……）、V 形调节球阀、双偏心半球阀、三通球阀、四通切

换球阀等。O形球阀按结构设计不同分固定球阀与浮动球阀，浮动球阀承载能力较差，但其密封性能较好，一般多用在小口径上。固定球阀，压差由上下轴杆承受，不会压坏密封阀座，因而承载能力大、寿命长、安全。其余种类球形阀，均设有上下轴杆，类同固定球阀。

球形阀它利用球形阀芯转动与阀座相切，打开的流通面积变化来调节流量，其特点是流路最简单。全开时流路与管道一样，无任何障碍物，阻力最小、压损最小、自洁性能最好，流通能力最大，软或硬密封结构严密、泄漏量小（软密封基本零泄漏）。为所有类型调节阀中功能最好的，尤其是 V 形球阀。

V 形调节球阀的 V 形口与阀座相对转动时有剪切作用。对纸浆及含纤维性流量的流体介质也能很好使用，其近似等百分比的流量特性，加之严密的密封结构，泄漏量很小。其美中不足的是，球形阀芯与阀座摩擦阻力较大，需配用较大转矩的执行器。为此，限制了球阀口径的增大，价格也相对较高。

近几年（引进技术）推出的 QB 型双偏心半球阀，其结构进一步改进，使其球芯转动时离开密封阀座，关闭时紧压阀座密封，这样，它的摩擦力大为减少，适配的执行器转矩也大为降低了。它将是很有发展前途的一种球形阀。现生产口径已大大超过了 V 形、O 形球阀，价格也相对便宜。

通径：O 形 $DN15 \sim 600$（个别生产厂 $DN1000$ 以上）；V 形 $DN25 \sim 600$；QB 型（双偏心半球阀）$DN50 \sim 1000$（特殊订货口径还可以增大）。

允许泄漏量：软密封型近于零泄漏；硬密封型 $10^{-5} K_V$（L/h）。

i. 偏心旋转阀及自力式调节阀。偏心旋转阀（图 2-101）又称凸轮挠曲阀，其工作原理为一个偏心旋转扇形球面与阀座相切，打开时球面脱离阀座旋转，关闭时球面体逐渐接触阀座，使球面对阀座产生压紧力，因而其摩擦力矩较小，关闭时严密、泄漏量小、流路畅通、压损小、自洁性好、流通能力大。阀芯后部设有一个导流翼，利于流体稳定流动。等百分比流量特性，软或硬密封结构，整体结构较复杂，加工难度大，价格偏高（现在推出的

"QB 型偏心半球阀"，功能特性与其一样，价格相对更便宜，将逐渐取代它在用户市场中的地位）。

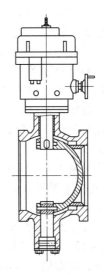

图 2-101　偏心旋转阀

自力式调节阀（图 2-102），无须外供能源，依靠流体自身的压力为动力，实现阀前或阀后压力稳定（定值调节）或差压（流量）稳定（定值调节）。其无须专门维护、造价低、经济，但其调节精度较低（各生产厂水平不一，相当于自动控制调节阀的精度）。主要是用于生产，生活供水、供气等系统要求控制，但控制精度不高，投资受限的场合。现用户市场上使用较多，一些优秀的产品，节能效果显著，投入成本低，还将会有很大的发展空间。

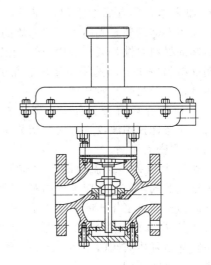

图 2-102　自力式调节阀

（3）调节阀的选择与使用

① 调节阀的选择。调节阀选用首先应清楚了解各种类型调节阀的结构特点、适用范围、使用功能等。如结构类型、公称尺寸、压力温度等级、管道连接、上阀盖类型、流量特性、材料及执行机构等，还必须弄清控制过程中各工艺参数、调节仪表等基本条件，做到有的放矢。以满足工艺流程中控制的需要，确保高品质、安全、稳定、可靠、长寿运行。还要注意其经济性能的适配，可从以下几点着手。

a. 流量、压力调节系统：反应速度快的选用等百分比流量特性。

b. 温度、液位调节系统：反应滞后的应选用直线（性）流量特性。

c. 流通能力：同口径调节阀的流量系数"K_V值"越大越好，阀阻力损失小、流通能力大。如双阀座、蝶形阀、球形阀等。

d. 如考虑调节范围，小开度特性时，就不能选用双座阀、衬胶、衬氟蝶形阀，因其受结构限制，小开度时易产生跳动、振荡。

e. 如要考虑关闭时的允许压差的能力，阀的允许压差值越大此功能就越好。如考虑不周时，阀关闭不到位，引起泄漏量过大，或开度小时跳动不稳、振荡。允许压差值大的阀门如双座阀、套筒阀（平衡笼式阀）、球形阀等。

f. 如流体介质为黏、稠或含杂质较多时，就要选用防堵性能好的阀门，如蝶形阀、球形阀、角形阀、隔膜阀，其自洁性好、不易堵塞。

g. 如流体介质有腐蚀性时，应考虑安全生产，使用寿命问题。阀门受流体介质的化学性质引起的材料腐蚀，通常选用与介质相适应的耐腐蚀材料解决。如选用不锈钢、铬钼钢、蒙乃尔合金等及衬胶、衬氟阀。

h. 如流体介质有毒、有害、易造成人员伤害时，应考虑选用波纹管密封的调节阀（无填料阀），严密无泄漏。

i. 如有大压差、大流速时，除应考虑选用较大压差的阀门外，还应考虑阀芯、阀座采用耐磨耐蚀材料（工作压差大于1.1MPa或包含了临界压力汽化点时），如硬质合金堆焊，及选用能降速降压式阀门，如笼式阀、笼式低噪声阀、多级降压阀。

j. 关闭泄漏量方面：要求关闭严密的，常温低压阀选用软密封型调节切断阀（零泄漏量）。高温（3150℃）、高压的选用硬密封调节切断阀（最高可达Ⅵ级或接近零泄漏）。

k. 再从工艺流程运行安全方面考虑：要求阀门在事故状况下开或关的，应选用气动单作用的或气动薄膜式的调节阀。如气动薄膜正作用调节阀，在失气状态，阀门全开（或全关闭），以保证工艺流程系统安全。

l. 还有流通介质工作温度方面：200℃选用常温型阀，400℃选用中温型阀，600℃选用高温型阀，-60℃选用低温型阀。

m. 按流体压力等级分类：低压阀（小于等于1.6MPa），中压阀（1.6～10.0MPa），高压阀（10.0MPa以上）等（原规定：6.3MPa以上即为高压设备）。

n. 按调节阀操作方式分（配用执行机构）类：电动、电子式电动、气动薄膜式、汽缸式气动、液动、电磁式、自力式等（还有开关型、调节型、调节切断型等）。

② 调节阀口径的确定　调节阀口径选取得正确与否，是关系到系统控制品质、性能、可调节范围及能否满足工艺流程要求，流通能力的大问题，是关系到产品质量、产量的大问题。

如口径选得太小时，其流通能力不足，将限制生产产量。并调节阀总是在"全开"状态或大开度状态工作（生产需要的），使可调范围变小，调节精度自然会变低，品质变差、浪费能源。

如口径选用过大时，因生产流量不要那么大，调节阀会在小开度范围内工作（甚至一开就会过量），使可调范围变小，并小开度范围内阀的调节特性不好，精度低、控制品质下降，也影响产品的质量。

正常选取口径，应根据工作介质的最大流量及工作状态下最小流量值，工作压力、压差、温度、黏度及介质的密度（重量）等参数，及确定的阀前、阀后压力值，精确计算出所需要的流量系数 K_V 值（或 C_V 值）包括最大流量与最小流量的。如果最大流量值未做过安全放大时，选用调节阀（口径）的 K_V（或 C_V）值要比计算的 K_V（或 C_V）值大一级或近两级（口径的级差）。以保证生产安全，备有足够的流通能力（即 $K_{V选}/K_{V计}>m$，直线流量特性 $m=1.63$，等百分比特性 $m=1.97$）。选定口径后，验算调节阀的相对行程（最小、最大开度）应处于：直线特性阀10%～80%；等百分比特性阀 30%～90% 的范围内方为合格。

对一般改造项目，如果无条件进行精确度计算时，一般情况下，也有按工艺管道通径，小一级（或两级）口径选阀，因为工艺管道口径选用均取自于"流体介质"的经济流速（压损小），调节阀为节流变径（变阻力）元件，其流速要高于管道内的流速，所以口径应比管径小，以保证调节精度满足要求。对于低压蝶阀有时也可取与管道相同口径，因调节蝶阀的最大工作开度为70%。这样选取的调节阀门口径可保证与管道口径相适应，流通能力也不会小，一般可满足工艺生产要求。但调节精度控制品质不会达到最好。

③ 配套附件的选择　不管是电动、气动、液动等调节阀，生产厂商均配装成一个"整体"提供给用户，除调节阀本体及执行器外都要有些联锁、安保及提高控制品质的附件、安装配件等。

电动调节阀：一般它的可配附件较少，其自身多已配置齐全。只有为方便用户维护安装使用的手操器、供电箱、加热器及备件等。

气动调节阀：需用的外配附件较多，功能要求也较复杂。下面就以其为例，介绍其主要配件的作用与选择。

a. 阀门定位器。是提高调节阀工作性能的重要附件之一，定位器利用闭环原理，将动作的阀位反馈与控制的输入量比较，使调节阀向消除差值方向动作，强制使差值接近零（平衡）停止。它是一种很好的随动装置，使调节阀的阀位能精确地随输入信号（要求）变化而变化，它可克服弹簧刚度、填料紧、介质黏度大、结焦及摩擦力大等引起的影响开度准确及稳定性的不利因素。可将气源工作压力全部送入执行器膜室内，充分利用气源压力，可使调节阀动作速度加快，使调节阀开度定位准确，提高运行控制品质。

阀门定位器有两种类型：电-气阀门定位器，输入信号为 DC 4～20mA，适用于上位控制系统 DCS、PLC 及电气仪表输出信号，传输距离远，且有的型号输出阀位变送信号；气阀门定位器，接受输入信号为 20～100kPa，它适用于气动仪表输出控制信号。高防爆场所，如传输距离过远，使用电流信号 DC 4～20mA 时，可用"电气转换器＋气动阀门定位器"的方式安全使用。

b. 阀位回讯器。调节阀阀位回讯器用微动开关的电接点信号的电阻信号，DC 4～20mA 变送信号，把阀位状态反馈给操作室及上位控制系统。一般直行程气动阀很少使用，因其多是配有"阀门定位器"，定位器的输入（控制）信号就可以视为它的阀位信号。但从安保、联锁要求上考虑，个别也有配置的。角行程气动阀，配置回讯器的较多些。原因是角行程阀多配用双活塞齿轮式汽缸执行器，它不像气动薄膜执行器带有位置刻度板。另外"角行程阀"一般口径均较"直行程阀"大得多，尤显其重要。并且现生产厂提供的 APL 位置指示器，均配置有各种反馈信号，方便、实用，用户可按使用要求选定适用型号。

APL 位置指示器配置的反馈信号类型：有机械式 2～4 个微动开关电接关信号；有接近开关型、感应式，磁性开关式；有接点开关＋电位器（电阻信号），有接点开关 DC 4～20mA（电流反馈信号），还分尘密、防水型、防爆型等。

c. 手轮机构。气动执行器不像电动执行器均配有手动机构。它需要外配手动机构。气动薄膜式执行器，配手轮机构有顶装和侧装两种，由执行器的规格型号决定手轮机构的型号（现在顶装手轮与执行器为一体结构，美观、大方、利落）。侧装式手轮机构比较方便安装，但其要占用阀杆行程的有限空间，影响"阀门定位器"的调试工作，除因安装位置，空间原因，一般不用或少用顶装手轮式。

双活塞齿轮式汽缸执行器（角行程阀用）需配用蜗轮蜗杆式手动装置，阀轴杆要穿过它与执行器连接，为叠装式安装，它带有"自动-手动"转换装置，自动时与轴杆脱开。这种纯机构式手动方式用在中小口径阀门上可行，如用在较大口径的阀门上，因人的臂力有限，开关阀门要很长时间才能做到，费时费力，也不方便。最好是另设动力源（与执行器不同的动力源）解决（这要设计上权衡、综合考虑解决方式）。

d. 气源过滤，减压装置、油雾器。空气过滤减压器是净化管路供气，清除杂质及再次脱水用的，它可调节气源压力，以得到所需要的稳定供气压力值，是保证气动执行器安全稳定运行，防止定位器堵塞、转换器堵塞等不可少的重要附件。

对于汽缸式执行器及配有快速切换电磁阀的，除要配用空气过滤减压器外，还应在"定位器"后配用"油雾器"，润滑活塞、防卡塞。开关式阀无"定位器"时，可配用"气源三联件"。

e. 电磁阀。一般电磁阀是为了系统安全、快速、联锁控制要求而配置的，在调节阀运行过程中，（因系统控制需要）要求其做到快速全开或关闭时，就需要电磁阀快速把气源压力直送执行器膜室或汽缸（脱开由"定位器"供气），或把膜室、汽缸内气压放空，以实现阀门关闭运作。所以电磁阀也是调节阀要配备的重要附件。

对于气动薄膜式执行器，及单作用汽缸执行器（一路供气），要配用二位三通电磁阀，而对于双作用汽缸执行器（二路供气）要配用二位五通电磁阀。用来切换供气及排气。注意：选用电磁阀的口径一定要与执行器（腔体容积）相适配，电磁阀的供电压要与系统控制电压相一致（交流、直流、电压等级、防爆要求）。

电磁阀是作为保证系统安全而配置的，一定要保证质量可靠，动作灵活、准确。如果它动作失误，该动时不动，不该动乱动，生产系统就会出大事故。最好是选用知名厂家、知名品牌，质量可靠的产品。

电磁阀订货除要正确写型号、规格外，还要注明使用电压值（交流或直流），连接螺纹规格及失电时主阀的开关位置，有防爆要求的，注明防爆等级，以免订错，影响使用。

f. 法兰、垫片。调节阀生产厂为了用户使用安装方便，均配套供应调节阀的安装连接法兰、螺栓（柱）、螺母、弹簧垫圈及密封垫片，以避免安装时出差错。

配套供应法兰的公称压力、规格、标准等同调节阀相一致；一般材质要求按用户管道确定。螺栓（柱）、螺母、弹簧垫的规格与调节阀、法兰配套外，还应考虑该调节阀的流通介质温度，压力等因素适当选用材质，一般是公称压力不大于 $PN16$，$t<200℃$ 时，使用 20#、30# 或不锈钢等材质；公称压力小于 $PN40$，$t<250℃$ 时，使用 35CrMoA 或 25CrMoA 材质；公称压力大于 $PN40$，$t>250℃$ 时，必须使用专用级 35CrMoA 或 25CrMoA。按温度、压力等级选用螺栓、螺母材质。

密封垫片的材质要依据调节阀内流通介质种类确定，一般原则是：强氧化剂（如氧气）不能使用"含碳"的复合密封垫片，如"复合板柔性石墨垫片"不能用。可用"不锈钢金属缠绕垫片"等。现在各生产厂对普通非强氧化性介质多提供"金属包覆的柔性石墨复合垫片"，其密封、耐温、耐压性能均很好。除低压、通风管道上，很少再使用石棉橡胶板自制垫片。

④ 调节阀的选型 调节阀的型号编制方法不同于通用阀门的型号编制方法（JB/T 308），现有的型号编制方法不能满足工业发展的需要。因此，很多生产商自行编制调节阀型号编号方法。现推荐两种方法（见表 2-18 和表 2-19），供参考，可作为用户订货要求。但为了表述清楚，不致含混，用户在订货时，可提出下列工艺参数，由生产商帮助选型。

a. 产品位号；

b. 产品型号、名称；

c. 公称尺寸和阀座直径；

d. 公称压力或压力等级；

e. 阀门连接形式（法兰、焊接、螺纹）；

f. 流量系数 C_v 或 K_v 值；

g. 流量特性；

h. 工作温度范围；

i. 阀体、阀内组件材料；

j. 执行机构型号、行程、弹簧范围；

k. 阀作用形式（气开、气关，电开、电关）；

l. 是否配用阀门定位器及所要求的输入信号；

m. 附件（手动机构、保位阀、电磁阀，空气过滤减压阀，行程开关等）；

n. 电动调节阀应提出是否配用伺服放大器、操作器。

表 2-18　调节阀型号编制（一）

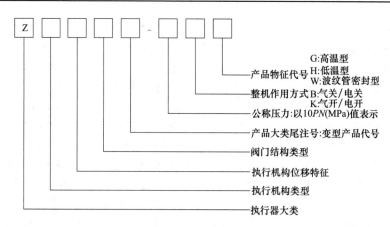

执行机构类型							
M	S	N	T	J		H	A/K
气动薄膜式	气动活塞式	气动侧装式薄膜	偏心阀用滚动膜片执行机构	偏心阀用活塞式执行机构	精小型系列	轻小型系列	可逆电动机式电动执行机构

执行机构位移特征											
气动薄膜式			气动活塞式							电动	
A	B	H	A	B	C	D	G	H	T	S	Z	J
直行程正作用	直行程反作用	JH:多弹簧执行机构	无手轮比例式	无手轮两位式	带手轮比例式	带手轮两位式	偏心阀球阀用两位式	横装（双作用）	横装（单作用）	竖装	直行程	角行程

阀门结构类型													
P	N	M	Y	S	K	Z	F	T	Q	X	W	O	R	V	H/C
单座阀	双座阀	笼式阀	小流量阀	角形阀	高压差阀	偏旋阀	食品阀	隔膜阀	三通合流阀	三通分流阀	蝶阀	浮动球O形球阀	固定球O形球阀	V形球阀	切断阀

表 2-19　调节阀型号编制（二）

执行器大类型（此字不变）

一	执行机构类型和特征代号			二	阀门结构类型代号			
	气动执行机构			P	单座阀	N	双座阀	M	套筒阀
MA	薄膜式正作用	MB	薄膜式反作用	V	V形球阀	O	O形球阀	
JH	多弹簧薄膜式	SG	多弹簧活塞式	W	蝶阀	D	刀型闸阀	
QG	快速活塞式	SH	角行程活塞式	JP	精小型单座阀	JM	精小型套筒阀	
ZC	差压型自力式	ZY	压力型自力式	KP	防空化单座阀	KS	防空化角形阀	
	电动执行机构			SP	四氟单座阀	WP	微小流量阀	
				WR	软密封蝶阀	WY	硬密封蝶阀	
BJ	步进电动机角行程	DL	全电子直行程	三	公称压力数值用阿拉伯数字			
DR	全电子式角行程	KR	智能型角行程	四	开关方式代号			
BZ	全电子式超小型	AZ	Ⅱ型直行程	K	气开或电开	B	气关或电关	
				五	变型产品代号			
				G	高温 450～650℃	D	高温 −20～196℃	
				W	波纹管密封	省略	高温 −20～220℃	

（4）调节阀的安装

调节阀的安装和投运最复杂、最有难度又最容易出现问题。在整个过程中，仪表专业与管道专业应相互协调、互相支持、紧密配合，出现问题及时反映及时解决，严格按要求进行、按规程操作，只有这样才能保证调节阀的安装质量和投运质量，以保证整个安装项目的顺利进行和整个工业装置的顺利投产。目前，随着调节阀技术的日新月异，调节阀的生产形式非常繁多，功能也各有不同，以下着重介绍各种类型的调节阀在安装及投运前应注意的共性问题。

① 调节阀安装前的进货检验　调节阀的进货检验是一个非常重要的环节，以确认调节阀到货情况是否满足设计要求。调节阀的每项技术要求均应达到设计要求。但在进货检验时应着重检查如下几项内容。

a. 阀体、阀内件规格。此项内容主要包括：阀门型号、类型、公称尺寸、阀座尺寸、阀芯形式、流量特性、泄漏等级、阀体材质、阀芯材质、阀座材质、K_V（C_V）值、法兰标准等级尺寸及密封面形式等，只要发现其中有一样内容与设计不符均应征得设计人员的确定和认可。

b. 执行机构部分。此项内容主要应检查执行机构型号、类型、作用形式、弹簧范围、供气压力等。

c. 定位器部分。此项内容主要检查定位器的输入信号、气源压力、电气和气源接口尺寸和防爆等级，其中防爆等级不得低于设计等级要求。

d. 附件。根据调节阀的设计技术要求仔细清理各项附件，如过滤减压阀、阀位开关、电磁阀、手轮机构、专用工具。

以上各项内容的检验可以通过清理、计量器具、查看铭牌以及专用的检测手段（如法兰及螺栓材质可通过光谱分析来鉴别）等方法来实现。

② 调节阀水压试验　阀体的水压试验包括阀体的耐压试验和阀芯全关时的泄漏试验。通常情况下，当设计压力超过 10.0MPa 的调节阀，阀体必须进行耐压试验以检验阀体本身和上阀盖的耐压情况。

a. 调节阀耐压试验时应注意的问题：调节阀阀体耐压试验采用手动试压泵进行水压试验，严禁采用电动试压泵。试验介质为洁净的水。试验压力为设计压力的 1.25 倍。压力试验的压力表应校验合格，其精确度不应低于 1.5 级，刻度上限值宜为试验压力的 1.5～2 倍。气开阀在进行阀的耐压试验时阀芯打开至少 20%的开度，这一点务必牢记，以防止阀芯单侧受压过高而损坏。通常情况下调节阀阀芯是允许一定的泄漏量的，根据调节阀泄漏等级的差别，一般只要求对高差压的调节阀（Ⅴ、Ⅵ级泄漏）进行泄漏试验。

b. 泄漏试验时应注意的问题：调节阀阀体耐压试验采用手动试压泵进行水压试验，严禁采用电动试压泵（Ⅵ级泄漏的阀采用气压试验）。试验介质为洁净的水（Ⅵ级泄漏的阀采用洁净的空气）。泄漏等级试验压力为阀工作时设计的最大差压（查看设计参数）。压力试验用的压力表应校验合格，其精确度不应低于 1.5 级，刻度上限值为试验压力的 1.5～2 倍。

③ 调节阀的单体调校　新安装的气动调节阀安装之前均应进行单体调校。调校应达到的性能指标。基本误差：±1.5%；回程误差：±1.5%；死区：0.6%。如今，调节阀及电气阀门定位器趋向于智能化，具体调校方法有所不同，这里就不再赘述。

④ 调节阀的安装　是应重点注意的问题，安装质量的好坏直接关系到调节阀的投运及性能。调节阀在安装前，工程技术人员要进行技术交底，安装人员要仔细阅读配管图，调节阀的安装使用说明书，做到心中有数。安装过程中应注意以下问题。

a. 调节阀在安装之前，必须仔细地清除阀门在储存期间所累积的灰尘，在安装过程中也要保持清洁，因为灰尘杂质会使阀座和内件损坏。为了保持清洁，通常可在当天未焊的开口法兰端部装上盖板。

b. 调节阀安装时，阀体上的箭头应与介质流向一致。应安装在靠近地面或楼板的地方，以便于维护检修；对于装有阀门定位器或手轮机构的阀，应保证观察、调整和操作的方便。

c. 调节阀是精密构件，如果它们受到管道变形的应力，将破坏正常的工作。因此，法兰与管道安装应垂直且位置准确以避免管道的变形。管道要适当有支撑，以防止它在阀门重量作用下发生弯曲变形。

d. 调节阀在与管道焊接时必须特别小心。若调节阀与管道焊接时，未能消除应力，则会产生变形。焊接时，必须严格避免焊渣飞溅入阀门内，焊渣的存在有损阀门的性能，如果飞溅直接溅在阀芯上，轻则直接影响调节阀的动作，重则损坏阀芯和阀座。

e. 管道在试压和吹除时，调节阀应拆下，用相应的直管段相连以防止焊渣、铁屑等杂物卡在阀芯与阀座之间。拆下的调节阀开口法兰端部应用塑料布包扎牢固。

⑤ 调节阀的联动试验　调节阀在安装好后装置开车之前必须进行联动试验。联动试验应重点注意如下几点。

a. 调节阀联动试验前工艺管道必须经过严格吹扫并合格，吹扫未合格的管道严禁安装调节阀，因为管道内的残留物如焊渣、灰尘等硬质杂物会损坏阀芯与阀座密封面。

b. 蝶阀在联动前应检查阀的两端不应带试压或封堵盲板。

c. 带手轮机构的调节阀，手轮机构应处于"释放"位置。检查减压阀供气压力是否达到各调节阀的供气要求。

（5）调节阀的使用及常见的故障

调节阀在使用过程中，随着现场条件日趋复杂和高负荷运行，以及介质的腐蚀、汽蚀、冲刷等原因，调节阀的安全性能受到严峻的考验，各种故障时有发生，直接影响到系统运行、系统安全、控制品质、环境污染等。因此，了解这些情况，进行分析、防范尤为重要。

① 调节阀漏泄　在设备正常工作压力下，阀瓣与阀座密封面处发生超过允许程度的渗漏，调节阀的泄漏不但会引起介质损失。另外，介质的不断泄漏还会使硬的密封材料遭到破坏，但是，常用的调节阀的密封面都是金属材料对金属材料，虽然力求做得光洁平整，但是要在介质带压情况下做到绝对不漏也是非常困难的。因此，对于是可燃或易燃介质的调节

阀，在规定压力值下，如果采用专业测验工具测验，如达到规范许可范围，可认为密封性能是合格的。一般造成阀门漏泄的原因主要有以下 6 项。

a. 杂物落在密封面上，将密封面垫住，造成阀芯与阀座间有间隙，从而导致阀门渗漏。消除这种故障的方法就是清除掉落到密封面上的杂物，一般在压力容器准备大小维修时，首先做压力容器安全门跑跎试验，发现漏泄时，停止压力容器工作并对阀门进行检修，对密封面进行冲刷。

b. 密封面损伤。造成密封面损伤的主要原因有以下几点。一是密封面材质不良，由于多年的使用，阀芯与阀座密封面已经磨损，使密封面的硬度也大大降低了，从而造成密封性能下降，消除这种现象最好的方法就是将原有密封面车削下去，然后按图纸要求重新堆焊加工，提高密封面的表面硬度。注意在加工过程中一定保证加工质量，如密封面出现裂纹、砂眼等缺陷一定要将其车削下去后重新加工。新加工的阀芯阀座一定要符合图纸要求。二是检修质量差，阀芯阀座研磨达不到质量标准要求，消除这种故障的方法是根据损伤程度采用研磨或车削后研磨的方法修复密封面或重新安装新的调节阀。

c. 造成调节阀漏泄的另一个原因是由于装配不当或有关零件尺寸不合适。在装配过程中阀芯阀座未完全对正或结合面有透光现象，或者是阀芯阀座密封面过宽不利于密封。消除方法是检查阀芯周围配合间隙的大小及均匀性，保证阀芯顶尖孔与密封面同轴度，检查各部间隙不允许抬起阀芯，根据图纸要求适当减小密封面的宽度实现有效密封。

d. 阀芯、阀座变形泄漏。主要原因是由于调节阀生产过程中的铸造或锻造缺陷可导致腐蚀的加强。而腐蚀介质的通过，流体介质的冲刷也可造成调节阀的泄漏。腐蚀主要以侵蚀或汽蚀的形式存在，当腐蚀介质通过调节阀时，便会产生对阀芯、阀座材料的侵蚀和冲击使阀芯、阀座呈椭圆形或其他形状，随着时间的推移，导致阀芯、阀座不配套，存在间隙，关不严，发生泄漏。解决方法关键把好阀芯、阀座等材质的选型关，质量关，选择耐腐蚀材

料，对麻点、砂眼等缺陷的产品坚决剔除。若阀芯、阀座变形不太严重，可经过细砂纸研磨，消除痕迹，提高密封光洁度，提高密封性能。若损坏严重，则应重新更换新阀。

e. 填料泄漏。造成填料泄漏的主要原因是界面泄漏或渗漏，是因为填料接触压力逐渐衰减，以及填料磨损、自身老化等原因引起的，这时压力介质就会沿着填料与阀杆之间微小的接触间隙向外泄漏。可用下列方法消除，填料函与填料接触部分的表面需控制表面粗糙度，减小填料磨损。介质为易燃、易爆、极毒气体时，例如氢气、乙炔、汞蒸气、氯气等，为防止其随阀杆的运动出现外漏，要采用双层填料密封结构或波纹管密封，加强密封效果，保证介质不外漏。负压状态下时，由于大气压力大于阀内腔的压力，随着阀杆的运动，阀外的大气会进入阀内腔，从而会改变系统的工况参数，改变控制阀的控制效果，此时可采用填料反装（就是把 F4 人字形填料反过来装入填料函），并增加填料个数。选用柔性石墨填料的原因是其气密性好、化学性质稳定、耐压性和耐热性好、不易老化。

f. 外漏。在高温蒸汽场合，阀体与阀盖连接处的密封垫片若是石棉橡胶垫，时间稍长，会破损引起泄漏，解决方法：石棉橡胶垫更换为金属齿形垫。平衡笼式阀中套筒与阀体连接处的密封垫片若是石棉橡胶垫，时间稍长，也会破损引起泄漏，解决方法：石棉橡胶垫更换为金属缠绕垫。此外，法兰连接处的密封垫片也应是金属垫片。

② 调节阀的回座压力低　调节阀回座压力过低将造成大量的介质超时排放，给生产、设备构成火灾隐患。主要是由以下几个因素造成的。

a. 弹簧脉冲调节阀上介质的排泄量大，这种形式的冲量调节阀在开启后，介质不断排出，推动主调节阀动作。一方面是冲量调节阀前压力因主调节阀的介质排出量不够而继续升高，继续流向冲量调节阀维持冲量调节阀动作。另一方面由于冲量调节阀介质流通是经由阀芯与导向套之间的间隙流向主调节阀活塞室的，介质冲出冲量调节阀的密封面，在其周围形成动能压力区，将阀芯抬高，使冲量调节阀

继续排放，阀芯部位动能压力区的压强越大，作用在阀芯上的向上的推力就越大，冲量调节阀就越不容易回座，此时消除这种故障的方法就是将节流阀关小，使流出冲量调节阀的介质流量减少，降低动能压力区内的压力，从而使冲量调节阀回座。

b. 阀芯与导向套的配合间隙不适当，配合间隙偏小，在冲量调节阀启座后，在此部位瞬间节流形成较高的动能压力区，将阀芯抬高，延迟回座时间，当容器内降到较低时，动能压力区的压力减小，冲量阀回座。消除这种故障的方法是认真检查阀芯及导向套部分尺寸，配合间隙过小时，减小阀瓣密封面直径使阀瓣阻汽帽直径减小或增加阀瓣与导向套之间径向间隙，来增加该部位的通流面积，使局部压力升高形成很高的动能压力区。

c. 各运动零件摩擦力大，有些部位有卡塞，解决方法就是认真检查各运动部件，严格按检修标准对各部件进行检修，将各部件的配合间隙调整至标准范围内，消除卡塞的可能性。

③ 调节阀使用寿命短　在工艺现场，介质对调节阀冲刷、汽蚀、腐蚀使得控制寿命缩短，长则七八个月，短则三四个月，给生产企业带来很大的浪费。解决这个问题，下面的经验值得借鉴。

a. 增大工作开度提高使用寿命。

ⅰ. 大开度工作延长寿命：让调节阀一开始就尽量在最大开度上工作，如 90%，这样，汽蚀、冲蚀等破坏发生在阀芯头部上，随着阀芯破坏，流量增加，相应阀再关一点，这样不断破坏，逐步关闭，使整个阀芯全部充分利用，直到阀芯根部及密封面破坏，不能使用为止。同时，大开度工作，阀的节流间隙大，冲蚀减弱，这比在中间开度和小开度工作的阀延长使用寿命 1～5 倍以上。

ⅱ. 减小阀座孔口增大，工作开度延长寿命：减小阀座孔口，即增大系统除调节阀外的损失，使分配到阀上的压降降低，为保证流量通过调节阀，必然增大调节阀开度，同时，阀上压降减小，使汽蚀、冲蚀也减弱。具体办法有：阀后设孔板节流消耗压降，关闭管路上串联的手动阀，至调节阀获得较理想的工作开度

为止。对于调节阀选型过大处于小开度工作时，采用此法十分简单、方便、有效。

ⅲ. 缩小口径增大工作开度延长寿命：通过减小阀的口径来增大工作开度，具体办法有，在保证最大流量的前提下，更换小一挡口径的阀，如 $DN32$ 换成 $DN25$，阀体不变更，阀芯阀座直径变小，如某化工厂大修时将节流阀 $DN10$ 更换为 $DN8$，使用寿命提高了 1 倍。

b. 增长节流通道提高寿命。最简单的方法就是加厚阀座，使阀座孔增长，形成更长的节流通道。一方面可使介质节流后的压力突然扩大延后，转移破坏位置，使之远离密封面；另一方面，又增加了节流阻力，减小了压力的恢复程度，使汽蚀减弱。有的把阀座孔设计成台阶式、波浪式，就是为了增加阻力，削弱汽蚀。

c. 改变流向转移破坏位置提高寿命。流开型向着阀打开方向流，汽蚀、冲刷主要作用在密封面上，使阀芯根部和阀芯阀座密封面很快遭受破坏。流闭型向着阀关闭的方向流，汽蚀、冲刷作用在节流之后，阀座密封面以下，把破坏严重的地方转移到次要位置，保护了阀芯阀座的密封面和节流面，延长了寿命。故作流开型使用的阀，当延长寿命的问题较为突出时，只需改变流向即可延长寿命 1～2 倍。如高压阀，当冲刷、汽蚀严重，使用寿命很短时，可将流开型改为流闭型，但此时应注重使用的安全问题。炼铁行业使用的 V 形球阀，介质为煤粉，流开型使用时，冲刷很严重，节流件更换频繁，采用流闭型使用后，使用寿命提高了 2 倍。

d. 采用特殊材料提高寿命。为抗汽蚀（破坏处形状如蜂窝状小点）和冲刷（破坏处形状如流线型小沟槽）的破坏，可选用耐汽蚀和冲刷的特殊材料来制造节流件，如 6YC1、司太立合金、硬质合金材料等。为抗腐蚀，可选用耐腐蚀，并有一定力学性能、物理性能的材料，如非金属材料（橡胶、聚四氟乙烯、陶瓷等），金属材料（如蒙乃尔、哈氏合金等）。

e. 改变阀结构提高寿命。采取改变阀结构类型或选用具有更长寿命的阀的办法来提高使用寿命，如选用多级降压阀、反汽蚀阀、耐腐蚀阀等。

④ 调节阀的闪蒸和汽蚀 在调节阀内流动的液体常常出现闪蒸和汽蚀两种现象。它们的发生不但影响口径的选择和计算，而且将导致严重的噪声、振动、材质的破坏等。在这种情况下，调节阀的工作寿命会大大缩短，对此有必要加以详细阐述。

正常情况下，作为液体状态的介质，流入、流经、流出调节阀时均保持液态。

闪蒸作为液体状态的介质，流入调节阀时是液态，在流经调节阀中的缩流处时流体的压力低于汽化压力，液态介质变成气态介质，并且它的压力不会再回到汽化压力之上，流出调节阀时介质一直保持气态。

闪蒸就像一种喷砂现象，它作用在阀体和管线的下部分，给调节阀和管道的内表面造成严重的冲蚀，同时也降低了调节阀的流通能力。

汽蚀作为液体状态的介质，流入调节阀时是液态，在流经调节阀中的缩流处时流体的压力低于汽化压力，液态介质变成气态介质，随后它的压力又回到汽化压力之上，最后在流出调节阀前介质又变成液态。可以根据一些现象来初步判断汽蚀的存在，当汽蚀开始时它会发出一种"嘶嘶"的声音，就像有碎石在流过调节阀时发出的声响。汽蚀对调节阀及内件的损害是很大的，同时它也降低了调节阀的流通效能，就像闪蒸一样。

因此，必须采取有效的措施来防止或者最大限度地减少闪蒸或汽蚀的发生：

a. 尽量将调节阀安装在系统的最低位置处，这样可以相对提高调节阀入口和出口的压力。

b. 在调节阀的上游或下游安装一个截止阀或者节流孔板来改变调节阀原有的安装压降特性（这种方法一般对于小流量情况比较有效）。

c. 选用专门的反汽蚀内件也可以有效地防止闪蒸或汽蚀，它可以改变流体在调节阀内的流速变化，从而增加内部压力。

d. 尽量选用材质较硬的调节阀，因为在发生汽蚀时，对于这样的调节，它有一定的抗冲蚀性和耐磨性，可以在一定的条件下让汽蚀存在，并且不会损坏调节阀的内件。相反，对于软性材质的调节阀，由于它的抗冲蚀性和耐磨性较差，当发生汽蚀时，调节阀的内部构件很快就会被磨损，因而无法在有汽蚀的情况下正常工作。

总之，目前还没有什么工程材料能够适应严重条件下的汽蚀情况，只能针对客观情况来综合分析，选择一种相对较合理的解决办法。

⑤ 调节阀不动作　在使用现场，当调节阀不动作时，可采取以下措施。

a. 无气源压力，无输入信号。由以下原因引起：空气压缩机电源故障；空气压缩机本身的机械、电气故障；气源总管泄漏。解决方法：检修空气压缩机；检查气源总管。

b. 有气源压力，无输入信号。由以下原因引起：调节器发生故障；信号管路泄漏；调节阀膜片或活塞环漏气；定位器发生故障。解决方法：检查控制器；检查信号管路；检查调节阀膜片；检查汽缸的 O 形圈；检查定位器是否发生故障。

c. 定位器发生故障。

ⅰ. 定位器无气源压力。空气过滤减压阀故障；管路、接头处渗漏或堵塞。解决方法：检查空气过滤减压阀；检查管路、接头。

ⅱ. 定位器有气源压力，但无输出信号。定位器中放大器的节流孔堵塞；压缩空气中有水汽，聚积在放大器球阀处。解决方法：检查定位器中放大器的节流孔，排除堵塞；排除聚积在放大器球阀处的水分。

ⅲ. 定位器有输出信号，但阀不动作。调节阀的节流件卡死；阀芯与阀杆脱落；阀杆弯曲或折断；气动执行机构发生故障。解决方法：拆卸控制阀阀体部件，检查阀内件；重新连接阀芯、阀杆；更换阀杆；检查气动执行机构，排除故障。

⑥ 调节阀噪声大

a. 机构振动产生的噪声。可用下列方法消除：保持阀塞与套筒的径向间隙紧密；选用硬质表面的套筒，防止径向间隙扩大；在套筒阀的阀塞上采用重型导向（加大加长导向面），分散冲击载荷及减弱振动。

b. 固有频率振动产生的噪声。可用下列方法消除：采用一体式的阀芯部件来破坏其对称性；更换阀芯的类型，如将圆柱形薄壁窗口

阀芯更换成柱塞形阀芯；增大阀芯直径或改变介质流向；采用单座阀带重型阀芯导向。

c. 节流不稳定引发的噪声。引起不稳定振动的主要原因是介质不平衡力交变地作用在阀芯上的结果，可用下列方法消除：选用弹簧范围较大的执行机构；采用脉冲阻尼器或在执行器的推杆上安装减振器；在满足工艺要求的前提下，选用不平衡力较小、稳定性较高的阀，如笼式单座阀、角形阀、平衡笼式阀等；阀座直径大于阀杆直径的调节阀，可选用流开型；对于快速响应系统，为解决超调问题，可选用电气转换器，阀的流量特性可选用等百分比特性。

d. 介质流动性引发的噪声。消除和减少汽蚀是减少此类噪声的有效方法。具体如下：采用具有多对高速流通口的阀内件，使它在较高的频率下运行，通过阀体的内壁加速衰减；采用带有锐边的阀内件，可以改变流体的形状，减小流体的流速及旋涡的大小；阀内件采用膨胀性材料，可起衰减作用；采用隔音材料或吸音材料处理。

e. 其他原因引发的噪声。除上述几种原因外，在调节阀的压力比高（$\Delta p/$入口压力 $p_1 \geqslant 0.8$）的场合也会产生噪声。此时可采用串联节流法减少噪声，把系统总压降分散在调节阀和阀后的固定节流元件上（如扩散器、多孔限流板等），为了得到扩散器最佳的工作效率，必须根据节流件的实际安装情况来设计扩散器的实体形状和尺寸。

⑦ 调节阀的频跳与颤振　频跳指的是调节阀回座后，待压力稍一升高，调节阀又将开启，反复几次出现，这种现象称为调节阀的"频跳"。调节阀机械特性要求调节阀在整个动作过程中达到规定的开启高度时，不允许出现卡阻、颤振和频跳现象。发生频跳现象对调节阀的密封极为不利，极易造成密封面的泄漏。分析原因主要与调节阀回座压力太高有关，回座压力较高时，容器内过剩时的介质排放量较少，调节阀已经回座了，当运行人员调整不当，容器内压力又会很快升起来，所以又造成调节阀动作，调节阀的频跳可通过开大节流阀的开度的方法予以消除。节流阀开大后，通往主调节阀活塞室内的汽源减少，推动活塞向下

运动的力较小，主调节阀动作的概率较小，从而避免了主调节阀连续启动。

调节阀在排放过程中出现的抖动现象，称其为调节阀的颤振，颤振现象的发生极易造成金属的疲劳，使调节阀的力学性能下降，造成严重的火灾隐患，发生颤振的原因主要有以下两个方面：一方面是阀门的使用不当，选用阀门的排放能力太大（相对于必需排放量而言），消除的方法是应当使选用阀门的额定排量尽可能接近设备的必需排放量。另一方面是由于进口管道的口径太小，小于阀门的进口通径，或进口管阻力太大，消除的方法是在阀门安装时，使进口管内径不小于阀门通径或者减少进口管道的阻力。排放管道阻力过大，造成排放过大的比压也是造成阀门颤振的一个因素，可以通过降低排放管道的阻力加以解决。

⑧ 调节阀腐蚀

a. 氨水或含氨溶液中的腐蚀。介质为氨水或含氨溶液中或者长期处于含氨的大气环境中的调节阀，其阀内件及附件（定位器、减压阀等）、气源的连接管等不可选用铜或者含铜的材质。阀内件要禁止使用含铜材质，附件的安装部件及气源管路接头、气源管路、压力表等应采用不锈钢材质，在调节阀选型时注明"禁铜"。

介质为硫化氢时，在调节阀选型时也要注明"禁铜"。

在合成氨装置及煤化工项目中作设计选型时要特别注意"禁铜"处理。

b. 氧气介质中的腐蚀。介质为氧气时，如果调节阀内腔或外壁有油脂存在，遇到火花时，一旦氧气过量，油脂会快速燃烧，严重时发生爆炸现象，因此，对用于氧气场合的调节阀需进行脱脂处理，其方法一般是用四氯化碳清洗，但由于四氯化碳是有毒的挥发性化学品，为保护环境及安全，现已不提倡使用，取代的是用丙酮或酒精清洗，但效果不是很好。

c. CH_3Cl 液态、CH_2Cl_2 液态中的腐蚀。当介质为 CH_3Cl 液态、CH_2Cl_2 液态时，由于其遇水会发生化学反应，并对其浓度变化影响较大，因此，对于用该类介质的调节阀，其内

腔需进行禁水（脱水）处理，以免发生化学腐蚀使调节阀外漏。

d. EO 介质中的腐蚀。在石化系统中有种 EO 介质，通常温度不是很高，由于该介质会与石墨发生化学反应，因此，对由于该类介质的调节阀，其阀内件及填料禁止用石墨，以免发生化学腐蚀使控制阀外漏。

⑨ 控制系统干扰　带电气阀门定位器的调节阀输入信号是 4～20mA 的直流信号，且要经过长距离传输，因此，像大功率马达和其他电气设备产生的磁场，高压电气设备产生的电场及各种电磁波辐射都将以不同的途径和方式混入控制系统中，系统的接地装置不合理、各种传感器的输入输出线路绝缘不佳，也会侵入干扰，使输入信号失真、混乱，控制失灵，严重时造成生产设备损坏、装置停车的后果，因此，必须解决其抗干扰问题。

a. 屏蔽措施。采用金属材料作屏蔽罩，接地后把控制阀及其附件、电路、信号线包围起来，抑制电流性噪声耦合，防止电磁波干扰，起磁屏蔽作用；电源同步信号进入主控单元时要经过光耦合器隔离，以保证主控单元不受损坏；采用双胶线代替两根平行线可有效抑制磁场干扰。

b. 合理布线。布线时要注意电源线和信号线两者必须保持一定的间距，并分开布线，两者交叉时尽可能要垂直，电源线和信号线应在不同导线管内。

c. 接地保护。接地分为屏蔽接地、本安接地、仪表信号回路接地等，接地主要消除各电路电流流经公共地线时由地线电阻产生的噪声电压，以及避免受到磁场及电位差的影响。

d. 电源措施。使用隔离变压器、减少变压器初、次线圈间的分布电容，减少高频噪声的干扰。

e. 计算机软件措施。利用计算机软件来抗干扰是提高抗干扰性能的另一条途径，主要采用实时控制软件运行过程中的自监视、实时控制系统和互监视法和重要数据备份法、自滤波、指令冗余等方法来有效抑制干扰。

2.1.15　非金属阀门

非金属阀门与金属阀门的结构基本相似。

它最突出的优点是有优异的耐腐蚀性能，这是金属阀门难以达到的。但其耐温、耐压性能比金属阀门差。它可在温度和压力不高的条件下使用，可代替某些贵重金属。

现将各类非金属阀门简介如下。

(1) 陶瓷阀

① 陶瓷阀的用途　陶瓷阀一般用于石油、化工、制药、食品、造纸等部门。

陶瓷是由金属和非金属元素的无机化合物所构成的多晶固体材料。它是经制料、成形和烧结而成的。

陶瓷制品种类很多，性能各异，归纳起来，其共同特点是：高硬度、高抗压强度、高耐磨性、绝缘、优良的抗氧化和耐腐蚀性等。因而成为工业领域中不可缺少的结构材料和功能材料。

陶瓷的主要弱点是质脆，经不起敲打碰撞，同时也存在修复困难，成形精度差，装配连接性能不良等问题，在一定程度上限制了它的使用范围。

② 陶瓷阀的结构与特点　因为上述的弱点，陶瓷阀常用金属材料作骨架内衬陶瓷材料。一般用来制造结构简单的球阀、旋塞阀等。图2-103所示为典型的陶瓷球阀，外壳由金属材料（碳钢、不锈钢、铝合金、铜合金）制成，球体和与流体接触部分由陶瓷制成，这种陶瓷球阀具有优良的耐磨性、耐腐蚀性（除氢氟酸、氟硅酸和强碱外），能耐各种浓度的无机酸、有机酸和有机溶剂。

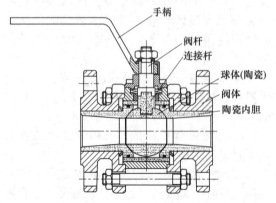

图2-103　Q41G型陶瓷球阀

通常使用压力≤PN63，公称尺寸≤DN600，适用温度t≤150℃。

③ 陶瓷阀的选用与维护　在选用时，主要根据不同介质，选用不同类型的陶瓷衬里。

a. 要求耐酸、碱，最高使用温度不超过90℃时，可选用耐酸陶瓷作衬里。

b. 要求耐酸、碱，同时要求耐温度急变，最高使用温度不超过150℃时，可选用耐酸耐温陶瓷作衬里。

c. 要求耐酸、碱，最高使用温度不超过150℃时，可选用硬质陶瓷作衬里。

d. 要求耐氢氟酸，可选用氟化钙瓷作衬里。

e. 要求耐酸、碱，当最高使用温度超过150℃，又要求耐温度急变和受力较大时，可选用莫来石陶瓷、75%氧化铝陶瓷或97%氧化铝陶瓷。氧化铝含量愈高，性能愈好，但制造大型阀门零件较困难，成本也高得多。

在储存运输、安装过程中，应该注意下列各项。

a. 陶瓷的特点是质脆、易碎，为典型的脆性材料，因此储运的共性是，轻搬轻放，严禁碰撞摔扔，防止散包散箱。

b. 最好室内保管，无条件而堆放于室外时，须选择平坦、坚实、不积水的场地，垛底应垫起，并有防雨措施，冬季时要注意防水、防冻，防止反复冻融后陶瓷崩裂。

c. 根据产品形状可采用顺序平码或骑缝压叠方式码垛，并按品种、规格、分别堆放，堆垛不宜过高，室外堆放应釉面朝下，以防雨雪积存，防止霉变发黄。

d. 保管期一般不超过两年，并掌握先进先出的原则。

e. 运输要求：运输必须用木箱或发泡塑料包装，并用发泡塑料等将箱、筐内的空隙塞紧。车上堆垛不宜过高，并对棱角与凸出部分以及件与件之间的空隙填实，装满车后用麻绳捆扎。搬运时严禁摔扔，防止产品破碎。

f. 在安装和操作中，应特别小心，不得用力过大、过猛或撞击。

(2) 搪瓷阀

搪瓷是搪瓷浸涂在金属表面烧结而成的。因此所能承受的压力比陶瓷阀大一些，外部能经受撞击，其耐用性也比陶瓷阀、玻璃阀好。它也具有陶瓷阀和玻璃阀的耐腐蚀性能。

搪瓷可制成截止阀、隔膜阀、放料阀和止回阀等。图 2-104 所示为搪瓷止回阀。其结构为浮球式，能耐压力 1MPa，可在 80℃以内使用。搪瓷阀的密封圈用塑料或橡胶制成。

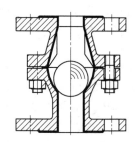

图 2-104　H40C 型搪瓷止回阀

（3）玻璃阀

玻璃阀与陶瓷阀的耐腐蚀性能相似。它具有光滑、耐磨、透明、价廉等一些金属阀不能比拟的优点。玻璃阀在运行中，能观察介质物料在阀内运动和反应等情况，给操作者很大的方便。但它性脆、耐温度剧变性差，仅适用于压力 0.2MPa，温度 60℃以下。

玻璃隔膜阀有角式和直通式。玻璃旋塞阀见图 2-105，通常用在化验和医疗部门，其密封面是经直接研磨而密封的。

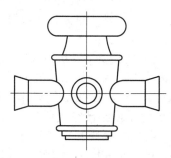

图 2-105　玻璃旋塞阀

（4）玻璃钢阀

玻璃钢阀是以玻璃纤维及其制品为增强材料，以合成树脂为胶黏剂，经过成形工艺制作的。它具有玻璃纤维和合成树脂的优点，它具有轻质高强度，耐温隔热、绝缘防腐等性能。

常用玻璃钢材料有：酚醛玻璃钢、呋喃玻璃钢、环氧玻璃钢等。其中呋喃玻璃钢适用性广，能耐高浓度的盐酸、硫酸、醋酸、醋酐、碱类及苯等有机溶剂；能耐温 150℃，强度高于铝合金，图 2-106 所示为玻璃钢球阀。

（5）塑料阀

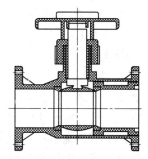

图 2-106　玻璃钢球阀

塑料品种很多，耐腐蚀性能良好，加工成形容易，因此塑料阀门发展很快；在一般压力和温度条件下，几乎能耐所有介质的腐蚀。塑料阀门和塑料衬里阀门在《阀门手册——选型》中已有叙述。

塑料阀门常用的塑料有如下几种。

① 氟塑料　能制成截止阀、旋塞阀、球阀、蝶阀、闸阀、止回阀、隔膜阀等。

a. 聚四氟乙烯：它由聚四氟乙烯分散聚合树脂，在常温下以有机溶剂为助挤剂，经过挤压成形，再烧结制成。其耐腐蚀性能优异，可在 -180～200℃温度范围内使用。

b. 聚三氟氯乙烯：在耐温和耐腐蚀方面稍次于聚四氟乙烯，但力学性能较好。

② 硬聚氯乙烯　它有很好的耐腐蚀性能，除强氧化剂、芳香族碳氢化合物、酮类、氯代碳氢化合物外，能耐大部分介质。它的加工性能好，能焊接，机械加工，也能注模成形，而且重量轻。图 2-107 所示为硬聚氯乙烯截止阀。

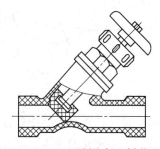

图 2-107　J15S 型硬聚氯乙烯截止阀

③ 酚醛塑料　它是以热固酚醛树脂为胶黏剂，以石棉、石墨等耐酸材料作填料模压成形的。它具有很好的化学耐腐能力，能耐大部分酸类、有机溶剂的腐蚀，其性能比聚氯乙烯好。比聚氯乙烯使用温度高，能在 -30～

130℃范围内使用。它有较高的热稳定性和良好的力学性能,易加工,但不能焊接。能制作截止阀和旋塞阀等。

2.1.16　阀门附件

在工业管路中,不仅安装有各种不同类型的阀门,如闸阀、截止阀、止回阀、球阀、蝶阀、旋塞阀、减压阀、疏水阀、调节阀、安全阀等,用来控制气体、液体及含有固体粉末的气体或液体。与此同时,还需要各种不同的阀门附件来共同组成完整的管网系统,或用来排放管路中多余压力与介质,防止爆管;或阻止火焰蔓延,防止爆炸事故发生;或过滤介质中的杂物,防止阻塞通道;或监视介质工作状态等,保障工业管路及设备安全运行。下面将这些阀门附件做简要介绍。

（1）排气阀

在管道输送系统中,用来排除集积在管道中的空气,提高介质输送效率的阀门称之为排气阀。

当输送泵停止时,管内流空而产生负压时,此时排气阀塞头（阀瓣）迅速开启,吸入空气,防止管道因负压而损坏,这样的阀门称为复合式排气阀,见图 2-108。

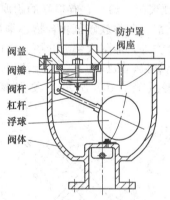

图 2-108　复合式排气阀（呼吸阀）

排气阀在现代给排水系统中广泛使用,一般安装在泵的出口处或给排水管道中。在一般情况下,水中约含 2VOL% 的溶解空气。在输水过程中,这些空气由水中不断地释放出来,聚集在管线的高点处,形成空气袋使输水变得困难,系统的输水能力因此下降 5%～15%。排气阀的主要功能就是排除这些溶解空气,提高输水效率、节约能源。

① 排气阀的结构及工作原理　排气阀一般为圆筒状,有的为椭圆桶形（图 2-108）。由阀体、阀盖、阀杆、杠杆、阀瓣、阀座、浮球等零件组成。阀体、阀盖一般由球墨铸铁制造;阀杆、阀瓣（塞头）、浮球一般采用不锈钢;阀座采用铝青铜、合成橡胶或 F4 等材料制造。

在给排水系统中,当管内开始注水时,阀瓣（塞头）处在开启位置,进行大量排气,当空气排完时,阀内注水,浮球上升带动阀瓣关闭,停止排气。当管内水正常输送时,如有少量空气聚集在阀内达到一定程度,阀内水位下降,浮球随之下降,此时空气由小孔排除。当水泵停止时,管内水流空或遇管内产生负压,此时阀瓣（塞头）迅速开启,吸入空气,确保管线安全。

② 排气阀的参数与选用　公称压力 $\leqslant PN16$;公称尺寸 $\leqslant DN400$;适用温度 $t \leqslant 80℃$;适用介质为清水、污水。

在给排水管网中,排气阀一般安装于管线最高点的位置,选用性能良好的排气阀应考虑下列因素。

a. 排气量大小:往往停水后很久才能恢复原来供水能力,排气量大则在极短时间内回复至正常供水能力。

b. 空气关闭压力:此点为选择优良排气阀最重要的一点,因为如果空气关闭压力过低时（如 0.03MPa）,往往空气尚未开始排放,排气阀内部的浮球已被空气浮起关闭排气孔,因此一般良好的排气阀其空气关闭压力能达到 0.07MPa,已有足够能力将管内空气迅速排放完毕,因此一般空气在阀体内压力在 0.05MPa 以上时,空气的速度已可达到最大流速 90m/s,空气速度几乎达到音速,声音很大,形成强大噪声。

c. 水关闭压力范围:部分排气阀装置设于管线之最高点,由于此点上管中水压有时很低,有部分排气阀须有水压 0.05MPa 以上才能完全关闭,若低于此压力则会产生漏水现象,因此水关闭压力范围越大越好,一般选择 0.02～1MPa 是最为常用的范围。

如不考虑负压产生而造成管路破裂时,可直接按表 2-20 选择适当排气阀口径,且管内水流速在 1.2～2.4m/s 之间，应该选较大口径。一般管内负压产生且超过 0.028MPa 以上时，才有可能爆管。

表 2-20　排气阀的排量

公称尺寸 DN	排量/(m³/h)
25	0～350
50	220～740
80	650～1600
100	1300～3100
150	3000～7500
200	7300～15000
250	11000～21000
300	14000～31000
350	19000～42000
400	27000～59000

③ 几种典型排气阀结构　见图 2-109。

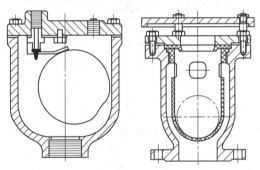

(a) 微量排气阀　(b) 小孔口快速排(吸)气阀

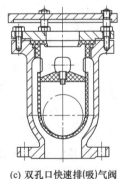

(c) 双孔口快速排(吸)气阀

图 2-109　几种典型排气阀结构图

(2) 阻火器与呼吸阀

① 阻火器　是用来阻止易燃气体、液体的火焰蔓延和防止回火而引起爆炸的安全装置。它是利用金属波纹板之间狭缝间隙对管道中传播的亚音速或超音速火焰具有淬熄作用的原理设计制造的。

通常安装在输送或排放易燃易爆气体的储罐和管线上。如火炬、加热燃烧系统，石油气体回收系统或其他易燃气体系统。

a. 阻火器的性能参数。公称压力≤PN63；公称尺寸≤DN500；适用温度 t≤450℃；适用介质：储存、闪点低于60℃的石油化工产品，如汽油、煤油、轻柴油、甲苯等，特别适合于氢气、氨气、氧气、液化气等特殊介质。阻火器的性能应符合 GB/T 13347 的规定。

b. 阻火器的结构特点。阻火器由壳体与阻火芯组成，见图 2-110。壳体材料一般采用碳钢、铝合金、不锈钢材料制造，阻火芯常用304、304L、316、316L 不锈钢波纹板制造。

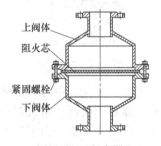

图 2-110　阻火器

阻火器可与管道系统配装，也可直接与调节阀、呼吸阀连接，阻火器使用一段时间后（一般半年左右），应进行清洗或更换阻火芯盘，以免杂质堵塞阻火芯盘。

② 呼吸阀　是固定在储罐顶上的通风装置。为保证罐内压力的正常状态，除了具有压力过大时泄压的功能，还可以当流速过快引起罐内负压过大时吸入空气维持压力平衡（后面这种情况有点像用吸管喝豆浆时杯子会扁的情况）。防止罐内超压或超真空使储罐遭受损坏，也可以减少罐内液体挥发损耗。

a. 呼吸阀的性能参数。操作压力（Pa）：A 级正压 355Pa（36mmH₂O），负压 295Pa（30mmH₂O）；B 级正压 980Pa（100mmH₂O），负压 295Pa（30mmH₂O）；C 级正压 1765Pa（180mmH₂O），负压 295Pa（30mmH₂O）。

公称尺寸不大于 DN300。适用环境温度 t：-30～60℃。适用介质：汽油、煤油、柴油、芳烃、硫、空气等。防火等级：11A 或 11B级。制造与检验标准应符合 SY/T 0511.1—2010（代替 SY 7511—1996）、GB 5908—2005《石油储罐阻火器》的规定。

b. 呼吸阀的结构特点。呼吸阀由阀体、阀盖、阀盘、阀座等零件组成，图 2-111 所示呼吸阀采用全天候密封结构。阀体、阀盖常用碳钢、不锈钢、铝合金制造；阀盘、阀座采用不锈钢或铝合金制造，产品有单呼阀、单吸阀、呼吸阀，各种结构形式均可与阻火器组合构造。具有结构紧凑、重量轻、通风量大、泄漏小等特点。

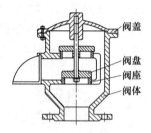

图 2-111　呼吸阀

根据国家有关规定：甲乙类液体的固定顶罐，应设阻火器和呼吸阀。阻火器和呼吸阀是储罐不可缺少的安全设施，它不仅维持着储罐气压平衡，确保储罐在超压或真空时免遭破坏，而且减少罐内介质的挥发和损耗。

③ 阻火呼吸阀　这种将阻火器与呼吸阀融为一体式的结构，就是基于这一规定而最新设计的产品，做到一阀多用，见图 2-112。在呼吸阀正常工作情况下，呼吸阀基本保持密封状态，储罐处于正常压力。意外原因造成储罐超压时，呼吸阀自动开启进行紧急泄压，使罐内压力保持正常；当罐内压力急剧减压或超真空时，吸入阀便开启急剧吸入大气，维护罐内正常压力；当吸入大气带有火花、火焰时，阻火层起到"器壁效应"的作用来阻止火焰的通过，以保护储罐的安全。

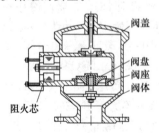

图 2-112　防爆阻火呼吸阀

（3）过滤器

过滤器是输送流体介质管道系统中不可缺少的一种装置，通常安装在减压阀、泄压阀、定水位阀或其他设备的进口端，用来清除介质中的杂质，以保护阀门及设备的正常使用。

常用的过滤器有 Y 形（图 2-113）、T 形（图 2-114）、桶形（又称篮式，图 2-115）。

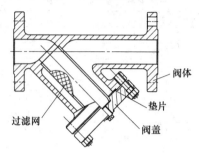

图 2-113　Y 形过滤器

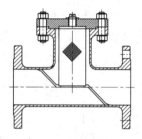

图 2-114　T 形过滤器

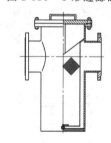

图 2-115　桶形（篮式）过滤器

过滤器性能参数：公称压力≤$PN40$；公称尺寸≤$DN500$；适用温度为 $-29 \sim 425℃$；适用介质为水、气、蒸汽、油。

过滤器主要由阀体、阀盖和过滤网组成，阀门壳体材料主要由铸铁、碳钢、不锈钢、黄铜制造；过滤网一般都采用 304、316 不锈钢丝网制造。

通常使用量大的为 Y 形过滤器，这种过滤器具有结构简单、阻力小、排污方便等特点，便于拆卸和清除污物。一般通水网为 18～30 目，蒸汽为 40～100 目，通油网为 100～480 目。

（4）补偿器（伸缩器）

补偿器是工业管道上不可缺少的安全保护

装置。在长输管线中热胀冷缩会对管道带来极大危险。热胀可能把管道弓起变形，冷缩时可能把管道拉断，补偿器就是为了解决这个难题而设计制造的。

补偿器在一定范围内，可曲向伸缩，也能在一定角度范围内克服管道对接不同轴而产生的偏移。

工业上常用补偿器有橡胶式（图 2-116）、橡胶波纹管式（图 2-117）、金属波纹管式（图 2-118）、套筒式（图 2-119）。

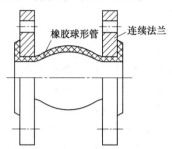

图 2-116　橡胶补偿器

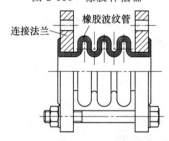

图 2-117　橡胶波纹管补偿器

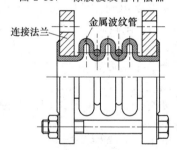

图 2-118　金属波纹管补偿器

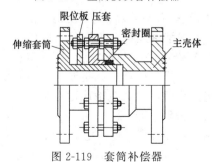

图 2-119　套筒补偿器

补偿器一般由波纹管和连接法兰组成，套筒式补偿器由主壳体、伸缩套筒、密封圈、压套限位板等零件组成。波纹管常用橡胶、聚四氟乙烯或不锈钢材料制作。橡胶制作的波纹管补偿器只用于温度压力比较低的工况，工作压力通常在 0.6MPa 以下，使用温度通常为 80℃ 以下，适用介质为水、污水和一般腐蚀性物质；不锈钢制作的波纹管补偿器使用压力一般为 1.6MPa，使用温度可达 425℃，适用介质为硝酸类；聚四氟乙烯制作的波纹管补偿器适用温度为 180℃，工作压力为 1.0MPa，适用介质为强酸强碱类。

套筒式补偿器，壳体材料通常由碳素钢制造，也可采用不锈钢制造；密封圈根据压力温度的不同，可选用橡胶圈、氟橡胶圈、氟塑料圈或柔性石墨圈。套筒式补偿器可用于压力、温度较高的工况，最高工作压力为 10.0MPa，最大通径高达 DN2000，最高使用温度可达 600℃，适用介质为水、蒸汽、油类等。

不同材料适用于不同的工况，可根据具体情况和性价比合理选用补偿器。

（5）视盅、视镜

视盅、视镜常用于工业管道上，通过透明的特制玻璃观察介质工作状况，便于工艺过程控制。

视盅（图 2-120）、视镜（图 2-121）主要由壳体与石英玻璃组成。视盅、视镜壳体材料由碳钢、不锈钢、铝合金制造，透明玻璃因要承受一定压力和温度，所以采用石英玻璃制造。

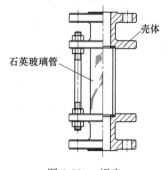

图 2-120　视盅

视盅、视镜的性能参数：公称压力 ≤ PN63；公称尺寸 ≤ DN200；适用温度 t ≤ 425℃；适用介质为水、蒸汽、油品及一般化

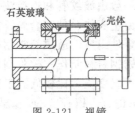

图 2-121 视镜

学物质。如果介质为强酸、强碱、有机溶剂类物质，可采用衬氟塑料视盅、视镜。

2.2 阀门材料

阀门主要零件的材质，首先应考虑到工作介质的物理性能（温度、压力）和化学性能（腐蚀性）等。同时，还应了解介质的清洁程度（有无固体颗粒）。除此之外，还要参照国家和使用部门的有关规定和要求。

许多种材料可以满足阀门在多种不同工况的使用要求。但是，正确、合理地选择阀门的材料，可以获得阀门最经济的使用寿命和最佳的性能。

阀门的材质，种类繁多，适用于各种不同工况。现把常用的壳体材质、内件材质和密封面材质介绍如下。

2.2.1 壳体常用的材质

（1）灰铸铁

灰铸铁阀以其价格低廉、适用范围广而应用在工业的各个领域。它们通常用在水、蒸汽、油和气体为介质的情况下，并广泛地应用于化工、印染、油化、纺织和许多其他对铁污染影响少或没有影响到的工业产品上。

适用于工作温度在 $-15 \sim 200℃$ 之间，公称压力 $\leqslant PN16$ 的低压阀门。

（2）黑心可锻铸铁

适用于工作温度在 $-15 \sim 300℃$ 之间，公称压力 $\leqslant PN25$ 的中低压阀门。适用介质为水、海水、煤气、氨等。

（3）球墨铸铁

球墨铸铁是铸铁的一种，这种铸铁，团状或球状石墨取代了灰铸铁中的片状石墨。这种金属内部结构的改变使它的力学性能比普通的灰铸铁要好，而且不损伤其他性能。所以，用球墨铸铁制造的阀门比那些用灰铸铁制造的阀

门使用压力更高。适用于工作温度在 $-30 \sim 350℃$ 之间，公称压力 $\leqslant PN40$ 的中低压阀门。

适用介质为水、海水、蒸汽、空气、煤气、油品等。

（4）碳素钢（WCA、WCB、WCC）

起初发展铸钢是为适应那些超出铸铁阀和青铜阀能力的生产需要。但由于碳钢阀总的使用性能好，并对由热膨胀、冲击载荷和管线变形而产生应力的抵抗强度大，就使它的使用范围扩大，通常包括了用铸铁阀和青铜阀的工况条件。

适用于工作温度在 $-29 \sim 425℃$ 之间的中高压阀门。其中 Q345R 工作温度为 $-20 \sim 450℃$，常用来替代 ASTM A105。适用介质为饱和蒸汽和过热蒸汽，高温和低温油品、液化气体、压缩空气、水、天然气等。

（5）低温碳钢（LCB）

低温碳钢和低镍合金钢可以用于低于 0℃的温度范围，但不能扩大使用到深冷区域。用这些材料制造的阀门适用于以下介质，如海水、二氧化碳、乙炔、丙烯和乙烯。

适用于工作温度在 $-46 \sim 345℃$ 之间的低温阀门。

（6）低合金钢（WC6、WC9）

低合金钢（如碳钼钢和铬钼钢）制造的阀门可以适用许多种工作介质，包括饱和和过热蒸汽、冷的和热的油、天然气和空气。碳钢阀的工作温度可以用到 425℃，低合金钢阀可用到 600℃ 以上。在高温下，低合金钢的力学性能比碳钢要高。

适用于工作温度在 $-29 \sim 595℃$ 之间的非腐蚀性介质的高温高压阀门；C5、C12 适用于工作温度在 $-29 \sim 650℃$ 之间的腐蚀性介质的高温高压阀门。

（7）奥氏体不锈钢

奥氏体不锈钢大约含 18% 的铬和 8% 的镍。18-8 奥氏体不锈钢经常用来使用在温度过高和过低以及很强的腐蚀条件下作为阀体和阀盖材料。以 18-8 不锈钢为基体加入钼并稍微增加镍的含量，实质上就增加其抗腐蚀能力。用这种钢制造的阀门可以大量地应用在化工上，如输送醋酸、硝酸、碱、漂白液、食品、果汁、碳酸、制革液和许多其他的化工产品。

为了适用高温范围，进一步改变材料成

分，在不锈钢内加入铌，就是 18-10-Nb，温度可以用到 800℃。

奥氏体不锈钢通常用在很低的温度下也不会变脆，所以用这种材料（如 18-8 和 18-10-3Mo）制造的阀门很适于低温下工作。例如输送液态的气体，像天然气、沼气、氧气和氮气。

适用于工作温度在 -196～600℃ 之间的腐蚀性介质的阀门。奥氏体不锈钢也是非常理想的低温阀门材料。

（8）蒙乃尔合金

蒙乃尔合金是一种具有很好耐蚀性的高镍-铜合金。这种材料经常被用在输送碱、盐溶液、食品和许多无气酸的阀门上，特别是硫酸和氢氟酸。蒙乃尔合金非常适合于蒸汽、海水和海洋环境。主要适用于含氟氯酸介质的阀门中。

（9）哈氏合金

主要适用于稀硫酸等的强腐蚀性介质的阀门中。

① 哈氏合金 B　这种合金含有 60％ 的镍、30％ 的钼和 5％ 的铁。它特别能抵抗无机酸的强腐蚀，哈氏合金 B 对于各种浓度的盐酸可以用到沸点温度，而对于硫酸来说，在腐蚀性最强的浓度下可以用到 70℃。对于磷酸，它可以在各种条件下使用，而且哈氏合金 B 对于氯化铵、氯化锌、硫酸铝和硫酸铵也很适用。

在氧化性气氛中，哈氏合金 B 可以用到大约 800℃，在还原气氛中，使用温度可以更高一些。

② 哈氏合金 C　这种合金是含有 15％ 的铬和 17％ 的钼的镍基合金。在氧化和还原两种气氛下，它可以用到 1100℃。它对于盐酸、硫酸和磷酸有很好的耐腐蚀性。而且在许多情况下，它也可用于硝酸。

哈氏合金 C 对于氯化物、氢氯化物、硫化物、氧化盐溶液和许多其他的腐蚀性介质有很强的耐腐蚀性。还特别适用于氢卤酸类介质，例如氢氟酸。

（10）钛合金

主要适用于各种强腐蚀介质的阀门中。

（11）铸造铜合金

工业用的阀门很多是由有色金属材料制成的，主要是青铜和黄铜。制造阀门的青铜合金中铜、锡、铅、锌的比例通常为 85：5：5：5 或 87：7：3：3。如果需要无锌青铜，必须加

以说明。青铜的物理强度、结构稳定性、耐腐蚀性使它特别适合工业生产。工业用的青铜阀门的口径可达 DN100。

青铜阀常用在相对中等温度的场合，有些牌号的青铜可用到 280℃ 左右。在低温方面，多数铜合金具有在很低的温度下不变脆的特性，这使得青铜广泛地应用在低温工况下，例如液氧、液氮，其温度在 -180℃ 以下。

（12）20 号合金

在普通不锈钢不能胜任的非常严格的情况下，使人最感兴趣的一类钢就是高合金不锈钢。也许最常见的一种就是 20 号合金钢。它含有 29％ 的镍、20％ 的铬外加钼和铜。这种合金对于各种温度和浓度的硫酸都有很强的抵抗能力。另外，在大多数情况下，它还可用于磷酸和醋酸介质，特别是有氯化物和其他杂质的场合。

（13）双向不锈钢

这种钢含有 20％ 或更多的铬和 5％ 左右的镍，以及一定量的钼，这些合金的强度和硬度比普通的奥氏体不锈钢好，而且在硫酸和磷酸的非常恶劣的工况下，抗局部腐蚀的能力很强。

主要适用于工作温度在 -273～200℃ 之间氧气管路和海水管路用的阀门中。

（14）塑料、陶瓷

这两种材料都属于非金属。非金属材料阀门的最大特点是耐腐蚀性强，甚至有金属材料阀门所不能具备的优点。一般适用于公称压力 ≤PN16，工作温度不超过 60℃ 的腐蚀性介质中，无毒塑料阀门也适用于给水工业中。塑料、陶瓷阀门一般不能单独作为阀体材料使用，需用钢质材料作骨架，常用阀体材料见表 2-21。

2.2.2　阀门内件和密封面常用的材质

阀门内件通常是指阀瓣、阀座和阀杆，但在有些情况它也包括其他零件，如衬套、螺栓和螺母等（"阀瓣" 这一名词，对于大多数类型的阀门，通用名词把它叫关闭件。但也有例外，如就旋塞阀来说，关闭件叫旋塞）。阀门的密封面主要是指阀瓣和阀座接触面。常用的内件材质及使用温度见表 2-22。

阀门密封面常用材料及适用介质见表 2-23。

表 2-21　常用阀体材料选用表

材料			常用工况		适用介质
类别	材料牌号	代号	公称压力	$t/℃$	
灰铸铁	HT200	Z	$≤PN16$	$≤200$	水、蒸汽、油类等
	HT250		氨$≤PN25$	氨$≥-40$	
可锻铸铁	KT30-6 KHT30-8	K	$≤PN25$	300 氨$≥-40$	
球墨铸铁	QT400-18 QT400-15	Q	$≤PN40$	$≤350$	
高硅铸铁	NSTSi-1S	G	$≤PN6$	$≤120$	硝酸等腐蚀介质
优质碳素钢	ZG205-415、ZG250-485、ZG275-485、WCA、WCB、WCC	C	$≤PN160$	$≤425$	水、蒸汽、油类等氨、氮氢气等
	Q235、10、20、25、35		$≤PN320$	$≤200$	
铬钼合金钢	12CrMo WC6 15CrMo ZG20CrMo	I	$P_{54}100$	540	蒸汽类
	Cr5Mo ZGCr5Mo		$≤PN160$	$≤550$	油类
铬钼钒合金钢	12Cr1MoV 15Cr1MoV ZG12Cr1MoV ZG15Cr1MoV WC9	V	$P_{57}140$	570	蒸汽类
镍、铬、钛耐酸钢	1Cr18Ni9Ti ZG1Cr18Ni9Ti	P	$≤PN63$	$≤200$	硝酸等腐蚀介质
				$-196\sim-100$	乙烯等低温介质
				$≤600$	高温蒸汽、气体等
镍铬钼钛耐酸钢	1Cr18Ni12Mo2Ti ZG1Cr18Ni12Mo2Ti	R	$≤PN200$	$≤200$	尿素、醋酸等
优质锰钒钢	16Mn 15MnV	I	$≤PN160$	$≤450$	水、蒸汽、油品类
铜合金	HSi80-3	T	$≤4.0$	$≤250$	水、蒸汽、气体类
9 铬 1 钼矾钢	ASTMA217C12A ASTMA182F91	V	$P_{57}240$	$≤600℃$	蒸汽类
9 铬钼钨钢	ASTMA182F92		$P_{60}276$	$≤650℃$	蒸汽类

表 2-22　阀门内件常用的材质及使用温度

阀门的内件材质	使用温度下限 /℃(℉)	使用温度上限 /℃(℉)	阀门内件材质	使用温度下限 /℃(℉)	使用温度上限 /℃(℉)
304 型不锈钢	$-268(-450)$	$316(600)$	440 型不锈钢 60RC	$-29(-20)$	$427(800)$
316 型不锈钢	$-268(-450)$	$316(600)$	17-4PH	$-40(-40)$	$427(800)$
青铜	$-273(-460)$	$232(450)$	6 号合金(Co-Cr)	$-273(-460)$	$816(1500)$
因科镍尔合金	$-240(-400)$	$649(1200)$	化学镀镍	$-268(-450)$	$427(800)$
K 蒙乃尔合金	$-240(-400)$	$482(900)$	镀铝	$-273(-460)$	$316(600)$
蒙乃尔合金	$-240(-400)$	$482(900)$	丁腈橡胶	$-40(-40)$	$93(200)$
哈氏合金 B	$-198(-325)$	$371(600)$	氟橡胶	$-23(-10)$	$204(400)$
哈氏合金 C	$-198(-325)$	$538(1000)$	聚四氟乙烯	$-268(-450)$	$232(450)$
钛合金	$-29(-20)$	$316(600)$	尼龙	$-73(-100)$	$93(200)$
镍基合金	$-198(-325)$	$316(600)$	聚乙烯	$-73(-100)$	$93(200)$
20 号合金	$-46(-50)$	$316(600)$	氯丁橡胶	$-40(-40)$	$82(180)$
416 型不锈钢 40RC	$-29(-20)$	$427(800)$			

表 2-23 阀门密封面常用材料及适用介质

材料		代号	常用工况		适用阀类
			PN	$t/℃$	
橡胶		X	$\leqslant PN1$	$\leqslant 60$	截止阀、隔膜阀、蝶阀、止回阀等
尼龙		N	$\leqslant PN320$	$\leqslant 80$	球阀、截止阀等
聚四氟乙烯		F	$\leqslant PN63$	$\leqslant 150$	截止阀、隔膜阀、蝶阀、止回阀等
巴氏合金		B	$\leqslant PN25$	$-70\sim150$	氨用截止阀
陶瓷		G	$\leqslant PN16$	$\leqslant 150$	球阀、旋塞阀
搪瓷		C	$\leqslant PN10$	$\leqslant 80$	截止阀、隔膜阀、止回阀、放料阀
铜合金	QSn6-6-3 HMn58-2-2	T	$\leqslant PN16$	$\leqslant 200$	闸阀、截止阀、止回阀、旋塞阀等
不锈钢	20Cr13、30Cr13 TDCr-2 TDCrMn	H	$\leqslant PN32$	$\leqslant 450$	中高压阀门
渗氮钢 38CrMoAlA		D	$P_{54}10$	540	电站闸阀、一般情况使用
硬质合金	WC、TiC	Y	按阀体材料确定		高温阀、超高压阀
	TDCoCr-1 TDCoCr-2				高压、超高压阀 高温、低温阀
在本体上加工	铸铁	W	$\leqslant PN16$	$\leqslant 100$	气、油类用闸阀、截止阀等
	优质碳素钢		$\leqslant PN40$	$\leqslant 200$	油类用阀门
	1Cr18Ni9Ti Cr18Ni12Mo2Ti		$\leqslant PN320$	$\leqslant 450$	酸类等腐蚀性介质用阀门
蒙乃尔合金 K 蒙乃尔合金 S		M	按阀体材料确定		石油化工阀、低温阀、核阀
哈氏合金 B 哈氏合金 C					石油化工阀、耐腐蚀阀、电站阀
20 号合金					石油化工阀、耐腐蚀阀、核阀

（1）青铜

使用最广的青铜阀、铸铁阀和钢阀的最高工作温度在 280℃ 左右。适用介质包括蒸汽、水、油、空气和天然气输送管线。阀瓣和阀座也可以使用适当牌号的青铜（阀杆用不锈钢），可以适应那些温度极低的介质，如液化气、液态氧和液态氮。

不含锌的青铜，通常是铝青铜，在特定的情况下也常被应用。

（2）铁

除阀杆用钢制成，阀门的其余全部零件都用铁制作（"全铁"）。通常阀瓣和阀体两者都有整体密封面。"全铁"阀门对于浓硫酸和碳氢化合物的混合酸介质来说是一种比较经济的选择，并且对于许多其他与工业有关的化学液体如卤水、氨水、酒精、洗涤液和氯化物溶液使用情况也很令人满意。

（3）铬 13 不锈钢

这种材料广泛地应用于阀杆、阀座密封圈和阀瓣上。它使用在含有一定比例的润滑剂的介质，具有很高的耐磨、抗擦伤、耐腐蚀和抗冲蚀等特点。它还有很强的抗氧化能力和抗热硫化润滑油的腐蚀能力。这种材料在油品和蒸气管线上，工作温度达到 600℃ 的情况下已成功地使用了许多年。

（4）镍合金

用镍合金（这里指镍、铜和锡合金的组合）来制作阀座环；用铬 13 不锈钢制作阀瓣，特别适合于没有润滑剂，腐蚀性相对不大的气体和液体介质。其他的适用介质包括过热蒸汽和饱和蒸汽、天然气、燃油、汽油和低黏度油。对于蒸汽来说，工作介质限制在 450℃ 以下，对于其他介质限制在 260℃ 以下。

用组合镍合金做阀座和阀瓣也适合于蒸汽、水和其他介质使用。

（5）奥氏体不锈钢

前面阀体材料里已经介绍过奥氏体不锈钢，以 18-8 铬-镍为基础的钢材，广泛地用在阀门内件制造上。无论是在极强的腐蚀还是极高的温度下，或者极强腐蚀又高温下的介质都适用。

(6) 特种不锈钢

这些 20 合金、Incoloy 825 和 Carpenter 20cb3 经常被用来制作阀门内件。这些特种不锈钢的内件经常用在普通不锈钢阀门上，而且有时也只在铁阀和钢阀上。

(7) 蒙乃尔合金

用这种合金制作阀门内件，大多数用在铁阀和钢阀上。其介质多为海水，盐溶液或蒸汽。

(8) 哈氏合金 B 和 C

这些材料用在阀门内件上的不多，而在整个阀门上经常应用。然而，介质为硫酸或稀盐酸时，有时用哈氏合金 B 作为阀门内件材料，而哈氏合金 C 的典型应用是在专用的氨阀和混合酸介质的阀门内件上。

(9) 硬质合金

在阀瓣和阀体座上堆焊一层坚硬的硬质合金，这样就可以使密封面具有很高的耐磨性和抗擦伤能力。这种材料尤其适用于介质温度升高和干燥的场合。

密封面的材料通常从钴基和镍基合金中挑选，而且与之相配对的表面通常镀有相似的材料，但要有硬度差，以便在工作中减少擦伤。然而，相配的两面并不总是都采用堆焊的形式，采用什么形式还要取决于所用硬质合金的性能。

钴基和镍基硬质合金的类似的性能规范可以从一些阀门制造商那里得到。选择材料时要依靠许多评价因素。一个重要的因素是所给的材料要能够容易地附着在特定的零件上。

(10) 塑料和合成橡胶

塑料和合成橡胶被使用在许多不同种类阀门的以一种形式或另一种形式布置的密封面和阀座上。

应用最广泛的塑料材料是聚四氟乙烯（PTEF）。在球阀和蝶阀中用它制作阀座，在隔膜阀中用它制作隔膜表面。在许多种类的阀门中，聚四氟乙烯被用作阀杆密封填料。

作为阀座和密封件的材料，聚四氟乙烯是最好的。它几乎能适用所有介质，并且耐磨性很好，而且使用温度可达 250℃。经常使用纯的聚四氟乙烯，但在许多情况下，为了改善它的压缩永久变形的性能，可加入一些化学性质不活泼的填料，如玻璃。

聚四氟乙烯的抗化学腐蚀性质使它成为一种很理想的隔膜材料。它的刚性和抗疲劳性质也是有用的特性。在多数使用隔膜的阀中，一层薄的聚四氟乙烯与合成橡胶基底联合使用，聚四氟乙烯与合成橡胶可以是分离的，也可以是粘接的。

在阀门内件中应用合成橡胶大多数是作为 O 形圈、垫片、阀座和座衬套、隔膜和蝶阀的衬套。

O 形圈大量地用在阀杆密封上，最常用的材料是丁腈橡胶。碳-氟化合橡胶、乙烯丙基橡胶和硅橡胶，尤其适合在高温下使用。

各种各样的合成橡胶广泛地应用在阀座、衬套、隔膜和导套上。基本聚合物的化合可以得到更广泛的物理和化学性能。以下是最常用的合成橡胶：天然橡胶、丁基橡胶、乙烯丙基橡胶、氯丁橡胶、丁腈橡胶、苯乙烯-聚丁橡胶。

应用塑料和合成橡胶作为阀门内件材料的优点是它具有很好的耐蚀性和抗冲蚀性，而且可以达到无漏损密封。而这些材料的缺点是在使用中工作温度受到所用材料的限制。此外，给定的材料是否适用还要取决于若干因素。

2.2.3 金属与非金属材料的耐腐蚀性能

材料的耐腐蚀性能见表 2-24、表 2-25 和表 2-26。这些表是阀门制造中常用金属材料与非金属材料的耐腐蚀性能方面的试验数据的汇总。然而，必须注意，实际装置上所使用材料的性能可能会受到影响，有时影响很大。这些因素如阀门本身的设计和它的工作特性、有关工艺流程的形式、介质的浓度和温度波动以及介质中存在的化学成分等。因此，表中所给的数据只作为挑选最佳材料的依据，而不能认为依照表中数据所挑选的材料就保证适用。在用户有任何怀疑的情况下，应该向阀门制造商和材料供货者再征求意见，对照现有的资料，如有可能应该在现场作挂片腐蚀试验。

2.2.4 API 600 标准阀门内件材料

美国石油学会 API 600 是国际公认的阀门权威标准，在实际工作中经常遇到这两项标准中所规定的材料。为方便使用者，特列表 2-27～表 2-30。

表 2-24 金属材料的耐腐蚀性能

腐蚀性介质和介质的状态	温度/℃	铁和钢	青铜	304型不锈钢	316型不锈钢	20合金	蒙乃尔合金	哈氏合金B	哈氏合金C	铝	其他
醋酸(5%~10%)	20	D	D	A	A	A	B	A	A	A	
醋酸(5%~10%)	沸点	D	D	B	B	A	C	B	A	D	
醋酸(20%)	20	D	D	A	A	A	B	A	A	A	C20:A
醋酸(50%)	20	D	D	A	A	A	B	A	A	A	
醋酸(80%)	20	D	D	A	A	A	B	A	A	A	
醋酸(80%)	沸点	D	D	D	B	B	A	B	A	C	
醋酸(极冷)	20	D	D	A	A	A	A	A	A	A	
醋酸(极冷)	沸点	D	D	D	B	A	B	B	A	B	Zr:A
醋酸蒸气(30%)	热	D	D	C	B	B	B	B	A	D	C20:A
醋酸蒸气(100%)	热	D	D	D	C	B	B	B	A	B	
醋酸酐	沸点	C	D	B	B	B		B	A	B	
丙酮	沸点	B	A	B	B	A	A	A	A	A	
乙炔	20	A	D	A	A	A	B	A	A	A	
酸矿泉水	20	D	D	B	B	A	D	C	B	D	
乙醇	20	B	B	B	B	A	A	A	A	A	
乙醇	沸点	B	B	B	B	A	B	A	A	B	
乙醇	20	B	B	B	B	A	A	A	A	A	
乙醇、甲醇	沸点	B	B	C	B	A	B	A	A	C	
硫酸铝(10%)	20	D	D	B	B	A	B	B	B	B	
硫酸铝(10%)	沸点	D	D	B	B	A	B	C	B	C	
硫酸铝(饱和)	沸点	D	D	C	B	B	B	C	B	C	
氯化铝(25%)	20	D	D	D	C	B	B	B	B	D	
氯化铝(25%)	沸点	D	D	D	D	B	C	B	C	D	C20:B
氟化铝(5%)	20	D	D	D	C	C	A	B	B	D	Zr:A
氨(全浓缩)	20	B	D	A	A	A	C	B	B	B	
氨气	热	C	D	D	D	B	D			D	
氯化铵(10%)	20	C	D	B	B	A	B	B	B	D	
氯化铵(10%)	沸点	D	D	C	B	A	B	B	C	D	C20:A
氯化铵(25%)	沸点	D	D	D	C	B	B	B	C	D	C20:A
氢氧化铵	20	D	B	A	A	A	C	A	A	B	
氢氧化铵(浓缩)	热	D	C	A	A	A	D	A	A	B	
硝酸铵	20	D	A	B	B	A	C	D	A	B	
硝酸铵(饱和)	沸点	D		D	B	A	B		B	C	
过磷酸铵(50%)	20	D		B	B	A		D	A	D	
硫酸铵(5%)	20	D	A	C	B	B	A	B	B	C	C20:B
硫酸铵(10%)	沸点	D	C	D	C	B	B	D	B	D	
硫酸铵(饱和)	沸点	D	C	D	C	B	B	D	B	D	
醋酸戊酯(浓缩)	20	C	A	B	B	A	B	A	A	D	
戊醇(浓缩)	20		C				B			D	Cu:B
苯胺(3%)	20	B	A	A	A	A	B	A	A	B	
苯胺(浓缩)	20	B	A	B	B	A	B	B	B	B	
三氯化锑	20	D	D	D	D			B		D	
王水	20	D	D	D	D	D	D	D	C	D	Ti:B
王水	93	D	D	D	D	D	D	D	D	D	
氯化沥青(5%)	热		B	B			B			B	
氯化钡(5%)	20	C	D	B	B	A	B	B	B	C	
氯化钡(饱和)	20	B	D	C	B	A	B	B	B	C	

续表

腐蚀性介质和介质的状态	温度/℃	铁和钢	青铜	304型不锈钢	316型不锈钢	20合金	蒙乃尔合金	哈氏合金B	哈氏合金C	铝	其他
氯化钡(溶液)	热	D	D	D	C	B	B	B	C	D	
硫酸钡	20	B		B	B	B	B			B	
硫酸钡(浓缩)	20	D	D	C	B	B	B	B	C	B	
啤酒		B	A	A	A	A	A	A	A	B	
苯	热	B	A	B	B	A	B		B	B	
苯甲酸	20	B	B	B	B	B	B	A	A	B	
漂白粉	20	D	D	D	B	B	C	D	A	D	
血(肉糜)	20			B	A	A		A	A	D	
硼砂(5%)	20	B	C	A	A	A	A	A	A	D	
硼酸(5%)	热	D	B	B	B	A	B	A	A	D	
溴水	20	D	D	D	D	D	D	B	B	D	Zr:A
奶油	20	C	A	A	A	A	A	A	A	D	
丁烷	20		B		B	B				B	
醋酸丁酯	20	A	A	B	B	A	A	A	A	A	
丁酸(5%)	66	B	A	B	B	B	B	B	A	C	
丁酸(溶液)	沸点	D	B	B	B	B	B	B	A	D	
硫酸氢钙	20	D	C	C	B	B	D	C	B	D	
碳酸钙	20	B	B	B	B	B	B	B	B	B	C20:A
氯化钙(稀释)	20	D	C	C	B	A	A	B	A	C	
氯化钙(浓缩)	20	D	C	D	C	B	A	A	B	C	
氯化钙(浓缩)	沸点	D	D	D	D	B	A	A	B	D	
氢氧化钙(5%)	20	C	D	B	B	B	A	A	B	B	
氢氧化钙(10%)	沸点	D	D	B	B	B	A	A	A	D	
氢氧化钙(20%)	沸点	D	D	D	B	B	A	A	A	D	
氢氧化钙(50%)	沸点	D	D	D	B		A	A	A	D	
次氯酸钙(2%)	20	D	D	C	C	B	C	C	B	D	C20:B
硫酸钙(饱和)	20	B	B	B	B	B	B	B	B	B	
苯酚(化学纯)	沸点	C	C	B	B	B	B	B	B	B	
苯酚	沸点	C	D	B	B	B	B	B	B	C	
铬酸(50%)	沸点	D	D	D	D	D	D	D	B	D	
铬酸(10%化学纯)	沸点	D	D	C	C	C	D	D	B	D	
柠檬酸(5%)	20	D	C	A	A	A	A	A	B	B	
柠檬酸(5%)	66	D	C	B	B	A	B	A	A	B	
柠檬酸(15%)	沸点	D	D	B	B	B	B	A	A	C	
柠檬酸(浓缩)	沸点	D	D	D	B	B	B	A	A	B	Ni:A
醋酸铜(饱和)	20	D	D	B	B	B	B	A	A	D	
碳酸铜(饱和)	20			A	A	A	A	A	A		
氯化铜(1%)	20	D	D	C	C	B	D	C	B	D	C20:A
氯化铜(5%)	20	D	D	D	C	B	D	C	B	D	C20:B
氯化铜(5%)	沸点	D	D	D	D	C	D	D	C	D	Ti:B
氯化铜(饱和)	沸点			B	B	B	C	B	B		
硝酸铜(5%)	20			A	A	A	A	B	B		
硝酸铜(50%)	热	D		B	B	B	B	D	B		
硫酸铜(5%)	20	D	D	B	B	A	D	B	B	D	C20:A
硫酸铜(饱和)	沸点	D	D	B	B	A	D	D	B	D	C20:A
煤焦油	热	B	C	B	B	B	A	A	A	B	
二硫化碳	20	B	D	B	B	B	C	B	B	B	
一氧化碳	200	A	B	A	A	A	A	B	A	B	
一氧化碳	820	D	B	A	A	A	C	A	A	D	
四氯化碳(化学纯)	20	B	B	B	B	B	A	A	A	B	
四氯化碳(化学纯)	沸点	C	C	C	B	A	A	A	A	D	

续表

腐蚀性介质和介质的状态	温度/℃	铁和钢	青铜	304型不锈钢	316型不锈钢	20合金	蒙乃尔合金	哈氏合金B	哈氏合金C	铝	其他
四氯化碳	沸点	D	D	C	C	A	B	B	A	D	
碳酸(饱和)	20	D	C	B	B	A	B	A	A	B	
氯酸	20	D	D	D	D	B	D	D	A	D	
氯水(饱和)	20	D	D	D	C	C	D	D	B	D	
氯气(干)	20	B	C	D	C	A	B	B	A	B	
氯气(湿)	100	D	D	D	D	D	D	D	D	D	Ta:B
醋氯酸	20	D	D	D	D	D	D	B	B	D	
氯苯(浓缩)	20	A	A	A	A	A	A	A	A		
三氯甲烷	20	A	A	A	A	A	A	B	B	A	
硫氯酸(浓缩)	20	D	D	B	B	B	D	A	A	B	
铬酸(5%)	20	B	C	B	B	B	B	D	B	B	Zr:A
甲酚	20	B	B	A	A	A	A	A	A	A	
显影剂	20	D		B	B	A	B	A	A		
二氯乙烷	沸点	D		B	B	B	B	B	B		
导热姆换热剂A	沸点	A	D	A	A			A	A	C	
乙醚	20	A	A	A	A	A	A	B	B	A	
乙基醋酸(浓缩)	20	B	A	A	A	A	B	B	B	A	
乙基氯(干)	20	A	A	A	A	A	A	B	B	A	
乙二醇	20	B	A	A	A	A	A	A	A	A	
脂肪酸	沸点	C	B	B	B	A	B	A	A	C	Ic:A
氯化铁(10%)	20	D	D	D	C	C	D	D	B	D	C20:A
氯化铁(1%)	沸点	D	D	D	D	D	D	D	C	D	Ti,Zr:B
氯化铁(5%)	20	D	D	D	D	D	D	D	B	D	
氢氧化铁	20			A	A	A	A	A	A		
硝酸(5%)	20			B	B	A	B	C	B	D	
硫酸(5%)	20		D	B	B	A	C	D	B	D	
硫酸铁(5%)	沸点	D	D	D	D	A	D	D	D	D	
硫酸亚铁(10%)	20	D	B	B	B	B	B	B	B	C	
硫酸亚铁(饱和)	20	D	D	B	B	B	B	B	B	D	
氟(干)	20	C	B	B	B	A	B	B	B	D	
氢氟酸	20	D	B	D	D	B	B	B	B	D	C20:B
甲醛	20	B	B	B	B	B	B	B	B	B	
甲酸(5%)	20	C	C	B	B	A	B	C	A	D	
甲酸(5%)	66	D	C	B	B	B	C	C	A	D	
甲酸(10%~50%)	20	C	C	B	B	A	B	C	A	D	
甲酸(10%~50%)	沸点	D	D	D	D	B	C	C	B	D	C20:B
甲酸(100%)	20	D	C	C	C	A	B	C	B	D	C20:A
甲酸(100%)	沸点	D	C	D	D	B	C	C	B	D	C20:B
氟利昂(干)		A	A	A	A	A	A	A	A	A	
氟利昂(湿)		B	B	C	C	C	B	B	B	C	
果汁	20	C	A	A	A	A	B	A	A	D	Ic:A
燃料油	热	B	A	A	A	A	A	A	A	A	
糖醛	20	B	B	B	B	A	B	B	B	B	
镓酸(5%)	20	B	C	B	B	B	B	B	B	D	
镓酸(5%)	66	C	D	B	B	B	B	B	B	D	
汽油(精炼)	20	A	A	A	A	A	A	A	A	A	
汽油(含硫)	20	D	A	A	A	A	D	A	A	C	

续表

腐蚀性介质和介质的状态	温度/℃	铁和钢	青铜	304型不锈钢	316型不锈钢	20合金	蒙乃尔合金	哈氏合金B	哈氏合金C	铝	其他
葡萄糖			B	B	B	A	B			B	
甘油	20	B	A	A	A	A	A	A	A	A	
氢溴酸	20	D	D	D	D	D	C	B	C	A	
碳氢化合物(脂肪族)	20	A	A	A	A	A	A	A	A	A	
碳氢化合物(芳香族)	20	A	A	A	A	A	A	A	A	A	
氢氯酸(1%)	20	D	D	D	C	C	C	A	A	D	C20:A
氢氯酸(1%)	沸点	D	D	D	D	D	D	B	D	D	Zr:A
氢氯酸(5%)	20	D	D	D	D	D	D	A	B	D	C20:B
氢氯酸(5%)	沸点	D	D	D	D	D	D	B	D	D	Zr:A
氢氯酸(10%)	20	D	D	D	D	D	D	A	C	D	
氢氯酸(10%)	沸点	D	D	D	D	D	D	B	D	D	Zr:A
氢氯酸(25%)	20	D	D	D	D	D	D	A	B	D	
氢氯酸(25%)	沸点	D	D	D	D	D	D	B	D	D	Zr:A
氢氯酸(浓缩)	20	D	D	D	D	D	D	A	B	D	
氢氯酸(浓缩)	沸点	D	D	D	D	D	D	B	D	D	Zr:B
氢氰酸	20	D	A	B	B	B	B	B	B	C	
氢氟酸(浓缩)	20	D	D	D	D	C	A	B	B	D	C20:B
氢氟酸(浓缩)	20	D	D	D	D	D	B	B	B	D	C20:B
氢氟硅酸	20	D	D	D	D	B	B	B	B	D	
氯化氢(干)	20	C	D	C	B	A	B	B	B	C	
氯化氢(湿)	20	D	D	D	C	C	C	B	A	D	
氟化氢(干)	20	C	D	C	C	A	B	B	B	D	
氟化氢(湿)	20	D	D	D	D	C	B	B	B	D	
过氧化氢	20	D	C	A	A	A	B	B	A	A	C20:A
过氧化氢	沸点	D	D	B	B	B	C	C	B	B	
硫化氢(干)	20	A	B	A	A	B	B	B	A	A	
硫化氢(湿)	20	C	C	C	B	B	C	B	B	A	Ic:A
碘化氢(稀释)	20	D	D	D	D		C	B	C	D	
碘(湿)	20	D	D	D	D	D	D	D	B	D	
碘仿	20	D		A	A	A	A	A	A		
煤油	20	A	A	A	A	A	A	A	A	A	
油漆	热	D	B	B	B	A	B	B	B	B	
乳酸(1%)	沸点	D	D		B	B	C	B	C	D	
乳酸(5%)	20	D	D		B	A	B	B	B	A	
乳酸(5%)	66	D	D		B	A	C	B	B	D	
乳酸(5%)	沸点	D	D		B	D	D	B	C	D	
乳酸(10%)	20	D	D		B	A	B	B	B	A	
乳酸(10%)	66	D	D	C	B	A	C	B	B	B	
乳酸(10%)	沸点	D	D	D	C	B	D	B	C	D	C20:B
乳酸(浓缩)	20	D	D		B	A	B	B	B	A	
乳酸(浓缩)	沸点	D	D	D	D	D	D	B	C	D	C20:B
醋酸铅	20	D			B		B	B		D	
锂	150	B	D	A	A		C	C	C	D	Ta:A
锂	540	C	D	C	C		C	C	C	D	Ta:A
锂	820	C	D	C	C		D	D	D	D	Ta:B
碱液	20	D	D	B	B	B	A	B	B	D	
碱液	沸点	D	D	B	B	B	A	B	B	D	

续表

腐蚀性介质和介质的状态	温度/℃	铁和钢	青铜	304型不锈钢	316型不锈钢	20合金	蒙乃尔合金	哈氏合金B	哈氏合金C	铝	其他
氯化镁(5%)	20	D	C	B	B	A	A	A	A	C	
氯化镁(5%)	热	D	D	D	D	A	A	A	B	D	
氯化镁(10%～30%)	20	D	D	C	B	A	A	A	A	C	
氯化镁(饱和)	20	D	D	C	B	B	A	A	A	C	
氢氧化镁	20	B	B	B	B	B	B	A	A	D	
羟基丁二酸(浓缩)	20	D		B	B	B	B	B	B	B	
氯化汞(2%)	20	D	D	D	D		D	D	B	D	C20:A
氯化汞(2%)	热	D	D	D	D		D	D	B	D	C20:A
氰化汞	20	D		B	B	B		B	B		
汞	150	B	C	C	C		C			D	
汞	540	D	D	D	D		D			D	
汞	820	D	D	D	D		D			D	
牛奶	20	D	C	C	C	A	B	A	A	A	
混合酸(1%硫酸,99%硝酸)	20	D	D	B	B	B	D	D	B	B	
混合酸(1%硫酸,99%硝酸)	110	D	D	C	C	C	D	D	C	D	Ta:B
混合酸(10%硫酸,90%硝酸)	20	D	D	B	B	B	D	D	B	B	
混合酸(10%硫酸,90%硝酸)	110	D	D	C	C	C	D	D	C	D	Ta:B
混合酸(15%硫酸,5%硝酸)	20	D	D	B	B	A	D	D	B	B	
混合酸(15%硫酸,5%硝酸)	110	D	D	C	C	B	D	D	C	D	Ta:B
混合酸(30%硫酸,5%硝酸)	20	D	D	B	B	B	D	D	B	C	
混合酸(30%硫酸,5%硝酸)	110	D	D	C	C	B	D	D	C	D	Ta:B
混合酸(53%硫酸,45%硝酸)	20	B	D	B	B	B	D	D	B	D	Ta:B
混合酸(53%硫酸,45%硝酸)	110	D	D	C	C	B	D	D	C	D	
混合酸(58%硫酸,40%硝酸)	20	B	D	B	B	B	D	D	B	D	
混合酸(58%硫酸,40%硝酸)	110	D	D	D	D	C	D	D	C	D	Ta:B
混合酸(70%硫酸,10%硝酸)	20	D	D	C	C	B	D	D	B	D	
混合酸(70%硫酸,10%硝酸)	110	D	D	D	D	C	D	D	D	D	Ta:B
盐酸	20	D	D	D	C	B	C	B	A	D	
石脑油(石油)	20	B	B	B	B	B	B	B	B	B	
氯化镍	20	D	D	C	B	B	C	A	A	D	
硫化镍	热	D	D	C	B	B	B	D	B	D	
硝酸(1%)	20	D	D	A	A	A	D	D	A	B	
硝酸(1%)	热	D	D	B	B	A	D	D	C	D	
硝酸(5%)	20	D	D	A	A	A	D	D	A	B	
硝酸(10%)	20	D	D	A	A	A	D	D	A	B	
硝酸(10%)	沸点	D	D	B	C	B	D	D	C	D	
硝酸(20%)	20	D	D	A	A	A	D	D	B	D	
硝酸(50%)	20	D	D	A	A	A	D	D	B	C	
硝酸(50%)	沸点	D	D	B	C	B	D	D	D	D	Zr:A
硝酸(65%)	沸点	D	D	B	B	B	D	D	D	C	Ti:B
硝酸(85%)	20	B	D	B	B	A	D	D	B	B	
硝酸(85%)	热	D	D	B	C	B	D	D	D	D	Zr:A
硝酸(浓缩)	20	B	D	B	C	B	D	D	B	A	
硝酸(浓缩)	热	D	D	C	C	B	D	D	D	D	Zr:A
亚硝酸(5%)	20	D	D	B	B	B	D	D	B	C	
原油	热	D	C	B	B	A	B	B	B	B	
油(植物和矿物)	热	B	B	B	B	A	B	B	B	B	
油酸	20	C	C	B	B	B	A	B	B	B	

续表

腐蚀性介质和 介质的状态	温度 /℃	铁和 钢	青铜	304型 不锈钢	316型 不锈钢	20 合金	蒙乃尔 合金	哈氏 合金 B	哈氏 合金 C	铝	其他
发烟硫酸	20	B	D	C	B	A	D	B	A	C	C20:A
发烟硫酸	热	D	D	D	C	B	D	C	B	D	
草酸(饱和)	20	C	D	B	B	B	B	B	B	B	C20:B
草酸(饱和)	沸点	D	D	D	B	B	C	B	B	D	
氧气	冷	B		A	A	A	A		A	A	
氧气	260			B	B	A	B		A	B	
氧气	260~540			B	B	B	B		C	C	C20:B
氧气	540	D		D	C	B	D		C	D	
棕榈酸	20	C	B	B	B	B	B	B	B	B	
石蜡	热	A	A	A	A	A	A	A	A	A	
酚(稀释)	沸点	C	C	B	B	B	B	B	B	B	
磷酸(1%)	20	D	B	B	B	A	B	A	A	B	
磷酸(5%)	20	D	C	B	B	A	B	A	A	C	
磷酸(10%)	20	D	C	C	B	A	B	A	A	C	
磷酸(10%)	沸点	D	D	D	C	B	D	A	A	D	C20:A
磷酸(25%)	沸点	D	D	D	C	B	D	A	B	D	C20:A,Fr:A
磷酸(45%)	70	D	D	D	B	A	B	A	A	D	Fr:A
磷酸(45%)	沸点	D	D	D	C	B	D	A	B	D	C20:A,Fr:A
磷酸(85%)	20	D	D	D	B	A	A	A	A	D	Fr:A
磷酸(85%)	沸点	D	D	D	D	C	C	A	C	D	C20:B
苦味酸水溶液	20	C	D	B	B	B	B	B	B	D	
溴化钾	20	D	B	C	B	B	B	B	B	C	
碳酸钾(1%)	20	B	B	B	B	A	B	B	B	D	
氯化钾	20	B	B	B	B	A	B	C	B	B	
氯化钾(1%~5%)	20	D	C	C	B	A	B	C	C	C	
氯化钾(1%~5%)	沸点	D	D	D	D	D	B	B	B	D	C20:A
氯化钾	20	B	D	B	B	B	B	B	B	D	
重铬酸钾	20	C	C	B	B	B	A	C	B	B	
铁氰化钾(5%)	20	C	C	B	B	B	B	B	B	B	
亚铁氰化钾(5%)	20	C	D	B	B	B	B	B	B	B	
氢氧化钾(5%)	20	B	D	B	B	B	A	B	B	D	
氢氧化钾(25%)	沸点	D	D	B	B	B	A	B	B	D	C20:A
氢氧化钾(50%)	沸点	D	D	B	B	B	A	B	B	D	C20:A
硝酸钾(1%~5%)	20	B	B	B	B	B	B	C	B	B	
硝酸钾(1%~5%)	热	B	C	B	B	B	B	C	B	B	
高锰酸钾(5%)	20	A	A	A	A	A	A	A	A	A	
碳酸钾(1%~5%)	20	B	B	B	B	A	B	B	B	B	
硫酸钾(1%~5%)	热	D	B	B	B	B	B	B	B	B	
硫酸钾(饱和)	20	C	D	B	B	B	B	B	B	D	
丙烷		B		B	B	A	B				
丙酸	20	D	D	B	B	A	B	A	A	B	
焦培酸	20	B	B	B	B	B	B	B	B	B	
奎宁	20	D	B	B	B	B	B	B	B	D	
松香(熔融)		D	C	A	A	A	A	A	A	A	
氯化铵	20	C	D	B	B	B	B	B	B	D	
水杨酸	20	D	B	B	B	B	B	B	B	B	
海水	20	D	C	B	B	A	A	A	A	C	
污水	20	C	C	B	B	A	C	B	B	C	

续表

腐蚀性介质和 介质的状态	温度 /℃	铁和 钢	青铜	304 型 不锈钢	316 型 不锈钢	20 合金	蒙乃尔 合金	哈氏 合金 B	哈氏 合金 C	铝	其他
溴化银	20	D		C	B	A		B	B		
氯化银	20	D		D	D	C		D	B		
硝酸银	20			B	B	A	D	B	B		
肥皂	20	B	B	B	B	A	B	B	B	B	Zr：A
醋酸钠(湿润)	20	C	B	B	B	A	B	B	B		Ni,Ti,Ta：A
碳酸钠(5%)	20	B	B	B	B	A	B	B	B	D	
碳酸钠(5%)	66	B	D	B	B	A	B	B	B	D	
氯化钠(10%)	20			B	B	B		B	B		
氯化钠(25%)	20			B	B	B		D	B	B	
氯化钠(5%)	20	C	B	B	B	A	A	B	B	C	
氯化钠(2%)	20	C	B	B	B	A	A	B	B	C	
氯化钠(饱和)	20	C	B	B	B	A	A	B	B	C	
氯化钠(饱和)	沸点	D	D	C	B	B	A	B	B	C	
氰化钠	20	B	D	B	B	A	B	B	B	D	
氟化钠(5%)	20		B	B	B	B		B	B		
氢氧化钠(5%)	20	B	C	B	B	A	A	A	B	D	
氢氧化钠(20%)	沸点	B	D	B	B	B	A	A	B	D	C20：A
氢氧化钠(50%)	沸点	D	D	B	B	B	A	A	B	D	C20：A
氢氧化钠(75%)	沸点	D	D	C	C	B	B	B	B	D	C20：A
次氯酸钠(5%)	20	D	D	D	C	C	C	D	C	D	Ti：A
硝酸钠	20	B	B	A	A	A	B	D	B	B	
硅酸钠		B	C	B	B	A	B	B	B	C	
硫酸钠(饱和)	20	B	B	C	B	A	B	B	B	B	
硫化钠(饱和)	20	B	D	C	B	A	B	B	B	D	
硫化钠(5%)	20	B	D	B	B	A	B	B	B	B	
硫化钠(10%)	66	B	D	C	B	B	B	D	B	B	
硫化钠(10%)	沸点	D	D	C	B	B	B	D	B	C	
氯化锡(5%)	20	D	D	D	C	B	D	B	B	D	
氯化锡(5%)	沸点	D	D	D	D	D	D	D	B	D	
氯化亚锡(饱和)	20	D	D	D	C	B	C	B	B	D	Zr：A
蒸汽	100	A	B	A	A	A	A	A	A	B	
蒸汽	205	A	B	A	A	A	A	A	A	B	
蒸汽	320	C	D	A	A	A	A	A	A	D	
硬脂酸	20	C	C	B	A	A	A	A	A	A	
硝酸锶	20	D	C	A	A	A	A	A	A	A	C20：A
糖汁	66	D	B	B	B	A	B	B	B	B	C20：A
硫黄(干)(熔融)		B	C	B	B	B	B	B	B	B	
硫黄(湿)(熔融)		D	D	C	B	B	C			C	
二氧化硫(干)	260	B	D	B	B	B	B	C	B	B	
二氧化硫(湿润)	20	D	D	C	B	B	C	C	B	B	
硫酸(1%)	20	D	B	B	B	A	C	A	A	B	
硫酸(1%)	沸点	D	D	C	C	B	B	B	C	C	C20：B；Zr：A
硫酸(5%)	20	D	C	C	B	A	C	A	A	C	C20：B；Zr：A
硫酸(5%)	沸点	D	D	D	C	B	B	B	C	D	
硫酸(10%)	20	D	C	D	C	B	C	A	A	C	

续表

腐蚀性介质和介质的状态	温度/℃	铁和钢	青铜	304型不锈钢	316型不锈钢	20合金	蒙乃尔合金	哈氏合金B	哈氏合金C	铝	其他
硫酸(10%)	沸点	D	D	D	D	B	B	B	C	D	Zr:A
硫酸(50%)	20	D	D	D	D	A	B	A	A	D	C20:A
硫酸(50%)	沸点	D	D	D	D	C	D	A	D	D	
硫酸(60%)	20	D	D	D	D	A	B	A	A	D	C20:A
硫酸(60%)	沸点	D	D	D	D	D	D	C	D	D	Zr,Ta:B
硫酸(80%)	20	D	D	C	C	B	C	A	A	D	
硫酸(80%)	沸点	D	D	D	D	D	D	D	D	D	Ta:B
硫酸(浓缩)	20	B	D	B	B	A	B	A	A	B	
硫酸(浓缩)	沸点	D	D	D	D	D	D	D	D	D	Ta:B
硫酸(浓缩)	20	D	D	D	D	D	D	D	D	D	Ta:B
硫酸(发烟)	20	C	D	C	B	A	D	A	A	A	
亚硫酸(饱和)	20	D	D	D	B	B	D	D	B	C	C20:B
亚硫酸(饱和)	120	D	D	D	B	B	B	D	B	B	C20:B
鞣酸	20	D	B	B	B	A	B	B	B	C	C20:A
酒石酸(10%)	20	D	C	A	A	A	A	B	B	A	
酒石酸(10%)	热	D	D	C	B	A	B	B	B	D	C20:A
三氯化钛(湿)	20	D	D	D	D	D	D	D	D	D	
三氯乙烯(干)	20	B	D	B	B	B	B	B	B	A	
三氯醋酸	20	D	D	D	D	D	D	B	B	D	Zr:A
三磷酸钠		B	D	B	B	B	B	B		D	
黏油	20	A	B	A	A	A	A	A	A	A	
尿酸(浓缩)	20	D	D	B	B	B		B	B	D	
漆	20	C	B	A	A	A	A	A	A	A	
漆	热	D	D	B	B	A	A	A	A	B	
蔬菜汁	沸点	D	D	B	A	A	B	B	B	B	
醋	20	D	C	A	A	A	A	A	A	B	
醋	热	D	D	B	B	B	B	B	A	C	
水、蒸馏水		D	D	A	A	A	A	A	A	A	
威士忌和葡萄酒	70	D	B	A	A	A	A	A	A	C	
氯化锌(5%)	70	D	D	C	B	A	B	B	B	B	
氯化锌(5%)	沸点	D	D	D	C	B	B	B	C	D	Ti,Zr:A
氯化锌(20%)	20	D	D	D	B	B	B	B	B	C	
氯化锌(20%)	沸点	D	D	D	C	B	C	B	C	D	C20:B;Zr:A
硫酸锌(5%)	20	B	D	B	A	A	A	B	B	C	
硫酸锌(25%)	沸点	D	D	C	B	B	B	B	B	C	
硫酸锌(饱和)	20	B	C	B	A	A	A	B	B	C	

注：1. A—耐腐蚀性能优秀，腐蚀量小于 0.10mm/年；B—耐腐蚀性能良好，腐蚀量为 0.10～0.50mm/年；C—耐腐蚀性能差，腐蚀量大于 0.50mm/年；D—不推荐使用。

2. 缩写：C20—"Carpenter" 20Cb-3 不锈合金钢；Fr—"Ferralium" 合金；Ic—镍铬铁合金；Ni—镍；Ta—钽；Ti—钛；Zr—锆；20 合金—高镍不锈合金钢（20Cr-29Ni-30Mo-3.5Cu，其余为 Fe）。

表 2-25　橡胶的耐腐蚀性能

大类	橡胶品种(代号)	化 学 组 成	优 点	缺 点
通用橡胶	天然(NR)	以橡胶烃(聚异戊二烯)为主,另含少量蛋白质、树脂酸、无机盐与杂质	强伸性高,抗撕性优良,耐磨性良好,加工性能良好,易与其他材料黏合	耐氧及耐臭氧性差,耐油、耐溶剂性差,不适用于100℃以上
	丁苯(SBR)	丁二烯的质量分数(70%~75%)和苯乙烯的质量分数(25%~30%)的共聚物	耐磨性较突出,耐老化和耐热性超过天然胶,其他物理力学性能与天然胶接近	加工性能较天然胶差,特别是自黏性差,生胶强度低
	异戊(IR)(又称合成天然胶)	聚异戊二烯,全为橡胶烃	有天然胶的大部分优点,吸水性低,电绝缘性好,耐老化性优于天然胶	成本较高,弹性比天然胶低,加工性能较差

续表

大类	橡胶品种(代号)	化 学 组 成	优 点	缺 点
通用橡胶	顺丁(BR)	聚丁二烯	弹性与耐磨性优良,耐寒性较好,易与金属黏合	加工性能、自黏性差和抗撕性差
	丁基(HR)	异丁烯与异戊二烯(质量分数 0.6%~3.3%)的共聚物	耐老化性、气密性及耐热性优于一般通用胶,吸振及阻尼特性良好,耐酸、碱,耐一般无机介质及动植物油	弹性大,加工性能差,包括硫化慢、难粘、耐光老化性能差
	氯丁(CR)	聚氯丁二烯	物理力学性能良好,耐氧、耐臭氧及耐候性良好,耐油性及耐溶剂性较好	密度大,相对成本高,电绝缘性差,加工时易粘辊、易结焦及易粘模
	丁腈(NBR)	丁二烯(质量分数 60%~82%)与丙烯腈(质量分数 18%~40%)的共聚物	耐油性及耐气体介质性优良,耐热性较好,最高可达 150℃,气密性和耐水性良好	耐寒性及耐臭氧性较差,加工性不好
	聚氨酯(UR)	聚氨基甲酸酯	耐磨性高于其他各种橡胶,抗拉强度最高可达 35MPa,耐油性优良	耐水性差,耐酸、碱性差,高温性能差
	三元乙丙(EP-DM)	乙烯、丙烯及二烯类的三元共聚物	耐臭氧及耐候性都极好,耐热可达 170℃左右,耐低温达-50℃,电绝缘性能良好,耐极性溶剂和无机介质好,包括水及高温蒸汽	硫化缓慢,黏着性很差
	聚硫	三氯乙烷和多硫化钠的缩聚物	耐油及各种介质性能特别高,耐老化、耐臭氧及耐候性良好	力学性能较差,变形大
	丙烯酸酯(AR)	烷基丙烯酸酯与不饱和单体(如丙烯腈)的共聚物	耐油性极好,耐老化及耐候性良好	耐低温性能较差,不耐水
	氯醇(CHR,均聚)(CHC,共聚)	环氧氯丙烷的均聚物,或环氧氯丙烷与环氧乙烷的共聚物	耐脂肪烃及氯化烃溶剂,耐碱、耐水、耐老化性能极好,包括耐臭氧性、耐候性及耐热性,抗压缩变形良好,气密性高	强伸性能较低,电绝缘性能差,弹性差
	氯磺化聚乙烯(CSM)	氯磺化聚乙烯	耐臭氧及耐光老化性优良,耐候性高于其他橡胶,耐酸、碱性也较好,耐高温可达 150℃	抗撕性差,加工性能差
	氯化聚乙烯	氯化聚乙烯	耐候、耐臭氧和耐热性卓越,耐酸碱、耐油性良好	压缩变形大,弹性差
特种橡胶	硅	主链为硅氧原子组成的、带有机基因的聚合物	耐高温(最高 300℃)及低温(最低-100℃),性能杰出,电绝缘性能优良,化学惰性大	机械强度低,需要后硫化,价格昂贵
	氟(FPM)	由含氟单体共聚而得	耐高温可达 300℃,耐介质腐蚀性高于其他橡胶,抗辐射及高真空性能优良	加工性差,包括炼胶费时,需后硫化,难粘,价格较贵

表 2-26　各种塑料的耐腐蚀性能

序号	名　　称	耐酸性		耐碱性		耐有机溶剂性
		弱酸	强酸	弱碱	强碱	
1	聚乙烯(低压及高压法)	A	不耐氧化性酸	A	A	在 80℃以下,B
2	聚乙烯(超高分子量)	A	不耐氧化性酸	A	A	在 80℃以下,对许多溶剂,A
3	聚丙烯	A	不耐氧化性酸	A	A	在 80℃以下,B
4	聚氯乙烯,硬质	A	A~B	A	A	对醇、脂肪烃及油 A;在酮及酯中溶解或溶胀;在芳香烃中溶胀
5	聚氯乙烯,软质	A	A~B	A	A	对醇、脂肪烃及油 A;在酮及酯中溶解或溶胀;在芳香烃中溶胀

续表

序号	名称	耐酸性		耐碱性		耐有机溶剂性
		弱酸	强酸	弱碱	强碱	
6	聚苯乙烯	A	不耐氧化性酸	A	A	溶于芳香烃及氯化烃
7	ABS	A	不耐浓氧化性酸	A	A	溶于酮、酯及氯化烃
8	聚甲基丙烯酸甲酯	A	不耐浓氧化性酸	A	C	溶于酮、酯、芳香烃及氯化烃
9	聚酰胺(尼龙)$-\frac{6}{610},\frac{66}{1010}$	B	C	A	A	对一般溶剂 A,但溶于酚及甲酸
10	聚酰胺(尼龙),铸型	B	C	A	A	对一般溶剂 A,但溶于酚及甲酸
11	聚酰胺(尼龙),芳香	B	C	B	B	—
12	聚甲醛	B	C	A	A	A
13	聚碳酸酯	A	B	B	C	溶于芳香烃及氯化烃
14	聚氯醚	A	不耐浓氧化性酸	A	A	对大多数溶剂 A
15	聚酚氧树脂	A	B	B	B	溶于芳香烃及氯化烃
16	聚对苯二甲酸乙二醇酯	ZB	不耐高浓氧化性酸	B	不耐高浓度碱	对一般溶剂 A,但微被卤化烃腐蚀
17	聚四氟乙烯 F4	A	A	A	A	
18	聚三氟氯乙烯 F3	A	A	A	A	卤化烃中微胀
19	聚全氟乙丙烯 F46	A	A	A	A	A
20	聚苯醚	A	A	A	A	对醇 A,溶于某些芳香及氯化烃或溶胀
21	聚酰亚胺	A	A	B	C	A
22	聚砜	A	A	A	A	对脂肪烃 A,部分溶于芳香烃
23	聚苯硫醚	A	不耐氧化性酸	A	A	在 190～200℃下 A
24	酚醛树脂	A～B	A～B (氧化性酸除外)	B～C	C	B
25	脲醛树脂	C	B～C	B～C	C	A～B
26	三聚氰胺	A～B	C	A	B	A
27	环氧树脂	A	B	A～B	B～C	A
28	聚邻苯二甲酸二丙烯酯	A	B	A～B	B	A
29	有机硅	A～B	B	A～B	A～C	对某些溶剂 C
30	聚氨酯	B	C	B	B～C	A～B

注:A—试样完全无变化,或变化极微;B—试样略受侵蚀,或表面受侵蚀,或侵蚀较慢;C—试样溶解,分解或侵蚀严重,或不耐大部分的试剂。

表 2-27　API 600 规定的常用密封面材料

内件号	公称内件	密封面最低硬度[①](HB)	密封面材料类型[②]	密封面材料标准规范等级		
				铸造	锻造	焊接[⑥]
1	F6	I	13Cr	ASTM A217(CA15)	ASTM A105(F6a)	AWS A5.9 ER410
2	304	II	18Cr-8Ni	ASTM A351(CF8)	ASTM A182(F304)	AWS A5.9 ER308
3	F310	II	25Cr-20Ni	NA	ASTM A182(F310)	AWS A5.9 ER310
4	硬 F6	750[③]	硬 13Cr	NA	III	NA
5	硬密封面	350[③]	Co-CrAg	NA	NA	AWS A5.13 E 或 RCoCrA
5A	硬密封面	350[③]	Ni-Cr	NA	NA	IV
6	F6 与 Cu-Ni	250[⑤] 175[⑤]	13Cr 与 Cu-Ni	ASTM A217(CA15) NA	ASTM A182(F6a) V	AWS A5.9 ER410 NA
7	F6 与硬 F6	250[⑤] 750[⑤]	13Cr 与 硬 13Cr	ASTM A217(CA15) NA	ASTM A182(F6a) III	AWS A5.9 ER410 NA
8	F6 与硬密封面	250[⑤] 350[⑤]	13Cr 与 Co-CrAg	ASTM A217(CA15) NA	ASTM A182(F6a) NA	AWS A5.9 ER410 AWS A5.13E 或 RCoCrA
8A	F6 与硬密封面	250[⑤] 350[⑤]	13Cr 与 Ni-Cr	ASTM A217(CA15) NA	ASTM A182(F6a) NA	AWS A5.9 ER410 IV

续表

内件号	公称内件	密封面最低硬度①(HB)	密封面材料类型②	密封面材料标准规范等级		
				铸造	锻造	焊接⑥
9	蒙乃尔	Ⅱ	Ni-Cu 合金	NA	MFG 标准	NA
10	316	Ⅱ	18Cr-8Ni	ASTM A351(CF8M)	ASTM A183(F316)	AWS A5.9 ER316
11	蒙乃尔与硬密封面	Ⅱ 350⑤	Ni-Cu 合金与5 号内件或 5A	NA	MFG 标准	NA 见内件 5 或 5A
12	316 与硬密封面	Ⅱ 350⑤	18Cr-8Ni-Mo 5 号内件或 5A	ASTM A351(CF8M)	ASTM A182(F316)	AWS A5.9 ER316 见内件 5 或 5A
13	20 号合金	Ⅱ	19Cr-29Ni	ASTM A351(CN7M)	ASTM B473	AWS A5.9 ER320
14	20 号合金与硬密封面	Ⅱ 350⑤	19Cr-29Ni 与5 号内件或 5A	ASTM A351(CN7M) NA	ASTM B473 NA	AWS A5.9 ER320 见内件 5 或 5A
15	硬密封面	350⑤	CoCr A④	NA	NA	AWS A5.13E 或 RCoCrA
16	硬密封面	350⑤	CoCr A④	NA	NA	AWS A5.13E 或 RCoCrA
17	硬密封面	350⑤	CoCr A④	NA	NA	AWS A5.13E 或 RCoCrA
18	硬密封面	350⑤	CoCr A④	NA	NA	AWS A5.13E 或 RCoCrA

① HB 是 ASTM E10 布氏硬度的符号。

② 不允许使用 13Cr 易切削钢。

③ 不要求阀体与闸板密封面之间的硬度差。

④ 这种分类包括如司太立 6TM＊，铬钨钴焊条合金 6TM＊以及 wallex 6 TM 之类商标材料＊。这种术语不可用来作为一种样本，按照 API 的规定不构成此类产品的一种认可。

⑤ 阀体与闸板密封面之间的硬度差必须符合制造商的标准。

⑥ 标准中密封堆焊材料。

注：1. Cr：铬；Ni：镍；Co：钴；Cu：铜；NA：不可多用。

2. Ⅰ表示阀体和闸板密封面的硬度最低为 250HB，且应有 50HB 的硬度差；Ⅱ表示制造商的标准硬度；Ⅲ表示由氮化到最低 0.13mm（0.005in）厚度的表面硬度；Ⅳ表示制造标准中以最多含有 25％的含铁量表面硬化；Ⅴ表示制造标准中用最低 30 镍。

表 2-28 API 600、API 6D 阀杆、衬套（上密封座或堆焊密封面）和内部小零件

阀杆或阀杆螺母			上密封圈硬度(HB)
材料类型①	标准规范类型	阀杆硬度(HB)	
13Cr	ASTM A276-T410 或 T420	最小 200 最大 275	最小 250
18Cr-8Ni	ASTM A276-T304	Ⅰ	Ⅰ
25Cr-20Ni	ASTM A276-T310	Ⅰ	Ⅰ
13Cr	ASTM A276-T410 或 T420	最小 200 最大 275	最小 250
13Cr	ASTM A276-T410 或 T420	最小 200 最大 275	最小 250
13Cr	ASTM A276-T410 或 T420	最小 200 最大 275	最小 250
13Cr	ASTM A276-T410 或 T420	最小 200 最大 275	最小 250
NA	NA	NA	NA
13Cr	ASTM A276-T410 或 T420	最小 200 最大 275	最小 250
NA	NA	NA	NA
NA	ASTM A276-T410 或 T420	最小 200 最大 275	最小 250
	NA	NA	NA
13Cr	ASTM A276-T410 或 T420	最小 200 最大 275	最小 250
NA	NA	NA	NA
Ni-Cu 合金	MFG 标准	Ⅰ	Ⅰ

续表

材料类型①	阀杆或阀杆螺母		上密封圈硬度 (HB)
	标准规范类型	阀杆硬度(HB)	
18Cr-8Ni-Mo	ASTM A276-T316	Ⅰ	Ⅰ
Ni-Cu 合金	MFG 标准	Ⅰ	Ⅰ
NA	NA	NA	NA
18Cr-8Ni-Mo	ASTM A276-T316	Ⅰ	Ⅰ
NA	NA	NA	NA
19Cr-29Ni	ASTM B473	Ⅰ	Ⅰ
19Cr-29Ni	ASTM B473	Ⅰ	Ⅰ
NA	NA	NA	NA
18Cr-8Ni	ASTM A276-T304	Ⅰ	Ⅱ
18Cr-8Ni-Mo	ASTM A276-T316	Ⅰ	Ⅱ
18Cr-10Ni-Cb	ASTM A276-T347	Ⅰ	Ⅱ
19Cr-29Ni	ASTM B473	Ⅰ	Ⅱ

① 不允许使用 13Cr 易切削钢。

注：Ⅰ表示制造商的标准硬度；Ⅱ表示按制造商的标准如果不表面硬度，表面硬化最低 250HB；NA 表示不可多用。

表 2-29　常用内件材料的组合

序　号	阀　杆	阀瓣(闸板等)	阀　座　面
1	13%Cr	13%Cr	13%Cr
2	13%Cr	13%Cr	司太立合金
3	13%Cr	司太立合金	13%Cr
4	13%Cr	13%Cr	蒙尔合金
5	13%Cr	司太立合金	司太立合金
6	17-4PH	司太立合金	司太立合金
7	蒙乃尔合金	蒙乃尔合金	蒙乃尔合金
8	304(304L)	304(304L)	304(304L)
9	316(316L)	316(316L)	316(316L)
10	321	321	321
11	20 号合金	20 号合金	20 号合金
12	17-4PH	17-4PH	17-4PH
13	哈氏合金 B、C	哈氏合金 B、C	哈氏合金 B、C

表 2-30　耐磨损、耐擦伤性能

项目	304 不锈钢	316 不锈钢	青铜	因科镍尔	蒙乃尔	哈氏合金 B	哈氏合金 C	钛 75A	镍	20 号合金	416 型(硬)	440 型(硬)	17-4PH	6 号合金(Co-Cr)	化学镀镍	镀铬	铝青铜
304SS			√				√				√	√	√	√	√	√	√
310SS			√				√				√	√	√	√	√	√	√
青铜	√	√	*	*	*	*	*	*	*	*	√	√	√	√	√	√	√
因科镍尔			*				√		√		√	√	√	√	√	√	*
蒙乃尔			*				√	√	√	√	√	√	√	*	√	√	*
哈氏合金 B			*				√	√	√	√	√	√	√	*	√	*	√
哈氏合金 C	√	√	*	√	√	√	√	√	√	√	√	√	√	*	√	√	√
钛 75A			*														
镍			*	√	√	*	√	√			√	√	√	*	√	√	*
20 号合金			*	√	√	√	√	√			√	√	√	√	√	√	√
416 型(硬)	√	√	*	√	√	√	√	√	√	√	√	√	√	*	*	*	√

续表

项目	304不锈钢	316不锈钢	青铜	因科镍尔	蒙乃尔	哈氏合金B	哈氏合金C	钛75A	镍	20号合金	416型(硬)	440型(硬)	17-4PH	6号合金(Co-Cr)	化学镀镍	镀铬	铝青铜
440型(硬)	√	√	√	√	√	√	√	√	√	√	*	√	*	*	*	*	*
17-4PH	√	√	√	√	√	√	√	√	√	√	√	√	*	*	*	*	*
6号合金(Co-Cr)	√	√	√	√	*	*	*	*	*	*	*	*	*	√	√	*	*
化学镀镍	√	√	√	√	√	*	*	*	*	*	*	*	*	√	√	*	*
镀铬	√	√	√	√	*	*	*	*	*	*	*	*	*	√	√	√	*
铝青铜	√	√	√	*	*	*	*	*	*	*	*	*	*	*	√	*	*

注：*—满意；√—尚好；无记号表示不良。

2.3　阀门的选用

选用阀门首先要掌握介质的性能、流量特性，以及温度、压力、流速、流量等性能，然后，结合工艺、操作、安全诸因素，选用相应类型、结构形式、型号规格的阀门。

2.3.1　根据流量特性选用阀门

阀门启闭件及阀门流道的形状使阀门具备一定的流量特性。在选择阀门时，必须考虑到这一点。

（1）截断和接通介质用阀门

通常选择流阻较小、流道为直通式的阀门。这类阀门有闸阀、截止阀、柱塞阀。向下闭合式阀门，由于流道曲折，流阻比其他阀门高，故较少选用。但是，在允许有较高流阻的场合，也可选用闭合式阀门。

（2）控制流量用的阀门

通常选择易于调节流量的阀门。如调节阀、节流阀、柱塞阀，因为它的阀座尺寸与启闭件的行程成正比例关系。旋转式（如旋塞阀、球阀、蝶阀）及挠曲式（夹管阀、隔膜阀）阀门也可用于节流控制，但通常仅在有限的阀门口径范围内适用。在多数情况下，人们通常采用改变截止阀的阀瓣形状后作节流用。应该指出，用改变闸阀或截止阀的开启高度来实现节流作用是极不合理的。因为，管路中介质在节流状态下，流速很高，密封面容易被冲刷磨损，失去切断密封作用，同理，用节流阀作为切断装置也是不合理的。

（3）换向分流用阀门

根据换向分流需要，这种阀可有两个或者更多的通道，适宜于选用旋塞阀和球阀。大部分换向分流用的阀门都选用这类阀门。在某些情况下，其他类型的阀门，用两只或更多只适当地相互连接起来，也可用作介质的换向分流。

（4）带有悬浮颗粒的介质用阀门

如果介质带有悬浮颗粒，最适于采用其启闭件沿密封面的滑动带有擦拭作用的阀门，如平板闸阀。

2.3.2　根据连接形式选用阀门

阀门与管道的连接形式有多种，其中最主要的有螺纹、法兰及焊接连接。

（1）螺纹连接

这种连接通常是将阀门进出口端部加工成圆锥管螺纹或圆柱管螺纹，使之旋入螺纹接头或管道上。由于这种连接可能出现较大的泄漏沟道，故可用密封剂、密封胶带或填料来堵塞这些沟道。如果阀体的材料是可以焊接的，螺纹连接后还可进行密封焊。如果连接部件的材料是允许焊接，但线胀系数差异很大，或者工件温度的变化幅度范围较大，螺纹连接部必须进行密封焊。

螺纹连接的阀门主要用于公称尺寸在 DN50 以下的阀门。如果公称尺寸过大，连接部的安装和密封十分困难。

为了便于安装和拆卸螺纹连接的阀门，在管路系统的适当位置上可用管接头。公称尺寸在 DN50 以下的阀门可使用管套节作为管接头，管套节的螺纹将连接的两部分连在一起。

（2）法兰连接

法兰连接的阀门，其安装和拆卸都比较方便。但是比螺纹连接的笨重，相应价格也较高，可适用于各种通径和压力的管道连接。但是，当温度超过350℃时，由于螺纹、垫片和法兰蠕变松弛，会明显地降低螺栓的负荷，对受力很大的法兰连接就可能产生泄漏。

（3）焊接连接

这种连接适用于各种压力和温度，在较苛刻的条件下使用时，比法兰连接更为可靠。但是焊接连接的阀门拆卸和重新安装都比较困难，所以它的使用限于通常能长期可靠地运行，或使用条件苛刻、温度较高的场合。如火力发电站、核能工程、乙烯工程的管道上。

公称尺寸在 DN50 以下的焊接阀门通常具有焊接插口来承接带平面端的管道。由于承插焊接在插口与管道间形成缝隙，因而有可能使用缝隙面受到某些介质的腐蚀，同时管道的振动会使连接部位疲劳，因此承插焊接的使用受到一定的限制。

在公称尺寸较大，使用条件苛刻，温度较高的场合，阀体常采用坡口对焊接，同时对焊缝有严格要求。

选用焊接方式连接的阀门，在订货的技术规格书上应注明配管尺寸（外径×壁厚），以方便阀门制造厂根据配管尺寸车制承插焊连接阀门的承插口以及对接焊阀门的焊接坡口。

2.3.3 根据介质性能选用阀门

许多介质都有一定的腐蚀性，同一种介质，随着温度、压力和浓度的变化，其腐蚀性也不同。因此，应根据材料耐腐蚀性能，选择适宜于该介质的阀门。

（1）铸铁阀门

① 灰铸铁阀门　适用于水、蒸汽、石油产品、氨，能在绝大多数的醇、醛、醚、酮、酯等腐蚀性较低的介质中工作。它不适于盐酸、硝酸等介质，但能用于浓硫酸中，这是因为浓硫酸能对其金属表面产生一层钝化膜，以阻止浓硫酸对铸铁的腐蚀。

② 球墨铸铁阀门　耐蚀性较强，能在一定浓度的硫酸、硝酸、磷酸、酸性盐中工作，但不耐氟酸、强碱、盐酸和三氯化铁热溶液的腐蚀。使用时要避免骤热、骤冷，否则会破裂。

③ 奥氏体化的球墨铸铁阀门　耐碱性能比灰铸铁、球墨铸铁阀门强，用于稀硫酸、稀盐酸和苛性碱以及海水中，奥氏体化的球墨铸铁是一种理想的阀门用材料。

（2）碳素钢阀门

碳素钢阀门的耐蚀性能与灰铸铁相近，稍逊于灰铸铁。

（3）不锈钢阀门

不锈钢阀门耐大气性优良，能耐硝酸和其他氧化性介质，也能耐碱、水、盐有机酸及其他有机化合物的腐蚀。但不耐硫酸、盐酸等非氧化性酸的腐蚀，也不耐不干燥的氯化氢、氧化性的氯化物和草酸、乳酸等有机酸。

含钼 $2\% \sim 4\%$ 的不锈钢，如 Cr18Ni12Mo2Ti 等，其耐蚀性能比铬镍不锈钢更为优越，它在非氧化性酸和热的有机酸、氯化物中的耐蚀性能比铬镍不锈钢好，抗孔蚀性也好。

含钛和铌的不锈钢对晶间腐蚀有较强的抗力。

含高铬、高镍的不锈钢，其耐蚀性能比普通不锈钢更高，可用于处理硫酸、磷酸、混酸、亚硫酸、有机酸、碱、盐溶液、硫化氢等，甚至可用于某些浓度下的高温场合。但不耐浓或热的盐酸、湿的氟、氯、溴、碘、王水等的腐蚀。

（4）铜阀门

铜阀门对水、海水、多种盐溶液、有机物有良好的耐蚀性能。对不含有氧或氧化剂的硫酸、磷酸、醋酸、稀盐酸等有较好的耐蚀性，同时对碱有很好的抗力。但不耐硝酸、浓硫酸等氧化性酸的腐蚀，也不耐熔融金属、硫和硫化物的腐蚀。切忌与氨接触，它能使铜及铜合金产生应力腐蚀破裂。选用时应注意，铜合金的牌号不同，其耐腐蚀性有一定的差异。

（5）铝阀门

对强氧化性的浓硝酸的耐蚀性好，能耐有机酸和溶剂。但在还原性介质、强酸、强碱中不耐蚀。铝的纯度越高，耐蚀性越好，但强度随之下降，只能用作压力很低的阀门或阀门衬里。

（6）钛阀门

钛是活性金属，在常温下能生成耐蚀性很好的氧化膜。它能耐海水、各种氯化物和次氯酸盐、湿氯、氧化性酸、有机酸、碱等的腐蚀。但它不耐较纯的还原性酸，如硫酸、盐酸的腐蚀，却耐含有氧化剂的硝酸腐蚀。钛阀门对孔蚀有良好的抗力。但在红发烟硝酸、氯化物、甲醇等介质中会产生应力腐蚀。

（7）锆阀门

锆也属于活性金属，它能生成紧密的氧化膜，它对硝酸、铬酸、碱液、熔碱、盐液、尿素、海水等有良好的耐蚀性能，但不耐氢氟酸、浓硫酸、王水的腐蚀，也不耐湿氯和氧化性金属氯化物的腐蚀。

（8）陶瓷阀门

以二氧化硅为主熔化烧结制成的阀门，如氧化锆、氧化铝、氮化硅等，除有极高的耐磨、耐温、隔热性能外，还具有很高的耐蚀能力，除不耐氧氟酸、氟硅酸和强碱外，能耐热浓硝酸、硫酸、盐酸、王水、盐溶液和有机溶剂介质。这类阀门如使用了其他材料，选用时，应考虑其他材料的耐蚀性能。

（9）玻璃阀门

以二氧化硅为主熔化烧结制成的阀门，其耐蚀性能与陶瓷阀门相同。

（10）搪瓷阀门

以二氧化硅为主熔化并涂搪烧成在黑色金属制品上，其耐蚀性能与陶瓷阀门相同。

（11）玻璃钢阀门

玻璃钢的耐蚀性能，随着它的胶黏剂而异。环氧树脂玻璃钢能在盐酸、磷酸、稀硫酸和一些有机酸中使用；酚醛玻璃钢的耐蚀性能较好；呋喃玻璃钢有较好的耐碱、耐酸以及综合性耐蚀性能。

（12）塑料阀门

塑料具有一定的耐蚀性能，随着塑料种类的不同，其耐蚀性差异较大。

① 尼龙　又称聚酰胺，它是热塑性塑料，有良好的耐蚀性。能耐稀酸、盐、碱的腐蚀，对烃、酮、醚、酯、油类有良好的耐蚀性。但不耐强酸、氧化性酸、酚和甲酸的腐蚀。

② 聚氯乙烯　是热塑性塑料，有优良的耐蚀性能。能耐酸、碱、盐、有机物，不耐浓硝酸、发烟硫酸、醋酐、酮类、卤代类、芳烃等的腐蚀。

③ 聚乙烯　有优良的耐蚀性能，它对盐酸、稀硫酸、氢氟酸等非氧化性酸以及稀硝酸、碱、盐溶液和在常温下的有机溶剂都有良好的耐蚀性。但不耐浓硝酸、浓硫酸和其他强氧化剂的腐蚀。

④ 聚丙烯　是热塑性塑料，其耐蚀性与聚乙烯相似，稍优于聚乙烯。它能耐大多数有机酸、无机酸、碱、盐，但对浓硝酸、发烟硫酸、氯磺酸等强氧化性酸的耐蚀能力差。

⑤ 酚醛塑料　能耐盐酸、稀硫酸、磷酸等非氧化性酸、盐类溶液的腐蚀。但不耐硝酸、铬酸等强氧化酸、碱和一些有机溶剂的腐蚀。

⑥ 氯化聚醚　又称聚氯醚，是线型、高结晶度的热塑性塑料。它具有优良的耐蚀性能，仅次于氟塑料。它能耐浓硫酸、浓硝酸外的各种酸、碱、盐和大多数有机溶剂的腐蚀，但不耐液氯、氟、溴的腐蚀。

⑦ 聚三氟氯乙烯　它与其他氟塑料一样，具有优异的耐蚀性能和其他性能，耐蚀性能稍低于聚四氟乙烯。它对有机酸、无机酸、碱、盐、多种有机溶剂等有良好的耐蚀性能。在高温下含有卤素和氧的某些溶剂，能使其溶胀。它不耐高温的氟、氯化物、熔碱、浓硝酸、芳烃、发烟硝酸、熔融碱金属等。

⑧ 聚四氟乙烯　具有非常优异的耐蚀性能，它除了熔融金属锂、钾、钠，三氟化氯、高温下的三氟化氧、高流速的液氟外，几乎能耐所有化学介质的腐蚀。

⑨ 塑料衬里阀门　由于塑料强度低，很多阀门采用金属材料制作外壳体，用塑料制作衬里。塑料衬里阀门，随着衬里塑料的不同，其耐蚀性也不相同。塑料衬里的耐蚀性与上述塑料阀门中的相应塑料相同，但选用时，应考虑塑料衬里阀中使用的其他材料的耐蚀性能。

⑩ 橡胶衬里阀门　橡胶较软，因此很多阀门采用橡胶作衬里，以提高阀门的耐蚀性能和密封性能。随橡胶种类的不同，其耐蚀性差异较大。经过硫化的天然橡胶能耐非氧化性酸、碱、盐的腐蚀，但不耐强氧化剂，如硝酸、铬酸、浓硫酸的腐蚀，也不耐石油产品和某些有机溶剂的腐蚀。因此，天然橡胶被合成橡胶逐渐代替。合成橡胶中的丁腈橡胶耐油性能好，但不耐氟化性酸、芳烃、酯、酮、醚等强溶剂的腐蚀；氟橡胶耐蚀性能优异，能耐各类酸、碱、盐、石油产品、烃类等，但耐溶剂性不及氟塑

料；聚醚橡胶可用于水、油、氨、碱等介质。

⑪ 铅衬里阀门　铅属活性金属，但因材质软，常用作特殊阀门的衬里。铅的腐蚀产物膜是很强的保护层，它是耐硫酸的有名材料，在磷酸、铬酸、碳酸及中性溶液、海水等介质中具有较高的耐蚀性能，但不耐碱、盐酸的腐蚀，也不适于在它们的腐蚀产物中工作。

2.3.4　根据温度和压力选用阀门

选用阀门除了考虑介质的腐蚀性能、流量特性、连接形式外，介质的温度和压力是重要的参数。

（1）阀门的使用温度

阀门的使用温度是由制造阀门的材质确定的。阀门常用材料的使用温度如下。

① 灰铸铁阀门使用温度为 $-15\sim200℃$；

② 可锻铸铁阀门使用温度为 $-15\sim300℃$；

③ 球墨铸铁阀门使用温度为 $-30\sim350℃$；

④ 高镍铸铁阀门最高使用温度为 $400℃$；

⑤ 碳素钢阀门使用温度为 $-29\sim425℃$，低温碳钢 LCB 的使用温度为 $-46\sim345℃$；

⑥ 1Cr5Mo、合金钢阀门最高使用温度为 $550℃$；

⑦ 12Cr1MoVA、合金钢阀门最高使用温度为 $570℃$；

⑧ 1Cr18Ni9Ti、1Cr18Ni12Mo2Ti 不锈钢阀门使用温度为 $-196\sim600℃$；

⑨ 铜合金阀门使用温度为 $-273\sim250℃$；

⑩ 塑料阀门最高使用温度：ABS 为 $60℃$，PVC-U 为 $60℃$，PVC-C 为 $90℃$，PB 为 $95℃$，PE 100 为 $60℃$，PE-X 为 $95℃$，PP-H 为 $95℃$，PP-R 为 $95℃$，PVDF 为 $140℃$；

⑪ 橡胶隔膜阀，因橡胶种类不同，其使用温度各不相同：天然橡胶为 $60℃$，丁腈橡胶、氯丁橡胶为 $80℃$，氟橡胶为 $200℃$，阀门衬里用橡胶、塑料时，以橡胶、塑料的耐温性能为准；

⑫ 陶瓷阀门，因其耐温急变性差，一般用于 $150℃$ 以下的工况条件，最近出现一种超性能陶瓷阀门，能耐 $1000℃$ 以下的高温；

⑬ 玻璃阀门，耐温急变性差，一般用于 $90℃$ 以下的工况条件；

⑭ 搪瓷阀门，耐温性能受到密封圈材料的限制，最高使用温度不超过 $150℃$。

（2）阀门的使用压力

阀门的使用压力是由制造阀门的材料所确定的。

① 灰铸铁阀门允许使用的最大公称压力为 $PN16$；

② 可锻铸铁阀门允许使用的最大公称压力为 $PN25$；

③ 球墨铸铁阀门允许使用的最大公称压力为 $PN40$；

④ 铜合金阀门允许使用的最大公称压力为 $PN25$；

⑤ 钛合金阀门允许使用的最大公称压力为 $PN25$；

⑥ 碳素钢阀门允许使用的最大公称压力为 $PN320$；

⑦ 合金钢阀门允许使用的最大公称压力为 $PN300$；

⑧ 不锈钢阀门允许使用的最大公称压力为 $PN320$；

⑨ 塑料阀门允许使用的最大公称压力为 $PN6$；

⑩ 陶瓷、玻璃、搪瓷阀门允许使用的最大公称压力为 $PN6$；

⑪ 玻璃钢阀门允许使用的最大公称压力为 $PN16$。

（3）阀门温度与压力之间的关系

阀门使用温度与压力有着一定的内在联系，又相互影响。其中，温度是影响的主导因素，一定压力的阀门仅适应于一定温度范围，阀门温度的变化能影响阀门使用压力。

例如，一只碳素钢阀门的公称压力为 $PN100$；当介质工作温度为 $200℃$ 时，其最大工作压力为 $10MPa$；当介质工作温度为 $400℃$ 时，其最大工作压力为 $5.4MPa$；当介质工作温度为 $450℃$ 时，其最大工作压力为 $4.5MPa$。

有关不同材料的阀门温压表，见表 1-3～表 1-8。

2.3.5　根据流量、流速确定阀门的通径

阀门的流量与流速主要取决于阀门的通径，也与阀门的结构类型对介质的阻力有关，同时与阀门的压力、温度及介质的浓度等诸因素有着一定内在联系。

表 2-31　各种介质常用的流速

流体名称	使用条件	流速/(m/s)	流体名称	使用条件	流速/(m/s)
饱和蒸汽	$>DN200$	30~40	乙炔气	$p<0.01$(表压)	3~4
	$DN200~100$	25~35		$p<0.15$(表压)	4~8
	$<DN100$	15~30		$p<2.5$(表压)	5
过热蒸汽	$>DN200$	40~60	氯	气体	10~25
	$DN200~100$	30~50		液体	1.5
	$<DN100$	20~40	氯化氢	气体	20
低压蒸汽	$p<1.0$(绝压)	15~20		液体	1.5
中压蒸汽	$p=1.0~4.0$(绝压)	20~40	液氨	真空	0.05~0.3
高压蒸汽	$p=4.0~12.0$(绝压)	40~60		$p\leqslant0.6$(表压)	0.3~0.8
压缩气体	真空	5~10		$p\leqslant2.0$(表压)	0.8~1.5
	$p\leqslant1.0$(表压)	8~10	氢氧化钠	浓度 0~30%	2
	$p=0.3~0.6$(表压)	10~20		浓度 30%~50%	1.5
	$p=0.6~1.0$(表压)	10~15		浓度 50%~73%	1.2
	$p=1.0~2.0$(表压)	8~12	硫酸	浓度 88%~93%	1.2
	$p=2.0~3.0$(表压)	3~6		浓度 93%~100%	1.2
	$p=3.0~30.0$(表压)	0.5~3	盐酸		1.5
氧气	$p=0~0.05$(表压)	5~10	水及黏度相似液体	$p=0.1~0.3$(表压)	0.5~2
	$p=0.05~0.6$(表压)	7~8		$p\leqslant1.0$(表压)	0.5~3
	$p=0.6~1.0$(表压)	4~6		$p\leqslant8.0$(表压)	2~3
	$p=1.0~2.0$(表压)	4~5		$p\leqslant20~30$(表压)	2~3.5
	$p=2.0~3.0$(表压)	3~4		热网循环水、冷却水	0.5~1
煤气		2.5~15		压力回水	0.5~2
半水煤气	$p=0.1~0.15$(表压)	10~15		无压回水	0.5~1.2
天然气		30	自来水	主管 $p=0.3$(表压)	1.5~3.5
氮气	$p=5~10$(绝压)	2~5		支管 $p=0.3$(表压)	1~1.5
氢气	真空	15~25	锅炉给水	$p>0.8$(表压)	>3
	$p<0.3$(表压)	8~15	蒸汽冷凝水		0.5~1.5
	$p<0.6$(表压)	10~20	冷凝水	自流	0.2~0.5
	$p\leqslant2$(表压)	3~8	过热水		2
乙烯气	$p=22、150$(表压)	30	海水、微碱水	$p<0.6$(表压)	1.5~2.5
		5~6			

注：p 值的单位为 MPa。

阀门的流道面积与流速、流量有着直接关系，而流速与流量是相互依存的两个量。当流量一定时，流速大，流道面积便可小些；流速小，流道面积就可大些。反之，流道面积大，其流速小；流道面积小，其流速大。介质的流速大，阀门通径可以小些，但阻力损失较大，阀门易损坏。流速大，对易燃易爆介质会产生静电效应，造成危险；流速太小，效率低，不经济。对黏度大和易爆的介质，应取较小的流速。油及黏度大的液体随黏度大小选择流速，一般取 0.1~2m/s。

一般情况下，流量是已知的，流速可由经验确定。各种介质常用流速见表 2-31。通过流速和流量可以计算阀门的公称尺寸。

按预先确定的介质流速计算阀门通径时，可由下式确定：

$$d=18.8\left(\frac{W}{v\rho}\right)^{\frac{1}{2}} \quad 或 \quad d=18.8\left(\frac{Q}{v}\right)^{\frac{1}{2}}$$

式中　d——阀门的通径，mm；

W——介质质量流量，kg/h；

Q——介质容积流量，m^3/h；

ρ——介质密度，kg/m^3；

v——介质平均流速，m/s。

阀门通径相同，其结构类型不同，流体的阻力也不一样。在相同条件下，阀门的阻力系数越大，流体通过阀门的流速、流量下降越多；阀门阻力系数越小，流体通过阀门的流速、流量下降越少。

闸阀的阻力系数小，仅在 0.1~1.5 的范围内。口径大的闸阀，阻力系数为 0.2~0.5；缩口闸阀阻力系数大一些。

截止阀的阻力系数比闸阀大得多，一般在

4～7 之间。Y 形截止阀（直流式）阻力系数最小，在 1.5～2 之间。锻钢截止阀阻力系数最大，甚至高达 8。

止回阀的阻力系数视结构而定：旋启式止回阀通常为 0.8～2，其中多瓣旋启式止回阀的阻力系数较大；升降式止回阀阻力系数最大，高达 12。

旋塞阀的阻力系数小，通常约为 0.4～1.2。

隔膜阀的阻力系数一般在 2.3 左右。

蝶阀的阻力系数小，一般在 0.5 以内。

球阀的阻力系数最小，一般在 0.1 左右。

上述阀门的阻力系数是阀门全开状态下的数值。

阀门通径的选用，应考虑到阀门的加工精度和尺寸偏差，以及其他因素影响。阀门通径应有一定的富裕量，一般为 15%。在实际工作中，阀门通径随工艺管线的通径而定。

2.3.6 根据工况条件和工艺操作综合确定阀门的结构类型

（1）工艺要求

氨对铜有腐蚀作用，不能选用铜材制作的阀门。在介质中含有氨的工艺流程中，截止阀的结构与一般阀门不同，其密封面是用巴氏合金制作的。

双流向的管线应选用无方向性的阀门。在炼油厂，重质油管停止运行后，要用蒸汽反向吹扫管线，以防重油凝固堵塞管线，因而不宜采用截止阀。因为介质反向流入时，容易冲蚀截止阀密封面，应选用闸阀为佳。

对某些有析晶或含有沉淀物的介质，不宜选用截止阀和闸阀，因为它们的密封面容易被析晶和沉淀物磨损。因此，应选用球阀或旋塞阀较合适；也可选平板闸阀，但最好采用夹管阀。

在闸阀的选型上，明杆单闸板比暗杆双闸板适应腐蚀性介质；单闸板适于黏度大的介质；楔式双闸板对高温和对密封面变形的适应性比楔式单闸板要好，不会出现因温度变化产生卡阻现象，特别是比不带弹性的单闸板优越。

需要准确地调节小流量时，不宜选用截止阀，应采用针形阀或节流阀。在需要保持阀后的压力稳定时，应采用减压阀。

对高压和超高压介质，常采用直角式截止阀，因为直角式截止阀通常是锻钢制作的，锻钢的耐压能力相对比铸钢强。

（2）经济合理性

对腐蚀性介质，如果温度和压力不高，应尽量采用非金属阀门；如果温度和压力较高，可用衬里阀门，以节约贵重金属。在选择非金属阀门时，仍应考虑经济合理性。例如，在能够用聚氯乙烯的情况下，就不用聚四氟乙烯，因为聚四氟乙烯比聚氯乙烯的价格要高。

对温度较高、压力较大的场合，应根据温压表，若普通碳素钢阀门能满足使用要求，就不宜采用合金钢阀门，因为合金钢阀门价格要高得多。

对于黏度较大的介质，要求有较小的流阻，应采用 Y 形直流式截止阀、闸阀、球阀、旋塞阀等流阻小的阀门。流阻小的阀门，能源消耗少。

对低压力、大流量的水、空气等介质，选用大口径闸阀的蝶阀比较合理。蝶阀可作截断用，又能作节流用。

（3）安全可靠性

一般水、蒸汽管道上可采用球墨铸铁阀门和铸钢阀门。但在室外蒸汽管道上，若停止供汽水易结冰而使阀门破裂，特别是在我国北方。因此，宜采用铸钢或锻钢阀门，同时要做好阀门的防冻保温工作。

乙炔类易燃易爆的介质，对密封性要求高。压力在 0.6MPa 以下时，应采用隔膜阀，但不宜用在真空设备的管道上。

对危害性很大的放射性介质和剧毒介质，应采用波纹管结构的阀门，以防止介质从填料函中泄漏。

对于带有驱动装置（电动、液动、气动）的阀门，除要求驱动装置安全可靠外，还要根据工况条件的不同，选用相应的驱动装置。例如，在需要防火的工况条件下，应选用液动、气动装置的阀门；必须选用电动装置的阀门时，其电动装置应为防爆型，以避免电弧引起火灾。

（4）操作和维修方便

对于大型阀门和处于高空、高温、高压、危险、远距离的阀门，应选用齿轮传动、链条传动或带有电动装置、气动装置、液动装置的阀门。

在操作空间受到限制的场合，不宜采用明杆闸阀，以选用暗杆闸阀为好，最好是用蝶阀。

对需要快关、快开的阀门，不宜采用一般的闸阀、截止阀，应根据其他要求，选用球阀、旋塞阀、蝶阀、快开闸阀等。

闸阀和截止阀是阀门中使用量最大的两类阀门。选用时，应综合考虑。闸阀流阻小，输送介质的能耗少，但维修困难；截止阀结构简单，维修方便，但流阻较大。从维修角度分析，截止阀的维修要比闸阀方便；水和蒸汽在截止阀中，压力降不大，因而截止阀在水、汽之类介质管道上得到普遍的使用。但在石油产品等黏度较大的介质中，虽然闸阀维修困难，仍然被大量采用。在焊接连接的管道中，应尽量选用焊接连接的截止阀，不宜选用焊接连接的闸阀。因为在管道上修理闸阀的密封面比修理截止阀的密封面困难得多，而且闸阀在温度变化大的情况下闸板与阀座容易被卡死。

2.3.7　驱动阀门的选用

作为管线闭路装置的闸阀、截止阀、球阀、蝶阀、旋塞阀、节流阀、隔膜阀等阀门被广泛使用，其中闸阀、截止阀用量最大。

前文较系统叙述了阀门的名词术语、结构形式、适用范围等，可作为阀门类别、型号的选定依据。当阀门的类别、型号确定之后，随之确定阀门的壳体材料、密封面材料、适用温度、适用介质、公称尺寸等。一般情况下可按下列步骤进行。

(1) 阀门选用步骤

① 根据介质特性、工作压力和温度，对照本节"根据介质性能选用阀门"和"根据温度和压力选用阀门"中提供的数据以及表 2-21、表 2-22 选择阀体材料，密封面材料。

② 根据阀体材料、介质的工作压力和温度按表 1-3、表 1-4、表 1-5 确定阀门的公称压力级。

③ 根据公称压力、介质特性和温度，选择密封面材料。使其最高使用温度不低于介质工作温度。

④ 根据管道的管径计算值，确定公称尺寸。一般情况下，阀门的公称尺寸采用管子的直径。

⑤ 根据阀门的用途和生产工艺条件要求，选择阀门的驱动方式。

⑥ 根据管道的连接方法和阀门公称尺寸，选择阀门的连接形式。

⑦ 根据阀门的公称压力、介质特性和工作温度及公称通径等，选择阀门的类别、结构形式和型号。

(2) 驱动阀门选用举例

【例 1】　蒸汽管道工作压力为 1.3MPa，温度为 350℃，公称尺寸为 DN100，试选择闭路阀门。

【解】　阀体材料：已知蒸汽压力 1.3MPa，温度为 350℃，阀体材料按表 2-21 可选用球墨铸铁或优质碳素钢。但考虑到 350℃已达到球墨铸铁的最高使用温度，为了安全使用，应选用优质碳素钢（WCB、ZG230～450）阀门。

公称压力：根据优质碳素钢和蒸汽的压力和温度，由表 1-3 查出，阀门的公称压力为 PN25。

密封面材料：根据阀门公称压力和介质温度，按表 2-23 密封面材料选用不锈钢。

驱动方式：根据给定的公称尺寸 DN100，因管径较小，故启闭时所需力矩不大，本例未提出操作方式的特殊要求，故选用手轮驱动。

连接形式：根据给定的蒸汽压力和温度，管材应采用无缝钢管，而无缝钢管应采用焊接。但为了便于阀门的装卸和维修，其连接形式不宜采用焊接，应采用法兰连接。

阀门类别与型号：根据介质特性、公称压力与公称尺寸，可选用截止阀或闸阀。因在同一压力等级下，闸阀的价格比截止阀高，故宜优先选用截止阀。但在截止阀参数表中，没有公称压力 PN25 的碳钢制产品，故本例仍选用闸阀。按闸阀参数表中选用阀门型号 Z40H-25 DN100。

【例 2】　某油品管道，其介质工作压力为 11.5MPa，温度为 340℃，管子内径为 107mm，试选用适合的闭路阀门。

【解】　阀体材料：根据介质特性和参数，

可选用优质碳素钢（WCB、ZG230～450）。

密封面材料：根据阀门公称压力和介质温度，可选用不锈钢或硬质合金钢。

驱动方式：本例未提特殊要求，可采用手轮驱动。

连接形式：法兰连接。

公称尺寸：根据介质参数，管材可选用20优质碳素钢无缝钢管，按管子内径107mm、工作压力11.5MPa和20钢在340℃温度下的许用应力，管子壁厚选定为14mm，则管子计算外径为 $DN = 107 + 2 \times 14 = 135$（mm），采用外径为140mm，此时公称尺寸为 $DN125$。阀门的公称尺寸应与管子相同。

阀门的类型与型号：油品管道应选用闸阀。根据阀门参数表的参数，当 $PN160$ 时，截止阀最大公称通径为 $DN40$，而同样压力等级下闸阀的最大公称通径为 $DN200$，因此也应选用闸阀。按闸阀参数表，在 $PN160$ 下的碳钢手轮法兰闸阀型号有 Z40H-160 和 Z41Y-160 两种。但前者的最大公称通径为 $DN40$，而后者的最大公称通径为 $DN200$，故应选用 Z41Y-160 型闸阀，其阀门密封面为硬质合金。所选用的阀门全称为：明杆楔式单闸板闸阀（Z41Y-160DN125）。

2.3.8　自动阀门的选用

自动阀门的选用与一般阀门一样，除要考虑经济合理性、经久耐用外，还要求自动阀门的动作灵敏、可靠、调节准确等性能。

（1）止回阀的选用

止回阀的作用是只允许介质向一个方向流动，而且阻止反方向流动。常用的止回阀分升降式和旋启式两种（图 2-48～图 2-56）。

在高压和小口径的设备或管道上，通常选用升降式止回阀。要求压力降小的管道，不宜选用升降式止回阀，因其流阻大，而应选用蝶式止回阀或旋启式止回阀。在压力波动大和有特殊要求的管道上，为了防止阀瓣产生水锤而损坏，应选用有缓冲装置的旋启式止回阀。口径较大时，选用多瓣旋启式止回阀。在锅炉给水泵的出口处，应选用专用的空排止回阀，以防止介质倒流，提高泵的效率，用于水泵吸入管底阀。

普通的旋启式止回阀或升降式止回阀应尽量避免口径过大。为了以最小的流速使止回阀瓣全开或开到合适位置，在某些使用情况下，安装止回阀的口径必须比相应的管子的口径要小一些。

为了满足各种用途的需要，止回阀也多种多样，如球形止回阀、螺纹升降式截止止回阀、工作无冲击的旋启式止回阀、斜盘式止回阀、圆锥隔膜式止回阀等。

根据介质的不同，阀瓣可以全部用金属制作，也可在金属上镶嵌皮革、橡胶或者采用合成覆盖面、热喷涂其他合金材料。

（2）其他阀门的选用

减压阀、安全阀、调节阀、疏水阀的选用已在前文中叙述过，不再重复。

第3章　阀门的密封形式

3.1　阀门填料与密封形式

通常所说的阀门动密封主要是指阀杆密封，它是相对于阀体与阀盖之间连接的中法兰密封和阀门端法兰与管道法兰连接而言的。为了不使阀体内的介质外泄，处于运动状态之中的阀杆密封问题，一直是阀门行业所关注的课题，也是阀门使用者经常遇到的一个棘手问题。

阀杆的密封通常采用填料函的形式，在阀杆与填料函之间放置填料，填料压盖在压紧力作用下对填料施压，填料作用于横向支撑面上的压力如果等于或高于介质压力，而且也足以使在横向面上的泄漏通道闭合，则填料就能对介质起到密封。

3.1.1　填料函形式

阀门动密封以填料函为主。填料函的基本形式为压盖式［图 3-1（a）］和压套螺母式［图 3-1（b）］两种。

① 压盖式　是用得最多的形式，同一形

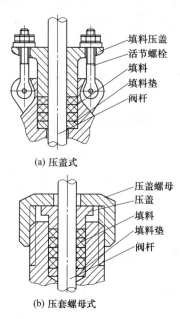

(a) 压盖式

填料压盖
活节螺栓
填料
填料垫
阀杆

压盖螺母
压盖
填料
填料垫
阀杆

(b) 压套螺母式

图 3-1　填料函结构

式有多种细节区别。

a. 从压紧螺栓来分

T 形螺栓，见图 3-2（a），用于 $\leqslant PN16$ 的低压阀门，目前已少见；

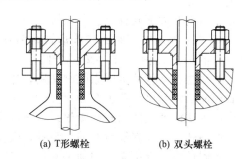

(a) T形螺栓　　　　(b) 双头螺栓

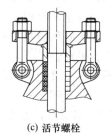

(c) 活节螺栓

图 3-2　压紧螺栓形式

双头螺栓，见图 3-2（b），多用于铸铁阀门；

活节螺栓，见图 3-2（c），应用广泛，高、中、低压阀门均可使用。

b. 从压盖来分

整体式填料压盖，见图 3-3（a），应用普遍的一种形式（适用各种通用阀门）；

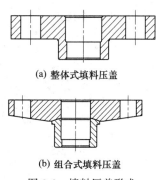

(a) 整体式填料压盖

(b) 组合式填料压盖

图 3-3　填料压盖形式

组合式填料压盖，见图 3-3（b），适用于高压和重要阀门（如 API 600、API 6D 产品）。

② 压套螺母式　外形尺寸小，单压紧力受限制，只用于小阀门。

3.1.2　填料

填料函内，以填料与阀杆直接接触并充满填料函，阻止介质外漏。对填料有以下要求：密封性好；耐腐蚀性好；摩擦因数小；适应介质温度和压力。

常用填料有如下几种。

① 石棉纤维填料　它的基本形式有两种，一种是扭制，另一种编结。又可分圆形和方形。石棉盘根在一些欧美国家限制使用，这是因为石棉能引发肺癌。我国在 20 世纪 80 年代也出台相关法规禁止使用石棉盘根。石棉纤维有较好的耐热性，具有能耐弱酸、强碱，强度较高，吸附性能好等优点。如加一些耐酸、碱材料，浸渍摩擦因数小的材料，加入导热性好的金属材料，可改善石棉填料的性能，使其耐腐蚀性、耐磨性、耐热性、强度等都有不同程度的提高。石棉填料有夹金属丝的和不夹金属的两种。目前常用的石棉填料按 JB/T 1712—2008 选用。其中有油浸石棉盘根（JC 68-82）是用石棉线（或金属石棉线）浸渍润滑油和石墨编织或扭制成的密封材料，油浸石棉盘根分方形、圆形和圆形扭制三种；还有橡胶石棉盘根（JC 67-82），它是用石棉布、石棉线（或石棉金属布、线）以橡胶为黏合剂，卷制或编织成的密封材料，橡胶石棉盘根压成方形，外涂高碳石墨。石棉填料的牌号及使用范围见表3-1。

石墨石棉填料是在石棉中渗透石墨粉制成的，可用于温度 450℃ 以上，工作压力 16MPa。

石蜡石棉填料是石棉纤维浸渍石蜡制成的，用于低温、深冷阀门。

② 塑料成形填料（图 3-4）　一般做成三件式，也可以做成其他形状。所用塑料以聚四氟乙烯（PTFE）为多，也有采用尼龙 66 和尼龙 1010 的。塑料填料广泛使用于各种耐腐蚀阀门中，其缺点是不能使用于高温阀门中。塑料牌号及使用范围见表 3-2。

③ 柔性石墨填料　因其具有的优良性能，而广泛用作阀门密封材料，通常制作成柔性石墨编织填料（图 3-5）和柔性石墨压制填料环（图 3-6）。

表 3-1　石棉填料牌号及使用范围

名　称	油浸石棉盘根 JC 68-82		橡胶石棉盘根 JC 67-82			
牌号	YS250	YS350	XS250	XS350	XS450	XS550
适用压力/MPa	4.5	4.5	4.5	4.5	6	8
适用温度/℃	250	350	250	350	450	550
适用介质	用于水、蒸汽、空气、石油产品等		用于蒸汽、石油产品等			

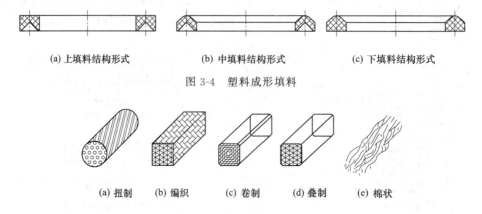

(a) 上填料结构形式　　(b) 中填料结构形式　　(c) 下填料结构形式

图 3-4　塑料成形填料

(a) 扭制　(b) 编织　(c) 卷制　(d) 叠制　(e) 棉状

图 3-5　柔性石墨编织填料

表 3-2　塑料牌号及使用范围

名　　称	聚四氟乙烯(PTFE)	尼龙 66	尼龙 1010
适用压力/MPa	≤32.0	≤32.0	≤32.0
适用温度/℃	−200～200	≤100	≤100
适用介质	酸、碱腐蚀性介质	腐蚀性介质	

(a) 闭合式　　　　　(b) 单开口式　　　　　(c) 双开口式

图 3-6　柔性石墨压制填料环

柔性石墨填料有如下优良性能。

a. 独特的柔韧性和回弹性，制作切口填料可以自由沿轴向弯曲 90°以上，使用中不会因温度压力变化、振动等因素而引起泄漏，因而安全可靠，是理想的密封材料。

b. 耐温性能好，低温可应用于−200℃，在高温氧化性介质中可用到 500℃，在非氧化性介质中可应用到 2000℃，并能保持优良的密封性。

c. 耐腐蚀性强，对酸、碱类、有机溶剂、有机气体及蒸汽均有良好的耐腐蚀性。不老化，不变质，除强氧化性介质（硝酸）、发烟硫酸、卤素等外，几乎能耐一切介质的腐蚀。

d. 摩擦因数低，自润性良好。

e. 对气体及液体具有优良的不渗透性。

f. 使用寿命长，可反复使用。

柔性石墨在石油、化工、发电、化肥、医药、造纸、机械、冶金、宇航和原子能等工业中得到广泛应用，柔性石墨填料一般可压制成形。适用公称压力≤PN320。其质量标准应符合 JB/T 7370 和 JB/T 6617 的规定。

不同牌号柔性石墨编织填料的技术性能指标应符合表 3-3 的规定。

不同类型柔性石墨填料环的技术性能指标应符合表 3-4 的规定。

④ 石棉与聚四氟乙烯混编填料（JB/T 8558）　有极好的耐腐蚀性能，又可用于深冷介质，能承受 32.0MPa 以下的压力，最低使用温度为−200℃，最高使用温度可达 250℃。其供货状态常做成正方形编织带，盘状包装，不同牌号的技术性能指标见表 3-5。

⑤ 碳化纤维浸渍聚四氟乙烯编织填料（JB/T 6627）　是一种非常优越的密封填料，它是用碳纤维编织带浸渍聚四氟乙烯乳液而成。这种填料有极好的弹性和柔软性，有优异的自润滑性，能耐低温和高温，可在−120～350℃温度范围内稳定工作，能承受不大于 35.0MPa 的工作压力。通常以编织带和模压成形状态供应市场，编织带做成正方形，填料环由模压而成。不同牌号的编织带和填料环的技术性能指标见表 3-6。

表 3-3　柔性石墨编织填料的性能

项　　目	RBTN1-450	RBTN2-600	RBTW1-300	RBTW2-450	RBTW2-600
密度/(g/cm³)	规格≤20 时,≥0.9 规格>20 时,≥0.7	0.8～1.2	规格≤20 时,≥0.7 规格>20 时,≥0.9	1.1～1.4	
压缩率%	25～50			35～55	
回弹率/%	≥12		≥10	≥9	≥10
含碳量/%	≥80			≥85	
硫含量/10⁻⁶	≤1500				
热失量/%	≤17	≤20	≤5	≤15	
摩擦因数	≤0.18	≤0.2	≤0.13	≤0.4	

注：1. 不同型号产品耐温失量温度为各自最高适应温度。

2. 含碳量及硫含量测定时，若产品增强材料含金属材料，制样时应将金属材料剥离去掉后再进行测试。

表 3-4　柔性石墨填料环的性能

性　　能		指　　标		
		单一柔性石墨	金属复合类	树脂复合类
密度/(g/cm³)		1.5～1.7	≥1.7	≥1.5
压缩率/%		10～25	7～20	-10～25
回弹率/%		≥35	≥35	≥35
耐温失量[①]/%	250℃	≤0.3	—	≤1.0
	450℃	≤0.8	≤0.6	—
	600℃	≤8.0	≤6.0	—
摩擦因数		≤0.14	≤0.14	≤0.14

①　金属熔点低于试验温度时，不宜做该温度试验；树脂复合柔性石墨填料环视添加树脂种类、比例不同，试验温度允许按实际要求确定。

表 3-5　混编填料的性能

性　　能		SSS-□		SSS-□	
		规格:3～16	规格:18～25	规格:3～16	规格:18～25
密度/(g/cm³)		140	130	130	120
耐温失量(260℃±10℃)/%		≤5.0		≤8.0	
摩擦因数		≤0.15		≤0.15	
磨耗量/g		0.08		0.10	
压缩率/%		15～35		15～45	
回弹率/%		≥15		≥12	
酸失量(65%～68%硝酸)		≤12			

表 3-6　编织带和填料环的性能

性　　能		指　　标					
		T1101	T1102	T2101	T2102	T3101	T3102
密度/(g/cm³)		≥1.2	≥1.5	≥1.2	≥1.4	≥1.1	≥1.3
耐温失量/%	(345±10)℃	≤6	≤5	—	—	—	—
	(300±10)℃	—	—	≤6	≤5	—	—
	(260±10)℃	—	—	—	—	≤6	≤5
摩擦因数		≤0.15					
磨耗量/g		<0.1	<0.07	<0.1	<0.07	<0.1	<0.1
压缩率/%		20～45	10～25	25～45	10～25	25～45	10～25
回弹率/%		≥30	≥30	≥30	≥30	≥25	≥30
酸失量(5%硫酸)/%		<3	<3	<3	<3	<5	<5
碱失量/%	25%NaOH	<3	<3	<3	<3	—	—
	5%NaOH	—	—	—	—	<8	<8

表 3-7　碳化纤维与聚四氟乙烯混编填料性能

性　　能	TSS-□		TSD-□	
	规格：3～16	规格：18～25	规格：3～16	规格：18～25
密度/(g/cm³)	≥1.40	≥1.30	≥1.30	≥1.20
耐温失量(260℃±10℃)/%	≤5.0		≤5.0	
摩擦因数	≤0.15		≤0.15	
磨耗量/g	≤0.2		≤0.25	
压缩率/%	15～40		15～45	
回弹率/%	≥20		≥15	

⑥ 碳化纤维与聚四氟乙烯混编填料（JB/T 8560）是一种碳化纤维与聚四氟乙烯生料带混合编织而成的新型填料，具有优良的耐腐蚀性能，有极好的弹性和柔软性及自润滑性。能耐 −200～260℃，能承受 32.0MPa 的工作压力，通常做成正方形编织带，盘状包装。不同牌号的碳化纤维-聚四氟乙烯混编填料的技术性能指标见表 3-7。

⑦ O 形橡胶圈（GB/T 3452.1—2005《液压气动用 O 形橡胶密封圈　尺寸系列及公差》）在阀门中作为填料密封件，应用越来越多。天然橡胶质地柔软，在低压状态下，密封效果良好，使用温度只能在 60℃左右。随着特种橡胶的出现，如丁腈橡胶（NBR）、氟橡胶（FRM），其使用温度高达 120℃以上，使用压力也提高到 32.0MPa。O 形橡胶圈的规格可查 GB 3452.1—2005 获得。

随着科学技术的发展，新型密封材料不断出现，如陶瓷纤维填料、金属波形填料、金属纳米填料等。型号为 NGW 型的陶瓷纤维填料，是由陶瓷纤维和金属合金丝为主要原料，再加入石墨、滑石粉制成，具有优良的耐腐蚀性，优异的耐深冷和耐超高温性能，最高使用温度达 1480℃。型号为 BSP-600 型的金属波形填料，波形片材为 1Cr18Ni9Ti，使用温度≤600℃，压力≤20.0MPa。又如用不锈钢薄片与石棉编织成的波形填料，可耐高温、高压与腐蚀。

在实际工作中，遇到的情况各不相同，使用单位也可根据自己的需要，探索各种适合工况的有效填料形式。如在 250℃蒸汽阀门中，用石棉填料和铅圈交替叠合，漏汽情况就会减少。有的阀门介质经常变换，如以石棉填料和聚四氟乙烯生料带共同使用，密封效果便好些。为了减轻对阀杆的摩擦，有的场合可以加二硫化钼（MoS₂）或其他缓蚀剂、润滑剂。

3.1.3　波纹管密封

随着石油化工工业、电力和原子能工业的迅速发展，易燃、易爆、剧毒和带放射性物质增多，对阀门密封有了更严格的要求。有的工况条件无法使用填料密封，因此产生了新的密封形式——波纹管密封（图 3-7）。这种密封不需要填料，所以也叫无填料密封。

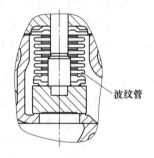

波纹管

图 3-7　波纹管截止阀密封形式

波纹管呈皱叠形圆管体，一端焊接在阀杆上，另一端焊接在阀盖上。当阀杆升降时，波纹管随之伸缩，只要波纹管本身不漏，介质便无法泄漏。波纹管常用不锈钢（1Cr18Ni9Ti）和高锌黄铜等材料制成，一般使用压力为 0.6MPa，使用温度 $t \leqslant 150℃$。为了保险起见，在一些剧毒介质和密封要求较高的场合，往往采用波纹管与填料的双重密封。

3.2　阀门垫片与密封形式

阀门静密封主要是指两个静止面之间的密封（如阀体与阀盖之间的密封）。为了不让阀体内的介质外泄，常将适合于阀体内介质和压力、温度所允许的垫片放置其中，在中法兰螺栓的压紧力作用下，起到密封作用，从而达到防止介质外泄，保证阀门正常工作的目的。

静密封常使用到垫片。

3.2.1　垫片材料

① 非金属材料　如纸、麻、牛皮、石棉制品、塑料、橡胶等。

纸、麻、牛皮之类，有毛细孔，易渗透，使用时须浸渍油、蜡或其他防渗透材料。一般阀门很少采用。

石棉制品，有石棉带、绳、板和石棉橡胶板等。其中石棉橡胶板结构致密，耐压性能好，耐温性能也很好，在阀门本身和阀门与管子的法兰连接中，使用极为广泛。

塑料制品，有很好的耐腐蚀性能，使用也较普遍。品种有聚乙烯、聚丙烯、软聚氯乙烯、聚四氟乙烯、尼龙 66、尼龙 1010 等。

橡胶制品，质地柔软，各种橡胶分别有一定耐酸、耐碱、耐油、耐海水的能力。品种有天然橡胶、丁苯橡胶、丁腈橡胶、氯丁橡胶、异丁橡胶、聚氨酯橡胶、氟橡胶等。

② 金属材料　一般来说，金属材料强度高，耐温性能强。但铅并不这样，仅取它耐稀硫酸的特性。常用品种有黄铜、紫铜、铝、低碳钢、不锈钢、蒙乃尔合金、银、镍等。

③ 复合材料　例如金属包覆（内部柔性石墨）垫片、组合波形垫片、缠绕垫片等。

3.2.2　常用垫片性能

常用垫片有：橡胶平垫片、O 形橡胶圈、塑料平垫片、聚四氟乙烯包垫片、石棉橡胶垫片、金属平垫片、金属异形垫片、金属包覆垫片、波形垫片、缠绕垫片等。

① 橡胶平垫片　变形容易，压紧时不费力，但耐压、耐温能力都较差，只用于压力低、温度不高的地方。天然橡胶有一定耐酸碱性能，使用温度不宜超过 60℃；氯丁橡胶也能耐某些酸碱，使用温度 80℃；丁腈橡胶耐油，可用至 80℃；氟橡胶耐腐蚀性能很好，耐温性能也比一般橡胶强，可在 150℃ 介质中使用。

② O 形橡胶垫圈　断面形状是正圆，有一定的自紧作用，密封效果比平垫片好，压紧力更小。

③ 塑料平垫片　塑料的最大特点是耐腐蚀性好，大部分塑料耐温性能差。聚四氟乙烯为塑料之冠，不但耐腐蚀性能优异，而且耐温范围比较宽阔，可在 -180～200℃ 之内长期使用。

④ 聚四氟乙烯包覆垫片　为了充分发挥聚四氟乙烯的优点，同时弥补它弹性较差的缺点，做成聚四氟乙烯包裹橡胶或石棉橡胶的垫片。这样，既同聚四氟乙烯平垫片一样耐腐蚀，又有良好的弹性，增强密封效果，减小压紧力。

⑤ 石棉橡胶垫片　由石棉橡胶板制成。它的组成是 60%～80% 的石棉和 10%～20% 的橡胶，以及填充剂、硫化剂等。它有很好的耐热性、耐冷性、化学稳定性，而且货源丰富，价格便宜。使用时，压紧力不必很大。由于它能黏附金属，所以最好表面涂一层石墨粉，以免拆卸时费劲。

石棉橡胶板有四种颜色：灰色，用于低压（牌号 XB-200，耐压≤1.6MPa，耐温 200℃）；红色，用于中压（牌号 XB-350，耐压可达 4.0MPa，耐温 350℃）；紫红色，用于高压（牌号 XB-450，耐压 10.0MPa，耐温 450℃）；绿色，用于油类，耐压性能也很好。

⑥ 金属平垫片　铅耐温 100℃；铝 430℃；铜 315℃；低碳钢 550℃；银 650℃；镍 810℃；蒙乃尔（镍铜）合金 810℃；不锈钢 870℃。其中铅耐压能力较差，铝可耐 6.4MPa，其他材料可耐高压。

⑦ 金属异形垫片

a. 透镜垫片：有自紧作用，使用于高压阀门。

b. 椭圆形垫片：也属于高压自紧垫片。

c. 双锥面垫片：用于内压自密封。

此外，还有方形、菱形、三角形、齿形、燕尾形、B 形、C 形等，一般只在高中压阀门中使用。

⑧ 金属包覆垫片　金属既有良好的耐温耐压性能，又有良好的弹性。包覆材料有铝、铜、低碳钢、不锈钢、蒙乃尔合金等。里面填充材料有石棉、聚四氟乙烯、柔性石墨、碳纤维、玻璃纤维等。

⑨ 波形垫片　具有压紧力小、密封效果好的特点。常采用金属与非金属组合的形式。

⑩ 缠绕垫片　是把很薄的金属带和非金属紧贴在一起，缠绕成多层的圆形，断面呈波浪状，有很好的弹性和密封性。金属带可用08钢、06Cr13、12Cr13、20Cr13、1Cr18Ni9Ti、铜、铝、钛、蒙乃尔合金等制作。非金属带材料有石棉、聚四氟乙烯等。

以上，讲述密封垫片性能时，列举了一些数据。必须说明，这些数字跟法兰形式、介质情况和安装修理技术等有密切的关系，有时可以超过，有时达不到，而且耐压和耐温性能也是互相转化的，例如温度高了，耐压能力往往降低，这些细微的问题，只能在实践中体会。

3.2.3　新材料和新技术

以上介绍的密封垫片还很不全面，况且密封技术正处于迅猛发展中。下面举例介绍几项新材料和新技术。

① 液体密封　随着高分子有机合成工业的迅猛发展，近年出现了液态密封胶，使用于静密封；这项新技术通常称为液体密封。液体密封的原理，是利用液态密封胶的黏附性、流动性和单分子膜效应（越薄的膜自然回复倾向越大），在适当压力下，使它像垫片一样起作用。所以对使用着的密封胶，也称为液体垫片。

② 聚四氟乙烯生料密封　聚四氟乙烯也是高分子有机化合物，它在烧结成制品之前，称为生料，质地柔软，也有单分子膜效应。用生料做成的带称为生料带，可以卷成盘长期保存。使用时能自由成形，任意接头，只要一有压力，便形成一个均匀地起着密封作用的环形膜。作为阀门中阀体与阀盖间的垫片，可在不取出阀瓣或闸板的情况下，撬开一缝隙，塞进生料带去就行了。压紧力小，不黏手，也不粘法兰面，更换十分方便，对于榫槽法兰最适合。聚四氟乙烯生料，还可做成管形和棒状，作密封用。

③ 金属空心O形圈　弹性好，压紧力小，有自紧作用，可选用多种金属材料，从而在低温、高温和强腐蚀性介质中都能适应。

④ 柔性石墨缠绕垫片　在人们印象中，石墨是脆性物质，缺乏弹性和韧性，但经过特殊处理的石墨，却是质地柔软，弹性良好。这样，石墨的耐热性能和化学稳定性，便可以在垫片材料中得以显示；而且这种垫片压紧力小，密封效果异常优越。这种石墨还能做成带，跟金属带配合，组成性能优异的缠绕垫片。石墨板密封垫片和石墨-金属缠绕垫片的出现，是高温抗腐蚀密封的重大突破。这类垫片，国内外已经大量生产和使用。

⑤ 碳化纤维复合垫片　以碳纤维或碳纤维粉与聚四氟乙烯树脂等可组成一种有机复合密封材料，具有耐磨性好，耐腐蚀和使用寿命长等特点。

3.2.4　常用垫片类型及适用工况

常用垫片类型及适用工况见表 3-8、表3-9。

表 3-8　几种常用垫片

垫片名称	垫片类型图	材　料
非金属平垫片	内包边	天然橡胶、合成橡胶、石棉橡胶板、合成纤维的橡胶压制板、改性或合成的聚四氟乙烯板
聚四氟乙烯包覆垫片		聚四氟乙烯板、不锈钢薄板
柔性石墨复合垫片		柔性石墨复合垫片由冲击式冲孔金属芯板与膨胀石墨粒子复合而成

续表

垫片名称	垫片类型图	材　料
金属包覆垫片	金属片 / 石棉橡胶	外包覆材料为纯铝片、纯铜片或低碳钢薄片、不锈钢片,内包材料通常为石棉板、石棉橡胶板
金属缠绕垫片	金属片 / 柔性石墨	外包覆材料为不锈钢带,内包材料为特种石棉纸、柔性石墨、聚四氟乙烯
齿形组合垫片		垫片由金属齿环(由碳钢或不锈钢材料制成)和上下两面覆盖柔性石墨或聚四氟乙烯薄板等非金属平垫片材料组合而成
金属环垫		优质碳素钢、不锈钢
碳化纤维复合垫片		碳纤维、聚四氟乙烯树脂

表 3-9　几种常用垫片适用工况

垫片类型		公称压力 /MPa	使用温度 /℃	公称尺寸 DN	适用密封面形式
非金属平垫片	天然橡胶(NR)	0.25～1.6	−50～90	10～2000	全平面(FF) 突面(RF) 凹凸面(MFM) 榫槽面(TG)
	氯丁橡胶(CR)	0.25～1.6	−40～100		
	丁腈橡胶(NBR)	0.25～1.6	−30～110		
	丁苯橡胶(SBR)	0.25～1.6	−30～100		
	乙丙橡胶(EPDM)	0.25～1.6	−40～130		
	氟橡胶(FPM)	0.25～1.6	−50～200		
	石棉橡胶板(XB350,XB450)	0.25～2.5	≤300		
	耐油石棉橡胶板(NY400)	0.25～2.5	≤300		
	合成纤维的橡胶压制板　无机	0.25～4.0	−40～290		
	合成纤维的橡胶压制板　有机		−40～200		
	改性或填充的聚四氟乙烯板	0.25～4.0	−196～260		
聚四氟乙烯包覆垫片		0.6～4.0	≤150(200)	10～600	突面(RF)
柔性石墨复合垫片	低碳钢	1.0～6.3	450	10～2000	突面(RF) 凹凸面(MFM) 榫槽面(TG)
	06Cr19Ni10		650		
金属包覆垫片	纯铝板 L3	2.5～10.0	200	10～900	突面(RF)
	纯铜板 T3		300		
	低碳钢		400		
	不锈钢		500		

垫片类型		公称压力 /MPa	使用温度 /℃	公称尺寸 DN	适用密封面形式
金属缠绕垫片	特种石棉纸或非石棉纸	1.6～16.0	500	10～2000	突面(RF) 凹凸面(MFM) 榫槽面(TG)
	柔性石墨		650		
	聚四氟乙烯		200		
齿形组合垫片	10 或 08/柔性石墨	1.6～25.0	450	10～2000	突面(RF) 凹凸面(MFM)
	06Cr13/柔性石墨		540		
	不锈钢/柔性石墨		650		
	304.316/聚四氟乙烯		200		
金属环垫片	10 或 08	6.3～25.0	450	10～400	环连接面(RJ)
	06Cr13		540		
	304 或 316		650		
碳化纤维复合垫片	碳化纤维与聚四氟乙烯树脂	1.0～16.0	−200～260	10～2000	突面(RF) 凹凸面(MFM)

第4章 阀门的腐蚀与防护

4.1 腐蚀与防护的基本内容

材料腐蚀（老化）失效是物质由高能态到低能态自动发生的过程。在人类社会中，材料腐蚀（老化）失效造成了巨大的经济损失，甚至带来灾难性的事故，由此造成了宝贵资源与能源的浪费、环境的污染等。研究表明：如果采取适当的防腐蚀措施，有些腐蚀事故可以避免，在一定程度上，腐蚀可以得到控制，减少经济损失。

阀门腐蚀防护工程最大的目的是达到最经济实用的原则，也就是用最小的成本得到最大的经济效益。目前在工业发达国家中，在表面工程、电化学保护等方面，已形成了完备的技术标准体系。我国在以上方面也有比较完备的行业技术标准体系。以上标准保证了工程实施的理论基础。

另外，要保证阀门腐蚀防护的质量和寿命，其各种先进材料的研制与应用也是不可少的，这就要求工程技术人员及用户对各种材料性能有充分的认识和研究。同时，也预示着阀门防腐蚀与新材料发展密切相关，因此有关材料性能的理论研究和技术是腐蚀防护的重点之一。

要实施良好的腐蚀与防腐工程，必须有科学的基础数据支持。因为各种技术指标的制定必须建立在科学数据的基础之上。各种腐蚀数据的重要来源是腐蚀试验，因此腐蚀试验构成了腐蚀防护工程的另一重点。腐蚀防护工程规模越大，涉及的基础数据越多，对腐蚀试验的依存度越大；腐蚀防护工程要求的质量越高，即技术指标越严格，对腐蚀试验的依存度也越大。因此阀门的腐蚀与防护若要最大限度地实现最经济原则，就要求最大限度地利用基础数据，就要最大限度地发挥腐蚀试验的作用。

同样，合理的设计也是阀门腐蚀防护工程的重要技术基础之一。设计者先要有总体设计的概念，即阀门的总体设计要满足最经济实用原则；其次是各种细节设计，包括各种结构的设计。

对阀门防腐蚀工程的环境了解也是极其重要的。从某种意义上讲，腐蚀防护工程的目的就是要隔断主体对象与环境状态。没有对环境状态的深入了解，就不可能实现工程的良好质量和效果。另外，工程主体对象的环境实际是变化的，在工程主体的整个寿命期内，应该对环境条件的变化有所了解，连续观察与检测，以使工程主体适应环境条件的变化，这实际上是材料或构件的环境适应性问题。

4.1.1 防腐的重要性

阀门管道常见的腐蚀是碳钢和低碳合金钢的腐蚀。不论阀门管道是铺设在地上、地下或水下（包括海底），都要受到外界空气、土壤、水（特别是海水）对阀门管道外壁的腐蚀，以及输送介质对阀门管道内壁的腐蚀。外界空气特别是当空气中含有二氧化硫、硫化氢等有害气体时，将产生化学腐蚀。地下土壤也能产生化学腐蚀，地下杂散电流还能产生电化学腐蚀。海水是含有多种盐类的电解质溶液，另外还含有溶解氧、海洋生物，其电阻率很小，故腐蚀速率比在土壤中快得多。在某些缺氧的土壤中，还会产生由厌氧细菌引起的生物腐蚀。另外还有由金属表面产生物理溶解引起的物理腐蚀。

在国民经济和国防各部门中，每年都有大量金属构件和设备因腐蚀而损耗。随着科学技术的进步，各种防腐蚀措施的采用，近年因腐蚀造成的经济损失有新的下降。

阀门管道的腐蚀，不仅会造成油、气的跑漏损失，还可能引起火灾，特别是天然气还可能引起爆炸；不仅会带来巨大的经济损失，而且会威胁人身安全、污染环境。因此阀门管道工程的防腐是极为重要的。

4.1.2 金属腐蚀的理论

（1）腐蚀机理

由于外界空气中很少有二氧化硫、硫化氢等有害气体，因此化学腐蚀主要是氧化作用。另外大气中含有水蒸气，它会在金属表面冷凝形成水膜，水膜能溶解大气中的 O_2 及 CO_2 等其他介质，使金属表面发生电化学腐蚀。大气中金属的腐蚀受大气条件、金属成分、表面形状、朝向、工作条件等因素影响而不同，其中主要是大气条件。在没有湿气的情况下，很多污染物几乎没有腐蚀性，但相对湿度超过 80%，腐蚀速度就会迅速上升。

表 4-1 中列出几种常用金属在不同腐蚀环境的平均腐蚀速率供参考。

表 4-1　常用金属在不同腐蚀环境的平均腐蚀速率

腐蚀环境	平均腐蚀速度/[mg/($dm^2 \cdot d$)]		
	钢	铜	锌
农村大气	—	0.17	0.14
海洋大气	2.9	0.31	0.32
工业大气	1.5	1	0.29
海　水	25	10	8
土　壤	5	3	0.7

管道运输工程中使用的阀门主要是碳钢和低碳合金钢，必须采取可靠的防腐措施。

（2）腐蚀因素

管道运输工程中使用的阀门不论是明设还是埋设，很容易形成腐蚀原电池。影响腐蚀的因素主要有以下几项。

① 空气湿度　空气中存在一定水蒸气，它是腐蚀的主要因素。空气湿度越高，金属越容易腐蚀。

② 环境腐蚀介质的含量　环境腐蚀介质含量越高，金属越容易腐蚀。

③ 土壤中杂散电流的强弱　埋地管道的杂散电流越强，金属越容易腐蚀。对土壤腐蚀性影响较大的 4 个因素如下。

a. 土壤电阻率：直接受土壤颗粒大小、含水量、含盐量的影响，应由工程地质勘察报告给出土壤的电阻率。表 4-2 给出了土壤腐蚀性与土壤电阻率的关系。

表 4-2　土壤腐蚀性与土壤电阻率的关系

土壤电阻率/$\Omega \cdot m$	<20	20～50	>50
土壤腐蚀性等级	强	中	弱

b. 土壤中的氧：土壤中含氧量与土壤的湿度和结构有关，干燥土壤的含氧量多，潮湿土壤的含氧量少。土壤的湿度和结构不同，其含氧量可能相差很大，甚至可能相差几万倍，这些都会形成氧浓差电池腐蚀。

c. 土壤的 pH 值：多数土壤显示中性，pH 值在 6～7.5 之间。我国北方土壤多略偏碱性，南方土壤多略偏酸性。从土壤类型看，碱性砂质黏土和盐碱土 pH 值多在 7.5～9.5 之间，腐殖土和沼泽土 pH 值在 3～6 之间，属于酸性。一般说，酸性土壤的腐蚀性强。

d. 土壤中的微生物：对金属的腐蚀有很大影响，主要为厌氧的硫酸盐还原菌和好氧的硫杆菌、铁细菌等，其中以硫酸盐还原菌危害最甚。对沼泽地带、硫酸盐类型的土壤，要特别注意微生物的作用，在这种条件下阴极保护负电位要提高 $-100mV$。

（3）外防腐绝缘层

① 防腐绝缘层的质量要求。将防腐涂料均匀致密地涂覆在经除锈的金属管道外表面，使其与各种腐蚀性介质隔绝，消除电化学腐蚀电池的电路，是管道外防腐最基本的防腐措施。金属表面涂刷各种涂料后，经固化形成的涂料膜，能够牢固地结合在金属表面上，使其与外界环境严密隔绝。

② 防腐绝缘层应具备下述性能和技术要求。

a. 有良好地稳定性：

ⅰ. 耐大气老化性能好；

ⅱ. 化学稳定性好；

ⅲ. 耐水性能好，吸水率小；

ⅳ. 有足够的耐热性，确保在使用介质温度和最高气温下不变形、不流淌、不皲皮、不易老化；

ⅴ. 耐低温性能好，在堆放、运输和施工后，防腐涂料不龟裂、不脱落。

b. 有足够的机械强度：

ⅰ. 有一定的抗冲击强度，以防止由于搬运中碰撞和土壤压力而造成损伤；

ⅱ. 有良好的抗弯曲性，以使在管道施工时不致因弯曲而损坏；

ⅲ. 有较好的耐磨性，以防止在施工中受外界摩擦而损伤；

ⅳ. 针入度须达到足够的指标，以便使涂层能抵抗较集中的负荷；

ⅴ．与管道有良好的结合力和附着力。

c．有良好的电绝缘性：

ⅰ．防腐层的电阻不小于100000Ω·cm；

ⅱ．耐击穿电压强度不得低于电火花检测仪检测的电压标准；

ⅲ．防腐层应具有耐阴极剥离强度的能力；

ⅳ．防腐层破损后易于修补；

ⅴ．抗微生物侵蚀性能好；

ⅵ．不透气、不透水，容易干燥凝固。

③ 选择防腐涂料时，应考虑下述因素：

a．管道运行的介质温度和施工、生产过程中的环境温度；

b．管道通过地区的土壤性质；

c．防腐涂料的装卸和储存条件；

d．防腐涂料性能是否符合标准要求（是否合格），性能是否优良；

e．施工工艺是否先进；

f．防腐涂料的价格和施工费用情况。

（4）钢材的表面处理

① 钢材表面状态的影响　防腐质量的好坏取决于防腐涂料与钢材的附着力，而附着力取决于除锈质量。钢材表面处理的目的是提高钢材的防腐能力，增加钢材与涂膜之间的附着力，有利于顺利进行涂装作业，保证涂膜质量，以最大限度地发挥涂料防腐性能和延长涂膜的耐久性。

涂装前不同表面处理方法对涂装质量有较大影响。如采用相同底面配套漆膜，在相同条件下经两年暴晒后，其漆膜锈蚀的情况如表4-3所示。

表4-3　不同表面处理的漆膜锈蚀情况

表面处理方法	漆膜锈蚀情况
不经除锈	60%
手工除锈	20%
酸洗除锈	15%
喷砂磷化处理	仅有个别锈点

② 钢材表面除锈质量等级标准　我国原石油部制定的《涂装前钢材表面预处理规范》（SY/T 0407）是参照美国钢结构的质量等级制定的，其质量等级标准如表4-4所示。

钢管表面处理方法有手工除锈、机械除

表4-4　钢材表面除锈质量等级标准

处理方法	等级标准	说明
清洗		用溶剂、碱清洗剂、蒸汽、酒精、浮液或热水除掉油、油脂、灰土、盐和污物
手动工具除锈	St 2级	用手动工具或钢丝刷铲、磨、刮或刷除掉松的锈、松动的氧化皮和疏松的旧涂层，达到规定的除锈质量标准
动力工具除锈	St 3级	用动力工具或动力钢丝刷铲、磨、刮或刷除掉疏松的锈、松动的氧化皮和疏松的旧涂层，达到规定的除锈质量标准
白级喷（抛）射除锈	Sa 3级	用砂轮或喷嘴抛射或喷射（干喷或湿喷）砂、钢砂或钢丸，除掉所有可见的氧化皮、旧涂层和外来污物，使金属表面显示均匀的金属光泽
近白级喷（抛）射除锈	Sa 2½级	喷射除锈至近白级，直到至少有95%的表面上没有肉眼可见的残留物，任何残留的痕迹应仅是点状或条纹状的轻微色斑
工业级喷（抛）射除锈	Sa 2级	喷射除锈钢材表面可见的油脂和污垢，以及氧化皮、铁锈和旧涂层等附着物已基本清除（表面积75%），其残留物应是牢固附着的
清扫级喷（抛）射除锈	Sa 1级	喷射除锈，除了牢固黏结在表面上的氧化皮和旧漆允许留下外，一切污物均除掉，露出大量均匀分布的基底金属斑点
酸洗		采用酸洗、双重酸洗或电解酸洗，将锈和氧化皮全部除掉

锈、喷（抛）除锈、火焰除锈、化学除锈多钟方法，可根据不同的施工要求和条件选择使用。

（5）阀门管道外壁防腐蚀层

20世纪70年代以来，由于油气长输管道向极地、海洋、冻土、沼泽、沙漠等严酷环境延伸，对防腐层性能提出了更严格的要求，因此在阀门管道防腐材料研究中，各国都着眼于发展复合材料或复合结构。强调防腐层具有良好的介电性能、物理性能、稳定的化学性能和较宽的温度适应性能等，满足防腐、绝缘、保温、增加强度等多种功能要求。

各种外壁防腐蚀层的性能和使用条件：各国根据本国的资源情况，管道工作环境和技术水平等，逐步形成了各种防腐材料系列，其技术性能和使用条件如表4-5所示。

表 4-5　外防腐层的技术性能和使用条件简表

分项	涂层类别					
	石油沥青	煤焦油瓷漆	环氧煤沥青	塑料胶黏带	聚乙烯包覆层（夹克）	环氧粉末涂层
底漆材料	沥青底漆	焦油底漆	煤沥青、601#环氧树脂混合剂等	压敏型胶黏剂或丁基橡胶	丁基橡胶和乙烯共聚物	无
涂层材料	石油沥青,中间材料为玻璃网布或玻璃毡等	煤焦油沥青,中间材料为玻璃网布或玻璃毡等	煤沥青、634#环氧树脂混合剂、玻璃布等	聚乙烯、聚氯乙烯（带材）	高（低）密度聚乙烯（粒料）	聚乙烯、环氧树脂、酚醛树脂（粉末）
涂层结构	采用薄涂多层结构	采用薄涂多层结构	采用薄涂多层结构	普通:1层内带　1层外带　加强:2层内带　1层外带　特强:2层内带　2层外带	涂料连续紧密黏结在管壁上,形成硬质外壳	涂层熔化在管壁上,形成连续坚固的薄膜
厚度/mm	普通≥4.5　加强≥5.5　特强≥7	普通≥3　加强≥4.5　特强≥5.5	普通≥0.2　加强≥0.4　特强≥0.6	0.7～4	1～3.5	0.2～0.3
适用温度/℃	−20～70	−20～70		一般:−30～60　特殊:−60～100	−40～80	−40～107
施工及补口方法	工厂分段预制或现场机械连续作业,补口多用石油沥青现场补涂	多采用工厂预制,补口多用热烤带	工厂分段预制或现场机械连续作业,补口用相同材料涂刷	主要采用现场机械连续作业	采用模具挤出或挤出缠绕法,工厂预制,补口用热收缩套	采用静电喷涂等离子喷涂工厂分段预制,用热收缩套或喷涂后固化补口
优、缺点	技术成熟,防腐可靠,物理性能差,且受细菌腐蚀	吸水率低,防腐可靠,物理性能差,抗细菌腐蚀,现场施工时略有毒性	机械强度高,耐热、耐水、耐介质腐蚀能力强、常温固化时间长,要求除锈严格,表面干燥	绝缘电阻高,易于施工,物理性能差	很好的通用防腐层,物理性能和低温性能好,技术复杂,成本较高	防腐性能好,黏结力强,强度高,抗阴极剥离好,技术复杂,成本高
适用范围	材料来源丰富地区	材料来源丰富地区	适用于普通地形及海底管道	干燥地区	各类地区	大口径、大型工程、沙漠热带地区

① 石油沥青防腐蚀层　石油沥青用作管道防腐材料已有很长历史。由于这种材料具有来源丰富、成本低、安全可靠、施工适应性强等优点,在我国应用时间长、使用经验丰富、产品定型,不过和其他材料相比,已比较落后。其主要缺点是吸水率大,耐老化性能差,不耐细菌腐蚀等。

② 煤焦油瓷漆防腐蚀层　煤焦油瓷漆（煤沥青）具有吸水率低、电绝缘性能好、抗细菌腐蚀等优点,即使在新型塑料防腐蚀层迅猛发展的近几十年,美国油、气管道使用煤焦油瓷漆仍占约半数。目前我国只在小范围内使用,有待进一步推广。主要原因是热敷过程毒性较大,操作时须采取劳动保护措施。

③ 环氧煤沥青防腐蚀层　由环氧树脂、煤沥青、固化剂及防锈颜料所组成的环氧煤沥青所组成的环氧煤沥青涂料,具有强度高、绝缘好、耐水、耐热、耐腐蚀介质、抗菌等性能,适用于水下管道及金属结构防腐。同时具有施工简单（冷涂工艺）、操作安全、施工机具少等优点,目前已在国内油气管道推广应用。不过这种防腐蚀层属于薄型涂层,总厚度小于1mm,对钢管表面处理、环境温度、湿度等要求很严,稍有疏忽就会产生针孔,因此施工中应特别注意。

④ 塑料胶黏带防腐蚀层　在制成的塑料

带基材上（一般为聚乙烯或聚氯乙烯，厚 0.3mm 左右），涂上压敏型黏合剂（厚 0.1mm 左右）即成压敏型胶黏带，是目前使用较为普遍的类型。它是在掺有各种防老化剂的塑料带材上，挂涂特殊胶黏剂制成的防腐蚀材料，在常温下有压敏黏结性能，温度升高后能固化，与金属有很好的黏结力，可在管道表面形成完整的密封防腐蚀层。

胶黏带的另一种类型为自融型带，它的塑料基布薄（0.1mm 左右），黏合剂厚（约 0.3mm），塑料布主要起挂胶作用，黏合剂则具有防腐性能。由于黏合层厚，可有效地关闭带层之间的间隙，防止水分从间隙侵入。

⑤ 聚乙烯包覆层　通过专用机具将聚乙烯塑料热塑在管道表面，形成紧密黏接在管壁上的连续硬质塑料外壳，俗称"夹克"。其应用性能、机械强度、适用温度范围等指标均较好，是性能优良的防腐涂层之一，我国自 1978 年以来，陆续在各油田试用。夹克防腐层的补口，一般可采用聚乙烯热收缩套（带、片）。

⑥ 环氧粉末涂层　是将严格处理过的管子预热至一定温度，再把环氧粉末喷在管子上，利用管壁热量将粉末融化，冷却后形成均匀、连续、坚固的防腐薄膜。热固性环氧粉末涂层由于其性能优越，特别适用于严酷苛刻环境，如高盐高碱的土壤，高含盐分的海水和酷热的沙漠地带的管道防腐。环氧粉末涂层喷涂方法自 20 世纪 60 年代静电喷涂研究成功到现在，已形成了完整的喷涂工艺，正向高度自动化方向发展。

（6）阴极保护的基本原理

金属管道的周围环境包括土壤、水和含有水蒸气的气体，均含有一定的电解质，尤其是埋设的金属管道和水下特别是海水中的金属管道，周围环境的电解质含量更多，因此金属管道几乎都存在电化学腐蚀。除采用外防腐涂料防腐外，还要采用阴极保护措施抑制电化学腐蚀。另外当外界有杂散电流时，例如电气化铁路、电车、以接地为回路的输电系统等直流电力系统，会使处在电解质溶液中的金属管道产生电解而腐蚀，应采取排流保护措施。

电化学腐蚀分为原电池腐蚀和电解腐蚀。原电池腐蚀是指金属在电解质溶液中形成原电池而产生的腐蚀；电解腐蚀是指外界杂散电流使电解溶液中的金属进行电解而产生的腐蚀。

阴极保护的原理如图 4-1 所示。

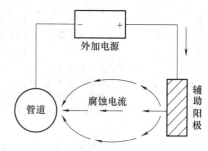
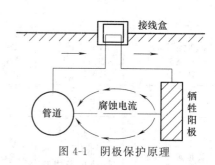

图 4-1　阴极保护原理

被保护的金属管道电位较低，称为阳极，辅助阳极或牺牲阳极电位更低，两者之间在电解质溶液中产生电流，使被保护的金属管道得以保护。阴极保护有两种方法，其原理相同。

外加电流阴极保护：利用直流电源，通过辅助阳极对被保护的金属管道通以恒定电流，使阴极变化，以防止腐蚀，此法为外加电流保护法，如图 4-1 所示。

两种阴极保护方法的优缺点比较如表 4-6 所示。

辅助阳极材料要有良好的导电性和耐腐蚀性，常用的有碳钢、铸铁、石墨、高硅铸铁、磁性氧化铁等。

常用阳极材料性能如表 4-7 所示。

综上所述，无论采用何种方法，都必须使产生的电流足以克服和抵消腐蚀电流，从而停止金属管道的腐蚀，受到有效的保护。

牺牲阳极材料需要满足下述要求：

① 驱动电位大，使被保护金属管道阴极极化；

② 阳极极化率小，使电位及输出电流稳定；

③ 单位重量消耗提供电量多，单位面积

输出电流大，电流效率高；

④ 价格低廉，来源广，制造简单，便于施工。

常用的牺牲阳极材料有镁合金、铝合金、锌合金三大类，其基本性能如表 4-8 所示。

(7) 杂散电流的腐蚀及防护

① 直流电对腐蚀的影响　电气化铁路、电车、以接地为回路的输电系统，都会在土壤中产生杂散电流，使地下管道产生电化学腐蚀，其腐蚀程度要比一般的土壤强烈得多，有杂散电流存在时，管地电位差可能高达 8～9V，

较无杂散电流的零点几伏电位差大得多，其影响可远达几十千米，必须采取防护措施。

② 防止杂散电流的措施　除使长输管道远离杂散电流外，如果不能远离，长输管道防止杂散电流的主要措施是排流保护，即用绝缘的金属电缆将被保护的金属管道与排流装置连接，将杂散电流引回铁轨或回归线（负极母线）上。电缆与管道的连接点称为排流点。排流保护可分为简单排流保护、极性排料保护、接地式排流、强制排流等，在工程设计中由电力专业设计人员确定。

表 4-6　两种阴极保护方法的优缺点比较

方法	优　点	缺　点
外加电流阴极保护方法	①单站保护范围大，因此管道越长，相对投资越小 ②驱动电压高，能够灵活控制阴极保护电流，可供给较大保护电流 ③不受土壤电阻率的限制，在恶劣的腐蚀条件下也能使用 ④采用难溶性阳极材料，可用作长期的阴极保护	①一次性投资费用较高 ②需要外部电源 ③对邻近的地下金属结构物干扰大 ④维护管理较复杂
牺牲阳极保护方法	①保护电流的利用率高，不会过保护 ②适用于无电源地区和小规模分散的对象 ③对邻近的地下金属结构物几乎无干扰，施工技术简单 ④安装及维护费用小 ⑤接地和防腐兼顾	①驱动电压低，保护电流调节困难 ②使用范围受土壤电阻率的限制 ③对于大口径钢管或防腐涂层质量不良的管道，由于费用高，一般不宜采用 ④在杂散电流干扰强烈地区，将丧失保护作用 ⑤投产测试工作较复杂

表 4-7　常用阳极材料性能

性　能	阳极材料			
	碳钢	石墨	高硅铸铁	磁性氧化铁
密度/(kg/m³)	7800	450～1680	7000	5100～5400
20℃电阻率/Ω·cm	17×10^{-6}	700×10^{-6}	72×10^{-6}	3×10^{-2}
抗弯强度/10^5Pa		80～130	14～17	与高硅铸铁相似
抗压强度/10^5Pa		140～350	70	与高硅铸铁相似
消耗率/[kg/(A·年)]	9.1～10	0.4～1.3	0.1～1	0.02～0.15
允许电流密度/(A/m²)		5～10	5～80	100～1000
利用率/%	50	66	50	

表 4-8　常用牺牲阳极材料的性能

性　能		纯镁、镁、锰	镁合金 （Mg-6Al-3Zn）	铝合金 （Al-Zn-In）	纯锌、锌合金
密度/(kg/m³)		1740	1770	2830	7140
阳极开路电位/V		1.56	1.48	1.08	1.03
对钢铁的有效电压/V		0.75	0.85	0.25	0.2
理论产生电量/(A·h/g)		2.2	2.21	2.87	0.82
海水中	电流效率/%	50	55	80	95
	发生电量/(A·h/g)	1.1	1.22	2.2	0.78
	消耗率/[kg/(A·年)]	8	7.2	3.8	11.8
土壤中	电流效率/%	40	50	65	65
	发生电量/(A·h/g)	0.88	1.11	1.86	0.53

由于杂散电流通过管道时电位变化幅度较大，所以地下管道采用排流保护的段落，一般都不用阴极保护。

③阴极保护的抗干扰措施　当各种管道密集分布或平行铺设时，某一根管道的阴极保护设施会对其他管道产生干扰，不仅会影响被保护管道的防护效果，还会加速未防护管道的腐蚀。为防护这种干扰影响，应尽可能使未防护管道远离阴极保护设施，否则应采取下述抗干扰措施。

a. 采用绝缘法兰隔离有阴极保护的管段和无阴极保护的管段，一般在被保护管道的出站口、大型穿越障碍物的两端、杂散电流影响段，被保护管道与其他不应受到阴极保护的管道连接处应装设绝缘法兰。绝缘法兰采用绝缘垫片，每个螺栓都加绝缘圈和绝缘套管，使两个法兰完全绝缘。组装后要做绝缘性能试验，用500V兆欧表摇测，其绝缘电阻大于5MΩ方可焊到管道上。

b. 采用加"均压线"的方法，将未保护管道与保护管道用电缆连接起来，以保持各处电位的平衡，实行联合阴极保护，一般长输管道每隔50m左右设一"均压线"。

c. 在距阳极较远有电流从管道流出的部位，安装一个牺牲阳极与管道相连，使杂散电流经牺牲阳极流入地下。

④交流输电线感应腐蚀的防护　一般来说交流电引起的腐蚀比直流电小得多，大约为直流电的1%以下。但是当高压交流输电线与管道平行架设时，由于静电场和交变磁场的影响，对金属管道感应而产生交流电流，这时对管道的影响和危害却不能忽视，在交直流叠加的情况下，交流电的存在可引起电极表面的去极化作用，使腐蚀加速。除尽可能避免或缩短平行段的长度外，还应采取下述措施。

a. 将管道串接大电容接地，或在管道与电力系统接地之间安装接地电池。接地电池由一对或几对用绝缘块隔开的锌阳极构成，埋在低电阻率的回填土中。

b. 为防止高压电对人员的危害，在所有露出地面的金属管道附属设施处，需做接地处理，以消除静电干扰。在管道工作人员接触有关部位，设接地栅极或接地电池，将感应的交流电引入大地，防止工作人员受电击。

c. 为防止绝缘法兰被击穿，应在法兰上安装避雷器或放电器，或将法兰两端与接地电池相连。

d. 严格遵循有关安全规程。

4.2　阀门的防腐

腐蚀是材料在各种环境的作用下发生的破坏和变质。金属的腐蚀主要是化学腐蚀和电化学腐蚀引起的，非金属材料的腐蚀一般是直接的化学和物理作用引起的破坏。

腐蚀是引起阀门损坏的重要因素之一，因此，在阀门使用中，防腐保护是首先考虑的问题。

4.2.1　阀门腐蚀的形态

金属阀门腐蚀有两种形态，即均匀腐蚀和局部腐蚀。

(1) 均匀腐蚀

均匀腐蚀是在金属的全部表面上发生。如不锈钢、铝、钛等在氧化环境中产生的一层保护膜，膜下金属状态腐蚀均匀。还有一种现象，金属表面腐蚀膜剥落，这种腐蚀是最危险的。

(2) 局部腐蚀

局部腐蚀发生在金属的局部位置上，它的形态有孔蚀、缝隙腐蚀、晶间腐蚀、脱层腐蚀、应力腐蚀、疲劳腐蚀、选择性腐蚀、磨损腐蚀、空泡腐蚀、摩振腐蚀、氢蚀等。

①点蚀通常发生在钝化膜或保护膜的金属上，是由于金属表面存在缺陷、溶液中能破坏钝化膜的活性离子，使钝化膜局部破坏，伸入金属内部，成为蚀孔，它是金属中破坏性和隐患最大的腐蚀形态之一。

②缝隙腐蚀发生在焊、铆、垫片或沉积物下面等环境，它是孔蚀的一种特殊形态。防止方法是消除缝隙。

③晶间腐蚀是从表面沿晶界深入金属内部，使晶界呈网状腐蚀。产生晶间腐蚀除晶界沉积杂质外，主要是热处理和冷加工不当所致。奥氏体不锈钢的焊缝两侧容易产生贫铬区而遭到腐蚀。奥氏体不锈钢晶间腐蚀是常见的和最危险的腐蚀形态。防止奥氏体不锈钢阀件

产生晶间腐蚀的方法有：进行"固溶淬火"处理，即加热至 1100℃ 左右水淬，选用含有钛和铌，而含碳量在 0.03% 以下的奥氏体不锈钢，减少碳化铬的产生。

④ 脱层腐蚀发生在层状结构中，腐蚀先垂直向内发展，后腐蚀表面平行的物质，在腐蚀物的胀力下，使表层呈层状剥落。

⑤ 应力腐蚀发生在腐蚀和拉应力同时作用下产生的破裂。防止应力腐蚀的方法：通过热处理消除或减少焊接、冷加工中产生的应力；改进不合理的阀门结构，避免应力集中，采用电化学保护、喷刷防蚀涂料、添加缓蚀剂、施加压应力等措施。

⑥ 腐蚀疲劳发生在交变应力腐蚀的共同作用的部位，使金属产生破裂。可进行热处理消除或减少应力，表面喷丸处理以及电镀锌、铬、镍等，但要注意镀层不可有拉应力和氢扩散现象。

⑦ 选择性腐蚀发生在不同成分和杂质的材料中，在一定环境中，有一部分元素被腐蚀浸出，剩下未腐蚀的元素呈海绵状。常见有黄铜脱锌、铜合金脱铝、铸铁石墨化等。

⑧ 磨损腐蚀是流体对金属磨损和腐蚀交替作用所产生的一种腐蚀形态，是阀门常见的一种腐蚀，这种腐蚀以发生在密封面为多。防止方法：选用耐腐蚀、耐磨损的材料，改进结构设计，采用阴级保护等。

⑨ 空泡腐蚀又称空蚀和汽蚀，是磨损腐蚀的一种特殊形态。它是流体中产生的气泡，在破灭时产生的冲击波，压力可高达 400atm（1atm=101325Pa），使金属保护膜破坏，甚至撕裂金属粒子，然后再腐蚀成膜，这种过程不断反复，使金属腐蚀。防止空泡腐蚀，可选用耐空泡腐蚀材料，表面粗糙度精度高的加工面，弹性保护层和阴极保护等。

⑩ 摩振腐蚀是互相接触的两部件同时承受载荷，接触面由于振动和滑动引起的破坏。摩振腐蚀发生在螺栓连接处，阀杆与关闭件连接处，滚珠轴承与轴之间等部位上。可以采用润滑油脂，减少摩擦，表面磷化，选用硬质合金，以及用喷丸处理或冷加工提高表面硬度方法防护。

⑪ 氢腐蚀是化学反应中产生的氢原子扩散到金属内部引起的破坏，其形态有氢鼓泡、氢脆和氢蚀。

低强度钢和含有非金属的钢易发生氢鼓泡。石油中含有硫化物、氢化物时容易产生氢鼓泡。采用无空穴的镇静钢代替有空穴的沸腾钢，取用橡胶和塑料保护，加缓蚀剂等可防止氢鼓泡。

高强度钢中晶格高度变形，氢原子进入后，使晶格应变更大，引起金属脆化。应该选用含镍和钼的合金钢，避免选用氢脆性大的高强度钢，在焊接、电镀、酸洗中避免或减少氢脆现象。高温、高压下氢进入金属内，与一种组分或元素产生化学反应而破坏，称为氢蚀。

（3）非金属腐蚀

非金属腐蚀与金属腐蚀大不一样，绝大多数非金属材料是非电导体，一般不会产生电化学腐蚀，而是纯粹的化学或物理作用的腐蚀，这是与金属腐蚀的主要区别。非金属腐蚀不一定失重而往往是增重，对金属腐蚀来说失重是主要的；非金属腐蚀，许多是物理作用引起的，而金属腐蚀物理作用极少见；非金属内部腐蚀为常见现象，而金属腐蚀则以外表面腐蚀为主。

非金属材料与介质接触后，溶液或气体会逐渐扩散到材料的内部，使非金属发生一系列腐蚀变化，根据非金属材料的种类和品种的不同，其腐蚀的形态各有不同。腐蚀的形态有溶解、溶胀、起泡、软化，会有分解、变色、变质、老化、硬化、断裂等现象出现。但是，从全面观点来看，非金属耐腐蚀性能大大地优于金属材料，而非金属材料的强度、耐温、耐压性能却低于金属材料。

4.2.2　金属阀门的防腐

电化学腐蚀以各种形态腐蚀金属，它不仅作用于两种金属之间，而且由于溶液的浓度差、氧气的浓度差、金属内部组织微小的差别，也会产生电位差，使腐蚀加剧。有的金属本身是不耐蚀的，但它腐蚀后能产生非常好的保护膜，即钝化膜，可以阻止介质的腐蚀。由此可见，要达到金属阀门防腐的目的，一是要消除电化学腐蚀；二是当电化学腐蚀消除不了时，要能使金属表面产生钝化膜；三是选用没有电化学腐蚀的非金属材料代替金属材料。下面介绍几种防腐方法。

（1）根据介质选用耐蚀材料

在本书第 2 章中，介绍了阀门常用材料所适用的介质，但只是一般的介绍，在生产实际中，介质的腐蚀是非常复杂的，即使在同一介质中使用的阀门材料一样，介质的浓度、温度、压力不同，介质对材料腐蚀也不一样。介质温度每升高 10℃，腐蚀速度大约增加 1～3 倍。介质浓度对阀门材料腐蚀影响很大，如铅处在浓度小的硫酸中，腐蚀很小，当浓度超过 96% 时，腐蚀急剧上升。而碳钢相反，在硫酸浓度为 50% 左右时腐蚀最严重，当浓度增加到 60% 以上时，腐蚀反而急剧下降。又如铝在浓度 80% 以上的浓硝酸中耐蚀性能强，但在中、低浓度的硝酸中腐蚀反而严重。不锈钢虽说对稀硝酸耐蚀性很强，但在 95% 以上的浓硝酸中腐蚀反而加重。

从以上几例可以看出，正确选用阀门材质应该根据具体情况，分析各种影响腐蚀因素，按照有关防腐手册选用。

（2）采用非金属材料

非金属材料耐腐蚀性优良，只要阀门使用温度和压力符合非金属材料的要求，不但能解决耐蚀问题，而且可节省贵重金属。阀门的阀体、阀盖、衬里、密封面等常用金属材料制作，至于垫片、填料主要是非金属材料制作的。用聚四氟乙烯、氯化聚醚等塑料，以及用天然橡胶、氯丁橡胶、丁腈橡胶等橡胶作阀门的衬里，而阀体、阀盖主体一般由铸铁、碳钢制成，既保证了阀门强度，又保证了阀门不受腐蚀。管夹阀也是根据橡胶的优良耐腐蚀性和优异变异性能而设计出来的。现在越来越多地用尼龙或聚四氟乙烯等塑料，用天然橡胶和合成橡胶制作各种各样的密封面和密封圈，用于各类阀门上，这些用作密封面的非金属材料，不但耐腐蚀性能好，而且密封性能好，特别适于带颗粒介质中使用。当然，它们的强度和耐热性能都较低，应用的范围受到限制。柔性石墨的出现，使非金属材料进入了高温领域，解决了长期难以解决的填料和垫片泄漏问题，而且柔性石墨是很好的高温润滑剂。

（3）喷刷涂料

涂料应用最广泛的一种防腐手段，在阀门产品上更是一种不可缺少的防腐材料和识别标志。涂料也属于非金属材料，它通常由合成树脂、橡胶浆液、植物油、溶剂等配制成，覆盖在金属表面，隔绝介质和大气，达到防腐目的。涂料主要用于水、盐水、海水、大气等腐蚀不太强环境中。阀门内腔常用防腐漆涂刷，防止水、空气等介质对阀门腐蚀。油漆内掺不同颜色，来表示阀门使用的材料。阀门喷刷涂料，一般在半年至一年一次。

4.2.3　添加缓蚀剂

在腐蚀介质和腐蚀物中加入少量其他特殊物质，能够大大地减缓金属腐蚀的速度，这种特殊物质称为缓蚀剂。缓蚀剂控制腐蚀的机理，促进了电池的极化。缓蚀剂主要用于介质和填料处。介质中添加缓蚀剂，可使设备和阀门的腐蚀减缓，如铬镍不锈钢在不含氧的硫酸中，很大的浓度范围内成活化态，腐蚀较严重，但加入少量硫酸铜或硝酸等氧化剂，可使不锈钢转变钝态，表面生成一层保护膜，阻止介质的侵蚀。在盐酸中，如果加入少量氧化剂，可以降低对钛的腐蚀。阀门试压常用水作试压的介质，容易引起阀门的腐蚀，在水中添加少量亚硝酸钠可以防止水对阀门的腐蚀。石棉填料中含有氯化物，对阀杆腐蚀很大，如果采用蒸馏水洗涤方法可降低氯化物的含量，但这种方法在实施中困难很多，不可以普遍推广，只适于特殊的需要。为了保护阀杆，防止石棉填料的腐蚀，在石棉填料中，在阀杆上涂充缓蚀剂和牺牲金属。缓蚀剂由亚硝酸钠、铬酸钠等与溶剂组成，亚硝酸钠、铬酸钠能使阀杆表面生成一层钝化膜，提高阀杆的耐蚀能力；溶剂能使缓蚀剂慢慢地溶解，而且能起润滑作用；在石棉中添加锌粉作牺牲金属，实质上，锌也是一种缓蚀剂，它能首先与石棉中的氯化物结合，使氯化物与阀杆金属接触机会大为减少，从而达到防腐目的。涂料中如果加入了红丹（又称铅丹、铅红）、铅酸钙等缓蚀剂，喷刷在阀门表面能防止大气的腐蚀。

电化学保护有阳极保护和阴极保护两种。阳极保护就是以保护金属为阳极导入外加直电流，使阳极电位向正的方向增加，当增加到一定值时，金属阳极表面生成一层致密的保护膜，即为钝化膜，这时金属阴极的腐蚀急剧减少。阳极保护适于容易钝化的金属。阴极保护就是将被保护金属作阴极，外加直流电，使其电位向负的方向降低，为其达到一定电位值时，腐蚀电流迅速减少，金属得到保护。此外，阴极保护可用电极电位比被保护金属更低的金属来保护被保护金属。如用锌保护铁，锌被腐蚀，锌称为牺牲金属。在生产实践中，阳极保护采用较少，阴极保护应用较多。大型的阀门和重要阀门采用阴极保护法，是一种经济简便又行之有效的方法。石棉填料中添加锌，保护阀杆也属于阴极保护法。

4.2.4　金属表面处理

金属表面处理工艺有表面镀层、表面渗透、表面氧化钝化等。其目的提高金属耐蚀能力，改善金属的力学性能。表面处理在阀门上应用广泛。

阀门连接螺栓常用镀锌、镀铬、氧化（发蓝）处理提高耐大气、耐介质腐蚀的能力。其他紧固件除采用上述方法处理外，还根据情况采用磷化钝化等表面处理方法。

密封面以及口径不大的关闭件，常采用渗氮、渗硼等表面处理工艺，提高它的耐蚀性能，耐磨性能和耐擦伤性能。

阀杆防腐问题是被人们所重视的问题，常采用渗氮、渗硼、渗铬、镀镍等表面处理工艺，提高它的耐蚀性，耐磨性和耐擦伤性能。不同的表面处理应该适用于不同的阀杆材质和工作环境，在大气、水蒸气介质中与石棉填料接触的阀杆，可以采用镀硬铬、气体氮化（不锈钢不宜采用离子氮化工艺）；在硫化氢大气环境中的阀杆应该采用化学镀镍磷合金（ENP），该镀层有较好的防护性能；38CrMoAlA 采用离子和气体氮化也可以耐蚀，但不宜采用硬铬镀层法；20Cr13 经过调质后能耐氨气腐蚀，而所有磷镍镀层不耐氨腐蚀；经过气体氮化的 38CrMoAlA 材料具有优良的耐蚀性能和综合性能，用它制作阀杆较多。

4.2.5　热喷涂

热喷涂是制备涂层的一类工艺方法，已成为材料表面防护与强化的新技术之一，是国家重点推广项目。它是利用高能源密度热源（气体燃烧火焰、电弧、等离子弧、电热、气体燃爆等）将金属或非金属材料加热熔融后，以雾化形式喷射到经预处理的基体表面，形成喷涂层，或同时对基体表面加热，使涂层在基体表面再次熔融，形成喷焊层的表面强化工艺方法。大多数金属及其合金、金属氧化物陶瓷、金属陶瓷复合物以及硬的金属化合物都可以用一种或几种热喷涂方法，在金属或非金属基体上形成涂层。

热喷涂能提高其表面耐腐蚀、耐磨损、耐高温等性能，延长使用寿命。热喷涂特殊功能涂层，具备隔热、绝缘（或异电）、可磨密封、自润滑、热辐射、电磁屏蔽等特殊的性能；利用热喷涂还可修复零部件。

4.2.6　控制腐蚀环境

环境有广义和狭义两种，广义的环境是指阀门安装处四周的环境和它内部流通介质；狭义的环境是指阀门安装处四周的条件。大多数环境无法控制，生产流程也不可任意变动。只有在不会对产品、工艺等造成有损害的情况下，可以采用控制环境的方法，如锅炉水去氧、炼油工艺中加碱调节 pH 值等。从这个观点出发，上述添加缓蚀剂、电化学保护等也属于控制腐蚀环境。

大气中充满了灰尘、水蒸气、烟雾，特别在生产环境中，从烟囱、设备散发出的有毒气体和微粉，都会对阀门产生不同程度的腐蚀。操作人员应该按照操作规程中的规定，定期清洗、吹扫阀门，定期加油，这是控制环境腐蚀有效措施。阀杆安装保护罩、埋地阀设置地井、阀门表面喷刷油漆等，这都是防止含有腐蚀的物质侵蚀阀门的办法。环境温度升高和空中污染，特别对封闭的环境下的设备和阀门，会加速其腐蚀，应该尽量采用敞开式厂房或采用通风、降温措施，减缓环境腐蚀。

4.2.7　改进加工工艺和阀门结构形式

阀门的防腐保护是从设计就开始考虑的问题，一个结构设计合理、工艺方法正确的阀门产品，无疑地对减缓阀门的腐蚀是有好的效果的。因此，设计和制造部门应该对那些结构设计不合理，工艺方法不正确，容易引起腐蚀的部件，进行改进，使之适合各种不同工况条件下的要求。阀门连接处的缝隙是氧浓差电池腐蚀的好环境。因此，阀杆与关闭件连接处，尽量不采用螺纹连接形式；阀门焊接应用双面对焊并连续焊接好，点焊和搭焊容易产生腐蚀；阀门螺纹连接处，采用聚四氟乙烯生胶带和垫，不但能有良好的密封，而且能防腐蚀。死角不易流动的介质，容易腐蚀阀门，除在使用阀门时不倒装和注意排放沉积介质外，在制造阀门零件的时候，应该尽量避免凹陷结构，阀门尽量设置排泄孔。不同金属接触后暴露在电解溶液（介质）中时，产生电偶电流，促进阳极金属腐蚀，选用材料时，应该避免金属电位差距大而又不能产生钝化膜的金属接触。在制作和加工过程，特别是焊接和热处理中会产生应力腐蚀，应该注意改善加工方法，焊接后要尽量采用退火处理等相应防护措施。提高阀杆加工表面粗糙度以及其他阀件表面粗糙度，表面粗糙度级别越高，耐蚀能力越强。改进填料和垫片的加工工艺和结构，使用柔性石墨和塑料填料，以及柔性石墨覆盖层的齿形组合垫片和用聚四氟乙烯包覆垫片，都能改善密封性能，减少对阀杆和法兰密封面的腐蚀。

4.3　壳体的腐蚀与防护

阀门壳体包括阀体、阀盖等，占了阀门的大部分重量，又处在与介质的经常接触中，所以选用阀门，往往从阀门壳体材料出发。

壳体的腐蚀有两种形式，即化学腐蚀和电化学腐蚀。它的腐蚀速度决定于介质的温度、压力、化学性能以及壳体材料的耐腐蚀能力。腐蚀速度分为6级：

　　a. 完全耐蚀——腐蚀速度<0.001mm/年；
　　b. 极耐蚀——腐蚀速度0.001~0.01mm/年；
　　c. 耐蚀——腐蚀速度0.01~0.1mm/年；
　　d. 尚耐蚀——腐蚀速度0.1~1.0mm/年；
　　e. 耐蚀性差——腐蚀速度1.0~10mm/年；
　　f. 不耐蚀——腐蚀速度>10mm/年。

壳体的防腐蚀，主要是正确选用材料。虽然防腐蚀的材料十分丰富，但选得恰当还是不容易的事情，因为腐蚀的问题很复杂，例如硫酸在浓度低时对钢材有很大的腐蚀性，浓度高时则使钢材产生钝化膜，能防腐蚀；氢只在高温高压下才显示对钢材的腐蚀性很强；氯气处

于干燥状态时腐蚀性能并不大，而有一定湿度时腐蚀性能很强，许多材料都不能用。选择壳体材料的难处，还在于不能只考虑腐蚀问题，同时必须考虑耐压、耐温能力，经济上是否合理，购买是否容易等因素，所以必须用心才是。

其次是采取衬里措施，如衬铅、衬铝、衬工程塑料、衬天然橡胶及各种合成橡胶等。如介质条件许可，这倒是一种节约的方法。

再次，在压力、温度不高的情况下，用非金属作阀门主体材料，往往能十分有效地防止腐蚀。此外，壳体外表面还受到大气腐蚀，一般钢铁材料都以刷漆来防护。

4.4　阀杆的腐蚀与防护

壳体的腐蚀损坏，主要是腐蚀介质引起的，然而阀杆腐蚀情形不同，它的主要问题却是填料。不但腐蚀介质能使阀杆腐蚀损坏，而且一般的蒸气和水也能使阀杆与填料接触处产生斑点。尤其成问题的是，保存在仓库里的阀门，也会发生阀杆点腐蚀，即使不锈钢阀杆也难避免。这就是填料对阀杆的电化学腐蚀。

现在使用最广的填料是以石棉为基体的盘根，如石墨石棉盘根、油浸石棉盘根、橡胶石棉盘根。石棉材料中含有一定的氯离子，此外还有钾、钠、镁等离子，石墨中又含有硫化铁等杂质，这些都是腐蚀的因素。氯离子能穿透金属表面的钝化膜，使腐蚀不断进行下去。其他杂质的存在，也有助于腐蚀的进行。水和蒸气是导电物质，能使电化学腐蚀的电路进一步沟通。仓库里的阀门，也因为填料潮湿或空气潮湿，产生电化学腐蚀。另外，填料与阀杆之间缺乏氧气，跟周围环境比较，存在着氧的浓度差，这就构成了氧浓差电池，成为又一种电化学腐蚀的形式。

大家知道，阀杆往往采用优质材料，它的腐蚀损坏是很可惜的，且影响生产，所以必须采取防腐措施。

可以采取的措施如下。

① 阀门保存期间不要加填料。不装填料，失去了阀杆电化学腐蚀的因素，可以长期保存而不致被腐蚀。

② 对阀杆进行表面处理。如镀铬、镀镍、

渗氮、渗硼、参锌等。

③ 减少石棉杂质。用蒸馏水洗涤的办法，可以降低石棉中的氯含量，从而降低其腐蚀性。

④ 在石棉盘根中加缓蚀剂。这种缓蚀剂能抑制氯离子的腐蚀性，如亚硝酸钠。

⑤ 在石棉中加牺牲金属。就是用一种比阀杆电位更低的金属来作牺牲品，这样氯离子的腐蚀就首先对牺牲金属发生，从而保护阀杆。可作为牺牲金属的有锌粉等。

⑥ 采用聚四氟乙烯保护。聚四氟乙烯有优良的化学稳定性和介电性能，电流不能通过，如将石棉盘根浸渍聚四氟乙烯组合使用，腐蚀便将减小。也可用聚四氟乙烯生料带包裹石棉盘根，然后装入填料函。

4.5　关闭件的腐蚀与防护

关闭件经常受到流体的冲刷、冲蚀，使得腐蚀加快发展。有些阀瓣，虽然采用较好材料，但腐蚀情况仍比壳体严重。

上下关闭件与阀杆、阀座常用螺纹连接，连接处比一般部位缺氧，容易构成氧浓差电池，使其腐蚀损坏。有的关闭件密封面采用压入形式，由于配合不紧，稍有缝隙，也会发生氧浓差电池腐蚀。

关闭件的一般防护办法如下。

① 尽量采用耐腐蚀材料。关闭件一般体积较小，重量也较轻，但在阀门中起关键作用，只要能够耐腐蚀，即使采用一点贵重材料也无妨。

② 改进关闭件结构，使其少受流体冲蚀。

③ 改进连接结构，避免产生氧浓差电池。

④ 在 150℃ 以下的阀门中，关闭件连接处和密封面连接处，使用聚四氟乙烯生料带密封，可以减轻这些部位的腐蚀。

⑤ 在考虑耐腐蚀的同时，还要注意关闭件材料的抗冲蚀性。要使用抗冲蚀性强的材料作关闭件。

第 5 章 阀门的保温

阀门的保温是节省能源,提高设备的热效率,确保产品质量,使设备正常运转,不可少的一项保护措施。它包括阀门的保温、保冷、加热保护等形式。

凡是通过保温材料和加热措施使管道和设备保持一定的温度或温度范围,都统称为保温,包括以减少散热损失降低能耗为目的的保温措施;以减少外部热量向管道内部侵入为目的的保冷措施;以管道外表面或管道内表面不结露为目的的措施,即表面温度超过露点为目的的保温措施;以降低或维持工作环境温度、改善劳动条件、防止表面过热引起火灾或操作人员烫伤为目的的保冷措施。

管道运输工程的保温包括:正常运行稳定散热条件的保温和停机后非稳定散热条件的伴热保温。

5.1 保温的范围

① 在生产操作过程中,介质温度要保持稳定者,应给予保温或保冷。

② 为减少热量或冷冻量的损失者,需保温或保冷。

③ 为防止介质温度降到凝固点或结晶点以下而冻凝或结晶者,应予保温,并根据凝固点或结晶点,确定是否用蒸汽伴热。

④ 气体介质因凝固产生液体而腐蚀阀门者,应予保温。

⑤ 含水液化气因压力下降而产生自冷结冰现象,应予保温及伴热。

⑥ 介质受外界温度影响而升高蒸发者,应予保冷。

⑦ 工艺条件不需要保温,但为了改善操作环境,防止烫伤,也应保温。

5.2 保温设计施工的基本原则和有关规定

(1) 保温设计施工的基本原则和技术要求

① 外表面温度高于 50℃ 的阀门管道、设备必须保温。

② 管道运输工艺中,凡是设备例如原油加热炉的加热温度要求维持长年稳定时,必须控制加热温度,不同季节的加热量应进行调节,并进行保温。

③ 对于北方易凝油品例如原油和成品油的储油罐,根据需要应进行保温或伴热保温。

④ 对于北方明设部分管道例如跨越沟谷、河流的管道,为防止停机时输送介质的凝结或冻结,应进行伴热保温。

⑤ 对于外表面温度较高的设备例如锅炉和加热炉,应进行隔热保温,以保证表面温度不超过 60℃,防止烫伤操作员。

⑥ 室外架空管道和潮湿环境中的管道,在保温层外应做防水防潮层。

⑦ 为防止外界因素的破坏和保温层的脱落,在保温层外或防水防潮层应做保护层,并按保温层、防水防潮层的顺序施工。

⑧ 管道和设备的保温施工应在试压及防腐合格后进行,施工前必须对管道和设备进行清扫和干燥,冬季雨季施工应有防冻防雨措施。

⑨ 保温材料应有生产厂家的合格证或检验报告,其种类、规格和性能应符合设计要求。

(2) 保温设计施工的有关规定

各种管道和热力设备的保温,应遵守国家和有关行业颁布的标准、规范、规定进行设计和施工,主要有:《设备及管道保温技术通则》(GB/T 4272—2008);《现场设备、工业管道焊接工程施工规范》(GB 50236—2011);《工业设备及管道绝热工程施工质量验收规范》(GB 50185—2010);《工业设备及管道绝热工程设计规范》(GB 50264—1997);《设备和管道保温设计导则》(GB/T 8175—2008);《工业设备管道防腐蚀工程施工及验收规范》(HGJ 229—1991)。

(3) 保温材料的技术性能

① 保温材料的选用原则

a. 平均温度等于或小于 350℃ 时，保温材料的热导率不得大于 0.12W/(m·℃) 或 0.432kJ/(m·℃)，并有明确的随温度变化的变化规律。

b. 保温材料的密度不大于 350kg/m³。

c. 除软质、半硬质、散状材料外，硬质无机成形制品的抗压强度不应小于 0.3MPa，有机成形制品的抗压强度不应小于 0.2MPa。

d. 保温材料的质量含水率不得不大于 7.5%，保冷材料的质量含水率不得大于 1%。

e. 保温材料应具有安全使用温度的性能资料，必要时尚需提供耐火性能、憎水率、热膨胀率或收缩率、抗折强度、pH 值、氯离子含量等数据。

f. 使用年限长、复用率高、价廉和施工劳动强度低，便于施工检修。

g. 在相同使用温度范围内，有不同材料可供选择时，应选用热导率小、密度小、造价低、易于施工的材料制品。同时应综合投资、使用寿命、施工费用等因素，通过比较选用经济效益高的材料。

h. 保温材料及其制品的化学性能稳定，对金属不得有腐蚀性。

i. 保温材料应为阻燃性或不燃性材料，移去火源后能立即自熄。

j. 耐候性好，抗微生物侵蚀，不遭虫害和鼠害，无毒、无恶味。

k. 来源广，便于采购，应尽量就地取材，减少途中损耗，降低施工费用。

② 保温材料的分类

a. 按物质成分分类。

ⅰ. 有机材料：如聚氨酯泡沫塑料、聚苯乙烯泡沫塑料、聚氯乙烯泡沫塑料等。

ⅱ. 无机材料：如膨胀珍珠岩、硅酸钙制品、石棉类、泡沫混凝土等。

b. 按使用温度分类。

ⅰ. 高温材料：使用温度为 700℃ 以上，如硅酸铝纤维。

ⅱ. 中温材料：使用温度为 100～700℃，如石棉类、岩棉类、膨胀珍珠岩。

ⅲ. 低温材料：使用温度为 100℃ 以下，如聚氨酯泡沫塑料、聚苯乙烯泡沫塑料。

c. 按材料形态分类。

ⅰ. 多孔材料：分有机和无机两种。

ⅱ. 纤维材料：分矿渣棉、玻璃棉、岩棉、耐高温岩、天然矿物纤维棉等。

ⅲ. 膏体材料：海泡石基膏体分为热固型和冷固型两种。

(4) 常用保温材料及其技术性能

阀门管道运输工程常用保温材料及其技术性能如表 5-1 所示。

表 5-1　常用保温材料及其技术性能

序号	材料名称	使用密度/(kg/m³)	材料标准规定最高使用温度/℃	推荐使用温度/℃	常温热导率(70h 时)λ_0/[W/(m·℃)]	热导率参考方程	抗压强度/MPa	要 求	
1	硅酸钙制品	170 220 240	T_a～650	550	0.055 0.062 0.064	$\lambda = \lambda_0 + 0.0011(T_m - 70)$	0.4 0.5 0.5	—	
2	泡沫石棉	35 40 50	普通型 T_a～500 防水型 -50～500	—	0.046 0.053 0.059	$\lambda = \lambda_0 + 0.00014(T_m - 70)$	—	压缩回弹率/%	80 50 30	室外只能用憎水型产品回弹率95%
3	岩棉及矿渣棉制品	原棉≤150 毡 60～80 毡 100～120 板 80 板 100～120 板 150～160 管≤200	650 400 600 400 600 600 600	600 400 400 350 350 350 350	≤0.044 ≤0.049 ≤0.049 ≤0.044 ≤0.046 ≤0.048 ≤0.044	$\lambda = \lambda_0 + 0.00018(T_m - 70)$	—	—	

续表

序号	材料名称		使用密度/(kg/m³)	材料标准规定最高使用温度/℃	推荐使用温度/℃	常温热导率(70h时) λ_0/[W/(m·℃)]	热导率参考方程	抗压强度/MPa	要求
4	玻璃棉制品	纤维平均直径≤5μm	原棉40	400		0.041	$\lambda=\lambda_0+0.00023(T_m-70)$	—	—
		纤维平均直径≤8μm	原棉40	400	300	0.042	$\lambda=\lambda_0+0.00017(T_m-70)$	—	—
			毯≥24	350		≤0.048			
			≥40	400		≤0.043			
			毡≥24	300		≤0.049			
			板毡 24	300		≤0.049			
			32			≤0.047			
			40	350		≤0.044			
			48			≤0.043			
			64~120	400		≤0.042			
			管≥45	350		≤0.043			
5	硅酸铝棉及其制品		原棉 1#	≈800	800	0.056	$T_m≤400℃$时：$\lambda_L=\lambda_0+0.0002(T_m-70)$ $T_m>400℃$时：$\lambda_H=\lambda_L+0.00036(T_m-400)$（下式中的$\lambda_L$取上式$T_m=400℃$时计算结果，下同）	—	$T_m=500℃$时热导率 $\lambda_{500℃}≤0.153$（国际送审稿密度为192kg/m³时数据）
			2#	≈1000	1000				$\lambda_{500℃}≤0.176$
			3#	≈1100	1100				$\lambda_{500℃}≤0.161$
			4#	≈1200	1200				$\lambda_{500℃}≤0.156$
			毯、板 64	—					$\lambda_{500℃}≤0.153$
			毡 96						
			128						
			192						
6	膨胀珍珠岩散料		70	-200~800	—	0.047~0.051			
			100~150			0.052~0.062			
			150~25			0.064~0.074			
7	硬质聚氨酯泡沫塑料		30~60	-180~100	-65~80	(25℃时)0.0275	保温时：$\lambda=\lambda_0+0.00014(T_m-25)$ 保冷时：$\lambda=\lambda_0+0.00009T_m$		①材料的燃烧性能应符合《建筑材料燃烧性能分级方法》B₁级难燃烧材料规定 ②用于-65℃以下的特级聚氨酯性能应与产品厂商协商
8	聚苯乙烯泡沫塑料		≥30	-65~70	—	(20℃时)0.041	$\lambda=\lambda_0+0.000093(T_m-20)$		材料的燃烧性能应符合《建筑材料燃烧性能分级方法》B₁级难燃烧材料规定

续表

序号	材料名称	使用密度 /(kg/m³)	材料标准规定最高使用温度/℃	推荐使用温度 /℃	常温热导率（70h 时）λ_0/[W/(m·℃)]	热导率参考方程	抗压强度 /MPa	要　求
9	泡沫玻璃	150	−200～400	—	（24℃时）0.060	$T_m > 24℃$时: $\lambda = \lambda_0 + 0.00022(T_m - 24)$ $T_m \leq 24℃$时: $\lambda = \lambda_0 + 0.00011(T_m - 24)$	0.5	−101℃,$\lambda = 0.046$ −46℃,$\lambda = 0.052$ 10℃,$\lambda = 0.058$ 24℃,$\lambda = 0.060$ 93℃,$\lambda = 0.073$ 204℃,$\lambda = 0.099$
		180			（24℃时）0.064		0.7	−101℃,$\lambda = 0.050$ −46℃,$\lambda = 0.056$ 10℃,$\lambda = 0.062$ 24℃,$\lambda = 0.064$ 93℃,$\lambda = 0.077$ 204℃,$\lambda = 0.103$

注：1. 设计计算采用的技术数据必须是产品生产厂商提供的经国家法定检测机构核实的数据。

2. 设计采用的各种绝热材料的物理化学性能及数据应符合各自的产品标准规定。

3. 热导率参考方程中（$T_m - 70$），（$T_m - 400$）等表示该方程的常数项，如 λ_0，λ_L 应相对代入 T_m 为 70℃，400℃ 时的数值。

4. λ 为平均温度下的热导率；λ_L 为小于或等于 400℃时的热导率；λ_H 为大于 400℃时的热导率；T_a 为环境温度。

（5）防潮层和保护层

① 防潮层的技术要求　为防止保温层外表面受潮而降低保温效果，对埋地、地沟内或室外明设保温阀门管道，均应设置防潮层。其技术要求如下：

a. 粘接和密封性能好，20℃时粘接强度不低于 0.15MPa。

b. 防潮、防水力强，吸水率不大于 1%。

c. 安全使用温度范围大，有一定耐温性；软化温度不低于 65℃，夏季不软化、不起泡、不流淌，有一定的抗冻性，冬季不脆化、不开裂、不脱落。

d. 应具有阻燃性、自熄性。

e. 化学稳定性好，挥发物少。

f. 干燥时间短，在常温下能使用，施工方便。

常用防潮层一般选用下述材料：

a. 石油沥青或改性沥青玻璃布。

b. 石油沥青玛蹄脂玻璃布。

c. 油毡玻璃布。

d. 聚乙烯薄膜。

e. 阻燃性防水冷胶料玻璃布。

f. 新型防水防腐 CPU 敷面材料，CPU 是一种聚氨酯橡胶体，可用作管道的防潮层或保护层、埋地管道的防腐层。

② 保护层的技术要求　为了防止因外界因素而破坏保温层，所有保温阀门管道均应设保护层，其技术要求如下：

a. 重量轻、耐压强度高。

b. 化学稳定性好，不易燃烧。

c. 易于施工、外形美观。

常用保护层一般选用下述材料：

a. 对软质、半软质保温材料，保护层宜选用镀锌薄钢板，公称尺寸不大于 DN200 的管道选用 0.3mm 薄板，公称尺寸大于 DN200 的管道选用 0.5mm 薄板，对硬质保温材料，保护层宜选用 0.5～0.8mm 厚的铝或铝合金薄板，亦可选用 0.5mm 镀锌钢板。

b. 用于火灾危险性不属于甲、乙、丙类生产装置或设备和不划为爆炸危险区域的管道保温材料，可用 0.5～0.8mm 厚的阻燃型铝箔玻璃钢板等材料。

c. 包扎式复合保护层，属轻型结构，适用于室内外及地沟内保温管道的保护。常用玻璃布，以玻璃布为基材外涂聚氨酯涂料的玻璃钢、玻璃布 CPU 涂层和 CPU 卷材。

d. 涂抹式保护层，适用于室内及地沟内保温管的防护。常用材料有沥青、胶泥和石棉水泥，当保温层外径不大于 200mm 时，涂层厚度为 15mm，当保温层外径大于 200mm 时，涂层厚度为 25mm。沥青胶泥的配方如表 5-2 所示。

表 5-2　自熄性沥青胶泥的配方

材 料 名 称	质量比	百分比/%
茂名 5 号沥青	1.5	26.3
橡胶粉(粒径 0.56mm)	0.2	3.5
中质石棉泥	2	31.5
聚四氟乙烯	1.5	26.3
氯化石蜡	0.5	8.8

5.3　保温结构和厚度

(1) 阀门保温结构的组成

① 阀门防锈层　保温时，阀门外壁涂刷防锈油漆或红丹底漆两遍，油漆的选用应根据介质的温度和性能来确定，高温阀门应选用有机硅漆、无机富锌底漆等，选用一般油漆将会烧损，达不到防腐目的。保冷时，可涂冷底子油，冷底子油是用沥青与汽油调和而成的，重量比为 1∶2～1∶25。

② 阀门保温或保冷层　根据介质温度选用隔热材料和厚度。

③ 阀门防潮层　保冷层外要有防潮层，保温阀门用玻璃布作外保护层时，也应有防潮层，一般采用沥青玻璃布缠绕。保温防潮层，可涂两遍油漆防潮。

④ 阀门外保护层　可用 0.5mm 厚的镀锌铁皮或黑铁皮，也可用细格玻璃布。为了防止大气和介质的腐蚀，镀锌铁皮上和玻璃布上涂两遍醇酸磁漆。黑铁皮应事先在内外涂刷红丹漆两遍以防锈，在表面再涂刷醇酸磁漆两遍。

(2) 阀门保温结构的组成

保温层的厚度按下式近似的计算：

$$\delta = 2.75\frac{1.2D\lambda^{1.35}t^{1.73}}{q^{1.5}}$$

式中　δ——保温层厚度，mm；

　　　D——管道外径，mm；

　　　λ——保温材料的热导率，kcal/(m·h·℃) (1cal=4.1868J)；

　　　q——保温后管道允许热量，一般取 q=200～300kcal/(m·h)；

　　　t——管道的表面温度，℃。

阀门的保温层厚度，按以上公式进行计算。一般管道、阀门与设备的保温，应按施工图上规定的保温厚度进行。对施工图上没有标明保温层的厚度，应参照动力设施国家标准图集《热力管道保温结构》选择合理的厚度。

国家标准保温层厚度见表 5-3、表 5-4。

表 5-3　热力设备、阀门、管道室外安装保温层厚度

周围空气温度/℃	热介质温度/℃	保温层厚度/mm							
		泡沫混凝土制品	矿渣棉制品	玻璃纤维制品	超细玻璃棉制品	水泥珍珠岩制品	硅藻土制品	石棉硅藻土胶泥	水泥蛭石制品
15	100 以下	140	60	50	40	70	120	160	110
	101～150	190	80	70	60	100	160	210	150
	151～200	230	100	80	80	120	190	240	180
	201～250	270	120	100	100	150	220	280	210
	251～300	290	130	110	110	170	240	300	230
	301～350	—	150	130	130	190	260	—	250
	351～400	—	—	140	140	210	280	—	270
5	100 以下	170	70	60	50	80	140	190	130
	101～150	210	90	80	70	110	170	230	170
	151～200	250	110	90	90	130	200	260	190
	201～250	280	130	110	110	160	230	290	220
	251～300	300	140	120	120	180	250	300	240
	301～350	—	160	140	140	200	270	—	260
	351～400	—	—	—	150	220	290	—	280
—5	100 以下	200	80	70	60	100	160	220	150
	101～150	240	100	90	80	120	180	260	180
	151～200	270	120	100	100	140	210	280	200
	201～250	300	140	120	120	160	240	300	230
	251～300	—	150	130	130	190	260	—	250
	301～350	—	170	160	150	210	280	—	270
	351～400	—	—	—	160	230	300	—	290

表 5-4　热力设备、阀门、管道室内安装保温层厚度

周围空气温度/℃	热介质温度/℃	保温层厚度/mm							
		泡沫混凝土制品	矿渣棉制品	玻璃纤维制品	超细玻璃棉制品	水泥珍珠岩制品	硅藻土制品	石棉硅藻土胶泥	水泥蛭石制品
25	100 以下	30	30	30	30	30	30	30	30
	101～150	50	30	30	30	30	40	50	40
	151～200	80	40	40	40	50	60	80	60
	201～250	120	50	50	50	70	90	120	90
	251～300	150	70	60	60	90	120	150	120
	301～350	—	90	80	80	110	150	180	150
	351～400	—	—	—	100	140	180	220	180
30	100 以下	30	30	30	30	30	30	40	30
	101～150	70	30	30	30	40	50	70	50
	151～200	110	50	40	40	60	80	110	80
	201～250	150	70	60	60	90	120	150	120
	251～300	200	90	80	80	120	150	190	150
	301～350	—	120	100	100	150	200	240	190
	351～400	—	—	—	130	180	230	280	230
35	100 以下	40	30	30	30	30	40	50	30
	101～150	90	40	40	40	50	80	100	70
	151～200	140	70	50	60	80	120	150	110
	201～250	210	100	80	80	120	160	210	150
	251～300	270	130	110	110	160	210	270	200
	301～350	—	160	140	140	200	270	—	260
	351～400	—	—	—	180	250	—	—	280

表 5-5　保温层表面温度

介质温度/℃	常温～150	151～250	251～350	351～450	451～550
表面温度/℃	35～40	40～45	45～50	50～55	55～60

阀门通过保温，保温层表面温度应符合表 5-5 的要求。

5.4　保温的结构形式

阀门保温的结构形式，常采用涂抹式、捆扎式、盒式、夹套式等。阀门的自身形状复杂、保温位置小，给阀门保温带来一定的困难，阀门保温比管道保温要复杂得多。

5.4.1　涂抹式保温

涂抹式保温施工方法，是先将阀门保温表面，按介质温度选用防锈漆涂刷两遍，待干燥后，用六级石棉和水调成的干泥作底层，涂抹的厚度为 5mm 左右，干燥后，用石棉硅藻土或碳酸镁石棉粉用水调成胶泥，每层涂抹厚度为 10～15mm，等前一层干后，才能涂抹下一层，直至需要的厚度为止。

在调制保温胶泥时，不允许加入水泥来提高保温胶泥的粘接力，这样会增加保温层的密度和热导率。为了加速保温层的干燥，阀门内可通过不高于 150℃ 的热介质。整个保温施工，应在 0℃ 以上的温度环境下进行。

保温层的外面，应包裹玻璃布和涂抹石棉水泥保护层。用玻璃布包裹两层，室外地沟的保温阀门的玻璃布保护层，第一层先刷一道冷底子油，一道五号热沥青；第二层再涂刷 1～2 层 5 号热沥青。室内保温阀门的玻璃布保护层涂刷醇酸树脂漆道。用石棉水泥保护层，采用 300 号以上 72%～77% 的水泥、20%～25% 的四级石棉、3% 的防水粉与水搅拌制成。涂抹前，对保温外径大于 200mm 或需要用铁丝网加强的，一般用网孔 30mm×30mm 的镀锌铁丝网包扎，外用 1～1.8mm 的镀锌铁丝捆扎。然后，涂抹石棉水泥保护层，其厚度为 10～150mm，保护层应涂刷油漆两遍，地沟阀门保护层适于涂刷两遍底子油防潮。油漆的颜色各行业、各单位使用不同，有的按管道规

定颜色，有的按阀门标识规定颜色涂刷。这里不做统一规定。

图 5-1 为阀体涂抹式保温，它的保温部位在阀门上，为了考虑螺栓的紧固，一般都预留螺栓紧固的空间。图 5-1 为阀门整个涂抹式保温，这种保温形式的保温效果好，它只把压盖螺栓以上的部位露出来，需要热紧的阀门不宜采用这种保温形式，阀体与阀盖连接处泄漏也不容易发现。

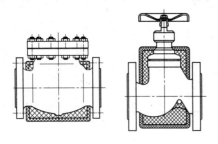

图 5-1　阀体涂抹式保温

5.4.2　捆扎式保温

捆扎式保温材料填充在玻璃布或石棉布套之间，然后，捆扎在阀门上，捆扎时可用 1～1.6mm 的镀锌铁丝或用玻璃纤维绳。捆扎式保温材料是玻璃棉或矿碴棉等，一般保温材料可用泡沫塑料。捆扎式保温材料厚度与规定厚度一样。这种保温或保冷形式，最好按阀门的形状，"量体裁衣"，给阀门缝一件"棉衣"，然后，套在阀门捆扎牢固。如图 5-2 所示。

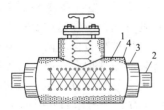

图 5-2　捆扎式结构
1—阀门；2—管道；3—管道保温层；
4—石棉布保温层

5.4.3　盒式与夹套式保温

盒式与夹套式保温，是用镀锌铁皮或黑铁皮敲制盒子，盒子里填充保温或保冷的材料，使用时，用铰链和卡套将两半盒子固定在阀门上，不用时，拆卸也很方便。这种盒式与夹套式保温与保冷结构形式，目前广泛用于煤油装

置、化工管道上阀门的保温，特别适用室内的保温或保冷。

① 填充盒式　见图 5-3，它是用 0.5mm 的镀锌铁皮或黑铁皮制成两半单层盒子，一般的盒子底用铰链连接在一起，盒子上边用卡套或其他形式连接一起。黑铁皮应内外涂刷两遍防锈漆，镀锌铁皮和刷过防锈漆的黑铁皮盒子，应涂刷两遍油漆。安装时，将两半盒子试装在阀门上，盒子上边开口，卡在压盖螺栓下面，其开口形状视阀门支架形状而定，有长方形、椭圆形等，试装好后，便可正式安装，将盒子内填充保温或保冷材料，填充的材料应按介质温度选用，填充料一般用玻璃棉、矿渣棉、泡沫塑料等。填充材料应均匀、严实，不要填充得过多。

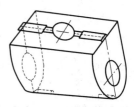

图 5-3　填充盒式

② 包垫盒式　另一种方法是将保温材料装在用玻璃布或石棉布缝制的软袋内，固定在两个半边盒子的内壁。这种方法是虽然比前一种复杂，但拆卸方便，不会使保温材料或保冷材料丢失，见图 5-4。

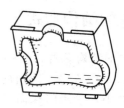

图 5-4　包垫盒式

③ 夹套式　见图 5-5，夹套式保温阀门的结构是在阀体上制作一层夹套金属，夹套上有进出口，使保温介质进入套里，对阀门进行加热保温。夹套保温阀门主要用于阀门因温度下降，容易产生凝固或结晶的介质。

近来，又出现一种夹套保温的高温高压球阀，保温介质是压力高达 16MPa，温度为 200℃的蒸汽。这种夹套结构分两部分制作在阀体两边。

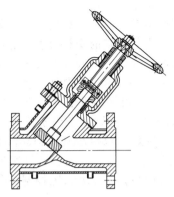

图 5-5　夹套式保温阀门

5.4.4　伴热管式保温

① 伴热管加热保温　伴热管加热就是沿着物流管道阀门的底部伴有一条或数条小直径的管道，通入蒸汽、热水或联苯等加热介质，将热量传给物料，使阀门管道内的介质保持或提高温度，达到工艺流程规定的要求，如图 5-6 所示。

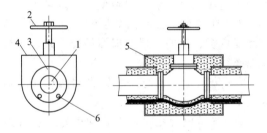

图 5-6　伴热管式保温结构
1—管道；2—阀门；3—管道保温层；4—铁皮壳；
5—填充保温材料；6—伴热管

② 电加热带式保温　是以电能作为热源，电热带将热传给管道与阀门，再由管道与阀门传递给被输送的介质，达到保温和提高温度的目的。这种加热方式的优点是适合于长距离输送的管道上，因其通过电流量的调节，可以控制介质的温度，达到均匀保温的目的。其缺点是需要变压设备，电热带造价高昂，投资费用比蒸汽伴热管高，又不适于防火、防爆的工况条件。

a.电伴热保温。电伴热有多种方法。

ⅰ.感应加热法：是在管道上缠绕电缆，接通电源后由于电磁感应效应产生热量，以补偿保温管道的散热损失。

ⅱ.直接通电法：是在管道上通以低压交流电，利用交流电的趋肤效应产生热量，保持管道内输送介质不出现温降。直接通电法的优点是投资低、加热均匀，适用于明设部分长输管道。

ⅲ.电阻加热法：是利用电路上电阻发热原理，保持管道内输送介质不出现温降。电阻加热法的发热元件是金属电阻丝，电阻丝的连接分为串联电阻型和并联电阻型。串联电阻和并联电阻由电阻线路长度和电源电压来确定输出功率，不受气候条件和管道内输送介质温度的影响，国内外广为应用。

ⅳ.自限性电伴热带加热法：自限性电伴热带是一种节能型电伴热特种电缆，与一般电热电缆不同的是它具有很高的正温度特性；温度越高，电阻越高，功率越小，如图 5-7 所示。

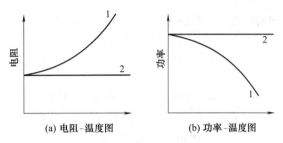

(a) 电阻-温度图　　　(b) 功率-温度图

图 5-7　自限性电伴热带的特性
1—自限性电伴热带；2—一般电热电缆

自限性电伴热带所用材料为具有半导体性质的 PTC 材料，其基本结构如图 5-8 所示。

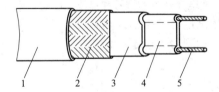

图 5-8　电伴热带的基本结构
1—防护层；2—屏蔽层；3—护套；
4—芯带；5—线芯

当电源接通后线芯开始发热升温，半导体塑料受热膨胀，使部分电流通道断开，电阻增加，电流减小，发热量也随之减少。当温度上升到预定值时，半导体塑料因受热膨胀几乎断路，切断电源；在温度降低时，半导体塑料又收缩，接通电流通道，电伴热带又开始发热。这就是自限性电伴热带实现自动调节的原理，并使发热量与散热量始终处于平衡状态。电伴热带的额定电压为 220V，根据用户需要，也可提供 36～380V 电压的电伴热带。

电伴热带是最近十几年发展起来的高科技产品，是最先进的伴热保温方法，具有节能和自动调节功能，已广泛应用于石油、化工、冶金、电力、城建等行业。我国华能无锡电热器材厂和合肥科富新型线缆材料厂均生产自限性电伴热带，其性能与国外瑞侃（Raychem）公司生产的自限性电伴热带相似。

b. 伴热能力的计算。伴热能力是指伴热蒸汽管的供热量和电伴热带的功率，计算公式如下：

$$Q = \frac{L(t - t_0)}{R}$$

$$P = \frac{0.278L}{R}(t - t_0)$$

式中　Q——伴热蒸汽管的供热量，kJ/h；

L——需要伴热的管道长度，m；

t——伴热需要保持的最低温度或恒温温度，℃；

t_0——冬季时的环境温度（冷源温度），℃；

R——保温管道的热阻系数，m·℃·h/kJ；

P——电伴热带的功率，W，按 1W = 3.6kJ/h 计算。

根据供热量 Q，计算蒸汽消耗量并选择蒸汽管径，根据电伴热带的功率 P，计算电伴热带的长度，按电伴热带的型号和单位长度的功率计算。

根据电伴热带的伴热量（伴热功率）和电伴热带的型号，确定电伴热带的长度，当伴热量较小时，可平行管道安装一条或几条电伴热带，当伴热量较大时，可螺旋安装一条或几条电伴热带。电伴热带的安装长度不能过长，当所需要长度较大时，应分段安装采用并联式。

c. 电伴热带伴热具有如下优点：

ⅰ. 只要有可靠的供电电源（包括自备电源），这种伴热措施可以应用于任意地点、任意需要伴热部位，包括管道、设备和阀体。

ⅱ. 伴热效率高、能耗低，可实现恒温伴热，无额外能耗，不需要人工控制。

ⅲ. 易于施工安装。

ⅳ. 便于维护管理，安装后很少需要检修。

ⅴ. 管道工艺设计人员应与电力自控设计人员密切配合，正确选择电伴热带控制仪表、传感器、电源接线盒和安全设施，确保使用安全可靠。被伴热的阀门管道的最高温度不得高于电伴热的允许最高温度。

d. 设计施工中应注意如下各点：

ⅰ. 电伴热带附近如有易燃易爆气体时，应采用防爆型接线盒和屏蔽型电伴热带。

ⅱ. 在储存、搬运、安装电伴热带时，不得反复弯折、扭曲，严禁损坏护套、破坏绝缘和裸露线芯。

ⅲ. 安装加热带时，严禁终端两根线芯短接，不得任意加长。

ⅳ. 连接电源线时，终端须做好封头并进行绝缘测试，与金属阀门管道或电伴热带的屏蔽之间的电阻不得小于 20Ω。

ⅴ. 遵循有关供电配电的设计安装规范和规程。

第6章　阀门的安装

6.1　阀门安装前的检验与试验

6.1.1　文件的查验

① 阀门必须有质量证明文件，阀体上应有制造厂铭牌，铭牌上应有制造厂名称、阀门型号、公称压力、公称尺寸等标识，且应符合 GB/T 12220《通用阀门　标志》的规定。

阀门的产品质量证明文件应有如下内容：

a. 制造厂名称及出厂日期；

b. 产品名称、型号；

c. 公称压力、公称尺寸、适用介质及适用温度；

d. 依据的标准、检验结论及检验日期；

e. 出厂编号；

f. 检验人员及负责检验人员签章。

② 设计要求做低温密封试验的阀门，应有制造厂的低温密封试验合格证明书。

③ 铸钢阀门的磁粉检验和射线检验由供需双方协定，如需检验，供方应出具检验报告。

④ 设计文件要求进行晶间腐蚀试验的不锈钢阀门，制造厂应提供晶间腐蚀试验合格证明书。

6.1.2　外观的检查

阀门安装前必须进行外观检查。

① 阀门运输时的启闭位置应符合下列要求：

a. 闸阀、截止阀、节流阀、调节阀、蝶阀、底阀等阀门应处于全关闭位置；

b. 旋塞阀、球阀的关闭件均应处于全开启位置；

c. 隔膜阀应处于关闭位置，且不可关得太紧，以防止损坏隔膜；

d. 止回阀的阀瓣应关闭并予以固定。

② 阀门不得有损伤、缺件、腐蚀、铭牌脱落等现象，且阀体内不得有脏物。

③ 阀门两端应有防护盖保护。手柄或手轮操作应灵活轻便，不得有卡阻现象。

④ 阀体为铸件时，其表面应平整光滑，无裂纹、缩孔、砂眼、气孔、毛刺等缺陷。阀体为锻件时其表面应无裂纹、夹层、重皮、斑疤、缺肩等缺陷。

⑤ 止回阀的阀瓣或阀芯动作应灵活准确，无偏心、移位或歪斜现象。

⑥ 弹簧式安全阀应具有铅封；杠杆式安全阀应有重锤的定位装置。

⑦ 衬胶、衬搪瓷及衬塑料的阀体内表面应平整光滑，衬层与基体结合牢固，无裂纹、鼓泡等缺陷，用高频电火花发生器逐个检查衬层表面，以未发现衬层被击穿（产生白色闪光现象）为合格。

⑧ 螺纹连接的螺纹上不得有油漆、螺纹完好，法兰密封面不得有径向沟槽等影响密封性能的损伤，焊接端坡口完好，不应有影响焊接的机械损伤。

6.1.3　阀门驱动装置的检查与试验

① 采用齿轮、蜗轮驱动的阀门，其驱动机构应按下列要求进行检查与清洗。

a. 蜗杆和蜗轮应啮合良好，工作轻便，无卡阻或过度磨损现象。

b. 开式机构的齿轮啮合面、轴承等应清洗干净，并加注新润滑油脂。

c. 有闭式机构阀门应抽查 10% 且不少于一个，其机构零件应齐全，内部清洁无污，驱动件无毛刺，各部间隙及啮合面符合要求，如有问题，应对该批阀门的驱动机构逐个检查。

d. 开盖检查，如发现润滑油脂变质，将该批阀门的润滑油脂予以更换。

② 带链轮机构的阀门，链架与链轮的中心面应一致。按工作位置检查链条的工作情况，链条运动应顺畅不脱槽，链条不得有开环、脱焊、锈蚀或链轮与链条节距不符等缺陷。

③ 气压、液压驱动的阀门，应以空气或

水为介质，按活塞的工作压力进行启闭检验。必要时，阀门应进行密封试验。

④ 电动阀门的变速箱除按①的规定进行清洗和检查外，尚应复查联轴器的同轴度，然后接通临时电源，在全开或全闭的状态下检查、调整阀门的限位装置，反复试验不少于3次，电动系统应动作可靠、指示明确。

⑤ 电磁阀门应接通临时电源，进行启闭试验，且不得少于3次。必要时应在阀门关闭状态下，对其进行密封试验。

⑥ 具有机械联锁装置的阀门，应在安装位置进行模拟试验和调整。阀门应启闭动作协调、工作轻便、限位准确。

6.1.4　其他检查和试验

① 对焊连接阀门的焊接坡口，应按下列规定进行磁粉或渗透检测：

a. 标准抗拉强度下限值 $R_m \geqslant 540\text{MPa}$ 的钢材及 Cr-Mo 低合金钢的坡口应进行100%检测。

b. 设计温度低于或等于 $-29℃$ 的非奥氏体不锈钢坡口应抽检5%。

② 合金钢阀门应采用光谱分析或其他方法，逐个对阀门材质进行复查，并做标记。不符合要求的阀门不得使用。

③ 合金钢阀门和剧毒、可燃介质管道阀门安装前，应按设计文件中的"阀门规格书"对阀门壳体及内件材质进行抽查，每批至少抽查一件。若有不合格，该批阀门不得使用。

6.1.5　阀门的试验

（1）压力试验要求

① 安全提示　按本节进行的压力试验，需要对试验用气体或液体压力的安全性进行评估。

② 试验地点　每台阀门出厂前均应进行压力试验，压力试验应在阀门制造厂内进行。

③ 试验设备　进行压力试验的设备，不应有施加影响阀门的外力。使用端部顶压式试验装置时，阀门制造厂应能保证该试验装置不影响被试验阀门的密封性。对夹式止回阀和对夹式蝶阀连接形式的阀门，可用端部顶压式试验装置装置。

④ 压力测量装置　用于测量试验介质压力的测量仪表的精度应不低于1.6级，并经校验合格。

⑤ 阀门壳体表面

a. 在壳体压力试验前，不允许对阀门表面涂漆和使用其他可以防止渗漏的涂层；允许无密封作用的化学防腐处理或衬里阀门的衬里存在。

b. 买方要求进行再次压力试验时，对已涂过漆的阀门，则可以不去除涂漆。

⑥ 试验介质

a. 液体介质可用含防锈剂的水、煤油或黏度不高于水的非腐蚀性液体；气体介质可用氮气、空气或者其他惰性气体；奥氏体不锈钢材料的阀门进行试验时，所使用的水含氯化物应不超过 100mg/L。

b. 上密封试验和高压密封试验应使用液体介质。

c. 用液体介质试验时，应保证壳体的内腔充满试验介质。

⑦ 试验压力

a. 壳体试验压力。试验介质是液体时，试验压力至少是阀门在20℃时允许最大工作压力的1.5倍（1.5×CWP，CWP 为在 $-20\sim38℃$ 介质温度时，阀门最大允许工作压力的缩写符号）。

试验介质是气体时，试验压力至少是阀门在20℃时允许最大工作压力的1.1倍（1.1×CWP）。

如订货合同有气体介质壳体试验的要求时，试验压力应不大于阀门在20℃时允许最大工作压力的1.1倍，且必须先进行液体介质的壳体试验，在液体介质的试验合格后，才进行气体介质的壳体试验，并应采取相应的安全保护措施。

b. 上密封试验压力。试验压力至少是阀门在20℃时的允许最大工作压力的1.1倍（1.1×CWP）。

c. 密封试验压力。试验介质是液体时，试验压力至少是阀门在20℃时允许最大工作压力的1.1倍（1.1×CWP）；如阀门铭牌标示对最大工作压差或阀门所带的操作机构不适宜进行高压密封试验时，试验压力按阀门铭牌标示的最大工作压差的1.1倍。

试验介质是气体时，试验压力为 0.6MPa± 0.1MPa；当阀门的公称压力小于 $PN10$ 时，试验压力按阀门在 20℃ 时允许最大工作压力的 1.1 倍（1.1×CWP）。

d. 试验压力应在试验持续时间内得到保持。

⑧ 压力试验项目

a. 压力试验项目按表 6-1 的要求；制造厂应有试验操作的程序和方法文件。

b. 表 6-1 中，某些试验项目是可"选择"的，合格的阀门应能通过这些试验，当订货合同有要求时，制造厂应按表 6-1 的规定对"选择"项目进行试验。

⑨ 试验持续时间

a. 对于各项试验，保持试验压力的持续时间按表 6-2 的规定。

b. 试验持续时间除符合表 6-2 的规定外，还应该满足具体的检漏方法对试验压力时间的要求。

（2）试验方法和步骤

① 壳体试验

a. 封闭阀门的进出各端口，阀门部分开启，向阀门壳体内充入试验介质，排净阀门体腔的空气，逐渐加压到 1.5 倍的 CWP，按表 6-2 的时间要求保持试验压力，然后检查阀门壳体各处的情况（包括阀体、阀盖连接法兰、填料箱等各连接处）。

b. 壳体试验时，对可调阀杆密封结构的阀门，试验期间阀杆密封应能保持阀门的试验压力；对于不可调阀杆密封（如 O 形密封圈、固定的单圈等），试验期间不允许有可见的泄漏。

c. 如订货合同有气体介质的壳体试验要求时，应先进行液体介质的试验，试验结果合格后，排净体腔内的液体，封闭阀门的进出各端口，阀门部分开启，将阀门浸入水中，并采取相应的安全保护措施。向阀门壳体内充入气体，逐渐加压到 1.1 倍的 CWP，按表 6-2 的时间要求保持试验压力，观察水中有无气泡漏出。

表 6-1　压力试验项目要求

试验项目	阀门范围	闸阀	截止阀	旋塞阀[①]	止回阀	浮动球球阀	蝶阀、固定球球阀
液体壳体试验	所有	必须	必须	必须	必须	必须	必须
气体壳体试验	所有	选择	选择	选择	选择	选择	选择
上密封试验[②]	所有	选择	选择	不适用	不适用	不适用	不适用
气体低压密封试验	$\leqslant DN100$、$\leqslant PN250$	必须	选择	必须	选择	必须	必须
	$> DN100$、$\leqslant PN100$						
	$\leqslant DN100$、$> PN250$	选择	选择	选择	选择	必须	选择
	$> DN100$、$> PN100$						
液体高压密封试验	$\leqslant DN100$、$\leqslant PN250$	选择	必须	选择	必须	选择[②]	选择
	$> DN100$、$\leqslant PN100$						
	$\leqslant DN100$、$> PN250$	必须	必须	必须	必须	选择[③]	必须
	$> DN100$、$> PN100$						

① 油封式的旋塞阀，应进行高压密封试验，低压密封试验为"选择"；试验时应保留密封油脂。
② 除波纹管阀杆密封结构的阀门外，所有具有上密封结构的阀门都应进行上密封试验。
③ 弹性密封阀门经高压密封试验后，可能会降低其在低压工况的密封性能。

表 6-2　保持试验压力的持续时间　　　　　单位：s

阀门公称尺寸	保持试验压力最短持续时间			
	壳体试验	上密封试验	密封试验	
			其他类型阀	止回阀
$\leqslant DN50$	15	15	15	60
$DN65\sim150$	60	60	60	60
$DN200\sim300$	120	60	120	120
$\geqslant DN350$	300	60	120	120

注：保持试验压力最短持续时间是指阀门内试验介质压力升至规定值后，保持该试验压力的最少时间。

② 上密封试验　对具有上密封结构的阀门，封闭阀门的进出各端口，向阀门壳体内充入液体的试验介质，排净阀门体腔内的空气，用阀门设计给定的操作机构开启间门到全开位置，逐渐加压到 1.1 倍的 CWP，按表 6-2 的时间要求保持试验压力。观察阀杆填料处的情况。

③ 密封试验方法

a. 一般要求。试验期间，除油封结构旋塞阀外，其他结构阀门的密封面应是清洁的。为防止密封面被划伤，可以涂一层黏度不超过煤油的润滑油。

有两个密封副、在阀体和阀盖有中腔结构的阀门（如闸阀、球阀、旋塞阀等），试验时，应将该中腔内充满试验压力的介质。

除止回阀外，对规定了介质流向的阀门，应按规定的流向施加试验压力。

试验压力按 6.1.5（1）中⑦的规定。

b. 密封试验检查。主要类型阀门的试验方法和检查按表 6-3 的规定。

（3）试验结果要求

① 壳体试验　试验时，不应有结构损伤，不允许有可见渗漏通过阀门壳壁和任何固定的阀体连接处（如中口法兰）；如果试验介质为液体，则不得有明显可见的液滴或表面潮湿。如果试验介质是空气或其他气体，应无气泡漏出。

② 上密封试验　不允许有可见的泄漏。

③ 密封试验

a. 不允许有可见泄漏通过阀瓣、阀座背面与阀体接触面等处，并应无结构损伤（弹性阀座密封面的塑性变形不作为结构上的损坏考虑）。在试验持续时间内，试验介质通过密封副的最大允许泄漏率按表 6-4 的规定。

表 6-3　密封试验

阀　类	加压方法
闸阀 球阀 旋塞阀	封闭阀门两端，阀门的启闭件处于部分开启状态，给阀门内腔充满试验介质，逐渐加压到规定的试验压力，关闭阀门的启闭件；按规定的时间保持一端的试验压力，释放另一端的压力，检查该端的泄漏情况。 重复上述步骤和动作，将阀门换方向进行试验和检查
截止阀 隔膜阀	封闭阀门对阀座密封不利的一端，关闭阀门的启闭件，给阀门内腔充满试验介质，逐渐加压到规定的试验压力，检查另一端的泄漏情况
蝶阀	封闭阀门的一端，关闭阀门的启闭件，给阀门内腔充满试验介质，逐渐加压到规定的试验压力，在规定的时间内保持试验压力不变。检查另一端的泄漏情况。 重复上述步骤和动作，将阀门换方向试验
止回阀	止回阀在阀瓣关闭状态，封闭止回阀出口端，给阀门内充满试验介质，逐渐加压到规定的试验压力。检查进口端的泄漏情况
双截断与排放结构	关闭阀门的启闭件，在阀门的一端充满试验介质，逐渐加压到规定的试验压力，在规定的时间内保持试验压力不变。检查两个阀座中腔的螺塞孔处泄漏情况。 重复上述步骤和动作，将阀门换方向试验另一端的泄漏情况
单向密封结构	关闭阀门的启闭件，按阀门标记显示的流向方向关闭该端，充满试验介质，逐渐加压到规定的试验压力，在规定的时间内保持试验压力不变。检查另一端的泄漏情况

b. 泄漏率等级的选择应是相关阀门产品标准规定或订货合同要求中要求更严格的一个。若产品标准或订货合同中没有特别规定时，非金属弹性密封阀门按表 6-4 的 A 级要求；金属密封副阀门按表 6-4 的 D 级要求，等同规格的阀门按表 6-5 的要求。

产品的计算泄漏率值用等同的规格的 DN 数按表 6-5 的规定。

表 6-4　密封试验的最大允许泄漏率

试验介质	泄漏率单位		A 级	AA 级	B 级	C 级	CC 级	D 级	E 级	EE 级	F 级	G 级
液体	mm^3/s	在试验压力持续时间内无可见泄漏	$0.006DN$	$0.01DN$	$0.03DN$	$0.08DN$	$0.1DN$	$0.3DN$	$0.39DN$	DN	$2DN$
	滴/min		$0.006DN$	$0.01DN$	$0.03DN$	$0.08DN$	$0.1DN$	$0.29DN$	$0.37DN$	$0.96DN$	$1.92DN$
气体	mm^3/s		$0.18DN$	$0.3DN$	$3DN$	$22.3DN$	$30DN$	$300DN$	$470DN$	$3000DN$	$6000DN$
	气泡/min		$0.18DN$	$0.28DN$	$2.75DN$	$20.4DN$	$27.5DN$	$275DN$	$428DN$	$2750DN$	$5500DN$

注：1. 泄漏率是指 1atm 压力状态。
2. 阀门的 DN 按表 6-5 的规定等同的规格的公称尺寸数值。

表 6-5　等同的规格的 *DN* 数

DN	NPS	铜管用缩径端	塑料管用缩径端
8	1/4	8	—
10	—	10、12	10、12
15	1/2	14、14.7、15、16、18	14.7、15、16、18
20	3/4	21、22	20、21、22
25	1	25、27.4、28	25、27.4、28
32	1¼	34、35、38	32、34
40	1½	40、40.5、42	40、40.5
50	2	53.6、54	50、53.6
65	2½	64、66.7、70	63
80	3	76.1、80、88.9	75、90
100	4	108	110
125	5	—	—
150	6	—	—
200	8	—	—
250	10	—	—
300	12	—	—
350	14	—	—
400	16	—	—
450	18	—	—
500	20	—	—
600	24	—	—
650	26	—	—
700	28	—	—
750	30	—	—
800	32	—	—
900	36	—	—
1000	40	—	—

6.2　阀门安装的具体事项

阀门的安装是阀门配套于管道和装置的重要一步，其安装质量的好坏，直接影响以后的使用和维修。

6.2.1　阀门的安装要求

这里是指一般阀门的安装，对特殊阀门的安装应该按照有关说明进行。但无论哪类阀门，其安装应该确保安全，有利于操作、维修和拆装。安装位置不应妨碍管道其他设备的操作与维护。

首先，维修工和管道工应该学会识别管线安装图及各类阀门表示符号（表 6-6～表6-18），按图施工；必要时，对一般阀门安装位置和走向的改进，有自行处理的能力。

安装阀门时，阀门的操作机构离操作地面宜在 1.2m 左右。当阀门的中心和手轮离操作地面超过 1.8m 时，应该对操作频繁的阀门设置操作平台。阀门较多的管道，阀门尽量集中安装在平台上，便于操作。

阀门的中心和手轮离操作地面超过 1.8m 并且不经常操作的单个阀门，应设置链轮挂钩、延伸杆、活动平台以及活动梯等设施。链

表 6-6　管路的图形符号

序号	名　称	符　号	说　明
1	方法一① 可见管路 不可见管路 假想管路		方法一：符号表示图样上管路与有关剖切平面的相对位置。介质的状态、类别和性质用规定的代号注在管路符号上方或中断处表示，必要时应在图样上加注图例说明
	方法二		方法二：符号表示介质的状态、类别和性质，并应在图样上加注图例说明。如不够用时，可按符号的规律进行派生和另行补充
2	挠性管、软管		
3	保护管		起保护管路的作用，使其不受撞击、防止介质污染绝缘等，可在被保护管路的全部和局部上用该符号表示或省去符号仅用文字说明
4	保温管		起隔热作用。可在被保温管路的全部或局部上用符号表示或省去符号仅用文字说明
5	夹套管		管路内及夹层内均有介质出入。该符号可用波浪线断开表示
6	蒸汽伴热管		

序号	名　称	符　号	说　明
7	电伴热管		
8	交叉管	b　$5b(min)$	指两管路交叉不连接。当需要表示两管路相对位置时,其中在下方或后方的管路应断开表示
9	相交管	$(3\sim5)b$　b	指两管路相交连接,连接点的直径为所连接管路符号线宽 b 的 $3\sim5$ 倍
10	弯折管	⊙	表示管路朝向观察者弯成90°
		○	表示管路背离观察者弯成90°
11	介质流向	→	一般标注在靠近阀的图形符号处,箭头的形式按 GB/T 4458.4《机械制图　尺寸注法》的规定绘制
12	管路坡度	⊿0.002　⊿3°　⊿1:500	管路坡度符号按 GB/T 4458.4 中的斜度符号绘制

① 和方法二尽量避免在同一图样上同时使用。

表 6-7　管路的一般连接形式

名　称	符　号	说　明
螺纹连接		必要时可用文字说明,省略符号绘制
法兰连接		
承插连接		
焊接连接	$(3\sim5)b$　b	焊点符号的直径约为所连接管路符号线宽 b 的 $3\sim5$ 倍,必要时可省略

表 6-8　管路中常用介质的类别代号

类　别	代　号	英文名称
空气	A	Air
蒸汽	S	Steam
油	O	Oil
水	W	Water

注:1. 管路中其他介质的类别代号用相应的英语名称的第一位大写字母表示,如与表中规定的类别代号重复时,则用前两位大写字母表示。也可采用该介质化合物分子式符号(如硫酸为 H_2SO_4)或国际通用代号(如聚氯乙烯为 PVC)表示其类别。

2. 必要时,可在类别代号的右下角注上阿拉伯数字,以区别该类介质的不同状态和性质。

轮的链距地面宜为 800mm 左右。为不影响应链轮操作,将链子下端挂在靠近的墙上或柱子上。

通常情况下切断设备用的阀门,在条件允许时宜与设备管口直接相接,或尽量靠近设备。与装有剧毒介质的设备相连接的管道上的阀门,应与设备管口直接相接,该阀门不得使用链轮操作。

有安全泄放装置的阀门,其泄放阀应带有引出管,泄放方向不应正对操作人员。

明杆阀门不能直接埋地敷设,以防锈蚀阀杆,如要埋地,只能在有盖地沟内安装使用。

表 6-9 管路的标注

项 目	图 例	说 明
管径	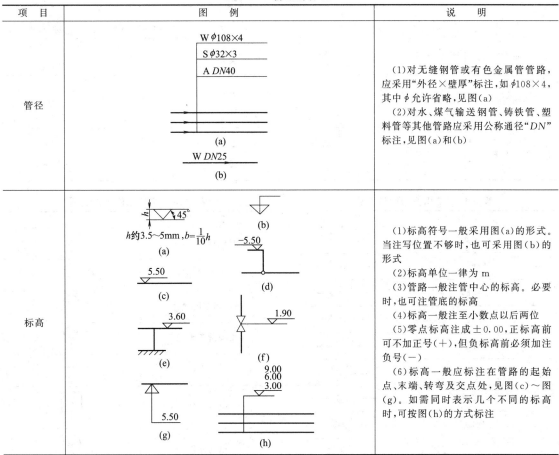	(1)对无缝钢管或有色金属管管路,应采用"外径×壁厚"标注,如$\phi108×4$,其中ϕ允许省略,见图(a) (2)对水、煤气输送钢管、铸铁管、塑料管等其他管路应采用公称通径"DN"标注,见图(a)和(b)
标高		(1)标高符号一般采用图(a)的形式。当注写位置不够时,也可采用图(b)的形式 (2)标高单位一律为 m (3)管路一般注管中心的标高。必要时,也可注管底的标高 (4)标高一般注至小数点以后两位 (5)零点标高注成±0.00,正标高前可不加正号(+),但负标高前必须加注负号(—) (6)标高一般应标注在管路的起始点、末端、转弯及交点处,见图(c)~图(g)。如需同时表示几个不同的标高时,可按图(h)的方式标注

表 6-10 管接头图形符号

名称	符号	说 明
弯头(管)		符号是以螺纹连接为例。如法兰、承插和焊接连接形式,可按规定的图形符号组合派生
三通		
四通		
活接头		
外接头		
内外螺纹接头		
同心异径管接头		
偏心异径管接头	同底	
	同顶	
双承插管接头		
快换接头		

表 6-11 管帽及其他图形符号

名称	符号	说 明
螺纹管帽		管帽螺纹为内螺纹
堵头		堵头螺纹为外螺纹
法兰盖		
盲板		
管间盲板		

表 6-12 伸缩器图形符号

名称	符号	说 明
波形伸缩器		使用时应表示出与管路的连接形式
套筒伸缩器		
矩形伸缩器		
弧形伸缩器		
球形铰接器		

表 6-13　管架图形符号

名称	符 号				
	一般形式	支(托)架	吊架	弹性支(托)架	弹性吊架
固定管架					
活动管架					
导向管架					

表 6-14　常用阀门图形符号

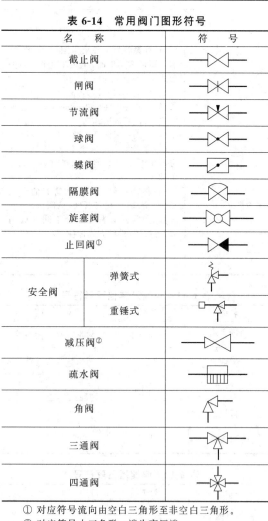

名　称		符　号
截止阀		
闸阀		
节流阀		
球阀		
蝶阀		
隔膜阀		
旋塞阀		
止回阀[①]		
安全阀	弹簧式	
	重锤式	
减压阀[②]		
疏水阀		
角阀		
三通阀		
四通阀		

① 对应符号流向由空白三角形至非空白三角形。
② 对应符号小三角形一端为高压端。

表 6-15　阀门与管路一般连接形式

名　称	符　号
螺纹连接	
法兰连接	
焊接连接	

表 6-16　控制元件图形符号

名　称	符　号
手动(包括脚动)元件	
自动元件	
带弹簧薄膜元件	
不带弹簧薄膜元件	
活塞元件	
电磁元件	
电动元件	
弹簧元件	
浮动元件	
重锤元件	
遥控	

表 6-17　传感元件图形符号

名　称	符　号
温度传感元件	
压力传感元件	
流量传感元件	
湿度传感元件	
水准传感元件	

表 6-18　指示表（计）和记录仪图形符号

名　　称	符　　号
指示表(计)	⊘
记录仪	⊘
人工控制阀	⧖
电动阀	Ⓜ⧖

当阀门安装在操作地面以下时，应该设置伸长杆或地井。为安全起见，地井应该加盖板。当打开盖板能够操作时，阀门的手轮不应低于盖板下 300mm，当低于 300mm 以下时，应设阀门伸长杆，使其手轮在盖板下 100mm 以内。

安装在管沟内的阀门需要在地面上操作的，或安装在上一层楼面（平台）下方的阀门，可设阀门伸长杆使其延伸至沟盖板、楼板、平台上面进行操作。伸长杆的手轮距操作面 1200mm 左右为宜。

小于等于 DN50 及螺纹连接的阀门不应使用链轮或伸长杆进行操作，以免损坏阀门。

布置在平台周围的阀门手轮距平台边缘的距离不宜大于 450mm。当阀杆和手轮伸入平台内的上方且高度小于 2000mm 时，应使其不影响操作人员的操作和通行，以免造成人身伤害。

水平安装的明杆式阀门开启时，阀杆不得影响通行，特别是阀杆位于操作人员的头部或膝盖部位时更要注意。

水平管道上的阀门，其阀杆最好垂直向上，不宜将阀杆朝下安装；阀杆朝下不仅操作、维修不便，阀门还容易腐蚀。落地阀门安装位置倾斜，也会使操作不便。

并排安装在管道上的阀门，应该有操作、维修、拆装的空间位置，其手轮之间的净距不得小于 100mm；如间距较窄，应该将阀门交错排列。

对开启力矩大、强度较低、脆性和重量较大的阀门，应该设置阀架，以便支承阀门，并减少管道支路上的阀门，尽量将阀门安装在靠近干线管道的位置上。当阀门两侧压差大时，

为方便阀门的开启需设置压力平衡旁通阀。

减压阀不应该安装在靠近容易受冲击的地方，应该考虑其所在位置振动较小、环境宽敞、便于维修。

室内设备或管道上的蒸汽安全阀，应该引至室外偏僻处排放蒸汽。油气安全阀，如果需要排放在大气中，其安装位置应该高于屋顶。对于有毒、易燃易爆的介质，安全阀应该由封闭管线排放收集。

6.2.2　阀门的安装方向与姿态

阀门的安装与其他机械设备安装一样，有一个安装姿态问题，阀门安装正确姿态应是内部结构类型符合介质的流向，安装姿态符合阀门结构类型的特定要求和操作要求。另外，正确姿态含有整齐划一，美观大方之感，它是现代艺术造型中，技术性与艺术性两者有机的结合。

（1）阀门安装方向

不少阀门对介质的流向都有具体规定，安装时应该使介质的流向与阀体上箭头的指向一致。阀门上没有注明箭头时，应该按照阀门的结构原理正确识别，切勿装反，否则，将会影响使用效果，甚至引起故障，造成事故。

闸阀一般没有规定介质流向。但用于深冷介质的闸阀例外，为了防止关闭后阀腔内介质因温升而膨胀，造成危险，在介质进口侧的闸板上有一个泄压孔，因此低温闸阀规定了介质流向，不能装反。

除特殊截止阀外，截止阀介质的流向一般从阀瓣下方流经密封面。安装时，应该按照阀体箭头指向识别方向。如果介质流向从密封面流经阀座下面，截止阀关闭后，填料仍受压，不利于填料更换；开启时操作费力，开启后介质阻力增大，密封面会受到冲蚀。因此，截止阀的方向不能装反。

升降式止回阀的介质流向是从阀瓣下面冲开阀瓣。旋启式止回阀的阀体上有箭头指示，其介质是从阀瓣密封面流向出口端的；如果安装反向，则无法开启，容易造成事故。

蝶阀一般是有方向性的。安装时介质流向与阀体上所示箭头方向一致，即介质应该从阀的旋转轴（或阀杆）向密封面方向流过。中心垂直板式蝶阀的安装无方向性。

节流阀的介质流向也有方向性，阀体上有箭头指示。介质流向应是自下而上，装反了会影响节流阀的使用效果和寿命。

安全阀的介质流向从阀瓣下向上流动；如果反向安装，将会酿成重大事故。

减压阀的介质流向应该与阀体上箭头指向一致，如果反向安装，将根本不起减压作用。

疏水阀的介质流向因结构类型的不同而异，应该按照产品说明书和指示箭头方向安装。热动力式疏水阀，介质流经过滤网至阀座中心孔，从密封面上流出；脉冲式疏水阀，介质流经控制室至阀瓣排泄孔流出或者介质从阀座上面向下流出；钟形浮子式疏水阀，介质流经吊桶下面，再经排出孔排出；浮球式疏水阀，介质从阀上面流入，然后从阀下面的排出孔排出；浮桶式疏水阀，介质从浮桶上面流入，经过浮桶从排出孔流出；波纹管式疏水阀，介质流经波纹管，使波纹管伸长而打开阀瓣后流出；双金属式疏水阀，介质流经双金属片后，从排出孔排出。

大多数隔膜阀的介质流向均为双向性的。球阀、旋塞阀的介质流向为双向性的。三通或四通阀门为多方向性流向。

（2）阀门安装姿态

闸阀是双闸板结构的，应该直立安装，即阀杆处于铅垂位置，手轮在上面。对单闸板结构的，可在任意角度上安装，但不允许倒装。对带有传动装置的闸阀，如齿轮、蜗轮、电动、气动、液动闸阀，按照产品说明书安装，一般阀杆铅垂安装为好。

截止阀、节流阀可安装在设备或管道的任意位置，带传动装置的阀门应该按照产品说明书规定安装。截止阀阀杆水平安装会使阀瓣与阀座不同轴线，有位移现象，密封面容易掉线，发生泄漏，因此，截止阀阀杆应该尽量铅垂安装为好。节流阀需经常操作、调节流量，应安装在较宽敞的位置。

升降式止回阀，只能水平安装在管道上，阀瓣的轴线呈铅垂状。弹簧立式升降式止回阀、旋启止回阀可水平安装在管道上，也可安装在介质自下向上流动的竖管上。旋启式摇杆销轴安装时应该保持水平位置。

球阀、蝶阀和隔膜阀可安装在设备和管道上的任意位置，但带有传动装置的，应该直立安装，即传动装置处于铅垂位置。安装应该注意有利操作和检查。三通球阀宜直立安装。

旋塞阀可在任意位置上安装，但应该有利于观看沟槽、方便操作。对三通或四通旋塞阀适用于直立装在管道上。

安全阀不管是杠杆式或弹簧式，都应该直立安装，阀杆与水平面应该保持良好的垂直度。安全阀的出口应该避免有背压现象，如出口有排泄管，应该不小于该阀的出口通径。

为了操作、调整、维修的方便，减压阀一般安装在水平管道上。安装的方法和要求应该按产品说明书规定。波纹管式减压阀用于蒸汽时，波纹管向下安装，用于空气时阀门反向安装。

疏水阀一般安装在水平管道上，热动力式还可安装在其他方向。疏水阀具体安装方法按照使用说明书进行。疏水阀安装地方通常在饱和蒸汽管的末端或最低点，蒸汽伴热管的末端最低点，蒸汽不经常流动的死端，但又是最低点；经常处于用热设备进汽管的最低点；蒸汽系统的减压阀前、调节阀前位置；蒸汽分水器及蒸汽加热等设备下部及需要经常疏水的地方。

6.2.3　阀门的防护设施

在安装时，为了保持操作温度，在阀门外部设置保温设施；为了防止金属、砂粒等异物侵入阀内，损坏密封面，需要设置过滤器和冲洗阀；为了保持压缩空气净化，在阀前需设置油水分离器或者空气过滤器；考虑到操作时能检查阀门工作状态，需要设置仪表和检查阀；为了阀后的安全，需要设置安全阀或止回阀；考虑到阀门的连续工作，便于维修，设立了并联系统或旁路系统等。以上这些防护设施，目的就是力图使阀门正常工作。

（1）安全阀的防护设施

一般情况下，安全阀前后不设置隔断阀，只有在个别情况下，安全阀前后才设置隔断阀。如介质中含有固体杂质，影响安全阀起跳后不能关严时，要在安全阀前面安装一只带铅封的闸阀，闸阀应该在全开位置，闸阀与安全阀之间装设一只通往大气的 $DN20$ 的检查阀。

当安全阀泄放的蜡、酚等介质在常温下为

固体状态时，或者减压汽化而使轻质液态烃等介质温度低于 0℃时，安全阀需加蒸汽伴热。

用于腐蚀性介质的安全阀，视阀门耐蚀性能，考虑在阀进口处加耐腐蚀的防爆膜。

气体安全阀一般按其通径设置一个旁路阀，作为手动放空用。

（2）止回阀的防护设施

为了防止止回阀泄漏或失效后介质倒流，引起产品质量下降，造成事故等不良后果，止回阀前后设置一个或两个切断阀。如果设置两个切断阀，可便于止回阀拆卸下来维修。

（3）疏水阀的防护设施

疏水阀安装设施图，如图 6-1 所示。它有带旁通管和不带旁通管之分；有凝结水回收和凝结水不回收之分；排水量大以及其他特殊要求的疏水阀，可采用并联形式的安装设施。

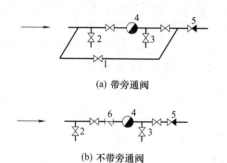

(a) 带旁通阀

(b) 不带旁通阀

图 6-1　疏水阀的防护措施
1—旁通管；2—冲洗管；3—检查管；
4—疏水阀；5—止回阀；6—过滤器

带旁通管的疏水阀，其主要作用在管道开始运行时，用来排放大量的凝结水。检修疏水阀时，用旁通管排放凝结水是不适当的，这样会使蒸汽窜入回水系统，破坏其他用热设备和回水系统压力的平衡。一般情况下，可不装旁通管。只是对加热温度有严格要求，连续生产的用热设备才装旁通管。

凝结水回收的疏水阀安装设施，凝结水从较高处流入疏水阀前，设置有切断阀（隔断阀）、过滤器，切断阀前有冲洗管。疏水阀后有切断阀、止回阀、凝结水回收管，疏水阀与切断阀之间有检查管。

凝结水不回收的疏水阀安装设施，凝结水从疏水阀排出后，直接流入明沟，没有其他设施。

冲洗管的作用是放气和冲洗管道，上有排污阀。检查管的作用是检查疏水阀的工作状态，上有切断阀。过滤器（又称除污器）设置在疏水阀前面，热动力式疏水阀自身有过滤器的，可不设过滤器，其他疏水阀一般都设置过滤器。止回阀是防止凝结水倒流到疏水阀内而设置的，它用在凝结水回收系统中。

（4）减压阀的防护设施

图 6-2 所示为减压阀安装设施的三种形式。图（a）为活塞式减压阀立式安装图；图（b）为活塞式减压阀水平安装图；图（c）为薄膜式和波纹管式减压阀安装图。

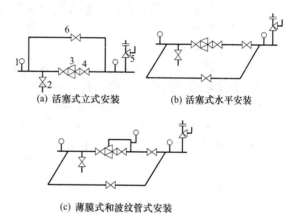

(a) 活塞式立式安装　　(b) 活塞式水平安装

(c) 薄膜式和波纹管式安装

图 6-2　减压阀的防护措施
1—压力表；2—泄水管；3—减压阀；4—异径管；
5—安全阀；6—旁通管

减压阀前后装有压力表，以便观察阀前后压力变化情况。阀后还装有封闭式安全阀，以防减压阀失效后，阀后压力超过正常压力时起跳，保护阀后系统。泄水管装在阀前切断阀前面，主要是排水和冲洗作用，有的采用疏水阀。旁通管主要作用是当减压阀出现故障后，关闭减压阀前后的切断阀，打开旁通阀，用手工调节流量，起临时流通作用，以便检修减压阀或更换减压阀。对于阀前管线长，介质带杂物较多的，应设置过滤器，过滤器在减压阀前。压缩空气要求净化程度较高的，可不安装泄水管，应在减压阀前安装油雾器，必要时装置空气过滤器。减压阀后的管道应比阀门公称尺寸大 0.25～0.5 倍。

6.2.4　阀门的安装作业

阀门的安装，应该按照阀门使用说明书和

有关规定执行。

阀门安装前，应该对试压过的阀门，仔细核对阀门的标志、合格证是否符合使用要求。核实无误后，做好阀门内外的清洁，检查阀门各个部件，没有装填料的，应该按照介质的工作条件选好填料，并装好。开启阀门检查阀门转动是否灵活，密封面有无碰伤，确认符合要求后，可进行安装。

安装阀门的管道和设备，应该进行吹扫和冲洗，清除管道和设备中油污、焊渣和其他杂物，以防擦伤阀门密封面，堵塞阀门。

超过 DN100 的阀门，应该有起吊工具和设备，起吊的绳索应该系在阀门的法兰处或支架上，轻吊轻放。不允许把绳索系在阀杆和手轮上，以免损坏阀件。

水平管道上安装重型阀门时，要考虑在阀门两侧装设地脚支架及固定螺栓孔，一般公称尺寸大于 DN800 的阀门应加地脚支架。

安装法兰连接的阀门时，阀门法兰与管道法兰应该平行，法兰间隙适当，不应该出现错口、翻口或张口等缺陷。法兰间的垫片应该放置正中，不能偏斜。螺栓应该对称拧紧，不可过紧或过松，螺栓拧好后，用塞尺检查法兰间各方位的预留间隙，间隙应合理，以免阀门产生过大应力，对于脆性材料和强度不高的阀门，尤其要注意。

安装螺纹阀门时，最好在阀门两端设置活接头，螺纹密封材料视情况用铅油麻纤维、聚四氟乙烯生料带或密封胶，注意不要使密封材料进入阀门内腔。对铸铁和非金属阀门，螺纹不要拧得过紧，以免胀破阀门。

安装焊接连接阀门时，阀门与管道接口要对准，管道应该能够微量移动，避免阀门受到管道的制约，可防止阀体发生变形。阀门与管道对准后点焊好，然后全开启闭件，按照焊接工艺评定合格的焊接工艺施焊，整体焊牢，不能有气孔、夹渣、咬肉、裂纹等缺陷。焊接完毕后，应该对焊缝进行检查，对一些重要部位的阀门焊接处应按要求进行焊缝的无损探伤，然后对管道和阀门进行吹扫、冲洗。

第7章 阀门的操作与维护

7.1 阀门的操作及操作中注意事项

阀门安装好后，操作人员应该能熟悉和掌握阀门传动装置的结构和性能，正确识别阀门方向、开度标志、指示信号。还能熟练准确地调节和操作阀门，及时果断处理各种应该急故障。阀门操作正确与否，直接影响使用寿命，关系到设备和装置平稳生产，甚至整个系统的安全。

7.1.1 手动阀门的操作

手动阀门，是通过手柄、手轮操作的阀门，是设备管道上普遍使用的一种阀门。它的手柄、手轮旋转方向顺时针为关闭，逆时针为开启。但也有个别阀门开启与上述开启相反。因此，操作前应该注意检查启闭标志后再操作。

阀门上的手轮、手柄是按照正常人力设计的，因此使用上规定，不允许操作者借助杠杆和长扳手开启或关闭阀门。手轮、手柄的直径或长度≤320mm 的，只允许一个人操作，手轮、手柄的直径或长度>320mm 的，允许两人共同操作，或者允许一人借助适当的杠杆（一般不超过 0.5m 长）操作阀门。但隔膜阀、夹管阀、非金属阀门是严禁使用杠杆或长扳手操作的，也不允许过猛关闭阀门。

闸阀和截止阀之类的阀门，关闭或开启到极限有效行程（即下死点或上死点）要回转1/2~1 圈，使螺纹更好密合，有利于操作时检查，以免拧得过紧，损坏阀件。

有的操作人员习惯使用杠杆和长扳手操作，认为关闭力越大越好，其实不然。这样会造成阀门过早损坏，甚至酿成事故。除撞击式手轮外，实践证明，过大过猛地操作阀门，容易损坏手柄、手轮，擦伤阀杆和密封面，甚至压坏密封面。手轮、手柄损坏或丢失后，不允许用活扳手代用，应该及时配制。

较大口径的蝶阀、闸阀和截止阀，有的设有旁通阀，它的作用是预热管道和平衡进出口压差，减少开启力。开启时，应该先打开旁通阀，待阀门两边压差减小后，再开启大阀门。关闭阀门时，首先关闭旁通阀，然后再关闭大阀门。

开启蒸汽介质的阀门时，必须先将管道预热，排除凝结水，开关阀门时，要缓慢进行，以免产生水锤现象，损坏阀门和设备。

开启球阀、蝶阀、旋塞阀时，当阀杆顶面的沟槽与通道平行，表明阀门在全开启位置；当阀杆向左或向右旋转 90°时，沟槽与通道垂直，表明阀门在全关闭位置。有的球阀、蝶阀、旋塞阀以扳手与通道平行为开启，垂直为关闭。三通、四通阀门的操作应该按照开启、关闭、换向的标记进行。操作完毕后，应该取下活动手柄。

对有标尺的闸阀和节流阀，应该检查调试好全开或全闭的指示位置。明杆闸阀、截止阀也应记住它们全开和全关位置，这样可以避免全开时顶撞死点。阀门全关时，可借助标尺和记号，发现关闭件脱落或顶住异物，应予消除，以便排除故障。

操作阀门时，不能把闸阀、截止阀等阀门作节流阀用，这样容易冲蚀密封面，使阀门过早损坏。

新安装的管道、设备和阀门，里面脏物和焊渣等杂物较多，常开阀门的密封面上也容易粘有脏物，应该采用微闭方法，让高速介质冲走这些异物，再轻轻关闭。经过几次这样微开微闭便可冲刷干净。

有的阀门关闭后，温度下降，阀件收缩，使密封面产生细小缝隙，出现泄漏，这样就应该在关闭阀门后，在适当的时候再关闭一次阀门。

7.1.2 带驱动装置阀门的操作

带驱动装置阀门不靠手动来开启和关闭，而是靠电动、电磁动、液动、气动等能源来启闭阀门的。操作者应该对带驱动装置阀门的结构原理、操作规程有全面的了解，并具有独立操作和处理事故的能力。

（1）电动装置驱动的阀门的操作

电动装置在启动时，应该按下电气盘上的启动按钮，电动机随即开动，阀门开启，到一定时间，电动机自动停止运转，在电气盘上的"已开启"信号灯应该明亮；如果阀门关闭时候，应该按下电气盘上的关闭按钮，阀门向关闭方向运转，到一定时间，阀门全关，这时"已关闭"信号灯已亮。阀门运转中，正处于开启或关闭的中间状态的信号灯应该相应指示。阀门指示信号与实际动作相符，并能关得严、打得开，说明电动装置正常。

如果运转中，以及阀门已全开或全关时，信号灯不亮，而事故信号灯打开，说明传动装置不正常。这时需要检查原因，进行修理，重新调试。重新调试可参照阀门电动装置使用说明书。

电动装置因故障或关闭不严，需及时处理时，应该将动作把柄拨至手动位置，顺时针方向转动手轮为关闭阀门，逆时针方向转动手轮开启阀门。

电动装置在运转中不能按反向按钮。由于误动作需要纠正时，应该先按停止按钮，然后再启动。

（2）电磁动阀门的操作

按启动按钮，阀门在电磁力的驱动下，随即开启。切断电源，电磁力消失，阀瓣借助流体自身压力或加上弹簧压力，把阀门关闭。

（3）气动、液动阀门的操作

气动或液动阀门，在汽缸体上方和下方各有一个气管或液管，与动力源连通（气力或液力），关闭阀门时，打开上方管道的控制阀，让压缩空气或带压液体进入缸体上部，使活塞向下驱动阀杆关闭阀门。反之，关闭汽缸上部管道的进气（液）阀，打开其回路阀，使介质回流，同时打开汽缸下部管道控制阀，使压缩空气或带压液体进入缸体下部，使活塞向上驱动阀杆打开阀门。

气动阀门还有常开式和常闭式两种形式。常开式只是活塞上部有气管，下部是弹簧，需要关闭时候，打开气管控制阀，使压缩空气进入汽缸上部，压缩弹簧，关闭阀门。当要开启

阀门时候，打开回路阀，气体排出，弹簧复位，使阀门开启。常闭式气动阀门恰好与常开式气动阀门相反，弹簧在活塞上部，气管在汽缸下部，打开控制阀后，压缩空气进入汽缸，阀门开启。

在第一次投用气动执行器时，应进行往复循环动作，使活塞密封环或活塞杆密封圈进行磨合达到无泄漏。

气动、液动装置驱动的阀门运转是否正常，可以从阀杆上下位置，反馈在控制盘上的信号等方面反映出来。如果阀门关闭不严，可调整汽缸底部的调节螺母，使调节螺母调下一点，即可消除。

如果气动、液动装置出现故障，而需要及时开启或关闭时，应该采用手动操作。有一种气动装置，在汽缸上部有一个圆环杆与阀杆连接，阀门气动不能动作时，需要用一杠杆套在圆环中，抬起圆环为开启，压紧圆环为关闭。这种手动机构很吃力，只能解决暂时困难。现有一种气动带手动闸阀，阀门在正常情况下，手动机构上手柄处于气动位置。当气源发生故障或者气流中断后，首先切断气源通路，并打开汽缸回路上回路阀，并将手动机构上手柄从气动位置扳到手动位置，这时开合螺母与传动丝杆啮合，转动手轮即可开启或关闭阀门。

液动阀门使用前应检查手压泵打油是否充足、稳定，油箱油位和油质是否符合要求，液压油泵、油路的各部位及密封处有无渗漏。阀位指示与阀的实际开闭位置是否相符。分配阀上各阀是否处于相应的控制位置。压油时，必须注意通、断指示表的转动位置。如阀门在关闭情况下，若稳压缸的压力低于规定值，应给稳压缸加压。

7.1.3 自动阀门的操作

自动阀门的操作不多，主要是操作人员在启用时调整和运行中的检查。

（1）安全阀

安全阀在安装前就经过了试压、定压，为了安全起见，有的安全阀需要现场校验。如电站上蒸汽安全阀，需要现场校验，称为"热校验"。在进行校验时，应该有组织、有准备地进行，并应该分工明确。热校验应用标准表定压值不准的，应该按规定调整。弹簧选用的

压力段与使用压力相适应，重锤应该左右调整至定压值，固定下来。

安全阀运行时间较长时，操作人员应该注意检查。检查人员应避开安全阀出口处，检查安全阀的铅封，用手扳起有扳手的安全阀，间隔一段时间开启一次，泄除脏物，校验安全阀的灵活性。

（2）疏水阀

疏水阀是容易被水污等杂物堵塞的阀门。启用时，首先打开冲洗阀，冲洗管道，有旁通管的，可以打开旁通阀做短暂冲洗。没有冲洗管和旁通管的疏水阀，可拆下疏水阀，打开切断阀冲洗后，再关好切断阀，装上疏水阀，然后再打开切断阀，启用疏水阀。并联疏水阀，如果排放凝结水不影响的话，可采用轮流冲洗，轮流使用的方法：操作时，先关上疏水阀前后的切断阀，然后，再打开另一疏水阀前后的切断阀。也可打开检查阀，检查疏水阀工作情况，如果蒸汽冲出较多，说明该阀工作不正常，如果只排水，说明工作正常。回过头来，再打开刚才关闭的疏水阀的检查阀，排出存下的凝结水，如果凝结水不断地流出，表明检查管前后的阀门泄漏，需找出是哪一个阀门泄漏。不回收凝结水的疏水阀，打开阀前的切断阀便可使疏水阀工作，工作正常与否，可从疏水阀出口处检查得到。

（3）减压阀

减压阀启用前，应该打开旁通阀或冲洗阀，清扫管道脏物，管道冲洗干净后，关闭旁通阀和冲洗阀，然后启用减压阀。有的蒸汽减压阀前有疏水阀，需要先开启，再微开减压阀后的切断阀，最后把减压阀前的切断阀打开，观看减压阀前后的压力表，调整减压阀调节螺钉，使阀后压力达到预定值，随即慢慢地开启减压阀后的切断阀，校正阀后压力，直到满意为止，再固定好调节螺钉，盖好防护帽。

如果减压阀出现故障或要修理时，应该先慢慢地打开旁通阀，同时关闭阀前切断，手工大致调节旁通阀，使减压阀后压力基本上稳定在预定值上下，再关闭减压阀后的切断阀，更换或修理减压阀。待减压阀更换或修理好后，再恢复正常。

（4）止回阀

止回阀的操作应该避免因阀门关闭而造成的过高的冲击力，还应该避免阀门关闭件的快速振动动作。

为了避免因关闭阀门而形成的过高冲击压力，阀门必须关闭迅速，从而防止形成极大的倒流速度，该倒流速度在阀门突然关闭时就是形成冲击压力的原因。因此，阀门的关闭速度应该与顺流介质的衰减速度正确匹配。

7.1.4　阀门操作中的注意事项

阀门操作正确与否，直接影响使用寿命，关系到设备和装置平稳生产、安全生产。在操作中，应注意以下几个问题。

① 高温阀门，当温度升高到 200℃ 以上时，螺栓受热伸长，容易使阀门密封不严，这时需要对螺栓进行"热紧"，在热紧时，不宜在阀门全关位置上进行，以免阀杆顶死，以后开启困难。

② 气温在 0℃ 以下的季节，对停汽和停水的阀门，要注意打开阀底螺纹堵头，排出凝结水和积水，以免冻裂阀门。对不能排除积水的阀门和间断工作的阀门应该注意保温工作。

③ 填料压盖不宜压得过紧，应该以阀杆操作灵活为准。那种认为压盖压得越紧越好是错误的，因它会加快阀杆的磨损，增加操作扭力。没有保护措施条件下，不要随便带压更换或添加填料。

④ 在操作中通过听、闻、看、摸所发现的异常现象，操作人员要认真分析原因，属于自己解决的，应该及时消除，需要修理工解决的，自己不要勉强凑合，以免延误修理时机。

⑤ 操作人员应该有专门日志或记录本，注意记载各类阀门运行情况，特别是一些重要的阀门、高温高压阀门和特殊阀门，包括阀门的传动装置在内，记明阀门发生的故障及其原因、处理方法、更换的零件等，这些资料无疑对操作人员本身、修理人员以及制造厂来说，都是很重要的。建立专门日志，责任明确，有利于加强管理。

7.2　阀门的日常维护管理

为使工厂生产长期连续正常运行，就必须对所有设备和装置要有经常性的维护和严格管理。阀门是把这些设备和装置互相连接一起并发挥其控制性能的不可缺少的部件，因此，更应考虑全面的维护和管理问题。预防发生故障并提前治理，将事故防患于未然，以避免设备运转意外中断或作业中断。在连续作业的生产场地，对其设备和装置进行经常性的维护、检查要付出相当的费用和人力。

7.2.1　阀门运输途中的维护

阀门的手轮破损、阀杆弯曲、支架断裂、法兰密封面的磕碰损坏，特别是灰铸铁阀门的损坏，相当一部分出现在阀门运输过程中。造成上述损坏的原因，主要是运输人员对阀门的基本常识不甚了解和野蛮装卸作业造成的。

运输阀门之前，应该准备好绳索、起吊设备和运输工具等。检查阀门包装，包装损坏的应该修理好，不能怕麻烦，不能存有侥幸心理；包装要符合标准要求，不允许随便旋转已包装封存阀门的手轮；阀门应该处于全闭状态，对于防止误开启的阀门，应该将密封面擦干净后再关闭紧，应封闭进出口通道。传动装置应该视装配情况，与阀门整体或分别包装运输。

阀门装运起吊时，绳索应该系在法兰处或支架上，切忌系在手轮或阀杆上。阀门吊装要轻起轻放，不要撞击他物，放置要平稳。放置姿态应该直立或斜立，阀杆向上。对放置不稳妥的阀门，应用绳索捆牢，或用垫块固定牢，以免在运输中互相碰撞。

手工装卸阀门时，不允许把阀门从车上往下扔，也不允许从地上向车上抛；搬运过程中应该有条不紊，顺次排列，严禁堆放。

阀门运输中，要爱护油漆、铭牌和法兰密封面；不允许在地面上拖拉阀门，更不允许将阀门进出口密封面落地移动。

在施工现场暂不安装的阀门，不要拆开包装，应该放置在安全的地方，并做好防雨、防尘工作。

7.2.2　阀门保管中的维护

阀门运输进入仓库后，保管员应该及时办理入库手续，这样有利于阀门的检查和保管。保管员应该认真核对阀门的型号规格，检查阀门外观质量，并协助检验人员对阀门进行入库

前的强度试验和密封性试验。符合验收标准的阀门，可办理入库手续；对不合格的也应妥善保管，待有关部门处理。

对入库的阀门，要认真擦拭、清洗阀门在运输过程中的积水和灰尘脏物；对容易生锈的加工面、阀杆、密封面应该涂上一层防锈剂或贴上一层防锈纸加以保护；对阀门进出口通道要用塑料盖或蜡纸加以封闭，以免脏物进入。

库存的阀门应该做到账物相符，分门别类，摆放整齐，标签清楚，醒目易认。小阀门应该按照型号规格和大小顺序，排放在货架上；大阀门可排放在仓库地面上，按照型号规格分块摆放。阀门应该直立放置，不可将法兰密封面接触地面，更不允许堆垛在一起。对特大阀门和暂不能入库的阀门，也应按照类别和大小放置在室外干燥、通风的地方；阀门密封面应该涂油保护，通道应该封口；对填料函内无填料的，为了防止雨水进入阀内，应该涂黄油等，油脂封闭填料函口，并用油毛毡或雨布等物品盖好，最好搭临时库棚加以保护。

为了使保管中的阀门处于完好状态，除需要有干燥通风、清洁无尘的仓库外，还应该有一套先进、科学的管理制度；对所有保管的阀门，应该定期维护检查，一般从出厂之日起，18个月后应该重新进行试压检查。

对于长期不用的阀门，如果使用的是石棉盘根填料，应该将石棉盘根从填料函中取出，以免产生电化学腐蚀，损坏阀杆。对未装填料的阀门，制造厂一般配有备用填料，保管员应该妥善加以保管。对非金属密封材料的阀门，应特别注意都老化期限，做到先进先出。

对在搬运过程中损坏、丢失的阀门零件，如手轮、手柄、标尺等，应该及时配齐，不能缺少。

超过规定使用期的防锈剂、润滑剂，应该按规定定期更换或添加。

7.2.3　阀门运转中的维护

阀门运转中维护的目的，是要保证使阀门处于常年整洁、润滑良好、阀件齐全、正常运转的状态。

（1）阀门的清扫

阀门的表面、阀杆和阀杆螺母上的梯形螺纹、阀杆螺母与支架滑动部位以及齿轮、蜗

轮、蜗杆等部件，容易沾积许多灰尘、油污以及介质残渍等脏物，对阀门会产生磨损和腐蚀。因此经常保持阀门外部和活动部位的清洁，保护阀门油漆的完整，显然是十分重要的。阀门上的灰尘适用于毛刷拂扫和压缩空气吹扫；梯形螺纹和齿间的脏物适于抹布擦洗；阀门上的油污和介质残渍适于蒸汽吹扫，甚至用铜丝刷刷洗，直至加工面、配合面显出金属光泽，油漆面显出油漆本色为止。疏水阀应该有专人负责，每班至少检查一次，定期打开冲洗阀和疏水阀底的堵头进行冲洗，或定期拆卸冲洗，以免脏物堵塞阀门。

（2）阀门的润滑

阀门梯形螺纹、阀杆螺母与支架滑动部位，轴承部位、齿轮和蜗轮、蜗杆的啮合部位以及其他配合活动部位，都需要良好的润滑条件，减少相互间的摩擦，避免相互磨损。有的部位专门设有油杯或油嘴，若在运行中损坏或丢失，应该修复配齐，油路要疏通。

润滑部位应该按照具体情况定期加油。经常开启的、温度高的阀门适于间隔一周至一个月加油一次；不经常开启、温度不高的阀门加油周期可长一些。润滑剂有机油、黄油、二硫化钼和石墨等。高温阀门不适于用机油、黄油，它们会因高温熔化而流失，而适于注入二硫化钼和抹擦石墨粉剂。对裸露在外的需要润滑的部位，如梯形螺纹、齿轮等部位，若采用黄油等油脂，容易沾染灰尘，而采用二硫化钼和石墨粉润滑，则不容易沾染灰尘，润滑效果比黄油好。石墨粉不容易直接涂抹，可用少许机油或水调合成膏状使用。

注油密封的旋塞阀应该按规定时间注油，否则容易磨损和泄漏。

（3）阀门的注脂

① 阀门注脂时，常常忽视注脂量的问题。注脂枪加油后，操作人员选择阀门和注脂连接方式后，进行注脂作业。存在两种情况：一方面注脂量少注脂不足，密封面因缺少润滑剂而加快磨损。另一方面注脂过量，造成浪费。原因是没有根据阀门类型类别，对不同的阀门密封容量进行精确的计算。可以以阀门尺寸和类别算出密封容量，再合理地注入适量的润滑脂。

② 阀门注脂时，常忽略压力问题。在注脂操作时，注脂压力有规律地呈峰谷变化。压力过低，密封泄漏或失效；压力过高，注脂口堵塞、密封脂硬化或密封圈与球体、闸板抱死。通常注脂压力过低时，注入的润滑脂多流入阀腔底部，一般发生在小型闸阀。而注脂压力过高，一方面检查注脂嘴，如是注脂孔阻塞判明情况进行更换；另一方面是脂类硬化，要使用清洗液，反复软化失效的密封脂，并注入新的润滑脂置换。此外，密封型号和密封材质，也影响注脂压力，不同的密封形式有不同的注脂压力，一般情况硬密封注脂压力要高于软密封。

③ 阀门注脂时，应注意阀门在开关位置的问题。球阀维护保养时一般都处于开启状态，特殊情况下选择关闭保养。其他阀门也不能一概以开启状态论处。闸阀在养护时则必须处于关闭状态，确保润滑脂沿密封圈充满密封槽沟，如果处于开启状态，密封脂则直接掉入流道或阀腔，造成浪费。

④ 阀门注脂时，常忽略注脂效果问题。注脂操作中压力、注脂量、开关位置都正常。但为确保阀门注脂效果，有时需开启或关闭阀门，对润滑效果进行检查，确认阀门球体或闸板表面润滑均匀。

⑤ 注脂时，要注意阀体排污和丝堵泄压问题。阀门压力试验后，密封腔阀腔内气体和水分因环境温度升高而升压，注脂时要先进行排污泄压，以利于注脂工作的顺利进行。注脂后密封腔内的空气和水分被充分置换出来。及时泄掉阀腔压力，也保障了阀门使用安全。注脂结束后，一定要拧紧排污和泄压丝堵，以防发生意外。

⑥ 注脂时，要注意出脂均匀的问题。正常注脂时，距离注脂口最近的出脂孔先出脂，然后到低点，最后是高点，逐次出脂。如果不按规律或不出脂，证明存在堵塞，应及时进行清通处理。

⑦ 注脂时，也要观察阀门通径与密封圈座平齐问题。例如球阀，如果存在开位过盈，可向里调整开位限位器，确认通径平直后锁定。调整限位不可只追求开或关一方位置，要整体考虑。如果开位平齐，关不到位，会造成

阀门关不严。同理，调整关到位，也要考虑开位相应的调整。确保阀门的直角行程。

⑧ 注脂后，一定封好注脂口。避免杂质进入，或注脂口处脂类氧化，封盖要涂抹防锈脂，避免生锈，以便下一次操作时应用。

⑨ 注脂时，也要考虑在今后油品顺序输送中具体问题具体对待。鉴于柴油与汽油不同的质量，应考虑汽油的冲刷和分解能力。在以后阀门操作，遇到汽油段作业时，及时补充润滑脂，防止磨损情况发生。

⑩ 注脂时，不要忽略阀杆部位的注脂。阀轴部位有滑动轴套或填料，也需要保持润滑状态，以减小操作时的摩擦阻力，如不能确保润滑，则电动操作时转矩加大磨损部件，手动操作时开关费力。

⑪ 有些球阀阀体上标有箭头，如果没有附带英文"FLOW"字迹，则为密封座作用方向，不作为介质流向参考，阀门自泄方向相反。通常情况下，双座密封的球阀具有双向流向。

（4）阀门的维护

运行中的阀门，各种阀件应该齐全、完好。法兰和支架上的螺栓不可缺少，螺纹应该完好无损不允许有松动现象。手轮上的紧固螺母，如发现松动应该及时拧紧，以免连接处脱落或丢失手轮和铭牌。手轮如有丢失，不允许用活扳手代替，应该及时配齐。填料压盖不允许歪斜或无预紧间隙。对容易受到雨雪、灰尘、风沙等污物沾染的环境中的阀门，其阀杆要安装保护罩。阀门上的标尺应该保持完整、准确、清晰。阀门的铅封、盖帽、气动附件等应该齐全完好。保温夹套应该无凹陷、裂纹。

不允许在运行中的阀门上敲打、站人或支承重物，特别是非金属阀门和铸铁阀门，更要禁止。

电动装置的日常维护工作，一般情况下每月不少于一次。维护的内容有：外表清洁，无粉尘沾积，装置不受气、水、油的污染。电动装置密封良好，各密封面、点应完整牢固、严密、无泄漏。电动装置应润滑良好，按时按规定加油，阀杆螺母加润滑脂。电气部分应完好，切忌潮湿与灰尘的侵蚀；如果受潮，需要用500V兆欧表测量所有载流部分与壳间的绝

缘电阻，其值不低于0.38MΩ，否则应对有关部件做干燥处理。自动开关和热继电器不应脱扣，指示灯显示正确，无缺相、短路、断路故障。电动装置的工作状态正常，开、关灵活。

气动装置的日常维护工作，一般情况下每月不少于一次，维护的主要内容有：外表清洁，无粉尘沾积；装置不受气、水、油的污染。气动装置密封良好，各密封面、点应完整牢固，严密无损。手动操作机构应润滑良好，启闭灵活。汽缸进出口气接头不允许有损伤；汽缸和空气管系的各部分应进行仔细检查，不得有影响使用性能的泄漏。管子不允许有凹陷，信号器应处于完好状态，信号器的指示灯应完好，不论是气动信号器还是电动信号器的连接螺纹应完好无损。气动装置上的阀门应完好、无泄漏，开启灵活，气流通畅。整个气动装置应处于正常工作状态，开、关灵活。

阀门维护时，也要注意电动头及其传动机构中进水问题，尤其在雨季渗入的雨水，一是使传动机构或传动轴套生锈，二是冬季冻结。造成电动阀操作时转矩过大，损坏传动部件会使电动机空载或超转矩保护跳开无法实现电动操作。传动部件损坏，手动操作也无法进行。在超转矩保护动作后，手动操作也同样无法开关，如强行操作，将损坏内部合金部件。

7.2.4　闲置阀门的维护

阀门的维护应该与设备、管道一起进行，并做如下工作。

（1）清理阀门

阀门内腔应该吹扫清理干净，无残存物及水溶液，阀门外部应该擦洗干净，无脏物、油污、灰尘。

（2）配齐阀件

阀门缺件后，不能拆东补西，应该配齐阀件，为下步使用创造良好条件，保证阀门处于完好状态。

（3）防蚀处理

掏出填料函中的盘根，防止阀杆电化腐蚀；阀门密封面、阀杆、阀杆螺母、机加工表面等部位，视具体情况涂防锈剂、润滑脂；涂漆部位应该涂刷防锈漆。

（4）防护保护

防止他物撞击，人为搬弄和拆卸，必要

时，应该对阀门活动部位进行固定，对阀门进行保护。

（5）定期保养

闲置时间较长的阀门，应该定期检查，定期保养，防止阀门锈蚀和损坏。对于闲置时间过长的阀门，应该与设备、装置、管道一起进行试压合格后，方可使用。

7.2.5　阀门的管理

阀门由于制造质量差、管理不善、误操作等原因产生的事故屡见不鲜。有些重大恶性事故，就是由于阀门故障造成的。因此，加强阀门的管理事关重大，势在必行。阀门的管理包括如下内容。

（1）技术资料的管理

包括阀门国家标准及有关标准、阀门的图纸，如装配图和易损件加工图、阀件加工工艺及其规范、有关数据台账等。

（2）阀门维修的管理

包括修理和保养维护的项目、内容、周期、技术条件、验收标准以及维修记录、维修计划和完成情况报表等。

（3）交接班的管理

包括交接班制度、上下班现场交接程序、交接班日志等。

（4）现场标志的管理

包括在操作现场的阀门上的标识、标志、铭牌应该完好正确；阀门所在管线、设备的名称、编号、介质、流向、工作压力、工作温度等数据显示应正确显目，防止误操作。重要阀门的操作位置应该加安全、锁定装置。

第8章　阀门组件的安装与拆卸

8.1　拆装的设备和工具

在大中型厂矿企业中，待修的各类阀门成百上千，在调运、拆装过程中需要各种起重设备、运输及拆装工器具，本节将介绍一些必需的起重设备、运载工具、修理专用工作台、拆装工具，清理用具以及阀门的正确吊装方法。

8.1.1　起重设备

大中型工矿企业中，特别是石油化工、热电站等，一般都设有专门修理阀门的车间以及修理班组。厂房内都设有比较先进的起吊行车，以及运送阀门的汽车、电瓶车、铲车等。但也有些厂矿的阀门修理车间内，起吊设备较简单，一般是自制的简易单轨行车，工人可以在地面通过控制开关操作行车，吊装阀门，图8-1为简易单轨行车。

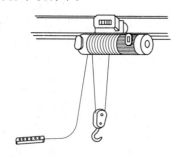

图8-1　简易单轨行车

8.1.2　阀门运输车

用运输车运送阀门，把待修阀门安放在工作台架上，修理后的阀门运送到试压台架上。运输车亦可作为短距离运送阀门出入车间，具有操作方便、机动、灵活等优点。

（1）简易推车

图8-2为简易的阀门手推车，它的结构简单，使用方便。它由两根叉子、横杆以及轮、轮轴组成，其缺点是不能调节重心，运输阀门受到一定的限制。

（2）阀门平衡推车

图8-3为阀门平衡推车。与简易推车相比，它的结构要复杂一些。其优点是：能运输多种不同型号和规格的阀门，并能方便地调节小车重心，轻便省力。

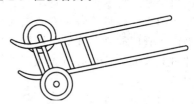

图8-2　简易阀门手推车

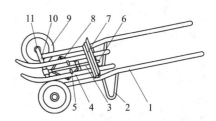

图8-3　阀门平衡推车
1—扶手；2—车脚；3—调节丝杠；4—叉子；
5—保护杆；6—把手；7—横梁；8—调节机
构；9—车轮；10—主轴；11—滚珠轴承

摇动把手6可带动调节丝杠3上的螺母前后移动，螺母与四块调节板通过活节螺栓组成的调节机构8，也跟随一起运动。如果螺母向前移动，调节板被带动向前移动，这时叉子4向前伸出，同时两根叉子的距离拉开，这时适合运送较大规格的阀门；如果螺母向后运动，同时带动调节板向后移动，这样叉子4向后收缩，同时两根叉子距离靠拢，这种状态适宜运送规格较小的阀门，操作者可根据阀门的轻重、大小，调整小车叉子的位置，使运输阀门最轻便省力，并可在叉子尾部刻出标记，以后运输操作就方便了。

8.1.3　修理工作台

阀门修理作业中，除一些小规格的阀门及阀杆零部件等可在钳台上进行外，一般情况下，是在阀门修理工作台上进行拆卸、研磨、修理和组装的。

（1）卡盘与花盘工作台

阀门修理工作台大部分为修理工厂自行制作，其形式各异。有的就用较大的机床废旧卡盘固定在地面，将待修理的阀门用螺栓与花盘连接或用卡盘卡住，然后进行修理作业。

（2）普通修理工作台

图 8-4 为普通修理工作台，它是由不同规格的槽钢焊接制成的，不同规格的槽钢可搁置不同口径阀门。工作台上面还配有一套夹具，可用废旧的阀杆及螺母改制。这种修理工作台简单方便，应用较为普遍。

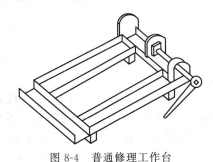

图 8-4　普通修理工作台

（3）立吊修理工作台

图 8-5 为配有立吊的修理工作台。它由角钢焊制成十字架形，十字架中心立一根 $\phi100\sim150\mathrm{mm}$ 的钢管，其上有一可转动的摇臂并吊有一手动葫芦。为使摇臂转动灵活，应该在摇臂下安装滚珠推力轴承。十字架可制成宽度不等的形式，其上面可搁置较大的阀门，其下空闲处可搁置较小的阀门。也可以用立吊起吊阀盖，进行着色检查和阀门装配。

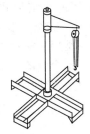

图 8-5　立吊修理工作台

（4）夹具修理工作台

图 8-6 为配备有夹具的修理工作台，它的形式像一台试压台架，这种工作台是用千斤顶制作夹具的动力，夹具为两块钢板。亦可利用废旧的液动或气动装置改装，也可用废旧阀杆及螺母改装，作为夹紧阀门用的动力。

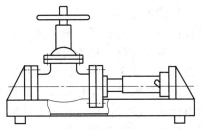

图 8-6　配备有夹具的修理工作台

8.1.4　拆装工具

安装和拆卸阀门用的工具，除了通用的螺钉旋具、钢丝钳、活动扳手和手锤、锉刀、手锯等外，尚有如下常用工具。

（1）固定扳手

固定扳手又称为呆扳手，只能操作一种规格的螺母或螺栓。这类扳手与活动扳手相比，操作对象单一，作业时必须携带一套扳手，但扳手可作用较大的力，并不易损坏螺母和螺栓，它可分为开口扳手、整体扳手和梅花扳手，如图 8-7 所示。

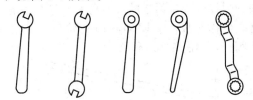

(a)开口单头 (b)开口双头 (c)整体大角 (d)歪头大角 (e)梅花扳手

图 8-7　固定扳手

（2）套筒扳手

套筒扳手由大小尺寸不等的梅花形内十二角套筒及杠杆组成。用于操作其他扳手难以操作部位的螺母、螺栓。

（3）锁紧扳手

见图 8-8，它分为固定钩头扳手、活动钩头扳手和 U 形锁紧扳手。它们用于操作开槽的圆螺母。

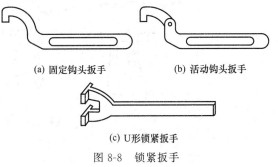

(a) 固定钩头扳手　　　(b) 活动钩头扳手

(c) U形锁紧扳手

图 8-8　锁紧扳手

（4）特种扳手

特种扳手有棘轮扳手和转矩扳手等种类。棘轮扳手在扳动螺母、螺栓时扳头不需要离开螺母调整角度，便于操作。转矩扳手又称测力扳手，如图 8-9 所示。当用测力扳手扳动螺母时，扭力杆发生变形，用力越大变形越大。固定在扭力杆上的刻度盘随之移动，指针相对应的刻度就是测力扳手所作用于螺母或螺栓的转矩。这种扳手可以避免对螺母或螺栓施加太大的载荷，以免损坏零件，常用它来保证阀门垫片中的预紧力。

图 8-9　转矩扳手

（5）手轮扳手

手轮扳手是用直径小于 22mm 的管子或圆钢焊接或弯制而成的，常用它来增加手轮力臂，俗称 F 扳手，驱动阀门手轮以开启或关闭阀门，如图 8-10 所示。

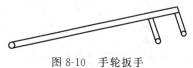

图 8-10　手轮扳手

（6）拉马

拉马又称拉出器，它有很多形式，可分为可张式、螺杆式、液压式等。图 8-11 为可张式拉马。常以两个或三个钩爪、螺杆、螺母及横臂组成，用以拆卸轮类、轴类及键等零件。

（7）管子钳及其他

管子钳适用于表面粗糙的圆杆零件和管子的拆装，是修理小型阀门的常用工具。套管是用无缝钢管，套在扳手上以增长扳手的力臂，增大扳手的转矩，操作起来省力、轻快。

（8）气动和电动拆装工具

气动扳手是拆卸或拧紧大规格螺栓、螺母的常用机动工具。它是由空气压缩机输出的高压空气，冲动叶轮旋转带动扳头工作，它不会过载，使用安全，不会因过载而像电动扳手那样损坏电动机。

电动扳手是以电力驱动电动机带动扳头，拆卸或拧紧大规格的螺栓、螺母。气动和电动扳手经过简单的改装，亦可用作钻孔或研磨的工具。

8.1.5　清洁工具

阀门修理时需要吹扫和清洗阀体、阀盖及其零件部件的工具。

① 刷子和油盘　刷子有毛刷和金属丝刷等。毛刷用于机加工零件表面的清洗；金属丝刷用以清除零部件锈斑和非加工面的清理刷洗。油盘用于盛装清洗用的洗涤剂，如汽油、煤油及化学清洗剂等。

② 气吹工具　有输送压缩空气或低压蒸汽的橡胶帆布管子及装于其上的喷管，还有皮老虎等工具，用于吹扫阀门。

8.1.6　阀门的吊装

对于大于 DN100 的阀门，一般均需配有起重设备和机具。起吊需要索具，索具有套环、卸扣、钢丝、钢丝扎头等。绳套分编制绳套和索具夹持绳套两种。

图 8-12 为常用的绳结形式，包括：吊钩结、死结、穿棒结、套结、双结、单环结等。其中吊钩结、穿棒结用后松动方便；死结和套结在吊装过程中，不会脱落、安全可靠；双结和单环结使用时也很方便。

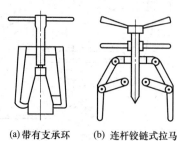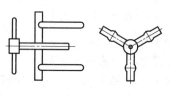

(a)带有支承环　(b)连杆铰链式拉马　(c)丁字板拉马
铰链式拉马

图 8-11　可张式拉马

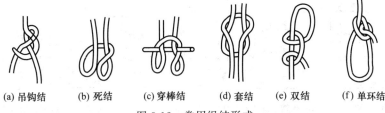

(a) 吊钩结　(b) 死结　(c) 穿棒结　(d) 套结　(e) 双结　(f) 单环结

图 8-12　常用绳结形式

正确的阀门吊装方法应用绳索捆牢在阀体中法兰下面。也可用绳索穿在阀门支架内，但用这种方法起吊时，不宜摆晃，适用于直起直落。用绳索套在阀门的手轮上吊装是很危险的，手轮强度一般较低，在运输过程中容易破损和松脱。

如果阀门在修理过程中，为了作业的连续性，允许用扁铁制作的吊具对称地钩住手轮起吊阀盖，但必须仔细检查手轮，确认手轮完好，与阀杆或阀杆螺母连接牢固时，方可吊装。不管采用什么形式吊装，都应该注意安全。为了避免事故发生，吊装前应该对电器、设备、工具、绳索以及被吊的阀门进行认真的检查，起吊时严禁操作人员和其他人员在起吊臂、电动葫芦以及阀门下方。起吊、放下、运输过程应该平稳，速度均匀。

8.2　连接件的安装与拆卸

紧固件用于法兰密封的连接，压紧填料、零部件间的紧定、定位等。常用的紧固件有螺栓、螺柱、螺钉、螺母、垫圈、销和键等。

8.2.1　螺纹连接的形式

机件结构不同，用途不同，螺纹连接的形式也不一样。阀门螺栓连接常用的几种形式是：六角头螺栓与螺母连接、六角头螺栓与本体连接、双头螺柱螺母与本体连接、双头螺柱与螺母连接、活节螺栓连接等形式。螺栓螺母连接常用于小口径法兰，填料函的压盖连接上；螺栓本体连接适用于不经常拆卸的场合；螺栓螺母本体连接用于中、大口径法兰及阀体中腔的连接；螺栓双螺母连接常用于阀门和管道的法兰连接中，活节螺栓、销连接主要用于填料函压盖压紧。

小于 M6 的螺栓常在头部开出凹槽或十字形槽，用起子装拆，这种螺栓称为螺钉。它有圆柱头螺钉、埋头螺钉、圆头螺钉、半圆头螺钉和紧定螺钉等。它们主要用在阀门的传动装置、指示机构上，连接受力不大和一些体形较小的零件上。紧定螺钉用于挡圈作定位用。

8.2.2　螺纹的识别

螺纹按照旋转方向分为左旋和右旋；按规格分为粗牙和细牙。螺纹的升角向左逐渐上升为左旋螺纹；反之则为右旋螺纹。

正确识别螺纹的旋向，是拆装阀门最基本的知识，大部分的阀门法兰连接螺纹为右旋，机件连接和传动螺纹有右旋也有左旋，有时因判断错误，见到螺纹就认为顺时针旋转为拧紧，逆时针旋转为拧松，乱拧一通，轻者螺纹滑丝，重者损坏阀件。

有的阀门上的螺纹外露较少，不易看清旋向，在没有搞清螺纹旋向时切勿乱拧螺栓。在有资料的情况下，尽量参阅相应的图样或有关文件；也可根据阀件的结构形式、传动方式微量地试探性反转动螺栓，一般能搞清螺纹的旋向，避免误操作而损坏阀件。

8.2.3　螺栓安装的技术要求

① 要认真检查所使用的螺栓、螺母的材质、类型、尺寸和精度是否符合有关的技术要求。对用于高温、高压和重要场合的合金钢螺栓、螺母要特别仔细、认真、验证合格证和抽查记录，其要求应该符合 GB 50235—2010 国家标准的规定。

② 在同一法兰上使用的螺栓和螺母，选用时其材质和规格应该一致，不允许有材质不同和规格不一的螺栓、螺母混用。

③ 螺栓、螺母不允许有裂纹、皱折、弯曲、乱牙、磨损和腐蚀等缺陷。螺栓拧到阀体法兰或螺母拧在螺栓上时应该无明显的晃动和卡阻现象。

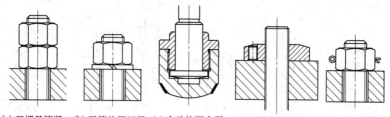

(a) 双螺母锁紧　(b) 弹簧垫圈压紧　(c) 止动垫圈卡紧　(d) 紧定螺钉防松　(e) 开口销防松

图 8-13　螺母防松的办法

④ 旧螺栓、螺母应该认真清洗，除去油污和锈斑等异物；新的螺栓、螺母应该除锈、清洗毛刺。安装前，应该在螺纹部分涂布鳞片状石墨粉或二硫化钼粉，可减少拧紧力，又便于以后拆卸。

⑤ 配对螺栓、螺母的材料强度等级不应该相同，一般螺母的材料强度等级较螺栓低一级。

⑥ 自制的螺栓、螺母和无识别钢号的螺栓、螺母，应该打上材质标记的钢号，钢号应该打在螺栓的光杆部位或头部，螺母打在侧面，以便于检查鉴别。

8.2.4　螺母的防松方法

阀门为防止螺母松动常采用锁紧螺母、弹簧垫圈、止动垫圈、开口销等零件，图 8-13 为螺母常用的防松方法。

8.2.5　螺栓拧紧的顺序

螺栓的拧紧程度和次序，对阀门安装质量和法兰密封有着十分显著的影响，见图 8-14。按照对角线次序，对称均匀，轮流拧紧。当每根螺栓都初步上紧固后，应该立即检查法兰或填料压盖是否歪斜，测量法兰之间间隙是否一致，及时纠正。然后对称轮流拧紧螺栓，拧紧量不得过大，每次以 1/4～1/2 圈为宜，一直拧到所需要的预紧力为止。也要特别注意，不得拧得过大，以免压碎垫片，拧断螺栓。最好用力矩扳手按照限定的力矩进行拧紧，一般修理时以拧到法兰密封不漏为准。前后再检查法兰间隙应该一致，并保持 2mm 以上。

8.2.6　螺栓的安装与拆卸

螺栓的安装和拆卸方法，与连接形式、损坏或锈死的程度等因素有关。双头螺柱最难安装和拆卸。拆装时，应该按照要求选用适当的扳手，尽可能选用固定扳手，少用活动扳手，

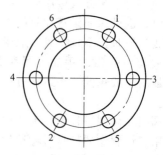

图 8-14　螺栓拧紧的顺序

以免损坏螺母。

(1) 双头螺柱的拆装方法

① 双螺母拆装法　图 8-15（a）为双螺母并紧在一起用于安装和拆卸双头螺柱的方法。当要拆卸双头螺柱时，上面的扳手将上螺母拧紧在下螺母上，下面的扳手用力将下螺母按照逆时针方向转动拧出螺柱。如果双头螺柱为左旋，则应该将两个螺母并紧后，用下面的扳手将下螺母按照顺时针拧动旋出；当要把双头螺柱安装在阀件上时，则用扳手将两个螺母并紧，同时上面的扳手将上螺母按照顺时针旋转，直至将双头螺柱安装于阀件上，再松开两个螺母并旋出螺母，则双头螺柱就安装完毕了。如为左旋，则两个螺母并紧后，逆时针方向拧动上面的螺母直至将双头螺柱装于阀件。这种方法简单易行，无论工厂现场或修理工厂都可采用，并且不会损坏螺柱。

② 螺母拧紧法　如图 8-15（b）所示。

③ 滚柱拧紧法　如图 8-15（c）所示，该工具由滚柱夹在螺柱光杆部分。工具体的凹槽曲线方向与拧入双头螺柱的方向相反，由于间隙变小，滚柱把螺柱夹紧而将螺柱旋入。

(2) 对锈死螺栓螺母的拆卸

对已经锈死和腐蚀的不易松动的螺栓、螺母拆卸前，应用煤油浸透或喷洒罐装松锈液，弄清楚螺纹旋向，然后慢慢地拧动 1/4 圈左

右，反复拧动几次，逐渐拧出螺栓。也可用手锤敲击，振动螺栓、螺母四周，将螺纹振松后，再拧出螺母、螺栓。注意在敲击螺栓时不要损坏螺纹。用敲击法难以拆卸的螺母，可用喷灯或氧炔焰加热，使螺母快速受热膨胀，并迅速将螺母拧出。对难以拆卸的螺栓，可用煤油浸透或喷洒罐装松锈液后，再用管子钳卡住螺栓中间光杆部位拧出。

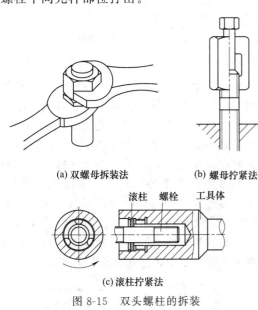

(a) 双螺母拆装法　　　　**(b) 螺母拧紧法**

(c) 滚柱拧紧法

图 8-15　双头螺柱的拆装

（3）断头螺栓的拆卸

阀件拆装时，螺栓折断在螺孔中，是拆卸工作中最麻烦的事。图 8-16 为拧出断头螺栓的方法。有锉方榫拧出法、管子钳拧出法、点焊拧出法、方孔楔拧出法、钻孔攻螺纹恢复法等。

锉方榫拧出法和管子钳拧出法，适用螺栓在螺孔外尚有 5mm 以上高度的断头螺栓；点焊拧出法适用断头螺栓在螺孔外少许或断头螺栓与螺孔平齐的条件下，它是用一块钻有比螺孔稍小的孔的扁钢，用塞焊法与断头螺栓焊牢，然后拧出。方孔楔拧出法适用于断在螺孔内的螺栓，先在螺栓中间钻一小孔，用方形锥具敲入小孔中，然后扳动方榫将断螺栓拧出；钻孔攻螺纹恢复法适用于以其他方法不能拧出的断螺栓，先将断头螺栓端部锉平整，然后尽可能在中心打一样冲眼，用比螺栓内径稍小的钻头钻孔至断螺栓全部钻通，然后用原螺纹的丝锥攻出螺纹。

在采用以上拧出的方法之前，应该对断头螺栓做一些处理措施，如煤油浸透法、表面清除法、加热松动法、化学腐蚀松动法，加快断头螺栓的拧出。

8.2.7　键的拆装方法

键连接的形式很多，根据不同的连接要求，有平键、滑键、楔键、半圆键和花键。图 8-17 为键连接的安装形式。

（1）平键

平键的断面为正方形和矩形两种，在阀门上应用较为普遍。安装前应该清理键槽，修整键的棱边，修正键的配合尺寸，使键与键槽两侧为过盈配合，键的顶面与轮壳槽底面间应该有适当的间隙，经修正键的两端半圆头后，用手将键轻打或以垫有铜片的台钳，将平键压入槽中，并使键槽底部密合。

拆卸平键前应该先卸下轮类零件，然后用螺钉旋具等工具拨起平键。也可用薄铜皮相隔，用台钳或钢丝钳夹持，将键拉出。

（2）滑键

滑键又称导键，实际上是平键的一种特殊形式，它不仅能传递转矩，而且能做轴向移动，它常用在传动装置和研磨机上的离合机构中。滑键可固定在轴上，也可以固定在轮壳上，此时滑键与轴槽或轮槽应该配合紧密，无松动，亦也用沉头螺钉或其他方法固定，而滑键与它相对滑动的键槽的两侧和顶面应该有一定的配合间隙，以利滑动，其安装和拆卸的方法，除沉头螺钉外，其余与平键的拆装一样。安装滑键时应该使沉头螺钉紧固，不得松动，并使螺钉头部低于滑键面。

（3）楔键

楔键与平键相似，但键的顶面制成楔面，斜度为 1：100，一端有方形键头，供拆卸用。楔键于安装时应该清除棱边，修配与键槽配合的间隙，然后将轮壳装在轴上，并使轮和轴的键槽对齐，在键的楔面涂少许着色剂后插入槽中，检查楔面，其于轮壳槽的楔面吻合度不小于 70%，否则应刮研修正至规定值，最后在楔键上涂一层白铅油，将楔键打入槽中。

拆卸楔键使用的工具有楔键拉头和楔键拨头，用它们拉住或拨动方形键头，将楔键拆出。

(a) 锉方榫拧出法　(b) 管子钳拧出法　(c) 点焊拧出法　(d) 方孔楔拧出法　(e) 钻孔攻螺纹恢复法

图 8-16　断头螺栓拧出的方法

(a) 平键　　　(b) 滑键　　　(c) 楔键　　　(d) 半圆键　　　(e) 花键

图 8-17　键连接的安装形式

（4）半圆键

半圆键又称月牙键，一般用于传递较小力矩的直径较小的轴和锥形轴颈的轴上，键能在键槽中自动调节斜度，它的安装可参阅平键的安装方法，但键的两侧与键槽的配合较平键稍松，以利自动调节斜度。

（5）花键

花键有矩形花键和齿形花键两种，它们成对使用，像一对内外啮合的齿轮，一般用于机床、汽车等变速齿轮机构中，花键的传动精度较高，传递力矩大，在阀门机构中较少采用。

8.3　通用阀件的安装与拆卸

能够在不同类型或同类型不同规格的阀门中互换使用的零件称为阀门通用件。

8.3.1　手动传动件的安装与拆卸

手轮、手柄是阀门传动装置中的重要零件，在中、小规格的阀门中以及在电动、气动和液动驱动装置中均有应用，用它产生转矩，实现阀门的开启、调节和关闭。

图 8-18 是手轮和手柄的安装方式，图 8-18（a）所示的方锥体连接的手轮，安装时应该使手轮方锥孔底面与阀杆方锥体底面保持 1mm 以上的间隙；手轮方锥孔的上端面应该高于阀杆方锥体端部，这样才能压紧手轮，使手轮和阀杆连接紧密。图 8-18（b）所示的方榫体连接的手轮或手柄，这种连接结构允许手轮方孔与阀杆方榫的配合有一定的间隙，方榫端部稍低于方孔的端面，以便压紧手轮或手柄，使手轮或手柄与阀杆连接紧密。图 8-18（c）所

示的错误的手轮连接方式，手轮或手柄未能被紧固件压紧，在操作的过程中，轻者引起手轮方孔和阀杆方榫损坏，重者无法驱动阀门。对较大口径的阀门，其手轮不与阀杆直接连接，而是装在阀杆螺母上，手轮与阀杆螺母由螺纹连接和键连接等多种形式，并用圆螺母并紧，这种连接形式的安装和拆卸，可以参照螺纹和键的拆装方法进行，拆装应该特别注意螺纹的旋向。在拆卸和旋紧圆螺母时应该使用专用锁紧扳手，禁止使用螺钉旋具或錾子敲打。

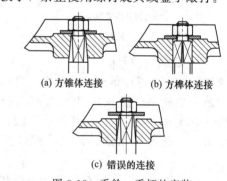

(a) 方锥体连接　　　(b) 方榫体连接

(c) 错误的连接

图 8-18　手轮、手柄的安装

8.3.2　机械传动件的安装与拆卸

阀门所应用的齿轮，主要在阀门齿轮传动装置和电动驱动装置的减速箱中。齿轮传动主要有圆柱齿轮传动、直齿圆锥齿轮传动和蜗轮蜗杆传动三种形式。

（1）圆柱齿轮

安装圆柱齿轮前，要检查孔和轮齿有无缺陷和毛刺，不符合要求的要修整。齿轮和轴的配合方式有间隙配合、过渡配合和过盈配合三种，一般用键连接。

安装齿轮应该使键与键槽对正，根据齿轮

与轴的不同配合方式，采用手压、手锤轻打或者使用压入工具安装，对于无须拆卸的连接可用压力机压入。齿轮安装后，根据技术要求检查齿侧隙、接触斑点和传动精度。

齿侧隙和齿顶隙的检查，可用塞尺和压铅法。塞尺检查法是大齿轮固定不动，以小齿轮压住大齿轮，用塞尺检查两齿轮轮齿间的间隙，然后使一轮齿的齿顶对准相啮合的齿轮的齿根，用塞尺测量它们的齿顶的间隙。

压铅法检查是将铅丝或铅片放在相啮合的两齿轮间，转动齿轮使铅通过两轮齿间而被压扁，取出测量的厚度即为两啮合齿轮的齿侧隙。测量两啮合齿轮齿顶与相对应齿根间铅片的厚度，即为两啮合齿轮的齿顶隙。

按规定塞尺法和压铅法检查一对齿轮应该有四处，其四处对称均布。

用涂色法检查两齿轮啮合状态，是常用的简便方法，如图 8-19 所示，这方法是将一齿轮的齿面均匀地涂上一薄层红丹油，转动齿轮，应该使相啮合的齿轮有适当的负载，这样就会在相应的齿轮上印出两齿轮的接触斑点。通过检查接触斑点，就可以判断齿轮安装状态。正确的啮合应是接触斑点均匀分布在节圆线上下，其他的齿轮安装质量都是不正确的，应该找出其中的原因，加以纠正。

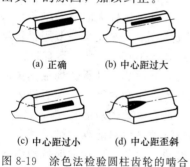

(a) 正确　　　　(b) 中心距过大

(c) 中心距过小　　(d) 中心距歪斜

图 8-19　涂色法检验圆柱齿轮的啮合

（2）直齿圆锥齿轮

直齿圆锥齿轮的安装除应该符合圆柱齿轮安装以外，还应该保证两齿轮轴线在同一平面内，并且按规定的角度相交，其偏差符合技术要求。夹角大都为 90°。

应用专门的测量工具和测量方法，来检查直齿圆锥齿轮箱两轴孔中心线相互位置的准确性。圆锥齿轮装入齿轮箱后，要分别调整两锥齿轮轴向位置，使相啮合的两锥齿轮的节锥顶点重合于一点，这样才能获得良好的啮合要求。检验方法与检验圆柱齿轮的方法一样，用塞尺法或压铅法检查齿侧隙，检查时不能让轴窜动。转动齿轮，检查齿轮在啮合中有无咬牙与异响。

齿侧隙偏大偏小，在啮合过程中都将产生异常响声，除了齿轮、轴和齿轮箱本身的质量问题外，一般与安装不正有关，应用调整垫对两齿轮进行安装调整，直至两锥齿轮的节锥顶点交于一点，才为最佳。调整合格后，应该及时把两齿轮轴向位置固定好，以免窜动变化。

检验圆锥齿轮的啮合状态常用涂色法。涂色检查方法与检验圆柱齿轮的方法基本相同，两轮齿接触面积，在齿高方向不得少于 40%，齿长方向不得少于 50%。无载荷时候，齿的接触面应该偏向齿轮小轴，在有负荷的情况下，应该在齿宽上均匀接触。两圆锥齿轮如果不能正常啮合，则反映出零件质量问题和安装不当，应该仔细找出原因，加以纠正。

圆锥齿轮的拆卸，一般先拆卸一根齿轮轴后，再拆卸另一根齿轮轴。拆卸方法与圆柱齿轮的拆卸方法基本相同。

（3）蜗轮蜗杆

蜗轮、蜗杆装配前，应该清理蜗轮箱、蜗轮、蜗杆、轴承和轴等零件。装配的技术要求，应该保证蜗轮与蜗杆的纵向中心轴线相互交叉垂直，啮合中心距正确，有适当的侧向间隙和啮合接触面等。

蜗轮蜗杆传动装置运转正常与否，取决于零件的质量和安装质量，它将综合反映到啮合的接触状态，可用涂色法进行检验。其方法是将蜗杆齿面涂以红丹油或蓝油墨，在蜗轮轴上施加一定负载，左、右转动蜗杆，检查蜗轮轮齿上的接触印痕来判别啮合质量。

图 8-20 为涂色法检验蜗杆副啮合情况，蜗轮蜗杆中心距离偏大，印痕接近蜗轮齿顶位置；中心距离小，印痕就靠近蜗轮齿根位置。图 8-20 （a）、（b）显示蜗杆中心偏离蜗轮中心平面，蜗杆偏左或者蜗杆偏右都是不正确的蜗杆副啮合情况；如图 8-20 （c）所示，只有当蜗杆居于正中，才是正确的安装，蜗杆中心在蜗轮中心平面内，同时说明蜗轮蜗杆的中心距也是正确的。

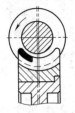  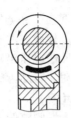

(a) 蜗杆偏左　　(b) 蜗杆偏右　　(c) 蜗杆正中

图 8-20　涂色检验蜗杆位置

经啮合检验后，还要进行传动检验，蜗杆转动应该灵活、轻快，无卡阻现象，蜗轮运转一圈后，蜗杆运转平稳，无转矩变化不一现象，经检查合格后，尚需进行跑合试验；在蜗轮箱内充入润滑油，在蜗轮轴上旋合一定负载，按规定转速驱动蜗杆，视要求运转一定时间后，清洗蜗轮箱，然后按规定牌号加入适量的润滑油（脂），一般润滑油（脂）的量为浸没蜗杆轴的 1/3 左右。

如果蜗轮蜗杆需要拆卸时，可按下述方法操作：

① 如果只需拆卸套装蜗杆时，先将蜗杆上的紧固螺钉或挡圈松开，然后将轴轻轻打出即可取出蜗杆；

② 如果蜗杆与轴配合较紧或为整体蜗杆，则可拆除轴承后，将蜗杆及轴一起边旋转边退出；

③ 如果为对开式蜗轮箱，则可以松开蜗轮箱，先拆蜗轮，再卸下蜗杆；

④ 如果为整体蜗轮箱，而要拆卸蜗轮时，应该首先使蜗杆蜗轮脱离啮合，然后轻打蜗轮外滑动面，将蜗轮拆出。

8.3.3　滚动轴承的安装与拆卸

滚动轴承的应用十分广泛。滚动轴承与轴的配合是基孔制，与轴承座的配合按照基轴制。滚动轴承相配合的转动轴一般采用过盈配合，而固定圈常采用有微小间隙或微小的过盈配合。

（1）滚动轴承拆装通则

装配前，应该把轴、孔、轴承及附件用煤油、汽油或金属清洗剂清洗干净，清除锈斑。

仔细检查零件是否有缺陷，相互配合精度是否符合要求。用于转动轴承，试听有无异响，检查无疑后，一般将轴承涂适量的润滑脂后防尘备用。

拆卸轴承前，应该卸下固定滚动轴承的紧固件，如挡圈、紧圈、压板及压盖等。

拆装轴承时，应该在受装拆力较大的轴承圈上加载，载荷要均匀对称，以免损坏轴承。

安装应该注意清洁，防止异物掉入轴承内。轴承端面应该与轴肩或孔的支承面贴合，安装后应该将紧固件安装完整，无松动现象。

（2）径向滚动轴承的装配

滚动轴承与轴的装配，可采用打入法或压入法，一般采用打入法，见图 8-21，图 8-21（a）为不正确的打入法，应使用铜棒放在内圈上，用手锤均匀，对称轮流敲击，这样才能获得较好的效果。否则将损坏滚动轴承和轴。图 8-21（b）、（c）、（d）是借助工具安装轴承的正确方法。安装好的滚动轴承，应该试转检查，如果有异响或转动不灵活，说明安装不当或配合不妥，应该找出原因加以消除。

对配合过盈量较大的滚动轴承，采用压力机压入或热装法。热装法一般用机油将滚动轴承加热到 80～100℃，温度不宜过高，以免影响轴承的力学性能。轴承达到加热温度后，用钩子取出，迅速套到轴上，用力推入。

（3）推力滚动轴承的装配

推力滚动轴承只能承载轴向载荷。它是由紧圈、松圈、滚珠（柱）和保持架组成的。推力滚动轴承主要应用在阀杆螺母上。图 8-22

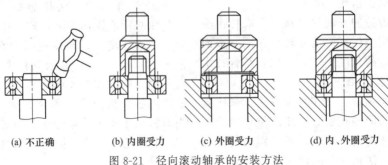

(a) 不正确　　　　(b) 内圈受力　　　　(c) 外圈受力　　　　(d) 内、外圈受力

图 8-21　径向滚动轴承的安装方法

是推力滚动轴承的装配实例，装配时，紧圈与转动件（如阀杆螺母）固定安装，松圈与静止件（如阀门支架或阀盖）固定安装，松圈的内孔比紧圈内孔大 0.2mm，这样转动件旋转时，不会与松圈内孔接触，若装反，就会使转动件磨损。图 8-22（a）为单个推力滚动轴承与转动件的安装形式，由调整螺母调整安装间隙；图 8-22（b）为两个推力滚动轴承与转动件的安装方式，上、下两个推力滚动轴承的紧圈分别与转动件轴肩的两边固定安装，由轴承压盖调节轴承间隙，在保证转动灵活的原则下，两个轴承间隙小为好。

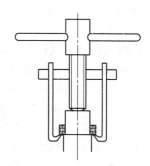

图 8-23　拉出器拆卸滚珠轴承

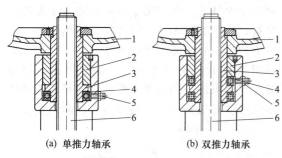

(a) 单推力轴承　　　　**(b) 双推力轴承**

图 8-22　推力滚动轴承的安装
1—手轮；2—轴承压盖；3—阀杆螺母；4—推力轴承；
5—油嘴；6—阀杆

（4）径向推力滚动轴承的装配

径向推力滚动轴承用于阀门上的主要有两类，径向推力滚珠轴承和径向推力圆锥滚子轴承，其中径向推力圆锥滚子轴承的内、外圈是分开的，安装后调整内外圈的间隙，其安装的方法可以参阅径向滚动轴承的安装方法，这类轴承可承受较大的轴向力和部分径向力，一般用于大型的阀门上。其调整间隙的方法包括：用螺母调整间隙、用螺钉调整间隙、用垫圈调整间隙、用紧圈调整内圈等方式。

（5）滚动轴承的拆卸

滚动轴承径运转磨损后，必须重新更换新的轴承，以保证机件的精度。拆卸轴承常用的工具是拉出器。如图 8-23 所示，拆轴承时，拉爪应该紧紧拉住安装力较大的轴承圈上，拆卸内圈时拉爪应该托在内圈端面，顶杆顶紧轴端，慢慢转动手柄，拉出轴承。拆卸外圈时，容易受到条件的限制，在条件允许的情况下，可以使用拉出器。如拆径向推力圆锥滚子轴承的外圈时，可将拉爪伸进圈内拉出。

对于配合过盈量较大及难以拆卸的轴承可采用加热轴或轴承座的方法，如拆卸装在轴上的轴承，可用加热到 80～100℃ 的热机油浇淋在轴承上，使轴承内圈膨胀，与轴松动，即可卸下轴承。如果拆轴承座内的轴承，则可将热机油浇淋在轴承座上，使其受热膨胀与轴承松动，即可迅速拆出轴承。

（6）轴类件的拆卸与装配

阀门的轴类包括轴、阀杆、杆件等，正确地装配轴类，能保证机件或阀门的运转平稳减少轴及轴承的磨损，延长使用寿命。

在装配前，应该对轴类及其相配的孔进行仔细的检查，清理和校正，使其符合技术要求，方可安装。

装配的技术关键是校正轴类通过两孔或多孔的公共轴线。校正的方法有目测、手感、着色及工具校正法。

① 目测校正法　用轴插入一轴孔中，轴的另一端对相应的轴孔做上下左右的摆动，用以检查孔的同轴度的方法称为目测校正法。用轴目测两轴孔同轴度方法的操作如下：将安装的轴插入左边轴孔中，轴的另一端在右轴承孔边先上下摆动（注意摆动时不能强制施加载荷，轴应该处于自由状态，无弹性变形），目测记下轴端与轴孔的相应位置，然后再左右摆动，同样记录相对位置。

在右轴孔零件的底座相应位置加垫片或去除一层金属，可纠正右端孔的倾斜。

右轴孔件修整后应该将轴再插入左孔中，重复校正检查。有时两轴孔位置都不正，这需要反复校正几遍，才能获得满意效果。在校正检查轴孔同轴度的过程中，一定要注意轴孔件安装牢固，无松动现象，否则，就会造成假象，前功尽弃。

用阀杆目测检查阀杆螺母与压盖孔的同轴度。先将阀杆倒装，旋入阀杆螺母中，并旋至接近至压盖孔，然后用手轻轻摆动阀杆（注意不可强制施加载荷），目测四点，就可以辨识阀杆螺母、压盖、填料函（箱）的同轴度，如有偏斜，应用合适的方法加以纠正。

如果支架与阀盖为一整体零件，经检查发现不同轴时，应该在阀杆螺母与其安装孔上找原因，重新退修校正。

② 手感校正法　将插入轴承位的轴杆，转动或用手敲击的办法，感知轴杆与孔相配合的松紧程度，然后调整轴承位置进行纠正的一种方法。

有经验的修理工人，手感的精度可达几丝（百分之几毫米）的误差。它们往往用手感和目测结合的方法进行校正。

③ 着色校正法　用显示剂涂在孔表面或轻颈表面，插入或旋转轴杆，在未涂色的接触面上显示出印痕，根据印痕情况校正轴承孔的一种方法，这种方法还可以检验轴和孔的圆柱度。

着色校正法具体操作如下：将轴杆插入一端轴孔中，在轴的端头涂上红丹或蓝印油，把涂有红丹油的轴端插入另一轴孔 1/4～1/3 的深度，左右微微地转动轴，抽出轴进行检查，如果轴的外圆有或有均匀的擦痕，则说明轴孔位置正确，同轴度符合要求；如果只有一边有擦痕，说明位置不正，轴偏向擦痕边。可采用目测校正法进行校正。在轴处于水平位置时用着色校正，因轴自重下垂，造成擦痕假象，引起错误判断，这点要引起操作者注意，最好使轴线与地面处于垂直条件下进行检查。

④ 工具校正法　用塞尺、百分表等工具检查和校正轴孔同轴度的一种方法。

用塞尺四点测量轴孔配合间隙，可检查轴孔的同轴度；将轴插入一端孔中至接近另端孔位置，将百分表卡住另一轴端，并使百分表的测量杆头接触孔表面或孔的同心圆外表面，轻轻地回转轴，根据百分表指示数据，对轴孔位置进行校正。

8.3.4　套类件的安装与拆卸

套类零件在阀门上用作滑动轴承、汽缸套、密封圈、导向套等。也常用套类零件修复磨损了的轴和孔。根据使用要求，套类的安装有过盈配合、过渡配合以及间隙配合。

（1）套类的安装

套类零件安装前应该对套类零件与所配合的轴孔进行清洗、清除倒角，清除锈斑，套与其配合件的接触面应该涂刷机油或石墨粉待用。

安装的方法根据配合等级不同有锤击法、静压法和温差法等。锤击法简单方便。安装时将套筒对准孔，套筒端垫以硬木或软金属制的垫板，以手锤敲击，击点要对准套的中心，锤击力恰当。对容易变形的薄壁套筒，可以用导管引导，用上述方法压入，见图 8-24。对安装精度要求较高的套类零件，应该采用静压法压入或温差法安装，保持安装后的套筒精度。

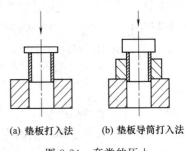

(a) 垫板打入法　　　(b) 垫板导筒打入法

图 8-24　套类的压入

一些低、中压阀门的密封面在修复过程中往往制成套类形式。如锅炉给水调节阀的阀座，闸阀的阀座以及锥面截止阀阀座的更换。如果采用过盈配合或过渡配合的套形密封面，用滚压机、螺杆试压台压入。楔形闸阀的密封面一般制成 5°斜面，压入套类零件时应该在法兰下面垫入一 5°斜板。使阀座呈水平状态，阀座密封面上垫以硬木或比密封面硬度更低的垫板，将阀座压入阀体，在安装闸阀阀座前应该先划线找正阀座的阀体的正确位置，阀座对准后再压入，见图 8-25。

温差安装法，一是将套筒冷却收缩或将与之配合的孔零件加热膨胀，二是把套类加热或将与之相配的轴冷却收缩，然后迅速安装套筒零件。这两种方法安装可靠，质量较高，但应该掌握零件的加热温度，以免使零件退火，改

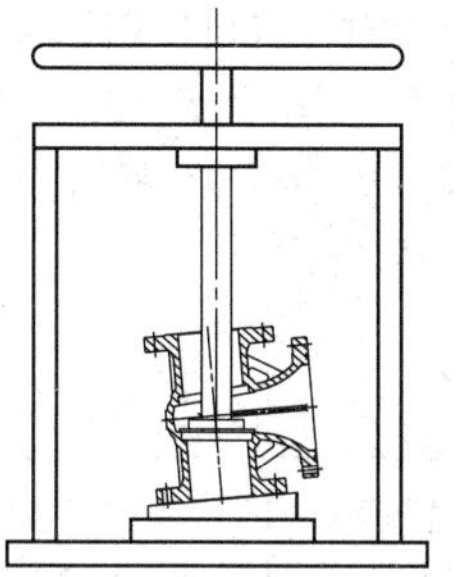

图 8-25　利用试压架压入阀座

变力学性能，造成隐患。套类的压入包括垫板打入法、垫板导筒打入法两种。

（2）套类的固定

套筒安装后为了防止松动，应该加以固定，固定的方法如图 8-26 所示，可以同时采用两种固定方法，对要求不高、传递动力不大的轴套，仅以过盈配合就可以，不需要另行加装固定零件。

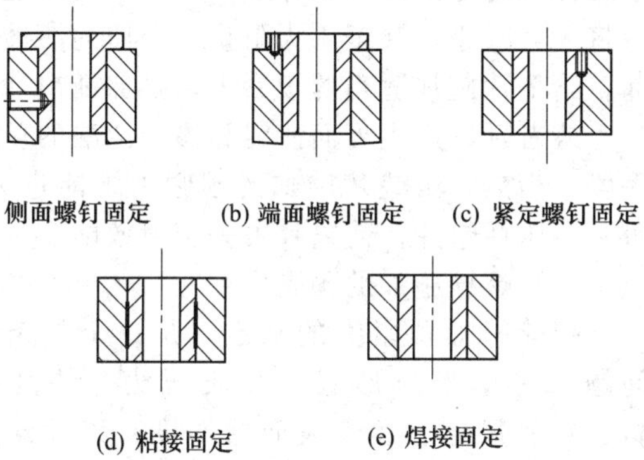

图 8-26　套类的固定方法

（3）套类的拆卸

拆卸前应该仔细检查套类零件的结构类型和固定方式，才能采取相应的拆卸措施，有紧定螺钉的套安装，应该先卸掉螺钉；以点焊固定的，应该先用錾子切除焊点；以粘接固定的，则视粘接剂的品种，选用溶剂或加热法拆卸。

套类零件的一般拆卸方法，先在套筒的安装缝中以煤油浸润，并用手锤敲击零件，使煤油加速渗透套筒的安装缝中，视结构不同，可以用工具将套筒打出或用拉出器将套筒拉出，对难以拆卸的套类，可用机床切削去除。对没有切削设备或不适合切削加工的套类零件，可以用锯或錾的方法，除掉轴套。锯割适合通孔套筒零件，錾切适合盲孔套类零件。

8.3.5　粘接处的拆除

在阀件的修复作业中，会遇到粘接件残胶的清除，粘接处的拆卸。粘接方便，拆卸却很困难。这里介绍水浸法、水煮法、火烤法、化学处理法和机械加工法以拆卸粘接件，并清除残胶。

（1）水浸法

有些粘接剂遇水就溶解，对于以这类粘接剂粘接的零件或清理这类残胶，可将待拆卸或清理的零件在水中浸透，直至粘接剂溶解，粘接处脱离为止。这类胶有 501、502、JQ-1 等。

（2）水煮法

低分子量环氧树脂，如 101、628、637、634 和其他类型的粘接剂，以乙二胺、多乙烯多胺作固定剂进行冷固化的粘接件，可在沸水煮约 10min，视工件大小，适当调整水煮时间，粘接剂受热后软化，趁热把粘接处拆开。

（3）火烤法

采用苯二钾酸酐等热固化剂，无论是环氧树脂或其他耐温性能在 300℃左右的粘接剂，用水煮法不可能拆卸，可采用火烤法使其受热软化，趁热清理残胶或趁热用工具迅速撬开接头。用这种方法注意不能使加热温过高，以免粘接零件受热退火或烧损。

（4）化学处理法

利用某些粘接剂不耐酸、不耐碱，不耐溶剂等特性，将残胶或待拆卸部位或零件，置于化学物质中，来清除残胶或拆卸粘接接头。如无机胶用火烤不起作用，它不耐碱，可以碱液浸透胶层，使粘接处脱开，溶剂型粘接剂，不耐溶剂，如聚氯乙烯、聚苯乙烯等都溶于丙酮。

（5）机械加工法

利用打磨、刮削、车、钻等方法能清除残胶，拆卸接头。

8.4　垫片的安装与拆卸

垫片的拆装是阀门检修的主要程序之一，是预防“跑、冒、滴、漏”的重要内容。垫片拆卸与安装质量的好坏，是直接关系到阀门安全运行的重要技术措施。

8.4.1 垫片的密封原理

静密封是两个连接件中间夹上垫片来实现密封的。静密封的结构形式很多，有平面垫、梯形（椭圆）垫、透镜垫、锥面垫、液体密封垫、O形圈以及各种自密封垫片等。这些垫片按制作材料有非金属垫片、金属垫片、复合材料垫片三大类。为了不同性质的介质的需要，垫片分为很多种。垫片是解决静密封处"跑、冒、滴、漏"的重要零件。因此，垫片的安装是一个很重要的环节。

（1）静密封处泄漏种类

静密封处的泄漏有两种，即界面泄漏和渗透泄漏，如图 8-27 所示。

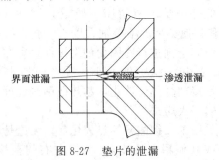

图 8-27　垫片的泄漏

① 界面泄漏　是指介质从垫片表面与连接件接触的密封面之间渗漏出来的一种泄漏形式。界面泄漏与静密封面的形式、密封面的表面粗糙度、垫片的材料性能及垫片安装质量（位置与比压）等因素有关。

② 渗透泄漏　是指介质从垫片的毛细孔中渗透出来的一种泄漏形式。组织疏松的植物纤维、动物纤维、矿物纤维材料制作的垫片容易渗透泄漏。

通常所说的"阻止渗透"、"无泄漏"，只不过渗透量非常微小，肉眼看不到渗透泄漏。

③ 密封原理　图 8-28 是垫片的密封原理，图中的密封面和垫片是放大了的微观几何图形。当垫片在密封面之间未压紧前，垫片没有塑性变形和弹性变形，介质很容易从界面泄漏。当垫片被压紧后，垫片开始变形，随着压紧力增加，垫片比压增大，垫片变形越大。由于垫片表面层变形，垫片被挤压进密封面的波谷中去，填满整个波谷，组织介质从界面渗透出来。垫片中间部分在压紧力的作用下，除有一定的塑性变形外，还有一定的弹性变形，两

密封面在某些因素（如管线冷缩、管内压力增大等）的作用下，间距变大时，垫片具有回弹力，随之变厚，填补密封面间距的变大，阻止介质从界面泄漏。

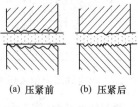

(a) 压紧前　　(b) 压紧后

图 8-28　垫片的密封原理

④ 影响泄漏的因素　垫片的渗透泄漏与介质的压力、渗透能力、垫片材料的毛细孔大小、长短，对垫片施加压力的大小等因素相关。介质的压力大而黏度小，垫片的毛细孔大而短，则垫片的渗透量大；反之，则垫片的渗透量小。连接件中的垫片压得越紧，垫片中的毛细孔也将逐渐缩小，介质从垫片中的渗透能力将大大减小，甚至认为阻止了介质的渗透泄漏。给垫片施加适当的预紧力，是保证垫片不产生或者延迟产生界面泄漏和渗透泄漏的重要手段。当然，给垫片施加的预紧力不能过大，否则会压坏垫片，使垫片失去密封效能。

（2）螺栓施加的预紧力

螺栓施加预紧力的确定，是一个复杂的问题，它与密封形式、介质压力、垫片材料、垫片尺寸、螺纹表面粗糙度，以及螺栓螺母旋转有无润滑等诸因素相关。有润滑时，摩擦因数是 0.1～0.15，无润滑时摩擦因数是 2.2～3.0。

① 螺栓施加预紧力的转矩

a. 原石油部在标准《安装垫片的技术要求》中规定的转矩（测力）扳手，螺母直径为 M10～16 的螺母旋紧力矩为 150～200N·m；M20～22 的旋紧力矩为 250～300N·m。规定的旋紧力矩未考虑螺栓材质、螺纹精度和表面粗糙度、垫片的形式、材质及厚度等因素。同时，规定转矩扳手适用的阀门及法兰范围，见表 8-1。

表 8-1　转矩扳手适用的阀门及法兰范围

公称压力 PN	6	10	16	25	40	64	100	160
最大公称尺寸 DN	700	500	350	200	150	100	80	50

b. 阀门组装时螺栓螺母的螺纹表面，以及相应的接触面应涂上润滑剂。经过长期使用后在拧紧时，必须依据表面状况的变化，重新确定预紧力，计算螺栓施加预紧力的转矩 M，其简略公式是：

$$M = 0.1QD \sim 0.4QD$$

式中　M——转矩扳手施加的转矩，N·m；

　　　Q——预紧力，N；

　　　D——螺栓的公称直径，m。

石油化工常用法兰垫片选用导则中规定，螺栓的紧固转矩简单计算公式是：

$$T = 0.02Wd/n$$

式中　T——个螺栓的当量转矩，N·m；

　　　W——垫片上紧载荷，N；

　　　n——螺栓个数；

　　　d——螺栓有效直径（根径），m。

c. 缠绕式垫片推荐压缩后的厚度数值，见表 8-2。

表 8-2　缠绕式垫片压缩后的厚度推荐值

单位：mm

垫片公称厚度	压缩后厚度	垫片公称厚度	压缩后厚度
1.6	1.25±0.05	4.5	3.3±0.1
3.2	2.4±0.1	6.4	4.8±0.2

② 预紧比压 y 和垫片系数 m

a. 预紧比压 y 为了确保垫片密封严密不漏，需对垫片施加足够的压紧力，在这个力的作用下，垫片被压缩变薄。当阀门带压工作时，就会产生一种与压紧力相反的力，使螺栓伸长，法兰间隙增大，垫片也会随之回弹，厚度有所恢复。当法兰间隙增大到一定程度时，垫片密封处开始渗透泄漏，这时垫片所承受的压紧力，称为垫片最小预紧压力，亦称垫片"漏点"。如果垫片的预紧压力小于漏点值，即使介质工作压力很小，垫片也不能起到密封作用。最小预紧压力是某种密封垫片的固有静态特性，考虑到阀门工作的安全性，设计时垫片最小预紧压力乘上一个安全系数；得到的数值为设计的垫片预紧压力，也称垫片预紧比压，用 y 表示，单位为 MPa。

确定垫片的预紧压力，一般用 y 表示乘以垫片有效压紧面积。

b. 垫片系数 m。垫片系数 m 是有效压紧应力 G_g 与工作压力 P 的比值，即

$$m = G_g/P$$

m 是个无量纲参数，它反映了密封垫片的动态特性。从公式可以看出，内压 P 增加时，压紧力增加；m 值越大，压紧力越大。

c. 常用垫片的 y、m 要保证垫片密封可靠，必须同时满足 y 和 m 值，常用垫片的 y 和 m 值，见表 8-3。

表 8-3　常用垫片的 y、m 值

垫片种类		垫片剖面图	y/MPa	m
橡胶垫片	邵氏硬度<75		1.0	0.50
	邵氏硬度≥75		1.5	1.00
夹布橡胶垫片			3.0	1.25
石棉橡胶板垫片	厚度3.2		11.5	2.00
	厚度1.6		26.0	2.75
	厚度0.8		45.5	3.50
夹石棉布橡胶垫	三层		15.5	2.25
	二层		20.0	2.50
	一层		26.0	2.75
纸垫片			8.0	1.75
缠绕垫片	镍钢		20.0	2.50
	不锈钢		31.5	3.00
橡胶O形圈	邵氏硬度<75		0.7	3.00
	邵氏硬度≥75		1.5	6.00
包石棉金属波形垫片	软铝		20.0	2.50
	黄铜		26.0	2.75
	纯铁或纯钢		32.0	3.00
	蒙乃尔合金		39.0	3.25
	不锈钢		45.0	3.50

续表

垫片种类		垫片剖面图	y/MPa	m
波形金属垫片	软铝		26.0	2.75
	黄铜		32.0	3.00
	纯铁或纯钢		39.0	3.25
	蒙乃尔合金		45.0	3.50
	不锈钢		53.0	3.75
金属包垫片	软铝		39.0	3.25
	黄铜		45.0	3.50
	纯铁或纯钢		53.0	3.75
	蒙乃尔合金		63.0	3.75
	不锈钢		70.0	4325
梯形垫片或椭圆垫片	纯铁或纯钢		126.0	5.50
	蒙乃尔合金		153.0	6.00
	不锈钢		180.0	6.50
金属平垫片	软铝		62.0	4.00
	黄铜		91.0	4.75
	纯铁或纯钢		120.0	5.50
	蒙乃尔合金		163.0	6.00
	不锈钢		180.0	6.50

聚四氟乙烯垫片的垫片系数，当垫片厚度 $S=1mm$，$m=4mm$；$S=2mm$，$m=21mm$；$S=3mm$，$m=22mm$。

粘贴石墨膨胀带的金属包垫片和金属平垫片的垫片系数，$m=2$。

在长期高温运行的条件下，法兰及其紧固件将产生蠕变，有使垫片密封失效的现象。随着温度的升高，运行时间的增长，这种现象尤为显著。因此，对螺栓的预紧力需增加一个附加力，但是预紧力也不可无限增加，它受到连接法兰的强度和垫片性质的制约。在高温或深冷工况条件下，对螺栓采取热紧、冷松的办法，以满足压紧垫片足够的预紧压力。

综上所述，压紧垫片的螺栓预紧力受多种因素的影响，一般说来，压力高、温度高比压力低、温度低时预紧力要大些；金属垫片比非金属垫片的预紧力要大些；介质黏度低、渗透力较强的比渗透力较弱的预紧力要大些；垫片接触面积大的比垫片接触面积小的预紧力要大些。总之，在保证试压密封的条件下，根据具体情况尽量采用较小的螺栓预紧力。

8.4.2　垫片的安装与拆卸

（1）垫片安装前的准备

垫片属于易损件，在阀门中它与填料是更换量最大、最频繁的零件。垫片选择和安装质量是直接关系静密封点是否"跑、冒、滴、漏"，能否保证安全的大问题。

① 垫片尺寸的确定　垫片尺寸可按 JB/T 1718—2008 标准进行选取。垫片形式如图8-29所示，其尺寸见表8-4。在实际工作中，对于非标准垫片或现场现制的垫片，可按原垫片制作或在阀门上测量尺寸。其垫片内外径尺寸，光滑面法兰用垫片的内径比实际直径大些，垫片的外径基本与光滑面外圆一致，如果考虑定位不便，可将垫片的外径加大至螺栓内侧，以螺栓定位。垫片的宽度选定，一般在使用材料的正常比压下，试压不漏就可以了，不宜过宽，垫片过宽施加很大的压紧力，还会密封不严；也不宜过窄，垫片过窄容易泄漏，压紧力过大后，还会损坏垫片。

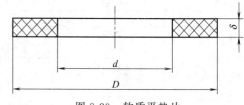

图 8-29　软质平垫片

② 平行垫的制作　将板材制作成垫片的方法很多，大致可分为錾制、锯制、剪制、切制、冲制、车制等。

表 8-4　法兰垫片尺寸（A 系列）　　　　　　单位：mm

d 尺寸	d 偏差	D 尺寸	D 偏差	δ	d 尺寸	d 偏差	D 尺寸	D 偏差	δ
18		26			68		82		1.5
20		28			70		85	0	
22		30			75		90	−0.5	
24		32			85		100		
27		35			90		110		
30		38			95		115		
33	+0.5	43	0	1.5	105	+0.5	125		2
36	0	46	−0.5		110	0	130		
39		50			115		135	0	
42		52			130		150	−1.0	
45		58			135		155		
52		65			140		160		
56		70			160		190		
60		72			185		215		3

　　a. 錾制垫片。适用于现场制作。錾制工具与一般钳工用的錾子不同，它是用薄的工具钢和废旧锯条制成的，有平錾刀、曲錾刀等，其形状如图8-30所示。刀口夹角为 15°～30°。

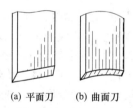

(a) 平面刀　　(b) 曲面刀

图 8-30　錾制平垫片的工具

　　图 8-31 所示是錾制方法。先用圆规按尺寸在板材上划线，用剪板机或平錾刀先下料成方块，再用曲面錾刀沿内圆线錾制内圆，一般沿内圆线錾制两周即可。接着錾制外圆，外圆用平錾刀切割，一般沿外圆线錾制两周即可。最后用平锉修整外圆，用半圆锉修整内圆。錾制过程中，板材应放在硬木板上进行，錾刀与板材保持垂直，錾刀线过渡自然，垫片表面不允许有任何刀痕、扯撕、锤击等痕迹，边沿应光滑，无毛刺、缺边等缺陷。有径向裂纹的垫片不允许使用。

　　b. 锯制垫片。使用手工锯按图 8-31 所示的加工线锯割外圆。对石棉板进行锯制时，要特别注意锯口周围"起毛"而影响垫片加工质量，解决办法是锯割速度适当，反装细齿锯条进行加工。

图 8-31　錾制平垫的方法

　　c. 剪制垫片。有手工、机械加工两种。手工是用剪刀加工垫片，剪制的板材一般为石棉板、橡胶、塑料等。机械加工垫片的工具有电动剪板工具和剪板机。剪板机如图 8-32 所示，它特别适用剪切较大的垫片。对于油库来说，垫片用量不是很大，没有必要购置机械加工用电动剪板工具和剪板机。

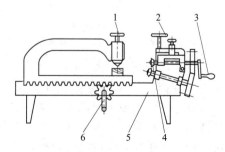

图 8-32　剪板机

1—定心手轮；2—刀片调节手轮；3—剪切手轮；
4—刀片；5—机架；6—半径调节手轮

　　d. 切制垫片。常用的切垫片器，如图8-33所示。它使用方便，效率高，质量好，适于切制厚度 14mm，直径 15mm 以上的垫片。

油库可以自行加工制造切制器。

切制器的构造及工作原理：莫氏锥体与钻床主轴配用，锥体中间装有弹簧和定心杆，定心杆的尖端用于垫片的圆心定位，锥体顶部有泄气孔，以消除定心杆的阻滞现象。调节臂两端中间开有长形槽，能使刀架左右滑动，使刀片到定心杆尖端的距离等于垫片内圆或外圆的半径。两个刀架可以在调节臂的长形槽中调换180°的位置，松开或紧固压盖上的螺钉可使刀架移动或固定。刀片插入刀架上的扁形孔并用螺钉固定，刀架和刀片上方的调节螺钉可调整刀片的上下或长短。两只刀片可用废旧锯条制成，切制垫片外圆的刀片刃口朝外，切制垫片内圆的刀片刃口朝内。两刀片应为等高，或者切内圆刀片略高于外圆刀片。这样，切制垫片时刻同时切断其内外圆，或者内圆比外圆早切断。如果垫片的外圆比内圆早切断，垫片不能用手固定，内圆刀片会带动垫片旋转而切不断。

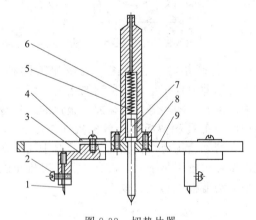

图 8-33　切垫片器

1—刀片；2—调节螺钉；3—刀架；4—压盖；5—弹簧；
6—莫氏锥体；7—定心杆；8—紧定螺钉；9—调节臂

切制垫片时，将切垫片器装在钻床主轴上，工作台上垫一块硬木板，表面应平整并与切垫片器的定心轴垂直，按垫片尺寸调节两刀片至定心杆尖的距离，然后试转，检查尺寸是否正确，确定无误后再正式切断垫片。刀片伸出长度约超出垫片的厚度，伸出太长会使刀片折断。切制垫片适用于大块板料，否则将操作不便和不安全。切后的余料，还可用钉子钉在或卡具固定在木板上再切较小的垫片。

e. 冲制垫片。分手工和机械两种。机械冲制是用加工垫片的专用模具在冲压机床上冲制，生产效率高、质量好，但需要专用模具，适用大批量的生产。

手工冲制垫片是利用图 8-34 所示的工具进行冲制。冲制工具用工具钢制成，刀口硬度高且刀口夹角要小而锋利。手工冲制工具也可以自行制造。

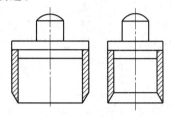

(a) 外圆冲制工具　　(b) 内圆冲制工具

图 8-34　冲制垫片工具

f. 车床车垫片。用车床进行加工平垫片的方法分为内夹紧法、顶压紧法、外夹紧法、内外夹紧法等。车床加工的垫片质量好，可加工金属垫片、非金属垫片、套料垫片，并节约板材。

图 8-35 是内压夹紧法。加工一根带有肩台、安装垫料的轴，一块挡板，一块夹板，同时需要锁紧螺母。将带肩台的一端夹在卡盘上，肩台处放置一块挡板，将方块垫料套在轴上，上好夹板，拧紧螺母即可。加工时应先车外圆，后车内圆。这种内夹紧方法简单易行。

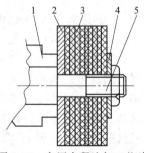

图 8-35　内压夹紧法加工垫片

1—卡盘；2—挡板；3—垫料；4—夹板；5—带肩台轴

图 8-36 是顶压夹紧法。加工一根带有肩台、安装垫料的轴和顶盖。将带肩台的一端夹在卡盘上，将方块垫料套在轴上，用车床尾架上的活顶尖把顶盖压紧，向垫料施加压力。当预紧、锁好尾架顶针即可加工，此法夹持的垫料不宜太多，否则，顶压不紧而造成车削时的垫片打滑。

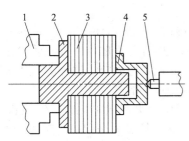

图 8-36　顶压夹紧法加工垫片
1—卡盘；2—带挡板的轴；3—垫料；
4—顶盖；5—活顶尖

图 8-37 是外压夹紧法。用管子加工一根夹紧垫料的轴和两块挡板，在轴部端垂直焊接一块挡板，挡板的四角钻孔。加工前，先用四只螺栓把挡板、垫料和夹板一起夹紧，将带挡板轴夹在车床卡盘上，用车刀从内向外套车垫片，加工垫片的规格从小到大。外压夹紧法比较麻烦，但加工过程中垫料不会滑动，适用加工大的垫片。

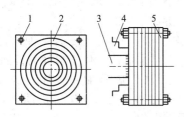

图 8-37　外压夹紧法加工垫片
1—螺栓；2—垫料；3—带挡板的轴；
4—卡盘；5—夹板

③ 垫片安装前的准备

a. 垫片的选择。垫片应按照静密封面的形式和阀门的口径，以及使用介质的压力、温度、腐蚀状态选用。对选用的垫片，应细致检查。对橡胶石棉板等非金属垫片，表面应平整和细密，不允许有裂纹、折痕、皱纹、剥落、毛边、厚薄不均和搭接等缺陷。

b. 安装垫片前应对螺栓、螺母，以及螺纹连接或法兰连接处进行检查或修整。

螺栓、螺母的类型、尺寸和材质应符合国家标准中有关规定。不允许乱牙、弯曲、材质不同、规格不同的螺栓、螺母混用。

对螺纹连接的静密封结构，应无乱牙、滑牙现象，无裂纹和较严重的腐蚀现象。对法兰连接的静密封结构，应无偏口、错口、错孔和

上下法兰配合不当等缺陷，也同样不允许有裂纹和较严重的腐蚀现象。

c. 安装垫片前应清理密封面。对密封面上的橡胶、石棉垫片的残片用铲刀铲除干净，水线槽内不允许有炭黑、油污、残渣、胶黏剂等物。密封面应平整，不允许有凹痕、径向划痕、腐蚀坑等缺陷。不符合技术要求的要进行研磨修复。

（2）垫片安装的要求

垫片安装应在法兰连接结构或螺纹连接结构，静密封面和垫片检查合格后方可进行。

① 上垫片前，密封面、垫片，螺纹及螺栓螺母旋转部位涂上一层石墨粉或石墨粉用机油（水）调和的润滑剂。垫片、石墨应保持干净（即垫片袋装，不沾灰；石墨盒装，不见天），随用随取，不得随便丢放。

② 垫片安装在密封面上要适中、正确，不能偏斜，不能伸入阀腔内或搁置在台肩上。垫片内径应比密封面内孔大些，垫片外径应比密封面外径稍小，这样才能保证垫片受压均匀。

③ 安装垫片只允许垫一片，不允许在密封间垫两片或多片垫片来消除两密封面之间的间隙。

④ 阀门中法兰垫片上盖前，阀杆应处于开启状态，以免影响安装损坏阀件。上盖时要对准位置，不得用推拉的方法与垫片接触，以免垫片发生位移和擦伤。调整垫片的位置时，应将盖慢慢提起，对准后轻轻地放下。

⑤ 上螺栓时，打钢号一端应装在上边与检查的一端，螺栓拧紧应采用对称、轮流、均匀操作方法，分 2～4 次旋转，螺栓应满牙、齐整无松动。螺纹连接的垫片盖，有扳手位置的，不得用管钳。螺栓连接或螺纹连接的垫片安装，应使垫片处在水平位置上。

⑥ 垫片上紧后，两连接件之间应有适当间隙，以备垫片泄漏时再次上紧的余地。垫片安装的预留间隙，见图 8-38。

图 8-38（a）所示是错误的安装方法，两法兰之间的肩台相处过分"亲密"，没有间隙，螺纹连接处没有预留螺纹，它们都没有再预紧的余地。图 8-38（b）所示是正确的安装方法，肩台预留有间隙，有预紧余地。

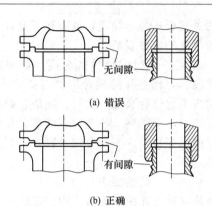

图 8-38 垫片安装的预留间隙

（3）垫片安装中容易出现的问题

在垫片安装中，修理者往往忽视静密封面的缺陷的修复，密封面和垫片的清洁工作不够彻底，随着这些问题而来的补救措施，是修理者用过大的预紧压力压紧垫片，使垫片的回弹能力变差，甚至损坏，缩短了垫片使用寿命。除此之外，常见的问题是偏口、错口、张口、双垫、偏垫、咬垫等，如图 8-39 所示。

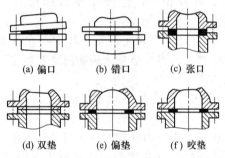

图 8-39 垫片在安装中容易出现的问题

① 偏口　见图 8-39（a），其产生的原因，除了加工的质量问题外，主要是拧紧螺栓时，没有按对称均匀，轮流的方法操作，事后又没有对称四点上检查法兰间隙而造成的。

② 错口　见图 8-39（b），其原因是加工质量不好，两法兰孔的中心没有对准，或者螺纹错位造成的。其原因是安装不正或螺纹直径选用过小，互相移位引起的。

③ 张口　见图 8-39（c），造成这种缺陷的原因，一是垫片太厚，使密封面露出在另一法兰的肩台；二是凹面、榫槽面不合套，嵌不进去。

④ 双垫　见图 8-39（d），这种缺陷往往是为了消除连接处预留间隙而又新出现的

缺陷。

⑤ 偏垫　见图 8-39（e），主要是安装不正引起的，垫片伸入腔内，容易受到介质的冲蚀，并使介质产生涡流。这种缺陷使垫片受力不均匀，易产生泄漏。

⑥ 咬垫　见图 8-39（f），它是由于垫片内径过小或外径过大引起的。垫片内径过小，伸入阀门内腔容易产生图 8-39（e）所示的缺陷；垫片外径过大，容易使边缘夹在两密封面的台肩上，使垫片压不紧。

图 8-39 所示是以阀门中法兰为例的，也是在阀门安装过程中经常出现的缺陷。

在长期工作实践中，对保证垫片安装质量，总结为"选得对，查得细，清得净，装得正，上得匀"。为了得到好的安装质量，这五个环节缺一不可。

（4）垫片的拆卸

垫片拆卸顺序是：卸除垫片上的预紧力，继而打开静密封面，取出垫片，清除垫片残渣。垫片拆卸方法如下。

① 除锈法　螺纹处浸透煤油或除锈剂，清除锈物，增加润滑，便于零件的拆卸。

② 匀卸法　解除加在垫片上的预紧力。松动螺栓应对称、均匀、轮流松动 1/4～1 圈后，然后卸下螺栓。

③ 撬动法　用楔形工具插入法兰间，撬动待卸法兰。操作时，轻轻地插入垫片与密封面的间隙，对称地撬动，使垫片松动后取下。

④ 顶杆法　对锈死、粘接的垫片，先卸下螺栓，后关闭阀门，用阀杆顶开阀门盖。

⑤ 敲击法　利用铜棒、手锤等工具轻轻敲打阀体，使零件和垫片松动后拆卸。

⑥ 浸湿法　用溶剂、煤油等浸湿垫片，使其软化或剥离密封面后拆卸。

⑦ 铲刮法　利用铲刀斜刀刃紧贴密封面，铲除垫片及其残渣。对于橡胶石棉垫和黏附较紧的橡胶层，可用铲刀铲除，铲除过程中要防止损伤密封面。

8.5　填料安装与拆卸

阀门填料的正确安装与拆卸是确保阀门不发生"跑、冒、滴、漏"的经常性工作。选用

合适的填料是满足各种不同工作条件的重要因素，填料的正确安装是保证其充分发挥功能的决定因素。正确的填料加工，严格执行安装于拆卸程序，合理选用专用工具是保证阀门填料安装与拆卸符合技术要求的基本要素。

8.5.1　填料密封的原理与压紧力

填料密封是将填料装填在阀杆与填料函之间，防止介质向外渗漏的一种动密封结构。

（1）结构分类

填料密封按填料密封结构分，有压盖式，O 形密封圈、波纹管式等；按填料函（箱）内部结构可分为一般式、分流环式、内紧式等；按使用填料材料分有非金属填料、金属填料和复合材料。

阀门中，使用最多的是压缩填料，它是按不同的条件，将各种密封材料组合制成绳状、环状密封件。近年来出现了一种柔性石墨填料和膨胀聚四氟乙烯填料，它具有非常优异的密封性能，越来越多地应用在阀门的填料密封中。

（2）填料的安装形式

填料的几种安装形式，见图 8-40。

① 浸油石棉填料　图 8-40（a）所示是浸油石棉填料填装形式，为了压紧填料而不使油渗出，并提高使用效果，第一圈（底圈）和最后一圈（顶圈）应安装石棉绳填料。

② 柔性石墨填料　图 8-40（b）所示是柔性石墨填料填装形式。柔性石墨填料的质地较软，刚度很小。为防止介质直接冲刷石墨填料和防止因压紧填料的预紧力将石墨填料挤出填料函，第一圈一般装填编织柔性石墨填料；为了避免柔性石墨与空气接触，防止压盖损坏石墨填料，最后一圈也是编织柔性石墨填料。柔性石墨的密封性能十分优良，一般填 3～4 圈就足够了，如果填料函较深，为了节省石墨填料，可填充其他填料或金属圈。

③ 高温用填料　图 8-40（c）所示是适应高温条件下的填料填装形式，介质温度在350℃以下时，填料前三圈装石棉填料，第四圈装铝填料；350℃以上时，前四圈装填石棉填料，第五圈装铝填料，以后交叉装填，最后装填石棉填料。

④ V 形自密封填料　图 8-40（d）所示是V 形自密封填料组合形式。下填料安放在填料函的底部，中填料安放在中间，约 2～4 圈，上填料安放在上部，有的上填料上面还装有金属垫圈。

⑤ 带有分流环填料　图 8-40（e）所示是安装有隔环（或称灯笼环）填料函安装形式，这种形式用于高温、高压、强腐蚀介质的重要填料函，隔环上下的填料视介质的性质而定。

填料的安装还有其他的形式，随着新材料、新技术的不断开发，填料的组合形式也不断更新，介质的参数越来越高，特殊的填料也应运而生。有的阀门分别设置上、下填料函，下填料函设在阀盖下部，填料靠自紧机构压紧，而上部填料函，装填普通的填料，常规压紧，这种形式常用在深冷、强腐蚀介质的重要场合。有的填料函在底层采用楔形自密封圈等形式。

（3）密封的原理

填料密封原理有轴承效应和迷宫效应原理两种。

① 轴承效应原理　由于压盖施加在填料上的载荷，使填料产生塑性和弹性变形，在做轴向压缩的同时，也产生径向力，与阀杆及填料函孔紧密结合。当阀杆与填料做相对运动时，由于填料的自润滑作用或产生的油膜，使填料与阀杆之间边界保持润滑状态，延迟填料与阀杆的磨损，较长期地保持紧密贴合，阻止介质渗漏。这种边界润滑状态，虽然不十分均匀，但有类似滑动轴承的作用，故称为"轴承效应"。

② 迷宫效应原理　填料与阀杆相接触有一定的深度（即接触长度），由于制造误差的存在，在阀杆运动时，不可避免地在填料与阀杆之间产生微小、不规则的运动间隙，使填料与阀杆的接触长度上形成"迷宫"现象，起着节流和防止介质泄漏的作用，这种作用称为"迷宫效应"。填料在阀杆运动中，依靠它的可塑性和回弹性，填补运动间隙，使填料保持与阀杆的紧密贴合，维持"迷宫效应"。

"轴承效应"和"迷宫效应"是填料维持密封的原理。这两种效应使填料密封良好，不发生泄漏。因此，填料密封必须有良好的润滑和适当的压紧载荷。

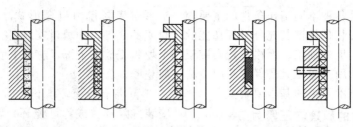

(a) 浸油石棉填料　(b) 柔性石墨填料　(c) 高温条件下　(d) V形自密封填　(e) 带有隔环填
　填装形式　　　　填装形式　　　　填装形式　　　料组合形式　　　料函形式

图 8-40　填料安装的形式

（4）压盖压紧力的确定

压盖的压紧力与介质压力和其他因素有关，主要是介质压力，压紧力与介质压力成正比例关系。保持密封填料压紧力的计算方法有很多种，常用的压盖压紧力计算公式是：

$$Q = 2.356(D^2 - d^2)p \times 100$$

式中　Q——压盖的压紧力，N；

　　　D——填料函（箱）的内径，cm；

　　　d——阀杆外径，cm；

　　　p——介质压力，MPa。

填料高度一般与介质压力成正比，压力高所用的填料圈数多些。因此，认为填料越多越好是不正确的。在实际应用中，填料圈数过多，由于填料摩擦力，压紧填料的力不易传到下部填料，填料函中下面的几圈填料因压紧力不够，而不能很好地密封，反而增加了填料对阀杆的摩擦力，致使操作力矩增大。

填料密封结构是动密封的一种形式，它的泄漏率比垫片大得多。填料的泄漏形式主要是界面渗漏，对于编织填料有一部分为渗透泄漏。所以，在这类填料中加金属片或聚四氟乙烯，用以解决渗透泄漏。

8.5.2　安装前的准备

（1）填料的选用与核对

填料按照填料函的类型和介质的压力、温度、腐蚀性能来选用，填料的类型、尺寸、材质及性能应符合有关标准和规定。核对选用填料名称、规格、型号、材质及阀门工况（压力、温度、介质腐蚀等），填料与填料函结构的配套，与有关标准和规定应相符等。

（2）填料检查

① 编织填料应编织松紧度一致，表面平整干净。表面应无背骨，无外露线头、损伤、跳线、夹丝外露、填充剂剥落和变质等缺陷。

编结填料的搭角应一致，角度应成 45°或 30°，尺寸应符合要求，不允许切口有松散的线头、齐口、张口缺陷，见图 8-41。

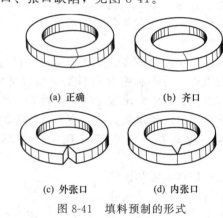

(a) 正确　　　　　　　(b) 齐口

(c) 外张口　　　　　　(d) 内张口

图 8-41　填料预制的形式

② 切制的编织填料最好在安装前预制成形。

③ 柔性石墨填料是成形填料，表面应光滑平整，不得有毛边、扭曲、划痕等缺陷。

④ O 形圈填料应粗细一致，表面光洁，不得有老化、毛边、扭曲、划痕等缺陷。

（3）填料装置的清理和修整

安装填料前，应对填料装置各部件进行清洗，检查和修整，损坏了的部件应更换。填料函内的残存填料应彻底清理干净，不允许有严重的腐蚀和机械损伤。压盖压套表面光洁，不得有毛刺、裂纹和严重的腐蚀等缺陷。压紧螺栓应无乱牙、滑牙现象，螺栓、螺母相配对无明显晃动，螺栓销轴应无弯曲和磨损，开口销齐全。填料函应完好，斜面向上。

（4）阀杆检查

阀杆、压盖、填料函三者之间的配合间隙应符合要求；阀杆表面粗糙度、圆度、直线度等技术指标应符合要求。阀杆、压盖、填料函应同轴线，三者之间的间隙要适当，一般为 0.15～

0.3mm。阀杆表面不允许有明显的划痕、蚀点、压痕等缺陷。

8.5.3　填料安装和拆卸工具

　　填料的安装和拆卸是在沟槽中进行的，因此比垫片的安装和拆卸困难得多。特别是拆卸填料函中深处的填料，极易损伤阀杆，影响填料密封。

　　填料的安装工具，可根据需要自行制作各式各样的工具。工具的硬度不能高于阀杆的硬度。装卸工具应用质软而强度高的材料制成，如铜、铝合金、低碳钢或 18Cr-8Ni 型不锈钢等，工具的刃口应较钝，不应有锐口。

　　（1）压实填料工具架

　　① 压实填料工具架　　见图 8-42。使用时可将整个阀门和阀门盖放在工作台上，装好填料和压具，然后旋转螺杆，使压爪压住压盖和压具，直到填料压紧为止。压具是由两个半圆筒组成的工具，它的外径为压盖压套的外径，内径为压盖压套的内径，高度按填料函深度和工作方便，确定不同的高度。为便于取出，压具的上端应有凸肩，其材料应为铜、铝合金、低碳钢等。这种工具适用于检修后安装阀门填料。

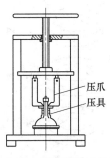

8-42　压实填料工具架

　　② 利用阀杆压填料的工具　　见图 8-43。它是用卡箍抱住阀杆，在压盖下装好压具，利用阀杆的关闭力，把填料函内的填料压紧。压紧后用手按住压具，另一只手旋开阀杆，把压具取出。当填料已填到填料函上部时，可直接用压盖压紧。这种工具适用于在用阀门安装填料。

　　（2）填料拆卸工具

　　图 8-44 所示是填料的拆卸工具，它们主要用于填料的取出。

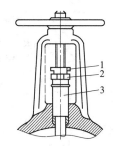

图 8-43　利用阀杆压填料的工具
1—卡箍；2—压盖；3—压具

　　① 拔压工具　　见图 8-44（a），在填料函中放置填料不平整时，用它调正、压平，也可把填料拔出。

　　② 钻具　　见图 8-44（b），在填料函深处的填料接头处钻入，然后慢慢地用力拉起，取出填料。

　　③ 钩具　　见图 8-44（c），它用于从填料函内钩出填料。

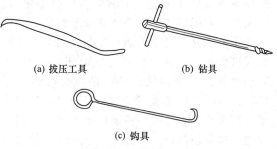

(a) 拔压工具　　　　　　(b) 钻具

(c) 钩具

图 8-44　填料拆卸工具

　　（3）O 形圈安装和拆卸工具

　　① O 形圈安装工具　　见图 8-45，工具两端为锥体，适应 O 形圈套上套下，不会划伤 O 形圈的表面。它适用于没有安装倒角，有螺纹和沟槽的 O 形圈零件。

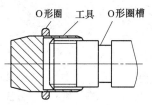

图 8-45　O 形圈安装工具

　　② O 形圈拆卸工具　　见图 8-46。

　　a. 图 8-46（a）、（b）所示工具适用于内孔 O 形圈的拆卸。

　　b. 图 8-46（c）、（d）、（e）所示工具适用于轴上 O 形圈的拆卸。

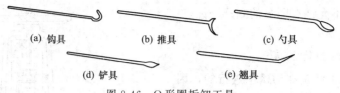

(a) 钩具　　　　　　(b) 推具　　　　　　(c) 勺具

(d) 铲具　　　　　　　　　(e) 翘具

图 8-46　O 形圈拆卸工具

8.5.4　填料的安装

填料的安装，须在阀杆和填料装置完好，阀门处在开启位置（现场维修除外），填料预制成形，安装工具准备就绪的条件下，方可进行。

① 装填前，无石墨的石棉填料，应该涂上一层鳞片状石墨粉。填料袋装或盒装，保持干净。石墨、密封胶应该分别用盒装上盖，不能混入杂物。填料、石墨、密封胶随用随取，不得乱丢。

② 凡是能在阀杆上端套入填料的阀门，都应该尽可能采取直接套入的方法装填填料。套入后，可用试压架或用压具及卡箍借助阀杆转动压紧填料。对于不能直接套入的填料应该切成搭接形式，这种搭接方式对于 O 形圈和 V 形填料都是绝对禁止的，必要时柔性石墨填料也可以采取搭接的方式。图 8-47 (a) 为搭接填料的安装方法，将搭口上下错开，倾斜后把填料套在阀杆上，然后上下复原，使切口吻合，轻轻地嵌入填料函中。图 8-47 (b) 为错误的方法，容易使填料变形，甚至拉裂，对于柔性石墨填料更应该严禁采用这种错误操作。

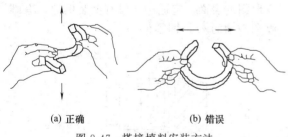

(a) 正确　　　　　　(b) 错误

图 8-47　搭接填料安装方法

③ 填料装填质量的好坏，直接影响阀杆的密封，而装填填料的第一圈（底圈）是关键。要在认真仔细地检查填料函的底部是否平整，填料垫是否装妥当，确认底面平整无歪斜时，再将第一圈填料用压具轻轻地压下底面，抽出压具，检查填料是否平整、有无歪斜，搭接吻合是否良好，再以压具将第一圈填料压紧，但用力要适当，不能太大。

④ 装填填料时，应该一圈一圈地装入填料函中，并且每装一圈就压紧一次，不能连装几圈，一次压紧，更不得使许多圈连成一条绕入填料函中，这种装填法只能作为临时试压作业用，不允许用作正常运行阀门的密封填料装填方式。正确的方法是：将各圈填料的切口搭接位置，相互错开 120°，这是目前普遍采用的装填方法。也有其他填料搭口错位方式，如填料各圈搭口互错 90°，也有 90° 和 180° 交互错开。在装填填料的过程中，每装 1~2 圈应该旋转一下阀杆，以检查阀杆与填料是否卡阻，而影响阀门的启闭，如图 8-48 所示。

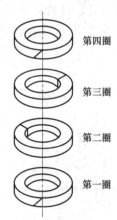

第四圈

第三圈

第二圈

第一圈

图 8-48　正确的填料装填方法

⑤ 选择填料规格时，严格禁止以小代大，没有合适宽度的填料时，允许用比填料函槽宽 1~2mm 的填料代用，但不允许用手锤打扁，而应用平板或辊子均匀地压扁填料。压制后的填料，如发现有质量问题时，应该停止使用。

⑥ 设有隔环的填料函，应该事先测量好填料函深度和隔环的位置。隔环要对准填料函的引流管孔，允许稍微偏上，不准偏下。

⑦ 填料函基本装填满后，应该以压盖压

紧填料。操作时，两边螺栓对称拧紧，用力均匀，不得将压盖歪斜，以免填料压偏或压盖接触阀杆，增加阀杆摩擦阻力。压套压入填料函内 1/4～1/3。也可以一圈填料的高度作为压套压入的深度，一般压入深度不得小于 5mm。并且随时检查压盖、压套以及填料函三者的间隙使其一致，转动阀杆时，受力均匀正常、操作灵活，无卡阻现象。如果手感操作力矩过大时，可适当放松压盖，减小填料对阀杆的摩擦阻力。

⑧ V 形填料和模压成形的其他填料，应该从阀杆上端慢慢套入，套装时要注意防止填料内圈被阀杆的螺纹划伤。V 形填料的下填料（填料垫）凸角向上，安放在填料函底面；中填料凹角向下，凸角向上，安放于填料中部，上填料凹角向下，平面向上，安放在填料函的上层。

⑨ 波纹管阀杆密封结构，是由波纹管、阀杆、阀盖三件连成一整体，一般为焊接连接，也有机械连接的，波纹管组装时要用专用工具夹持，对于不锈钢波纹管，应用氩弧焊焊接。机械连接时候，要注意压紧密封。图8-49 所示为波纹管装配的一种形式。

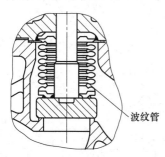

图 8-49　波纹管装配形式

⑩ 用于阀杆和气动装置的活塞上的 O 形圈密封，都是动密封形式。动密封 O 形圈的安装：对于无安装导角、有螺纹、有沟槽和孔的零件，应用专用工具来安装 O 形圈。用拉伸 O 形圈的安装方法，轴类滑行面应该光滑并涂抹润滑剂，并使 O 形圈迅速滑入槽内，不得用滚动和长时间拉伸法将圈套入槽内。O 形圈安装时间不宜太长，次数不宜太多。装入的 O 形圈应该无扭曲、松弛、划痕等缺陷，一般装好后稍停片刻，待伸张的 O 形圈恢复原状后方可将轴类装套内。图 8-50 所示为 O 形圈装配的一种形式。有挡圈的 O 形圈安装结构，安

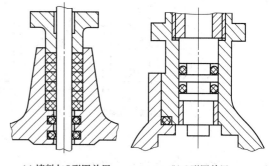

(a) 填料与 O 形圈并用　　(b) O 形圈单用

图 8-50　O 形圈装配形式

装时必须将挡圈装入，不得丢失。

⑪ 填料的压紧力应该根据介质的压力和填料的性能等因素来确定，一般情况下，同等条件的橡胶、聚四氟乙烯、柔性石墨填料用较小的压紧力就可以密封，而石棉填料、波形填料要用较大的压紧力。太大的压紧力容易压坏橡胶、聚四氟乙烯和柔性石墨填料。O 形圈的压缩变形率为 16%～30%。填料的压紧力以保证密封的前提下，尽量减少压紧力。

8.5.5　填料的拆卸

从阀门中拆出的旧填料，原则上不再使用，这给拆卸带来了方便，但填料函槽窄而深，不便操作，又要防止划擦阀杆，填料的拆卸实际上比安装更困难。

填料拆卸时首先拧松压紧螺栓或压套螺母，用手转动压盖，将压盖或压套提起，用绳索或卡具把它们固定在阀杆上，以便于填料拆卸作业。如果能将阀杆先从填料函中抽出，则填料函的拆卸，将会更方便。

图 8-51 所示为填料拆卸方法，在拆卸过程中，使用拆卸工具，要尽量避免与阀杆碰撞，损伤阀杆。

拆卸后的 O 形圈，有时还能继续使用，因此，拆卸时要特别小心，孔内的 O 形圈的拆卸应该先用推具和其他工具将 O 形圈拨到槽外，然后取出；轴上 O 形圈可用勺具、铲具、翘具等工具先将 O 形圈拨出。工具斜立，另一工具斜插入 O 形圈内，并沿轴转动，将 O 形圈拨出。操作时不应该使 O 形圈拉伸太长，以免产生变形。拆卸 O 形圈时注意将工具、O 形圈涂上一层石墨粉之类的润滑剂，以减少拆卸中的摩擦，便于拆卸。

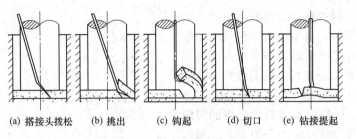

| (a) 搭接头拨松 | (b) 挑出 | (c) 钩起 | (d) 切口 | (e) 钻接提起 |

图 8-51 填料拆卸的方法

8.5.6 填料安装中容易出现的问题

填料安装中出现的问题主要是操作者对填料密封的重要性认识不足，求快怕麻烦，违反操作规程引起的。常见问题如下。

a. 清洁工作不彻底，操作粗心，滥用工具。表现在阀杆、压盖、填料函不用油清洗，甚至填料函有残存填料；操作不按顺序，乱用填料，随地放置，使填料粘有泥沙；不用专用工具，随便用錾子切除盘根，用起子安装填料等。这样大大地降低了填料安装质量。

b. 选用填料不当，以低代高，以窄代宽，使用不耐油填料等。

c. 填料搭接的角度不对，长短不一，安装在填料函中，不平整，不严密。

d. 多层填放，多层连绕填装，一次压紧，使填料函中填料不均匀，有空隙，压紧后造成上紧下松，增加了填料泄漏的可能。

e. 填料安装太多时，使压盖在填料函上面，压盖容易位移擦伤阀杆。

f. 压盖与填料函间的预留间隙过小，填料在使用中泄漏，就无法再拧紧压盖。

g. 压盖对填料压得太紧，使阀杆启闭力增大，增加了阀杆的磨损，容易引起泄漏。

h. 压盖歪斜，松紧不匀，容易引起填料泄漏，阀杆擦伤。

i. 阀杆与压盖间隙过小，相互摩擦，磨损阀杆。

j. O形圈安装出现扭曲、划痕、变形等缺陷。

第9章 阀门的维修

9.1 阀体和阀盖的修补

阀体和阀盖是阀门的主体零件。金属阀门分为锻造和铸造两类，锻造阀门一般公称尺寸在 DN80 以下，较大公称尺寸的阀门多采用铸造。阀体和阀盖承受介质的压力、温度和腐蚀，加之铸铁性脆、铸造中的缺陷，容易出现泄漏和破损现象。

9.1.1 本体微孔渗漏的修补

阀体和阀盖在铸造时容易产生夹渣、气孔和松散组织，在介质腐蚀和压力冲刷下，就会出现冒汗或泄漏现象。在修补这些缺陷时，要首先弄清阀门冒汗或泄漏的部位，采用相应的措施修补。

(1) 孔洞的形式

本体中产生的孔洞形式有直孔、斜孔、弯孔和组织松散四种形式，如图 9-1 所示。

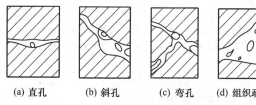

(a) 直孔　　(b) 斜孔　　(c) 弯孔　　(d) 组织疏松

图 9-1　微孔泄漏剖面放大示意图

(2) 渗透胶补法

对于局部小孔的泄漏，采用渗透胶黏剂修补是最常用的方法。渗透胶黏剂采用有机渗透剂和无机渗透剂。

有机渗透剂耐介质性能好，但耐温性能比无机渗透剂差，仅适用于温度 $t \leqslant 150℃$，不大于 PN40 的中、低压阀门。

AIS-10 型厌氧渗透剂具有黏度小，渗透力强，固化时收缩率小，可常温固化等特点。它以丙烯酸酯类为主体，添加引发剂、促进剂，表面活性剂及阻聚剂等成分而组成的，具有耐溶剂、耐油、耐水、耐湿热等优良性能。适用于孔洞不大于 0.3mm 的铁、铝、铜及其合金件的密封。

ASI-10 型厌氧渗透剂渗透工艺过程是：用金属清洗剂或碱液将缺陷处清洗干净并干燥，抽尽空气后把渗透剂注入真空釜中约 5min，取出工件放置 5min，用清水或带有清洗剂的溶液冲洗，再用含促进渗透的水溶液处理 5mim 后取出，放入室温固化。24h 以后，方可试压。

无机渗透剂耐温性能好，能耐 600℃ 的高温，但耐水质性能较差，适用于空气、油品类等介质。

近几年来，采用的循环堵漏工艺，对低、中压阀门的渗漏修复很有实际意义。其主要配方是水玻璃、金属氧化物粉末及含胶有机物等。这种浸透液按 1:3～1:4 的比例配水。其颜色呈棕红色。这种浸透工艺，对铸铁件非常适用。可以局部渗透，也可以整体渗透。其基本工艺如下：

① 首先对零件进行表面清洗，尤其对缺陷部位要严格清洗。清洗剂可用苛性钠、磷酸三钠等。清洗后应晾干，方可正式渗透粘补处理。

② 将零件（阀体或阀盖）放入容器内，注入 70～80℃ 的渗透剂溶液，将零件淹没，并将容器密闭加压，压力应大于 0.5MPa，使渗透浪冲击转动。加压介质可以是渗透液本身，也可以是气体。

③ 5～10min 后，将零件取出，擦净非缺陷处，然后再在室温下晾干，晾干时间为 1～4 天，使渗透液固化。

④ 如果零件仅局部有明显小孔，则可用注射器将渗透液直接注入小孔，再用空气加压渗透，这样可以简化操作，效果也很好。

9.1.2 本体小孔的螺钉修补

阀门体或阀门盖上缺陷较大，而孔基本上为直孔时，可用钻头钻除缺陷，再用螺钉或销钉将孔洞堵塞，然后进行铆接、粘接或焊接，见图 9-2。

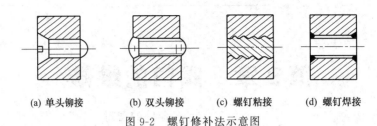

| (a) 单头铆接 | (b) 双头铆接 | (c) 螺钉粘接 | (d) 螺钉焊接 |

图 9-2　螺钉修补法示意图

9.1.3　本体破坏的焊修

焊接修补是阀门常用的一种修复方法。

(1) 铸铁件焊修

阀门的破坏主要出现在铸铁阀门上。铸铁性脆、可焊性差，给阀门维修带来一定困难。因此，在铸铁件上进行焊修时，应严格遵守操作规程，按照技术要求施焊，才能保证焊接修复质量。

① 补焊方法及工艺规范。铸铁常用的工艺方法及工艺特点见表 9-1。铸铁电焊条选用见表 9-2。铸铁补焊电流范围参考表 9-3。

表 9-1　铸铁用补焊方法及工艺特点

补焊方法	分类	工艺特点
气焊	热焊法	焊前预热 600～650℃，呈暗红色，快速施焊。采用铸铁填充材料，焊后加热 650～700℃，保温缓冷。焊件应力小，不易裂纹，焊后可加工，硬度、强度与木材基本相同。但焊件壁较厚时难以焊透
	冷焊法	又叫不预热气焊法。工件焊前不需要预热，用焊炬烘烤被焊工件坡口周围或加热"减应区"。焊接过程中应注意加热"减应区"的温度。一般为 600～700℃，焊后缓冷。采用高硅量的气焊丝，焊后不易产生裂纹，加工性能较好。但若加热"减应区"选择不当或温度不当，会有较大的残余应力存在
钎焊	冷焊法	用气焊火焰加热，一般用黄铜丝作钎料，焊后可加工，但强度较低，耐温性也较差。主要优点是不易产生裂纹，焊接几何质量较好。常用于载荷强度不高或应力较大的铸件的补焊
电弧焊	热焊法	焊前应将零件加热至 600～650℃，快速施焊，焊后缓冷。适用于小型铸件热焊或者大型铸件的局部预热焊
	伴热焊法	焊前整体或局部预热至 300～400℃，快速施焊焊后缓冷，创造"石墨化"条件，适于 Z208 等焊条。对于应力较小的可采用电弧切割坡口，使局部造成预热条件，并借焊接过程中的热量促进"石墨化"作用
	冷焊法	即常温焊法。工件无须预热，这种方法应用较广泛。多采用非铸铁组织的焊条，严格执行"短弧、断续、小规范"的要点。多用于球墨铸铁的阀门体和阀门盖的焊补
	速冷焊法	在坡口周围预先施盖湿布或湿泥团，每段焊后立即用冷空气或石蜡、冷水冷却焊缝，以吸收焊缝热量，减少受热面积，采用回火焊道减少热裂纹。适于非加工面的施焊

表 9-2　铸铁电焊条的性能与用途

焊条名称	焊接牌号	焊芯成分	药皮类型	焊缝金属	电源种类	用途
氧化型钢芯铸铁焊条	Z100	碳钢	氧化型	碳钢	交、直流	用于焊后不需要加工的一般灰铸铁
高钒铸铁焊条	Z116	碳钢或高钒钢	低氢型（高钒药皮）	碳钢或高钒钢	直流（反接）或交流	用于强度较高的灰铸铁（否则焊缝易剥离）、球墨铸铁、可锻铸铁
	Z117				直流	
钢芯球墨铸铁焊条	Z238	碳钢	石墨型	球墨铸铁＋碳钢	交、直流	球墨铸铁补焊。球墨铸铁预热至 500℃，焊后热处理
铸铁芯铸铁焊条	Z248	灰铸铁	石墨型	灰铸铁	交、直流	厚壁铸铁件补焊

续表

焊条名称	焊接牌号	焊芯成分	药皮类型	焊缝金属	电源种类	用途
钢芯墨化型铸铁焊条	Z208	碳钢	石墨型	灰铸铁	交、直流	一般灰铸铁需预热至 400℃，刚度较小的零件可不预热
纯镍铸铁焊条	Z308	纯镍	石墨型	纯镍	交、直流	用于重要的灰铸铁，压力较高的重要铸铁件，焊后加工性能好
内贴铸铁焊条	Z408	镍铁合金	石墨型	镍铁合金	直流(正接)或交流	用于强度较高的灰铸铁和球墨铸铁的加工，但熔合区稍硬
镍铜(蒙耐尔)铸铁焊条	Z508	镍铜合金	石墨型	镍铜合金	直流(反接)	用于灰铸铁抗裂性好，加工性较好，但强度较低
钢铁铸铁焊条	Z607	紫铜	低氢型	铜铁合金	交、直流	用于一般铸铁件，加工性能差，而塑性好，抗热应力裂纹性能好，但强度较低
钢铁铸铁焊条	Z616	铜芯铁皮或铜包铁芯	低氢型或钛钙型	铜铁合金		灰铸铁，抗裂性能与加工性尚可，强度低

表 9-3　铸铁补焊电流范围参考

坡口类型	焊缝形式	焊件厚度或坡口深度/mm	焊条直径/mm	焊接电流/A
单面坡口		2	2	55～60
		2.5～3.5	3.2	80～100
		4～5	3.2	90～120
			4	130～150
			5	140～180
		5～6	4	140～160
双面坡口		6～12	4	160～180
		12	4	160～200
单面坡口		2	2	55～60
		3	3.2	80～100
		4	3.2	90～110
			4	130～160
		5～6	4	150～180
			5	150～200
		7	4	150～180
			4	160～200

注：表中数据仅供参考。手工电弧焊时，焊接工艺参数应根据具体的工作条件及操作人员技术熟练程度合理选用。

② 止裂孔、坡口的形式及尺寸，见图 9-3 和图 9-4，表 9-4 和表 9-5。

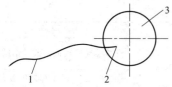

图 9-3　止裂孔的位置

1—裂纹；2—裂纹终点；3—止裂孔（通孔）

表 9-4　止裂孔的孔径尺寸　单位：mm

壁厚尺寸	止裂孔直径
4～8	$\phi 3～4$
8～15	$\phi 4～6$
15～25	$\phi 6～8$
25 以上	$\phi 8～10$

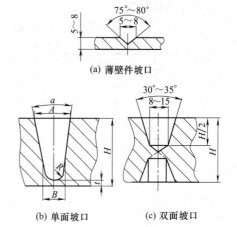

(a) 薄壁件坡口

(b) 单面坡口　　(c) 双面坡口

图 9-4　坡口形状

表 9-5　坡口形状

H	B	A	a	R	t
15～40	10	15～20	16～18	5～8	完全除掉裂纹厚度
40～80	15	30～50	28～30	8～12	

③ 防止裂纹的措施。焊接修复时应防止产生新的裂纹，其措施如下：

a. 铸铁补焊时应尽量选用小电流、细焊条、短弧焊。焊接速度不宜太慢，避免过大的摆动，减小温度扩散。

b. 短焊道、间隔焊。根据被焊母材的厚度，按 10～30mm 为一段，工件越薄则焊道应越短，分散在不同处起焊，以避免应力叠加。

c. 采用"加热减应法"。加热减应法就是在焊前与焊接过程中，用火焰加热铸铁零件的相应部位，该部位受热变形，使焊接处预先产生向外的应力。经焊后，该部位冷却，预加在焊缝处的应力消失，从而减小了焊接应力，避免裂纹。加热的部位称为加热"减应区"，其温度一般为 600～700℃。"加热减应区"的选择很重要，需了解零件热胀冷缩规律，掌握应力分布情况。"加热减应区"一般应选在焊道收缩时而受力的相邻、相关、对称的部位。

d. 选用适当的焊条。如铜基焊条、高钒焊条、碱性焊条等，其抗裂性好。同时还应注意填满弧坑，收弧时再次填补，避免火口裂缝。

e. 锤击焊缝。每次熄灭弧后，熔池刚凝固时，应立即锤击焊缝，以松弛焊缝收缩应力，防止产生热应力裂纹。

④ 防止气孔产生的措施。产生气孔的主要原因是在烧焊过程中，自由态石墨被烧损，形成的一氧化碳未来得及析出，被凝固到金属中形成气孔。同时空气中的氧、氮、氢等气体也会渗入熔池，尤其是铜基焊条或黄铜钎焊时，通易吸收空气中的氢而形成针孔。坡口处理不干净，有油污、水分存在，也容易使焊道中产生气孔。为了防止气孔的产生，应注意以下几点：

a. 焊前必须 600～700℃ 将坡口及缺陷部位清理干净。可采用碱水刷洗、汽油清洗或用氧乙炔烧净油污，再用钢丝刷子刷干净。

b. 焊条在使用前应烤干，特别是低氢型与石墨化型焊条，使用前必须经 150～200℃ 烘烤 2h，使药皮吸的潮气完全烘干，然后使用。

c. 如果采用多层焊，在每焊完一层后，必须经冷却，并认真清理焊渣，再焊第二层。

（2）碳素钢件焊修

阀体和阀盖所使用的碳素钢是低碳钢或中碳钢，其焊接性能比较好，几乎可以采用所有的焊接方法进行补焊，并能获得良好的效果。手工补焊焊条的选用见表 9-6。

对于碳素钢的补焊应注意以下几点：

① 焊条使用前必须烘烤 1～2h，烘烤温度为 200～300℃。对碱性低氢型焊条，烘烤温度可提高到 400℃。

② 当缺陷较大需多层补焊时，在焊第一层时，应尽量采用小电流慢速焊。

表 9-6　碳素钢补焊用焊条的选择

钢号	含碳量/%	焊接性	焊条牌号	应用情况
20	0.17～0.24	好	J424、J427 J506、J507	焊接强度等级低的低碳钢结构
25 30	0.22～0.30 0.26～0.35	好	J426、J427 J506、J507	焊接强度较高或有强度要求的低碳结构钢
35	0.32～0.40	较好	J426、J427 J506、J507	焊接强度较高或有强度要求的中碳钢
WCA WCB WCC ZG200-400 ZG230-450	0.22～0.32	较好	J507	焊接强度较高或有强度要求的铸钢

③ 焊件几何形状复杂或焊缝过长，可分若干小段，分段跳焊，使其热量分布均匀。

④ 收尾时，电弧慢慢拉长，将熔池填满，以防止收尾处产生裂纹。

⑤ 对于 35、WCB 钢，可采用 150～250℃局部预热。

⑥ 应尽可能选用碱性低氢焊条。在特殊情况下选用铬镍不锈钢焊条，如 A302、A402、A407 等，但焊接电流宜小，焊接层数宜多，溶深宜浅。这种焊条成本高，一般不采用。

（3）合金钢件的焊修

阀体和阀盖常用的合金钢为铬钼钢或铬钼钒钢。它与碳素钢相比，其高温强度（又称为抗热性）和高温抗氧化性（又称热稳定性）更优越，并且具有可焊性和良好的冷热加工性。因此，这类钢在高温高压的电站阀门上应用较广泛。

① 铬钼钢的补焊特点

a. 热影响区的冷裂纹。施焊时，在焊缝附近会产生热影响区，由于基体组织里含有铬和钼，加热后在空气中冷却，会有明显的淬硬倾向，在焊缝和热影响区出现硬而脆的马氏体组织。一般情况下，焊缝金属的含碳量常控制得比母材低，在母材热影响区中的奥氏体尚转变时，焊缝中的奥氏体已开始转变。较大的组织应力随即而产生，这不仅影响焊接部位的力学性能，而且使近缝区容易引起冷裂纹。

b. 焊缝金属的合金化。铬钼钢在高温时和在室温下的性能有很大的差别。在选择焊条时候，不仅要考虑焊缝金属的室温性能，而更主要的要满足高温性能的要求，而影响高温性能和组织稳定性的主要因素就是钢中合金元素的含量。所以铬钼钢补焊时，焊缝化学成分应该最大限度接近基体金属的化学成分。为了减少焊缝的裂纹倾向，应该尽量减少焊缝金属的含碳量，但焊缝金属碳含量的减少，其持久强度会降低，这是矛盾的两个方面，为此，焊缝金属的含碳量不允许低于 0.07%。有时，还要向焊缝中加入多种合金元素，以获得优良的综合性能。因此，铬钼钢的补焊应该严格按照工艺规范进行。

② 铬钼钢的补焊

a. 焊条的选用。铬钼钢的补焊需正确选用焊条。一是焊材的化学成分应该与母材相接近；二是焊材强度不低于母材强度并尽可能选用低

氢型焊条，严格遵守评定合格的焊接工艺规范。铬钼钢补焊用焊条可参考表 9-7。

表 9-7　铬钼钢补焊焊条选用

材料牌号	焊条牌号	药皮类型
16Mn	R107	低氢型
12CrMo	R207	
15CrMo	R307	
20CrMo	R307	
12CrMoV	R317	
15Cr1Mo1V	R317	
20CrMoV	R317	

b. 工件焊前预热。预热是降低焊后冷却速度最有效的措施，并在一定程度上降低焊件的残余应力，避免出现裂纹，同时能保证焊缝的力学性能。通常，除了薄壁的工件外，都要进行焊前预热。对于不同的钢材，要选择不同的预热温度。预热温度的选择可参考表 9-8。

表 9-8　铬钼钢补焊前预热及焊后热处理温度

材料牌号	焊前预热温度/℃	焊后热处理温度/℃
16Mn	200～250	690～710
12CrMo	200～250	680～720
15CrMo	200～250	680～720
20CrMo	250～350	650～680
12CrMoV	200～300	710～750
15Cr1Mo1V	350～400	720
20CrMoV	300～350	680～710

c. 手工电弧焊补焊时，应该尽量一次焊完，不要中断。如特殊情况需要中间暂停时，在继续焊接之前，必须重新预热。

d. 焊后缓冷。铬钼钢补焊后，即使在炎热的夏天，也必须严格遵循缓冷原则。缓冷的方法是用石棉布覆盖焊缝及近缝区。

e. 铬钼钢补焊后焊缝易产生延迟裂纹，因此，焊后必须进行热处理。如条件许可，应该在焊后立即送入热处理炉。若不能放入炉中热处理，则焊后要及时进行消氢处理。

（4）不锈钢件的焊修

用于阀体和阀盖的不锈钢常为奥氏体不锈钢。它具有耐蚀性、耐热性和延性，同时还具有优越的可焊性。奥氏体不锈钢制作的阀体和阀盖，若局部破损，可采用多种方法进行补焊修复。如手工电弧焊、气焊、埋弧焊和氩弧焊。应用较广泛的是手工电弧焊。奥氏体不锈钢电焊条的用途见表 9-9。

表 9-9　奥氏体不锈钢电焊条用途

焊条牌号	药皮类型	焊接电源	主要用途
A002	钛钙型	交直流	焊接超低碳 18Cr-8Ni 系列不锈钢或 06Cr19Ni10、06Cr18Ni11Ti 不锈钢结构。如合成纤维、化肥、石油等设备
A102	钛钙型	交直流	焊接工作温度低于 300℃ 耐酸腐蚀的 06Cr19Ni10、06Cr18Ni11Ti 的不锈钢结构
A107	低氢型	直流	
A112	钛钙型	交直流	焊接一般耐腐蚀要求不高的 18Cr-8Ni 系列不锈钢结构件
A117	低氢型	直流	
A122	钛钙型	交直流	焊接工作温度低于 300℃ 要求耐腐蚀要求较高的 18Cr-8Ni 系列不锈钢结构件
A132	钛钙型	交直流	焊接重要的含钛稳定的 18Cr-8Ni 系列不锈钢结构件
A137	低氢型	直流	
A202	钛钙型	交直流	焊接在有机和无机酸介质中工作的 06Cr17Ni12Mo2Ti 不锈钢结构件
A207	低氢型	直流	
A222	钛钙型	交直流	焊接同类型含铜不锈钢结构件
A232	低氢型	交直流	焊接一般耐热耐腐蚀的 06Cr18Ni11Ti 及 06Cr17Ni12Mo2Ti 不锈钢结构
A242	钛钙型	交直流	焊接同类型不锈钢结构,如 06Cr19Ni13Mo3 等
A302	钛钙型	交直流	焊接同类型不锈钢结构,如 06Cr23Ni13 等
A307	低氢型	直流	
A317	钛钙型	交直流	焊接耐硫酸介质腐蚀的同类型不锈钢结构,如 06Cr25Ni13Mo2 等

① 不锈钢补焊特点：晶间腐蚀是奥氏体不锈钢焊缝最危险的破坏形式之一。如果施焊不当或焊补后未及时采取必要的工艺措施，会在焊缝处和热影响区造成晶间腐蚀，见图9-5。受到晶间腐蚀的不锈钢，从表面上看来没有什么痕迹，但受到应力作用时即会沿晶界断裂，几乎完全丧失强度。

② 焊接热裂纹：焊接奥氏体不锈钢时，焊缝内产生热裂纹的情况比焊接碳钢时严重得多，这主要是因为铬镍奥氏体钢成分复杂，内部往往含有较多的能够形成低熔点共晶的合金元素和杂质，同时奥氏体结晶方向性强，因此也造成偏析聚集的严重发展。此外奥氏体钢的线胀系数比碳钢大，冷却时焊缝收缩应力大，这些条件都促使了热裂纹的产生。

③ 焊补工艺：奥氏体不锈钢的焊接工艺，其基本方法与碳钢补焊相同，只是焊接电流比低碳钢焊接时降低 20%，即电流在数值上一般约为焊条直径的 20～30 倍。一般不宜采用多层焊。

(5) 铜合金本体破损的焊修

① 铜合金的气焊修补：气焊修复铜合金零件时，所用填充金属的化学成分一般应该与被焊材料的化学成分相同或接近，而它的熔点应该比被焊材料的熔点低，这样当焊条一伸入熔池得到热量立即熔化，使焊缝填充饱满。焊剂一般采用国产"气剂 301"，对于铝青铜，焊剂应该使用"气剂 401"。有时焊剂也可自行配制。气焊火焰应该采用中性焰。黄铜铸件焊补前必须进行局部或整体预热，预热温度一般为 450～550℃。

② 手工电弧焊修补：铜合金零件的破损采用手工电弧焊工艺，操作简便、速度快、焊接质量好。尤其是破损缺陷较大或厚壁零件，采用电焊为宜。

为了防止产生焊接裂纹，在电焊焊补之前，最好将缺陷附近进行局部预热。当零件较小时候，可以整体预热。预热温度一般为 400～500℃。要严格按照标准进行焊条的选用和操作电流的强度。

 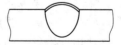 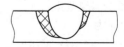

(a) 发生在热影响区　　　(b) 发生在焊接表面　　　(c) 发生在融合线

图 9-5　奥氏体焊缝的晶间腐蚀

施焊时，宜用短弧焊，且焊条不做横向摆动。

补焊黄铜铸件时，一般不用黄铜芯焊条，而采用青铜芯的电焊条，如 T227 及 T237。对补焊要求不高的零件或部位，可选用紫铜焊条，如 T107。

对于青铜铸件缺陷的补焊，其焊条可选用 T227 或 T237，直流反接电源。

补焊铜合金在施焊之前，也应与补焊钢件一样，将缺陷强坡口处进行认真的清洗和清理，使其露出有金属光泽的基面，然后才能进行施焊。

9.1.4　本体波浪键、栽丝扣合法修补

阀体和阀盖有裂纹时，采用波浪键、栽丝（螺纹）扣合法修补效果好。其原理是波浪键起连接作用，螺纹起密封作用。

（1）波浪键的制作

① 波浪键的形状如图 9-6 所示。其尺寸一般为：$d=(1.4\sim1.6)b$，$L=(2\sim2.2)b$，$t\leqslant b$。波浪键的个数通常为 5、7、9 个。

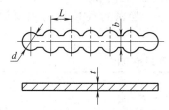

图 9-6　波浪键形状

② 波浪键的材料一般采用 06Cr19Ni10、06Cr18Ni11Ti。这种材料塑性好，便于冷作扣合，且又不生锈。也可选用其他材料，但应考虑其线胀系数与本体相同或相近，否则当受热时会产生新的缝隙。

铸铁阀门采用 Ni36 或 Ni42 作波浪键较好。上述几种材料的线胀系数见表 9-10。

波浪键的材料应进行热处理，使其硬度为 140HB 左右。

表 9-10　几种波浪键材料的线胀系数

单位：$10^{-6}℃^{-1}$

材料	温度范围/℃				
	20～100	20～200	20～300	20～400	20～500
06Cr19Ni10	16	17	17.2	17.5	17.9
06Cr18Ni11Ti	16	16.8	17.5	18.1	18.5
Ni36	2.1	3.2	6.1	8.9	10.1

（2）波浪键槽的加工

① 波浪槽和波浪键之间的间隙一般应为 0.1～0.3mm，其深度一般为壁厚的 0.7～0.8 倍。如有多余波浪槽则其间距应为 30～60mm，如图 9-7 所示。

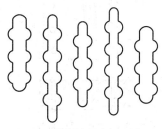

图 9-7　波浪键的布置示意图

② 波浪槽的加工可采用铣床加工，但通常采用钻削加工，方便易行。

（3）波浪键的扣合工艺

① 螺纹一般适用 M6～M10，螺孔之间应相隔 0.5～1.5mm。必须指出的是，在扣合之前，都应在键、键槽、螺孔和螺纹上涂上粘接剂。这样可提高扣合强度和密封性能。

② 阀体和阀盖的波浪键攻螺纹修补，应采用强密扣合法，如图 9-8 所示。

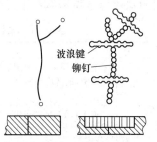

波浪键
铆钉

(a) 裂缝缺陷　　(b) 波浪键攻螺纹修补

图 9-8　波浪键强密扣合法示意图

9.1.5　本体胶封铆接修补

本体裂纹、掉块破损和组织松散的修补，采用铆接胶封修补法，简单易行。胶封铆接修补法，见图 9-9。

胶封铆接修补法的操作程序如下：

① 钻止裂孔并清理缺陷处。

② 制作加强板，准备铆钉（螺钉），加强板与本体贴合并配钻铆钉孔（螺孔）。

③ 选用适于工况条件和本体的胶黏剂。

④ 表面处理（包括化学处理）缺陷处、铆钉（螺钉）、加强板胶黏面。

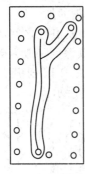

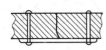

图 9-9　胶封铆接修补法

⑤ 涂刷胶黏剂或填充填料于缺陷处，待固化。

⑥ 涂刷胶黏剂于加强板、铆钉（螺钉）及其接触部位。直立扣合加强板，尽量排除黏合面空气，铆合铆钉（上紧螺钉）。

⑦ 除去残胶，固化后修整即可。

9.1.6　本体破损的粘补

本体破损的粘补方法有：填充法、塞柱法、贴布法、嵌块法等，见图 9-10。

胶黏剂的选用应考虑本体和工况使用条件，如温度、压力等。常用本体破损修补方法工艺步骤和适用范围见表 9-11。

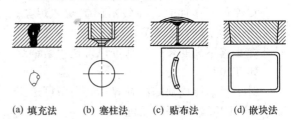

(a) 填充法　　(b) 塞柱法　　(c) 贴布法　　(d) 嵌块法

图 9-10　本体破损粘补示意图

9.2　静密封面的修理

在阀门使用中，不产生相对运动，始终处于相对静止状态的密封面，称为静密封，起密封作用的密封面称为静密封面。

9.2.1　静密封面损坏的主要原因

在阀门上，静密封面的结构形式很多，有平面和锥面之别，有垫片和无垫片之分，还有强制和自密封等。静密封面是阀门的主要部位，也是产生"跑、冒、滴、漏"的主要部位之一。静密封面损坏的主要原因见表 9-12。

表 9-11　本体破损修补方法工艺步骤和适用范围

粘补法	工艺步骤	适用范围
填充法	清理孔洞缺陷，选用适用于本体和工况条件的胶黏剂，灌入孔洞中，或者用与本体相同的粉末与胶黏剂调和后填入孔洞中固化	适于小的铸造缺陷的粘补
塞柱法	加工缺陷，配置塞柱，表面处理；选用适于工况和本体条件的胶黏剂；涂刷胶液渗入缺陷，填入塞柱，除净残液，固化即可	适于较大的铸造缺陷的粘补
贴布法	一般缺陷表面处理，若裂缝需开破口、钻止裂孔；选用适于工况和本体条件的胶黏剂；涂刷胶液渗入缺陷内，表面用胶填平；选用处理过的玻璃布，层层涂胶，层层遮盖缺陷，待固化	适于短段裂缝、松散组织等缺陷
嵌块法	除掉缺陷，加工成所需圆形、方形（直角应圆弧过渡）凹槽或开孔；配置嵌块为内大外小与凹槽或开孔吻合；表面处理剂，涂刷适于工况和本体的胶黏剂；扣合嵌块，并施加一定压紧力，胶层间隙应保持 0.20～0.30mm。若缺陷大、工作压力为 1MPa 以上，应在扣合处攻螺纹和镶波浪键	适于缺陷大的松散组织、破损处

注：塞柱、贴布在阀内，填充、嵌块从阀内向外为佳。

表 9-12　静密封面损坏的原因

损坏形式	损坏原因	举例
静密封面严重锈蚀	主要介质的腐蚀和阀门的选用不当	截止阀的螺纹密封面
静密封面有严重划伤和擦伤	主要是拆卸、清洗、装配过程中，违反操作规程，产生磕、碰、划伤和用力不当	截止阀、闸阀刚性平面密封连接
静密封面有明显压痕	主要是选用垫片材质硬度过高，光洁度不高或在装配时混入了沙粒、焊瘤等脏物	截止阀、闸阀透镜垫法兰连接或锥面垫片密封连接

续表

损坏形式	损坏原因	举　　例
静密封面不光洁	主要原因是使用时间过长,介质侵蚀,未定期检查、维修所致	平面螺纹连接的密封面和无垫圈刚性密封面
静密封面有明显沟槽	静密封面存在划痕而产生泄漏后,未及时修理,受到介质强烈的冲蚀,使划痕越来越大,形成沟槽	法兰光滑面静密封及斜自紧密封连接
静密封面发生变形	由于静密封面刚度不够,装配时用力过大,使其产生变形,或高温下产生蠕变变形	榫槽面、梯形槽面的法兰连接和平面刚性密封连接
静密封面有泄漏孔	主要是制造质量不好引起的皱折、气孔、夹渣等缺陷所致	一般静密封面都能出现

9.2.2　静密封面的修理

（1）凸面外圆的修整

在凸凹面、榫槽面中由于制造质量,凸凹表面碰伤、变形,使凸面套不进凹面中。除车削外,可用锉刀修整,如图 9-11 所示。

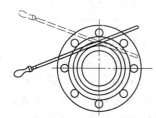

图 9-11　凸面外圆修整示意图

其修整方法是：将工件夹在台虎钳上,把平锉平放在凸面外圆上,平锉光面侧靠着台肩,在锉削中一边做往复运动,一边做上下圆弧运动,锉一会儿后调换一个方向,一直沿整圆锉完。锉削圆弧连接自然,直到达到要求尺寸为止,凹凸面配合间隙为 H11/d11。

（2）梯形槽的修理

梯形槽由于腐蚀、压击而损坏。修理时,将工件夹在车床上,用千分表校正,在梯形槽的面上车削掉 1mm 左右的厚度,然后按梯形槽尺寸套出新的梯形槽,槽的内外侧表面粗糙度不大于 $Ra3.2\mu m$。

（3）螺纹堵头的修理

螺纹堵头是阀体与阀盖上常见的静密封点,用它注水试压或排放介质。根据工况条件和损坏程度,采用适当方法修复。

（4）静密封面堆焊修复

把静密封面上的缺陷车除,按本体材料选用焊条,为了防止焊液流失,应预制内衬圈固定堆焊处内侧,其材料与本体一致,见图 9-12。然后按照堆焊规程施焊,车削成新的静密封面。堆焊体应无裂纹、气孔等缺陷,强度试验合格。

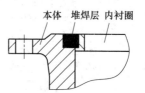

图 9-12　堆焊修复示意图

（5）静密封面的更换

静密封面因腐蚀严重、裂纹、掉块等无法修补时,可进行更换。新加工的静密封面应符合原静密封面尺寸和技术要求,无法查到静密封面尺寸时,可根据静密封实测面尺寸进行加工。

① 焊接更换　预制好静密封面（应留有一定的加工余量）,嵌入已加工好的本体内,然后施焊,使静密封圈与本体成一整体,再进行加工、研磨,见图 9-13。

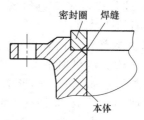

图 9-13　焊接更换示意图

② 粘接更换　对于铸铁或非金属阀门不便采用焊接更换时,可选用适合的粘接剂将预制好的静密封圈牢固地粘接在本体上（图 9-14）,然后进行研磨修正。

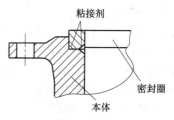

图 9-14　粘接更换密封面示意图

表 9-13　静密封面研磨形式及操作方法

研磨形式	操作方法	使用范畴
刮研	着色检查静密封面,用刮刀(铲具)铲除最高接触点,反复进行多次,使接触点均匀、细小为止	适用于不平整和均匀腐蚀的平面静密封面的修复
互研	在静密封面之间加入研磨剂,使其互相磨削而除掉缺陷	适于密合式静密封面(如平面、凹凸面、榫槽面、斜面等)的两密封上缺陷的消除,静密封的密合
密封面自为工具研磨	在密合式的静密封面的任一密封面上粘贴砂布(纸),对另一有缺陷密封面进行研磨。此方法可代替专用研具	适于密合式静密封面研磨。简单方便,特别适于现场修理
平板研磨	用平板或用圆形的平面涂上研磨剂或夹持、粘贴砂纸(布)对有缺陷的平面静密封面进行研磨,消除其缺陷	适于平面静密封面研磨
特具研磨	用特殊研具(如梯形、斜面等),必要时加导向器,对有缺陷静密封面进行局部或整体研磨,消除其缺陷	适于梯形槽式、透镜式等静密封面研磨
车研	利用车床或旋转设备夹持并校正待研静密封面,用砂布或研磨剂进行研磨或抛光	适于所有的静密封面研磨和抛光,效率高

9.2.3　密封面手工研磨

静密封面的研磨适用于不平整超差和缺陷深度在 0.3mm 以内的划伤、擦伤、蚀点、压痕的修复。静密封面研磨形式及操作方法见表 9-13。

(1) 静密封面的研磨要求

① 研磨应符合技术要求,并按要求验收。

② 研磨量控制在 0.3mm 以内,检查静密封面预紧间隙是否符合要求。

③ 研磨过程中,应一边研磨一边检查,防止研磨缺陷的产生。

④ 研磨后的静密封面表面粗糙度应满足以下要求:一般静密封面不大于 $Ra12.5\mu m$;O 形圈槽不大于 $Ra6.3\mu m$;梯形槽、透镜垫、锥形静密封面不大于 $Ra3.2\mu m$;刚性静密封面不大于 $Ra0.4\mu m$。

⑤ 研磨后的静密封面用着色法检查平面度,其要求是:一般静密封面上的印影分布均匀;梯形图、透镜垫、锥面垫与静密封面上的印影分布均匀且连续;刚性静密封面印影为圆形且连续为合格。

(2) 平面密封面的研磨

平面密封面的研磨修复过程包括准备、清洗和检查、研磨及检查等过程。

① 准备研磨物料、选择研磨用具、调试研磨机和备好研磨密封面检验工具等。

常用的物料有砂布、砂纸、研磨剂、稀释液及检验的红丹、铅笔等;研磨用具有研具导向器、万向联轴器和手柄;若用研磨机研磨,应事先检查、加油和调试好研磨机;检验密封面的工具主要是标准平板,使用研磨机时可用水平仪校正密封面的水平度,有条件的也可用粗糙度测量仪、表面粗糙度比较样块等工具。

② 清洗和检查,清洗密封面应在油盆内进行,清洗剂一般用洗涤汽油或煤油,边洗边检查密封面损坏情况,做到心中有数。

在清洗中,用眼睛难以确定的微细裂纹,可用着色探伤法进行检查。

清洗后,应检查阀瓣、闸板密封面密合情况,检查一般用红丹和铅笔。用红丹试红,检查密封面印影,确定密封面密封情况;或用铅笔在阀瓣和阀座密封面上划几道同心圈,然后将阀瓣与阀座叠放在一起相对旋转,检查铅笔圆圈擦掉情况,确定密封面密合情况。如果密封面密合不好,可用标准平板分别检验阀瓣和阀座、闸板密封面和阀座密封面,确定研磨部位。

③ 研磨分为粗研、精研和抛光等。粗研是为了消除密封面上擦伤、压痕、蚀坑等缺陷,使密封面得到较高平整度和一定的表面粗糙度精度,为密封面精研打好基础。粗研采用粗纱布(纸)或粗粒研磨剂,其粒度为80♯～280♯,切削量大,效率高,但切削纹路较深,密封表面较为粗糙,需要精研。

精研是为了消除密封面上的粗纹路,进一步提高密封面的平整度和表面粗糙度精度,采用细砂粒布或细粒研磨剂，其粒度为 280♯ 或 W5，切削量小，有利于表面粗糙度精度的提高。粗研后进行精研时，应更换平整度比粗研时高的研具，研具应清洗干净。对一般阀门而言，精研满足最终的技术要求，但对表面粗糙度精度要求较高的阀门，还需要进行抛光。手工研磨不管粗研，还是精研，整个过程始终贯穿提起、放下，旋转、往复、轻敲、换向等操作相结合的研磨过程。其目的为了避免磨粒轨迹重复，使研具和密封面得到均匀的磨削，提高密封面的平整度和表面粗糙度精度。

④ 在研磨过程中始终贯穿着检验，其目的是为了随时掌握研磨情况，做到心中有数，使研磨质量达到技术要求。

（3）平面密封面的局部研磨

局部研磨主要是手工研磨，使用的研磨物料以干研较多。平面密封面局部研磨的目的主要是消除密封面上的局部凸起及纠正两密封面夹角不正的现象。

平面密封面的局部研磨方法较多，见图9-15。

① 图 9-15（a）所示是密封面印影的分布情况，密封面上的缺陷是通过标准平板或标准研具的检查反映出来的，要防止用平面度不高的平板或研具检查。否则，得不到正确的印影。

从印影分布情况分：左上角一个白点是着色检查磨出的白亮点，它与没有印影的空白处光泽不一样，这白亮点最好；印影不大清楚或显示剂厚的为较低处；印影断线处，没有沾上显示剂的为最低处。从分析上看，密封面是从右下角向左上角倾斜，产生这种现象是左上角一个白亮点凸出的缘故，只要把左上角白亮点局部研磨掉，密封面的平面度将大为提高。

② 图 9-15（b）所示是油石局研的方法。选用长方形油石平放在平面密封面上，用手平稳地握住油石，食指自然压在油石上控制研磨压力，使油石在局部部位上做左右摆动或做弧形往复运动，直到研磨出较理想的密封面为止。用油石研磨时，应加一些机油，油酸等，以利用提高研磨质量，以免密封面拉毛。

③ 图 9-15（c）所示是用砂纸（布）局研

的方法，用作研具的长板，下面垫上砂布或砂纸，长板一端用拇指压在密封面上，中间夹垫着一层布或者纸作为定点。另一端用拇指压着砂布或砂纸，并用食指夹持着，研磨时手指左右摆动，其研磨速度、压力、范围有手指控制。

④ 图 9-15（d）所示是用砂轮片局部研磨的方法，使用的砂轮片为薄片砂轮或单斜边砂轮，其操作方法与长板研磨相似。此法效率高，适用于较大局研部位。

⑤ 图 9-15（e）所示是用研磨剂局研的方法，研磨剂稀释均匀分布在平板上，用手夹持着阀瓣、闸板，将其平放在涂有研磨剂的平板上，用食指着力压在局部位置上，被研磨件在平板上做 8 字形研磨运动，并不断调换方向，使平板每一部位都得到均匀的磨削。由于研磨体上施加压力不同，其磨削量不一样，局研位置施加压力大些，磨削快些，且局研部位过渡线自然。

⑥ 图 9-15（f）所示是用铲刀刮削的方法，用红丹、兰丹等显示剂涂在密封面上，使密封面密合，产生印影后，根据密封面印影的分布情况，用铲刀刮削密封面上的高点处，经多次刮削，使密封面得到应有的平面度和表面粗糙度。

（4）平面密封面的整体研磨

局部研磨一般为粗研磨，不是最终研磨。在局部研磨后，进行整体研磨。

① 手工整体研磨时，手握持用力要均匀，同时注意不断调换方向，经常以 180° 或 90° 调换，防止产生偏研磨现象。

② 平面密封面的整体研磨，就是在研磨过程中，研具始终覆盖密封面，基本上使密封面上受到均匀的压力，从而使整个密封面得到应有的平面度和表面粗糙度。

③ 平面密封面的阀瓣、阀片，其厚薄基本一致，放入旋转式研磨机或振动式研磨机上，能得到好的研磨效果。

④ 楔式闸板密封的整体研磨，因为楔式闸板厚薄不一致，容易产生磨偏现象，在研磨楔式闸板密封面时，应加配重块附加一个平衡力，使楔式闸板密封面均匀磨削，图 9-16 所示为楔式闸板密封面的整体研磨方法。

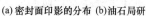

(a) 密封面印影的分布　(b) 油石局研　　　(c) 砂布局研　　　(d) 砂轮片局研　(e) 研磨剂局研　　(f) 铲刀刮削

图 9-15　平面密封面的局部研磨

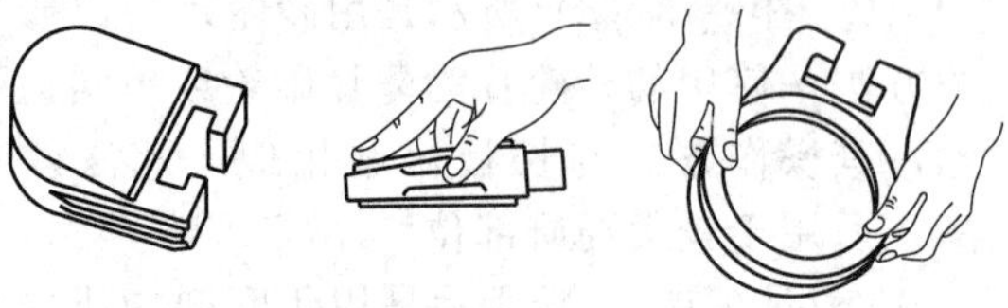

(a) 小头加重平衡法　(b) 单面试压平衡法　(c) 双手过半平衡法

图 9-16　楔式闸板密封面的整体研磨示意图

（5）阀座的整体研磨

阀座密封面的研磨通常采用整体研磨的方法，这是因为阀座用局研方法不方便的缘故。

阀座密封面的研磨要弄清其材质，可以通过标牌和手轮油漆颜色来识别，选用与密封面相适应的研磨剂。阀座密封面为铸铁本体制成的，一般选用棕刚玉研磨剂；阀座密封面为黄铜制成的，选用黑碳化硅研磨剂；淬硬钢阀座密封面选用白刚玉、绿碳化硅等。

整体研磨阀座密封面时，放置在修理台上的姿态，不管形状如何，其阀座密封面应放在水平位置上。可用水平仪在密封面上校正水平。

（6）研磨过程中注意事项

① 清洁工作是研磨中很重要的一个环节，也是容易使人忽视的一个环节。应做到"三不落地"，即研件不落地，工具不落地，物料不落地；做到"三不见天"，即显示剂用后上盖，研磨剂用后上盖，稀释剂（液）用后上盖；做到"三干净"，即研具使用前要擦干净，密封面要清洗干净，更换研磨剂要将研具和密封面擦洗干净。

② 研具用后，应清洗干净，禁止乱丢乱扔，按次序摆放好，以便使用。

③ 研磨中应注意检查研具与阀体是否有摩擦现象，特别是内壁毛糙、疤点、肩台是造成研具运动不平稳的因素应予以消除。

（7）研磨中常见缺陷产生的原因和防止方法

见表 9-14。

表 9-14　研磨中常见缺陷产生的原因和防止方法

缺陷形式	产 生 原 因	防 止 方 法
表面不光洁	研磨粒度过粗	正确选用磨料的粗细
	润滑剂使用不当	正确选用润滑剂
	研磨剂涂得太薄	研磨剂厚薄适当,涂布均匀
表面拉毛	研磨剂中混入杂物	搞好清洁工作,防止杂质落在工件和研磨剂中,精研前除净粗研的残液
	压力过大,压碎磨料嵌入工件中	压力要适当
平面不平	平板不平	注意检查平板平面度
	研磨运动不平稳	研磨速度适当,防止研具与工件非研磨面接触
	压力不匀或没有调换研磨方向	压力要均匀,经常调换研磨方向
	研磨剂涂得太多	研磨剂涂布适当
锥面不圆接不上线	内外圆锥研具与阀件锥体或锥孔轴线不重合	研磨中要经常检查它们相互间的同心度,研磨要平稳
	内外圆锥研具不平、不对称	研具要经常用样板等工具检查
	研磨剂涂得不匀和过多	研磨剂涂得适量且均匀
圆孔呈椭圆形喇叭口	研磨时没有调头或调换方向	研磨时注意经常变换方向和调头
	孔口或工件挤出的研磨剂未擦掉,继续研磨所致	挤出的研磨剂擦掉后,再研磨
	研磨棒伸出孔口过长	研磨棒伸出适当,用力平稳,不摇晃
阀件变形	阀件发热仍继续研磨	研磨速度不能太快,温度超过 50℃应停下冷却后再研磨
	装夹不正确	装夹要得当,要平稳,以不变为佳
	压力不均匀	压力需均匀,特别是较薄件的研压力不能过大

（8）研磨用的材料

研磨用的材料分为磨料、润滑剂、研磨膏（砂纸），以及油石和砂轮等。

① 磨料。磨料种类很多，应根据工件的材质、硬度及加工精度等条件选用磨料。表9-15为常用磨料的种类及用途，表9-16为磨料粒度的分类及用途。

② 润滑剂是与磨料调和一起使用的，调和成的混合物，叫研磨剂。润滑剂能使磨料调和均匀，研磨切削一致；它能起润滑作用，研磨轻松，又能起冷却作用，避免工件膨胀和变形；它能起化学反应，提高研磨的效率。使用时，应选用无腐蚀，残液易清洗的润滑剂。

润滑剂分液态和固态两种。液态润滑剂常用汽油、煤油、润滑油、透平油、猪油、工业用甘油、酒精，以及肥皂水和水。汽油只起稀释磨料的作用，肥皂水和水用在玻璃等材料上的研磨。固体润滑剂常用硬脂酸、石蜡、油酸和脂肪酸。

润滑油是用得较多的一种润滑剂，一般用SC30润滑油。精研时，可用一份润滑油掺三份煤油使用。

煤油黏度小，研磨速度快，适用于粗研。猪油含有油酸，可事先与磨料调成糊状，用时加煤油稀释，能提高表面粗糙度精度，用于高精度的精研中。

煤油在润滑剂中的多少，即浓、稀程度，视研磨类别，气候等因素而定，一般情况下研磨剂冬天稀一些，夏天浓一些。

③ 研磨膏是事先预制成的固体研磨剂。它是由硬脂酸、硬酸、石蜡等润滑剂加以不同类别和不同粒度的磨料配制成。

④ 砂布和砂纸是用胶黏剂把磨料均匀粘在纸上或布上的一种研磨材料。它具有方便简单，表面粗糙度精度高、清洁无油等优点，故在阀门密封面研磨中应用较普遍。砂布（金刚砂布）的规格见表9-17；水砂纸的规格见表9-18；金相砂纸的规格见表9-19。

⑤ 油石、磨头和砂轮。它们是研磨料黏结而成的不同形状工具，是用于磨削的工具，也是阀门研磨的常用工具。

表 9-15 常用磨料的种类及用途

系列	磨料名称	代号	颜色	特性	应用范围	
					工作条件	研磨类别
氧化铝系	棕刚玉	GZ	棕褐色	硬度高，韧性大，价格便宜	碳钢、合金钢、铸铁、铜等	粗、精研
	白刚玉	GB	白色	硬度比棕刚玉高，韧性较棕刚玉低	淬火钢、高速钢及薄壁零件等	精研
	单晶刚玉	GD	浅黄色或白色	颗粒成球状，硬度和韧性比白刚玉高	不锈钢等强度高、韧性大的材料	粗、精研
	铬刚玉	GG	玫瑰红或紫红	韧性比白刚玉高，磨削光洁度好	仪表、量具及高光洁度表面	精研
	微晶刚玉	GW	棕褐色	磨粒由微小晶体组成，强度高	不锈钢或特种球墨铸铁等	粗、精研
碳化物系	墨碳化硅	TH	黑色有光泽	硬度比白刚玉高，性脆而锋利	铸铁、黄铜、铝和非金属材料	粗研
	绿碳化硅	TL	绿色	硬度仅次于碳化硼和金刚石	硬质合金、硬铬、宝石、陶瓷玻璃等	粗、精研
	碳化硼	TP	黑色	硬度仅次于金刚石，耐磨性好	硬质合金、硬铬、人造宝石等	精研抛光
金刚石系	人造金刚石	JR	灰色至黄白色	硬度高，比天然金刚石稍脆，表面粗糙	硬质合金、人造宝石、光玻璃等硬脆材料	粗、精研
	天然金刚石	JT	灰色至黄白色	硬度最高，价格昂贵	硬质合金、人造宝石、光玻璃等硬脆材料	粗、精研
其他	氧化铁		红色或暗红色	比氧化铁软	钢、铁、铜、玻璃	极细的精研、抛光
	氧化铬		深绿色	质软		
	氧化铈		土黄色	质软		

表 9-16   磨料粒度的分类及用途

分类	粒度号	颗粒尺寸/μm	可加工粗糙度 Ra	应用范围
磨粒	8	3150~2500	12.5	铸铁打毛刺,除锈等
	10	2500~2000		
	12	2000~1600		
	14	1600~1250		
	16	1250~1000		
	20	1000~800		
	24	800~630		
	30	630~500		
	36	500~400	12.5~6.3	一般件打毛刺、平磨等
	46	400~315		
	60	315~250	6.3~1.6	加工余量大的精密件粗研用,精度不太高的法兰密封面等零件的研磨
	70	250~200		
	80	200~160		
磨粉	100	160~125	0.8	一般阀门密封面的研磨
	120	125~100		
	150	100~80	0.8~0.2	中压阀门密封面的研磨
	180	80~63		
	240	63~50		
	280	50~40		
微粉	W40	40~28	0.2~0.100	高温高压阀门、安全阀密封面的研磨
	W28	28~20		
	W20	20~14		
	W14	14~10		
	W10	10~7	≤0.100	超高压阀门和要求很高的阀门密封面及其他精密零件的精研、抛光
	W7	7~5		
	W5	5~3.5		
	W3.5	3.5~2.5		
	W2.5	2.5~1.5		
	W1.5	1.5~1		
	W1.0	1~0.5		
	W0.5	0.5~更细		

表 9-17   砂布（金刚砂布）的规格

代号		0000	000	00	0	1	3/2	2	5/2	3	7/2	4	5	6
磨料粒度号数	上海	220	180	150	120	100	80	60	46	36	30	24	—	—
	天津	200	180	160	140	100	80	60	46	36	—	30	24	18

注：习惯上也有把 0000 写成 4/0；000 写成 3/0 的。

表 9-18   水砂纸的规格

代号		180	220	240	280	320	400	500	600
磨料粒度号数	上海	100	120	150	180	220	240	280	320(W40)
	天津	120	150	160	180	220	260	—	—

表 9-19   金相砂纸的规格

代号	280	320	01 (400)	02 (500)	03 (600)	04 (800)	05 (1000)	06 (1200)
磨料粒度号数	280	320(W40)	W28	W20	W14	W10	W7	W5

选用油石、磨头和砂轮，应根据阀门形状、材质、粗糙度等要求而定，阀门材料硬度高，一般用软的，反之，用硬的。阀门表面粗糙度值要求低的，一般用粒度细、组织紧密的，反之，粒度用粗一些的，组织要松些的。这里指油石、磨头和砂轮的硬度与磨料本身硬度是两回事。此硬度指的是它们的工作表面的磨粒在外力作用下脱落的难易程度，脱落得快，硬度软，反之就硬。它们的硬度分超软（代号 CR）、软（R）、中软（Z）、中硬（XY）、硬（Y）、超硬（CY）；它们的结合剂有陶瓷（代号 A），树脂（S），橡胶（X），金属（J）四种。

9.3 连接处的修理

阀体与阀盖的连接，阀体与管道的连接即称为连接处。其连接方式有法兰连接、螺纹连接、卡套连接、卡箍连接、对夹连接及焊接连接等。卡套、卡箍、对夹的连接处损坏修理可参考一般钳工修理方法，本节主要介绍法兰、螺纹和焊接的连接处修理。

9.3.1 法兰破损的修理

在阀门上，阀体与阀盖连接的法兰称为中法兰，阀体两端与管道连接的法兰称为端法兰。法兰破损一般都是发生在螺孔处，而灰铸铁阀门最为常见。

法兰破损其修理方法有加强板焊接修复，加强板粘接修复和堆焊修复等。

a. 法兰局部裂纹加强板焊接修复，见图 9-17。

b. 加强板局部裂纹粘接修复，见图 9-18。

c. 法兰局部裂纹堆焊修复，见图 9-19。

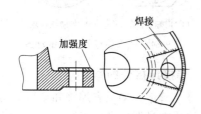

图 9-17　加强板焊接修复

必须注意，因缺块常发生于铸铁法兰，所以堆焊修补时应该根据铸铁的焊接工艺要求选

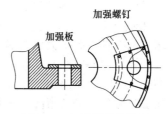

图 9-18　加强板粘接修复

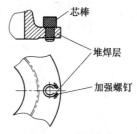

图 9-19　堆焊修复

择焊条，并采取一定的工艺措施。加强板粘接和铸铁焊接其工艺特点可参考本书有关章节。

9.3.2 法兰螺孔损坏的修理

螺纹孔的损坏一般是螺纹的损坏，其修理方法有塞焊法、镶套法、螺套粘修法、扩孔修复法等。

（1）塞焊法

采用堆焊把螺孔全部堵塞，重新钻孔攻螺纹。如螺孔较大可先嵌入塞块然后进行堆焊。但堆焊堵塞修复螺孔的方法一般用于低碳钢法兰。对于中碳钢或铸铁法兰螺孔的修复宜用镶套法。

（2）镶套法

将原螺孔扩大，制作一钢套镶入，再将两头焊牢，然后钻底孔、攻螺纹，如图 9-20 所示。

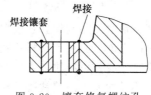

图 9-20　镶套修复螺纹孔

（3）螺套粘修法

将原螺孔扩大，扩大的尺寸为本螺距的 3 倍作为底孔，用丝锥攻螺纹，配与原螺栓孔相同的螺套（内、外螺纹），在外螺纹上涂布胶

黏剂拧入法兰螺纹内，如图 9-21 所示。

（4）扩孔修复法

把损坏的法兰螺纹孔扩大成新螺纹孔，配制异径双头螺栓，一头螺纹与新螺孔一样，另一头与原螺纹一样，如图 9-22 所示。但扩孔修复必须在法兰强度允许的情况下采用。

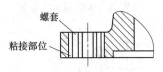

图 9-21　螺套粘接修复螺纹孔

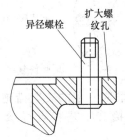

图 9-22　扩孔修复螺纹孔

9.3.3　法兰的更换

法兰裂纹、缺块破损严重或其他形式的损坏，不能采用局部修补的方法修复时，应该更换法兰。法兰的更换方法如图 9-23 所示。

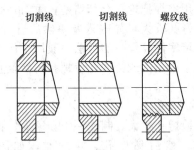

（a）对焊法兰　（b）平焊法兰　（c）螺纹套法兰
图 9-23　法兰更换方法

更换时，新法兰的制作必须根据标准尺寸加工，其材料应该与原法兰材料一致。若无现存法兰标准尺寸或者更换法兰为异形的，亦可根据原有法兰尺寸加工。铸铁法兰比铸钢法兰容易破损，在更换铸铁法兰时，应该仔细小心。

① 图 9-23（a）所示是对焊法更换方法。制作一只新法兰，其尺寸、材料符合原设计要求。焊接时要有专门夹具，应严格按规范进行

施焊。先进行点焊固定，检查新法兰位置正确后，即可正式施焊。焊前应预热，焊后应缓慢冷却，焊道平缓齐整，无焊接缺陷，强度试验合格。也可采用先粗车法兰，定位焊牢后，再精车。这样可避免上述复杂的定位方法。此种方法，适用于可焊性好的阀门。

② 图 9-23（b）所示是平焊法兰更换方法。在车床上切除法兰，加工一只规格、材料与原法兰相同的法兰，套在更换部位上，并且对齐，按焊接规范焊牢。此种方法，适用于可焊性好的阀门。

③ 图 9-23（c）所示是螺纹套法兰更换方法。把损坏的法兰，夹在车床上校正，切除法兰，留下静密封面，并加工螺纹与预制的螺纹套法兰相配，按常规粘接法，将螺纹套法兰粘牢。此种方法，适用于可焊性较差的阀门。

9.3.4　螺纹连接处的修复

阀体与阀盖以及阀体与管道的螺纹连接，由于严重腐蚀、乱牙、胀破，使阀门报废。图 9-24 所示为螺纹连接处的修理方法。

（1）内螺纹裂纹的修理

内螺纹裂纹的修理见图 9-24（a）。车掉连接处扳手位，钻止裂孔，配上钢制扳手位新套，与本体粘接一起。若需要增加其强度，可适当加大扳手位尺寸。

（2）外螺纹损坏的修理

外螺纹损坏的修理见图 9-24（b）。车掉外螺纹，配上钢制外螺纹新套，与本体粘接一起即可。

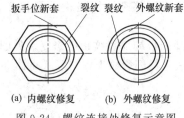

（a）内螺纹修复　（b）外螺纹修复
图 9-24　螺纹连接处修复示意图

9.3.5　焊接连接处的修复

阀体与管道连接，有焊接和承插焊两种形式。主要用在高温、高压工况条件下，这种形式密封可靠，但拆卸困难。

（1）焊接连接处的修复

焊接连接处在修复前进行退火处理，然后

按照原坡口形状车制。若车制不方便，可采用气割、电弧气刨、錾切、锉削修复坡口。

（2）承插焊连接处的修理

拆卸承插焊配管可用车削和锉削方法。锯割时锯条斜靠在阀体进出口端面与焊道上，沿圆锯一圈浅槽，然后锯条放正，贴着端面做圆弧运动，沿圆切断缝道，不能过多锯伤配管，以免拆卸时配管断在阀体内。拆卸配管可在钳台上进行，用管钳拧动配管，将其卸下。最后用锉刀或砂轮修整进出口，清除焊肉，无缺陷为好。

拆卸配管应该注意检查分析，往往发现内螺纹连接的阀门被焊死的。一般承插焊阀门为钢阀，无扳手位；一般内螺纹阀门有扳手位，为铸铁阀门。内螺纹一般为右旋，逆时针方向可拧出配管。

9.4　阀杆的修理

阀杆是阀门的主要零件之一。它与传动装置、阀杆螺母、启闭件，以及填料相连接，并与介质直接接触。阀杆承受传动装置的转矩、填料的摩擦、启闭件关闭力的冲击以及介质的腐蚀。它不仅是受力件、密封件，也是易损件。

9.4.1　阀杆与连接件的连接形式

（1）阀杆与阀杆螺母的连接形式

阀杆与阀杆螺母的连接形式很多。阀杆螺母分为固定式阀杆螺母和旋转式阀杆螺母两大类。由于阀杆螺母固定位置的变化，也引起了阀杆螺母外形结构的变化和阀杆有关位置的变化。因此，阀杆的运动分为螺旋升降运动、旋转运动和升降运动三种形式。

（2）阀杆与启闭件的连接形式

阀杆与阀瓣、闸板、球体、蝶板等启闭件的连接结构形式很多。与阀瓣、闸板常用的连接结构形式有整体、T形槽、螺纹、螺套、对开环、钢丝圈、滚珠、榫槽顶压等形式，并加止退垫圈、螺钉、销（键）等紧固件防止松脱。不同的阀门类型，连接结构也有所不同，但一定要连接可靠，能自动调整受力点，满足便于装卸、加工和维修的要求。

9.4.2　阀杆修理或更换的原则

阀杆损坏后需要修理或更换时，可根据下列基本原则进行。

① 阀杆密封面表面粗糙度低于原设计一级或数值高于在 $Ra0.8\mu m$ 者，应进行密封面粗糙度修复。

② 阀杆的弯曲度在 3‰ 以上者，应进行矫直修理。

③ 阀杆的光杆部位的直径应该一致，相对等性公差超过原设计公差的 50% 者，应进行修理。

④ 阀杆螺纹（T型螺纹）局部磨损，或表面粗糙度数值高于 $Ra12.5\mu m$ 时，应进行修复。修复后的螺纹厚度（中径的名义厚度）减薄量不得大于表 9-20 中的数值。

表 9-20　阀杆螺纹厚度减薄量

单位：mm

螺距	螺纹公称直径	螺纹厚度减薄量
2	9～20	0.35
3	11～14	0.45
	22～60	0.50
4	16～20	0.60
	65～110	0.65
5	22～28	0.75
6	30～36	0.85
	120～170	0.90

⑤ 在修理经过氮化、电镀、刷镀和表面淬火的阀杆时，要考虑保持阀杆的表面硬度和一定的硬度层。经过磨削修理后，其减少尺寸，直径一般不得减少原设计的 1/20，并且满足与填料配合要求，保证密封性能。

⑥ 阀杆的键槽损坏后，一般可以将键槽适当加大，最大可按键槽标准尺寸增加一级。如阀杆强度许可时，可在适当位置另外加工键槽。

9.4.3　阀杆的矫直

阀杆容易产生弯曲，弯曲的阀杆使阀门在开启和关闭时传动力受阻，造成填料处泄漏，如不及时进行矫直修复，还会损坏其他零件。

阀杆弯曲变形的矫直方法有静压矫直、冷作矫直和加热矫直三种。

（1）静压矫直

① 阀杆静压矫直　应在矫直平台上进行。矫直平台由平板、V 形块、压力螺杆、压头、千分表等组成。阀杆矫直前，应用千分表找出其弯曲状况，并做上标记和记录，确定矫直方案。

阀杆矫直时，用 V 形块支撑，使弯曲的凸面向上，压头压住凸面，压力螺杆加力使凸面向下变形。静压一定时间后，用千分表校核。如此重复进行，直至将阀杆矫直为止，见图 9-25。

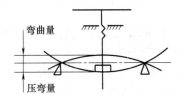

图 9-25　静压矫直示意图

因为阀杆一般都进行了调质和表面淬火处理，它具有一定的刚度和硬度，因此在静压时，压弯量大于原阀杆的弯曲变形量。凡是经过热处理的阀杆，其静压变形量一般为原弯曲变形量的 8～15 倍。

为了防止矫直的阀杆"回潮"，一是在矫直阀杆原弯曲处反方向有意压弯 0.02～0.03mm，随时间推迟而慢慢地消失；二是将矫直的阀杆置于 200℃温度下，保温 5h，消除其残余内应力。

② 阀杆局部弯曲矫直　可在台虎钳上进行，也可在摩擦压力机上进行。阀杆上部螺纹处弯曲矫直，见图 9-26。先在螺纹端旋上螺母，夹在台虎钳上，将阀杆向弯曲的相反方向加力矫直，再把阀杆旋转一周，重复上述操作。这样矫直几次，即可将阀杆上部的螺纹矫直。

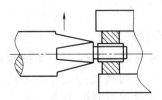

图 9-26　螺纹端矫直示意图

③ 阀杆光杆局部弯曲的矫直　见图 9-27。其操作方法是：用两块低碳钢厚钢板夹在一起，在两块板的接缝处钻孔，孔径稍大于阀杆

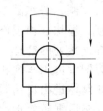

图 9-27　光杆矫直示意图

直径，制作成一对夹板。把阀杆的弯曲部分放在夹板中，夹在台虎钳上（或放在压力机上），慢慢地夹紧台虎钳，即可将阀杆端部矫直。对弯曲较厉害，直径较粗的阀杆，最好先用火焰加热，使其软化后，再进行矫直。

（2）冷作矫直

冷作矫直是用专用工具（圆弧工具）敲击阀杆弯曲的凹侧面，使其产生塑性变形，弯曲的阀杆在变形层的应力作用下矫直，见图 9-28。

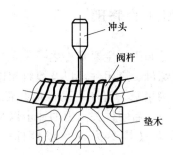

图 9-28　阀杆冷作矫直示意图

冷作矫直方法简便，不影响材料的性能，矫直精度容易控制，稳定性好。但冷作矫直的弯曲量不大，一般不超过 0.5mm，只用于局部矫直。

（3）加热矫直

加热矫直的原理是在轴类零件弯曲的最高点加热，由于加热区受热膨胀，使轴两端向下弯曲（更增了弯曲度），当轴冷却时，加热区就产生较大的收缩应力，使零件两端往上翘，而且超过了加热区的弯曲度，这个超过部分也就是矫直的部分。矫直的一般操作原理，见图 9-29。

热矫直的要点如下：

① 利用车床或 V 形铁，找出弯曲零件的最高点，确定加热区。

② 加热可采用氧气-乙炔火焰喷嘴，其喷嘴的型号、规格应根据阀杆直径的大小合理选择。

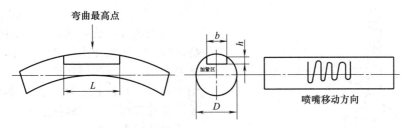

图 9-29　阀杆加热矫直操作原理图

③ 加热温度一般为 $200\sim600℃$。用氧气-乙炔中心火焰快速加热，其温度可达到 $500℃$。

④ 加热区的形状有条状、蛇形状和圆点状三种。条状常用于阀杆弯曲较均匀者，蛇形状用于变形严重，需要较大面积的加热区，对于精加工后的小阀杆的弯曲用圆点状加热区。

⑤ 阀杆加热区的尺寸对矫直量有一定影响，一般加热区宽度接近阀杆的直径，其长度为阀杆直径的 $2\sim2.5$ 倍，加热深度为阀杆直径的 $1/3$。阀杆的热矫直方法，见图 9-30。

必须指出的是，若阀杆的弯曲量较大时，可分数次加热矫直，不可一次加热过长，以免烧焦工件表面。尤其是经过镀铬的阀杆，加热矫直要持慎重态度，要防止镀铬层脱落。热处理过的阀杆，加热温度不宜超过 $500\sim550℃$。同时热矫直的关键在于弯曲的位置及方向必须正确，加热的火焰也要和弯曲的方向一致，否则会出现扭曲或更多的弯曲。

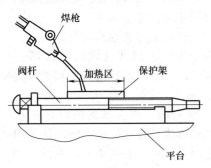

图 9-30　阀杆加热矫直示意

9.4.4　阀杆密封面研磨

阀杆的密封面通常有两个部位，一个是与填料相接触的圆柱密封面，即阀杆的光杆部分，另一个是与阀盖相接触的锥面部位，夹角一般为 $90°$，通常称为倒密封或上密封。圆柱密封面与填料接触，容易产生电化学腐蚀，产生斑点凹坑；上密封与介质接触也容易腐蚀，再加之上密封不大受重视，因而相当一部分性能不佳。阀杆密封面通常用研磨方法修复。

（1）平板研磨

用油石、平板夹砂布或涂敷研磨膏，对旋转的阀杆密封面进行研磨的方法，见图 9-31。平板研磨是用平面研磨工具压在旋转阀杆的密封面上，不断地前后左右均匀地移动平面研磨工具，从而达到研磨的目的。

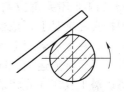

图 9-31　平板研磨

（2）环形研磨

用环形研磨工具套在旋转的阀杆上，涂敷研磨膏研磨的方法，见图 9-32。环形研磨是将环形研磨工具套在阀杆密封面上，将阀杆夹在车床或研磨机上，并均匀地涂上研磨膏，调节好环形研磨工具的松紧度，用手握住环形研磨工具，在旋转的阀杆密封面上，做均匀往复运动，直到研磨合格为止。

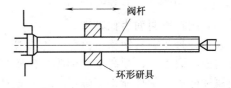

图 9-32　环形研磨

（3）砂布研磨

用砂布沿圆周均匀研磨阀杆密封面的方法，见图 9-33。如果阀杆密封面腐蚀和磨损不大，可将阀杆夹在台虎钳上，用硬木或紫铜板作护板。然后，将砂布撕成长条，包在阀杆上，上下来回地拉动砂布，砂布上下一次后，

图 9-33　砂布研磨示意图

操作者按顺序调换一个角度，重复上述动作，直至研磨一周后，检查研磨质量，直到满意为止。

（4）磨床磨削

将需要修理的阀杆夹在磨床上，用砂布磨削的方法进行磨削。此法与环形研磨相似。

（5）锥环研磨

用内锥环套在阀杆倒密封面上研磨的方法，见图 9-34。内锥环夹角应与倒密封面夹角一致。将阀杆夹在夹具上，把内锥环套研磨工具套在阀杆上，在上密封面上均匀涂上研磨膏，手持研磨工具做圆周运动。同样，也可夹在车床上，将研磨工具压在旋转地上密封面上进行研磨。上密封还可采用刮研、互研的方法修复。

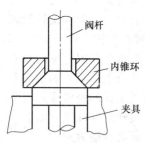

图 9-34　锥环研磨示意

（6）阀杆密封面表面处理

表面处理工艺有镀铬、氮化、淬火等。阀杆密封面经研磨后，缺陷虽然消除，但阀杆密封耐腐性能和力学性能却下降了，这一点往往极易疏忽。经过研磨后的阀杆可视情况进行表面处理。

9.4.5　阀杆螺纹修理

阀杆的螺纹有梯形螺纹和普通螺纹两种。梯形螺纹和普通螺纹的损坏形式有腐蚀、砸扁、折断、并圈、乱牙、螺纹配合过紧等。

（1）梯形内螺纹（阀杆螺纹）的修整

① 梯形内螺纹上混入磨粒、润滑不良，容易磨损螺纹，会造成阀门启闭困难。这时应拆下阀杆，用煤油清洗阀杆螺母，无法洗掉的磨粒和污物，可用铜丝刷清除，对拉毛部位用细纱布（纸）打磨光滑为止。如果螺纹内不容易用砂布打磨，可在螺纹上涂上研磨膏，用统一规格的梯形螺杆互相研磨，消除梯形内螺纹上拉毛缺陷。

② 并圈或乱牙，主要是阀杆开启过头引起的，严重的可使螺纹脱落。可用小錾子将螺纹头上并圈、脱落螺纹錾除，用小锉刀修整成形，见图 9-35。梯形螺纹修整的好坏，可用着色法检查。修后的螺口还难以拧进阀杆时，可将阀杆从另一头螺口拧进，通过修整即可消除上述现象。

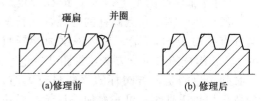

图 9-35　梯形内螺纹的修理

③ 梯形内螺纹与阀杆配合过紧。首先要找到过紧的原因。如果是装配不当，应进行调整。确认是因制造间隙过小，可用研磨的方法解决，其方法是螺纹上涂上一层研磨膏，旋入阀杆，转动阀杆或阀杆螺母进行互相研磨，直至手感不吃力为止。

（2）阀杆上部普通螺纹修理

对于阀杆上部普通螺纹的损坏，有镶塞法、螺纹改制法、缩短阀杆法和局部更换法四种修复方法，见图 9-36。

① 镶塞法　将损坏的螺纹车削掉，在方榫端面的缝中钻孔攻螺纹，将制作好的螺塞与阀杆组合，并用胶黏剂粘牢，见图 9-36（a）。

② 螺纹改制　将损坏的螺纹车削掉，在方榫端面的中心钻孔攻螺纹，配上螺钉，并在螺钉与下轮之间套入弹簧垫圈，见图 9-36（b）。

③ 缩短阀杆法　螺纹严重损坏或折断，在不影响阀门的启闭行程的情况下，可将阀杆适当缩短，重新加工方榫和螺纹，见图 9-36（c）。

④ 阀杆连接处局部更换　将连接处除掉，在阀杆的端面中心钻孔攻螺纹，配制一根特制

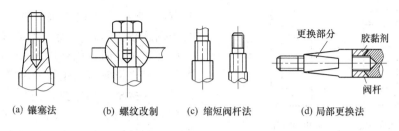

图 9-36　阀杆上部螺纹修理示意图

(a) 镶塞法　　(b) 螺纹改制　　(c) 缩短阀杆法　　(d) 局部更换法

的杆，用胶黏剂粘接，待固化后，车制成形。然后攻螺纹，加工方榫。这样修复的阀杆如同新阀杆一样，见图 9-36（d）。

9.4.6　键槽的修理

键槽连接结构式阀杆、阀杆螺母是转动装置中常见的一种连接形式，它承受较大的关闭转矩，如果装配和使用不当，键槽容易损坏。

键槽修复有粘接、烧焊、扩宽及调换位置重新加工键槽等方法。其修理方法见图 9-37。

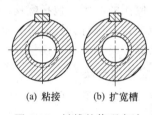

(a) 粘接　　(b) 扩宽槽

图 9-37　键槽的修理方法

（1）粘接

损坏的键槽用粘接法修复较为方便。用溶剂清洗键槽，将槽内涂上一层选好的胶黏剂，然后把键嵌入槽中，待固化后即可。对槽边损坏严重的槽，可用与阀杆螺母相同的金属粉末掺和在胶黏剂中，调和均匀，用竹板填入缝隙中，直到填平缝隙为止。

（2）扩宽槽

扩宽槽修复方法是把损坏的键槽扩到一定的宽度，消除损坏的部分，然后做一个特制的键，键为下宽上窄凸形，键的下部与扩宽槽相配合，上部分与原键尺寸一样。

键槽损坏严重不便修复时，可调换 $90°$ 的角度位置上，重新加工新键槽。

9.4.7　阀杆头部修理

阀杆头部是指阀杆端的球面、顶尖、顶楔、连接槽等与关闭件连接的部位。这些部位由于受力大，又与介质接触，容易磨损和腐蚀。

（1）锉削修复

阀杆头部的球面或顶尖的损坏时，可先用锉刀锉削，然后再用砂布打磨，见图 9-38。修理后的球面应圆滑，其表面粗糙度数值小于 $Ra3.2\mu m$。

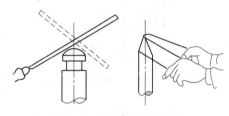

图 9-38　锉削修复示意图

（2）堆焊修复

阀杆头部或阀杆凸台磨损或损坏时，可采用堆焊的方法修复，见图 9-39。堆焊时，可用手工电弧堆焊，也可采用气焊堆焊。由于阀杆头部应有耐磨和耐腐蚀的要求，其堆焊材料应具有耐蚀性和一定的硬度。一般可用 20Cr13 焊条或焊丝。对于高温、高压阀门可堆焊硬质合金。堆焊后，再根据阀杆头部几何尺寸加工成形。

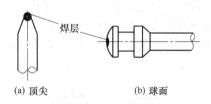

(a) 顶尖　　　　(b) 球面

图 9-39　阀杆头部堆焊修复示意图

（3）镶圈修复

对中、低压阀门的阀杆，当阀杆凸台损坏后，采用镶圈的方法修复很简便，镶圈时，先将阀杆上的损坏部位车削掉，留有一定高度，用以加工螺纹进行组合（细牙螺纹）。按图 9-40 所示结构加工镶圈。

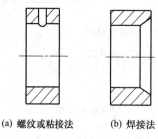

(a) 螺纹或粘接法　(b) 焊接法

图 9-40　阀杆凸台镶圈修复示意图

组合时，用螺钉固定，也可用胶黏剂固定，见图 9-41。对于焊接式镶圈组合，采用焊接方法把镶圈固定在阀杆上，见图 9-42。

图 9-41　镶圈组合修复示意图

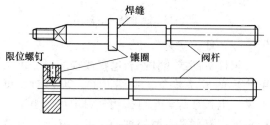

图 9-42　头部镶塞修复示意图

（4）阀杆连接槽修复

阀杆连接槽分为矩形、圆弧形等。矩形一般是与闸板连接，圆弧形一般是与截止阀阀瓣连接。阀杆通过连接槽和关闭件连接，由于连接槽过小或过大，都会影响阀门正常关闭。有的连接槽，因顶心磨损，槽上部与关闭件接触，造成顶心悬空，影响正常的关闭。图 9-

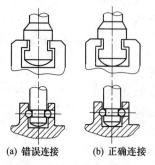

(a) 错误连接　(b) 正确连接

图 9-43　阀杆和关闭件的连接

43（a）所示是错误连接，图 9-43（b）所示是正确连接。错误连接主要是阀杆头部悬空，这种连接关闭时，阀杆传递力不能正确地加在关闭件上，影响阀门关闭的可靠性。其修理方法是将连接槽上部用锉刀锉削 1～3mm。修复装配时，使阀杆头部球面能落在关闭件的槽上，且阀杆能自由摇动或转动，阀杆连接槽上部应留有 1～2mm 间隙。

截止阀阀杆与阀瓣是用卡环连接的。由于阀杆连接槽腐蚀、磨损，使阀杆与阀瓣连接不牢，甚至脱落。其修理方法是将阀杆和阀板连接槽同时扩大，重新配置卡环即可。连接槽损坏严重的，可采用缩切阀杆，或者镶塞的方法局部更换。

9.5　紧固件的修理

阀门上使用的紧固件包括螺栓、螺母、螺钉、垫圈、销钉、铆钉、挡圈等。这些零件的结构尺寸已标准化，具有互换性。

9.5.1　紧固件的分类

紧固件按其连接形式可分两大类，即螺纹连接和销钉（铆钉）连接。其中螺纹连接主要涉及螺栓、螺母、螺钉等。

① 螺栓　分单头和双头两种。单头螺栓有六角头螺栓、方头螺栓、T 型螺栓及活节螺栓等。填料压盖与阀盖的连接常用 T 型螺栓和活节螺栓。双头螺栓又称为螺柱，常用于阀体、阀盖的法兰连接。

② 螺母　按照形状可分为六角形、方形、异形几种；按其高度分六角扁螺母、六角厚螺母等；按其端面倒角可分为 A 型和 B 型。异形螺母的类型较多，阀门上使用的有小圆螺母、圆螺母、盖形螺母等。小圆螺母和圆螺母还可分为端面带槽、端面带孔、侧面带槽及侧面带孔等类型。侧面带槽的圆螺母在阀门上应用较多。阀杆螺母或阀杆定位处一般就是采用带槽圆螺母。

③ 螺钉　按其头部形状可分为六角、方头、沉头、半圆头、圆柱头等。按其头部的螺钉形状又可分为一字槽、十字槽、内六角及外方头等。

9.5.2 螺纹的修理

（1）螺纹的清洗

对螺纹上的灰尘、油污、锈蚀物等，应用煤油清洗，铜丝刷除锈，直至螺纹处异物清除干净为止。

（2）螺栓的矫正

螺栓产生弯曲，可进行矫正。其方法有两种：一是冷作矫直法，类似矫正阀杆螺纹的方法（参见前文阀杆修理部分）；二是将一只螺母装夹在台虎钳上，用手拧动螺栓，使弯曲处旋入螺母口，手感吃力为止，然后在螺栓弯曲处上方拧上另一只螺母，以保护螺纹，再用手锤（或扳手）慢慢地敲击螺母，使弯曲处向反方向矫正，敲一下，拧紧一下螺栓，直至弯曲处矫正为止。

（3）螺纹配合过紧的修理

螺纹配合过紧，有三种消除方法：一是清洗法，对螺纹进行清洗，去除油污、锈层可消除过紧现象；二是过丝法，用板牙或丝锥将螺纹重过丝一遍；三是研磨法，在螺栓上涂上一层用煤油稀释的研磨剂，拧上螺母反复拧转研磨，即可修复。

（4）螺纹配合过松的修理

其修理方法有三种：一是留舍法，若螺栓磨损较轻时，可保留螺栓，更换螺母；二是粘固法，用厌氧胶或其他胶黏剂涂布在螺纹处，可起到紧固防松作用；三是镀层法，采用镀锌或镀铬的方法修复。

（5）螺纹砸扁和并圈的修理

修理方法有三种：一是锉修法，用三角锉修整螺纹；二是錾削法，用小錾子錾削并圈及砸扁处；三是过丝法。

9.5.3 扳手位和螺钉旋具位的修理

螺纹紧固件扳手位和螺钉旋具槽损坏后，一般应予更换。若无备件的情况下，可进行修复。

（1）扳手位的修理

修理方法有三：一是缩小法，即在损坏的四方或六角头端面划线，按照线在锉削或在砂轮上除掉扳手位上圆弧面，加工成新的四方或六角扳手位；二是堆焊法，在扳手位上堆焊一层金属，然后按照尺寸加工扳手位；三是更换法，把损坏的扳手位锉掉或车掉，配上一只螺母，然后焊接固定。

（2）螺钉旋具槽的加工

螺钉旋具用力不当或螺钉旋具与螺钉旋具槽不配套，容易损坏螺钉旋具槽。其加工方法有二：一是在损坏的螺钉旋具槽上，用锯条加深螺钉旋具槽深度即可；二是在原螺钉旋具槽错开 90° 位置上，用锯条重新加工螺钉旋具槽，新螺钉旋具槽通过螺钉轴线并垂直。若锯条宽度不够，可将两根锯条各一面磨平并排一起，加工螺钉旋具槽。

（3）特殊螺钉旋具位的修理

圆螺母上有沟形、槽形、孔形的特殊螺钉旋具位，它是靠专用螺钉旋具拆装的。特殊螺钉旋具位损坏后，其修理方法有二：一是与原螺钉旋具位错开一定位置，对称均布地重新加工螺钉旋具位；二是堆焊损坏的螺钉旋具位，然后重新加工。

（4）螺钉的改制

螺钉在阀门中用量少，当无现存规格时，可以改制。如圆柱头螺钉改沉头螺钉、扳手位螺钉改螺钉旋具位螺钉等。

9.5.4 螺栓和螺母的制作

螺栓和螺母的制作不像制造厂搓制、辗制工艺，一般单件自制采用车削方法制作。螺栓、螺母的制作过程一般是经过选材、车制成形、铣削扳手位、热处理、表面处理和检验等工序。

（1）选材

若制作六角螺栓螺母，选用同规格的六角型材为佳，可节省铣削外六方工序。

（2）机加工

车、铣、刨、过丝等机加工螺栓螺母时，其技术要求应该符合相关标准。

（3）热处理

为了提高强度和冲击韧性，在 8.8 级以上（按照机械强度性能分级）的螺栓螺母，一般都应该进行调质热处理。其热处理规范请参照有关的热处理手册。

（4）表面处理

为了提高耐蚀和耐磨等性能，有时应该进行表面处理，如氧化、磷化、渗碳、氮化及镀锌和镀铬处理。

（5）检验

制作的螺栓和螺母应该符合设计要求和国家标准。螺纹应该光滑完整，螺杆直挺，螺栓头部和螺母各部位应该与轴线相互垂直、平行和对称。表面应该无裂纹、毛刺、飞边、烧伤和氧化皮等缺陷。螺母拧入螺栓后，手感不吃力且又无松动现象为好。

9.6　阀门驱动装置的修理

驱动装置是阀门的重要组成部分。阀门关闭和开启通过它传递到阀杆，实现阀门的启闭和调节。驱动装置完好与否，直接关系到阀门的正常使用，因此，阀门驱动装置的修理是整个阀门修理的重要组成部分。

手动操作阀门，有的通过蜗杆副、齿轮副等减速传动机构直接操作，有的通过手轮、手柄、扳手等工具直接操作。按照《阀门手动装置技术条件》（JB/T 8531）的含义，前者称为阀门手动装置，后者称为阀门手动工具。它们是阀门驱动装置中最简单、最普遍的驱动形式，也是不被人重视而容易损坏的传动装置。损坏和丢失是粗心装卸、保管不善、操作不良所致。

9.6.1　阀门手动装置的修理

阀门手动装置结构简单，适用于小口径阀门。

（1）手动装置的形式

① 手轮　阀门常见的手轮有伞形手轮和平形手轮两种。手轮上有箭头和"关"字的标志，箭头是顺时针指向。按规定，灰铸铁、可锻铸铁、球墨铸铁、铜合金阀门采用可锻铸铁KTH330-08、KTH350-10，球墨铸铁QT400-15、QT450-10材料制作手轮；钢制阀门除采用上述材料外，同时规定可用碳钢Q235、WCC制作手轮。小口径的阀门有的用铝、胶木、塑料等材料制造手轮。

a. 伞形手轮与阀杆连接孔为方孔和锥方孔。锥方孔的锥度为1:10，轮辐为3～5根，手轮直径为50～400mm。方孔伞形手轮，一般直径不超过100mm，配合精度为H11，如图9-44（a）所示。

b. 平形手轮与阀杆或阀杆螺母连接有锥形方孔、螺纹孔和带键槽孔三种。手轮直径为120～1000mm，轮辐3～7根。带键槽孔配合精度为H11，如图9-44（b）所示。

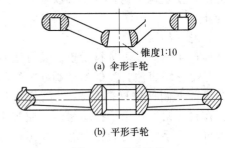

（a）伞形手轮

（b）平形手轮

图9-44　手轮结构

c. 塑料手轮为圆盘形，无轮柄，方孔中预埋金属套，美观轻便，但不经撞击，不耐高温。塑料手轮直径小于120mm，用于小口径阀门。

② 手柄　形如杆，中间截面为圆形，并加工有锥形方孔或带键槽的圆孔，孔与阀杆连接。手柄一般采用钢件，用Q235A较为普遍，表面镀锌或发黑处理。主要用在截止阀、截流阀上。手柄长度200～600mm，如图9-45所示。

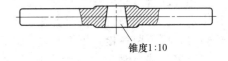

图9-45　手柄

③ 扳手　适用于单手操作。用于球阀、旋塞阀上，用可锻铸铁等材料制成，连接孔为方孔，孔的下端有平面和带槽两种。带槽方孔作开关定位用，配合精度与上述手轮方孔相同。扳手长度120～150mm，如图9-46所示。

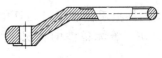

图9-46　扳手

④ 远距离手动装置　由支柱、悬臂、连杆、伸缩器、万向联轴器、换向件等部件组成。操作者通过手轮将力传递到远距离传动装置，达到开闭阀门的目的，实现远距离控制。

（2）手轮断裂的修复

手轮在运输过程中容易受到撞击而损坏。铸铁手轮性脆易断，可采用焊接、粘接、铆接修复。

① 焊接　在断裂处开好 V 形坡口，若手轮为灰铸铁材料，可用自制的铸铁气焊条，熔剂为硼砂，采用弱还原焰焊修。焊接时把手轮放置呈水平状态，首先用焊枪在感应区加热，使温度升到 500℃ 以上，然后用焊枪吹掉断裂处氧化物和杂物，再进行焊接。对感应区可以间断加热，保持红热状态。焊完后，在感应区逐渐减温至 300℃ 以下，停止加热自冷。也可用电弧焊补焊。

轮辐断裂的烧焊感应区在断裂处的轮缘上，如图 9-47 （a）所示；轮缘断裂的烧焊感应区在断裂处的轮辐上，如图 9-47 （b）所示。

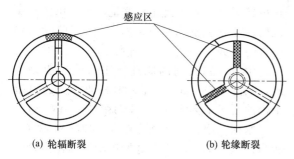

(a) 轮辐断裂　　　　(b) 轮缘断裂

图 9-47　手轮烧焊

断裂处焊接修复后，应在砂轮上将焊缝打磨光滑，并按规定涂漆。

② 粘接和铆接修复　手轮的粘接和铆接如图 9-48 所示，手轮局部产生裂缝，可在裂缝中间处钻孔攻螺纹，埋一只螺钉即可。还可在裂缝处再贴两层玻璃布。

图 9-48　手轮的粘接和铆接修理

手轮断裂后，也可采用铆接工艺。在手轮断裂处的反面，用砂轮开一个槽，槽深 2～5mm。将 2～5mm 厚的钢板嵌在槽中，用铆钉或螺钉连接。为了使铆接更加牢固，还可用铆接粘接复和方法。修复后，需打磨光滑。

（3）手轮和扳手孔的修理

手轮、手柄、扳手经长时间使用后，螺孔、键槽会损坏，方孔呈喇叭形，影响正常使用，需要修理。

① 键槽的修复　键槽损坏后，可用焊补法修复，再用錾子削除氧化层，最后用半圆锉修成与孔相同的圆弧。如果焊补不便，可将键槽加工成燕尾形，然后用燕尾铁嵌牢，再用半圆锉修成与孔相同的圆弧；也可采用粘接方法粘牢燕尾铁。

键槽补修好后，按照原规格在另一轮辐中心线处加工新的键槽，如图 9-49 所示。新键槽与一般键槽加工要求相同。

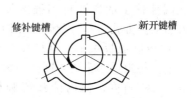

修补键槽　　　　　新开键槽

图 9-49　键槽的修复

② 螺孔的修复　螺孔损坏后，一般用镶套方法修复。先将旧螺纹车除，单边上削量不少于 5mm，然后车制一个与螺孔规格相同的套筒，与手轮上的扩大孔配合。

套筒与手轮上扩大孔的连接形式，可用点焊、粘接、在骑缝处用螺钉固定的方法，如图 9-50 所示为骑缝螺钉固定法。

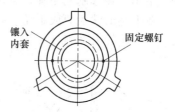

镶入内套　　　　固定螺钉

图 9-50　螺孔的修复

③ 方孔的修复　方孔、锥方孔损坏后，可以用方锉均匀锉削方孔的内面，加工新的方孔、锥方孔。然后用铁皮制成方形套，嵌入锥方孔中，用粘贴法固定，如图 9-51 所示。

修复后的方孔与阀杆的配合间隙要均匀。修复后的锥方孔与阀杆配合应该紧密，其锥度

(a) 锥方孔损坏   (b) 锥方孔套   (c) 锥方孔镶套

图 9-51 锥方孔的修复

一致；拧紧螺母后，锥方孔底面与阀杆台肩保持 3～5mm 的间距，有利于锥方孔与阀杆接触面密合，不致松动。

（4）手轮和扳手的制作

手轮、手柄、扳手丢失或损坏严重，在没有合适的条件时，需要重新自制。

① 扳手的制作

a. 用圆钢切成圆柱体，作扳手头用，其高度与阀杆榫头高度一样。若扳手与阀杆需要装配固定，圆柱体高度应该比榫头高 1～3mm。在圆柱体上的方孔可用插床加工，也可用锉刀加工。方孔与阀杆配合间隙约 1mm。

b. 用钢板制成扳手柄，其厚度为圆柱体高度的一半。将扳手小头为外圆弧，大头为内圆，弯成 30°的角度，使内圆弧与圆柱体相并，再组焊成形。焊后应该整形和去毛刺。

② 手轮的制作 手轮的尺寸应该与原手轮相同。根据手轮的尺寸选用小口径的无缝钢管，将管内装满干砂，两端用堵头密封，再用氧气-乙炔焰加热后，煨成所需的圆圈。圆圈煨成后，在圆圈内侧均匀加工出轮辐用的孔，再焊接圆圈的两端，经过校正即成为轮缘。用碳钢棒料车削成轮毂，其尺寸应该与原轮毂相同。用小口径管制成轮辐，插入轮缘内侧孔中，再在平整的铁块焊成手轮。如图 9-52所示。制成的手轮经去毛刺打磨并涂上规定的油漆。

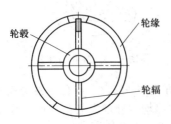

图 9-52 手轮制作示意图

9.6.2 阀门齿轮和蜗杆传动装置的修理

齿轮副和蜗杆副传动装置比手轮直接操作省力，适用于大口径和高压阀门的驱动。

齿轮和蜗杆传动装置大部分工作环境恶劣，受风雨、尘土、污物的侵蚀，在长期工作中容易磨损、腐蚀、崩齿以致不能工作，需要修理或更换。

（1）阀门齿轮和蜗杆传动形式

齿轮副和蜗杆副驱动有正齿轮副传动、伞齿轮副传动、蜗杆副传动及其组合等多种形式。

正齿轮传动是通过手轮传动小正齿轮，小正齿轮再带动大正齿轮。这是一种简单的减速机构，驱动比通常取 1：3，启闭阀门时，轻便省力。如图 9-53（a）所示。

伞齿轮副驱动的原理与正齿轮副驱动相同，如图 9-53（b）所示。蜗杆驱动是通过带手柄的手轮转动蜗杆再带动蜗轮，其传动比大。蜗杆、蜗轮装在蜗轮箱内。如图 9-53（c）所示。蜗杆加工困难，这种传动结构比齿轮传动复杂。这两类手动装置已成系列。

正齿轮副传动和伞齿轮副传动一般用在闸阀、截止阀上；蜗轮蜗杆传动一般用在蝶阀、球阀上。

（2）调整换位修理

① 翻面修理 正齿轮、螺杆和蜗杆在长期运转中往往会产生齿面单边磨损现象。如果结构对称，在条件允许的情况下，可将正齿轮、蜗杆翻面，即将未磨损面作为主工作面；蜗杆也可调头将未磨损面作为主工作面。如果轮毂两端面高低不一致，可根据具体结构，采取相应该的措施：用锉削将高的端面锉低，对低的端面可用垫片调整。用上述方法不能奏效时，可采用镶套的方法以恢复轮毂两端面原形状和性能。

② 换位修理 蜗杆驱动装置一般用于蝶阀、球阀上。这类阀门启闭的角度范围为 90°，反映在蜗杆上的转角一般为 90°～180°，蜗杆齿往往有 1/4～1/2 部位磨损严重一些。在

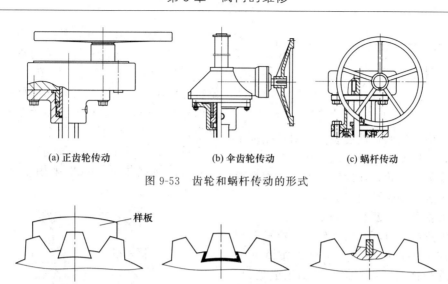

(a) 正齿轮传动 (b) 伞齿轮传动 (c) 蜗杆传动

图 9-53 齿轮和蜗杆传动的形式

样板

(a) 镶齿粘接法 (b) 镶齿焊接法 (c) 栽桩堆焊法

图 9-54 齿轮损坏的修复

修理中，可将蜗杆位置转动 90°～180°使未磨损的蜗杆齿与蜗杆啮合。

若蜗杆的部分齿面磨损严重，在条件许可的情况下，可将蜗杆沿轴向适当移过几个齿距，以避开磨损面与蜗杆啮合。

(3) 轮齿损坏的修复

齿轮和蜗轮在运行或搬运中，由于事故或制造质量问题，个别轮齿会产生崩齿或断齿，其修复方法如图 9-54 所示。

① 镶齿粘接法 把损坏的轮齿铲掉，加工成燕尾槽，用原有材料加工成新的齿块，与齿轮上的燕尾槽相配，保持 0.1～0.2mm 的间隙，并使加工的轮齿有一定的精加工余量。新齿与燕尾槽按规定粘接牢固后，用铅块在齿轮的完好齿牙间压成样板。用样板着色检查新齿，并按照印影加工新齿，直至样板与新齿接触均匀为止。此法可用于焊接性能差的齿轮。如图 9-54 (a) 所示。

② 镶齿焊接法 这种方法适用于焊接性能好的齿轮。轮齿的制作工艺与镶齿粘接法相同，把损坏的轮齿铲掉，加工成燕尾槽，用原有材料加工成新的齿块，与齿轮上的燕尾槽相配，保持 0.1～0.2mm 的间隙，并使加工的轮齿有一定的精加工余量。新齿与燕尾槽按规定粘接牢固后，用铅块在齿轮的完好齿牙间压成样板。用样板着色检查新齿，并按照印影加工新齿，直至样板与新齿接触均匀为止。如图

9-54 (b) 所示。

③ 栽桩堆焊法 因事故等原因产生崩齿，可在断齿处钻孔攻螺纹，预埋一排螺钉桩，用堆焊法在断齿处堆焊出新齿。堆焊时应该保护好其他轮齿。最后，加工成与原齿相同的齿形。为了防止齿轮退火，可以使用强冷堆焊法。如图 9-54 (c) 所示。

(4) 齿面的堆焊修复

齿轮磨损严重或有严重点状剥蚀，可用堆焊法修复。焊前要清洗，对合金钢齿轮要进行退火处理，除掉氧化层，用软轴砂轮或其他方法去掉疲劳层、渗碳层，直至露出本体金属光泽为止。

采用单边堆焊，焊层应该根据齿形大小取 3～5 层，齿面 2～4 层，齿顶 1 层。焊接时候，采用对称、循环焊接法。第 1 层在齿根部堆焊，逐渐焊到齿顶，可减少热应力集中，防止齿轮变形，具体方法如图 9-55 所示。各层的焊接方向应该首尾相接，层与层间应该重叠 1/5～2/5。堆焊齿轮应该在专用工具上进行，专用工具套在齿轮中心孔中，能任意调整角度，以利于堆焊的成形。第 1 层的堆焊角度为 15°～45°，第 2～4 层的堆焊角度为 65°～75°，第五层的堆焊角度为 0°，并应该一次堆焊成形，以免产生气孔等缺陷。堆焊完后应该退火处理，消除内应力，降低硬度，以便于加工。

堆焊后的齿轮需要经过机械加工。首先车

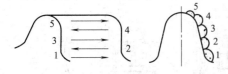

图 9-55　齿面的堆焊修复

齿轮顶圆和两个端面，然后铣齿，对齿轮要求不高时候，可以使用刨床按照样板加工齿形。

对于修复的齿轮，在硬度等性能方面有要求时，应该进行渗碳淬火表面处理。

（5）齿轮和蜗杆断裂的修复

驱动装置中，对断裂的齿轮和蜗杆通常要求更换。在无备件的情况下，可以按图 9-56 中的方法进行修复。首先将断口加工成坡口，断节嵌入齿轮上复原，用铁丝固定，然后焊接。如果齿轮是铸铁的，应用铜焊或铸铁电焊条焊接固定。焊接时要采用防止变形的措施。焊接后将铁丝拆除。在车床上，将齿轮轮缘的两端面上车制加强板夹持槽，槽外直径应该比齿根直径小 5mm，槽内径比轮缘内径稍小，槽深 2～5mm，视齿轮厚度而定。再以槽的宽度和深度为准，车成两个加强圈。将两个加强圈夹持在齿轮两端面槽中，并暂时固定，钻制埋头铆钉孔，在断裂处两端应该钻孔铆接，其他部位也应铆接均匀。为使铆接更加牢固，可采用粘接铆接法。

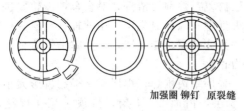

（a）齿轮断裂　　（b）加强圈　　（c）修复的齿轮

加强圈　铆钉　原裂缝

图 9-56　齿轮断裂的修复

用上述修复齿轮的方法，也适用于修复蜗杆轮缘的断裂。齿轮的轮辐、轮毂的断裂修复，可参看"阀门手动装置的修理"部分。

（6）齿轮和蜗杆齿的更换

齿轮和蜗杆磨损严重或齿牙断裂严重时，可采用更换整个齿牙的方法进行修复。

① 齿轮齿牙的更换　把齿轮上的所有齿牙车除，直至牙根下 5mm 左右处，但应该留有一定厚度的轮缘。预制一个新的轮缘圈与旧齿轮粘连或焊接在一起，然后车削两端面和顶圆，其尺寸与原齿轮相同，最后铣制新齿。

② 蜗杆齿牙的更换　如图 9-57 所示，将蜗杆轮缘车除，用与蜗杆相同的材料车制一个新的轮缘并嵌在旧蜗杆上。然后在连接处对称点焊，再车制蜗杆顶圆的两个端面。最后，用蜗杆铣刀加工蜗杆齿。如果蜗杆（或齿轮）的中心孔或键槽损坏，可以采用镶套法更换轮毂，修复齿轮和蜗杆。

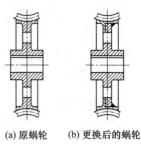

（a）原蜗轮　　　（b）更换后的蜗轮

图 9-57　蜗杆齿牙的更换

9.6.3　气动和液动装置的修理

气动和液动装置是自动控制的传动装置。在易燃、易爆、剧毒工况条件下，以及难以接近的地方，使用气动和液动装置具有重要的意义。它具有结构简单、安全可靠、阻力小等优点，在石油、化工等部门得到了广泛的应用。

（1）气动和液动装置的结构形式

以带压的空气、水、油等作动力源，推动活塞运动，使活塞杆带动阀门启闭或调节的装置称为气动或液动装置。它是由缸体、活塞、活塞杆、活塞环、缸盖等组成的。缸体呈圆筒状，用铸件或无缝钢管制成，缸体分单缸和双缸。双缸用在压力较高、启闭力较大的阀门上，并有利于缩小缸体的直径。活塞用铸铁或铝合金制成，有的采用铸铁或铸钢活塞。活塞杆用圆钢车制。除卧式气动或液动传动装置外，通常阀杆和活塞杆为一整体，活塞环有 J 形或 U 形橡胶密封圈、U 形四氟密封圈、Y 形聚氨酯密封圈、耐油橡胶 O 形密封圈等。O 形密封圈的密封效果好，摩擦阻力小，更换方便，在气动和液动装置中应用广泛。气动和液动传动中，一般采用金属活塞环，在活塞式减压阀中也使用。缸盖是固定活塞杆和手动杆的零件，它与缸体组成内腔。

气动和液动装置回路系统的附件有回讯器、电磁阀、过滤器、调节阀、减压阀和油雾器等。气动和液动装置的形式有直线运动式和部分回转式两种。

① 直线运动式阀门气动装置　是在封闭的气体回路中依靠压缩空气的推动使阀杆做直线运动的气动装置。按照结构分为气动薄膜式和活塞直动式；按照动作分为正作用式和反作用式。图 9-58 为正作用式气动薄膜驱动装置示意图。这种装置由于采用橡胶薄膜传动，进气压力小（不大于 0.4MPa），行程小，传动阻力也小，故多用于隔膜阀和调节阀。活塞直动式（图 9-59）具有较大的驱动力和行程，用于快速启闭的闸阀、截止阀等。

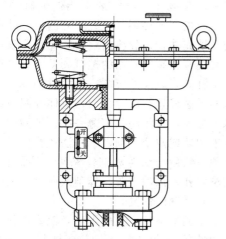

图 9-58　正作用式气动薄膜驱动装置
（通气后阀杆向下运动阀门关闭）

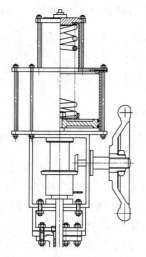

图 9-59　活塞直动式气动装置

② 部分回转式气动装置　回转式气动装置是指在封闭的压缩空气回路中，依靠压缩空气的推动使输出轴做小于 360°回转运动的气动装置。下面介绍部分回转式气动装置的结构和特点。

a. 活塞齿条式（图 9-60）：结构较简单，外形较小，转矩值不变。转矩大时可用双活塞或四活塞。

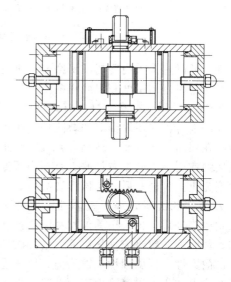

图 9-60　活塞齿条式气动装置

b. 活塞连杆式：结构简单，转矩特性不好。单活塞时多为摆动缸。转矩大时可用双活塞或四活塞。

c. 活塞拨叉式（图 9-61）：结构简单，转矩特性好。转矩大时可用双活塞或四活塞。

d. 活塞螺杆式：结构紧凑，输出转矩大，转矩值不变。但效率较低。

e. 叶片式：结构简单、紧凑，转矩值不变，效率高。但密封性能较差。

除上述介绍的结构外，还有液压马达等结构形式。

（2）缸体磨损的修复

缸体长时间使用或因装配不正等会产生磨损，缸体内表面出现圆度误差变大或锥度，以及擦伤、划痕、拉缸、结瘤等缺陷，严重时还会影响活塞环与缸体内表面的密封，需要进行修理。

① 缸体的磨削和研磨　缸体的内表面圆度误差变大或圆锥度以及轻微的擦伤、划痕、

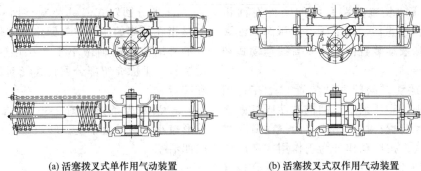

(a) 活塞拨叉式单作用气动装置　　　(b) 活塞拨叉式双作用气动装置

图 9-61　活塞拨叉式气动装置

拉缸等，可以直接采用磨削或研磨方法进行修复，以恢复原有的精度和表面粗糙度。

② 缸体的手工打磨　缸体有轻微的擦伤、拉缸等缺陷时，先用煤油清洗缺陷处，用半圆形油石在圆周方向打磨，然后，用 400♯ 水砂纸蘸柴油在周围方向左右打磨，直至肉眼看不见擦痕为止。打磨完后，应该清洗缸体。

③ 缸体的镀层处理　缸体的镀层处理通常采用镀铬处理，也采用其他材料镀层或化学镀和塑料喷涂。镀铬能恢复尺寸，增加缸体内表面的耐磨性、耐腐蚀性。镀铬前，应该在磨床或车床上加工，以消除内表面缺陷，保证铬层均匀一致。为了保证镀层有一定的厚度，内表面要有适当的加工量。按照镀铬操作规程，采用多孔镀铬法。镀铬完后，应该进行研磨或抛光精加工。对缸体内表面原来已有的镀层，应该清除旧镀层后，再重新采用镀层修复方法。

④ 缸体镶套　若缸体严重磨损，而用镗、磨镀层均不能修复时，可以采用镶套方法修复。镶套时候，要保持缸体有足够的厚度，薄壁缸体不适于镶套。因为套筒的壁较薄，压入缸体时会产生变形，可先预留一定的内孔精加工余量，待压入后，再镗削加工内孔。如果套筒是铸件，应该经退火处理，消除应力后加工镶套。经过镶套的缸体，应该符合技术要求，并应该经过 1.5 倍公称压力试压验收。

(3) 缸体破损的修复

缸体破损一般因事故造成，破损的缸体通常是用铸铁制成的。破损的缸体一般应该更换。下面仅介绍缸体内圆柱面破裂的修复。修理时候先进行仔细检查，在裂缝前方 5mm 处

钻止裂孔并攻螺纹，以便拧入螺钉。在裂缝外侧錾出一道狭窄的坡口。裂缝中间用稀盐酸或稀硫酸腐蚀一层金属以增加裂缝的间隙；腐蚀过程中，应该注意腐蚀剂不能侵蚀缸体内表面。用胶黏剂粘接裂缝，裂缝外侧坡口处所用的胶可填充铁粉；裂缝内侧的胶黏剂应该填满整个裂缝。止裂孔所用的螺钉硬度应该等于或稍低于缸体，螺纹处应该充满胶黏剂。

如果裂缝处在法兰背面，缸体外圆应该在车床上加工，并将法兰车薄一些。把制作好的加强钢圈切成两个半圆，卡在法兰背面，并焊成整圆，然后与法兰和缸体粘牢。待固化后，套钻法兰孔，消除废胶，镗削或研磨内表面。

(4) 活塞的修复

由于润滑不良，装配不当，混入沙粒或活塞杆弯曲等因素，都会造成缸体和活塞的磨损，甚至引起活塞局部破损。

① 活塞局部破损的修复　如图 9-62 所示，可以采用堆焊和粘接的方法修理。

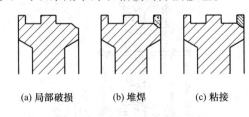

(a) 局部破损　　(b) 堆焊　　(c) 粘接

图 9-62　活塞局部破损的修复

② 活塞尺寸的恢复　缸体内表面因为磨损而内径增大或活塞外圆表面均匀磨损都会使活塞与缸体间隙加大。在无更换备件的情况下，可以采用二硫化钼-环氧树脂成膜剂恢复活塞尺寸。二硫化钼是优良的润滑剂，它与环氧树脂调和成膜，可以恢复活塞尺寸。这种方

法简便，节约材料，经久耐磨。二硫化钼-环氧树脂成膜剂有二硫化钼喷涂、刷涂、电泳镀膜等方法，它实际上是胶黏剂的一种分支。因此，工件的表面处理与粘接方法相同。喷涂前应该将处理好的活塞顶部、槽、孔包扎好，然后用喷枪喷涂。每喷一层都需经晾干，直至所需尺寸为止。一般所需厚度在 0.8mm 以内。晾干后放入烘箱，逐渐降温 2h 至 130～150℃；保温 2h，随炉降至室温。最后，用外圆磨床加工活塞。

　　喷涂剂配方较多，这里介绍一种配方：环氧树脂 6101，100g；聚酰胺树脂 300，40g；工业酒精，150g；胶体二硫化钼粉剂 0♯ 或 1♯，80g；丙酮，150g。

　　配制时候，按照配方提及的顺序先后调配，每组分别在容器中经 60～70℃ 水浴搅拌后，合并搅匀待用。

　　活塞的镶套修复：活塞与缸体间隙过大、活塞槽磨损、活塞破损等缺陷，可采用镶套方法修复，如图 9-63 所示。

(a) 局部镶套　　　(b) 整体镶套

图 9-63　活塞镶套

　　镶套与活塞连接可采用粘接和机械固定方法。镶套应该符合技术要求。

　　(5) 其他零件的修理

　　① 活塞盖渗漏的粘补方法　活塞盖因组织疏松、气孔等缺陷产生渗漏时，可用胶黏剂加压渗透法进行粘补。此法也适用于缸体的修理。

　　② 管接头泄漏的修理　缸体、活塞盖上的螺纹与管接头泄漏时，一般用聚四氟乙烯生料带缠在螺纹处，即可止漏。如果螺纹滑牙、乱牙，可用胶黏剂粘接修复。但这种方法造成更换零件困难。需要经常更换时，可以将其制成特殊的内外螺纹，内螺孔与原螺孔一样，外螺纹与扩大的螺纹相配，相配前涂上密封胶防漏。

9.6.4　电动装置的调整和修理

　　阀门电动装置用电动机驱动并能控制阀门开启和关闭。它可以使阀门实现就地操作或远距离控制，可以单台操作，也可以多台集中控制，是工业生产自动化控制和程序控制的重要执行单元之一。

　　(1) 阀门电动装置的类型

　　① 按照驱动阀门的方式不同分类　可以分为多回转和部分回转阀门电动装置两大类，如图 9-64、图 9-65 所示。

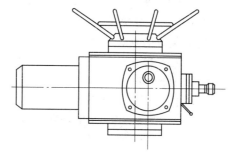

图 9-64　多回转电动装置

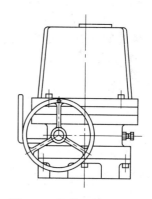

图 9-65　部分回转电动装置

　　a. 多回转阀门电动装置。其输出轴需要旋转多圈（至少一圈），才能完成阀门的开启和关闭，所以称为多回转阀门电动装置。多回转阀门电动装置适用闸阀、截止阀、隔膜阀等阀杆做直线升降运动的阀门。

　　b. 部分回转阀门电动装置。其输出轴旋转少于 1 圈，通常为 1/4 圈，即可完成阀门的开启和关闭，因此称为部分回转电动装置。部分回转电动装置有一体式和叠加式两种结构形式。它适用于球阀、蝶阀、旋塞阀等阀杆做旋转运动的阀门。

　　② 按照使用要求不同分类　驱动装置按

照使用环境可分为普通型、户外型、防爆型、高温型、耐寒型、防腐型和放射型；按照输出轴转速可以分为高速型、双速型；按照控制方式可以分为双线型、无线遥控型、智能型等。

（2）电动装置的安装与调整

电动装置能否正常、可靠工作，除了与产品结构、制造质量有关外，而且与安装、调整及维护亦有着密切的关系。因此在安装调整之前，首先要认真仔细阅读制造厂所提供的"产品使用说明书"，熟悉产品的结构特点和安装调整的具体要求、方法及步骤。

① 电动装置的安装

a. 电动装置应该安装在便于运行人员操作调整和维护的地方。

b. 电动装置可以垂直安装（即输出轴垂直向下）或水平安装（即输出轴水平）。但最佳的安装位置为垂直安装，因为垂直安装不但有利于装置的正常运转，而且具有便于操作、检修及维护等优点。水平安装时要注意使电动机方向朝上，不允许电动机朝下。

c. 电动装置通常直接安装在阀门上，也可以与阀门分离安装，采用落地安装方式，通过万向联轴器与阀门连接。

d. 电动装置安装的环境条件应该符合制造厂说明书所规定的要求。在具体环境条件不能满足时候，应该采用相应的隔离措施，改善环境条件。

e. 电动装置输出轴与阀门的连接形式在传递转矩时，多采用爪形（牙嵌）连接，如图9-66（a）所示；在承受轴向推力时，则采用梯形螺纹连接（阀杆螺母设置电动装置内），如图9-66（b）所示。在采用牙嵌连接时需保证电动装置输出轴与阀杆螺母连接牙嵌轴向之间有 $1\sim2mm$ 的间隙。

电动装置与阀门的连接，一般可按照国家标准 GB/T 12222 和 GB/T 12223 进行选用。

② 电动装置的调整　多回转电动装置输出轴与阀门的连接形式：爪形（牙嵌）连接；梯形螺母连接。

电动装置安装完毕后，应该根据阀门的类型、规格及工况的不同，按照表9-21所推荐的控制方式选择正确的控制方式。然后对行程控制、转矩控制和位置指示机构等分别进行调整，其调整方法和步骤如下。

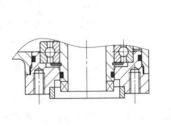

(a) 爪形(牙嵌)连接

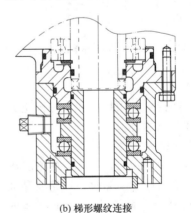

(b) 梯形螺纹连接

图9-66　多回转电动装置输出轴与阀门的连接形式

表9-21　阀门的控制方式

阀门种类	控 制 方 法		阀门种类	控 制 方 法	
	关向	开向		关向	开向
自密封(闸阀)	行程	行程	密封蝶阀	转矩	行程
强制密封(闸阀)	转矩	行程	非密封蝶阀	行程	行程
截止阀	转矩	行程	球阀	行程	行程

a. 将手、电动切换机构切换至手动侧，用手轮操作使阀门开启或关闭。在阀门开闭过程中，应该运转灵活，无卡阻等异常现象，并观察位置指示的显示值与手动操作是否同步、一致。

b. 接通电源，用电动操作使阀门开启或关闭。这时阀杆的旋转方向应该与位置指示方向一致（顺时针为关）。对于具有自动或半自动手、电动切换机构的电动装置，手、电动切换机构应该能自动地切断至电动位置，且动作灵敏可靠。电动装置在开启或关闭的过程中应该运转平稳，无异常噪声。用手拨动相应的行程开关或转矩开关，应该能正确地切断控制电路，使电动机停止运转。当拨动开阀方向的行程或转矩开关时，能切断开阀方向的控制电路；当拨动关阀方向的行程或转矩开关时，能切断关阀方向控制电路。

③ 行程控制的调整　开启阀门方向的调整。调整前应该首先切断电源，用手轮操作将阀门开启至全开位置，再将阀门关 0.5～1.5 圈，以此作为阀门的全开位置，固定行程开关，整定行程控制机构，使开阀方行程开关动作。不同的行程控制机构，其调整方法有所不同，应该根据制造厂家提供的使用说明书进行调整。对于计数式行程控制机构，如图 9-67 所示，调整时应该将控制机构中心的定位推钉按下，并旋转 90°，使中心的主动齿轮与计数齿轮脱离啮合。然后，按照箭头指示的方向旋转开启方向的调整轴，直至凸轮旋转 90°，使开启方向的微动开关动作。最后，退出中心的定位推钉，使中心齿轮与计数齿轮重新啮合，并用旋具轻轻转动开向调整轴，确认中心齿轮与计数齿轮正确啮合，则开启方向调整结束。

关闭阀门方向行程控制机构时候，首先与开启阀门方向行程控制机构的调整方法和步骤是相同的。

在调整阀门关阀机构时候，首先必须明确被控制阀门关闭位置的控制方式。工业过程中使用的阀门关闭方向的控制方式大多数是采用转矩控制的，即电动装置达到规定的转矩值（阀门达到密封所需要的转矩）。这时，阀门关闭方向的行程控制主要是用来闭锁控制电路和

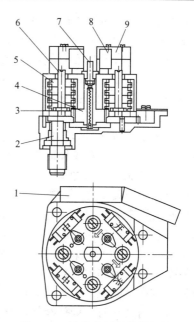

图 9-67　计数式行程控制机构

1—端子板；2—齿轮；3—一个位过桥齿轮；4—中心齿轮；5—齿轮；6—计数轴；7—定位推钉；8—凸轮；9—微动开关

提供阀位信号。也有一些阀门关闭方向是用行程控制机构来控制的，即阀门的全关位置是行程控制机构得到规定值的位置。这些利用行程控制的阀门，其控制电路是依靠行程控制来切断的，这时阀门关闭方向的行程控制机构需要调整至阀门全关位置。

④ 转矩控制机构的调整　转矩控制机构的调整，必须在经过标定的转矩试验台上进行。电动装置在出厂时制造厂已将开、关方向的转矩调整到铭牌上所规定的额定值。如果使用单位需要在现场进行调整，应该根据制造厂提供的资料调整转矩控制机构使输出转矩满足使用要求，如无此资料而又无转矩试验台时，这样调整就具有一定的盲目性，因此必须谨慎从事。在现场调整转矩控制机构前，应该首先将行程控制机构调整好。

调整时应该先将开、关方向的转矩值调整至最小值，然后用电动操作试关。当转矩控制机构动作切断电动机电源后，将电动装置切换到手动侧，用手动检查阀门的关闭程度。如果这时阀门能用手动继续关闭，则应该逐步增加转矩值，并用上述方法检查阀门关闭程度，直到阀门关严后（即阀门密封的转矩），用手动不能继续关闭，而能使阀门用手动顺利开启为

止。这时就可以认为电动关闭方向的转矩已调整好。然后根据关闭方向的转矩值进行开启方向转矩的调整。通常开启方向的转矩比关闭方向的转矩要大些，才能保证阀门顺利开启。开启方向的转矩值一般为关闭方向转矩值的150%。

⑤ 位置指示、阀位远传和附加行程开关的调整 调整前应该先校正控制箱上指示表的机械零位，接通阀位远传电路电源。调整时，先将阀门操作到全关位置，调整位置指示，使其指针恰好指示全关位置。调整阀位远传电路中的调整电阻，使控制箱上的阀位指示表恰好指向全关位置（零位）。然后，再操作使阀门开启，检查位置指示和控制箱上的阀位指示表的指针移动方向，应该与阀操作方向一致并保持同步。当阀门全开时，调整相同的部件，使位置指示恰好指向阀门全开位置；调整阀位远传电路中的调整电阻，使控制箱上的阀位指示表恰好指向阀门全开位置。

调整附加行程开关时，必须首先确定要求开关控制的位置。操作阀门，使附加行程开关动作时，电路应该接通或断开。

⑥ 试运行检查 当行程和转矩控制以及位置指示等调整完毕之后，应该接通电源进行电动操作运行检查，以确认行程和转矩控制机构动作是否准确可靠；运行是否平稳、灵活；阀门运行方向与位置指示的方向是否一致等。阀门电动操作开启停止后，再用手动操作检查电动操作距阀门开启行程的极限位置，是否还有一定的余量；电动操作阀门关闭后，检查阀门是否密封或关闭过紧，确认是否需要再行调整。

进行行程和转矩控制机构的调整，当选择行程控制作为阀门开启终止时的控制方式时，则转矩控制起后备安全保护作用，其转矩控制机构动作的滞后量应该愈小愈好，如果有可能调整至同步为最佳；当选择行程控制作为阀门关闭时的控制方式时，则转矩控制起到事故工况下的安全保护作用，其转矩值应该调至阀门正常开启时所需的操作转矩。

当选择转矩控制作为阀门关闭时的控制方式时，则行程控制机构动作的滞后量亦应该愈小愈好，如果有可能调整至同步为最好。

（3）电动装置的修理

电动装置经过一段时间运转后，容易产生磨损、移位现象。为了保证电动装置可靠工作，需要定期检修。

电动装置的机械部分是由各种机械元件组成的，如轴、齿轮、蜗杆、离合器、弹簧、轴承、手轮、紧固件、箱体等，这些元件可用研、磨、补、喷、镀、铆、镶、配、校、粘等工艺进行修复。

电动装置修理前，机械部分应该清洗和检查，电器部分要测试。电器部分的电路应该排列整齐；接线点要牢固，腐蚀和硬化的要更新；电动机和电器元件绝缘电阻应该大于20MΩ，不合格者应该进行烘干处理或更换；微动开关应该接触良好，动作灵活，接触闭合的电阻小于0.08Ω；电器仪表应该准确、灵敏，信号反应正确。机械部分是检查零件之间是否有位移现象；齿轮、蜗杆、螺杆、螺母等传动元件啮合面是否正常；轴承部位、滑块、凸轮以及齿面等运转部位间隙是否正常，有无磨损；压缩弹簧、拉伸弹簧、力矩弹簧、碟形弹簧、板形弹簧是否变形、失效、断裂；螺栓、螺钉、螺母、垫圈、销、键等紧固件是否有松动、磨损、短缺现象；箱体、支架等是否有断裂、泄漏现象，以及各部件、各机构之间是否配合一致，相互协调，动作准确等，都要一一进行仔细检查，发现有位移、磨损、变形、断裂等缺陷，应该参照有关章节，采用相应工艺方法进行修理。

第10章　阀门的堵漏

10.1　堵漏的基本知识

堵漏技术是一门新型的特殊的密封学，它处在发展中，方兴未艾。它是设备、管道、阀门等密封体，在不停产、不停车、带压、带温的状态下，对其泄漏部位进行修复工作，以便恢复或重建受压体密封性能的一项专门技术。

10.1.1　泄漏的分类

简单地说，不允许泄漏的部位产生了泄漏，或允许有一定泄漏量的部位实际泄漏量超过了规定值，这种现象称为泄漏。平时所讲的"不泄漏"或"无泄漏"是指实际泄漏很微小而又感觉不出来。因此，人们规定某一数量级的泄漏为零泄漏，又叫无泄漏。根据不同角度，泄漏又可分为许多类。

① 按照泄漏量分类　液态介质可分为无泄漏、渗汗、滴漏、重漏、流淌五级；气态介质可分为无泄漏、逸散性排放、渗漏、泄漏、重漏五级。

② 按照泄漏时间分类　可以分为经常性泄漏、间歇性泄漏、突发性泄漏三种。突发性泄漏最危险。

③ 按照泄漏机理分类　可以分为界面泄漏、渗透泄漏、破坏性泄漏三种。破坏性泄漏危险性最大。

④ 按照泄漏密封部位分类　可以分为静密封泄漏、动密封泄漏、关启件泄漏、本体泄漏。其中关启件泄漏最难治理，其次是动密封泄漏。

⑤ 按照泄漏危害分类　可以分为不允许泄漏、允许泄漏、允许微漏。

⑥ 按照泄漏介质流向分类　可以分为向外泄漏、向内泄漏、内部泄漏。内部泄漏最难治理。

⑦ 按照泄漏介质分类　可分为漏气、漏汽、漏水、漏油等。

泄漏产生原因可分为纵向和横向两大类。如设计不良、制造不精、安装不正、操作不当、维修不周为纵向原因。如受压系统内外压差、结合面间隙大小、密封结构形式、密封材料性能不同、介质性能（黏度、腐蚀性、浸润性、辐射性、导热性及介质分子大小等）优劣、内外温度高低及变化、轴与孔偏心距、旋转的线速度、往复次数，润滑状态好坏、振动和冲击的大小等因素的影响即为横向原因。

10.1.2　堵漏的安全技术

堵漏的本身是带压、带温操作的，具有一定难度和危险性，只要操作人员掌握了堵漏的安全技术，严格遵守堵漏的操作规程，堵漏中的事故是可以避免的。

(1) 堵漏的安全知识

① 燃烧　伴随发热发光的一种化学反应现象。燃烧必须具备可燃物质、助燃物、着火源三个条件。石油等产品属于易燃物质，它周围充满空气，为了避免火灾的发生，必须对火源严加管制，制定一套用火管理制度。因此，在堵漏时严禁明火、电焊，不使用产生火花的工具。

② 爆炸　瞬间气体产生巨大冲击波有严重破坏性的一种现象。它分为物理性和化学性爆炸两种。化学性爆炸必须同时具备可燃可爆物质、可燃易爆物质与空气混合物达到爆炸极限及引爆源三个条件。在堵漏时应该通风换气，隔热降温，防止静电，严禁明火或遵守动火要求。

③ 中毒　进入人体内某种物质引起整个机体功能障碍的任何疾病。引起中毒物质分有毒和剧毒两种。因此，在带毒堵漏时，应该采取互相轮换操作、通风、站在上风头，备好防毒用品等措施。因为许多有毒物质同是易燃易爆物质，堵漏时，还需防火防爆。

④ 放射性损伤　人体组织器官受到一定剂量的射线作用，发生一系列病理变化过程。堵漏时应该穿戴好防放射性损伤的用品和面具，设置防辐射障碍，防止放射性烟气、灰尘进入人体，造成射线伤害身体。

⑤ 其他伤害 有烫伤、冻伤、射伤、灼伤等。堵漏时人体应该避开介质的射向，设置挡板，穿戴好防止各种伤害的用品。有的介质具有多种危害性，需采用多种防范措施。

(2) 堵漏的安全用具

堵漏前，按照有关安全技术规程配齐和设置所需的工具设备，穿戴好防护用品，它们应该符合防火防爆、防水防油、防毒防蚀、防烫防冻、防辐射等工况条件的安全防护要求。

① 口罩可分为防尘口罩和防毒口罩等。

② 眼镜可分为白色、墨色、镀膜眼镜和防紫外线等特殊眼镜。其作用为保护眼睛、防止灰尘、强光损伤眼睛。

③ 衣帽鞋袜手套种类繁多，主要保护人体不受介质的伤害，根据不同的工况条件，选用不同式样和材料的制品。橡胶、塑料制品用于防水防油、防毒防蚀、防尘等；石棉、玻璃纤维制品用于防火防烫、防蚀防灼等；毛呢制品用于防腐蚀；棉絮制品用于防冻等。工作服最好采用衣裤连身式，手套最好选用长袖式，工作鞋最好选用深统密闭式，安全帽最好选用有耳塞、有面罩式样的。

④ 防护油膏主要用于防毒、防冻、保护皮肤。

⑤ 防毒面具可分为过滤式、隔离式、长管式。用于过滤或隔绝毒气，适于有毒环境堵漏。

⑥ 安全带和安全绳。安全带用于高空堵漏操作，防止失足跌伤；安全绳用于危险作业区以便营救。

⑦ 平台、挡板、风标。平台可分为固定和活动两种，以利堵漏，便于撤退；挡板用于阻挡介质喷射到人体上，以利操作；风标识别风向以便堵漏队员处于上风位置。

⑧ 消防用具是指防火板、防火垫、防火砂、灭火剂、灭火器等。

⑨ 消防管线、消防车。消防管线可分为水管线、蒸汽管线和灭剂管线等；消防车可分为手推式、车辆式，有的消防车配有自控系统。

⑩ 警报系统在生产区和堵漏作业区设置自动报警系统。如防爆警报器、防毒警报器等。

(3) 堵漏的安全措施

① 堵漏人员应该深入现场了解泄漏处工作压力、温度、介质以及介质性质，分析泄漏的原因和泄漏部位的特征。然后制定出万无一失的堵漏方案，该方案应该有两套，还包括堵漏失败人员撤退，处理现场的消极方案。

② 堵漏人员应该由责任心强、实践经验丰富、熟悉设备状态的人担任，并配有监护人员 1～2 人，堵漏人员应该少而精。

③ 堵漏时严格执行防火、防爆、防毒、防蚀、防辐射等安全技术规程。

④ 堵漏人员按规定穿戴好适应工况条件的劳动保护用品，备齐所需的安全工具和设备。

⑤ 清理堵漏现场周围，对危险性介质视性质不同做好通风、疏散、引流、蔽盖等防护措施。

⑥ 对易燃易爆介质的堵漏，尽量避免焊接堵漏法，不用电器设备和工具，也不允许采用可能引起火花、发热的工具和操作方法，应用铜制工具，风枪、风钻。不得已动火的部位应该做到"三不动火"，即不见批准有效的用火申请单不动火；未经认真检查逐条落实的防火措施不动火；没有用火负责人或防火人不动火。

⑦ 允许动火的部位应该做好防火工作，要正压操作，以免火星窜入泄漏处内部引起爆炸。煤气堵漏处正压大于 196Pa（20mmH$_2$O）。

⑧ 松紧螺栓、活接头等部位应用煤油、除锈剂清洗后，涂覆石墨、二硫化钼润滑螺纹处，方能慢而轻地操作，以免螺纹滑丝、螺栓断裂。用煤油要少、防止着火。

⑨ 高空操作应该设置平台或采用升降机、吊车作平台，用标志、口令、步话机联系。

⑩ 水下堵漏应该遵守水下操作规程，穿戴好不透水的潜水服，保证通气管完好无损，水下水上信号相通，安全措施可靠，从事水下电焊应该防电击。

⑪ 室内、沟里、井下、容器内操作时，注意防毒、防窒息，应该有抢救措施。下井、进容器前应该对空气取样化验，合格后方能按规定入内。

⑫ 堵漏人员工作时，应该站在有利地势，如上风头、泄漏处上面和侧面，撤退方便。可

视具体情况采用挡板、隔绝垫等措施。

⑬ 堵漏时，操作人员应该按照确定的方案进行，要慎重果断，边干边观察，不能主观蛮干。

堵漏技术有着不同的密封形式，多种施工工艺，各种堵漏方法。概括起来有如下十种方法：调整止漏法、机械堵漏法、焊接堵漏法、粘接堵漏法、强压胶堵法、物理堵漏法、化学堵漏法、改换密封法、带压修复法、综合治理法。

10.2　调整止漏法

采用调整操作、调节密封件预紧力或调整零件间相对位置，达到实施封堵的一种消除泄漏的方法。它可分为紧固法、调位法、冲洗法、上密封法、操作法、启动法等。

（1）紧固法

给正在泄漏的密封件施加一定的预紧力而达到止漏的一种方法。这种方法适用于垫片、填料、启闭件。

① 石油化工，火力发电站等单位在开工升温过程中，设备和阀门上的垫片会出现泄漏，视情况需热紧 1～3 次螺栓才能消除泄漏。垫片由于安装不正，产生偏口等缺陷，使垫片产生泄漏，这时应该从泄漏处紧固螺栓，然后从两边对称逐一紧固螺栓，即可止漏。如果法兰偏口大，上述方法不奏效时，可将法兰间隙最小处的螺栓微松一下，然后再紧固法兰间隙最大的部位可以消除泄漏。

② 在运行过程中，填料产生了泄漏，压盖螺母有一定预紧间隙，对称紧固压盖螺栓或拧紧压套螺母即可止漏。

③ 阀门因振动、磨损、温度变化等原因而渗漏时，可用外力给手轮施加较大的转矩，强制关闭闸板或阀瓣而止漏。旋塞阀的旋塞体与阀体内的锥孔因密合不严产生泄漏时，适当旋松调节螺钉、拧紧螺母或压紧填料迫使旋塞体与阀体内的锥孔密合不漏。

（2）调位法

调整零件间相对位置达到止漏的一种方法。这种方法适合于法兰、填料、启闭件。

① 法兰相对位置安装不正确，常会出现错口、偏口、搁口等缺陷，产生泄漏。错口就是法兰错开不同心；偏口就是法兰间隙不相等而歪斜；搁口就是凸面大于凹面，使垫片压不紧。采用调位方法，使法兰同心，其间隙相等，均匀对称轮流紧固螺栓即可止漏。搁口是毛刺或加工微小误差引起的，用锯条或小锉刀在凸面外圆面除掉毛刺，或沿圆周除掉一层表皮，然后均匀对称轮流紧固螺栓，使凸面嵌入凹面压紧垫片即可。

② 有的阀门因阀瓣与阀杆连接处调向性能变坏，或因阀瓣和阀座密封面局部有轻微磨损、变形等微小缺陷，当这微小缺陷恰好密合一起时，就会导致阀门泄漏。遇到这种情况时，应该微开阀门让阀瓣与阀座错开原来位置，再关闭阀门就会消除渗漏。阀门若是螺纹连接的，介质又不是危险性的，采用上述方法不能消除渗漏时，可将阀门安装位置改变一个角度，试关闭阀门，直至阀门不漏为止。阀门螺纹连接处因安装位置改变而产生泄漏的话，应用其他堵漏方法处理，但这比消除阀门内漏要方便得多。

③ 阀门开启时，阀杆与填料因局部缺陷产生泄漏时，可将阀杆适当位移，避开泄漏缺陷而止漏。

（3）冲洗法

利用介质自身或其他液体冲洗掉密封面上的杂质，达到止漏的一种方法。这种方法适用于阀门密封面。

闸阀、截止阀等阀门往往因密封面上夹有杂质产生泄漏，遇到这种情况不要使劲关闭阀门，以免压伤密封面，而应该微开阀门，反复几次微关微开，利用介质冲走密封面上的杂质，然后关紧阀门。

（4）上密封法

上密封是指阀杆下端与阀盖内（填料函下面）的密封副，此密封副因在关闭件的上面，故称上密封，又因为它与其他密封副恰好相反，也称倒密封。利用上密封治理填料泄漏的一种方法称为上密封法。

上密封法适合用于填料止漏，但阀门必须呈开启状态。当更换填料或者为了堵住填料泄漏，可将阀门全开至上死点，使上密封面密合即可。

（5）操作法

利用操作法稳定受压系统的压力和温度或适当降低压力和温度，达到控制或减少泄漏的一种方法。这种方法适用于静密封、动密封、阀门非破坏性渗漏和正在进行堵漏的场合。

设备和装置由于操作不稳，压力和温度时高时低，波动较大时，容易使密封处渗漏。调整操作，平稳生产，有利泄漏点的减少。因压力与温度相互制约，适当降低操作温度等于提高了密封件的耐压能力，这有利控制渗漏和减缓渗漏。受压系统产生了渗漏，如能维持最低限度的生产或因堵漏需要，适当降温降压是常采用的方法。调整止漏还有其他方法。

10.3　机械堵漏法

利用机械形成新的密封层堵住泄漏的一种方法。这种方法适用于设备、管道、阀门、容器的本体、静密封和动密封的堵漏。它可分为支撑法、顶压法、螺栓法、轴转法、卡箍法、压套法、捆扎法、压盖法、捻缝法、塞堵法、螺塞法、打包法、加阀法、扩隙法等。

（1）支撑法

在设备和阀门外边设置支持架，借助工具和密封垫堵住泄漏处的方法适用于本体上无法固定而采用的方法。

（2）顶压法

用固定螺杆直接或间接顶住阀门泄漏处的方法，适用于砂眼、小孔、短缝等漏点。

顶压的方法有半卡顶、全卡顶、钢丝顶、门形顶、万能顶、三爪顶等。其密封垫形式可分为螺杆本体、密封圈、实心垫、铆钉、胶剂、热熔胶等。

① 图 10-1 为半卡顶，图 10-2 为全卡顶。

② 图 10-3 为钢丝顶，适用各种尺寸和形状的管道和设备。

③ 图 10-4 为门形顶，门形两脚的固定方法有粘接、焊接、螺栓、C 形卡套等。

④ 图 10-5 为万能顶，它是由主柱、钢丝绳、多头顶杆组成。它能任意调换位置、方向，它适应各种设备和管道，特别是大型设备、管道、容器任何部位的堵漏。

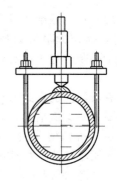

图 10-1　半卡顶

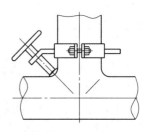

图 10-2　全卡顶

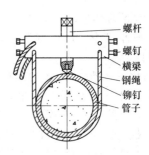

图 10-3　钢丝顶

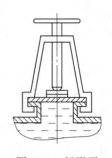

图 10-4　门形顶

⑤ 图 10-6 为三爪顶，像拉马一样，用螺杆顶住泄漏点或阀杆。用于阀门支架断裂或阀杆螺母失效而引起阀门泄漏时，所采取的顶压措施。

（3）螺栓法

在阀门上用螺栓直接或间接压住泄漏处的方法，适用于砂眼、小洞、填料垫片处等

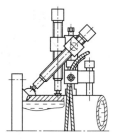

图 10-5　万能顶

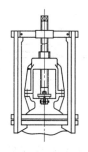

图 10-6　三爪顶

漏点。

螺栓法与顶压法相似。其形状有直形、筒形和 G 形等，视具体情况制作。

① 图 10-7 为直形螺栓法，它是螺栓制作的。用它可堵塞砂眼、小洞。压盖破损、压盖螺栓失灵时，可用直形螺栓法压住压盖。

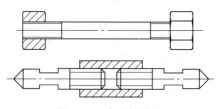

图 10-7　直形螺栓法

② 图 10-8 为筒形螺栓法，用带法兰短管并在两边焊上耳子，然后锯开成两半圆。它用在填料压盖等部位上。当压盖泄漏又无法压紧时把套放在压盖上面，调高螺栓压紧压盖止漏。

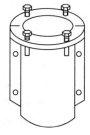

图 10-8　筒形螺栓法

③ 图 10-9 为 G 形螺栓法，当法兰局部破损或螺栓失效时，用它卡住两法兰并压紧即可。

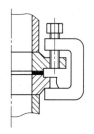

图 10-9　G 形螺栓法

（4）轴转法

利用轴或阀杆的轴向移动力压住压盖而止漏的方法适于压盖破损或压盖螺栓失效的条件下。图 10-10 为移轴法堵漏。若阀门为常开式时，因压盖无法压紧填料而泄漏时，可采用此法。用卡箍或销子卡在阀杆上，这时阀杆为最高位置，然后旋下阀杆压紧压盖止漏。

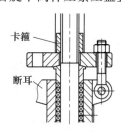

图 10-10　移轴法堵漏

（5）卡箍法

利用卡箍压紧密封垫达到止漏的方法，适用于砂眼、孔洞、松微组织、腐蚀缺陷、裂纹等处。图 10-11 为卡箍式，其形式又分为整卡式、半卡式、软卡式、堵头卡式等多种形式。堵头卡式有引流作用。如用盘根作密封件，可在卡箍内加工成圆凹槽作嵌盘根用，效果较好。

（6）压套法

利用压套直接或间接地压住泄漏处而止漏的方法主要适用于承插部位、管螺纹连接处、填料处。图 10-12 为压套法堵漏。压套法分为螺杆压套和螺纹压套。压套的制作：加工后的两钢板用粘或点焊的方法合并在一起，按照现场尺寸车制成压套，有螺纹的需车制螺纹，然后焊上连接用的耳子，解除合并时胶粘层或点焊处，使压套成两半圆，便于安装在泄漏部位。

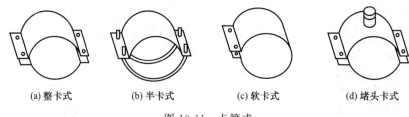

(a) 整卡式　　　(b) 半卡式　　　(c) 软卡式　　　(d) 堵头卡式

图 10-11　卡箍式

考虑到压套密封性能，安装时再用胶粘牢压套接合面。图 10-13 是用螺纹压套顶压压盖制止填料泄漏的方法。

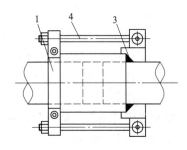

(a) 螺杆压套

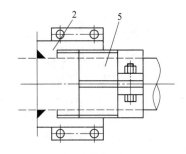

(b) 螺纹压套

图 10-12　压套法堵漏

1—卡箍；2—压套；3—密封圈；
4—活节螺杆；5—固定螺套

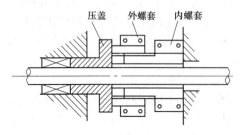

图 10-13　螺纹压套顶压压盖

（7）捆扎法

利用捆扎工具将钢带紧紧地捆扎在泄漏处密封垫上面止漏的方法，适用于壁薄、腐蚀严重、不允许动火的工况条件。图 10-14 为捆扎

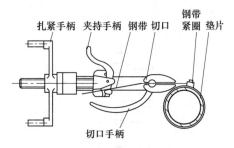

图 10-14　捆扎堵漏工具

堵漏工具。捆扎堵漏操作时应根据工况条件选好钢带和密封垫，钢带套在阀门上，钢带两端对穿在紧圈中，下面一端应该呈 L 形，其高度以不滑脱、不碍捆扎为准。上面一端穿在工具上。用手或工具压紧钢带，转动扎紧手柄拉紧钢带，捆扎紧泄漏处密封垫。待泄漏停止后，拧紧钢带紧圈，扳动切口手柄，切断钢带，同时弯折切口一端钢带，以免滑脱。

（8）压盖法

利用压盖和密封垫堵住设备和阀门上孔洞的方法适用于孔洞大，压力低的水、空气、煤气等介质。图 10-15 为压盖法，它分为内盖堵漏法和外盖堵漏法两种。

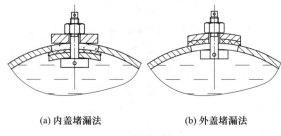

(a) 内盖堵漏法　　　(b) 外盖堵漏法

图 10-15　压盖法

（9）捻缝法

利用冲子使金属本体产生塑性变形，达到堵死砂眼的方法，适用于砂眼，不适用于裂缝、疏松组织、大块夹碴以及曾捻过缝的缺陷，捻缝适用于合金钢、碳素钢以及碳素钢焊缝，不适合铸铁、合金钢焊缝等硬脆材

料。本体腐蚀严重的不适合捻缝，本体厚度为原厚度 2/3 以上且壁厚 6mm 以上时，适合捻缝。对厚度无法确定的，应该进行超声波测厚检查。

图 10-16 为捻缝用的冲子，冲头呈球面并光滑，工具钢制成。手锤一般为 1kg。

图 10-16　冲子

捻缝时先捻打砂眼周围金属，让金属变形挤压砂眼，待砂眼挤瘪后，从砂眼中间捻打几下，即可全部堵死砂眼。捻打次数适合 5～10 下，不宜用力过大、过猛、过密。

捻缝可分为直捻、粘捻、塞捻。直接捻缝对砂眼小且孔圆整的缺陷堵漏效果好。胶粘捻缝是用快固胶黏剂或热固胶注入或插入砂眼中，然后捻打的方法。如用注胶针头插入砂眼中捻打时，堵漏效果更好。塞子捻缝是在较大砂眼中楔入软金属丝等物，然后捻打的一种方法。

（10）塞堵法

利用塞子扎入泄漏点中而止漏的方法适用于砂眼、孔洞等压力低的本体缺陷。

图 10-17 为堵漏塞子。塞子可用木材、塑料、铅、铝、铜、低碳钢、奥氏体不锈钢等。

(a) 大圆锥塞　(b) 小圆锥塞　(c) 圆柱塞　(d) 楔式塞

图 10-17　堵漏塞子

（11）螺塞法

在泄漏孔中钻孔攻螺纹，然后用螺塞压紧垫片而止漏的方法，适用于压力低，本体壁厚的缺陷处。图 10-18 为螺塞堵漏法，图中的垫片可用聚四氟乙烯生料带缠绕在螺纹处代替。

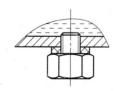

图 10-18　螺塞堵漏法

（12）打包法

利用两半圆和密封垫组成的空腔包裹住泄漏处周围的方法，适用于缺陷处表面平整，压力低、缺陷大、本体壁薄等部位。图 10-19 为打包法夹具。

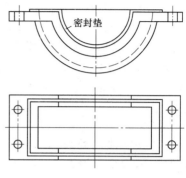

图 10-19　打包法夹具

（13）加阀法

在关闭不严的阀门出口处加上一只完好阀门的方法。这种方法简单、方便。

（14）扩隙法

扩大预紧间隙以利压紧填料和垫片的一种方法。这种方法适用于填料、静密封处。包括扩大螺纹预紧间隙和扩大压盖压套预紧间隙两种方法。

① 扩大螺纹预紧间隙　当管螺纹、填料压套螺母和其他螺纹连接处泄漏而无预紧间隙时，可用锉刀和锯条等工具切削掉内螺纹端面一截，其长度不少于 5mm，使螺纹处有足够间隙压紧垫片和填料。

② 扩大压盖压套预紧间隙　当填料泄漏而压盖、压套无预紧间隙或填料压盖、压套螺母损坏失去预紧力时，先用顶压工具顶压，后切除部分压盖或压套螺母，留下压套部分。如图 10-20 所示，这种方法只适用于阀门常开状态，阀杆带往复运动的场合。如用图 10-8 所示筒形螺栓法代替顶压销，适用范围大些，也

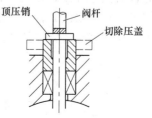

图 10-20　扩隙法

不损坏阀杆。

10.4　焊接堵漏法

利用焊接连接形式间接或直接地堵住泄漏的一种方法，称为焊接堵漏法。此法适用于各种设备、管道、阀门、容器本体以及动、静密封处的堵漏，但不适用于易燃易爆的工况。焊接堵漏可分为直接焊法、塞子焊法、引流焊法、间接焊法、全包焊法、罩子焊法、逆向焊法等。

（1）直接焊法

直接用焊条在泄漏处焊接堵漏的一种方法。此法用于压力低、渗漏量小的砂眼和小孔。焊接时用比正常电流大 30%～40% 的电流，快速地点焊渗漏点，将孔堵住并趁热铆合焊接点，使其与本体更密合。

（2）塞子焊法

用塞子和焊接进行堵漏的一种方法。此法用于压力低的孔洞和缺陷大的部位以及静密封处。塞子焊法分直接塞堵和间接塞堵。

① 直接塞堵法如图 10-21 所示。用可焊性好又比本体材料较软的金属塞子敲入孔洞中，铆合严密后，采用大电流、断续焊沿塞子焊牢，不漏为止。

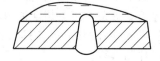

图 10-21　直接塞堵法

② 间接塞堵法如图 10-22 所示。它是根据缺陷选用钢板盖在缺陷处，采用大电流施焊，全道焊焊接牢，收口于上方，并留一个排泄孔。再用软金属丝尖插入排泄孔中，铆合堵死，后用大电流、断续焊焊牢。此法不但用于本体堵漏，也可用于螺纹处，法兰处和填料处的堵漏。用于填料处堵漏时，要弄清阀杆的可焊性，有渗透层的阀杆应该除掉渗透层。填料

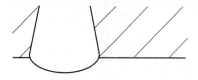

图 10-22　间接塞堵法

处焊死的阀门，应是常开式或常闭式，不宜用于时开时闭的阀门。

（3）引流焊法

利用引流泄压原理焊接密封层，然后关闭引流孔的一种堵漏方法。此法比塞子焊法先进，适合范围广，用于压力高、泄漏量大的本体、动密封、静密封处的堵漏。引流焊可分为短管引流、螺孔引流、螺塞引流、阀门引流等方法。

① 短管引流法如图 10-23 所示。沿圆焊一圈，使介质泄漏集中一点，焊上短管，最后敲扁短管堵漏。

图 10-23　短管引流法

② 螺孔引流法如图 10-24 所示。操作程序用圆钢嵌入法兰间并焊死，留下一小段暂不焊死，作为临时引流用。在临时引流处对面卸下一螺栓引流，再焊死临时引流处，焊死每个螺母、螺栓和法兰连接缝。最后将卸下螺栓垫好密封圈拧紧止漏，如果还漏，可将螺栓处焊死。

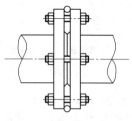

图 10-24　螺孔引流法

③ 螺塞引流法如图 10-25 所示。先将大缺陷、裂纹焊缩成孔，再焊上堵头，最后用螺塞加垫拧紧止漏。

引流焊法可用于填料等动密封处，动密封焊死后，轴或阀杆不能活动。因此，只适于停止运转的设备或常开常闭式的阀门。图 10-26 为填料处螺塞引流焊堵方法：先在填料函处钻孔攻螺纹并配好螺塞和密封垫。然后钻穿螺孔

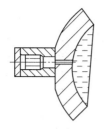

图 10-25 螺塞引流法（一）

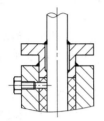

图 10-26 螺塞引流法（二）

引流，之后焊死压盖与填料函、压盖与阀杆（轴），焊时要千万注意零件的可焊性，采取相应措施，最后拧紧螺塞止漏。

④ 阀门引流法如图 10-27 所示。因为它是靠阀门关闭的，堵漏效果比其他方法成本高。阀门引流法特别适于高压部位堵漏。

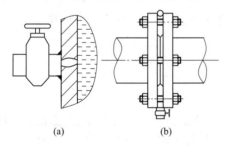

图 10-27 阀门引流法

（4）间接焊法

焊缝不直接参与堵漏而只固定密封垫的一种堵漏方法。这种方法适于可焊性好的本体，动、静密封的堵漏。图 10-28 为典型的间接焊堵方法，它可派生出其他一些方法来。图 10-29 为图 10-28 派生出来的一种间接焊法，它用于静密封等处堵漏。该密封垫的压套为两半圆并焊组成，顶压螺栓视管径而定，一般为 2~4 只。

（5）全包焊法

像夹套形式把泄漏处整圆包焊起来的一种堵漏方法。这种方法适于泄漏缺陷大的本体和静密封处堵漏。图 10-30 为全包焊法，其中图

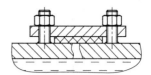

图 10-28 间接焊法（一）

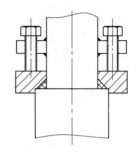

图 10-29 间接焊法（二）

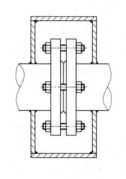 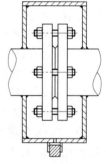

（a）全包直接焊堵法　　（b）全包引流焊堵法

图 10-30 全包焊法

（a）适用压力低、流量小的部位，图（b）适用于压力较高、泄漏量较大的部位。

（6）罩子焊法

把泄漏处焊接在罩子里的一种堵漏方法。这种方法适于本体、静密封和动密封处的堵漏。图 10-31 为蝶罩焊法，图 10-32 为钟罩焊法。

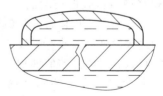

图 10-31 蝶罩焊法

（7）逆向焊法

利用分段逆向焊带压修补裂缝的一种堵漏方法。这种方法适于压力较低、可焊性较好的各种裂缝。

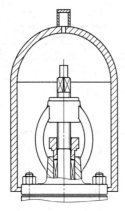

图 10-32　钟罩焊法

利用焊缝收缩力使裂缝局部收严，收严一段补焊一段，补焊一段收严一段，依此循环，焊合全部裂缝的方法称为分段焊法，其目的是使电弧避开喷出介质，防止焊不上现象。

在收严的一小段裂缝末端上引弧，沿裂缝往回运条，在原焊缝金属上息弧的方法称为逆向焊法，其目的是保证电弧、熔池、息弧点避开喷出介质，以利焊缝成形。

焊接规范：焊接电流与正常条件下相同工件比较，气体介质焊接电流大 30～50A；液体介质焊接电流大 50～70A。采用小直径焊条、大电流、短电弧有利热量集中，减少热影响区。分段逆向焊补后，焊缝通过捻缝、重补、整理后，按照正常方法再焊 1～2 层。加强板位置应该在焊缝起始点之间，相互间隔 100～200mm。

立焊方法应该从上端开始，逐段往下焊补，要防止未熔合层。

仰焊难度很大，只适于压力低、裂缝小的条件。焊时人要避开介质，防止烧偏现象。每次补焊的焊缝应该占收严长度的 1/3～1/2 为宜。对于压力较高的受压体，补焊时应该连续焊两层，增大焊缝强度和收严长度。对于压力较高、裂缝较大、可燃介质的仰焊，可从裂缝两端补焊至最低处，焊上螺塞和阀门引流后关闭。

10.5　粘接堵漏法

利用胶黏剂、密封胶等粘接材料直接或间接地粘接泄漏处的一种堵漏方法，称为粘接堵漏法。这种方法具有简单、方便、安全、不动火、不损伤设备和阀门，对缺陷处有加强作用和防腐作用等优点。因此适用面广，用于本体静密封、填料、密封副处的堵漏，特别适用于腐蚀性穿孔和易燃易爆的条件下堵漏。

粘接堵漏法可分为直接粘堵法、间接粘堵法、先堵后粘法、缠绕粘堵法、套接粘堵法、引流粘堵法、水下粘堵法、内堵粘接法等。

（1）直接粘堵法

不用夹具而直接用胶黏剂堵住泄漏处的一种堵漏方法。这种方法适于泄漏量小，压力低的部位。

① 直接法如图 10-33 所示，它使用的胶料为热固胶或用增强填料填充的快干胶泥，直接塞堵孔洞。

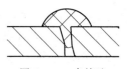

图 10-33　直接法

② 粘贴法如图 10-34 所示，它在金属托板上涂一层快干胶，然后粘贴在泄漏处。它适于夹渣、疏松组织、裂缝等缺陷处。

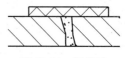

图 10-34　粘贴法

③ 渗胶法就是利用稀释的胶黏剂、厌氧胶或密封胶渗透到砂眼、夹渣、裂缝、松散组织的间隙中，填充间隙而止漏的一种方法。

（2）间接粘堵法

胶黏剂只起着固定密封垫的一种堵漏方法。这种方法适于压力不高的各种泄漏部位。图 10-35 为间接粘堵法在法兰处的一种堵漏形式，它用密封填料填入泄漏处，将两侧涂胶的顶板压在密封填料上，再用顶压工具顶紧顶板止漏，然后再在顶板周围涂一层胶，待固化后解除顶压工具。图 10-36 为另一种间接粘堵法，它是用胶黏剂先粘牢支架，然后堵漏。

（3）先堵后粘法

泄漏处先用塞子堵住，后用胶黏剂加强固定的一种堵漏方法。这种方法适于孔洞部位。图 10-37 为先堵后粘法。塞子用铝、铜、铁、

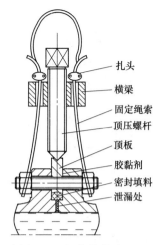

图 10-35　间接粘堵法 （一）

右侧标注：扎头、横梁、固定绳索、顶压螺杆、顶板、胶黏剂、密封填料、泄漏处

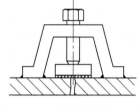

图 10-36　间接粘堵法 （二）

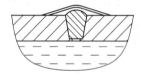

图 10-37　先堵后粘法

木等材料制作，胶层可用纯胶黏剂或在胶黏剂中用玻璃纤维布加强。

（4）缠绕粘堵法

用胶黏剂浸润过的包裹物缠绕在泄漏处的一种堵漏方法。这种方法适于压力低、泄漏量小、壁薄的孔洞、裂缝、松散组织等部位。图 10-38 为缠绕粘堵法，使用的材料有胶黏剂、玻璃纤维布、金属网、金属丝、金属薄带等。泄漏处孔大时，可采用先堵后缠绕粘接方法。

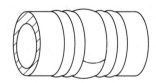

图 10-38　缠绕粘堵法

（5）套接粘堵法

用套接工具把胶泥压紧在泄漏处的一种堵漏方法。这种方法适于螺纹连接处、垫片处和填料处的堵漏。图 10-39 为套接粘堵法在静密封处的应用。套筒一般为两半圆组成，堵漏时将套筒套在泄漏处并将两半圆粘接成一个整体，待固化后，套筒内涂上选用的胶泥，胶泥是用快干胶黏剂和填料调和而成，然后用压紧力把套筒套在泄漏处止漏，待固化后，解除压力，施压方法可用顶压工具或用手压。图 10-40 为套接堵漏法在填料处的应用。先用胶泥堵住压套处的泄漏，然后用套筒堵住压盖与阀杆（轴）之间的泄漏处。

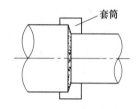

图 10-39　套接粘堵法 （一）

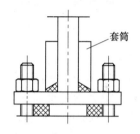

图 10-40　套接粘堵法 （二）

（6）引流粘堵法

在粘堵过程中，用引流泄压，当堵漏层固化牢固后，再关闭引流孔的一种方法。这种方法适于泄漏量较大，压力较高的各种泄漏部位。图 10-41 为引流粘堵法在法兰处的应用。引流方法可用于螺孔、螺塞（堵头）、阀门等。

（7）水下粘堵法

给水下阀门进行粘接堵漏的一种方法。水下粘堵方法难度大，操作人员在水下工作，不便于检查、操作，胶黏剂也容易受到水的影响。

水下胶黏剂常用环氧树脂、聚酯树脂、生石灰（氧化钙）、石油磺酸及增韧剂等材料。

首先清除泄漏处及其周围的异物，孔洞缺陷需用木塞等事先堵住后，实施水下粘堵。按泄漏缺陷大小形式，用帆布或潜水衣布裁制成比裂缝、松散组织、孔洞等缺陷和盖板大的补

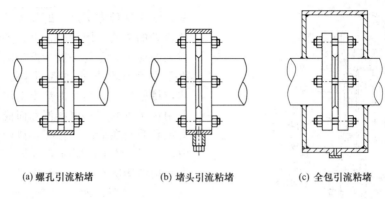

(a) 螺孔引流粘堵 (b) 堵头引流粘堵 (c) 全包引流粘堵

图 10-41 三种引流粘堵法

丁，涂上水下胶黏剂，压贴在泄漏处，待固化后解除压紧力或固定工具。压力大、漏水严重的部位应多粘补一些；不平整的泄漏处，用绒布或玻璃布作衬里粘补。粘补用布涂胶要均匀、浸透，布的两面无缺胶现象。潜水操作要严格按潜水规则实施，注意人身安全。水下粘堵也可采用机械堵漏法中的压盖法，见图10-15。

（8）内堵粘接法

在一完整的密封系统内进行人工粘堵的一种方法。这种方法不但适于阀门，也适用于其他设备。有些孔洞的泄漏可通注射器将胶液挤入腔内，待固化后卸下注射器，其方法见图10-42。有的缺陷，如裂缝、松散组织等，可在其内缺陷处开一工艺小孔注胶堵漏。

注射器 —— —— 密封垫

图 10-42 注射器胶堵法

10.6 强压胶堵法

利用强压工具注入等于或大于介质压力的密封剂料填充泄漏间隙或在泄漏处内外建立密封圈的一种堵漏方法称为强压胶堵法。这种方法安全、方便、不动火、不损伤设备，用于 $-195 \sim 800℃$ 的温度、真空至 35MPa 的压力范围内不同介质的阀门的堵漏。这种方法特别能解决用其他方法难以解决的一些高温、高压部位的堵漏。

图 10-43 为强压胶堵法用的工具与原理图。其现场操作如下：安装夹具并与泄漏部位接触间隙不应大于 0.5mm，注胶孔拧上特制的开关接头，连接注胶枪。注胶孔有注胶和泄压作用，注胶程序见图 10-44。注胶时要注意压力表的变化，指针随手压动作而升降时，表明进胶正常；当指针只升不降，表明剂料腔已空或表明胶已注满。注胶应控制压力。泄漏一旦停止，操作也应停止。热固性剂料应掌握好温度，对环境温度低而难固化的热固性剂料应加温固化。剂料固化后用螺栓换下开关接头，有的可卸下夹具。

强压胶堵法可分为直接胶堵法、强压渗胶法、顶压胶堵法、开孔胶堵法、夹具胶堵法等。

（1）直接胶堵法

不使用专用夹具的情况下，用强压工具通过开关接头直接把密封剂料注入泄漏间隙中的一种堵漏方法。这种方法可用于本体孔洞、有堵头的阀门、有进出孔的动密封等处。

（2）强压渗胶法

通过强压工具向盛液器内注入密封胶或对盛有密封胶的盛液器施压，使密封胶渗透到泄漏间隙的一种堵漏方法。这种方法适于本体松散组织，夹渣、小孔、裂缝等缺陷。图10-45 为强压渗胶法的一种方法。盛液器应根据缺陷处形状而设计，可为压盖形或圆环形。

（3）顶压胶堵法

图 10-46 为顶压胶堵法，利用顶压工具固

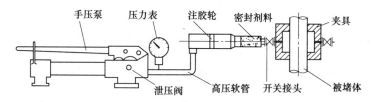

图 10-43　堵漏工具与原理图

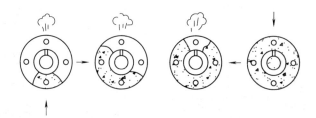

图 10-44　法兰堵漏注胶程序

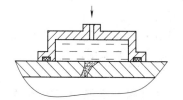

图 10-45　强压渗胶法

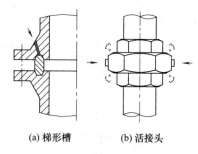

(a) 梯形槽　　(b) 活接头

图 10-47　静密封开孔胶堵法

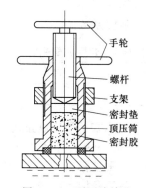

图 10-46　顶压胶堵法

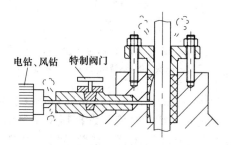

图 10-48　动密封开孔胶堵法

定泄漏处,将密封剂料挤压到泄漏间隙内的一种堵漏方法。这种方法适用于孔洞等缺陷,携带方便,也可采用图 10-43 中的工具注胶,顶压方法不变。

(4) 开孔胶堵法

利用工艺孔将强压下的密封剂料注入泄漏间隙或空隙内的一种堵漏方法。这种方法适用于本体、静密封、密封副等部位堵漏。

① 它是利用开孔机开孔后,将密封剂料注入本体内堵漏。

② 静密封开孔胶堵法见图 10-47。

③ 动密封开孔胶堵法见图 10-48。填料强压胶堵后,仍可开闭阀门。其他动密封在不运转的情况下,可以采用开孔胶堵法。

(5) 夹具胶堵法

利用强压工具向设置在泄漏处的夹具内注入密封剂料的一种堵漏方法。这种方法使用效果好,能满足高温、高压部位的堵漏要求,常用于本体、静密封处堵漏。按夹具形状可分为压盖形、圆环形、缠绕形、钢带形、方形等。按注胶孔可分为夹具式、螺母式、耳子式、本体式等。

10.7　物理堵漏法

利用一些物理性能对泄漏部位进行堵漏的一种方法。这种方法适于本体、静密封、动密封、阀门的堵漏。

物理堵漏法可分为磁压法、冷冻法、凝固法、液封法等。

(1) 磁压法

利用磁铁对钢铁受压体的吸引力压紧泄漏处密封胶、胶黏剂、垫片进行堵漏的一种方法。这种方法简单、迅速，适于不能动火、无法固定夹具、其他方法无法解决的裂缝、疏松组织、孔洞等低压泄漏部位的堵漏。

① C 形磁压法　见图 10-49，泄漏缺陷较大的可用多只 C 形磁铁。

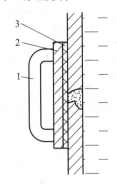

图 10-49　C 形磁压法
1—磁铁　2—不锈钢皮　3—胶层

② 架式磁压法　见图 10-50，是吸铁表架改制而成的，堵漏时旋下螺杆压紧铝制铆钉，然后旋下螺母压紧压套，使胶布层、铝铆钉和泄漏部位粘接固化后，拆除工具，除掉铆钉尾即可。也可以只用铝铆钉堵漏，不拆卸工具或用螺杆顶压压盖方法堵漏。架式磁铁合力为 1176N。

③ 电磁压法　在现场许可的条件下，采用电磁铁工具堵漏，它具有较强的磁力。

(2) 冷冻法

降低介质温度形成冰塞进行堵漏的一种方法。这种方法适用于可以安装夹套或有密封腔的本体、静密封、动密封和阀门等处的堵漏。用于动密封和阀门堵漏时，所需时间和冷冻剂大为减少，但应注意冷冻应力对其不利影响。

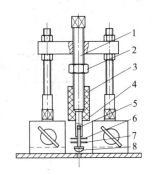

图 10-50　架式磁压法
1—螺杆；2—螺母；3—压套；4—橡胶垫；5—钢珠；
6—铁皮；7—胶布层；8—铆钉

冷冻堵漏适合于各种材料，遇到低碳钢和高脆性非金属材料时应特别注意冷冻应力的影响。焊缝、严重腐蚀、切痕、截面剧变都是引起故障的隐患。

冷冻堵漏是一项新技术，方法独特，操作方便，能堵漏又能解堵，是其他方法无法比拟的。

① 液氮堵漏　液氮无毒，不易燃烧。能产生 $-196℃$ 低温，能冷冻 $DN750$ 以下管线的各种工业液体。

介质冰塞强度系数见表 10-1。

表 10-1　介质冰塞强度系数

介质	水	重油	食用油	轻油	柴油
系数	0.1	0.4	0.3	0.25	0.15

密封压力与冰塞长径比成正比，若密封压力为 1.06MPa 时，则长径比等于 1；密封压力若提高一倍，则长径比等于 2，依此类推。

结冰时间随管径增大而增加，随液体流速增高而增加。图 10-51 为夹套与管子间有 75mm 空间情况下得出的关系曲线。图 10-52

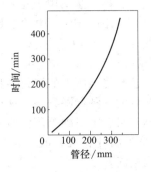

图 10-51　结冰时间

为形成冰塞耗液氮量。图 10-53 为维持冰塞的液氮量。

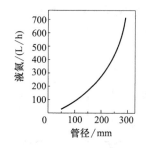

图 10-52　形成冰塞耗液氮量
（长径比＝2）

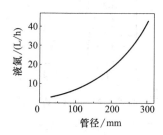

图 10-53　维持冰塞的液氮量
（长径比＝2）

② 液态 CO_2 堵漏法　液态 CO_2 可产生 $-79℃$ 的低温，只能在 $DN75$ 以下管线中形成冰塞。

③ 体外冷冻堵漏法　若介质在体内速度快、温度高、管径大的情况下，可采用体外冷冻堵漏法，这样可避开上述不利环境。必要时，可在泄漏处安装盛液器，将冷冻头伸入盛液器内冷固介质止漏。

冷冻堵漏过程中要避免敲击，禁止施加转矩。

冷冻堵漏后需要焊接或切割时，对于碳钢规定每 25mm 管径需离开冰塞 300mm 操作。堵漏后需解除冰塞时，冰塞应自然融化，不得加温，以免冰塞堵住下段通道。

（3）凝固法

利用热态下的液体介质泄漏出来遇冷凝固为固体而堵漏的一种方法。这种方法适于压力很低、泄漏最小的砂眼、小缝等部位。

必要时在泄漏处设置一个密封腔收集介质，介质遇冷固凝在腔内堵住泄漏通道。如果效果不佳，可让介质引流，然后在引流孔中楔上木塞止漏。

10.8　化学堵漏法

利用物质的化学反应的生成物堵塞泄漏通道的一种方法。这种方法适用本体、静密封、动密封、阀门等处的堵漏。

前面叙述过的粘接堵漏法和强压胶堵法中有相当一部分属于化学堵漏范围，这里不再赘述。现按堵漏物质注入受压体内形式，分为介质自身法、单质引入法、多质引入法等堵漏方法。

当化学反应所生成的密封物堵住泄漏通道的强度不够或效果不佳时，可在泄漏处设置密封腔，收集密封物，增强堵漏效果。

（1）介质自身法

利用介质泄漏出来后与外界物质或事先准备好的物质产生化学反应的生成物堵住泄漏通道的一种方法。

若介质为氨气，从气孔中泄漏出来时，可把事先准备好的金属盐溶液放在气孔中，即能生成密封固体物堵住泄漏。

（2）单质引入法

向受压体内引入单一的物质从泄漏缝隙中漏出来时，能与其他物质发生化学反应生成密封物进行堵漏的方法。

向受压体内引入氨气或聚合有机单体等单一物质属于单质引入法。聚合有机单体从泄漏处漏出来变成固体堵住泄漏处；氨气从泄漏处泄漏出来应与金属盐溶液反应生成密封物而堵住泄漏处。

（3）多质引入法

向受压体内引入多种物质，甚至利用泄漏处进行化学反应所生成的密封物堵住泄漏的一种方法。这种方法复杂，要注意各种物质的相互作用，以及它们对安全和堵漏的不良影响。

国外有一种称为 N-Et$_2$Zn 的混合剂压入管道、容器等受压体中，混合剂从泄漏处漏出，遇到氧和水蒸气后，化学反应生成密封物堵住泄漏处。

国外还有一种多质引入受压体内的堵漏方法。先将一种气态的或液态易挥发的醇或者乙二醚引入受压体内，施以一定压力使醇或乙二醚从泄漏点外泄出来，然后将另一种气态的或液态易挥发的，且能与上述的醇或乙二醚发生化学反应的密封剂（包括烷基金属、烷基金属卤化物、烷基金属氢）导入受压体内，使化学反应在漏点处生成固体密封物堵住泄漏处。反过来，也可先引入密封剂，后引入醇或乙二醚进行堵漏。如受压体内存在水分和氧时，可以采用干燥的惰性气体置换，将水分和氧排除，也可直接用堵漏物质醇或乙二醚或者密封剂自身置换排除水分和氧。这种方法特别适用于输送燃气的地下管道系统、充有氮气或其他惰性气体的电缆的堵漏。

10.9 改换密封法

采取更换、改进或重建密封的措施解决原密封泄漏的一种方法。这种方法适于静密封、动密封、阀门的堵漏。

改换密封法可分为更换法、改进法、重建法、改道法等

（1）更换法

用新密封件更换旧密封件进行堵漏的一种方法。这种方法适于螺纹连接、法兰连接、填料等部位的密封件更换以及阀门的更换。

更换法按与介质是否接触可分为直接更换法和间接更换法。直接更换法适于压力低的水、空气等一般介质的工况条件。

更换法按密封件更换多少可分为局部更换法和全部更换法。

① 图 10-54 为螺纹连接处密封件更换过程。密封件一般采用聚四氟乙烯生料带缠绕密封。

这种方法既属直接更换法又属局部更换法。

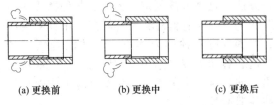

(a) 更换前　　　　(b) 更换中　　　　(c) 更换后

图 10-54　螺纹连接处密封件更换过程

② 图 10-55 为法兰连接处垫片更换过程。这种方法既属间接更换法又属全部更换法。如图中的垫片不是金属垫时，整个更换过程可以

简化，不需要卸下阀盖，只要割断旧垫片，更换有搭接的新垫片即可。为了保险起见，搭接处可用密封胶粘接，垫片两面贴上柔性石墨纸（板）后，密封效果更好。

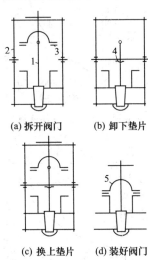

(a) 拆开阀门　　　(b) 卸下垫片

(c) 换上垫片　　　(d) 装好阀门

图 10-55　法兰垫片更换过程

1—阀杆；2—工具；3—垫片；4—活动横梁；5—阀盖

活动横梁 4 若安装一装置压紧阀杆，则更为安全可靠。

③ 填料泄漏后，可采用上密封法，根据情况添加填料、局部更换或全部更换填料。当阀门没有上密封结构或无法启用上密封时，并且介质为一般介质，压力又低的情况下，可采用直接更换法。

④ 阀门损坏后，可按图 10-56 的方法更换。先安装像开孔机似的装置，卸下手轮，用拆卸杆取出损坏阀门，然后通过拆卸杆装上新阀门。拆除上述装置，用一般堵漏方法堵住新阀门螺纹连接的泄漏，如果介质为水、空气等一般低压介质，可采用直接更换法更换阀门，但要注意安全，穿戴好防护用品，制定一套施工方案。

⑤ 采用冷冻法堵塞密封装置进口一端或堵塞密封装置两端的话，可以对阀门、阀门的关闭件，垫片、阀杆、密封轴、机械密封、叶轮以及其他动密封进行更换。

（2）改进法

改进泄漏处的密封件及其装置结构或者改变润滑剂达到止漏的方法。这种方法适用静密封、动密封及润滑系统的堵漏。

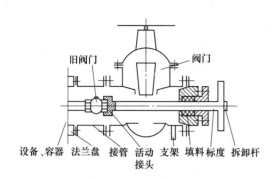

图 10-56　阀门的更换

① 改液体润滑油为半流体或固体润滑剂。在条件允许的情况下，将容易泄漏的液体润滑油改用润滑脂，或二硫化钼、石墨粉等，减少润滑油的泄漏。

② 改铅油麻纤维密封为聚四氟乙烯生料带。螺纹连接处用铅油麻纤维密封效果欠佳，带压旋出一部分螺纹，除掉铅油麻纤维改为聚四氟乙烯生料带后，慢慢地拧紧螺纹，不能倒转，即可止漏。

③ 改一般垫片为柔性石墨垫、聚四氟乙烯、O形圈、液体垫（胶）等垫片。垫片改换过程参照图 10-55。

④ 改一般填料为柔性石墨、膨胀聚四氟乙烯、碳纤维等填料。填料泄漏后，根据当时条件，临时关闭阀门、启用上密封或直接取出一部分填料，换几圈柔性石墨等填料，再压上一圈柔性石墨编织填料可以堵住泄漏。

（3）重建法

在泄漏的密封装置上重新建立新的密封装置进行止漏的方法。这种方法适于静密封、动密封、阀门的堵漏。

① 建立静密封装置　O形圈装置泄漏后，可松开螺钉后加垫片止漏、见图 10-57。活接头中的垫片损坏后泄漏，可用夹具夹紧活接头。然后打开紧圈，向活接头内填入密封胶剂或聚四氟乙烯，并压死堵严后，上紧紧圈止漏，见图 10-58。

② 建立动密封装置　图 10-59 为泄漏的填料装置加上波纹管装置。它适合于阀杆只做往复运动且行程较小，并且波纹管并能从阀杆上套上去的阀门，另外，焊接前应除掉阀杆表面渗透层。图 10-60 为泄漏填料装置上加O形

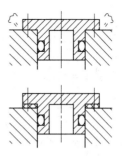

图 10-57　O形圈泄漏

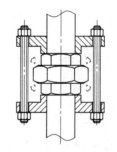

图 10-58　活接头填垫料

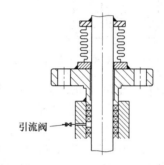

图 10-59　填料装置加上波纹管装置

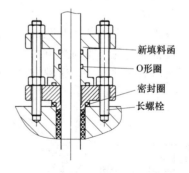

图 10-60　填料装置加O形圈装置

圈装置。图 10-61 为泄漏的填料装置上加填料装置。图 10-62 为堵漏罩上的安装填料装置。

以上所建立的装置，应采用先进密封材料如柔性石墨、膨胀聚四氟乙烯、碳纤维等，提高密封性能，缩小填料装置。填料装置应尽量

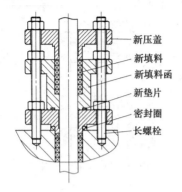

图 10-61　填料装置上加填料装置

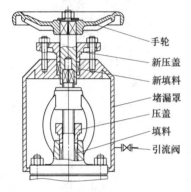

图 10-62　堵漏罩上的安装填料装置

采用整体结构，也可采用组合结构（即两半圆组成用粘接法组合）。安装时要保持填料与轴的同心度。

③ 阀门上加阀门　当开口阀门（阀门出口与外界接触的）产生泄漏时，在阀门开口处装上同规格的阀门进行堵漏。

（4）改道法

在设备或管线上用带压开孔机接出新管线或新阀门代替泄漏的、腐蚀严重的、堵塞的旧管线、旧阀门的一种方法。这种方法一般多用

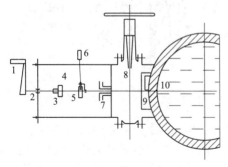

图 10-63　带压开孔机

1—手柄；2—丝杠；3—接头；4—支架；5—铣刀轴；
6—棘轮；7—填料；8—闸阀；9—铣刀；10—中心钻

于压力较低的管道、容器、设备上。图 10-63 为带压开孔机，开孔机分手动和电动两种。

阀门因损坏、堵塞、泄漏等原因无法使用时，可用开孔机安装新阀门。图 10-64 为容器上阀门的改道。图 10-65 为管道上阀门的改道。

图 10-64　容器上阀门的改道

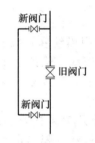

图 10-65　管道上阀门的改道

10.10　带压修复法

在带压、带温、不停车的情况下直接对影响正常密封的零件进行修复的一种方法。这种方法适于静密封、动密封、阀门等装置上的零件修复。

（1）支架的带压修复

支架歪斜会导致填料泄漏，支架断裂会导致关闭件泄漏，在不能停车泄压的情况下应带压修复。若阀门处于关闭状态时，修理支架前应用顶压工具压紧阀杆，然后进行修理。支架的歪斜可用垫铁片的方法调正支架。支架的断裂可根据支架的材质、断裂部位、工况条件选用铆接、粘接、焊接等工艺修复，也可同时兼用两种修复工艺。焊接时要防止支架变形，应在支架断裂处对应部位加热减少焊接应力。修复后的支架装上阀杆螺母时，应与阀杆同心。

（2）法兰的带压修复

法兰的螺孔滑丝，法兰的破损，都会导致垫片处泄漏，在不能停车泄压的情况下应带压修复。图 10-66 为法兰螺孔修复的方法。图 10-67 为法兰破损的修复方法。其方法用焊接或粘接工艺，用加强板加强。法兰的破损还可用冷冻法堵漏后，更换新的法兰。

（3）填料装置的带压修复

填料装置常会出现压盖破损、压盖螺栓耳子断裂等缺陷，它们会造成填料处泄漏。修复前应采用临时措施顶压压盖后，方可修复压盖或耳子。

图 10-68 为压盖破损的修复。用顶压工具压紧压盖，松开螺栓，粘接或焊接压盖破损处，上好加强板、垫板、垫圈，必要时使压盖、加强板、垫板粘接或焊接一起，拧紧螺栓，卸下顶压工具。如果阀门能关闭，或能启用上密封，并能使压盖从阀杆上拆除和安装的话，可以更换旧压盖，换上新压盖。也可用冷冻法堵塞阀门通道，处理无法关闭的阀门和无法启用的上密封，然后更换压盖。

图 10-69 为压盖螺栓耳子断裂的情况。螺栓耳子断裂会导致填料泄漏，首先用卡箍等工具压紧压盖，然后焊修好螺栓耳子。也可采用如下简单方法：一是压盖螺栓直接焊死在耳子上；二是用卡箍卡在耳子下沿部位，将压盖螺栓卡死；三是用铁丝穿在压盖螺栓销孔中或捆扎压盖螺栓数圈，使螺栓扎牢在耳子下沿部位。

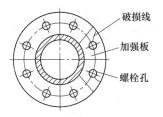

图 10-67　法兰破损的修复

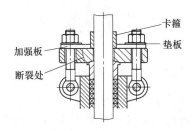

图 10-68　压盖破损的修复

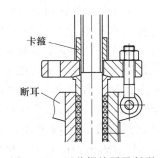

图 10-69　压盖螺栓耳子断裂

（4）阀杆螺母的带压修复

阀杆螺母常会出现咬死和松脱等现象，导致阀门开启和关闭困难，甚至使阀门无法开启和关闭，需要带压修复。

① 阀杆螺母咬死的消除　消除阀杆螺母咬死的方法分为清洗法和拆卸法。

a. 清洗法。卸下手轮，用除锈剂或煤油清洗阀杆螺母与支架间的滑动面上的锈垢异物，每加一次除锈剂或煤油时，应上好手轮并左右转动一下（转动位置不宜过大，防止开启的阀门被误关，关闭的阀门被误开），让除锈剂或煤油加快渗透，直至锈垢异物洗净为止。如此法不奏效，可利用注油嘴或制作注油孔，用注油枪进行清洗。最后在阀杆螺母与支架间的滑动面上涂上或注入润滑剂，即可消除咬死现象。

b. 拆卸法。图 10-70 为阀门在开启状态下消除阀杆螺母咬死的方法。将阀门开至上死点，用卡箍、卡圈在压盖上方 5～20mm 处卡

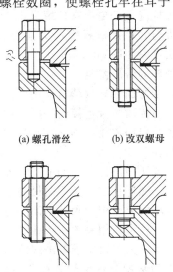

(a) 螺孔滑丝　　　(b) 改双螺母

(c) 改焊接　　　(d) 改粘接或者销连接

图 10-66　法兰螺孔修复

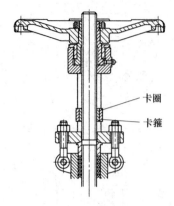

图 10-70　消除阀杆螺母咬死方法

住，卡圈硬度应低于阀杆硬度。拆卸手轮，用煤油或除锈剂清洗阀杆螺母与支架的滑动面。用一只手托住阀杆，另一只手用铜锤敲击阀杆或阀杆螺母，在冲击力的作用下，阀杆螺母脱开支架，卡箍落在压盖上。然后旋出阀杆螺母，用油光锉和砂布消除支架和阀杆螺母滑动面上的毛刺、锈物、沟槽。最后抛光，涂上润滑剂，将零件装配还原，阀杆活动自如为合格。解除卡箍，卡圈。若阀门在关闭状态下消除阀杆螺母咬死现象，卡箍应顶在支架横梁下，并留有阀杆螺母拆出的间隙，因此，卡紧工具呈凹形，消除咬死方法与上相同。

　　② 阀杆螺母松脱的修复　阀杆螺母松脱，但阀杆螺母与其紧固件紧定螺钉、压紧螺母（压圈）等零件较好时，将以上零件复位并紧固后，用铆合法铆牢它们连接处即可。

　　如果阀杆螺母松脱严重，阀杆螺母与其紧固件又损坏严重，如连接处滑丝、乱牙时，应将阀杆螺母及其紧固件复位，用粘接或焊接方法修复。骑缝处的紧固螺钉损坏后，还可在骑缝处另一位置制作新的螺孔并用紧定螺钉紧固。

　　阀杆螺母损坏后，无法修复时应更换。

　　③ 阀杆螺母的更换　更换只适于支架与阀盖分离的结构形式，或阀杆螺母能从阀杆上端装卸的结构形式，不适于支架与阀盖为一整体结构形式。紧固螺钉固定的阀杆螺母的更换：阀门为开启状态下，卡箍压在压盖上；阀门为关闭状态下，卡箍顶在支架横梁下。首先拆下紧固螺钉和手轮等件，清洗掉阀杆螺母与支架接触面上的锈垢，并在接触面上注入润滑油减少其摩擦力。用螺钉旋具或无刃口錾子把

阀杆螺母旋出支架，若不奏效时，在阀杆螺母上均匀钻几个孔，用特制扳手插入孔中旋出螺母。然后将事先预制的新阀杆螺母装入支架内，为了新阀杆螺母旋入顺利，应将其螺纹配合间隙车大一些，新阀杆螺母定位后，在骑缝处加工螺孔，固定紧定螺钉，并用胶渗入阀杆螺母与支架接触缝中加固。

　　压圈固定的阀杆螺母的更换：卡箍固定位置与"紧定螺钉固定的阀杆螺母的更换"相同。图 10-71 为压圈固定的阀杆螺母的更换方式，该图为关闭状态下的阀门。

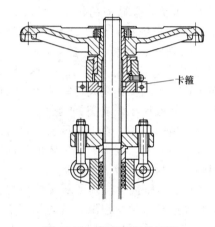

图 10-71　阀杆螺母的更换

　　支架与阀盖分离结构形式的阀杆螺母的更换：当阀门为开启状态的情况下，卡箍压在压盖上，卸下支架即可更换阀杆螺母；当阀门为关闭状态的情况下，更换阀杆螺母事先需顶压住阀杆后进行，因此阀杆螺母更换较为复杂，其更换方法可参照图 10-55 进行。

　　(5) 阀杆的带压修复

　　阀杆产生弯曲会导致填料泄漏，启闭阀门吃力；阀杆与传动装置连接处松脱和损坏会导致阀门无法开启和关闭；阀杆密封处损伤会导致填料泄漏。

　　① 阀杆弯曲的校正　用门形顶压工具固定在支架上，螺杆顶在阀杆弯曲最高处，旋紧螺杆，使其压紧力作用于阀杆来消除弯曲现象的方法称静压矫直；用一硬木垫在阀杆螺纹弯曲最高处，用一无刃口錾子敲击螺纹弯曲最低处及两边来消除弯曲现象的方法称冷作矫直；在阀杆弯曲最高处用气焊中性焰快速加热至450℃，然后迅速冷却，恢复阀杆原有直线状

态，这种方法称火焰矫直，它适于变形量小的阀杆。对阀杆上端弯曲严重的部分，可用火焰加机械方法矫直。对阀杆经过镀铬处理或热处理的，采用火焰矫直应小心慎重。

② 阀杆与手轮连接处损坏的修复　阀杆连接处损坏后导致阀门无法开闭，如果时间充裕的话，应按正常方法修复；如果时间紧促，可用粘接或焊接方法固定阀杆上的手轮。

③ 阀杆密封面的修复　用砂布或油石研磨阀杆圆柱体密封面，这种方法适于密封面上轻微缺陷；用刷镀方法修复密封面的凹坑、划痕等缺陷，然后抛光。修复时应采取一些措施，尽量使阀杆密封面露出表面，便于修理。如阀杆能启用上密封时，可将压盖打开后修复密封面更好。

（6）启闭件脱落和卡死的处理

阀门启闭件产生脱落和卡死现象是很危险的缺陷。脱落会导致阀门无法开闭。卡死现象是异物侵入阀腔的结果（这里不包括阀杆等零件卡阻对启闭件的影响）。它会导致阀门关闭不严。

① 倒立法　图 10-72 为倒立法处理启闭件脱落与卡死现象。它适于阀门开启状态。如阀门为螺纹连接时，只需要将阀门倒置就可以，螺纹处若产生泄漏，用堵漏方法处理；如阀门为法兰连接时，介质为一般低压的水、空气的话，可用两套卡套卡在法兰上，卡套与法兰的间隙应尽量小，然后卸下法兰螺栓，将阀门倒置，让启闭件开启，然后上好螺栓、卸下卡套。若法兰处泄漏可用强压注胶法堵住法兰泄漏。

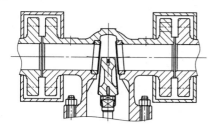

图 10-72　倒立法处理启闭件
脱落与卡死现象

② 顶杆法　图 10-73 为顶杆法处理启闭件脱落与卡死现象，它适于阀门开启状态。它是利用阀门底部堵头或在阀门底部用开孔机开

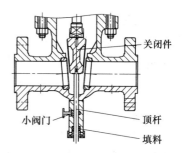

图 10-73　顶杆法处理启闭件脱落与卡死现象

孔，并用顶杆伸入阀内，将脱落的启闭件顶起或将落入底部的异物顶起后利用介质冲走。

③ 开盖法　利用强压注胶法粘堵脱落的闸板或者利用冷冻法堵住阀门两端通道后，打开阀盖，修复启闭件与阀杆连接部位，再装上阀盖。这种方法适于阀门常开或常闭以及开闭频繁的阀门。

（7）驱动装置失灵的处理

电动、气动、液动装置失灵会导致阀门无法开闭，处理方法有三种。

① 手动法　电动装置失灵应将动作手柄拨至手动位置，顺时针方向转动手轮为关闭，反之为开启；气动、液动装置失灵，首先切断流体通道，并打开回路阀，泄除缸内气体或液体压力。将手柄从气动位置扳到手动位置，这时开合螺母与传动丝杠啮合，转动手轮即可开闭阀门。

② 修理法　在阀门开启或关闭的正常情况下，分析失灵原因，找出电源或气、液源、电路或管线以及其他故障，针对故障进行修复。

③ 更换法　装置失灵后，尽力将阀门调到开启或关阀位置，然后用卡箍卡住阀杆，阀门为开启时卡箍卡在压盖上，阀门为关闭时卡箍顶在支架横梁下，最后更换传动装置，解除卡箍。

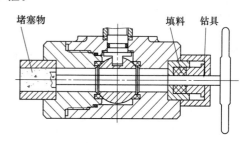

图 10-74　疏通工具

（8）通道堵塞的疏通

管道和阀门的通道因堵塞无法工作，它比泄漏更具有危险性。图 10-74 为通道堵塞使用的疏通工具。

10.11　综合治漏法

采用防漏、堵漏、疏导综合治理泄漏的一种方法。它采用的"一条龙"措施，全方位管理。

（1）防漏措施

防漏是设计首先考虑的问题，防漏贯穿在设计、加工、组装、安装、使用、维修整个过程中。因此要做好如下工作。

① 设计合理　选材正确，结构合理，安全装置齐全，便于使用维修。

② 制造安装质量高　加工质量好，组装性能高，安装调试正确。

③ 操作平稳、维护及时　勤跑巡回多检查，安全生产平稳操作，按时清扫和润滑，提高处理问题能力，健全交接班制度。

④ 提高密封技术　更换陈旧设备，改造不合理的密封结构，采用先进的密封技术，普及密封知识，推广治漏经验，提高检漏水平。

（2）堵漏途径

以上介绍了多种堵漏方法，每类方法又分若干种，每种又可派生多种堵漏形式。每个单位应根据自身条件，技术水平，加工能力，泄漏处工况条件，选择多种堵漏方法，组合一起综合治漏。

如先用塞楔，后粘接，最后卡箍固定；先焊固定架，后用密封胶密封，最后机械顶压固定；先适当降温降压，后焊补，最后用粘接缠绕法加强等。

（3）疏导方法

危险介质在堵漏前或者泄漏处无法止漏的情况下，应设法疏导泄漏介质，确保生产安全。

① 引流法　把泄漏介质引入池、盘、沟中或把泄漏介质引回管道、容器和设备中的一种方法，称为引流法。

② 疏散法　把泄漏的有毒有害、易燃易爆介质，用通风、抽空等措施疏散介质，降低浓度的一种方法，称为疏散法。

第11章　阀门的检修

11.1　阀门的检修周期与内容

阀门和管道附件的检修周期一般是结合使用单位设备的维修而定的，如炼油厂设备大检修是1年1次，这时阀门也随之检修。现在，随着科技的进步、新技术应用以及检修手段的完善等，很多炼油化工企业阀门大检修已从1年1次过渡到2年1次或3年1次，最长甚至达到5年1次，与此相应的阀门的检修应同时进行。

阀门检修一般分为三类，具体如下。

小修：清洗油嘴、油杯，更换填料，清洗阀杆及其螺纹，清除阀内杂物，紧固更换螺栓，配齐手轮等。

中修：包括小修项目，解体清洗零部件，阀体修补，研磨密封件，矫直阀杆等。

大修：包括中修项目，更换阀杆，修理支架，更换弹簧与密封件等。

一般在室内修理的阀门，都应该解体检查和更换垫片。

阀门的维修，一般中小修较普遍。

11.2　阀门检修的一般程序

a. 用压缩空气吹扫阀门外表面。
b. 检查并记下阀门上的标志。
c. 将阀门全部拆卸。
d. 用煤油清洗零件。
e. 检查零件的缺陷。以水压试验检查阀体强度；检查阀座与阀体及关闭件与密封圈的配合情况，并进行密封试验；检查阀杆及阀杆螺母的螺纹磨损情况；检验关闭件及阀体的密封圈；检查阀盖表面，消除毛刺；检验法兰的结合面。
f. 修理阀体。焊补缺陷和更换密封圈或堆焊密封面；对阀体和新换的密封圈，以及堆焊金属与阀体的连接处，进行密封试验；修整

法兰结合面；研磨密封面。
g. 修理关闭件。焊补缺陷或堆焊密封面；车光或研磨密封面。
h. 修理填料室。检查并修整填料室；修整压盖和填料室底部的锥面。
i. 更换不能修复的零件。
j. 重新组装阀门。
k. 进行阀门整体的水压试验。
l. 阀门涂漆并按原记录做标志。

11.3　检修与质量标准

11.3.1　检修前的准备

检修前必须进行下列准备工作：

a. 制定施工组织措施、安全措施和技术措施。重大特殊项目的上述措施必须通过上级主管部门审批。

b. 落实物资（包括材料、备品配件、用品、安全用具、施工机具等）和检修施工场地。

c. 根据相应的检修工艺规程制定检修工艺卡、检修文件包，准备好技术记录。

d. 确定需要测绘和校核的备品配件加工图，并做好有关设计、试验和技术鉴定工作。

e. 制定实施大修计划的网络图或施工进度表。

f. 组织检修人员学习相应的检修工艺规程，掌握检修计划、项目、进度、措施及质量要求，特殊工艺要进行专门培训。做好特殊工种和劳动力的安排，确定检修项目施工、验收的负责人。

g. 阀门检修开工前，根据需要检查阀门的运行技术状况和检测记录，分析故障原因和部位，制定详尽的检修技术方案，并在检修中解决。

h. 阀门检修必须建立完善的质量保证体系和质量监督体系。

11.3.2　拆卸

a. 将需要检修的阀门从管道上拆卸前，在阀门及与阀门相连的管道法兰表面上做标识，作为检修后安装复位时的标记。

b. 拆卸、组装应按工艺程序，使用专门的工装、工具，严禁强行拆装。

c. 根据所需拆卸力矩，拆卸连接螺栓，松开阀门的固定螺栓，取下阀门。

d. 如果螺栓拆卸困难可加渗透液。

11.3.3　检查

a. 测量法兰与阀体之间的间隙，并记录测量数据，供装配时使用。

b. 检查阀体密封面有无凹坑、划痕。

c. 检查阀座及阀芯密封部位有无影响密封的缺陷。

d. 清洗各螺栓孔，并检查其损伤情况。

e. 阀体根据需要进行无损探伤，尤其需要对应力集中部位检查有无疲劳裂纹的产生，必要时做耐压试验。

f. 检查填料箱内壁有无影响密封的缺陷。

g. 检查阀杆直线度、填料密封部位有无划痕、阀杆螺纹的损坏情况。

11.3.4　检修

阀门的检修方法可参照第9章的相关内容。

阀门的解体检修工作，一般应在室内进行。如在室外时，必须做好防尘、防雨、防雪等措施。

（1）阀杆的检修要求

a. 阀杆表面应无凹坑、刮痕和轴向沟纹，若有轻微划痕可经抛光合格后继续使用，若损伤严重须经表面修复，表面粗糙度数值不大于 $Ra1.6\mu m$ 并且达到密封性能后可继续使用；仍不能保证密封性能的则应更换。

b. 测量阀杆直线度，若有弯曲则矫直或更换。阀杆全长直线度极限偏差值应符合表11-1要求。阀杆圆柱度极限偏差值应符合表11-2要求。

表 11-1　阀杆全长直线度极限偏差值　单位：mm

阀杆全长 L	≤500	500~1000	>1000
直线度极限偏差值	0.3	0.45	0.6

表 11-2　阀杆圆柱度极限偏差值　单位：mm

阀杆直径	≤30	30~50	50~60	>60
圆柱度极限偏差值	0.09	0.12	0.15	0.18

表 11-3　阀杆梯形螺纹和上密封锥面的轴面与阀杆轴线的同轴度极限偏差值　单位：mm

阀杆全长 L	≤500	500~1000	>1000
同轴度极限偏差值	0.15	0.3	0.45

c. 阀杆梯形螺纹和上密封锥面的轴面与阀杆轴线的同轴度极限偏差值应符合表11-3要求。

d. 阀杆头部如发现凹陷和变形，应及时修复。

e. 带传动螺纹的阀杆，若传动螺纹损坏则应更换。

（2）阀门密封面的检修要求

① 密封面用显示剂检查接触面印痕：

a. 闸阀、截止阀和止回阀的印痕线应连续，宽度不小于1mm，印痕均匀。闸阀阀板在密封面上印痕线的极限位置距外圆不小于3mm（含印痕线宽度）。

b. 球阀的印痕面应连续，宽度不小于阀体密封环外径，印痕均匀。

② 阀门密封面的修复研磨，应以零件单独研磨为主，尽量不采用配研，应根据密封零件选择适当的研磨剂，修研后密封面的表面粗糙度数值不大于 $Ra1.6\mu m$。

③ 阀体、阀盖及垫片的检修要求：

a. 阀座与阀体连接应牢固、严密、无渗漏。

b. 阀板与导轨配合适度，在任意位置均无卡阻、脱轨。

c. 阀体中法兰凸凹缘的最大配合间隙应符合表11-4要求。

表 11-4　阀体中法兰凸凹缘的最大配合间隙　单位：mm

中法兰直径	42~85	90~125	130~180	185~250	255~315	320~400	405~500
最大间隙	0.4	0.45	0.5	0.55	0.65	0.75	0.8

表 11-5　法兰安装间距　　　　单位：mm

公称尺寸 DN	100	150~200	≥250
最小安装间距	2	2.5	3

d. 钢圈垫与密封槽接触面应着色检查，印痕线连续。

e. 法兰应平行，安装间距应符合表 11-5 要求。

f. 有拧紧力矩要求的螺栓，应按规定的力矩拧紧，拧紧力矩误差不应大于±5%。

（3）填料的检修要求

a. 装 V 形填料时，应注意 V 形填料的开口方向，要逐圈压紧，直至加到规定的组数。

b. 填料压好后，填料压盖压入填料箱不小于 2mm，外露部分不小于填料压盖可压入高度的 2/3。

c. 填料装好后，阀杆的转动和升降应灵活、无卡阻、无泄漏。

检修过程中，应按现场工艺要求和质量标准进行检修工作；检修应严格执行拟定的技术措施、安全措施；检修过程中，应做好技术资料记录、整理、归类等文档工作。

11.3.5　质量标准

a. 应严格执行对阀门检修的质量要求。各工程项目应结合自己实际工况条件，制定相关的阀门检修工艺规程，规程必须经审查后方可执行。

b. 检修所需更换阀门零部件的材料、热处理及加工应符合相应标准及规范的规定。

c. 零件外观应无缺陷。

d. 密封表面不应有划痕、凹坑等影响密封性能的缺陷。

e. 经研磨的密封表面粗糙度应符合要求。

f. 阀门解体后应进行全面检查和必要的测量工作，与以前的技术记录和技术资料进行对照比较，掌握阀门的技术状况。

g. 根据相应规范对阀门进行检修，经检修符合标准的零部件方可回装。

11.3.6　检修总结

① 检修总结应包括下列内容：

a. 阀门状况的总结。包括阀门的修前状况、检修中处理的缺陷、阀门修后所能达到的运行状况。

b. 阀门解体后发现的重大隐患及处理措施、遗留问题及今后应采取的措施。

c. 采用新技术、新工艺给阀门检修带来的效果，应推广的技术工艺方法，对下次检修的要求。

② 阀门检修技术记录、试验报告、图纸变更及新测绘图纸等技术资料，应作为技术档案整理保存。阀门技术资料包括：

a. 检修项目进度表或网络图。

b. 重大特殊项目的技术措施及施工总结。

c. 检修技术记录及工时、材料消耗统计。

d. 变更系统和阀门结构的设计资料及图纸。

e. 金属及化学监督的检查、试验报告。

f. 特殊项目的验收报告，大修后的总结对质量的评审报告。

③ 分析检修质量，评价检修工作。

a. 总结阀门检修后所达到的质量及达到检修质量标准的工艺方法。

b. 评价阀门检修后所达到的指标。

c. 总结特殊专用工具的使用情况。

d. 总结检修工艺卡、文件包的适用情况。

④ 提出阀门变更单及阀门运行方案，并修改有关规程。

⑤ 主要阀门大修后应在 30 天内做出大修总结报告，阀门评级，并上报。

⑥ 做出检修总结评语。

第 12 章　阀门的常见故障及排除

阀门使用过程中，会出现各种各样的故障，一般来说，一是与组成阀门零件多少有关，零件多故障多；二是与阀门设计、制造、安装、工况、操作、维修质量优劣密切相关。各个环节的工作做好了，阀门的故障就会大大减少。

12.1　通用阀门常见故障及排除

12.1.1　闸阀常见故障及其排除

闸阀常见故障及其排除，见表 12-1。

表 12-1　闸阀常见故障及其排除

常见故障	产生原因	预防措施及排除方法
阀门无法开启	T 形槽断裂	T 形槽应该圆弧过渡，提高制造质量，开启时不允许超过有效行程
	传动部位卡阻、磨损、锈蚀	保持传动部位旋转灵活，润滑良好，清洁无尘
	单闸板卡死在阀体内	关闭力适当，不要使用长杠杆扳手
	暗杆闸阀内阀杆螺母失效	内阀杆螺母不宜用于腐蚀性大的介质
	闸阀长期处于关闭状态下锈死	在条件允许情况下，经常开启一下闸阀，防止锈蚀
	阀杆受热后顶死闸板	关闭的闸阀在升温的情况下，应该间隔一定时间，阀杆卸载一次，将手轮倒转少许，采用高温型阀门电动装置
阀门关闭不严	阀杆顶心磨损或悬空，使闸板密封时好时坏	闸阀组装时应该进行检查，顶心应该顶住关闭件，并有一定活动间隙
	密封面掉线	更换楔式双闸板间顶心调整垫为厚垫，平行双闸板加厚或更换顶锥（楔块），单闸板结构应更换或重新堆焊密封面
	楔式双闸板脱落	正确选用楔式双闸板闸阀保持架，要定期检查
	闸板与阀杆脱落	操作力适当，提高闸板与阀杆连接质量
	导轨扭曲、偏斜	组装前注意检查导轨，密封面应该着色检查
	闸板装反	拆卸时闸板应该做好标记
	密封面擦伤、异物卡住	不宜在含磨粒介质中使用闸阀，必要时阀前设置过滤、排污装置。发现关不严时，应该反复关闭成细缝，利用介质冲走异物
	传动部位卡阻、磨损、锈蚀	传动部位旋转灵活、润滑良好、清洁无尘

12.1.2　截止阀和节流阀常见故障及其排除

截止阀和节流阀常见故障及其排除，见表 12-2。

表 12-2　截止阀和节流阀常见故障及其排除

常见故障	产生原因	预防措施及排除方法
密封面泄漏	密封面冲蚀、磨损	防止介质流向反向，介质的流向应该与阀体箭头一致；阀门关闭时应该严，防止有细缝时冲蚀密封面；必要时设置过滤装置，关闭力适中，以免压坏密封面
	平面密封面易沉积脏物	关闭前留细缝冲刷几次后再关闭阀门
	锥面密封副不同心	装配应该正确，阀杆、阀瓣或节流锥、阀座三者在一条轴线上
	衬里密封面损坏、老化	定期检查和更换，关闭力适中，以免伤坏密封面
性能失效	阀瓣、节流锥脱落	选用要正确，应该解体检查。腐蚀性大的介质应该避免选用辗压、钢丝连接关闭件的结构
	阀杆、阀杆螺母滑丝、损坏	小口径阀门的操作力要小，开关不要超过死点

续表

常见故障	产生原因	预防措施及排除方法
节流不准	标尺不对零位,标尺丢失	标尺应该对零位,松动后应该及时拧紧
	节流锥冲蚀严重	操作应该正确,流向不允许反向,正确选用节流阀和节流锥材质

12.1.3　止回阀常见故障及其排除

止回阀常见故障及其排除,见表 12-3。

表 12-3　止回阀常见故障及其排除

常见故障	产生原因	预防措施及排除方法
升降式阀瓣升降不灵	阀瓣轴和导向套上的排泄孔堵死,产生尼阻现象	定期清洗,不宜使用黏度大和含磨粒多的介质
	安装或装配不正,使阀瓣歪斜	检查零件加工质量,安装或装配应该正确,阀盖应该逢中不歪斜
	阀瓣轴与导向套间隙过小	阀瓣轴与导向套间隙适中,应该考虑温度变化和磨粒侵入对阀瓣升降的影响
	阀瓣轴磨损、卡阻	定期检修
	预紧弹簧失效	定期检查和更换
旋启式摇杆机构损坏	阀前阀后压力接近或波动大,使阀瓣反复拍打而损坏阀瓣和其他零件	操作压力应该平稳,操作压力不稳定的工况,应该选用铸钢阀瓣和钢质摇杆
	摇杆机构装配不正,产生阀瓣掉上掉下现象	使用前应该着色检查密封面密合情况
	摇杆、阀瓣和芯轴连接处松动或磨损	组装应该牢固,质量符合技术要求,定期检修
	摇杆变形或断裂	制造质量符合技术要求,定期检查
介质倒流	止回机构不灵或损坏	定期清洗,不宜使用黏度大和含磨粒多的介质;检查零件加工质量,安装或装配应该正确,阀盖应该逢中不歪斜;阀瓣轴与导向套间隙适中,应该考虑温度变化和磨粒侵入对阀瓣升降的影响;定期检修;定期检查和更换
	密封面损坏、老化	正确选用密封面材料,定期检修,定期更换橡胶密封面
	密封面长期不关闭,而沾附脏物,不能很好密合	含杂质多的介质,应该阀前设置过滤器或排污管

12.1.4　球阀常见故障及其排除

球阀常见故障及其排除,见表 12-4。

表 12-4　球阀常见故障及其排除

常见故障	产生原因	预防措施及排除方法
阀门关闭不严	球体不圆,表面粗糙	提高制造质量,使用前解体检查和试压
	球体冲翻	装配应正确,操作要平稳,不允许作节流阀使用,球体冲翻后应及时修理,更换密封座
	阀座密封面压坏	装配阀座时,阀门应该处在全关位置,拧紧螺栓时应该均匀,用力应该小
	密封面无预紧力	定期检查密封面预紧力,注意调整预紧力
	扳手所指关闭位置与实际不符,产生泄漏	使用前应该检查扳手所指关闭位置应该与实际关闭位置相符。定期校正
	阀座与阀体不密封,O 形圈等密封件损坏	提高阀座与阀体装配精度和密封性能。减少阀座拆卸次数,定期检查和更换密封件

12.1.5　旋塞阀常见故障及其排除

旋塞阀常见故障及其排除，见表12-5。

表 12-5　旋塞阀常见故障及其排除

常见故障	产生原因	预防措施及排除方法
密封面泄漏	旋塞密封副不密合,表面粗糙	提高制造质量,着色检查和试压合格后使用
	密封面中混入磨粒,擦伤密封面	阀门应该处于全开或全关位置,操作时应该利用介质冲洗阀内和密封面上的脏物
	油封式油路堵塞或缺油	定期检查和沟通油路,按时加油
	自封式排泄孔被脏物堵死,失去自紧密封性能	定期检查和清洗。不宜用于含沉淀物多的介质
	调整不当或调整部件松动损坏;紧定式的压紧螺母松动;填料式调节螺钉顶死塞子;自封式弹簧顶紧力过小或失效等	正确调整旋塞阀调节零件,以旋转轻便而密封不漏为准
	扳手所指关闭位置与实际不符,产生泄漏	定期校正,应该使关闭位置与扳手所指位置一致
阀杆旋转不灵活	压盖压得过紧	压紧压盖时,注意活动一下阀杆,检查是否压得过紧
	密封面压得过紧;紧定式螺母拧得过紧,自封式预紧弹簧压得过紧	适当调整密封面的压紧力
	密封面擦伤,增加了操作力矩	定期检修,油封式应该定时加油
	润滑条件变坏	填料装配时应该涂上些石墨,油封式定时定量加油
	扳手磨损	操作要正确,扳手损坏后要进行修复

12.1.6　蝶阀常见故障及其排除

蝶阀常见故障及其排除，见表12-6。

表 12-6　蝶阀常见故障及其排除

常见故障	产生原因	预防措施及排除方法
密封面泄漏	橡胶密封圈老化、磨损	定期检查和更换
	介质流向不对	应该按照介质流向指示箭头安装阀门
	密封面压圈松动、破损	安装前应该检查压圈装配是否正确。定期检查和更换
	密封面不密合	提高制造质量,使用前进行试压
	阀杆与蝶板松脱,使密封面泄漏	提高阀杆与蝶板连接强度,定期检修

12.1.7　隔膜阀常见故障及其排除

隔膜阀常见故障及其排除，见表12-7。

表 12-7　隔膜阀常见故障及其排除

常见故障	产生原因	预防措施及排除方法
隔膜破损	橡胶、氟塑料隔膜老化	定期更换
	操作压力过大,压坏隔膜	操作力要小,注意关闭标记
	异物嵌入阀座压破或磨损隔膜	操作时不要强制关阀。发现异物利用介质冲走
	开启高度过大,拉破隔膜	开启时不要过高,定期检修
操作失效	隔膜与阀瓣脱落	开启时不要过高,定期检修
	阀杆与阀瓣连接销脱落或折断	开启时不允许超过上死点
	活动阀杆螺母处磨损、卡死	定期清洗,冻敷润滑脂,橡胶隔膜阀,不要涂覆润滑油,涂少许石墨、二硫化钼之类润滑剂

12.2　阀门通用件常见故障及其排除

阀门通常由阀体、阀盖、填料、垫片、密封面、阀杆、支架、传动装置等零件组成，称为阀门通用件。下面将详细介绍阀门通用件常见故障及其产生原因、预防措施和排除方法。

12. 2. 1　阀体、阀盖常见故障及其排除

阀体、阀盖常见故障及其排除，见表 12-8～表 12-11。

表 12-8　阀体、阀盖常见故障——破损泄漏

常见故障	产生原因	预防及排除方法
破损泄漏	设计不良。如安全系数过小，结构不合理，内应力太集中	设计应该符合国家标准和有关规范，结构应该合理，避免内应力过于集中。新产品经过实地试验后，方可成批生产
	锻造和铸造质量差，有折叠、冷隔、气孔夹渣、松散组织、微裂纹等缺陷以及厚薄不匀、材质不匀、材质不符设计要求等现象。没有按图纸和技术要求制造加工	严格遵守操作规程和工艺纪律，按图纸和技术要求锻铸与加工；建立完整的质量保证体系，重要的阀门材质应该做化学成分分析和无损检测，出厂前应该做强度试验，试验人和组装人应该有标记，以便于追溯
	焊接不良。因焊接缺陷、焊缝过脆、内应力过大等原因引起的裂纹	严格按照操作规程施焊，焊后认真检查和探伤，出厂前应该做强度试验，试验人应该有标记，以便于追溯
	安装不正，偏斜扭曲	安装正中，受力均匀，防止法兰有错口、张口等现象；大阀门安装应该有支架；铸铁阀门和非金属阀门性脆，应该特别注意，采取措施
	选用不当，阀门不适工况而破裂	严格按照工况（介质、温度、压力）条件选用阀门，重要部位与工况条件差的阀门选用时应该留有充分余地，防止以铸铁阀代替钢阀使用，使用前应该对阀门做强度试验
	阀门内压力和温度过高，波动大	装置和设备的安全系统灵敏，压力和温度显示正确，操作要平稳，应该急措施得力
	水击而破损阀门	操作要平稳，有防止水击的装置和防止措施，要防止突然停泵和快速关阀
	冻裂	对气温在零度或零度以下的铸铁阀门应进行保温或者伴热，停止使用的阀门应排除积水
	意外撞击	不允许堆放重物，施工时要防止物体撞击阀门，天井盖板应防止砸破阀门，特别是铸铁阀门和非金属阀门，还应该防止操作力过大胀破阀门
	疲劳破损	过使用期限、出现早期疲劳缺陷的阀门应该更换。应该有防振设施和措施，操作应该平稳

表 12-9　阀体、阀盖常见故障——砂眼泄漏

常见故障	产生原因	预防及排除方法
砂眼泄漏	铸造缺陷，有气孔、夹渣、松散组织等	严格遵守操作规程和工艺纪律，建立完整的质量保证体系，出厂前应该做强度试验，试验人应该有标记，以便于追溯
	锻造缺陷，有夹渣、折叠等	严格遵守操作规程和工艺纪律，建立完整的质量保证体系，出厂前应该做强度试验，试验人应该有标记，以便于追溯
	注塑缺陷，有气孔、夹渣、冷隔、缺肉等	严格遵守操作规程和工艺纪律，建立完整的质量保证体系，出厂前应该做强度试验，试验人应该有标记，以便于追溯
	焊接缺陷，有气孔、夹渣、咬肉、未焊透等	严格遵守焊接规程，焊后认真检查和探伤，出厂前应该做强度试验，试验人应该有标记，以便于追溯

表 12-10　阀体、阀盖常见故障——老化泄漏

常见故障	产生原因	预防及排除方法
老化泄漏	制造质量差，塑料与橡胶耐腐蚀性差，易老化	严格遵守工艺和操作纪律，按时按量按质添加抗老化剂。有完整的质量保证体系。出厂产品符合质量标准
	选用不当，不符合工况条件	根据工况条件选用阀门，注重压力、温度、介质相互间制约关系，留有一定余地

右上角：续表

常见故障	产生原因	预防及排除方法
老化泄漏	防老化措施不力	根据塑料、橡胶阀门不同性能,应该做好阀门的防热、防冻、防晒、防尘等工作
	维修不力,更换不及时	应该按照周期维修阀门,对有老化现象和到使用期的阀门应该及时更换

表 12-11　阀体、阀盖常见故障——腐蚀泄漏

常见故障	产生原因	预防及排除方法
腐蚀泄漏	制造质量差,有夹渣、组织不匀或材质不符合设计要求	严格遵守工艺纪律和操作纪律,应该有完整的质量保证体系,把好出厂质量关,必要时对阀门材质进行光谱分析和化验
	焊接缺陷。有夹渣和组织烧损现象,或焊道材质与母材不符,不耐介质	严格遵守焊接规程,应该有质量保证措施和健全的质量验收制。重要阀门焊道应该取样化验,施焊人应该备案可查
	选用不当,不耐介质腐蚀	严格按照介质腐蚀性能以及与腐蚀相关的温度等工况条件,选用阀门
	防腐不力	应该按照介质腐蚀性能及相关工况条件,采用各种防腐措施。如阀门涂层、镀层、渗透层、电极保护、介质中添加防腐剂等
	维修不力,更换不及时	按照周期和技术要求维修,对腐蚀严重和到期阀门应该及时更换

12.2.2　填料常见故障及其排除

填料常见故障及其排除,见表 12-12～表 12-15。

表 12-12　填料常见故障——预紧力过小

常见故障	产生原因	预防及排除方法
预紧力过小	填料太少。填装时填料过少,或因填料逐渐磨损、老化和装配不当而减少了预紧力	按规定填装足够的填料,按时更换过期填料,正确装配填料,防止上紧下松,多圈缠绕等缺陷
	无预紧间隙	填料压紧后,压套压入填料函深度为其高度的 $1/4～1/3$ 为宜,并且压套螺母和压盖螺栓的螺纹应该有相应预紧高度
	压套搁浅。压套因歪斜,或直径过大压在填料函上面	装填料前,将压套放入填料函内检查一下它们配合的间隙是否符合要求,装配时应该正确,防止压套偏斜,防止填料露在外面,检查压套端面是否压到填料函内
	螺纹抗进。由于乱牙、锈蚀、杂质浸入,使螺纹拧紧时受阻,疑是压紧了填料,实未压紧	经常检查和清扫螺栓、螺母,拧紧螺栓、螺母时,应该涂敷少许的石墨粉或松锈剂

表 12-13　填料常见故障——紧固件失灵

常见故障	产生原因	预防及排除方法
紧固件失灵	制造质量差。压盖、压套螺母、螺栓、耳子等件产生断裂现象	提高制造质量,加强使用前的检查验收工作
	振动松弛。由于设备和管道的振动,使其紧固件松弛	做好设备和管道的防振工作;加强巡回检查和日常保养工作
	腐蚀损坏。由于介质和环境对紧固件的锈蚀而使其损坏	做好防蚀工作。涂好防锈油脂;做好阀门的地井保养工作
	操作不当。用力不均匀对称,用力过大过猛,使紧固件损坏	紧固零件时应该对称均匀。紧固或松动前应该仔细检查并涂以一定松锈剂或少许石墨
	维修不力。没有按时更换紧固件	按时按技术要求进行维修,对不符合技术要求的紧固件及时更换

表 12-14　填料常见故障——阀杆密封面损坏

常见故障	产生原因	预防及排除方法
阀杆密封面损坏	阀杆制造缺陷。硬度过低。有裂纹、剥落现象。阀杆不圆、弯曲	提高阀杆制造质量,加强使用前的验收工作,包括填料的密封性试验
	阀杆腐蚀。阀杆密封面出现凹坑、脱落等现象	加强阀杆防蚀措施,采用新的耐蚀材料,填料添加防蚀剂,阀门未使用时不添加填料为宜
	安装不正,使阀杆过早损坏	阀杆安装应该与阀杆螺母、压盖、填料函同心
	阀杆更换不及时	阀杆应该结合装置和管道检修,对其按照周期进行修理或更换

表 12-15　填料常见故障——填料失效

常见故障	产生原因	预防及排除方法
填料失效	选用不当,填料不适工况	按照工况条件选用填料,要充分考虑温度与压力间的制约关系
	组装不对。不能正确搭配填料,安装不正,搭头不合,上紧过松,甚至少装垫料垫	按技术要求组装填料。事先预制填料,一圈一圈错开塔头并分别压紧。要防止多层缠绕,一次压紧等现象
	系统操作不稳。温度和压力波动大而造成填料泄漏	平稳操作,精心调试。防止系统温度和压力的波动
	填料超期服役,使填料磨损、老化、波纹管破损而失效	严格按照周期和技术要求更换填料
	填料制造质量差。如填料松散、毛头、干涸、断头、杂质多等缺陷	使用时要认真检查填料规格、型号、厂家、出厂时间,填料质地好坏。不符技术要求的填料不能凑合使用

12.2.3　垫片常见故障及其排除

垫片常见故障及其排除,见表 12-16～表 12-20。

表 12-16　垫片常见故障——预紧力不够

常见故障	产生原因	预防及排除方法
预紧力不够	凹面深度大于凸面高度	垫片安装前应该检查凸凹面尺寸,若凹面深度大于凸面高度应该修复到规定尺寸,一般凹面深度等于凸面高度
	垫片太薄	按照公称压力和公称尺寸选用垫片的厚度
	无预紧间隙或预紧间隙过小,无法压紧垫片	安装垫片后,法兰间或压紧螺母的螺纹应该有一定预紧间隙,以备使用时进一步压紧垫片
	螺纹抗进。螺纹锈蚀,混入杂质,或者规格型号不一,使螺纹拧紧时受阻或者松紧不一,认为是垫片压紧,实为未压紧	经常检查和清扫螺栓、螺母;安装时注意螺栓、螺母规格型号一致性;拧紧螺栓、螺母时,应该涂敷少许石墨或松锈剂
	法兰搁浅,没有压紧垫片	安装垫片前,应该认真检查法兰静密封面各部尺寸并事先将两法兰装合一下,然后正式安装。若发现两法兰间隙过大,应该检查是否搁浅
	法兰歪斜	安装应该正确,要防止垫片装偏,法兰局部搁浅;拧紧螺栓时应该对称轮流均匀,法兰间隙一致

表 12-17　垫片常见故障——紧固件失灵

常见故障	产生原因	预防及排除方法
紧固件失灵	制造质量差。紧固件有断裂、滑丝等缺陷	提高制造质量,加强使用前的检查验收工作
	紧固件因振动而松弛	做好设备和管道的防振工作;加强巡回检查和日常保养工作
	腐蚀损坏	做好防腐工作,涂好防锈油
	用力不当	拧动螺栓时应该事先检查,涂以一定松锈剂或石墨,注意螺纹的旋向,用力应该均匀,切忌用力过猛过大
	未能按时更换紧固件	按时按技术要求更换紧固件

表 12-18　垫片常见故障——静密封面缺陷

常见故障	产生原因	预防及排除方法
静密封面缺陷	制造缺陷。有气孔、夹渣、裂纹、凹坑,表面不平毛糙	提高产品铸造和金加工质量,严格验收制度,做好试压工作
	腐蚀缺陷	搞好防腐工作,防止垫片和介质对静密封面的腐蚀
	压伤	选用的垫片硬度应该低于静密封面硬度,安装垫片时防止异物压伤静密封面

表 12-19　垫片常见故障——法兰损坏

常见故障	产生原因	预防及排除方法
法兰损坏	制造缺陷。有裂纹、气孔、厚度过薄等缺陷	提高制造质量,严把产品的强度试验关
	紧固力过大	用力应该均匀一致,切忌用力过猛过大,特别是铸铁和非金属阀门
	装配不正	阀门组装及阀门安装在设备或管道时,应该正确,防止装偏强扭等现象

表 12-20　垫片常见故障——垫片失效

常见故障	产生原因	预防及排除方法
垫片失效	质量差。存在垫片老化、不平、脱皮、粗糙等缺陷	严格按技术要求检验垫片质量,不用过期和不合格的垫片
	选用不当。垫片不适于工况	按照工况条件选用垫片,充分考虑温度与压力间的制约关系
	安装不正。垫片装偏、压伤;垫片过小过大	严格按规定制作垫片,装好垫片,并试压合格
	操作不力。温度压力波动大,产生水击现象	操作应该平稳,防止温度压力的波动,操作阀门和其他设备应该防止水锤的产生,应该有防水锤设施
	垫片老化和损坏	按时更换垫片。垫片初漏应该及时处理,以防垫片冲坏;金属垫片重用时,应该进行退火和修复后使用;非金属垫片禁止重复使用

12.2.4　密封面常见故障及其排除

密封面常见故障及其排除,见表 12-21~表 12-26。

表 12-21　密封面常见故障——密封面不密合

常见故障	产生原因	预防及排除方法
密封面不密合	阀杆与关闭件连接处不正、磨损或悬空	阀杆与关闭件连接处符合设计要求,不符合要求的应该修整。关闭件关闭时,顶心不悬空并有一定调向作用
	阀杆弯曲或装配不正,使关闭件歪斜或不逢中	在新阀门验收中和旧阀门修理中,应该认真检查阀杆弯曲度,并使阀杆、阀杆螺母、关闭件、阀座等在一条公共轴线上
	密封面关闭不严或关闭后冷缩出现细缝,进而产生冲蚀现象	阀门启闭应该有标记并借助仪表和经验检查是否关严,高温阀门关闭后因冷却会出现细缝,应该在关闭后间隔一定时间再关闭一次
	密封面因加工预留量过小或因磨损而产生掉线现象	新的密封面应该留有充分预留量。组装阀门前,应该进行测量和着色检查预留量,预留量过小估计维持不到一个运转周期的密封面,应该修整或更换

表 12-22　密封面常见故障——密封面损坏

常见故障	产生原因	预防及排除方法
密封面损坏	密封面不平或角度不对、不圆,不能形成密合线	密封面加工和研磨的方法应该正确,应该进行着色检查,印影圆且连续方可组装
	密封面材质选用不当或没有按照工况条件选用阀门,产生腐蚀、冲蚀、磨损等现象	严格按照工况条件选用阀门或更换密封面。成批产品,应该做密封面耐蚀、耐磨、耐擦伤等性能试验
	密封面堆焊和热处理没有按规程操作。因硬度低而磨损,因合金元素烧损而腐蚀,因内应力过大而产生裂纹	堆焊和热处理应该符合规程、规范,应该有严格的质量检验制度
	表面处理的密封面产生剥落或因研磨量过大而失去原有性能	密封面表面淬火、渗氮、渗硼、镀铬等工艺严格按其规程和规范技术要求进行。修理时,密封面渗透层切削量不超过 1/3 为适
	切断阀作节流阀、减压阀使用,密封面被冲蚀	作切断用的阀门,不允许作节流阀、减压阀使用,其关闭件应该处在全开或全关位置。若需调节介质流量和压力时,应该单独设置节流阀和减压阀
	关闭件到了全关闭位置,继续施加过大的关闭力,密封面被压坏、挤变形	关闭力应该适中,阀门关严后,立即停止关闭阀门,纠正"阀门关得越严越好"错误操作方法

表 12-23　密封面常见故障——密封面混入异物

常见故障	产生原因	预防及排除方法
密封面混入异物	不常开启或不常关闭的密封面上容易沾附异物	在允许情况下,经常关闭或开启阀门,留一细缝,反复几次,冲刷掉密封面上的沾附异物
	设备和管道上的锈垢,焊渣、螺栓等物卡在密封面上	阀门前应该设置排污、过滤等保护装置,定期打开上述保护装置和阀底堵头,排除异物
	介质本身具有硬粒物嵌在密封面上	一般不宜选用闸阀,应该选用球阀、旋塞阀和软质密封面的阀门

表 12-24　密封面常见故障——密封圈松脱

常见故障	产生原因	预防及排除方法
密封圈松脱	密封面辗压不严	最好在辗压面涂上一层适于工况的胶黏剂。严格遵守试压制度
	密封面堆焊或焊接连接不良	严格执行堆焊和焊接的规程、规范;认真检查堆焊和焊接质量,做好试压工作
	密封圈连接螺纹、螺钉、压圈等紧固件松动或脱落	密封圈连接螺纹及其紧固件应该与密封圈配合牢固。最好在连接处涂上一层适于工况的胶黏剂,提高连接强度。做好试压工作
	密封面与阀体连接面不密合或被腐蚀	密封面靠螺纹和紧固件拧紧的结构,密封面与阀体组装前,应该检查连接面质量,着色检查合格后,方可组装。为了增加连接处牢固度,视具体情况可涂上一层胶黏剂,又可防止连接面电化学腐蚀

表 12-25　密封面常见故障——启闭件脱落

常见故障	产生原因	预防及排除方法
启闭件脱落	操作不良,启闭件超过上死点继续开启,启闭件超过下死点继续关闭,造成连接处损坏断裂	遵守操作规程,操作阀门用力恰当,不允许使用长杆扳手。阀门全开或全关后,应该倒转少许,防止以后误操作
	关闭件与阀杆连接不牢,松动而脱落	连接处制造质量符合要求,装配正确、牢固,螺纹连接应该有止退件
	关闭件与阀杆连接结构形式选用不当,容易腐蚀、磨损而脱落	关闭件与阀杆连接结构形式应该根据工况条件和实际经验选用,使用前应该对其进行解体检查

表 12-26　密封面常见故障——管线系统造成密封面泄漏

常见故障	产生原因	预防及排除方法
管线系统造成密封面泄漏	水击,造成密封面损坏	管线系统应该有防止水击装置。操作阀门和泵时应该平稳,防止产生水击现象
	温度和压力波动大,导致密封面泄漏	管线系统操作平稳协调,设置防止温度和压力波动的设施以及监视系统
	振动,设备和管道的振动,造成关闭件松动而泄漏	设置减振装置,消除振动源。加强巡回检查,发现和纠正阀门关闭不严故障

12.2.5　阀杆常见故障及其排除

阀杆常见故障及其排除,见表 12-27。

表 12-27　阀杆常见故障及其排除

常见故障	产生原因	预防及排除方法
阀杆操作不灵活	阀杆及其相配合件精度低、表面粗糙度值大、配合间隙过小	提高阀杆及其相配合件的制造和修理质量,表面粗糙度和配合间隙符合技术要求
	阀杆、阀杆螺母、支架、压盖、填料等件装配不正,不在一条轴线上	阀杆及其相配合件应该装配正确,间隙一致、保持同心,旋转灵活,不允许支架、压盖歪斜
	填料压得过紧,抱死阀杆	压盖压紧填料应该适中,压紧一下压盖后,应该旋转一下阀杆,试一下填料压紧程度
	阀杆弯曲	组装阀杆前,应该检查其质量,发现阀杆弯曲时,及时校正
	阀杆与阀杆螺母上的梯形螺纹润滑条件差,积满脏物和灰尘	应该经常清洗梯形螺纹处,并进行润滑。高温和灰尘较多的环境可涂上一层石墨或二硫化钼来润滑
	阀杆螺母松脱,梯形螺纹滑丝	定期检查和修理,定期润滑,发现紧定螺钉等紧固阀杆螺母的零件松动,及时拧紧
	阀杆螺母与支架滑动部位润滑不良、混入磨粒,产生磨损、咬死、锈死现象	定期清洗和润滑,保持滑动面清洁,油路畅通,润滑良好。防止磨粒混入滑动面中产生抓损、咬死现象
	操作不良、用力过大,使阀杆及其相配合件过早损坏和变形	正确操作阀门,关闭力适中,禁止滥用长杠杆扳手,阀门全开或全开后,应该倒转少许
	阀杆与传动装置连接处松脱或损坏	阀杆与手轮等传动装置连接正确、牢固,发现松动现象及时修复
	阀杆被顶死或被关闭件卡死	正确操作阀杆,应该有防止关闭件超过上死点和防止关闭件关的过紧的措施。阀门全开或全关后应该倒转少许。常开或常闭式的阀门,至少半月开关操作各一次,以免锈死

12.3　驱动装置常见故障及其排除

12.3.1　手轮、手柄、扳手常见故障及其排除

手轮、手柄、扳手常见故障及其排除,见表 12-28。

表 12-28　手轮、手柄、扳手常见故障及其排除

常见故障	产生原因	预防及排除方法
手轮、手柄、扳手不能传递转矩	手轮、手柄、扳手破损	正确操作,不允许使用长杠杆和撞击工具。改手轮、手柄、扳手铸铁材料为铸钢等材料
	手轮、手柄、扳手与阀杆松脱	手轮、手柄、扳手与阀杆连接应该牢固。定期检查、修理。改一般垫圈为弹性垫圈
	手轮、手柄、扳手方孔、键槽或螺纹磨损,不能传递转矩	提高手轮、手柄、扳手加工质量,发现连接处有松动现象,及时紧固,必要时用胶黏剂固定

12.3.2　齿轮、蜗轮和蜗杆传动常见故障及其排除

齿轮、蜗轮和蜗杆传动常见故障及其排除，见表 12-29。

表 12-29　齿轮、蜗轮和蜗杆传动常见故障及其排除

常见故障	产生原因	预防及排除方法
齿轮、蜗轮和蜗杆传动受阻	传动装置装配不正	传动装置装配符合技术要求。间隙一致，转动灵活
	传动装置组成零件加工精度低、表面粗糙	提高零件加工质量，装配前应该检查零件质量
	轴与轴套间隙小，润滑差，被磨损或咬死	轴与轴套间隙适当，油路通畅，定期加油，定期清洗
	齿轮、蜗轮和蜗杆不清洁，被异物卡阻，有断齿现象	定期清洗，定期加油。灰尘较多的环境条件下，传动装置应该设置防尘罩
	定位螺钉，紧圈松脱，键销损坏	齿轮、蜗轮和蜗杆以及轴上的紧固件应该齐全并紧固
	操作不良	操作应该正确，发现有卡阻和吃力时，及时找原因，不要硬性操作，以免损坏零件

12.3.3　气动和液动装置常见故障及其排除

气动和液动装置常见故障及其排除，见表 12-30。

表 12-30　气动和液动装置常见故障及其排除

常见故障	产生原因	预防及排除方法
气动和液动装置动作不灵活或失效	缸体和缸盖因破损和砂眼等缺陷，产生外漏，使缸内压力过低	缸体、缸盖正式使用前应该按规定试压，合格后使用
	密封件老化或损坏，引起内漏，使活塞产生爬行故障	密封件应该定期检查与更换
	活塞杆弯曲或磨损。增大了开闭力，或引起泄漏	活塞杆在安装前与其他零件一样，需认真检验，定期检修
	装置上的垫片和填料处泄漏，缸内压力下降	垫片和填料选用和安装正确，定期更换垫片和填料
	缸内混入异物，阻止了活塞的上下运动	气体或液体介质进入缸内前，应该经过过滤装置。定期清洗缸体等零件
	缸体内壁磨损，镀层脱落，增加了内漏和活塞阻力	缸体质量应该符合设计要求，定期检修
	活塞杆与活塞连接处磨损、松动，产生内漏，活塞容易卡阻	连接处应该牢固，应该有防松件，定期检查
	零件质量差，装配不正	零件加工质量符合设计要求，装配前需检验。装配正确，缸体、活塞、活塞杆、阀门填料应该在一条轴线上
	缸体胀大或活塞磨损、破裂，影响正常传动	定期检修和更换
	常开式或常闭式缸内弹簧松弛和失效，引起活塞杆动作不灵，关闭件无法复位	定期检修和更换
	缸内气体或液体介质压力波动大或压力过低	引进介质压力应该符合技术要求，注意介质源平稳操作
	遥控信号失灵	气动或液动信号指示系统应该完好，并与实际动作状态相符。注意定期调整、检修
	填料压得太紧，抱住阀杆	填料松紧适中
	关闭件卡死在阀体中	对楔式闸阀不应该关得过死，至少半月开关操作各一次

12.3.4　电动装置常见故障及其排除

电动装置常见故障及其排除，见表 12-31。

表 12-31　电动装置常见故障及其排除

常见故障	产生原因	预防及排除方法
电动装置动作 不灵活或失效	一般性机械故障。如齿轮、蜗轮和蜗杆传动失灵	参照采取措施 表 12-29
	过转矩故障。阀门自身磨损、锈蚀、异物卡住关闭件、填料压得太紧等原因,使转矩急剧上升	阀门装配正确,填料松紧适中,阀前设置过滤装置。定期清洗、加油,定期检修
	电动机故障。电源电压过低,转矩限制机构整定不当或失灵,使电动机过载;接触不良、缺相、绝缘不良而短路等	定期检修。转矩限制机构整定值要正确,电源电压应该正常,电动机过载应该有保护装置,电动机应该有防潮、接地等措施
	行程开关整定不正确,行程开关失灵,使阀门打不开、关不严	使用前应该认真调整行程开关位置,使阀门正常开闭
	信号指示系统失灵或者指示信号与阀门动作不符,无法遥控	定期检修,保持信号指示系统正常运行,并使指示信号与阀门动作一致
	手动与电动转换机构不灵	定期检查和修理,使用前应该与其他装置、机构一样,调试准确无误后使用

12.3.5　电磁传动常见故障及其排除

电磁传动常见故障及其排除,见表 12-32。

表 12-32　电磁传动常见故障及其排除

常见故障	产生原因	预防及排除方法
电磁传动失灵	线圈过载或绝缘不良而烧坏	定期检查和更换
	电线脱落或接头不良	定期检查,接头应该牢固
	电磁动作有异响	定期检修。电磁传动内部构件装配正确、牢固、接触良好。发现异响及时找原因
	介质浸入圈内	传动部分与阀门部分的密封应该良好

12.4　自动阀门常见故障及其排除

12.4.1　安全阀常见故障及其排除

安全阀常见故障及其排除,见表 12-33～表 12-37。

表 12-33　安全阀常见故障——密封面泄漏

常见故障	产生原因	预防及排除方法
泄漏	制造精度低、装配不当、管道载荷等原因使零件不同心	提高制造质量和装配水平,排除管道附加载荷
	安装倾斜,使阀瓣与阀座位移,产生密合不严现象	安装直立,不可倾斜
	弹簧两端面不平行或装配歪斜,杠杆与支点发生偏斜或磨损,致使阀瓣与阀座接触压力不匀	装配前应该认真检查零件质量,装配后应该认真检查整体质量
	由于制造质量、高温或腐蚀等因素使弹簧松弛	定期检查和更换弹簧
	阀座与阀体连接处松动	避免螺纹和套接式的连接方法,定期检修
	密封面损坏或夹有杂质而不密合	按照工况条件和实际经验选用安全阀,若温度不高时,杂质多的介质适合选用橡胶、塑料密封面或带扳手的安全阀

常见故障	产生原因	预防及排除方法
泄漏	弹簧断裂	弹簧质量符合技术要求。必要时应该做有关试验,抽查或 100％验收
	阀内运动件有卡阻现象	根据温度和介质稀稠等工况选用安全阀的结构类型,必要时需设置保温等保护设施,防止卡阻现象。定期清洗
	开启压力与正常工作压力太接近,密封比压低。当阀门振动或压力波动时,产生泄漏	提高密封比压,设置防振装置,操作应该平稳
	制造精度低、装配不当、管道载荷等原因使零件不同心	提高制造质量和装配水平,排除管道附加载荷
	安装倾斜,使阀瓣与阀座位移,产生密合不严现象	安装直立,不可倾斜
	弹簧两端面不平行或装配歪斜,杠杆与支点发生偏斜或磨损,致使阀瓣与阀座接触压力不匀	装配前应该认真检查零件质量,装配后应该认真检查整体质量
	由于制造质量、高温或腐蚀等因素使弹簧松弛	定期检查和更换弹簧
	阀座与阀体连接处松动	避免螺纹和套接式的连接方法,定期检修
	密封面损坏或夹有杂质而不密合	按照工况条件和实际经验选用安全阀,若温度不高时,杂质多的介质适合选用橡胶、塑料密封面或带扳手的安全阀
动作不灵活	运动零件不对中	根据零件缺陷程度加以修复或更换
	管道或设备中有异物	清洗设备或管道后再装上安全阀
	长期没有检修	根据零件损坏情况重新拆洗或更换阀门并建立定期检修制度
动作性能达不到要求	1. 整定压力偏差超出允许范围	
	a. 整定压力操作误差或调整螺钉松动	找出操作误差的原因并采取适当措施消除之。重新调整调节螺钉,调整好将锁紧螺母锁紧并加以铅封
	b. 温度影响	根据安全阀的结构、弹簧选用材质和安全阀实际的工作温度进行整定压力的修正(即冷整定压力)
	c. 背压力发生变化	找出背压变化的原因并加以消除。当背压变化量较大时应选用波纹管平衡式安全阀
	2. 排放压力或回座压力变化	
	a. 调节圈位置变动	按制造厂提供的调节圈的位置重新调整、固定并加以铅封
	b. 弹簧刚度不合适	更换合适刚度的弹簧
	3. 阀门频跳或颤振	
	a. 安全阀的排量过大	应根据设备必需的排量,重新计算并选用排量合适的安全阀
	b. 进口管道阻力太大	增大进口管内径、缩短进口管道的长度或减少相关元件以降低安全阀进口端流阻降
	c. 排放管道阻力太大	增大排放管内径或缩短排放管长度和使用波纹管平衡式安全阀
	d. 弹簧刚度太大	检查安全阀的整定压力是否符合弹簧工作使用范围
	e. 调节圈位置不当	按制造厂提供的位置进行重新调整

表 12-34　安全阀常见故障——阀门启闭不灵活不清脆

常见故障	产生原因	预防及排除方法
阀门启闭不灵活	调节圈调整不当,使阀瓣开启时间过长或回座迟缓	定压试验时应该调整正确
	排放管口径小,排放时背压较大,使阀门开不足	排放管口径应该按照排放量大小而定,必要时做背压试验

表 12-35　安全阀常见故障——阀门未到规定值就开启

常见故障	产生原因	预防及排除方法
阀门未到规定值就开启	开启压力低于规定值;弹簧调节螺杆、螺套松动或重锤向支点窜动	按规定值定压。调节螺杆、螺套以及其他紧固件应该紧固,有防松装置。定期检修校正
	弹簧弹力减小或产生永久变形	定期更换。选用质量好的弹簧
	弹簧腐蚀引起开启压力下降	选用耐腐蚀的弹簧。如选用包覆氟塑料弹簧或波纹管隔离的安全阀
	常温下调整的开启压力而用于高温后开启压力降低	在模式的高温条件下做定压试验。采用可调带散热器的安全阀
	调整后的开启压力接近、等于或低于安全阀工作压力,使安全阀提前动作、频繁动作	正确调整开启压力,定压准确

表 12-36　安全阀常见故障——阀门到规定值而没有动作

常见故障	产生原因	预防及排除方法
阀门到规定值而没有动作	开启压力高于规定值	正确定压,定压时认真检查压力表
	安全阀冻结	应该做好保温或伴热工作
	阀瓣被脏物粘住或阀座处被介质凝结物、结晶堵塞	定期清洗或开阀吹扫;对易凝结和结晶介质,应该对安全阀伴热或在安全阀底连接处安装爆破片隔断
	阀门运动零件有卡阻现象,增加了开启压力	组装合理,间隙适当,定期清洗。按照温度和介质稀稠程度选用安全阀结构类型。必要时设置保护设施
	背压增大,到规定值阀门不起跳	定期检查背压,或选用背压平衡式波纹管安全阀

表 12-37　安全阀常见故障——安全阀振动

常见故障	产生原因	预防及排除方法
安全阀振动	弹簧刚度太大	应该选用刚度较小的弹簧
	调节圈调整不当,使回座压力过高	应该正确调整调整圈
	进口管口径太小或阻力太大	进口管内径不应该小于安全阀进口通径或减少进口管的阻力
	排放能力过大	选用安全阀额定排放量尽可能接近设备的必需排放量
	排放管阻力过大,造成排放时过大背压,使阀瓣落向阀座后,又被冲起,以很大频率产生振动	应该降低排放管阻力
	管道和设备的振动而引起安全阀振动	管道和设备应该有防振装置,操作应该平稳

12.4.2　减压阀常见故障及其排除

减压阀常见故障及其排除,见表 12-38～表 12-40。

表 12-38　减压阀常见故障——阀门直通

常见故障	产生原因	预防及排除方法
阀门直通	阀瓣弹簧失效或断裂	定期检查和更换
	活塞卡住在活塞套最高位置以下	定期清洗和修理。组装正确
	阀瓣杆或顶杆在导向套内某一位置卡住,使阀瓣呈开启状态	定期清洗和修理。组装正确

续表

常见故障	产生原因	预防及排除方法
阀门直通	密封面和脉冲阀密封面损坏或密封面间夹有异物	定期检修,阀前设置过滤器
	脉冲阀泄漏或其阀瓣杆在阀座孔内某一位置卡住,使脉冲阀呈开启状态;活塞始终受压,阀瓣不能关闭,介质直通	定期清洗和检查,控制通道应该有过滤器,过滤器应该完好
	阀后腔至膜片小通道堵塞不通,致使阀门不能关闭	阀前设置过滤器和排污管,定期清洗和检查
	气包式控制管线堵塞或损坏,充气阀泄漏	定期检修。控制的介质应该清洁,管线应该畅通
	膜片、薄膜破损或其周边密封处泄漏	定期更换,静密封面平整,法兰螺栓紧固且均匀

表 12-39　减压阀常见故障——阀门不通

常见故障	产生原因	预防及排除方法
阀门不通	活塞因损坏、异物、锈蚀等原因,卡死在最高位置,不能向下移动,阀瓣不能开启	定期清洗和修理,组装活塞机构应该正确
	气包式的气包泄漏或气包内压力低	定期更换,控制介质压力应该正常
	阀前腔到脉冲阀,脉冲阀到活塞的小通道堵塞不通	通道应该有过滤网,过滤网应该完好
	调节弹簧松弛或失效,不能对膜片、薄膜产生位移,使阀瓣不能打开	定期检查和更换弹簧

表 12-40　减压阀常见故障——压力调节不准

常见故障	产生原因	预防及排除方法
压力调节不准	弹簧疲劳	定期检查和更换
	活塞密封不严	组装前认真检查,组装应该正确,定期检修
	调节弹簧刚度过大,造成阀后压力不稳	选用刚度适当的调节弹簧
	膜片、薄膜疲劳	定期更换
	阀内活动件磨损,阀门正常动作受阻	定期检修。组装应该正确,应该在阀前设置过滤器

12.4.3　疏水阀常见故障及其排除

疏水阀常见故障及其排除,见表 12-41～表 12-46。

表 12-41　热动力疏水阀常见故障及其排除

常见故障	产生原因	预防及排除方法
不排凝结水	阀前蒸汽管线上的阀门未打开	疏水阀运行前应该开启阀前控制阀,控制阀最好有开度指示
	阀前蒸汽管线弯头堵塞	定期清洗管道内污物,弯头曲率符合技术要求
	过滤器被污物堵塞	定期修理和清洗过滤器
	疏水阀内充满污物	定期清洗阀门
	控制室内充满空气和非凝结性气体,使阀片不能开启	打开阀盖,排除非凝结性气体
	旁通管和阀前排污管上阀门泄漏	定期修理和更换阀门
排出蒸汽	阀座密封面与阀片磨损	定期修理
	阀座与阀片间夹有杂质	定期清洗,保持过滤器完好
	阀盖不严,使控制室内压力过低,无法关闭阀片	使用前应该试压,定期检修
排水不停	蒸汽管道中排水量剧烈增加	锅炉有时起泡将大量水送出,应该装汽水分离器
	疏水器排水量太小	应该选用排水量大的疏水器或用并联形式解决

表 12-42　脉冲式疏水阀常见故障及其排除

常见故障	产生原因	预防及排除方法
脉冲机构开闭不灵活	阀座孔和控制盘上的排泄孔堵塞或控制缸间隙被水垢、污物堵塞	定期清洗阀门
	控制缸安装位置过高或过低	正确安装控制缸位置
	控制盘卡死在控制缸某位置	定期清洗阀门,阀前过滤器应该完好
密封面泄漏	控制缸、阀瓣与阀座不同心,使密封面密合不严	装配时应该使该三者同心,阀瓣与阀座应该密合
	阀瓣与阀座密封面磨损	定期检修
	阀瓣与阀座间夹有杂物	定期清洗,阀前过滤器应该完好
	阀座螺纹松动,产生泄漏	阀座装配时应该牢固,最好用胶固定。定期检修

表 12-43　浮桶式和钟形浮子式疏水阀常见故障——不排凝结水

常见故障	产生原因	预防及排除方法
不排凝结水	浮桶太轻	组装前应该按技术要求检验浮桶重量并考虑腐蚀时减轻量。定期修理浮桶
	进口与出口压差过大	装配合理,操作正确
	阀杆与套管配合不当或受热膨胀后卡住	阀杆与套管加工间隙适当,装配合理
	阀前过滤器充满污物,阻止蒸汽和凝结水进入阀内	定期清洗过滤器,保持过滤器完好
	阀孔或通道堵塞	阀前应该设置过滤器,定期清洗阀门
	浮桶行程短,阀杆过长,阀尖顶住阀孔	装配应该正确,应该进行动作试验

表 12-44　浮桶式和钟形浮子式疏水阀常见故障——排出蒸汽

常见故障	产生原因	预防及排除方法
排出蒸汽	阀盖与阀体密封不严	垫片装配正确,定期更换
	旁通阀泄漏	旁通阀应该做着色或密封检查,定期修理
	阀尖与阀孔密封面磨损或沾着杂质	定期清洗和修理
	套管不严密	套管装配正确应该严密
	浮桶、钟罩破损,连接处泄漏	定期检修
	疏水阀杆过短	组装正确,应该做动作试验
	浮桶行程过长	组装正确,应该做动作试验
	浮桶和钟罩过重	安装前应该做动作试验。定期清洗,防止浮桶和钟罩过重
	浮桶在某一位置上卡住	浮桶与之配合件组装正确,间隙适当。定期清洗
	疏水孔过大	组装前应该检查疏水孔并符合要求,定期修理
	浮桶和钟罩体积过小,浮力不足	使用前应该做动作试验
	阀前压力过大	使用前应该做动作试验,调整阀的工作压力,阀前控制阀在使用时应该慢慢地开启到适当位置

表 12-45　浮桶式和钟形浮子式疏水阀常见故障——凝结水温度过高

常见故障	产生原因	预防及排除方法
凝结水温度过高	套管松动不严密	组装套管应该牢固,用聚四氟乙烯生料带密封
	浮桶浮起前,套管露出水封面,使汽水混合排出	浮桶组装合理,应该做动作试验,定期检修

表 12-46　浮桶式和钟形浮子式疏水阀常见故障——连续排水

常见故障	产生原因	预防及排除方法
连续排水	排水量过大,疏水孔过小	选用大规格的疏水阀
	锅炉有时起泡,排水量剧烈增加	应该装汽水分离器

第13章　调节阀和自动阀门的使用与维护

13.1　调节阀的使用与维护

13.1.1　调节阀主要性能指标及测试

（1）气动调节阀主要性能及测试

气动调节阀的性能指标有基本误差、回差、死区、始终点偏差、额定行程偏差、泄漏量、密封性、耐压强度、外观、额定流量系数、固有流量特性、耐振动性能、动作寿命，计13项，前9项为出厂检验项目。

由于调节阀的运输、工作弹簧范围的调整等因素，安装前往往需要对如下性能进行调整、检验。

① 基本误差　将规定的输入信号平稳地按增大和减小方向输入执行机构气室（或定位器），测量各点所对应的行程值，计算出实际"信号-行程"关系与理论关系之间的各点误差。其最大值即为基本误差。试验点应至少包括信号范围0、25％、50％、75％、100％这5个点。测量仪表基本误差限应小于被试阀基本误差限的1/4。

② 回差　试验程序与基本误差所述相同。在同一输入信号上所测得的正反行程的最大差值即为回差。

③ 始终点偏差　方法同基本误差。信号的上限（始点）处的基本误差即为始点偏差；信号的下限（终点）处的基本误差为终点偏差。

④ 额定行程偏差　将额定输入信号加入气动执行机构气室（或定位器），使阀杆走完全程，实际行程与额定行程的差值与额定行程之比即为额定行程偏差。实际行程必须大于额定行程。

⑤ 泄漏量　试验介质为10～50℃的清洁气体（空气和氮气）或液体（水或煤油）。试验压力A程序为：当阀的允许压差大于350kPa时，试验压力均按350kPa做，小于350kPa时按允许压差；B试验程序按阀的最大工作压差做。试验信号压力应确保阀处于关闭状态。在A试验程序时，气开阀执行机构信号压力为零；气闭阀执行机构信号压力为输入信号上限值加20kPa；两位式阀执行机构信号压力应为设计规定值。在B试验程序时，执行机构的信号压力应为设计规定值。试验介质应按规定流向加入阀内，阀出口可直接通大气或连接出口通大气的低压力损失的测量装置，当确认阀和下游各连接管道完全充满介质后方可测取泄漏。

（2）电动调节阀主要性能及测试

电动调节阀主要性能指标有：基本误差、回差、死区、额定行程偏差、泄漏量、密封性、耐压强度、外观、额定流量系数、固有流量特性、耐振动、温度、长期工作可靠性、防爆、阻尼特性、电源电压变化影响、环境温度变化影响、绝缘电阻、绝缘强度等。前10项指标的要求和试验方法均与气动阀相同或相似，其中基本误差、回差、死区、泄漏量、密封、外观、阻尼特性、电源电压变化影响、绝缘电阻为出厂试验项目。

① 阻尼特性　电动调节阀的阻尼特性在正、反行程的两个方向上规定为阀杆不超过3次"半周期"摆动。试验方法是在输入端分别加入输入信号范围值的20％、50％、80％信号，观察阀杆在正、反行程相应位置上"半周期"摆动次数。

② 电源电压变化影响　电动调节阀的供电电压在220^{+20}_{-30}V范围内变化时，阀杆的位移变化值不应超过全行程的1.5％。试验方法是在电源电压为220V时，在输入端加入信号范围值的20％的信号测量相对应的阀杆行程值，然后将电源电压调到190V和240V，测量相对应的阀杆行程变化值。再依次加入信号范围值的50％、80％的信号，测量阀杆行程的变化值。

③ 绝缘电阻　当环境温度为10～35℃，相对湿度不超过85％时，电动调节阀的绝缘

电阻应符合下列规定：各输入端子对机壳不小于 20MΩ；各输入端子对电源端子不小于 50MΩ；电源端子对机壳不小于 50MΩ。试验方法是采用 500V 兆欧表测试。

13.1.2 调节阀安装注意事项

调节阀安装时要注意如下问题。调节阀安装前的检验：在阀门操作的各个过程中，即安装、试验、操作和维修过程中的人员和设备的安全；在控制回路中作为最终控制元件的调节阀性能；若需手动操作时，要满足系统有效手动操作的安装要求；维修调节阀的可接近性；维修、操作和安装费用；由于机械或环境的需要，迫使阀门采取保护措施。

（1）安装前的检验

调节阀运到场地时，应立即进行检查，以确定是否符合规定，特别是安装尺寸、材质、附件等。在此阶段，凡是在装运和装卸过程中造成的任何明显机械损伤，应及时处理，为保证调节阀在开车时能正常动作，使系统安全运行，还应检查如下项目：外观；始终点偏差；全行程偏差；基本误差；正反行程偏差；泄漏量；所有辅助设备如限位开关、阀门定位器等操作检验。

（2）安全的考虑

在做阀门的配管设计和安装时，下述的各种问题和解决办法都必须考虑。

① 阀门可能泄漏，无论是在开始使用，还是在使用过程中，在填料函盖、法兰垫片或者在阀门损坏时形成的针眼上都可能泄漏。假若液体在非常苛刻的操作条件（温度和压力）下流过阀门，这对阀门可能会有所损坏，腐蚀性流体可能会聚在电缆槽中，易燃流体可能落到热的容器里，碱性溶液的热流体可能会伤害操作人员。

② 在切断之后，阀门中的系统压力还可以继续保持一个时间，如果在维修这个阀门时要把它打开或取走的话，必须有降低这个压力的安全措施。同样也必须有排放积聚的有害液体的措施。

③ 在切断阀之间积留的大量高压流体可能会呈现相当大的力量，如果在排放调节阀压力的操作中粗心大意的话，可能发生严重的伤亡事故。

④ 可以设想，即使是好的设计，切断时也不可避免地会积留高压流体，因此建议：如果积聚液体的潜在能量具有很大危险性的话，应在调节阀的每一侧安装放空阀和（或）排放阀。

⑤ 对于积聚有大量高压物料的阀门，考虑安装两个放空阀和排放阀是必要的。在两个阀门之间只积聚少量物料，同时能够逐步释放系统的压力，使在这两个排放或放空阀之间的压力反复积集及排放。注意，在这个过程中调节阀必须处于打开状态。

⑥ 如果被排放的流体是危险性气体，放空管线必须接到安全的地方。

⑦ 如果气体不是可燃的，仍然需要用放空管线导出，以避免吹出的气体夹带铁锈或其他物质，这些物质可能会伤害正在处理放空阀的人员。

⑧ 要选择一个能够限制流量的放空阀，这样可以保护未能按照缓慢打开放空阀的安全做法进行操作的粗心的操作人员。如果流体含有悬浮固体，这种限流放空阀容易堵塞。因此，可能要把那些安装在管线顶部的阀门放空，要用大尺寸的排放阀，做到安全放空。就此而言，对限流放空阀的操作人员进行安全培训是非常重要的。如果排放的流体是一种有危险性的液体，管线系统的设计人员就要考虑把排放管线接到一个安全的地方。在装置操作期间，阀门可能是非常热的，因此，必须有预防措施以免烫伤操作人员。

⑨ 在制备螺纹连接的管件时，要小心防止管线的密封剂掉到安装的管线里。管线密封剂要节制使用，头上两扣不涂密封剂，还可以采用聚四氟乙烯生料带作螺纹密封物。

⑩ 对于蒸汽管线，接近于调节阀的上游或下游的应当保温。

压力波动严重的地方，建议采用一个管线缓冲器。

（3）调节阀性能的考虑

在设计调节阀的入口和出口的配管时，谨慎的做法是把调节阀作为一个可变孔板来考虑。对管道孔板组合件的配管建议如下。

① 使入口配管能够达到最大限度的直管段长度，并与其他配管要求一致。经验的直管

段长度是 10～20 倍管道直径。对于小管线这是容易做到的，但是一般公称尺寸大于 DN125 的管线就不可能做到。然而，阀门入口直管段长度愈长，将得到愈好的阀门性能。

② 如果可能，出口配管应有 3～5 倍管道直径的直管段。

③ 阀门的入口直管段使得流体在稳定的压力下进入阀门。这样，阀门所处的每一位置或者换句话说对于每个新孔板的开度，其稳定的入口压力将保证得到一个稳定的和可再现流量。图 13-1 表示了一种良好的流动方式，而图 13-2 表示的流通方式则不好。

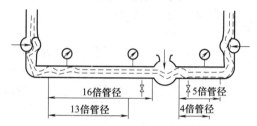

图 13-1 典型的上游和下游配管良好的配置

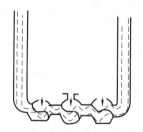

图 13-2 上游和下游配管不好的布置

④ 注意图 13-1 压力表的位置，在这个位置上，压力表指示一个稳定的、真实的压力，而不是压力头加上或减去速度头。这个速度头是由于不均匀流动曲线所引起的。就检查流体系统故障来说，上游和下游压力的精确测量实际上是特别重要的。对调节阀压力降的正确测量，加上观察阀门的位置就可判断这个阀的运转是否符合设计要求，或者是否由于内部有故障需要切断和修理。

⑤ 压力调节阀的上游或下游取压点的位置一定要遵守上面的建议，保证检测精度和稳定压力，使其不受管件干扰的影响。

（4）手动操作的考虑

调节阀的安装位置要考虑以下因素，以便于手动操作。

① 阀门的安装位置是否便于操作人员手动操作，与此同时，操作人员是否能够看着指示器上显示的参数来操作阀门？

② 如果要手动控制液位，操作人员是否能够看见储罐上的玻璃液位计？

③ 操作人员能否通过观察管线上的压力表或阀杆移动指示件来确定阀杆移动的变化大小？

④ 是否可利用其他参数的指示器使操作人员能预料到参数的变化？例如，操作人员正在调节锅炉给水流量，他是否能直接观察蒸汽压力表，按照蒸汽压力表或流量表指示的蒸汽流量的增加或减小，提前调节需要的进水量的大小？

⑤ 如果要用旁路阀来进行手动操作的话，那么，旁路阀门的相对流量特性的行程要与调节阀选择一样。

⑥ 手控旁通阀和隔离阀对无手轮机构的气动调节阀或虽有手轮机构但属重要的调节系统的场合，可酌情采用旁路，安装切断阀及旁路阀。旁路组合形式较多，现举常用的 4 组方案（图 13-3）进行比较。

如图 13-3（a）所示，这是过去习惯采用的方案，旁路可以自动放空，但由于两个切断阀在调节阀一根管线上，难于拆卸、安装，且所占空间大。

如图 13-3（b）所示，这种方案比较好，布置紧凑，占地面积小，便于拆卸。

如图 13-3（c）所示，这种形式也比较好，便于拆卸，但占地面积比图 13-3（b）所示方案大一些。

如图 13-3（d）所示，这种方案只适用于小口径的调节阀，否则，执行器安装位置过高，装拆均不方便。

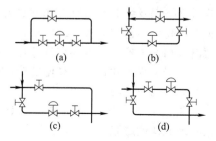

图 13-3 常用调节阀旁路组合形式

（5）可接近性的考虑

调节阀安装时，必须考虑到调节阀就地维修或按日常计划拆卸的可能性。维修费用在很大程度上取决于阀门的可接近程度，尤其是高空阀更要注意。有的管道设计连维修人员都不好接近，又怎样好安装、维护呢？同时，还需要考虑调节阀维护时所需的空间。

① 需要卸下带有阀杆的阀芯的顶部组件的阀门上方应留空隙。

② 如果要卸下底部法兰和阀杆、阀芯部件时，阀门的底部应留空隙。

③ 在卸下阀门配件如手动操作器、执行机构、电磁阀、阀门定位器等时，阀门的侧面应留空隙。

④ 为便于卸下阀体法兰上的螺栓应留空隙。这个空隙尺寸经常很少提供，设计人员在设计异径管连接调节阀入口和出口配管时必须考虑这个空隙尺寸。对大口径阀，特别是在高空管道上的阀，忽略这个问题，将给维修时阀的装卸带来非常大的困难。

（6）安装费用的考虑

调节阀的配管设计要考虑许多因素。这些因素的基本要求是：在调节阀的使用期间，调节阀的总费用最小而性能最好。因此，从调节阀的经济性和使用上，认真考虑下面列举的一系列问题是非常有用的。

① 怎样设计阀门的入口和出口配管？

② 应当用多长的直管段？

③ 应当使用多大的管线尺寸？

调节阀的配管设计首先要研究总体的配管设计。配管设计一般要满足压力规范、腐蚀和磨损的要求、噪声级的要求以及工厂发展的要求。下述的流体流动速度是典型的：液体 $1.5m/s$，蒸汽 $30 \sim 37.5m/s$，气体 $70 \sim 120m/s$。

管材价格以及制造费用对选择管线大小的影响很大。高压不锈钢配管系统要求焊接、进行应力消除和射线检查，可以容许选择更高的管线流速。据文献记载，高压高温的蒸汽流速大于$120m/s$，给水流速$12m/s$。

a. 是否需要异径管？下游侧配管是否要扩径以满足流体的膨胀？

b. 是否需要切断阀？如果要，什么型号？

尺寸多大？

c. 要不要旁路阀？如果要，什么型号？尺寸多大？

d. 调节阀应当安装在与感测元件有关的管线的什么位置上？

e. 调节阀要安装在什么高度上才便于操作人员操作？

f. 调节阀的安装位置在维修和手动操作时，人是否能过得去？在正常操作中是否可以看到阀杆位移指示？

g. 调节阀是否靠近手动操作所需要的设备或指示器？

h. 在调节阀操作的任何阶段是否会伤害人员和损坏设备？

i. 要不要放空和排放阀门？如果要，要几个，什么型号，多大尺寸，要安装在什么地方？这些阀门的配管是否需要接到一个安全的地点？

j. 要不要压力表？如果要，要几个，安装在什么地方，如何配管？

k. 是否需要泄压装置？如果要，多大尺寸，安装在哪里？

l. 是否需要管线过滤器？如果要，是在工厂建设时装上，还是在装置停工和停用待修之后再装上？

m. 需要什么型号的管件？

n. 应使用什么样的结构材料？

o. 安装配管必须满足什么规范？

p. 阀门是否需要保温？

q. 阀门是否需要安装伴热管线？

r. 如果调节阀不能垂直安装，要选择什么方位安装？

s. 调节阀应当如何支撑？

t. 对于气动和液压的管线和辅助设备有什么要求？

u. 如果调节阀已被拆卸，有什么方法可以隔断气动或液压配管和辅助设备？这些配管和辅助设备是否要单独支撑？与电动调节阀连在一起的电气设备也必须有同样的考虑。

v. 是否需要疏水阀，如果要，装在什么地方？

w. 是否需要取压管嘴，如果要，取压点将选在什么地方，取压阀要多大，要什么型号的？

x. 调节阀是否会受到运输车辆损坏，如果可能，将怎样保护？

y. 有什么防震和防火的措施？

z. 阀缩径还是用异径管？

在许多情况下，选择的管线要大一些以适应将来工厂的发展。这样，新建工厂的调节阀可以比安装调节阀的管线尺寸小一级或两级。此时，选择调节阀有两种方法：①选择与管线同样大小调节阀用小直径的阀内件。例如，$DN100$ 的阀用 d_g50mm 的阀内件；②选择计算所得的最小的调节阀，再用异径管与管道连接。

应选择哪一种方法一般是通过对阀门、配管和要求的费用分析决定。压力降关系到泵和动力的费用。

推荐选用与管线同径的调节阀用小的阀内件的方法。除非费用的分析表明选用最小直径的调节阀的方法有很大的优越性，对于 $DN50$ 或更小的管线，习惯上在许多工业过程中都选择与管线同径的调节阀。

切断阀、旁路阀的推荐尺寸。在许多工业过程中，普遍的做法是安装切断阀的旁路阀，以适应设备连续操作的需要。切断阀用来隔离调节阀，而当调节阀在维修时使用旁路阀。也有一些不使用切断阀的例外，由于增加一个或多个切断阀，就要增加一个或多个切断阀的费用。某些工艺配管可能只装一个切断阀

就能起到在维修时隔离调节阀的全部作用。某些重要的工艺过程不能允许粗心大意打开旁路阀或关闭切断阀。

在大多数情况下考虑到费用，都采用和表 13-1 建议相似的最小的切断阀和旁路阀尺寸。

（7）工厂安装

良好的工厂安装必须从现场接到调节阀后，就要适当地处理好调节阀问题。操作人员在调节阀安装的各个阶段都要调整调节阀，粗心大意地处理调节阀可能引起装置开工大大延迟。

建议考虑下面的具体要求：

① 用于操作气动调节阀的气源应当是无油和干燥的，特别是带定位器的阀。

② 公称尺寸小的调节阀的入口配管要装配一个适当的过滤器，以便过滤掉配管系统带来的杂质，避免损坏阀门。

③ 阀门安装在系统中时阀体要避免受过大压力，这对组合式阀体的阀门特别重要。

④ 在初次开工之前和停工检修之后，调节阀前要装上滤网，以便滤去管线内的垢物、铁锈和其他杂物。只要可能，配管系统要装上一个短管接头，并在安装调节阀之前冲洗配管系统。

⑤ 如在多尘埃的环境中操作的调节阀，围绕着阀杆装一个橡胶或塑料罩，以保护阀杆的抛光表面免受损坏。

表 13-1　推荐的最小的切断阀和旁路阀尺寸　　　　单位：in

| 管线尺寸 | ½ | | ¾ | | 1 | | 1½ | | 2 | | 3 | | 4 | | 6 | | 8 | | 10 | | 12 | |
调节阀尺寸	旁路阀	切断阀	旁路阀	切断阀	旁路阀	切断阀	旁路阀	切断阀	旁路阀	切断阀	旁路阀	切断阀	旁路阀	切断阀	旁路阀	切断阀	旁路阀	切断阀	旁路阀	切断阀	旁路阀	切断阀
½	½	½	¾	¾	1	1	1½	1½														
¾			¾	¾	1	1	1½	1½	2	2												
1					1	1	1½	1½	2	2	2	2										
1½							1½	1½	2	2	2	2	3	3								
2									2	2	2	2	3	3	4	4						
3											3	3	4	4	4	4	6	6				
4													4	4	4	4	6	6	8	8		
6															6	6	8	6	8	8	10	10
8																	8	8	10	8	10	10
10																			10	10	12	10
12																					12	12

⑥ 务必要遵守制造厂提出的所有调整和辅助设备的开关位置的说明。例如，在阀门定位器的旁路位置上不要遗忘了旁路开关。

⑦ 如果在调节阀安装以后还需从系统中拆卸下来，要关闭切断阀并加标记。如果调节阀里有危险流体或污染物，应加上相应标记，以便在拆卸阀门之前进行适当的清洗。

⑧ 务必按照流动方向的箭头安装调节阀。如果制造厂提供的阀门箭头指示的方位是错误的，要报告这种情况。

⑨ 在安装之前要看各家阀门制造厂的具体说明书。

（8）使用工具设备的注意事项

下面的内容摘自克兰公司的公报 VC-1006-A 配管说明书。在大多数情况下，现场的许多问题都是由于对这些简单和明显的操作方法错误操作所引起的。

① 了解扳手　有适当的工具，使用方便。规则1：选择合适的型号；规则2：选择合适的尺寸。

② 如何装配螺纹管接头　螺纹管接头（外螺纹和内螺纹的端部拧紧在一起）是连接管子的一种最常用的连接方法。首先要把管件内外螺纹的脏物擦净，建议采用钢丝刷子。接着，用一点好的螺纹润滑剂润滑螺纹，但只能把润滑剂涂在外螺纹上，以避免剩余的润滑剂被挤到管子里，而造成对阀座或其他机构的损害。注意用扳手要小心，不能使用过大尺寸的扳手，过大的扳手会使人总想到"靠在连接件上"。拧进太多会引起损坏，尤其是在连接阀门的情况下，不要试图把全部外螺纹都拧进连接件。

③ 如何装配法兰的连接面　法兰的连接面是用螺栓把两个法兰（在它们的机械加工的密封面之间装有垫片）装配在一起。装配法兰连接面的正确步骤如下。

a. 清洗所有部件。正如螺纹连接一样，所有部件都必须擦洗干净，以保证安装效果。用浸着溶剂的抹布擦净制造厂涂在法兰上的防锈油。接着，擦洗掉所有的脏物和砂石微粒，然后擦净垫片。

b. 找平和支撑管子。当管子就位时，要保证有适当的支撑。例如，阀门不能装在没有

支撑的管段上，因为它不能承受大的压力。法兰必须精确地用水平仪检查，在水平方向与管子成直线，法兰端面保持垂直方向，这样，才容易用螺栓拧紧。

c. 插入垫片。为保证法兰在适当位置上，在底部装上半数的螺栓，把垫片装入适当位置。在装入前把垫片涂上少量含石墨的油脂或其他推荐的润滑油。即使以后打开接合面，也较容易取出垫片。最后再装上其余螺栓，以便消除任何的集中应力。要反复交替拧紧，直到最后拧紧为止。法兰面形式应当一样。不同的法兰面装配在一起，不可能得到严密的连接面。钢阀门和管件通常都制造成凹面法兰，而一般配管材料为铁和青铜的都是平面法兰。众所周知，正确的方法应当是平面法兰与平面法兰连接，或者凸面法兰与凹面法兰连接。从来没有用凸面法兰与平面法兰相连接的。

13.1.3　调节阀的维护

调节阀具有结构简单和动作可靠等特点，但由于它直接与工艺介质接触，其性能直接影响系统质量和环境污染，所以对调节阀必须进行经常维护和定期检修，尤其对使用条件恶劣和重要的场合，更应重视维修工作。

调节阀的重点检查部位如下。

① 阀体内壁　对于使用在高压差和腐蚀性介质场合的调节阀，阀体内壁、隔膜阀的隔膜经常受到介质的冲击和腐蚀，必须重点检查耐压、耐腐的情况。

② 阀座　调节阀在工作时，因介质渗入，固定阀座用的螺纹内表面易受腐蚀而使阀座松动，检查时应予注意。对高压差下工作的阀门，还应检查阀座密封面是否被冲坏。

③ 阀芯　是调节阀工作时的可动部件，受介质的冲刷、腐蚀最为严重，检修时要认真检查阀芯各部分是否被腐蚀、磨损，特别是在高压差的情况下阀芯的磨损更为严重（因汽蚀现象），应予注意。阀芯损坏严重时应进行更换，另外还应注意阀杆是否也有类似现象，或与阀芯连接松动等。

④ 膜片、O形圈和其他密封垫　应检查调节阀中膜片、O形密封圈和其他密封圈是否老化、裂损。

⑤ 密封塑料　应注意聚四氟乙烯填料、

密封润滑油脂是否老化，配合面是否被损坏，应在必要时更换。

13.1.4　调节阀常见故障处理 60 法

在工业自动化仪表中，调节阀算是笨重的了，加之结构简单，往往不被人们重视。但是，它在工艺管道上，工作条件复杂，一旦出现问题，大家又忙手忙脚。因其笨重，问题难找准，常常费力不讨好，还涉及系统投运、系统完全、调节品质、环境污染等。下面所介绍的 60 种常见故障的处理方法，绝大多数来自作者的工作实践，可供调节阀出现故障分析、处理时参考，这对现场维修人员、技术人员是有一定帮助的。

(1) 延长寿命的方法 (8 种方法)

① 大开度工作延长寿命法　让调节阀一开始就尽量在最大开度上工作，如 90%。这样，汽蚀、冲蚀等破坏发生在阀芯头部上。随着阀芯破坏，流量增加，相应阀再关一点，这样不断破坏，逐步关闭，使整个阀芯全部充分利用，直到阀芯根部及密封面破坏，不能使用为止。同时，大开度工作节流间隙大，冲蚀减弱，这比一开始就让阀在中间开度和小开度上工作提高寿命 1~5 倍以上。如某化工厂采用此法，阀的使用寿命延长了 2 倍。

② 减小压差分配比 S (调节阀两端压差占系统压降比值) 增大工作开度延长寿命法　减小 S 值，即增大系统除调节阀外的损失，使分配到阀上的压降降低，为保证流量通过调节阀，必然增大调节阀开度，同时，阀上压降减小，使汽蚀、冲蚀也减弱。具体办法有：阀后设孔板节流消耗压降；关闭管路上串联的手动阀，至调节阀获得较理想的工作开度为止。对一开始阀选大处于小开度工作时，采用此法十分简单、方便、有效。

③ 缩小口径增大工作开度延长寿命法　通过把阀的口径减小来增大工作开度，具体办法有：换一台小一挡口径的阀，如 $DN32$ 换成 $DN25$；阀体不变更，更换小阀座直径的阀芯阀座，如某化工厂大修时将节流件 d_g10mm 更换为 d_g8mm，寿命提高了 1 倍。

④ 转移破坏位置延长寿命法　把破坏严重的地方转移至次要位置，以保护阀芯阀座的密封面和节流面。

⑤ 增长节流通道延长寿命法　增长节流通道最简单的就是加厚阀座，使阀座孔增长，形成更长的节流通道。一方面可使流闭型调节阀座节流后的流道突然扩大延后出现，起转移破坏位置，使之远离密封面的作用；另一方面，又增加了节流阻力，减小了压力的恢复程度，使汽蚀减弱。有的把阀座孔内设计成台阶式、波浪式，就是为了增加阻力，削弱汽蚀。这种方法在引进装置中的高压阀上和将旧的阀加以改进时经常使用，也十分有效。

⑥ 改变流向延长寿命法　流开型向着开方向流，汽蚀、冲蚀主要作用在密封面上，使阀芯根部和阀芯阀座密封面很快遭受破坏；流闭型向着闭方向流，汽蚀、冲蚀作用在节流之后，阀座密封面以下，保护了密封面和阀芯根部，延长了寿命。故作流型使用的阀，当延长寿命的问题较为突出时，只需改变流向即可延长寿命 1~2 倍。

⑦ 改用特殊材料延长寿命法　为抗汽蚀 (破坏形状如蜂窝状小点) 和冲刷 (流线型的小沟)，可改用耐汽蚀和冲刷的特殊材料来制造节流件。这种特殊材料有 6YC-1、Q255 钢、司太立、硬质合金等。为耐腐蚀，可改用更耐腐蚀，并有一定力学性能、物理性能的材料。这种材料分为非金属材料 [如橡胶、聚四氟乙烯 (简称四氟)、陶瓷等] 和金属材料 (如蒙乃尔、哈氏合金等) 两类。

⑧ 改变阀结构延长寿命法　采取改变阀结构或选用具有更长寿命的阀的办法来达到提高寿命的目的，如选用多级式阀，反汽蚀阀、耐腐蚀阀等。

(2) 调节阀经常卡住或堵塞的防堵 (卡) 方法 (6 种方法)

① 清洗法　管路中的焊渣、铁锈、渣子等在节流口、导向部位、下阀盖平衡孔内造成堵塞或卡住使阀芯曲面、导向面产生拉伤和划痕、密封面上产生压痕等。这经常发生于新投运系统和大修后投运初期。这是最常见的故障。遇此情况，必须卸开进行清洗，除掉渣物，如密封面受到损伤还应研磨；同时将底塞打开，以冲掉从平衡孔掉入下阀盖内的渣物，并对管路进行冲洗。投运前，让调节阀全开，介质流动一段时间后再进行正常运行。

② 外接冲刷法　对一些易沉淀、含有固体颗粒的介质采用普通阀调节时，经常在节流口、导向处堵塞，可在下阀盖底塞处外接吹扫气体和蒸汽。当阀产生堵塞或卡住时，打开外接的气体或蒸汽阀门，即可在不动调节阀的情况下完成吹扫工作，使阀正常运行。

③ 安装管道过滤器法　对小口径的调节阀，尤其是超小流量调节阀，其节流间隙特小，介质中不能有渣物。遇此情况堵塞，最好在阀前管道上安装一个过滤器，以保证介质顺利通过。带定位器使用的调节阀，定位器工作不正常，其气路节流口堵塞是最常见的故障。因此，带定位器工作时，必须处理好气源，通常采用的办法是在定位器前气源管线上安装空气过滤减压阀。

④ 增大节流间隙法　如介质中的固体颗粒或管道中被冲刷掉的焊渣和锈物等因过不了节流口造成堵塞、卡住等故障，可改用节流间隙大的节流件——节流面积为开窗、开口类的阀芯、套筒，因其节流面积集中而不是圆周分布的，故障就能很容易地被排除。如果是单、双座阀就可将柱塞形阀芯改为 V 形口的阀芯，或改成套筒阀等。例如某化工厂有一台双座阀经常卡住，推荐改用套筒阀后，问题立即得到解决。

⑤ 介质冲刷法　利用介质自身的冲刷能量，冲刷和带走易沉淀、易堵塞的东西，从而提高阀的防堵功能。常见的方法有：改作流闭型使用；采用流线型阀体；将节流口置于冲刷最严重处，采用此法要注意提高节流件材料的耐冲蚀能力。

⑥ 直通改为角形法　直通为倒 S 流动，流路复杂，上、下容腔死区多，为介质的沉淀提供了地方。角形连接，介质犹如流过 90℃ 弯头，冲刷性好，死区小，易设计成流线型。因此，使用直通的调节阀产生轻微堵塞时可改成角形阀使用。

(3) 密封性能差的解决方法（5 种方法）

① 研磨法　细研磨，消除痕迹，减小或消除密封间隙，提高密封面的表面粗糙度精度，以提高密封性能。

② 利用不平衡力增加密封比压法　执行机构对阀芯产生的密封压力一定，不平衡对阀芯产生顶开趋势时，阀芯的密封力为两力相减，反之，对阀芯产生压闭趋势时，阀芯的密封力为两力相加，这样就大大地增加了密封比压，密封效果可以比前者提高 5～10 倍以上。一般 $d_g \geqslant 20mm$ 的单密封类阀为前一种情况，通常为流开型，若认为密封效果不满意时，改为流闭型，密封性能将成倍增加。尤其是两位型的切断调节阀，一般均应按流闭型使用。

③ 提高执行机构密封力法　提高执行机构对阀芯的密封力，也是保证阀关闭，增加密封比压，提高密封性能的常见方法。常用的方法有：移动弹簧工作范围；改用小刚度弹簧；增加附件，如带定位器；增加气源压力；改用具有更大推力的执行机构。

④ 采用单密封、软密封法　对双密封使用的调节阀，可改用单密封，通常可提高 10 倍以上的密封效果，若不平衡力较大，应增加相应措施，对硬密封的阀可改用软密封，又可提高 10 倍以上密封效果。

⑤ 改用密封性能好的阀　在不得已的情况下，可考虑改用具有更好的密封性能的阀。如将普通蝶阀改用椭圆蝶阀，进而还可改用切断型蝶阀、偏心旋转阀、球阀和为之专门设计的切断阀。

(4) 调节阀外泄的解决方法（6 种方法）

① 增加密封油脂法　对未使用密封油脂的阀，可考虑增加密封油脂来提高阀杆密封性能。

② 增加填料法　为提高填料对阀杆的密封性能，可采用增加填料的方法。通常是采用双层、多层混合填料形式，单纯增加数量，如将 3 片增到 5 片，效果并不明显。

③ 更换石墨填料法　大量使用的四氟填料，因其工作温度在 $-20～200℃$ 范围内，当温度在上、下限，变化较大时，其密封性便明显下降，老化快，寿命短。柔性石墨填料可克服这些缺点且使用寿命长。因而有的工厂全部将四氟填料改为石墨填料，甚至新购回的调节阀也将其中的四氟填料换成石墨填料后使用。但使用石墨填料的回差大，最初使用时有的还产生爬行现象，对此必须有所考虑。

④ 改变流向，置 p_2 在阀杆端法　当 Δp 较大，p_1 又较大时，密封 p_1 显然比密封 p_2

困难。因此，可采取改变流向的方法，将 p_1 在阀杆端改为 p_2 在阀杆端，这对压力高、压差大的阀是较有效的。如波纹管阀就通常应考虑密封 p_2。

⑤ 采用透镜垫密封法　对于上、下盖的密封，阀座与上、下阀体的密封，若为平面密封，在高温高压下，密封性差，引起外泄，可以改用透镜垫密封，能得到满意的效果。

⑥ 更换密封垫片　至今，大部分密封垫片仍采用石棉板，在高温下，密封性能较差，寿命也短，引起外泄。遇到这种情况，可改用缠绕垫片，O 形环等，现在许多厂已采用。

(5) 调节阀振动的解决方法（8 种方法）

① 增加刚度法　对振荡和轻微振动，可增大刚度来消除或减弱，如选用大刚度的弹簧，改用活塞执行机构等办法都是可行的。

② 增加阻尼法　增加阻尼即增加对振动的摩擦，如套筒阀的阀塞可采用 O 形圈密封，采用具有较大摩擦力的柔性石墨填料等，这对消除或减弱轻微的振动还是有一定作用的。

③ 增大导向尺寸，减小配合间隙法　轴塞形阀一般导向尺寸都较小，所有阀配合间隙一般都较大，有 0.4～1mm，这对产生机械振动是有帮助。因此，在发生轻微的机械振动时，可通过增大导向尺寸，减小配合间隙来削弱振动。

④ 改变节流件形状，消除共振法　因调节阀的振源发生在高速流动、压力急剧变化的节流口，改变节流件的形状即可改变振源频率，在共振不强烈时比较容易解决。具体办法是将在振动开度范围内阀芯曲面车削 0.5～1.0mm。如某厂家属区附近安装了一台自力式压力调节阀，因共振产生啸叫影响职工休息，将阀芯曲面车掉 0.5mm 后，共振啸叫声消失。

⑤ 更换节流件消除共振法　原理同④，只不过是更换节流件。其方法如下：

a. 更换流量特性，对数改线性，线性改对数。

b. 更换阀芯形式。如将轴塞型改为 V 形槽阀芯，将双座阀轴塞型改成套筒型；将开窗口的套筒改为打小孔的套筒等。如某氮肥厂一台 DN25 双座阀，阀杆与阀芯连接处经常振断，确认为共振后，将直线特性阀芯改为对数性阀芯，问题得到解决。又如某航空学院试验室用一台 DN200 套筒阀，阀塞产生强烈旋转无法投用，将开窗口的套筒改为打小孔的套筒后，旋转立即消失。

⑥ 更换调节阀类型以消除共振　不同结构形式的调节阀，其固有频率自然不同，更换调节阀类型是从根本上消除共振的最有效的方法。一台阀在使用中共振十分厉害——强烈地振动（严重时可将阀破坏），强烈地旋转（甚至阀杆被振断、扭断），而且产生强烈的噪声（高于 100dB）的阀，只要把它更换成一台结构差异较大的阀，立刻见效，强烈共振奇迹般地消失。如某维尼纶厂新扩建工程选用一台 DN200 套筒阀，上述三种现象都存在，DN300 的管道随之跳动，阀塞旋转，噪声高于 100dB，共振开度 20%～70%，考虑共振开度大，改用一台双座阀后，共振消失，投运正常。

⑦ 减小汽蚀振动法　对因空化气泡破裂而产生的汽蚀振动，自然应在减小空化上想办法。

a. 让气泡破裂产生的冲击能量不作用在固体表面上，特别是阀芯上，而是让液体吸收。套筒阀就具有这个特点，因此可以将轴塞型阀芯改成套筒型。

b. 采取减小空化的一切办法，如增加节流阻力，增大缩流口压力，分级或串联减压等。

⑧ 避开振源波击法　外来振源波击引起阀振动，这显然是调节阀正常工作时所应避开的，如果产生这种振动，应当采取相应的措施。

(6) 调节阀噪声大的解决方法（8 种方法）

① 消除共振噪声法　只有调节阀共振时，才有能量叠加而产生高于 100dB 的强烈噪声。有的表现为振动强烈，噪声不大；有的振动弱，而噪声却非常大；有的振动和噪声都较大。这种噪声产生一种单音调的声音，其频率一般为 3000～7000Hz。显然，消除共振，噪声自然随之消失。方法和例子见 (5) 中的④、⑤和⑥。

② 消除汽蚀噪声法 汽蚀是主要的流体动力噪声源。空化时，气泡破裂产生高速冲击，使其局部产生强烈湍流，产生汽蚀噪声。这种噪声具有较宽的频率范围，产生"咯咯"声，与流体中含有砂石发出的声音相似。消除和减小汽蚀是消除和减小噪声的有效办法。

③ 使用厚壁管线法 采用厚壁管是声路处理办法之一。使用薄壁可使噪声增加 5dB，采用厚壁管可使噪声降低 0～20dB。同一管径壁越厚，同一壁厚管径越大，降低噪声效果越好。如 DN200 管道，其壁厚分别为 6.25mm、6.75mm、8mm、10mm、12.5mm、15mm、18mm、20mm、21.5mm 时，可降低噪声分别为 -3.5dB、-2dB（即增加）、0dB、3dB、6dB、8dB、11dB、13dB、14.5dB。当然，壁越厚所付出的成本就越高。

④ 采用吸声材料法 这也是一种较常见、最有效的声路处理办法。可用吸声材料包住噪声源和阀后管线。必须指出，因噪声会经由流体流动而长距离传播，故吸声材料包到哪里，采用厚壁管至哪里，消除噪声的有效性就终止到哪里。这种办法适用于噪声不很高、管线不很长的情况，因为这是一种较费钱的办法。

⑤ 串联消音器法 本法适用于作为空气动力噪声的消音，它能够有效地消除流体内部的噪声和抑制传送到固体边界层的噪声级。对质量流量高或阀前后压降比高的地方，本法最有效而又经济。使用吸收型串联消音器可以大幅度降低噪声。但是，从经济上考虑，一般限于衰减到约 25dB。

⑥ 隔音箱法 使用隔音箱、房子和建筑物，把噪声源隔离在里面，使外部环境的噪声减小到人们可以接受的范围内。

⑦ 串联节流法 在调节阀的压力比高（$\Delta p/p_1 \geq 0.8$）的场合，采用串联节流法，就是把总的压降分散在调节阀和阀后的固定节流元件上。如用扩散器、多孔限流板，这是减少噪声办法中最有效的。为了得到最佳的扩散器效率，必须根据每件的安装情况来设计扩散器（实体的形状、尺寸），使阀门产生的噪声级和扩散器产生的噪声级相同。

⑧ 选用低噪声阀 低噪声阀根据流体通过阀芯、阀座的曲折流路（多孔道、多槽道）的逐步减速，以避免在流路里的任意一点产生超音速。有多种形式，多种结构的低噪声阀（有为专门系统设计的）供使用时选用。当噪声不是很大时，选用低噪声套筒阀，可降低噪声 10～20dB，这是最经济的低噪声阀。

(7) 调节阀稳定性较差时的解决办法（5 种方法）

① 改变不平衡力作用方向法 在稳定性分析中，已知不平衡力作用方向与阀关方向相同时，即对阀产生关闭趋势时，阀稳定性差。对阀工作在上述不平衡力条件下时，选用改变其作用方向的方法，通常是把流闭型改为流开型，一般来说都能方便地解决阀的稳定性问题。

② 避免阀自身不稳定区工作法 有的阀受其自身结构的限制，在某些开度上工作时稳定性较差。双座阀，开度在 10% 以内，因上球处流开，下球处流闭，带来不稳定的问题；不平衡力变化斜率产生交变的附近，其稳定性较差。如蝶阀，交变点在 70% 开度左右；双座阀在 80%～90% 开度上。遇此类阀时，在不稳定区工作必然稳定性差，避免不稳定区工作即可。

③ 更换稳定性好的阀 稳定性好的阀其不平衡力变化较小，导向好。常用的球型阀中，套筒阀就有这一大特点。当单、双座阀稳定性较差时，更换成套筒阀稳定性一定会得到提高。

④ 增大弹簧刚度法 执行机构抵抗负荷变化对行程影响的能力取决于弹簧刚度，刚度越大，对行程影响越小，阀稳定性越好。增大弹簧刚度是提高阀稳定性的常见的简单方法，如将 20～100kPa 弹簧范围的弹簧改成 60～180kPa 的大刚度弹簧，采用此法主要是带了定位器的阀，否则，使用的阀要另配上定位器。

⑤ 降低响应速度法 当系统要求调节阀响应或调节速度不应太快时，阀的响应和调节速度却又较快，如流量需要微调，而调节阀的流量调节变化却又很大，或者系统本身已是快速响应系统而调节阀却又带定位器来加快阀的动作，这都是不利的。这将会产生超调，产生振动等。对此，应降低响应速度。办法有：将

直线特性改为对数特性；带定位器的可改为转换器、继动器。

（8）在高、低温下阀工作不正常的解决方法（5 种方法）

① 统一线性膨胀减小双座阀泄漏量法　双座阀在常温试验时，泄漏量不太大，可是，一投入高温使用泄漏量猛增。这是因为双座固定在阀体上的阀座密封面的线性膨胀与阀芯双密封面的线性膨胀不统一所致。如一个 $DN50$ 的双座阀，阀芯为不锈钢，阀体为碳钢，在室温 70°F 的温度中使用时，阀座密封面与阀芯密封面线膨胀差 0.06mm，使泄漏量增加可达 10 倍以上。解决办法：a. 选用阀体与阀芯均用同种材质的，即不锈钢阀。但不锈钢阀比碳钢阀价格高了 3 倍以上。b. 选用套筒阀代之，因密封面在套筒上，套筒与阀塞是同种材料。

② 阀座密封焊法　当温度高达 750°F 时，螺纹连接的阀座在与阀体连接的密封面和螺纹处引起泄漏，并能将螺纹冲蚀，产生阀座掉落的危险，遇到这种故障，应想到对阀座进行密封焊，以防止松动和脱落。

③ 衬套定位搭焊法　作为对阀芯、阀塞，阀杆导向的衬套，绝大部分场合是静配合。调节阀在室内组合，在高、低温下工作，因线性膨胀不统一而造成配合直径产生微小变化，衬套的配合偶尔会遇到过盈量最小，或衬套与阀芯因异物卡住在阀芯运动的拉动下，衬套会脱落。这种故障并不多，却时有发生。对此，可对衬套进行定位搭焊，以保证衬套永不脱落。

④ 增大衬套导向间隙法　在高低温下，当轴径与衬套内孔径的线性膨胀不统一，且轴的膨胀大于衬套内孔的膨胀时，轴的运动或转动将产生卡跳现象，如高温蝶阀。如果这时阀的实际工作温度又符合阀的工作温度要求时，可能就是制造厂的质量问题。对解决问题来讲，自然是增加导向间隙。简单的办法是把导向部位的轴径车小 0.2～0.5mm，并应尽量提高其表面粗糙度精度。

⑤ 填料背对背安装法　对深冻低温阀，在冷却时因管线内形成真空，若从填料处向阀体内泄时，可将双层填料的上层或填料的一部分改为背对背安装，来阻止大气通过阀杆密封处内泄。

（9）其他故障处理方法（9 种方法）

① 防止塑变的方法　塑变使一种金属表面把另一种零件的金属表面擦伤，甚至粘在一起，造成阀门卡住、动作不灵、密封面拖伤、泄漏量增加、螺纹连接的两个件咬住旋不动（如高压阀的上、下阀体）等故障。塑变与温度、配合材料、表面粗糙度、硬度和负荷有关。高温使金属退火或软化，进一步加剧塑变趋势。解决塑变引起阀故障的方法有：

a. 易擦伤部位采用高硬度材料，有 5～10HRC 硬度差；

b. 两种零件改用不同材料；

c. 增大间隙；

d. 增加润滑剂；

e. 修复破坏面，提高表面粗糙度精度和硬度；

f. 螺纹咬住旋不动时，只好一次性焊好用。

② 改变流向以增大阀容量法　因计算不准或产量增加等因素使阀的流量系数偏小，造成阀全开也保证不了流量时，不得已只好打开旁路流过部分流量。通常旁通流量小于 15％～20％最大流量。这里介绍一种开旁路的办法：因流闭型流阻小，比流开型流量系数大 10％～15％，因此，可用改变流向的办法，改通常的流开为流闭使用，也就是使阀门多通过 10％～15％的流量。这样既可避免打开旁路，又因处于大开度工作，稳定性问题也可不考虑。

③ 减小行程以提高膜片寿命法　对两位型调节阀，当动作频率十分频繁时，膜片会很快在上下折叠中破裂，破坏位置常在托盘圆周。提高膜片寿命的最简单、最有效的办法是减小行程。减小后的行程值就为 $d_g/4$。如 $d_g125$mm 的阀，其标准行程为 60mm，可减小到 30mm，缩短了 50％。此外，还可以考虑如下因素：

a. 在满足打开与关闭的条件下尽量减小膜室压力；

b. 提高托盘与膜片贴合处表面粗糙度精度。

④ 对称拧螺栓，采用薄垫圈密封方法

在 O 形圈密封的调节阀结构中，采用有较大变形的厚垫片（如缠绕垫）时，若压紧不对称，受力不对称，易使密封破损、倾斜并产生变形，严重影响密封性能。因此，在对这类阀维修、组装中，必须对称地拧紧压紧螺栓（注意不能一次拧紧）。厚密封垫如能改成薄的密封垫则更好，这样易于减小倾斜度，保证密封。

⑤ 增大密封面宽度，制止平板阀芯关闭时跳动并减少其泄漏量的方法 平板型阀芯（如两位型阀、套筒阀的阀塞），在阀座内无引导和导向曲面，由于阀在工作的时候，阀芯受到侧向力，从流进方靠向流出方，阀芯配合间隙越大，这种单边现象越严重，加之变形，不同心或阀芯密封面倒角小（一般为 30°倒角来引导），因而接近关闭时，产生阀芯密封面倒角端面置于阀座密封面上，造成关闭时阀芯跳动，甚至根本关不到位的情况，使阀泄漏量大大增加。最简单、最有效的解决方法，就是增大阀芯密封面尺寸，使阀芯端面的最小直径比阀座直径小 1～5mm，有足够的引导作用，以保证阀芯导进阀座，保持良好的密封面接触。

⑥ 改变流向，解决促关问题，消除喘振法 两位型阀为提高切断效果，通常作为流闭型使用。对液体介质，由于流闭型不平衡力的作用是将阀芯压闭的，有促关作用，又称抽吸作用，加快了阀芯动作速度，产生轻微水锤，引起系统喘振。对上述现象的解决办法是只要把流向改为流开，喘振即可消除。类似这种因促关而影响到阀不能正常工作的问题，也可考虑采取这种办法加以解决。

⑦ 克服流体破坏法 最典型的阀是双座阀，流体从中间进，阀芯垂直于进口，流体绕过阀芯分成上下两束流出。

流体冲击在阀芯上，使之靠向出口侧，引起摩擦，损伤阀芯与衬套的导向面，导致动作失常，高流量还可能使阀芯弯曲、冲蚀，严重时甚至断裂。解决的方法：

a. 提高导向部位材料硬度；

b. 增大阀芯上下球中间尺寸，使之呈粗状；

c. 选用其他阀代用，如用套筒阀，流体从套筒四周流入，对阀塞的侧向推力大大减小。

⑧ 克服流体产生的旋转力使阀芯转动的方法 对 V 形口的阀芯，因介质流入的不对称，作用在 V 形口上的阀芯切向力不一致，产生一个使之旋转的旋转力。特别是对大于或等于 DN100 的阀更强烈。由此，可能引起阀与执行机构推杆连接的脱开，无弹簧执行机构可能引起膜片扭曲。解决的办法有：

a. 将阀芯反旋转方向转一个角度，以平衡作用在阀芯上的切向力；

b. 进一步锁住阀杆与推杆的连接，必要时，增加一块防转动的夹板；

c. 将 V 形开口的阀芯更换成柱塞形阀芯；

d. 采用或改为套筒式结构；

e. 如为共振引起的转动，消除共振即可解决问题。

⑨ 调整蝶阀阀板摩擦力，克服开启跳动法 采用 O 形圈、密封环、衬里等软密封的蝶阀，阀关闭时，由于软密封件的变形，使阀板关闭到位并包住阀板，能达到十分理想的切断效果。但阀要打开时，执行机构要打开阀板的力不断增加，当增加到软密封件对阀板的摩擦力相等时，蝶板启动。一旦启动，此摩擦力就急剧减小。为达到力的平衡，蝶板猛烈打开，这个力同相应开度的介质作用的不平衡力矩与执行机构的打开力矩平衡时，阀停止在这一开度上。这个猛烈而突然起跳打开的开度可高达 30%～50%，这将产生一系列问题。同时，关闭时因软密封件要产生较大的变化，易产生永久变形或被阀板挤坏、拉伤等情况，影响寿命。解决办法是调整软密封件对蝶板启动的摩擦力，这既能保证达到所需切断的要求，又能使阀较正常地启动。具体办法有：

a. 调整过盈量；

b. 通过限位或调整执行机构预紧力、输出力的办法，减少蝶板关闭过度给开启带来的困难。

13.2 安全阀的使用与维护

13.2.1 安全阀的安装

使用安全阀时，首先要正确安装。安全阀安装的正确与否，不但关系到安全阀能否正常工作并发挥其应有的作用，也将直接影响到安全阀的动作性能、密封性能和排量等指标。

（1）安全阀的安装位置

安全阀的安装位置应当符合以下要求：

① 在设备或者管道上的安全阀竖直安装；

② 一般安装在靠近被保护设备，安装位置易于维修和检查；

③ 蒸汽安全阀装在锅炉的锅筒、集箱的最高位置，或者装在被保护设备液面以上气相空间的最高处；

④ 液体安全阀装在正常液面的下面。

（2）安全阀进口管的要求

安全阀的进口管道应当符合以下要求。

① 安装安全阀的进口接管应短而直。安全阀的进口管道直径不小于安全阀进口直径，如果几个安全阀共用一条进口管道时，进口管道的截面积不小于这些安全阀的进口截面积总和。对于高压和大排量的场合，进口管在入口处应有足够大的圆角半径或者具有锥形通道，锥形通道的入口截面积近似为出口截面积的两倍。

② 当安全阀排放时，在进口管中即在被保护设备同安全阀之间的压力降应尽可能小。在任何情况下，该压力降都不得超过整定压力的 3％或最大允许启闭压差的 1/3（以两者中的较小值为准），压力降过大会导致安全阀频跳或颤振。

③ 进口接管应具有足够的强度和/或加适当的支撑，以承受由介质压力、温度以及安全阀排放反作用力等共同作用产生的应力，同时应避免设备的振动传递到安全阀，影响安全阀的密封。

④ 安全阀的进出口管道一般不允许设置截断阀，必须设置截断阀时，需要加铅封并且保证锁定在全开状态，截断阀的压力等级需要与安全阀进出口管道的压力等级一致，截断阀进出口的公称尺寸不小于安全阀进出口法兰的公称尺寸。

（3）安全阀排放管的要求

安全阀的排放管道（图 13-4）应当符合以下要求。

① 安全阀的排放管道直径不小于安全阀的出口直径，安全阀的出口管道接向安全地

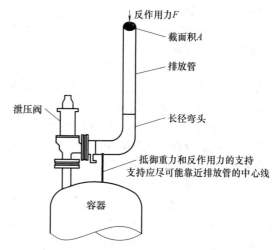

图 13-4　带有排放管的典型安全阀安装

点。当多台安全阀向一个总管排放时，排放总管的截面积应保证能够接受所有可能同时向其排放的安全阀的总排放量。

② 由于排放管对流体的阻力而产生的压力降应尽可能小，通常应小于整定压力的 10％。当阻力压降过大时，特别对常规式安全阀会迅速减小阀瓣提升力，从而影响安全阀的动作性能和排量。

③ 排放管的安装和支撑方式应能防止管道应力附加到安全阀上。

④ 应防止出现任何可能导致排放管道阻塞的条件，必要时应设置排泄孔，以防止雨、雪、冷凝液等积聚在排放管中。

⑤ 安全阀的排放及疏液应导至安全地点，应特别注意危险介质的排放及疏液。

⑥ 安全阀出口的排放管上如果装有消音器，必须有足够的流通面积，以防止安全阀排放时所产生的背压过高而影响安全阀的正常动作及其排放量。

安全阀安装前，应先对安全阀进行外观检查、整定压力试验及密封试验，有特殊要求时，还应当进行其他性能试验。

（4）安全阀排放反作用力的计算

对于气体或蒸汽介质的安全阀在排放时，由于大量气体的排出，会给安全阀巨大的排放反力，这一排放反力将会传至安全阀内部、安装的阀座及其相邻支撑的容器壁上，对安全阀及被保护装置连接处产生很大的力矩。计算安全阀与被保护装置连接部位的强度时，必须考

虑到上述排气的反作用力。

安全阀在稳定流动状态排放向一个封闭系统的情况下，通常不会对进口管线产生大的反力和弯矩，因为在封闭系统内压力和流速的变化是小的，仅仅是在那些突然膨胀的地点存在着排放反力的计算，同时对于封闭排放系统，无法提供简化分析方法，只有经过对管线系统长时间的复杂分析才能得到传至进口管线系统真实的排放反力和相应的弯矩。

对于敞开排放系统即安全阀出口通过一个弯头排向大气的场合，API RP 520《炼油厂泄压装置的定径、选择和安装》的 PART Ⅱ《安装》部分中和国内 1992 年编纂的《阀门设计手册》中分别给出了计算公式，在这里分别进行介绍。

① API RP 520 的计算方法

a. 气相排放。以下公式是基于可压缩流体的临界稳定流动，流体通过一个弯头和一个垂直排放管排向大气的情况。反作用力 F 既包含了冲量的因素也包含了静压的因素，适用于各种气体、蒸气和水蒸气的场合。

$$F = 129W\sqrt{\frac{kT}{(k+1)M}} + 0.1Ap$$

式中　F——排向大气点的反作用力，N；

W——气体或蒸汽的流量，kg/s；

k——出口处的绝热系数，$k = C_p/C_V$；

C_p——等压比热容；

C_V——等容比热容；

T——出口温度，K；

M——流体的摩尔质量；

A——在排放点的出口面积，mm²；

p——在排放点出口内部的静压力（表压），bar。

b. 两相排放。以下公式用于确定以两相流形态敞开排放时对于进口管线产生的反作用力，公式假定两相混合物处于均匀流动状态。

$$F = \frac{W^2}{13.96A}\left[\frac{\chi}{\rho_g} + \frac{(1-\chi)}{\rho_l}\right] + \frac{A}{1000}(p_e - p_a)$$

式中　F——排向大气点的反作用力，N；

W——流量，kg/h；

χ——在出口条件下气相所占的质量分数；

ρ_g——在出口条件下的气相密度，kg/m³；

ρ_l——在出口条件下的液相密度，kg/m³；

A——在排放点的出口面积，mm²；

p_e——管线出口的绝对压力，kPa；

p_a——周围大气的绝对压力，kPa。

② 1992 年版本的《阀门设计手册》的计算方法　排放反作力的计算分三步，如下。

a. 判断排放管道出口截面处的压力：

$$p_C = \frac{K_{dr}Ap}{0.9A_C}\left(\frac{2}{k+1}\right)^{\frac{k}{k-1}}\sqrt{\frac{1}{Z}}$$

式中　p_C——排放管出口截面处绝对压力，Pa；

p——排放时安全阀进口绝对压力，Pa；

K_{dr}——安全阀额定排量系数；

A——安全阀流道面积，m²；

A_C——排放管出口截面积，m²；

k——绝热系数；

Z——气体压缩系数。

b. 若 p_C 值大于或等于大气压力，则排气速度为音速，此时排放反作用力为

$$Q_{pf} = (1+k)\left[\frac{K_{dr}}{0.9}Ap\left(\frac{2}{k+1}\right)^{\frac{k}{k-1}}\sqrt{\frac{1}{Z}} - A_C p_A\right]$$

式中　p_A——大气压力，1.013×10^5 Pa。

若 p_C 值小于大气压力，则排气速度为亚音速，此时排放反作用力为

$$Q_{pf} = \frac{(K_{dr}Ap)^2}{0.81A_C p_A Z}k\left(\frac{2}{k+1}\right)^{\frac{2k}{k-1}}$$

c. 考虑到安全阀排气反作用力具有冲击载荷的性质，通常还需对计算得出的排气反作用力 Q_{pf} 乘以动载系数 ξ。

ⅰ. 计算安全阀装置的周期 T；

ⅱ. 计算比值 t_K/T，此处 t_K 为安全阀开启时间；

ⅲ. 根据比值 t_K/T 查得动载系数 ξ，ξ 值在 1.1～2.0 之间。

13.2.2　安全阀的使用管理

安全阀使用单位的设备管理部门应加强对安全阀的使用管理，以确保承压设备的安全运行，具体应做好下述工作。

① 安全阀投用前应进行校验，如在校验台上进行检验时，则校验单位应出具校验报告，使用单位设备管理负责人应检查校验的内容是否符合本单位承压设备的使用要求。如属

在线校验时，设备管理负责人应到场确认。

② 建立安全阀台账，其内容包括：安全阀型号、规格、编号、所在设备（或系统）名称、安装时间、工作压力、整定压力、校验日期等。

③ 安全阀投用后，使用单位应逐台建立安全阀的档案，至少应有下列内容：

a. 安全阀的产品质量证明文件，安装及使用维护、校验说明书；

b. 安全阀定期校验报告及在线调试记录与报告；

c. 安全阀日常使用状况和维护保养记录；

d. 安全阀运行故障和事故记录；

e. 延期校验的批准文件。

④ 安全阀在使用过程中应当按照以下要求做好日常检修和维护工作：

a. 经常检查安全阀的密封性能及其管道连接处的密封性能；

b. 运行中安全阀开启后，需要检查其有无异常情况，并且进行记录；

c. 如果运行中发现安全阀不正常（泄漏或者其他故障）时，需要及时进行检修或者更换；

d. 锅炉运行中，安全阀需要定期进行手动排放试验，锅炉停止使用后又重新启用时，安全阀也需要进行手动排放试验。

⑤ 为防止安全阀的阀瓣与阀座粘住，应定期对安全阀进行手动排汽试验，使用单位应根据本单位的情况，规定排汽试验的周期和有关措施，若无法进行手动排汽（气）试验时，使用单位应采取其他相应措施，保证安全阀处于灵敏可靠状态。

⑥ 使用单位应按照有关规定，制定安全阀校验计划，并按时对安全阀进行定期校验。有条件时，应尽量将安全阀拆下，送到有资格的校验站去维修和校验，条件不允许时，可现场校验（在线校验）。若需延长校验周期，应确认的延长期限和是否满足有关安全技术规范的要求，并报相关部门批准。

⑦ 校验前使用单位应根据设备使用要求和设备定期检验报告的结论，正确确定安全阀的整定压力，并由设备管理技术负责人填写安全阀校验委托单，连同安全阀一并送校验单位校验。

⑧ 使用单位从校验单位取回已校验的安全阀，要同时索取校验报告，并检查安全阀是否正确、铅封是否完好、有无校验标牌、标牌内容是否正确。在搬运过程中，要始终垂直放置，并轻拿轻放，避免剧烈振动，避免污物影响，不准拎起提升扳手移动安全阀，不准安全阀卧式放置，不准以任何方式对已校验安全阀施加冲击力。

⑨ 将校验好的安全阀安装到设备和系统上时，要检查垫片是否合格完好（必要时应更换垫片），拧紧螺栓时，要逐步上紧，确保安全阀不因安装不当受到附加应力。

⑩ 安全阀应存放在洁净干燥的室内环境中，竖直存放，最好是装箱存放。无论在运输或存放过程中，安全阀的进出口及通气孔用堵盖封堵。

13.2.3　安全阀的试验与校验

试验在安全阀的设计、制造和使用环节都具有重要意义。在设计阶段，试验提供作为设计依据的若干数据，例如确定弹簧刚度所需的阀瓣升力。在设计验证和产品鉴定过程中，型式试验是判断产品是否达到设计要求，是否符合标准规定的最可靠的办法。型式试验中的排量试验还为选用安全阀提供所需的排量数据（排量或排量系数）。此外，每台安全阀产品在出厂之前须经出厂试验，以证明安全阀已调整到适合使用要求。在某些场合，安全阀还要在使用现场进行试验和调整，或者按有关规范的规定进行定期校验，以确认其使用的可靠性。

（1）安全阀的型式试验

安全阀的型式试验包括动作性能试验和排量试验，其目的在于测定安全阀在具体工作条件下动作前、排放中和关闭时的下列特性：

① 壳体强度；

② 整定压力（开启压力）；

③ 排放压力或超过压力；

④ 回座压力或启闭压差；

⑤ 阀门的机械特性，即有无频跳、颤振、卡阻或有害的振动；

⑥ 开启高度；

⑦ 阀门动作的重复性；

⑧ 排量或排量系数。

进行动作性能试验和排量试验所用的介质，对用于蒸汽的阀门应采用蒸汽。对用于空气或其他气体的阀门可用蒸汽、空气或其他性质已知气体。对用于液体的阀门应采用水或其他性质已知的液体。若对于蒸汽用安全阀用蒸汽进行排量试验比较困难时，可在以蒸汽为试验介质确认其动作性能符合要求后，用空气或其他性质已知气体为介质进行排量试验，但需以机械方法使阀瓣保持在用蒸汽做动作试验时所达到的同样开启高度。

进行型式试验时，应根据试验所代表安全阀的范围来确定被试阀门的通径、压力和数量，具体要求在 GB/T 12241《安全阀 一般要求》中有相应规定。

型式试验方法和要求应按 GB/T 12242《压力释放装置 性能试验规范》的规定，其中有关试验精度的规定如下：进行动作性能试验时，压力测量仪表的精度应不低于 0.5 级，测量压力应在仪表量程的 30%～70% 范围内。进行排量试验时，应使实际排量的测量误差（不确定度）保持在 ±2% 以内，每一排量试验结果对各项试验结果平均值的偏差不得超过该平均值的 ±5%。

（2）安全阀的出厂试验

安全阀的出厂试验包括壳体强度试验、整定压力试验和密封试验。

壳体强度试验用来证实安全阀产品能够承受使用条件的介质压力和温度。对于不承受背压力的安全阀，强度试验仅在承压的安全阀进口侧体腔进行，试验压力为 1.5 倍的公称压力。对于承受背压力的安全阀，还应在安全阀的出口侧体腔进行强度试验，试验压力为最大背压力的 1.5 倍。出于安全考虑，应采用适度纯净的水作为试验介质，试验时应排除阀体及试验管路内的空气，安全阀或其部件不应承受任何形式的冲击载荷，如锤击。

整定压力试验和密封试验是同时进行的，试验介质对用于蒸汽的安全阀为饱和蒸汽，对用于气体的安全阀为空气或氮气，对用于液体的安全阀为水。进行蒸汽用安全阀的试验时，首先调整整定压力到要求的值，在降低进口压力后用适当的方法（例如用空气吹干）完全排去体腔内可能存在的冷凝液，将进口压力升高

到密封试验压力并至少保持 3min，在黑色背景下目视检查阀门的密封性并至少持续 1min。

进行气体用安全阀试验的布置如图 13-5 所示，除漏气引出管外，安全阀的其他部位应同外界处于完全密闭状态。漏气引出管的内径为 6mm，其出口端应平行于水面并低于水面 13mm。在进行密封试验前应先调整整定压力，在降低进口压力后装上出口盲板，将压力升高到密封试验压力，在对泄漏气泡开始计数前试验压力的最少保压时间按表 13-2 的规定。然后在试验压力下观察并统计泄漏的气泡数并至少持续 1min。

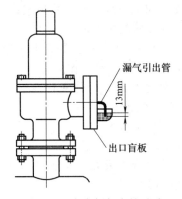

图 13-5 安全阀气密性试验

表 13-2 泄漏气泡开始计数前试验
压力的最少保压时间

安全阀公称尺寸 DN	保压时间/min
≤50	1
50～100	2
>100	5

进行液体用安全阀的试验时，首先调整整定压力到要求的值，在降低进口压力后向阀体出口侧体腔内充水，直到有水自然溢出，然后停止溢出为止，将进口压力升高到密封试验压力，在密封试验压力下收集、计量溢出的水量即泄漏量并至少持续 1min。

蒸汽、水或其他液体用安全阀出厂前密封性试验允许用空气或氮气试验来代替。

（3）安全阀的定期检查

《安全阀安全技术监察规程》（TSG ZF001—2006）附件 B——安全阀安全技术要求规定了安全阀定期检查的要求，它包括安全阀在线检查和检测、离线检查、校验等规定。

以往各种规程对安全阀的定期检查和校

验,基本上都是规定为"一般每年至少校验一次",这对保证设备的安全运行起到有效的作用。但是,随着国民经济的发展,引进了国外设备,国内技术水平也相应提高,一些大型装置和设备停机检修周期从 1 年延长到 2 年、3 年,甚至今后可能更长时间。许多企业从实际出发,提请延长安全阀校验周期,基于这些情况,《安全阀安全技术监察规程》将定期检查分为在线检查和检测、离线检查和校验两类,这也是为了适当延长安全阀校验周期而加强了在线的检查和检测工作。

① 在线检查和检测　是指在在线状态下(安全阀安装在设备上受压或不受压状态下)对安全阀进行的检查和检测,主要是宏观检查和记录安全阀在线运行情况。

在线检查需检查以下方面的内容:

a. 安全阀安装是否正确;

b. 安全阀的资料是否齐全(铭牌、质量证明文件、安装号、校验记录及报告);

c. 安全阀外部调节机构的铅封是否完好;

d. 有无影响安全阀正常功能的因素;

e. 必须设置截断阀的情况时,其安全阀的进口前和出口后的截断阀铅封是否完好并处于正常开启位置;

f. 安全阀有无泄漏;

g. 安全阀外表有无腐蚀情况;

h. 为波纹管设置的泄出孔应当敞开和清洁;

i. 提升装置(扳手)动作有效,并且处于适当位置;

j. 安全阀外部相关附件完整无损并且正常。

在线检测是为了解决无法离线校验的困难(例如,延长校验周期,安全阀焊接在设备或管线上),其目的是为了迅速简单地确定安全阀的整定压力及部分动作特性。由于在线条件所限,无法在线证明安全阀的全部性能与标准、规范的一致性。因此,只能认为在线检测是作为延长校验周期的一种手段,但不能取代离线检查和校验。

在线检测的 3 种方法:

a. 采用被保护系统及其压力进行试验;

b. 采用其他压力源进行试验;

c. 采用辅助开启装置进行试验。

在线检测一定要确保人员和设备的安全,

防止高温、噪声以及介质泄漏对人员的伤害。

关于在线检测装置,国内制造单位不少,型号、功能及性能也不一致,为了保证在线检测的可靠性,在线检测装置应能够保证安全阀的基本性能要求。

② 离线检查　是指在离线状态下,将安全阀从设备上拆下,对校验有效期已满的安全阀或在线运行出现故障或性能不正常的安全阀进行的检查。检查内容包括:宏观检查、检查整定压力、分解检查、零件检修和更换、重新装配、重新调整整定压力、检查密封性等。

离线检查工作应当符合以下基本要求:

a. 在进行安全阀检查和维修前,其设备如果在运行状态,需要采取预防措施维持被保护设备的安全,并且采取措施防止阀体及其连接部件内残存的有毒、易燃介质造成事故;

b. 离线检查前,必须获得每台安全阀自从上次检查后在线运行期间异常情况的记录;

c. 每个从被保护设备上拆卸的安全阀,需要携带一个可以识别的标签,标明设备号、工位号、整定压力、最后一次校验日期;

d. 安全阀拆卸下来时,必须做好计划以便尽量减少离线持续时间,并且在工艺管线上采取相应的安全措施。

在进行离线检查和维修前,应当要采取预防措施,确保人员和设备的安全。

(4) 校验

① 校验周期　《安全阀安全技术监察规程》规定了安全阀的校验要求。安全阀定期校验一般每年至少一次,安全技术规范有相应规定的服从其规定,对经解体、修理或更换部件的安全阀应当重新进行校验。

安全阀的校验周期与下列因素有关:

a. 安全阀所保护设备的运行工艺条件(介质、温度、稳定性等);

b. 安全阀内件材料对工艺介质的耐蚀性;

c. 安全阀的在线运行历史;

d. 安全阀的选型是否合理以及安全阀本身的质量。

安全阀所保护的设备情况不一,有的差别极大,另外,各企业的安全管理水平也不尽相同,因而很难统一规定延长的安全阀校验周期。

当符合以下基本条件时,安全阀校验周期

可以适当延长，延长期限按照相应安全技术规范的规定：

a. 有清晰的历史纪录，能够说明被保护设备安全阀的可靠使用；

b. 被保护设备的运行工艺条件稳定；

c. 安全阀内件材料没有被腐蚀；

d. 安全阀在线检查和在线检测均符合使用要求；

e. 有完善的应急预案。

对生产需要长周期连续运转时间超过 1 年以上的设备，可以根据同类设备的实际使用情况和设备制造质量的可靠性以及生产操作采取的安全可靠措施等条件，并且符合《安全阀安全技术监察规程》要求，可以适当延长安全阀校验周期。

② 安全阀的校验项目和校验内容　应当符合以下规定：

a. 安全阀的校验项目包括整定压力和密封性能，有条件时可以校验回座压力，整定压力试验不得少于 3 次，每次都必须达到《安全阀安全技术监察规程》及其相应标准的合格要求；

b. 安全阀的整定压力和密封试验压力，需要考虑到背压的影响和校验时的介质、温度与设备运行的差异，并且予以必要的修正；

c. 检修后的安全阀，需要按照《安全阀安全技术监察规程》和产品合格证、铭牌、相应标准、使用条件，进行整定压力的试验。

③ 校验方法

a. 校验前的检查。安全阀校验前要对安全阀进行清洗并且进行宏观检查，然后将安全阀解体，检查各零部件。发现阀瓣和阀座密封面、导向零件、弹簧、阀杆有损伤、锈蚀、变形等缺陷时，应该进行修理或者更换。对于阀体有裂纹、阀瓣与阀座粘死、弹簧严重腐蚀变形、部件破损严重并且无法维修的安全阀应该予以报废。

b. 整定压力校验。图 13-6 是推荐的安全阀校验系统（气体），缓慢升高安全阀的进口压力，升压到整定压力的 90% 以后，升压速度应当不高于 0.01MPa/s。当测到阀瓣有开启或者见到、听到试验介质的连续排出时，则安全阀的进口压力被视为此安全阀的整定压力。整定压力偏差应符合 GB/T 12243 或者相

应技术规范、标准的要求。

c. 密封试验。整定压力调整合格后，应该降低并且调整安全阀进口压力进行密封试验。当整定压力小于或者等于 0.3MPa 时，密封试验压力应当比整定压力低 0.03MPa；当整定压力大于 0.3MPa 时，密封试验压力为 90% 整定压力。

当密封试验以气体为试验介质时，对于封闭式安全阀，可用泄漏气泡数表示泄漏率，其试验装置和试验方法可按《安全阀安全技术监察规程》相关要求，合格标准按照 GB/T 12243 或者其他安全技术规范、标准的规定；对于非封闭式安全阀，用视、听进行判断，在一定时间内未听到气体泄漏声或阀瓣与阀座密封面未见液珠即可认为密封试验合格。

d. 校验记录、铅封和报告。安全阀校验应当按照以下要求做好记录、铅封，并且出具报告：

ⅰ. 校验过程中，校验人员需要及时记录校验的相关数据（表 13-3）；

ⅱ. 经校验合格的安全阀，需要及时重新铅封，防止调整后的状态发生改变，铅封处一面为校验单位的代号标识，另一面为校验人员的代号标识；

ⅲ. 铅封处还必须挂有标牌，标牌上有校验机构名称及代号，校验编号，安装的设备编号，整定压力和下次校验日期；

ⅳ. 校验合格的安全阀需要根据校验记录出具安全阀校验报告（表 13-4），并且按校验机构质量管理体系的要求签发。

（5）校验与试验的不同

安全阀试验通常是指安全阀的型式试验，而校验一般只进行整定压力调整和密封性的确认，有条件时可校验回座压力。而目前大部分安全阀制造商出厂试验的校验台和检验检测机构的安全阀校验台大多结构比较简单，即使是《安全阀安全技术监察规程》推荐的校验系统，也存在试验能力不足的问题，对常规的安全阀校验台来说，实际上是一种小流量的单项静态压力试验。因此，安全阀的试验和校验在项目、内容、方法、要求、设备规模上都不一样。没有足够容量的安全阀试验设备，实际测得的回座压力是不准确的。

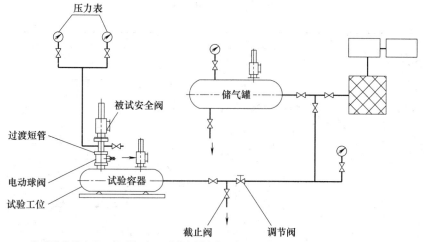

注:试验容器容积一般不小于0.5m³,储气罐容积一般不小于1m³,管道通径不小于25mm。

图 13-6　推荐的安全阀校验系统（气体）

表 13-3　安全阀校验记录

编号：

使用单位			
设备代码		要求整定压力	MPa
工作介质		安全阀型号	
公称尺寸 DN		流道直径	mm
制造单位			
制造许可证编号		压力级别范围	MPa 至　　MPa
出厂编号		出厂日期	
校验方式		校验编号	
校验介质		校验介质温度	℃
检查与校验			
外观 检查			
拆卸 检查			
试验次数	第1次	第2次	第3次
实际整定压力	MPa	MPa	MPa
密封试验压力	MPa	MPa	MPa
校验结论		校验有效期	
备注：			
校验人：　　　日期：		校验报告编号：	

（6）试验装置能力对安全阀性能的影响

由于我国目前大多数安全阀制造厂家对安全阀出厂前的性能调试和用户校验系统，结构比较简单、测量精度较低，特别是试验系统能力的不足，即试验系统的最大流量小于安全阀全开启状态的排量，直接影响到被调试或校验安全阀的使用性能。因此，不同的标准或规范对安全阀的试验装置的能力均有一定的要求。

① ASME 规范（API 标准）对试验装置的要求

a. ASME《锅炉与压力容器规范》（第Ⅰ、Ⅷ卷）。试验装置和试验容器应具有足够的尺寸及容量，以保证泄压阀整定压力在要求的允差范围内。

b. ASME PTC 25—2001《泄压装置——性能试验规范》。试验装置应具有足够的排量

表 13-4　安全阀校验报告

报告编号：

使用单位				
单位地址				
联系人		联系电话		
设备代码		安装位置		
安全阀类型	□弹簧式　□先导式 □重锤式	安全阀型号		
工作压力	MPa	工作介质		
要求整定压力	MPa	执行标准		
校验方式		校验介质		
整定压力	MPa	密封试验压力		MPa
校验结果				

维护检修情况说明：

校验日期		下次校验日期	
校　验：　　　　　日期：		（检验机构核准编号）：	
审　批：　　　　　日期：		（校验机构校验专用章） 　　　　　　年　月　日	

注：使用单位自行进行安全阀校验的，不需要有检验机构核准编号，校验专用章可以用进行安全阀校验的使用单位有关部门的章（或者专用章）。

和压力。试验容器的直径和容积应足够大到以获得准确的静压测量以及对被试泄压装置的工作特性的准确确定。

c. API RP 576《泄压装置的检查》附录B。具有不足量缓冲容积的定压校验台能引起明显的启跳并可导致不准确的整定压力。

空气系统定压校验台（图 13-7）包括一个压缩机或其他高压空气源，一个供应容器，一个试验罐或足够大以积累足够空气而使阀门在整定压力迅速开启的缓冲罐、管路系统、压力表、阀门和其他必要的控制试验的仪器。

② 试验装置能力对安全阀性能的影响　图13-8 是按照 ASME PTC25《泄压装置——性能试验规范》的要求建设的安全阀全性能（动作性能、排量）试验装置，该试验装置由下列主要部分组成：大流量空气压缩机、储气罐、流量调节阀、控制阀、试验容器及工位、流量计、压力传感器、温度传感器、位移传感器、计算机数据采集及处理系统。该试验装置共设三个试验工位。最大试验阀通径 8in，最高试验压力 23MPa。

通过对不同规格的安全阀在不同试验装置

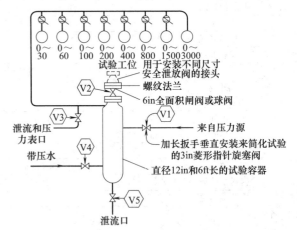

图 13-7　API RP 576 附录 B 的试验系统

图 13-8　安全阀全性能（动作性能、排量）试验装置

上的对比试验结果表明：

a. 试验装置的容量对安全阀的整定压力、启跳压力基本无影响；

b. 只有试验装置的容量足够大时，才能正确判断安全阀的回座压力及机械特性是否符合要求。

另外，在排量研究工作中表明，与 API Std 526 标准安全阀相比，出口面积较小的 GB 标准安全阀的排量系数较小。一般 GB 标准安全阀的排量系数为 0.8～0.9，而真正符合 API 标准的安全阀的排量系数可高达 0.98。

（7）低温试验

《安全阀安全技术监察规程》推荐了安全阀低温试验的设备、试验项目和试验方法。

① 低温试验的系统和设备　如图 13-9 所示，低温试验的系统和设备由试验台、气源和管路等组成，配有一定容积的低温介质（液氮或其他有低温蒸发特性的介质）的储存容器和试验容器，储气罐的容积与试验安全阀的用气量相适应。

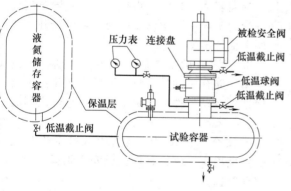

图 13-9　推荐的安全阀低温试验系统

② 试验项目　安全阀低温试验项目为整定压力和密封性。整定压力试验不得少于 3 次，每次都应当达到设定整定压力并在允许整定压力偏差的范围内。

③ 试验方法

a. 整定压力试验。将安全阀安装在低温介质的试验容器的接管上，在管道内连续通过液氮或其他有低温蒸发特性的介质，使安全阀充分冷却后，关闭低温储存容器的出口阀后再关闭试验容器的连接盘上的截止阀，让管道内的低温介质自然汽化压力升高，观察安全阀整定压力、开启后压力释放后能否回座。

安全阀的整定压力试验结果，应当符合规定的整定压力并在 GB/T 12243 允许整定压力偏差的范围内。

b. 密封试验。安全阀启跳后，开启试验容器的连接盘上的截止阀，泄压到安全阀整定压力的 70% 时，关闭该截止阀，让管道内的低温介质自然汽化压力升高，通过该截止阀使试验容器内的压力维持在整定压力的 90%，观察安全阀出口的泄漏情况。密封试验时，阀门出口应无泄漏现象。

13.2.4　安全阀的维修

安全阀作为受压系统的超压保护装置，理所当然地受到非常重视。为使安全阀在工作中始终保持良好状态，除了设计、制造等必要条件外，还同正确地选用、安装和使用等因素有关。而安全阀的维修工作也是不容忽视的。安全阀的使用寿命和功能作用的维持很大程度上取决于维修，因此从这一点上来说，安全阀的维修有着重要的意义。

安全阀的维修工作要严格遵守安全技术规程。每一个操作人员一定要熟悉安全技术规程，很好地了解管路系统的流程路线、用途及其保养与维修方法。在修理安全阀时，有时是在蒸汽管路上直接进行的，这时严格遵守《安全阀安全技术监察规程》更具有特别重要的意义。

（1）安全阀维修的一般要求

① 安全阀的维修工作要严格遵守《安全阀安全技术监察规程》。对于从生产线上拆卸下来的安全阀，应特别注意其残存介质，以防造成人员伤害。

② 安全阀维修作业人员应在国家认可的机构培训考核并取得"特种设备作业人员证"。

③ 安全阀的维修单位应当具有与维修工作相适应的技术人员、维修设备和场地。

④ 安全阀维修作业人员应了解原制造厂的产品结构及其特点，并遵从原制造厂的产品相关指导书及使用维护说明要求。特别是需要更换关键零件（例如，弹簧、阀瓣、阀座、导套、平衡波纹管等）时，应当采用原制造厂的相应零件，或者取得原制造厂认可的相应零件。

⑤ 安全阀的调节机构（调节圈、调节螺钉等）位置要保持原制造厂的出厂状态，不得随意改变。

⑥ 安全阀中的非金属材料的零件（例如，先导式安全阀中的O形橡胶圈），应当依据其许可使用寿命及时更换。

⑦ 安全阀分解、清洗、再装配时，应当注意保护密封面和导向面等部位不被损伤。

⑧ 安全阀应当垂直运输。保存期间应当用堵盖封住其进出口。

⑨ 安全阀的标识应当清晰，易于识别其在设备上的安装位置、整定压力和校验日期。

⑩ 对于安全阀有以下情况时，应当停止使用并且更换，其中有a.～f.项问题的安全阀应当予以报废：

a. 阀瓣和阀座密封面损坏，已经无法修复；

b. 导向零件锈蚀严重，已经无法修复；

c. 调节圈锈蚀严重，已经无法进行调节；

d. 弹簧腐蚀，已经无法使用；

e. 附件不全而无法配置；

f. 历史记录丢失；

g. 选型不当。

（2）安全阀常见故障、原因及其排除

安全阀在使用过程中，常见的故障有泄漏、卡阻、提前开启、频跳（或颤振）等，这些故障的存在直接影响了安全阀的正常工作。由于我国不同安全阀制造厂商技术力量、材料选用、制造水平、试验手段等方面参差不齐，有部分制造厂商提供给用户使用的安全阀存在先天的缺陷如动作性能不达标、机械特性不能满足要求等不在此章节阐述。

① 泄漏　安全阀泄漏是指在规定的密封试验压力下，介质从阀座与阀瓣密封面之间泄漏出来的量超过允许值的现象，它是安全阀最常见的故障之一，常见的原因如下。

a. 阀座或阀瓣密封面损伤。造成密封面损伤的原因可能是由于腐蚀性介质对金属密封面的侵蚀而引起；也可能是安全阀在安装过程中带入阀进口端或密封面的脏物以及设备安装时留在安全阀进口管道或设备内的电焊渣、铁锈及混在介质中的各种固体物质等随安全阀排放时高速冲刷密封面而造成的伤痕。

b. 安装不当。主要指安全阀进出口连接管道因安装不正确所形成的不均匀载荷使阀门同轴度遭受破坏或变形等引起的泄漏。

c. 高温。使用于高温介质或安装在高温环境中的安全阀，阀座或阀瓣密封面由于温度的梯度造成密封面的变形以及弹簧受热后刚度变软、预紧力减小，带来密封比压力下降等而引起的泄漏。

d. 工作压力过高。当所选用安全阀的整定压力与设备实际工作压力过于接近时，由于设备工作压力的波动范围接近或超过安全阀的密封压力也可能引起阀门的泄漏。

e. 异物夹在密封面上。由于装配不当使密封面夹有异物或设备和管道中的异物冲夹在密封面上等都将造成阀门密封不严而泄漏。

② 动作不灵活　安全阀动作不灵活是指安全阀开启、回座时动作不灵活或开启后不回座等现象，其主要原因如下。

a. 运动零件不对中。安全阀运动零件形位不好、导向表面粗糙度差、导向表面硬度低、导向表面有缺陷（损伤、毛刺）等造成运动件受力不对中、运动摩擦力大，阀瓣开启或回座卡涩、不畅。

b. 管道或设备中的异物如电焊渣、铁锈或运输、储存中的外来物等随安全阀排放出的介质冲到运动部件的间隙中引起运动件之间的卡阻。

c. 安全阀在长时间运行中未曾动作且又未做定期检查、维修，而造成安全阀运动间的锈阻和腐蚀。

③ 动作性能指标达不到设计要求　这里指的是那些在制造厂出厂时性能合格的安全阀产品，在使用过程中由于安装、选型或检修中装配、调整不当等原因所引起的性能变化。

a. 整定压力偏差超出允许范围。造成整定压力变化的原因有以下几项。

ⅰ. 整定压力误差。整定压力的误差包括多种因素，主要有：定压使用的介质与实际使用介质不同、常温定压与高温介质之间的温差、定压所使用的压力表与实际运行用压力表精度等级的差别以及定压操作人员的操作水平与压力表读数误差等，这些测量误差都可能造成安全阀实际整定压力超过整定压力允许误差的范围。

ⅱ. 环境温变的变化。安全阀在使用过程中由于环境温度较大幅度的变化也将造成弹簧刚度的变化，使其实际整定压力偏离原先的整定压力。一般情况下温度上升会引起弹簧刚度变小，使整定压力下降。同时安全阀工作温度的变化也能引起安全阀零部件的膨胀而影响到弹簧的压缩量。

ⅲ. 选用非背压平衡式安全阀，当其排出管附加背压力发生变化时，阀门的整定压力也随之变化，排放管背压力增加，整定压力也增加。

ⅳ. 调整螺钉与锁紧螺母松动，造成弹簧预紧力偏离原定值，引起整定压力的变化。

b. 排放压力或回座压力变化。引起排放压力和回座压力变化的主要原因如下。

ⅰ. 调节圈位置变动。制造厂出厂的安全阀，其调节圈的相对位置通常经过试验而被固定在某一位置上并加以铅封。若因调节圈定位螺钉松动或阀门重新装配时调节圈偏离原来的位置，将使阀门的排放压力与回座压力发生变化从而导致性能参数满足不了标准的要求。

ⅱ. 弹簧刚度不合适。对于每个规格的安全阀，每根弹簧都有一定的压力使用范围，因此，在安全阀维修过程中需要更换弹簧，应选用原参数的弹簧。若由于工艺条件的改变需要改变安全阀的整定压力时，需向原安全阀制造厂商咨询，不可自行调整，虽然整定压力能够调整出来，但安全阀的排放压力和回座压力可能已满足不了标准的要求。

④ 颤振或频跳　安全阀颤振或频跳是指阀瓣迅速异常地来回运动，这是安全阀调试中所不允许出现的现象，造成颤振或频跳的原因有：

a. 安全阀通径选用不当，即所选用安全阀的排放能力过大（相对于设备必需的排量而言）；

b. 进口管道的阻力太大；

c. 排放管道的阻力太大；

d. 弹簧刚度太大；

e. 调节圈位置不当。

（3）安全阀的修理

安全阀的质量和使用寿命取决于阀座、阀瓣密封面的工作期限，而密封面正是安全阀最薄弱的环节，安全阀的密封面泄漏是常见的故

障之一，因此，安全阀的修理主要在于安全阀阀瓣与阀座密封面的修理。

① 密封面的材质　安全阀阀瓣与阀座密封面材质有金属和非金属两种。

高温工作的安全阀的密封面用硬质合金堆焊，一般为钴基硬质合金，其硬度为 40 ～ 45HRC，具有很优良的物理特性。密封面也有用铬不锈钢制成的，例如 2Cr13 等，这种材质一般用于水或其他带腐蚀性的液体介质上，温度不高，所以不考虑热变形问题，还有的是铜质材料密封面，硬度较低，一般用在空气及水介质中。

非金属材质一般为氟塑料、橡胶、尼龙等。

② 密封面的修理　非金属材料的密封面损伤后，一般都应拆下更换。

金属密封面在损伤不太严重的情况下，一般都采用研磨的方式。

13.3　疏水阀的使用与维护

13.3.1　蒸汽疏水阀的安装

（1）疏水阀安装的一般要求

① 安装疏水阀之前用蒸汽或压缩空气吹扫清洗管道，吹扫后应清洗所有过滤器，对于杠杆浮球式疏水阀，安装前需要解除杠杆浮球组件固定方式，其他类型的疏水阀也应按照产品说明书要求检查处理后再安装疏水阀。完整的疏水布置见图 13-10。

② 当凝结水量超过单个疏水阀的最大排量时，可用相同形式的疏水阀并联对称安装。不要多个疏水阀串联安装或者并联不同类型、不同口径的疏水阀。

③ 多台用汽设备，不允许共用一个疏水阀，以防短路。

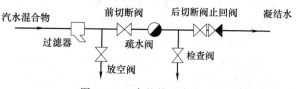

图 13-10　完整的疏水布置

④ 疏水阀如库存半年以上或对其质量有疑问者，安装前一定要拆开清洗，特别要清除密封

面上的锈斑和污垢。必要时要对密封面重新研磨，并且进行蒸汽动作试验，合格后方可使用。

⑤ 螺纹连接的疏水阀，应在其连接管上安装活接头，以便于维修、拆卸。

⑥ 要按照疏水阀阀体上箭头所指的流动方向和允许的安装方位，正确地安装疏水阀。

⑦ 疏水阀应安装在易于检修的地方，并尽可能集中排列，以利于管理。

（2）不同类型疏水阀安装的特殊要求

① 热动力型圆盘式疏水阀安装位置可水平安装或垂直安装。

② 热动力型脉冲式疏水阀一般安装在水平管道上，阀盖朝上。

③ 机械型浮球式疏水阀根据其结构要求必须水平安装或垂直安装。配管设计时应不影响阀盖、管塞拆卸。长期停止使用时，要及时排出凝水，关闭疏水阀前后阀门。安装在室外应采取防冻措施。

④ 热静力型双金属片式（恒温型）疏水阀安装位置可水平安装或垂直安装。疏水阀本身不需保温。

⑤ 钟形浮子式（倒吊桶）疏水阀根据其结构要求或垂直安装必须水平安装或垂直安装。启动前先充水或打开疏水阀入口阀，待凝结水充满后再开疏水阀出口阀。长期停止使用时，要及时排出凝水，关闭疏水阀前后阀门。安装在室外应采取防冻措施。

（3）疏水阀入口管安装要求

在常压下凝结水进入蒸汽设备时，入口管必须使凝结水能靠重力流入疏水阀，若疏水阀安装在比排放点高的平面上，则需要在最低处使用一个简单的U形管的返水接头，就可以使凝结水达到疏水阀。

① 疏水阀的入口管应设在用汽设备的最低点。对于蒸汽管道的疏水，应在管道底部设置一集液包，由集液包至疏水阀。集液包管径一般比主管径小两级，最大不超过DN250。

② 从凝结水出口至疏水阀入口管段应尽可能短，且使凝结水自然流下进入疏水阀。对于热静力型疏水阀要留有1~2m长管段，不设绝热层。在寒冷环境中，如果由于停车或间断操作而有冻结危险，或在需要对人身采取保护的情况下，凝结水管可适当设绝热层或防护层。

③ 疏水阀一般都带有过滤器。如果不带，应在阀前安装过滤器，过滤器的滤网为网孔$\phi0.7$~1.0mm的不锈钢丝网，过滤面积不得小于管道截面积的2~3倍。其滤网应设置在易于拆卸的位置并定期清理。

④ 对于凝结水回收的系统，疏水阀前要设置切断阀和排污阀，排污阀一般设在凝结水出口管的最低点，一般不设旁路（如果需要，旁路管的安装不得低于疏水阀，至少在疏水阀进、出水管同一水平面上或比疏水阀高。因旁路管阀门漏水或者关闭不严时，凝结水不通过疏水阀，疏水阀内失去存水。如果是浮桶式、浮球式疏水阀就会失灵）。疏水阀旁路管设置见图13-11。

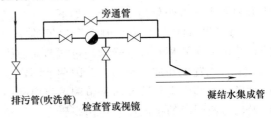

图 13-11 疏水阀旁路管设置

⑤ 从用汽设备到疏水阀这段管道，沿流向应有4%的坡度，尽量少用弯头。管道的公称尺寸等于或大于所选容量的疏水阀的公称尺寸，以免形成汽阻或加大阻力，降低疏水阀的排水能力。

⑥ 疏水阀安装的位置一般都比用汽设备的凝结水出口低。必要时，在采取防止积水和防止汽锁措施后，才能将疏水阀安装在比凝结水出口高的位置上。在蒸汽管的低点设置返水接头，靠它的作用把凝结水吸上来。另外，在这种情况下，为了使立管内被隔离的蒸汽迅速凝结，防止汽锁，便于凝结水顺利吸升，立管的尺寸宜小一级或用带散热片的管子作立管。亦可将加热管末端做成U形并密封，虹吸管下端插入U形管底，虹吸管上部设置疏水阀。注意：返水接头后立管（吸升凝结水的高度）一般以600mm左右为宜。如果需要进一步提高，可用2段或3段组合，高度可达600~1000mm。返水接头会使管内的空气排放受阻，因此要尽量避免使用此法及使用过高的吸升高度。

（4）疏水阀出口管安装要求

出口管尽量短而大，没有向上弯的部分，

以免增加背压的可能。如果出口管是一个向上弯管，就要在出口管和疏水阀之间加一个单向阀。若出口管很长，那么出口管应比疏水阀直径要大。出口管不能浸没在水槽里，特别是不能放在地沟中。因为这样会使疏水阀在关闭期间形成真空，将泥沙吸入到疏水阀内，造成疏水阀损坏。为了防止发生这种情况，可在弯头处下方钻一小孔，以破坏真空，从而达到保护疏水阀的目的。

① 疏水阀的出口管应少弯曲，尽量减少向上的立管，管径按气-液混合相计算，一般比所选定容量的疏水阀的公称尺寸大 1~2 级。

② 疏水阀后凝结水管允许抬升高度，应根据疏水阀在最低入口压力时所提供的背压及凝结水管的压力降和凝结水回收设备或界区要求的压力来确定。

③ 如果出口管有向上的立管时，在疏水阀后应设止回阀，有止回功能的疏水阀后可以不设止回阀。

④ 对于凝结水回收的系统，疏水阀后要设置切断阀、检查阀或窥视镜。

⑤ 若出水管插入水槽的水面以下，为防止疏水阀在停止动作时出口管形成真空，将泥沙等异物吸进，引起疏水阀故障，可在出口管的弯头处开一个破真空小孔（ϕ4mm）。

⑥ 凝结水集合管应坡向回收设备的方向。为了不增加静压和防止水锤现象的产生，集合管不宜向上升。

⑦ 为保证凝结水畅通，各支管与集合管相接宜顺流由管上方45°斜交。

⑧ 疏水阀的出口压力取决于疏水阀后的系统压力，因此，不同蒸汽压力系统的疏水阀后背压相近时可合用一个凝结水系统，不会干扰。各疏水阀后的凝水支管进凝水总管上方设止回阀。但当疏水阀设置旁通管时，必须将凝结水排入两个系统。

⑨ 当疏水阀向大气排放凝结水时，由于疏水阀排放动作的声音，有时会产生噪声，为抑制噪声可采取下列措施：

a. 采用可低温排水的热静力型疏水阀。

b. 把出口管末端插入排水槽或排水沟的水面以下。

c. 凝结水的压力较低时，采用较长的出口管（2m 以上），使二次蒸汽能在管内凝结。

d. 出口管通过排水沟的底部，使再蒸发蒸汽凝结，但这时出口管的末端应露出水面。

e. 出口管上安装消声器。

f. 凝结水直接排向沙土地面，但在疏水阀停止动作时出口管也会形成真空使沙土倒流进入疏水阀，因而必须在出口管的弯头处开一个破真空小孔（ϕ4mm）防止故障。

13. 3. 2　蒸汽疏水阀的在线检验方法介绍

（1）检验的一般方法介绍

① 视觉检测法　当被检查的疏水阀向大气排放时，或者疏水阀的出口安装有窥视镜的情况下，可直接采用目视检查疏水阀的动作。

缺点：虽然能够看清里面流体的流动状况，但是窥视镜有时需要更换。

② 温度检测法　红外线温度测量仪可用于监测疏水阀进、排水端之间的温差。能检验30m 以内的疏水阀，以便检查难于到达区域的疏水阀。

缺点：蒸汽和冷凝水在同一系统中很可能温度是一样的，所以仅仅检测温度是很难判断的。

③ 电导率检测法　电导率检测仪能够检测出介质的物理状态，不受闪蒸蒸汽的影响，通过内置热电偶检测并预知疏水阀是否堵塞，结果准确可靠。

④ 超声波检测法　下文有详细介绍。

（2）超声波检验原理与常见超声波疏水阀检测仪类型

超声波检测法是目前对疏水阀内部泄漏最安全、简单和实用的检测手段。气体由高压端向低压端快速流动时会在漏点附近发生紊流并产生超声波，而正常排放冷凝水则不会有超声波或者很小。检测仪通过疏水阀产生的超声波的数据并根据蒸汽系统的运行参数就很容易判断是否有泄漏产生，并且通过软件确定泄漏的大小。从而使疏水阀检测十分简单，只要将检测器相关功能设置好后，将探头放置在疏水阀出口或者入口即可，完全不影响生产设备的正常运行。

缺点：虽然可以检测到疏水阀泄漏时产生的超声波，但是它不能区分经过疏水阀的直接蒸汽和闪蒸蒸汽，它也不能检测出上面所提到的细微差别。

典型产品介绍如下。

① TLV公司PT1型便携式检测仪　见图13-12、表13-5，是经济型兼备超声波和温度检测的仪器，适用于蒸汽疏水阀、阀门和轴承的检测。检测仪的特点如下：

a. 结构紧凑，便于使用；

b. 同时测量振动和表面温度；

c. 模拟和数字式显示并具备听诊功能，有助于性能检测和诊断；

d. 快速、准确的蒸汽疏水阀及其他阀门的诊断，第一时间进行必要的维修或更换；

e. 听诊检测时分贝值（dB）的显示有助于操作状态的诊断；

f. 内置滤波器消除环境噪声影响，高频超声波的测量精度高于传统型超声波检测仪；

g. 检测仪内部可存储多达100台疏水阀检测数据。

图13-12　PT1型便携式检测仪

表13-5　PT1型便携式检测仪性能

检测类型	蒸汽疏水阀检测
显示	1. 操作性能判断：正常、注意、泄漏、堵塞 2. 表面温度
检测时间	探头置于被测物体表面15s
数据存储	100个检测结果
检测信息	超声波，表面温度
工程单位	可选：MPa和℃，bar和℃，kg/cm² 和℃，psi和℉
温度测量	范围：0～350℃；响应速度：97%（15s后）；测量精度：±2℃（1min后）
操作条件	环境温度范围：0～40℃
显示	64×128 LCD(16mm×26mm)，带背光（显示为英语）
自动关机	未进行任何操作1min后自动关机
电源	2×AAA电池
电池使用寿命	无背光时可连续使用约8h，使用背光时约为6h
耳机输出	3.5立体输出
附件	便携盒，耳机，电池

② Spiraxsarco公司UP100型超声波疏水阀检测仪　UP100为便携式电池供电疏水阀检测装置（图13-13），根据不同的超声波频率给出视觉和音响信号。它主要是用于判断疏水阀是否正常工作的检测工具，还可用于检测蒸汽或压缩空气系统的泄漏情况。操作人员需要了解疏水阀的工作特性，并且还需要一定的经验才能够对检测器的型号给出正确判断。包含四个部件：枪型壳体，听诊器探头模块及延伸棒，耳机及线，便携包。

图13-13　PT1 UP100型超声波疏水阀检测仪

开始检测疏水阀之前，需要确定以下信息，才能保证读出的信号能够被正确地分析。

a. 疏水阀的类型（热动力，倒吊桶，热静力或其他）参看以下内容。

b. 工作压力。

c. 疏水阀的应用场合及冷凝水负荷（伴热管线，制程或其他）。

了解以上内容可以预测即将听到的声音的类型及响度有助于设定UP100的灵敏度。冷凝水流过疏水阀排放孔时发出的超声波要比蒸汽泄漏时发出的超声波响得多。"噼啪"响声或喷溅响声说明冷凝水在下游较低压力下发生闪蒸。泄漏蒸汽会发出连续的超声波，但其中会有冷凝水混在内。使用UP100测试已知完好和泄漏的疏水阀将其对比，可为以后的测试工作积累宝贵的经验。

注意：检测疏水阀时，应将UP100的探测棒紧贴疏水阀的出口侧或临近的管道，不要在探测棒移动时读取信号。

对于不同类型的疏水阀检测如下。

a. 热动力疏水阀。为喷排式，正常工作时不断开关循环。UP100读出的声音信号会时而0时而100%，因此只需要很低的灵敏度即可。选型正确工作正常的热动力疏水阀每分钟会动作 0～5 次。动作 10 次以上需要检查疏水阀是否磨损或有污物。如果疏水阀连续排放，说明疏水阀严重磨损，或承受过高的背压，或污物阻碍了疏水阀关闭。

b. 倒吊桶疏水阀。其排放是一种半循环的方式。在中等负荷至高负荷时疏水阀将会间歇工作。UP100 给出的信号是来回扫动的。当负荷较低时，疏水阀转变为连续排放，UP100 会给出连续的较低的声音信号。当疏水阀出现故障时，如泄漏蒸汽，UP100 会给出 100％全量程读数。

c. 浮球热静力型疏水阀。该疏水阀是连续排放的。首先需要确定疏水阀的应用场合，是制程还是一些轻负载的场合。如果负荷比较低，如蒸汽主管疏水或伴热管线疏水，发出的声音较低，会得出一个连续的较低的声音信号。如果声音读数较高，说明疏水阀某些部件损坏了。测试时，要注意该疏水阀有 2 个排放孔，主排放口在疏水阀底部水位线以下，排空气阀的排放口在顶部蒸汽空间内。制程设备如换热器或空调设备，正常工作时会发出连续的较高响度的声音信号。为了能够精确地测试疏水阀是否出现故障，需要切断或降低用气负荷，使疏水阀关闭或开度改变。需要对高低负荷时发出的声音进行比较。如需降低负荷，可以将空调设备的气流切断，也可以将汽水换热器的水路切断，或者将疏水阀前端的排放阀打开，降低疏水阀的负荷。这样疏水阀就会关闭或处于小负荷运行状态，有助于疏水阀的检测。当疏水阀紧密关闭或关小时，超声波信号会消失或变得很小。

d. 热静力／一般用途疏水阀。根据感温元件的类型和填充液的多少，疏水阀的工作方式各不相同，但总体来说，在低负荷时低排，在高负荷时排放量不断调节，有时还会出现不断开关循环。在一些低负荷的应用如主管疏水或伴热管线疏水时，发出的声音会很小，并伴随着不断的开关循环。在制程应用时，疏水阀排放会不断调节，有时会出现开关循环。为了便于测试，可以使用上述同样的方法，将疏水阀隔离，使之完全冷却后全开，再将疏水阀与系统相连，疏水阀会在全开状态下喷射排放，并

在 1min 之内关闭。UP100 可以显示出全开和全关时的声音信号。当疏水阀在一般情况下测试无法判断其是否正常工作时，必须采用此法进一步确定。

（3）在线监测系统介绍

在线检测法是综合运用各种检测方法，如电导率检测法和超声波检测法，在疏水阀前或阀体上安装检测仪，并通过转发器等传输系统将检测信号传输至数据采集与监视控制系统，进行数据的分析处理，实现疏水阀运行状况的远程在线检测。

典型产品介绍：TLV TM5 型电脑化蒸汽疏水阀管理系统。

检测分析系统包括如下部分

TM5 检测仪——集成 TLV 公司对疏水阀的诊断科技，并兼备超声波和温度检测的高精度仪器。

TrapManager 软件——与 WINDOWS 完全兼容，用于数据输入及检测结果分析的程序。

① TM5 检测仪的探头有三个组成部分：超声波检测、温度检测及数据记录功能。

② TM5 检测蒸汽疏水阀的原理：比对疏水阀实际检测数据与存储在 TM5 储存器中同一型号疏水阀的实验室数据，并得出准确的判断。

③ TM5 对检测数据的判断具有自动性和可重复性的特点。

④ TM5 中的检测数据可快速而简单地传输到 TrapManager 软件。

⑤ TrapManager 对所传输的检测数据进行统计和分析，并以不同形式的报告、报表及图形输出。

⑥ TrapManager 的诊断精度获得 Lloud's 认证。

13.3.3　蒸汽疏水阀出厂试验与型式试验

（1）出厂试验

根据 GB/T 22654—2008《蒸汽疏水阀 技术条件》的规定，出厂试验须逐台进行，检验合格方可出厂。蒸汽疏水阀的出厂试验项目包括：壳体强度试验、动作试验、外观和标志试验，依据 GB/T 12251—2005、GB/T 12712—1991 和 GB/T 22654—2008 的规定进行。

（2）型式试验

① 有下列情况之一时，应提供 1~2 台阀门进行型式试验，试验合格后方可成批生产：

a. 新产品试制定型鉴定；

b. 正式生产后，如结构、材料、工艺有较大改变可能影响产品性能时；

c. 产品长期停产后，恢复生产时。

② 有下列情况之一时，应抽样进行型式试验：

a. 正常生产时，定期或积累一定产量后，应进行周期性检验；

b. 国家质量监督机构提出进行型式试验的要求时。

③ 蒸汽疏水阀型式试验应包括：

a. 壳体强度试验；

b. 动作试验；

c. 最低工作压力试验；

d. 最高工作压力试验；

e. 最高背压试验；

f. 排空气能力试验；

g. 最大过冷度试验；

h. 最小过冷度试验；

i. 漏汽量试验；

j. 热凝结水排量试验。

蒸汽疏水阀型式试验按 GB/T 12251—2005 的规定进行。

13.3.4　蒸汽疏水阀的管理维护与维修

（1）疏水阀的管理

① 凡是用疏水阀的工厂企业，事业单位，都要设专职的技术人员，并组成管理小组。对所有的疏水阀进行全面的鉴定并按疏水阀使用的量的大小，按照疏水阀的型号，或按工艺流程、设备和跟踪管线再分成小组分别管理。

② 疏水阀管理的技术人员及工人，均需进行培训，并经考核通过发给疏水阀管理合格证书，才能定岗位工作。

③ 制定疏水阀使用节能年计划，并落实奖惩条例，以及产品更新、维护、检修计划。

④ 编制每个疏水阀的测定资料：疏水阀应逐个标记并登记在主要的工作总账中。主要填写的内容为疏水阀的类型、位置、压力状态（进入压力、背压、压差）、安装日期、最后测定日期和保养方式等。

⑤ 按照规定的时间表监测疏水阀：在大排量下运行的工艺设备的疏水阀每天监测一次；在中等排量下运行的工艺设备的疏水阀每月监测一次；在低压下运行的工艺设备的疏水阀每年监测一次；取样和跟踪管线上的疏水阀每三个月监测一次。

（2）疏水阀的日常维护

① 对于所有类型的疏水阀，因为密封面被冲蚀、磨损，或有杂物如铁锈、铁屑、水垢等沉积在密封面上，应利用停机运行时间或按规定定期进行拆洗、研磨或更换，以免影响阻汽性能和排水量以及造成新鲜蒸汽的连续泄漏。

② 对于间断使用的疏水阀，在每次启用前都要拆卸清洗一次。

③ 随时通过检查管检查疏水阀排水情况，如发现排汽即说明疏水阀有损坏，要及时维修或更换。

④ 长期运行下，疏水阀的阀座、阀片或阀瓣会有磨损，使密封性降低，可采用研磨等工艺修复或者更换新零部件。

⑤ 对于倒吊桶式疏水阀，在第一次使用时要向阀体内预先注入一定量的水，且浮筒、杠杆等内件一定要选用耐腐蚀的不锈钢。

⑥ 对于浮球式及蒸汽压力式中的膜盒式、波纹管式以及液体膨胀式疏水阀，要避免水击和加强对空心元件的检查。

⑦ 使用热静力型疏水阀时，特别是在使用过热蒸汽的场合，一定要注意疏水阀的允许温度限制。

⑧ 各类型疏水阀的过滤器和出水孔一定要按规定定期进行清洗，如疏水阀被空气所阻塞，无法排除凝结水时，应及时排除气阻。

（3）疏水阀的故障分析解决

蒸汽使用装置效率降低、蒸汽消费量增大等都是疏水阀发生故障的重要现象。

① 疏水阀的故障种类

a. 闭塞（堵塞）。疏水阀不能开启的状态：疏水阀既不能排放凝结水也不能排放空气，这时疏水阀通常是冷的。发生堵塞时，在疏水阀排放管的出口没有排放的凝结水流出。

b. 喷放。疏水阀不能关闭的状态：此时有大量蒸汽随凝结水从蒸汽疏水阀持续排出，造成巨大的资源浪费。

c. 漏汽。出现这种故障时，疏水阀虽然有动作，但比正常时的漏汽量显著增多。做不需要的多余动作，且漏汽量剧增时称为空打；当漏汽极为严重时，就发展为喷放状态了。

② 疏水阀常见故障原因及处理

a. 冷阀不排水。

ⅰ. 压力过高。原设计压差有误。压力升高，没有安装小一点的阀嘴；减压阀失灵；锅炉压力表读数偏低；正常磨损后，阀嘴放大；回水管线内的高真空增加了压差，超过了疏水阀的工作压差。

ⅱ. 无凝结水或蒸汽进入疏水阀。疏水阀前的过滤器堵塞；疏水阀前的管线上有其他阀门关闭或堵塞；管线或弯头堵塞。

ⅲ. 机械磨损或缺陷。需要修理或更换。

ⅵ. 疏水阀体被污物堵塞。应该安装过滤器或进行清污。

ⅴ. 对倒置桶型疏水阀，当浮桶排气孔被污物堵塞时，应采取以下措施：安装过滤器；稍微扩大一点排气孔；在排气孔中放置金属丝；对浮球型疏水阀，如果空气排气孔工作不畅通的话，就会产生气阻现象；对热静力型疏水阀，波纹管元件由于水击可能损坏，使疏水阀关死；对圆盘形疏水阀，疏水阀可能反装。

b. 热阀不排水。

ⅰ. 疏水阀安装在有泄漏的旁通阀上。

ⅱ. 在干燥滚筒中的虹吸排放管破裂或损坏。

ⅲ. 热水器盘管出现真空，妨碍排放。在换热器和疏水阀间安装真空破坏器。

c. 疏水阀喷出新鲜蒸汽。

ⅰ. 阀门关不严。水垢卡住了阀孔；部件磨损。

ⅱ. 倒置桶型疏水阀不工作。如果疏水阀喷放新鲜蒸汽，先将进口阀关几分钟，然后慢慢打开，如果这时疏水阀能够工作，说明疏水阀是好的。倒置桶型疏水阀不工作，一般都是由于蒸汽压力突然或者经常变化造成的；对于热静力型疏水阀，可能是热静力元件损坏而关不上。

d. 连续排放。如果倒置桶型或者原盘型疏水阀连续排放，或者浮球型、热静力型疏水阀全开排放，应检测下列因素：

ⅰ. 疏水阀太小。可以更换大一些的疏水阀，或者并联安装另一只疏水阀。

ⅱ. 低压差场合可能安装了一只高压差疏水阀，这时应该选择与阀孔合适的疏水阀。

ⅲ. 供水条件不正常，如锅炉内起泡，使大量水跑到蒸汽管道里。应当安装一台汽水分离器，改变供水条件。

e. 加热缓慢。疏水阀工作正常，但工艺加热单元加热不畅。

ⅰ. 一个或者多个单元被短路。解决方法是每条管线上各安装一台疏水阀。

ⅱ. 疏水阀型号过小，更换大一点的疏水阀。

ⅲ. 疏水阀空气处理能力不够，或者空气到不了疏水阀。应配置排空气阀。

13.4　减压阀的使用与维护

13.4.1　减压阀的用途

减压阀是一种自动降低管路工作压力的专门装置，并通过阀后压力的直接作用，使之保持在一定范围内。通常，减压阀的阀后压力 p_C 应小于阀前压力 p_J 的 0.5 倍，即 $p_C < 0.5p_J$。

从流体力学的观点看，减压阀是一个局部阻力可以变化的节流元件，即通过改变节流面积，使流速及流体的动能改变，造成不同的压力损失，从而达到减压的目的。然后依靠控制与调节系统的调节，使阀后压力的波动与弹簧力相平衡，保持阀后压力在一定的误差范围内恒定。

减压阀采用控制阀体内启闭件的开度调节介质的流量，使流速及流体的动能改变，造成不同的压力损失，将介质的压力降低，同时借助阀后压力的作用调节启闭件的开度，使阀后压力的波动与弹簧力相平衡，保持在一定范围内。

13.4.2　减压阀分类

减压阀的种类很多，大致可以分为直接作用式（自力式，图 13-14）和间接作用式（它力式，先导式，图 13-15 和图 13-16）两大类。

直接作用式减压阀是利用介质本身的能量控制所需压力，间接作用式减压阀是利用另外的动力（如气压、液压或电气等）控制所需压力。这两类减压阀相比，直接作用式减压阀结构较简单，间接作用式减压阀控制精度较高。

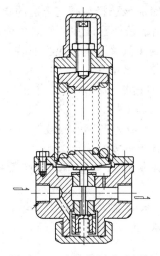

图 13-14 直接作用式减压阀

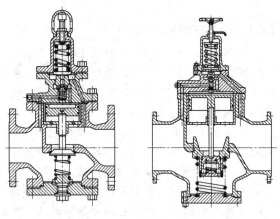

图 13-15 内部先导式减压阀

直接作用式减压阀在压力为 p_1 的压缩空气由左端输入经阀口节流后，压力降为 p_2 输出。p_2 的大小可由调压弹簧进行调节。顺时针旋转旋钮，压缩弹簧及膜片使阀芯下移，增大阀口的开度使 p_2 增大。若逆时针旋转旋钮，阀口的开度减小，p_2 随之减小。若 p_1 瞬时升高，p_2 将随之升高，使膜片气室内压力升高，在膜片上产生的推力相应增大，此推力破坏了原来力的平衡，使膜片向上移动，有少部分气流经溢流孔、排气孔排出。在膜片上移的同时，因复位弹簧的作用，使阀芯也向上移动，

关小进气阀口，节流作用加大，使输出压力下降，直至达到新的平衡为止，输出压力基本又回到原来值。若输入压力瞬时下降，输出压力也下降、膜片下移，阀芯随之下移，进气阀口开大，节流作用减小，使输出压力也基本回到原来值。逆时针旋转旋钮，使调节弹簧放松，气体作用在膜片上的推力大于调压弹簧的作用力，膜片向上曲，靠复位弹簧的作用关闭进气阀口。再旋转旋钮，进气阀芯的顶端与溢流阀座将脱开，膜片气室中的压缩空气便经溢流孔、排气孔排出，使阀处于无输出状态。

先导式减压阀在减压阀的输出压力较高或通径较大时，用调压弹簧直接调压，则弹簧刚度必然过大，流量变化时，输出压力波动较大，阀的结构尺寸也将增大。为了克服这些缺点，可采用先导式减压阀。先导式减压阀的工作原理与直动式的基本相同。先导式减压阀所用的调压气体，是由小型的直动式减压阀供给的。若把小型直动式减压阀装在阀体内部，则称为内部先导式减压阀。若将小型直动式减压阀装在主阀体外部，则称为外部先导式减压阀。内部先导式减压阀与直接作用式减压阀相比增加了由喷嘴、挡板、固定节流孔及气室所组成的喷嘴挡板放大环节。当喷嘴与挡板之间的距离发生微小变化时，会使室中的压力发生明显的变化，从而引起膜片有较大的位移，去控制阀芯的上下移动，使进气阀口开大或关小，提高了对阀芯控制的灵敏度，即提高了稳压精度。外部先导式减压阀的工作原理与直动式相同。在主阀体外部还有一个小型直动式减压阀，由它来控制主阀。此类阀适于公称尺寸在 $DN20$ 以上，远距离（30m 以内）、高处、危险处、调压困难的场合。

减压阀按结构形式可分为薄膜式、弹簧薄膜式、活塞式、杠杆式和波纹管式，按阀座数目可分为单座式和双座式，按阀瓣的位置不同可分为正作用式和反作用式。

减压阀的基本作用原理是靠阀内流道对水流的局部阻力降低水压，水压降的范围由连接阀瓣的薄膜或活塞两侧的进出口水压差自动调节。近年来又出现一些新型减压阀，如定比式减压阀。

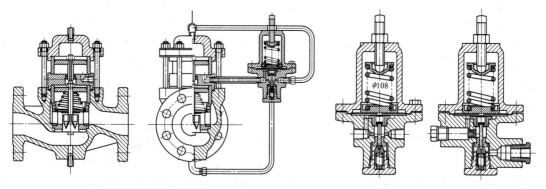

(a) 外部先导式减压阀主阀　　　　　　　　　　(b) 外部先导式减压阀导阀

图 13-16　外部先导式减压阀

定比减压是利用阀体中浮动活塞的水压比控制进出口端减压比与进出口侧活塞面积比成反比的原理。这种减压阀工作平稳无振动。定比减压阀阀体内无弹簧，故无弹簧锈蚀金属疲劳失效之虑。密封性能良好不渗漏，因而既减动压（水流动时）又减静压（流量为零时），特别是在减压的同时不影响水流量。

杠杆减压阀通常有 $DN50\sim100$ 等多种规格，阀前、后的工作压力分别为小于 1MPa 和 0.1～0.5MPa，调压范围误差为±5％～±10％。

13.4.3　相关标准

JB/T 2205—2000　《减压阀结构长度》

JB/T 7310—1994（2005 复审）《装载机用减压阀式先导阀》

JB/T 7376—1994（2005 复审）《气动空气减压阀　技术条件》

JB/T 10367—2002　《液压减压阀》

JB/T 53265—1999　《先导式减压阀　产品质量分等》

JB/T 53361—1994　《液压减压阀产品质量分等（试行）》

GB/T 1852—1993　《船用法兰铸钢蒸汽减压阀》

GB/T 12244—2006　《减压阀　一般要求》

GB/T 12245—2006　《减压阀　性能试验方法》

GB/T 12246—2006　《先导式减压阀》

GB/T 10868—2005　《电站减温减压阀》

NF P43-035—2000　《建筑阀门　供水减压阀和复合供水减压阀　要求和试验》

NF A84-420—1991　《气焊设备和有关方法减压阀入品接头　尺寸》

NF M88-773—1981　《商用丁烷容器装置低压固定调节的家用商品丁烷减压阀》

NF M88-775—1990　《装液态碳氢化合物的钢瓶　可移动部分和半移动部分用高压可调减压阀　功能、标记、试验》

NF M88-737—2003　《可运输可再填充液化石油气瓶用减压阀》

NF E48-423—2001　《液压传动　减压阀、顺序阀、卸载阀、节流阀和止回阀　装配面》

ANSI/ASSE 1003—2001　《水压减压阀的性能要求》

ANSI/ASSE 1046—1990　《热膨胀减压阀》

ANSI Z 21.22a—1999　《减压阀和真空减压阀》

ANSI Z 21.22b—2001　《热水供应系统的减压阀》

ANSI/ASTM F 1508—1996　《用于蒸汽、气体和液体设备的角形减压阀规范》

ASME PTC 25.3—1988　《安全和减压阀》

ASTM F 1795—2000　《空气或氮气系统用减压阀标准规范》

ASTM F 1565—2000　《蒸汽设备用减压阀标准规范》

ASTM F 1508—1996　《用于蒸汽、气体和液体设备的角形减压阀标准规范》

ASTM F 1370—1992　《船上给水系统用减压阀》

BS EN 1567—2000　《建筑物阀门　供水减压阀和组合减压阀　要求和试验》

BS ISO 5781—2000 《液压传动 减压阀、顺序阀、卸荷阀、节流阀和止回阀 安装面》

BS ISO 6264—1998 《液压传动 减压阀 装配面》

EN 14071—2004 《LPG 罐用减压阀 辅助设备》

BS 6283-2—1991 《热水系统中使用的安全和控制装置 压力范围 1～10bar 温度减压阀规范》

BS 6283-4—1991 《热水系统中使用的安全和控制装置 第 4 部分：最大供给压力为 12bar，标准尺寸包括 $DN50$ 的微量绷紧减压阀规范》

DIN EN 13953—2007 《液化石油气（LPG）用可运输的可再充式储气瓶的减压阀》

DIN EN 1567—2000 《建筑阀门 水减压阀和组合水减压阀 要求和试验》

JIS B8652—2002 《电动液压比例减压阀及安全阀的试验方法》

JIS F0504—1989 《船上机械装置用减压阀的应用和压力调节》

JIS B8666—2001 《液压动力 减压阀 安装表面》

JIS B8372—1994 《气动装置用减压阀》

JIS B8410—2004 《水用减压阀》

JIS B8651—2002 《比例电动液压减压阀试验方法》

ISO 15500-12—2001 《道路车辆 压缩天然气（CNG）燃料系统元部件 第 12 部分：减压阀》

ISO 6264—1998 《液压传动 减压阀 装配面》

ISO 5781—2000 《液压传动 减压阀、顺序阀、卸荷阀、节流阀和止回阀 装配面》

UL 1468—1995 《防火设备用直接作用式减压阀》

UL 1478—1995 《消防泵减压阀》

13.4.4 减压阀性能

（1）调压范围

调压范围指减压阀输出压力 p_2 的可调范围，在此范围内要求达到规定的精度。调压范围主要与调压弹簧的刚度有关。

（2）压力特性

压力特性是指流量 g 为定值时，因输入压力波动而引起输出压力波动的特性。输出力波动越小，减压阀的特性越好。输出压力必须低于输入压力一定值才基本上不随输入压力变化而变化。

（3）流量特性

流量特性是指输入压力一定时，输出压力随输出流量 g 的变化而变化的特性。当流量 g 发生变化时，输出压力的变化越小越好。一般输出压力越低，它随输出流量的变化波动就越小。

13.4.5 减压阀安装条件

减压阀安装前应根据下述条件全部检查合格后进行安装。

① 通过检查管道试压及冲洗记录，确定供水管网试压和冲洗合格。

② 对照图纸，通过观测检查和手扳检查，确定减压阀规格和型号与设计相符。阀外控制管路及导向阀各连接件不应有松动。外观应无机械损伤，并应清除阀内异物。

③ 观测检查减压阀水流方向是否与供水管网水流一致，进水侧应安装过滤器，并宜在其前后安装控制阀。可调式减压阀宜水平安装，阀盖应向上。比例式减压阀宜垂直安装。当水平安装时，单呼吸孔减压阀其孔口应向下，双呼吸孔减压阀其孔口应呈水平位置。安装自身不带压力表的减压阀时，应在其前后相邻部位安装压力表。

13.4.6 减压阀选用

① 减压阀进口压力的波动应控制在进口压力给定值的 80%～105%，如超过该范围，减压阀的性能会受影响。

② 减压阀的每一挡弹簧只在一定的出口力范围内适用，超出范围应更换弹簧。在给定的弹簧压力级范围内，使出口压力在最大值与最小值之间能连续调整，不得有卡阻和异常振动。

③ 在介质工作温度比较高的场合，一般选用先导活塞式减压阀或先导式波纹管减压阀。

④ 介质为空气或水（液体）的场合，一般宜选用直接作用薄膜式减压阀或先导式薄膜式减压阀。

⑤ 波纹管直接作用式减压阀适用于低压、中小口径的蒸汽介质，薄膜直接作用式减压阀适用于中低压、中小口径的空气、水介质。先导活塞式减压阀，适用于各种压力、各种口径、各种温度的蒸汽、空气和水介质，若用不锈耐酸钢制造，可适用于各种腐蚀性介质。先导波纹管式减压阀，适用于低压、中小口径的蒸汽、空气等介质，先导薄膜式减压阀，适用于低压、中压、中小口径的蒸汽或水等介质。

⑥ 为了操作、调整和维修的方便，减压阀一般应安装在水平管道上。

⑦ 对于软密封的减压阀，在规定的时间内不得有渗漏；对于金属密封的减压阀，其渗漏量应不大于最大流量的 0.5%。

⑧ 出口流量变化时，直接作用式的出口压力偏差值不大于 20%，先导式不大于 10%。进口压力变化时，直接作用式的出口压力偏差不大于 10%，先导式的不大于 5%。

⑨ 减压阀的应用范围很广，在蒸汽、压缩空气、工业用气、水、油和许多其他液体介质的设备和管路上均可使用，介质流经减压阀出口处的量，一般用质量流量或体积流量表示。

13.4.7　减压阀的维护

减压阀的减压保障系统投运前应进行水冲洗，因为新建或者改造工程的减压系统管网，很可能在安装过程中遗留沙粒等杂物。冲洗满足清洁要求后，装上减压阀和过滤器滤芯，这样才能避免异物流入减压阀，杜绝减压阀卡芯现象。在系统进入工作后，保障减压系统的水流畅通与否，与设置在系统上的过滤器流通能力关系密切，如滤芯被杂物严重吸附，则会影响减压阀的工作，为此必须对过滤器进行定期检查，及时清除污物。

减压阀的减压保障系统无论选用比例式还是可调式，其减压比 $p_1：p_2$ 不宜选择过大，一般应控制在 5：1 之内。超过这个范围易产生汽蚀现象，损坏阀件，产生啸叫噪声。有些活塞式减压阀，制造厂在其阀体上加工一个直径 1.5mm 左右的小孔，其功能是让阀芯运动时起到透气作用，维护管理时应注意不要将小孔塞住，否则影响减压阀的正常运行。

减压阀在管道中起到一定的止回作用，为了防止水锤的危害，也可安装小的膨胀水箱，防止损坏管道和阀门，过滤器必须安装在减压阀的进水管前，而膨胀水箱必须安装在减压阀出水管后。如果需要将减压阀安装在热水系统时，须在减压阀和膨胀水箱之间安装止回阀。这样既可以让膨胀水箱吸收由于热膨胀而增加的水的体积，又可以防止热水回流或压力波动对减压阀产生影响，确保减压阀长期正常工作。

加强减压阀保障系统的管理巡视，要注意观察减压阀本身的工作动态（表 13-6～表 13-8）。阀前、阀后压力数值接近，表明减压阀本身已存在故障。即活塞式减压阀的阀芯与阀体间的平面密封橡胶件损坏，薄膜式可调型减压阀主阀膜片有裂痕和 O 形圈损坏，及导阀连通管堵塞，造成减压阀减压作用削弱或者失效。这对分区管网危害极大，特别是许多用水设备可能因超压而出现爆管，必须及时修复。比例式（活塞型）减压阀阀体上的透吸气小孔如出现滴漏不止，表明阀芯上的 O 形密封圈已经磨损，要更换密封件。但在修理拆装减压元件时，要谨慎细心，调换内密封件；清理杂物时，不能用金属棒或硬物撬阀门的活动部位，使用木榔头和木柄敲击振动，慢慢拆卸阀内部件。减压阀修理后重新安装时，一定要和阀门上标注的流向指示保持一致。

表 13-6　减压阀常见故障——振动和噪声

常见故障	产生原因	预防及排除方法
振动和噪声	使用液体时隔膜压力腔产生气体	松开阀体上的排气阀进行排气
	减压阀自身设计不合理产生的机械振动噪声	减少减压阀衬套和阀杆的间隙、提高机械加工精度、控制阀的自然频率以及增加活动零件的刚性，正确地选用材料等
	减压阀的减压口之后的紊流及涡流所产生的流体动力学噪声——汽蚀噪声	减压阀的减压值控制在临界值以下，降低液体产生汽蚀现象
	当蒸汽等可压缩性流体通过减压阀内的减压部位时，流体的机械能转换为声能而产生的噪声称为空气动力学噪声	空气动力学噪声不能完全被消除，因为减压阀在减压时引起流体紊流是不可避免的

表 13-7 减压阀常见故障——安装方法不当

常见故障	产生原因	预防及排除方法
安装方法不当	安装姿态不当	减压阀应在水平管道上以正确姿态安装
	过滤器选择不当	使用液体时过滤器应使用 40 目的过滤网,气体时应使用 80 目的过滤网
	介质流向与阀体上箭头指向不一致,减压阀变成止回阀,出口压力为零	安装方位必须使介质流向与阀体上箭头指向一致

表 13-8 减压阀常见故障——阀门连接处渗漏

常见故障	产生原因	预防及排除方法
阀门连接处渗漏	连接螺钉紧固不均匀	均匀紧固
	法兰密封面损坏	修整密封面
	垫片损坏	定期更换垫片

参 考 文 献

[1] 《阀门设计》编写组．阀门设计．沈阳：沈阳阀门研究所，1976.

[2] 机械工业部合肥通用机械研究所编．阀门．北京：机械工业出版社，1984.

[3] GB/T 21465—2008．阀门　术语．

[4] GB/T 3163—2007．真空技术　术语．

[5] 宋虎堂编．阀门选用手册．北京：化学工业出版社，2007.

[6] 王训钜等．阀门使用维修手册．北京：中国石化出版社，1998.

[7] 天华化工机械及自动化研究设计院．腐蚀与防护手册．第2版：第4卷．北京：化学工业出版社，2008.

[8] 苏志东等．阀门制造工艺．北京：化学工业出版社，2011.

[9] ［苏］T.Φ.康德拉契娃著．安全阀．黄光禹译．上海：上海科学技术出版社，1982.

[10] 机械工业沈阳教材编委会．压力容器安全装置：安全阀与爆破片．沈阳：东北工学院出版社，1989.

[11] 杨源泉等著．阀门设计手册．北京：机械工业出版社，1992.

[12] 蒋兴可．蒸汽疏水阀．北京：纺织工业出版社，1986.

[13] ［日］中井多喜雄著．蒸汽疏水阀．李坤英译．北京：机械工业出版社，1989.

[14] ［美］哈奇森主编．美国仪表协会调节阀手册．林秋鸿等译．北京：化学工业出版社，1984.

[15] FISHER CONTROLS INTERNATIONAL，INC. Control Valve Handbook. FISHER CONTROLS INTERNATIONAL，INC, 2001.

[16] 明赐东．调节阀计算　选型　使用．成都：成都科技大学出版社，1999.